普通高等院校机电工程类规划教材

流体力学与流体传动

Hydrodynamics and Fluid Transmission

马恩 等 编著

清华大学出版社
北京

内 容 简 介

(Brief introduction of contents)

本书为普通高等教育"十三五"规划教材，是针对21世纪人才培养和教学改革的需要，配合教育部实施的"质量工程"，在总结国内外众多院校教学实践和科学研究成果的基础上编写的，并配有多媒体课件。全书共分为16章。第1章概述液压与气压传动的工作原理、组成、图形符号、优缺点、应用和发展；第2章讲述液压传动工作介质的性质和选用等；第3章介绍液压流体力学基础知识；第4～7章分别讲述液压动力元件、液压执行元件、液压控制元件和液压辅助元件；第8章讲述液压传动基本回路；第9章讲述典型液压传动系统分析；第10章讲述液压传动系统的设计与计算；第11～16章分别讲述气压传动基础知识、气源装置与辅助元件、气动执行元件、气动控制元件、气动基本回路和控制系统分析。每章都有学习指南、能力培养目标、案例教学实例、重点和难点课堂讨论及小结，每章后附有思考题和习题。附录A中简明扼要地介绍了最新国家推荐性标准GB/T 786.1—2009中规定的部分液压与气压传动图形符号，附录B为关键词和术语的中英文对照。

本书可作为我国高等学校机械设计制造及其自动化、动力与车辆工程、汽车服务工程、机械工程及自动化和机械电子工程等专业的教材，也可供从事液压技术的工程技术人员和研究人员学习和参考。

图书在版编目(CIP)数据

流体力学与流体传动/马恩等编著. —北京：清华大学出版社，2018(2023.8重印)
(普通高等院校机电工程类规划教材)
ISBN 978-7-302-49095-1

Ⅰ. ①流… Ⅱ. ①马… Ⅲ. ①流体力学－高等学校－教材 Ⅳ. ①O35

中国版本图书馆CIP数据核字(2017)第298806号

责任编辑：许 龙 赵从棉
封面设计：傅瑞学
责任校对：刘玉霞
责任印制：杨 艳

出版发行：清华大学出版社
网 址：http://www.tup.com.cn，http://www.wqbook.com
地 址：北京清华大学学研大厦A座 **邮 编**：100084
社 总 机：010-83470000 **邮 购**：010-62786544
投稿与读者服务：010-62776969，c-service@tup.tsinghua.edu.cn
质量反馈：010-62772015，zhiliang@tup.tsinghua.edu.cn
印 装 者：三河市龙大印装有限公司
经 销：全国新华书店
开 本：185mm×260mm **印 张**：26 **字 数**：630千字
版 次：2018年1月第1版 **印 次**：2023年8月第7次印刷
定 价：72.00元

产品编号：075067-03

前　言
（Foreword）

本书是普通高等教育“十三五”规划教材。为了适应我国现代工业自动化飞速发展的要求，满足21世纪人才培养和教学改革的需要，作者在多年教学、科研和生产实践的基础上总结同类教材的编写经验，并汲取本学科国内外最新的教学和科研成果精心组织编写。

流体力学与流体传动技术是自动化和智能制造生产中的先进科学技术之一，在现代科学技术发展中占有非常重要的地位。

本书包含流体力学、液压传动和气压传动三部分内容，全书共分16章。每章都有学习指南、能力培养目标、案例教学实例、重点和难点课堂讨论及小结，每章后附有习题。本书配有电子课件，使用本教材的任课老师可向作者或出版社索取，邮箱地址：maenmaen@163.com。

在编写过程中，力求贯彻少而精、系统性强、理论联系实际的原则，紧密结合液压与气动技术最新成果，注重理论教学和实训教学密切结合，突出最新液压气动元件、技术及其应用，注重学生在知识的应用和解决实际问题的能力及工程应用素质等方面的培养，使学生具有独立从事液压气动系统工程设计、制造、安装、调试、试验、维修保养和应用的综合能力。

本书适用于普通工科院校机械设计制造及其自动化、机械工程及自动化、汽车服务工程、机械电子工程、动力与车辆工程等专业，也适用于各类成人高校和参加自学考试的机械类学生，还可供从事液压技术的工程技术人员和研究人员学习和参考。在教学过程中，可以针对不同专业的要求和特点，有所侧重地加以选择。

参加本书编写的有：南阳理工学院马恩教授（第1、3、4、6、9、10、16章、附录B），洛阳拖拉机研究所李素敏高级工程师（第2章），河南科技大学曹艳玲副教授和南阳师范学院马世榜副教授（第5章），宿迁学院唐友亮副教授和南京工程学院高佩川教授（第7章），西安交通大学马宇骋博士（第8、13、14、15章、附录A），洛阳理工学院吴锐副教授和河南科技学院安爱琴副教授（第11章），湖南工学院崔晓利教授和徐州工程学院张元越副教授（第12章）。全书由马恩教授完成英文翻译、统稿和修改定稿，由河南科技大学博士生导师周志立教授主审。

本书是在河南省科技厅重点科技攻关计划项目（142102210313）、河南省教育厅重点科学技术研究计划项目（14A460026）、河南省教育厅高等学校重点科学技术基础研究计划项目（18A460026）和南阳理工学院教育教学改革研究计划项目（NIT2017JY-039）的资助下完成的。

由于编者水平有限以及液压技术发展迅速，加之时间仓促，书中难免存在错误、疏漏和不足之处，恳请广大读者批评指正。

马　恩

2018年1月

目　　录

Contents

第1章 绪　论

本章指南

本章主要内容：主要讲述流体力学研究的内容和方法以及液压与气压传动的工作原理、控制方式，液压传动的优缺点、应用、发展过程和趋势，以及液压传动系统的组成和图形符号。

本章重点：熟练掌握与运用“系统压力取决于外负载”和“外负载的运动速度取决于流量”这两个重要特征。

本章难点：正确理解液压与气压传动两个重要特征之间相互独立的特点。

本章教学目的和要求：通过学习液压千斤顶和磨床工作台液压传动的工作原理，正确理解静压传递原理即帕斯卡原理，学会对液压传动进行合理应用。

1.1 流体力学研究的内容和方法

流体力学是研究流体在外力作用下平衡和运动规律的一门学科，是力学的一个重要分支。流体力学研究的对象包括液体和气体，它们都被称为流体。流体力学按其研究内容侧重方面的不同，分为理论流体力学(被称为流体力学)和应用流体力学(被称为工程流体力学)。前者主要采用严密的数学推理方法，力求准确性和严密性；后者则侧重于解决工程实际中出现的问题，而不去追求数学上的严密性。

流体力学的基本任务在于建立描述流体运动的基本方程，确定流体经各种通道及绕流不同物体时速度、压力的分布规律，探求能量转换及各种损失的计算方法，并解决流体与限制其流动的固体壁面之间的相互作用问题。

流体力学借鉴了一般力学的研究方法，即理论分析、试验研究和数值计算的方法。

理论分析是根据工程实际中流动现象的特点，依据物理学中的质量守恒定律、能量守恒定律与动量守恒定律，建立流体运动的基本方程及定解条件，运用各种数学方法求出方程的解。理论分析的关键在于提出数学模型，并运用数学方法求出揭示流体运动规律的理论结果。但由于数学上的困难，许多实际流动问题还难于精确求解。

试验研究在流体力学中占有极其重要的地位，它是理论分析结果正确与否的检验标准。试验研究是通过对具体流动的观察来认识流体运动的规律。流体力学的试验研究主要包括原型观察、系统试验和模型试验，而以模型试验为主。

数值模拟又称数值计算，是伴随现代计算机技术及其应用而出现的一种方法。它广泛采用有限差分法、有限单元法、有限体积法等将流体力学中一些难于用解析方法求解的理论模型离散为数值模型，用计算机求得定量描述流体运动规律的数值解。

以上三种方法相互结合，为发展流体力学理论和解决复杂的流体力学问题奠定了基础。

在实际工程的许多领域里，流体力学一直起着十分重要的作用。无论是机械工程、水利工程、动力工程、环境工程、冶金工程、市政工程、航空工程，还是化学工程等都在日益广泛地应用着流体力学。

1.2 液压与气压传动的研究内容

液压与气压传动技术是机电领域发展速度最快的技术之一。液压与气压传动(hydraulic and pneumatic transmission)被称为流体传动与控制(fluid transmission and control)，是研究以压力流体(压力油或压缩空气)作为工作介质来实现各种机械传动和自动控制的学科。

液压传动与气压传动实现传动和控制的方法基本相同，它们都是基于流体力学的帕斯卡原理，利用各种控制元件组成具有所需功能的基本回路，再由若干基本回路有机地组合成传动和控制系统，从而实现能量的传递、转换与控制。因此，要研究液压与气压传动及其控制技术，首先就要了解工作介质的基本物理性能及其静力学、运动学和动力学特性；还要了解组成系统的各类液压与气动元件的结构、工作原理、工作性能以及由这些元件所组成的各种控制回路的性能和特点，并在此基础上进行液压与气压传动控制系统的设计。

用液体作工作介质进行能量传递和控制的，称为液体传动。按其工作原理的不同，液体传动又分为液压传动(静液压传动)(hydrostatic pressure transmission)和液力传动(动液压传动)(hydrokinetic energy transmission)。静液压传动主要是利用液体的压力能来传递能量，动液压传动主要是利用液体的动能来传递能量。

用气体作工作介质进行能量传递和控制的，称为气压传动(pneumatic transmission)。气压传动所用的工作介质是空气。

1.3 液压与气压传动的工作原理及基本特征

1.3.1 液压与气压传动的工作原理

液压与气压传动的工作原理基本相似，液压传动是根据17世纪法国物理学家帕斯卡(Blaise Pascal)提出的液体静压力传动原理来实现的。现以图1-1所示的液压千斤顶(hydraulic jack)为例，简述液压传动的工作原理。

如图1-1所示，当使液压千斤顶的杠杆1向上移动时，小液压缸2中的小活塞3向上移动，小液压缸2无杆腔内的容积增大形成局部真空，排油单向阀6关闭。液压油箱8中液体在大气压力作用下，经吸油管5打开进油单向阀4流入小液压缸2无杆腔；当使杠杆1向下移动时，小活塞3受驱动力F_1的作用，向下移动s_1的位移量，小液压缸2无杆腔容积减小，油液受挤压，压力p升高，关闭进油单向阀4，打开排油单向阀6，油液经压油管7流入大液压缸12无杆腔，使大活塞11上移s_2的位移量，克服重物即外负载13的重力F_2而做功，即完成一次压油动作；如此不断地使杠杆1上下移动，就会有油液不断地流入大液压缸12无杆腔，使外负载13逐渐举升；当停止杠杆1的上下运动时，排油单向阀6关闭，使油液不能倒流，大活塞11和外负载13就停止在举升位置被锁住不动；当需要大活塞11和外负载 13 向下返回到原始位置时，就打开截止阀 10，在外负载 13 重力 F_2 的作用下，大液压缸 12 无杆腔的液体经截止阀 10 和回油管 9 流回液压油箱 8，大活塞 11 和外负载 13 即可回到原始位置。这就是液压千斤顶的工作原理。

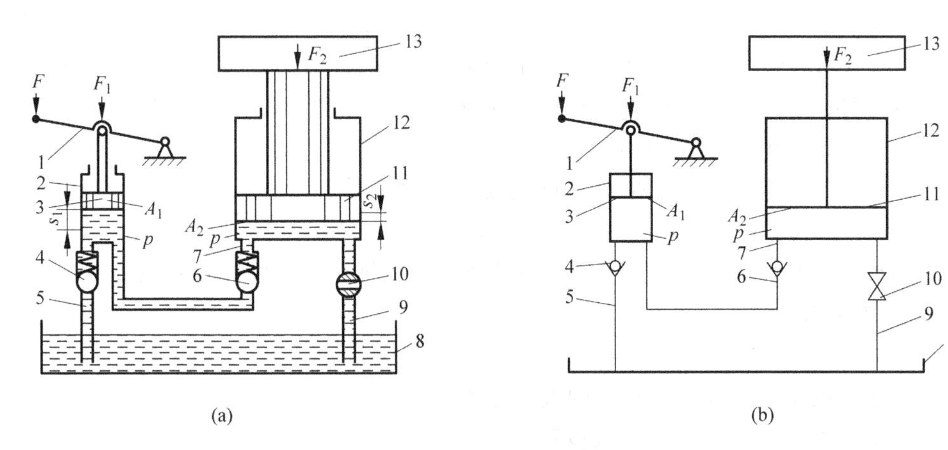

图 1-1　液压千斤顶工作原理图

(FIGURE 1-1　Schematic illustration of operating principles of hydraulic jack)

(a) 结构原理；(b) 图形符号

1—杠杆；2—小液压缸(手动液压泵)；3—小活塞；4—进油单向阀；5—吸油管；6—排油单向阀；7—压油管；8—液压油箱；9—回油管；10—截止阀；11—大活塞；12—大液压缸(执行元件)；13—重物(外负载)

由液压千斤顶的工作原理可知，小液压缸 2 与进油单向阀 4 和排油单向阀 6 一起完成吸油与压油，将杠杆的机械能转换为油液的压力能输出，被称为手动液压泵(hand hydraulic pumps)。大液压缸 12 将油液的压力能转换为机械能输出，顶起外负载 13，被称为举升液压缸即执行元件。图 1-1 中的所有元件组成了一个最简单的液压传动系统，实现了力和运动的传递。

1.3.2　液压与气压传动的基本特征

液压与气压传动具有以下两个基本特征：

(1) 按照帕斯卡原理(静压传递原理)进行力(或转矩)的传递(Force or torque transmission with respect to Pascal's Law or Hydrostatic Pressure Transmission Theory)

在液压千斤顶工作的过程中，从进油单向阀 4 和小活塞 3 无杆腔通过管路到大活塞 11 无杆腔和截止阀 10 之间形成了密闭的工作容积，根据帕斯卡原理"在密闭容器内，施加于静止液体上的压力将以等值同时传到液体各点"(The effect of a force acting on stationary liquid spreads within the liquid. The amount of pressure in the liquid is equal to the acting force, with respect to the area being acted upon. The pressure always acts at right angles to the limiting surfaces of the container.)，因此，密闭容器内液体的压力 p 即液压泵的排油压力，又被称为系统压力。其平衡方程式为

$$p = \frac{F_1}{A_1} = \frac{F_2}{A_2} \tag{1-1}$$

式中，p——系统压力；

F_1——驱动力；

F_2——外负载力；

A_1——手动液压泵小液压缸活塞面积；

A_2——执行元件大液压缸活塞面积。

可见在 A_1、A_2 一定时，外负载力 F_2 越大，则系统压力 p 越高，所需的驱动力越大，即系统压力是由外负载建立起来的，而与流入执行元件大液压缸 12 的流体多少无关。这是液压与气压传动工作原理的第一个重要特征：系统压力取决于外负载。(The pressure of system is dependent on the external load.)

(2) 按照"容积变化相等"的原则进行速度或转速的传递(Speed or rotate speed with respect to Variable Volume Equivalence Principle)

假定系统密封非常好，没有任何损失，手动液压泵 2 排出的液体体积必然等于进入大液压缸 12 的液体体积，即

$$A_1 s_1 = A_2 s_2 = V \tag{1-2}$$

式中，V——手动液压泵小液压缸排出的液体体积；

s_1——手动液压泵小液压缸活塞位移；

s_2——执行元件大液压缸活塞位移。

式(1-2)两端同除以活塞运动时间 Δt 得

$$v_1 A_1 = v_2 A_2 = \frac{V}{\Delta t} \tag{1-3}$$

式中，v_1——手动液压泵小液压缸活塞平均运动速度；

v_2——执行元件大液压缸活塞平均运动速度。

在流体力学中，单位时间内流过某一通流截面的流体体积叫做流量(Liquid volume V divided by time t is flow q)。因流量

$$q = \frac{V}{\Delta t} \tag{1-4}$$

则式(1-3)可变为

$$v_2 = \frac{q}{A_2} \tag{1-5}$$

因为 A_1、A_2 是常数，所以执行元件大液压缸活塞的平均运动速度 v_2 正比于进入其内的流量 q，而与流体压力大小无关，即与外负载无关。这是液压与气压传动工作原理的第二个重要特征：外负载的运动速度取决于流量。(The speed, at which the external load moves, is dependent on the flow which is fed to the actuator components.)

由式(1-1)和式(1-5)可以看出，液压与气压传动的两个重要特征是相互独立的。压力 p 和流量 q 是液压与气压传动中两个最基本的参数。

液压千斤顶工作过程中的功率关系如下：

在图 1-1 中，若忽略各种能量损失，则手动液压泵小液压缸输入的机械功率等于执行元件大液压缸输出的机械功率，即

$$P = F_1 v_1 = F_2 v_2 = pA_1 v_1 = pA_2 v_2 = pA_2 \frac{q}{A_2} = pq \tag{1-6}$$

在式(1-6)中，压力 p 的单位为 Pa，流量 q 的单位为 m^3/s，则功率 P 的单位为 W。由此可见，液压传动系统工作压力 p 与流量 q 之积就是功率，被称为液压功率 P。(Operating pressure p times flow q is hydraulic power P of hydraulic transmission system.)上述液压千斤顶的工作过程是先将手驱动的机械能转变为液体压力能，后又将液体压力能转变为机械能。

1.4　液压传动系统的组成

液压千斤顶是一个比较完整而又简单的液压传动系统。下面以磨床工作台液压传动系统为例，进一步说明其组成，如图1-2所示。其工作原理是：液压泵4由电动机3驱动旋转，从液压油箱1经过滤器2吸油，排出的压力油经节流阀5、手动换向阀6(假设手动换向阀右位工作)进入液压缸7的左腔，推动活塞和工作台8向右运动。液压缸右腔的油液经手动换向阀6右位和回油管道流回液压油箱1。当手动换向阀6换向到左位工作时，液压缸活塞和工作台8作反向的向左运动。当手动换向阀6处于中位时，工作台8停止运动，此时液压泵4排出的压力油经溢流阀9和回油管道流回液压油箱1。当工作台作往复运动时，其速度由节流阀5调节，克服外负载所需的工作压力则由溢流阀9控制。因为液压传动系统的工作压力不会超过溢流阀9的调定值，所以溢流阀9还对液压传动系统起到过载保护的作用。

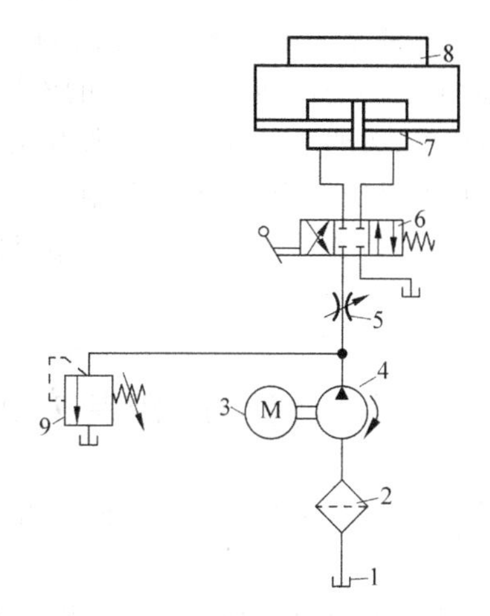

图1-2　磨床工作台液压传动系统工作原理图

(FIGURE 1-2　Schematic illustration of hydraulic transmission system operating principles of power work table in grinding machine)

1—液压油箱；2—过滤器；3—电动机；4—液压泵；5—节流阀；6—手动换向阀；7—液压缸；8—工作台；9—溢流阀

根据液压千斤顶和磨床工作台液压传动系统的工作原理可知，液压传动是以液体为工作介质的，一个完整的液压传动系统由以下五个主要部分组成。

1. 液压动力元件(Hydraulic power components)

液压动力元件是将原动机输出的机械能转换成液体压力能的元件，向液压传动系统提供压力油。常见的是液压泵。

2. 液压执行元件(Hydraulic actuator components)

液压执行元件是将液体的压力能转换成机械能的元件,液压缸驱动外负载作直线运动,液压马达则驱动外负载作回转运动。

3. 液压控制元件(Hydraulic control components)

液压控制元件是对液压传动系统中液体的压力、流量和流动方向进行控制和调节的阀类,如压力、流量和方向等控制阀。

4. 液压辅助元件(Hydraulic accessories)

液压辅助元件是上述三个组成部分以外的其他元件,如滤油器、液压油箱、冷却器、加热器、蓄能器、管道和接头等。

5. 液压工作介质(Hydraulic operating medium)

液压工作介质是传递能量和信号的介质,即液压油。

1.5 液压传动系统的图形符号表示

图 1-1(a)所示的液压传动系统工作原理图是一种半结构式的,其优点是直观性强,易于理解;其缺点是图形比较复杂,尤其是液压传动系统中元件数量较多时,绘制起来就很麻烦。为了简化液压传动系统的表示方法,通常采用图形符号来绘制液压传动系统工作原理图。

图 1-1(b)所示液压千斤顶和图 1-2 所示磨床工作台的液压传动系统工作原理图就是用液压传动系统图形符号绘制而成的,表明了组成系统的所有元件、元件间的相互关系及整个液压传动系统的工作原理。图形符号简单明了,便于绘制,但它仅表示元件的功能,而不表示元件的具体结构、参数和实际安装位置。图中的符号可参见附录 A 部分液压与气压传动系统图形符号(GB/T 786.1—2009)。

1.6 液压传动的控制方式

目前液压传动的控制方式有两种不同的含义:一种是指对传动部分的操纵调节方式;另一种是指控制部分本身的结构组成形式。

液压传动的操纵调节方式基本上可以分成手动式、半自动式和全自动式三种。图 1-1 所示的液压千斤顶需要由人提拉和下压杠杆才能实现液压系统正常工作,因此属于手动式的操纵调节方式。若需要由人启动之后液压传动系统的所有动作或状态都能在机械的、电子的、电气的或其他机构操纵下按一定顺序地实现出来,且在全部工作完成后就能自动停车的液压传动系统,就属于半自动式的,如图 1-2 所示的磨床工作台液压传动系统。当启动不需要人参与时,这样的液压传动系统操纵调节方式就属于全自动式的。

液压传动系统中控制部分的结构组成形式可分为开环式和闭环式两种,它们的概念和定义与"控制理论"中的描述完全一样。图 1-1 所示的液压千斤顶和图 1-2 所示的磨床工作台液压传动系统都属于开环式液压传动系统。图 1-3 为磨床工作台液压传动系统的开环控制系统原理框图。开环控制的精度受外负载和油温等工作条件的影响很大,当工作条件变化很大时,开环式液压传动系统甚至无法达到既定的目标。

若用伺服阀代替图 1-3 中的换向阀,就可组成一个简单的手动控制闭环液压伺服系统,

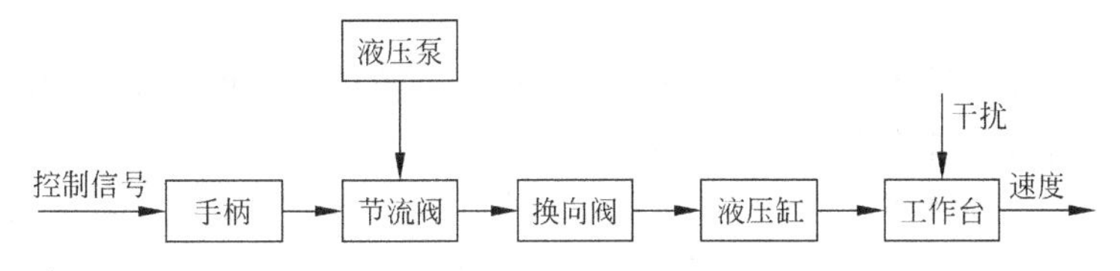

图 1-3 磨床工作台液压传动开环控制系统工作原理框图
(FIGURE 1-3 Schematic illustration of operating principles of hydraulic transmission open loop control system)

其闭环控制系统工作原理框图如图 1-4 所示。磨床工作台液压传动闭环控制系统能在工作过程中自动调节,控制精度受工作条件的影响很小,能进行很精确的控制。

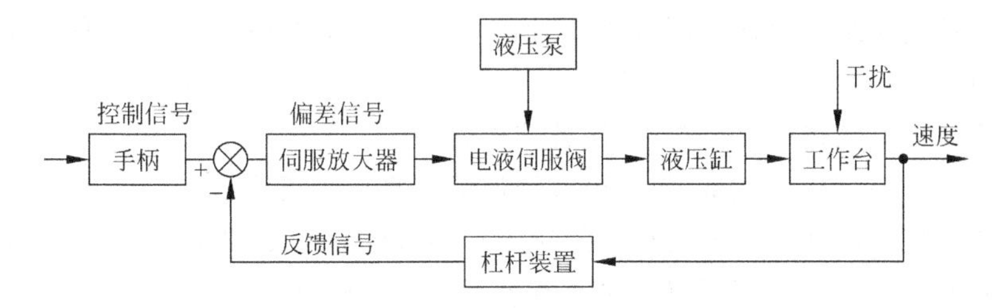

图 1-4 磨床工作台液压传动闭环控制系统工作原理框图
(FIGURE 1-4 Schematic illustration of operating principles of hydraulic transmission closed loop servo control system)

1.7 液压传动的优缺点

1. 液压传动的主要优点(Main advantages of hydraulic transmission)

(1) 液压装置运动比较平稳,由于体积小、重量轻,因此其响应速度快,惯性小,启动、制动迅速,换向冲击小,便于实现频繁换向。如在同等功率条件下,加速电动机需要 1s 至几秒,加速液压马达仅需 0.1s。液压装置的换向频率,在实现往复回转运动时可达 500 次/min,实现往复直线运动时可达 1000 次/min。

(2) 液压传动的执行元件可在运行过程中方便地实现无级调速,调速范围大,可达 100∶1～2000∶1,且最低稳定转速比较小,即低速性能好。如单作用静力平衡马达的最低稳定转速可小于 5r/min,多作用内曲线马达可在 0.5～1r/min 下平稳运行。

(3) 单位功率的重量轻,即能以较轻的设备重量获得很大的输出力和转矩。如在同等功率下,液压马达的重量只有电动机的 10%～20%。液压传动可以采用很高的工作压力,一般已达到 32MPa,个别场合还可更高。

(4) 借助集成阀块、硬管、软管和接头等把液压元件连接起来,可以方便灵活地布置传动机构,使机器的整体结构简化。

(5) 液压传动系统借助压力控制阀等可自动实现过载保护,工作安全可靠,能实现自润滑,使用寿命长。

(6) 液压元件已实现了标准化、系列化和通用化,使液压传动系统设计、制造和使用都比较方便。

（7）在液压传动系统工作中，因功率损失而产生的热量可以被流动的液压油带走，所以能避免在系统中某些局部位置上产生过度温升。

（8）操作简单方便和省力，易于实现机器的自动化。当采用机电液联合控制时，不仅可实现更高程度的自动控制过程，而且还可以实现远距离遥控。

2. 液压传动的主要缺点（Main disadvantages of hydraulic transmission）

（1）液压传动在能量转换及传递过程中机械摩擦损失、压力损失和流量损失比较大，因此传动效率较低。

（2）液压传动对油温变化较敏感，这会影响其工作的稳定性，所以液压传动系统不宜在很高或很低的温度下工作，工作温度一般在－15～60℃范围内较合适。

（3）液压传动系统中存在泄漏和液压油的可压缩性及管路弹性变形等因素，难以实现严格的传动比。

（4）液压元件的制造精度要求高，因此造价也高。

（5）液压传动系统存在能量损失，因此液压能不宜远距离输送。

（6）液压元件中的摩擦副承受很大的比压和相对运动速度，很容易导致磨损失效，因此液压传动系统的工作可靠性目前还不如机械传动和电力传动。

（7）液压传动系统对油液的污染比较敏感，需有良好的过滤和防护措施。

（8）液压传动系统的故障诊断和维修有一定难度。

1.8 液压传动技术的历史进展和发展趋势

1.8.1 液压传动技术的历史进展

液压传动技术的发展是与流体力学、材料学、机械制造、机构学等相关基础学科的发展紧密相关的。从1648年法国物理学家帕斯卡(Blaise Pascal)提出静止液体中压力传递的基本定律、17世纪力学奠基人牛顿(Newton)提出了黏性流体运动时存在内摩擦力的牛顿黏性定律，1795年英国人布拉默(Joseph Bramah)登记了第一项关于液压机的英国专利，且在2年后，他制造出世界上第一台手动泵供压的水压机算起，液压传动技术已有二百多年的历史。1905年，美国人詹尼(Janney)首先将矿物油作为液压传动的工作介质，设计制造出了第一台油压轴向柱塞泵及由其驱动的油压传动装置，于1906年应用于军舰的炮塔装置上，为现代油压技术的发展揭开了序幕。1922年，瑞士人托马(H. Thoma)发明了径向柱塞泵。1936年，美国人威克斯(Harry Vickers)发明了以先导控制压力阀为标志的管式系列液压控制元件。美国麻省理工学院(MIT)的Blackburn、Lee及Shearer在电液伺服机构方面做出了突出贡献。20世纪中叶以后，液压传动在工业上被广泛采用并有较大幅度的发展。在第二次世界大战期间，军事上迫切地需要重量轻、功率大、反应快和动作准确的各种武器装备，液压传动技术及时地满足了这一要求，同时也大大地促进了液压传动技术本身的发展。“二战”结束后，液压传动技术由军事迅速转入其他领域，在机械制造、冶金设备、塑料机械、农业机械、汽车、工程机械、液压机和船舶等行业中得到了大幅度的应用和发展。20世纪60年代以后，随着原子能、微电子技术、空间技术等发展，再次将液压传动技术推向更广阔的领域。如今,采用液压传动技术的程度已成为衡量一个国家工业水平和现代工业发展水平的重要标志之一。液压传动在某些领域内甚至已占有绝对的优势。如发达国家生产的95%以上的自动化生产线、95%以上的工程机械和90%以上的数控加工中心都采用了液压传动技术。

1.8.2 液压传动技术的发展趋势

目前,现代液压传动技术与传感技术、微电子技术和计算机技术紧密结合,已发展成为由传动、检测和控制组成的一门完整的自动化技术。目前,已研发出电液伺服液压缸、电液比例控制阀和数字阀等机电液一体化元件,使得液压传动技术在高压、高速、大功率、低噪声、经久耐用和高度集成化等各方面都取得了重大进展。与此同时,液压元件和液压传动系统的计算机辅助设计(CAD)、计算机辅助测试(CAT)、计算机辅助工艺规划(CAPP)、计算机辅助检验(CAI)、计算机辅助分析(CAE)、计算机集成制造系统(CIMS)、机电液一体化(hydromechatronics)、液电一体化(fluitronics)、计算机实时控制(computer real time control technology)、能耗控制、噪声控制、可靠性、小型微型化、污染控制和主动维护等方面也是液压传动技术发展和研究的主要方向。

1.9 液压传动的应用

工业生产的各部门应用液压传动技术的出发点是不尽相同的。例如,机床上采用液压传动的主要原因是取其能在工作过程中方便地实现无级调速,易于实现频繁换向,易于实现自动化;在矿山机械、工程机械、压力机械和航空工业中采用液压传动是取其结构简单、体积小、输出力或转矩大。近年来液压传动在各类机械行业中的应用实例见表1-1。

表1-1 液压传动在各类机械行业中的应用实例

(TABLE 1-1 Application examples of hydraulic transmission in mechanical industries)

行业名称	应用场所举例
农业机械	拖拉机、联合收割机、农机具悬挂系统等
冶金机械	轧钢机、电炉炉顶及电极升降机等
工程机械	推土机、挖掘机、装载机、铲运机、压路机等
轻工机械	造纸机、橡胶硫化机、打包机、注塑机、校直机等
矿山机械	液压支架、开采机、凿岩机、破碎机、开掘机、提升机等
机床工业	铣床、刨床、磨床、组合机床、拉床、自动机床、压力机、数控机床、加工中心等
建筑机械	混凝土泵、平地机、钢筋弯箍机、自动打桩机、液压千斤顶、自动校直切断机等
船舶港口机械	港口龙门吊、舵机、锚机等
汽车工业	高空作业车、自卸式汽车、平板车、汽车中的减振器、转向器等
灌装机械	食品包装机、化肥包装机、真空镀膜机等
海洋开发工程	海底钻探、海洋开发平台、海洋工作机械、水下作业机械等
铸造机械	压铸机、砂型压实机、加料机等
家用电器	电冰箱压缩机、电冰箱内胆热成形机、冰箱箱体折弯机、电机转子叠片机、显像管玻壳剪切机等
起重运输机械	皮带运输机、叉车、装卸机械、汽车吊等
建材机械	墙地砖压机、石材肥料模压成形机、卫生瓷高压注浆成形机等

续表

行业名称	应用场所举例
智能机械	机器人、折臂式小汽车装卸器、模拟驾驶舱、数字式体育锻炼机等
五金制造	门锁整体成形压机、工具锤装柄机、制钉机等
航空航天工程	卫星发射设备、飞机场地面设备、飞机机轮轴承清洗补油装置、飞机起落架收放试验车、飞机包伞机等
武器装备	地空导弹发射装置、炮塔仰俯装置、枪管旋压机、大型炮弹底螺拆卸机等
纺织机械	印染机、织布机、抛纱机等

重点和难点课堂讨论

课堂讨论：系统压力取决于外负载，外负载的运动速度取决于流量。

典型案例分析

案例　如图 1-5 所示的大小两个液压缸由连通管相连构成密闭容器。已知大液压缸内径 $D=200\text{mm}$，小液压缸内径 $d=20\text{mm}$，大活塞上的外负载力 $F_1=30\ 000\text{N}$。问要想使大活塞顶起重物需要在小活塞上施加多大的推力 F_2？

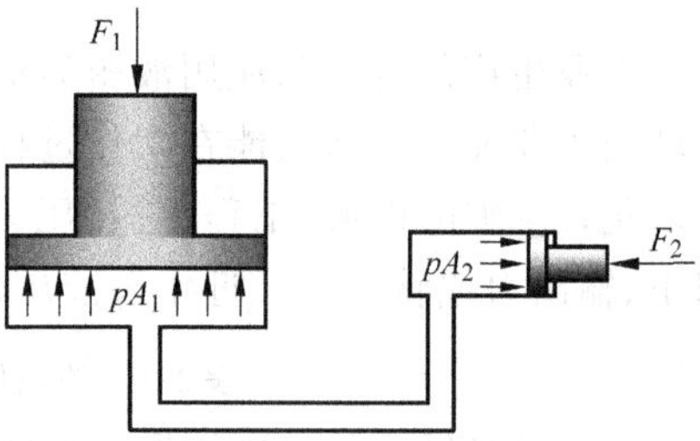

解　大小两个液压缸活塞面积分别为

$$A_1=\frac{\pi D^2}{4},\quad A_2=\frac{\pi d^2}{4}$$

根据帕斯卡原理可知，由外负载力产生的液体压力在两缸中相等，即

$$p=\frac{F_2}{A_2}=\frac{F_1}{A_1}=\frac{4F_2}{\pi d^2}=\frac{4F_1}{\pi D^2}$$

图 1-5　帕斯卡原理应用实例
(FIGURE 1-5　Application example of Pascal's Law)

故顶起重物时在小活塞上应施加的推力为

$$F_2=\frac{d^2}{D^2}F_1=\frac{20^2}{200^2}\times 30\ 000\ \text{N}=300\ \text{N}$$

上式表明，只要大小两个液压缸活塞面积之比 A_1/A_2 足够大，用很小的推力 F_2 就可以产生很大的推力 F_1。这说明液压传动装置具有力的放大作用。液压压力机和液压千斤顶就是根据这一原理制成的。

本章小结

本章通过液压千斤顶和磨床工作台的液压传动系统实例，运用帕斯卡原理，讲述了液压与气压传动的工作原理；强调了液压与气压传动具有的两个相互独立的重要特征——系统的压力取决于外负载，外负载的运动速度取决于流量。一个完整的液压传动系统由 5 个部分组成，分别是液压动力元件、液压控制元件、液压执行元件、液压辅助元件和液压传动工作介质。本章还简明扼要地介绍了液压传动的控制方式、优缺点、应用领域、发展过程和发展趋势。

思考题和习题

1. 液体传动有哪两种形式？它们的主要区别是什么？

2. 液压传动的工作原理是什么？有何主要特征？

3. 液压传动系统由哪几部分组成？各部分的作用是什么？

4. 绘制传动系统图时，为什么要采用图形符号？

5. 液体传动与机械传动相比，主要有哪些优缺点？

6. 试列举三种应用液体传动技术的场合，分别说明这三种场合主要利用液体传动技术的哪种优点。

7. 一个企业能否采用一个液压泵站集中供给压力油？说明理由。

8. 举例说明目前液体传动技术发展的方向。

第 2 章　液压传动工作介质

本 章 指 南

本章主要内容：主要讲述了液压传动工作介质的物理和化学性质及其选用原则，液压传动系统对工作介质的主要性能要求，液压传动工作介质的污染、危害和控制，污染度的测定及等级。

本章重点：掌握液体的可压缩性、黏性及黏性的度量，牛顿液体内摩擦定律，液压传动工作介质的正确使用、对污染的控制及采用的措施。

本章难点：液体的可压缩性、动力黏度和运动黏度公式推导与计算。

本章教学目的和要求：学习时应着重理解液压传动工作介质的物理意义和化学性质及其正确的选用原则，液压传动系统对工作介质的主要性能要求。黏性是选择液压传动工作介质的重要依据，必须准确地理解在液压传动中常用的计算公式，了解液压传动工作介质污染的原因及危害，采取正确的控制措施。

2.1　液压传动工作介质的性质和选用

在液压传动系统中，液压油是传递动力和信号的工作介质，通常采用矿物油作为工作介质，它还具有润滑、防锈和冷却的作用。液压传动系统能否有效、可靠地工作，在很大程度上取决于液压传动系统中使用的工作介质。据统计，75%～85%的各类液压传动系统故障与工作介质的选择、使用和维护不当有关。因此，在掌握液压传动系统之前，必须先对液压传动工作介质有一清晰的了解。

2.1.1　液压传动工作介质的种类

1. 液压传动工作介质按品种分类(Hydraulic transmission operating medium variety)

液压传动系统中使用的工作介质按国际标准化组织的 ISO 6743/4—1999 进行分类，我国国家标准 GB/T 7631.2—2003 与此等效，见表 2-1。目前 90%以上的液压传动设备采用的工作介质是石油基液压传动工作介质。石油基液压传动工作介质是以精炼后的机械油为基料，在基油中按需要加入各种添加剂，以改善液压油液的性能和满足液压传动设备的要求。添加剂有两类：一类是改善液压油液物理性能的，如防爬剂、增黏剂、抗磨剂等；另一类是改善液压油液化学性能的，如防锈剂、防腐剂、抗氧化剂等。

英国、日本、美国、中国等国家正在研制电流变液体(electro-rheological fluid，ERF)。ERF 液体是在绝缘的液压传动工作介质中加入精细的固体颗粒而形成的悬浊液。液压传动工作介质是不导电的油。悬浮在油中的颗粒尺寸在 1～100μm 之间，是不导电的有机材料和元件。粒子占工作介质总体积的 10%～40%。ERF 液体在外加静电场作用下其性质会发生迅速变化。当施加一电压时，液体就会固化；当电压取消后，又立即恢复其液体状态。使用 ERF 液体的优点是整个液压传动系统仅需要很少或根本没有运动部件，因此可降低零部件制造精度，提高可靠性和延长使用寿命，实现寂静液压传动系统；具有与电传动系统相匹配的响应速度，并且可以在被动系统中引入主动性能，从而了实现电控制下的无级调速。因此，ERF 液体未来的应用前景十分看好。

表 2-1　液压传动工作介质的分类(摘自 GB/T 7631.2—2003)

(TABLE 2-1　Classification of hydraulic transmission operating medium)

(Source：GB/T 7631.2—2003)

<table>
<tr><th colspan="2">类　别</th><th colspan="2">产 品 符 号</th><th colspan="3">组成和特性</th></tr>
<tr><td colspan="2" rowspan="7">石油基液压液</td><td colspan="2">L-HS</td><td colspan="3">无特殊性能的合成液</td></tr>
<tr><td colspan="2">L-HM</td><td colspan="3">HL＋抗磨剂</td></tr>
<tr><td colspan="2">L-HL</td><td colspan="3">HH＋抗氧化剂、防锈剂</td></tr>
<tr><td colspan="2">L-HH</td><td colspan="3">无添加剂的石油基液压液</td></tr>
<tr><td colspan="2">L-HR</td><td colspan="3">HL＋增黏剂</td></tr>
<tr><td colspan="2">L-HG</td><td colspan="3">HM＋防爬剂</td></tr>
<tr><td colspan="2">L-HV</td><td colspan="3">HM＋增黏剂</td></tr>
<tr><td rowspan="8">难燃液压液</td><td rowspan="4">含水液压液</td><td rowspan="2">L-HFA</td><td>L-HFAS</td><td rowspan="2">高含水液压液</td><td>水的化学溶液</td><td rowspan="2">含水大于80%(体积分数)</td></tr>
<tr><td>L-HFAE</td><td>水包油乳化液</td></tr>
<tr><td colspan="2">L-HFB</td><td colspan="2">油包水乳化液</td><td rowspan="2">含水小于80%(体积分数)</td></tr>
<tr><td colspan="2">L-HFC</td><td colspan="2">含聚合物水溶液/水-乙二醇液</td></tr>
<tr><td rowspan="4">合成液压液</td><td rowspan="4">L-HFD</td><td>L-HFDS</td><td colspan="3">氯化烃无水合成液</td></tr>
<tr><td>L-HFDT</td><td colspan="3">HFDR 和 HFDS 液混合的无水合成液</td></tr>
<tr><td>L-HFDR</td><td colspan="3">磷酸酯无水合成液</td></tr>
<tr><td>L-HFDU</td><td colspan="3">其他成分的无水合成液</td></tr>
</table>

2. 液压传动工作介质按黏度分类(Hydraulic transmission operating medium viscosity variety)

黏度是划分液压传动工作介质牌号的依据，按国际标准化组织的 ISO 3448—1992 进行分类。我国使用的液压传动工作介质的黏度(等效采用 ISO 3448—1992)按国家标准《工业液体润滑剂 ISO 黏度分类》(GB/T 3141—1994)进行分类。国家标准 GB/T 3141—1994 等效采用 ISO 3448—1992。

我国国家标准对液压及润滑油液的黏度进行了分级，液压及润滑油液的黏度牌号是用 40℃时油液运动黏度(mm^2/s)中心值的近似值表示。液压传动工作介质常用的为 10、15、22、32、46、68、100、150 号等 8 个黏度等级，最主要的为 15～68 号。

2.1.2　液压传动工作介质的物理性质

1. 液体的密度(Density of fluid)

单位体积液体所具有的质量被称为液体的密度。(The mass per unit volume of a substance is called density of fluid.)即

$$\rho = \frac{m}{V} \tag{2-1}$$

式中，ρ——液体的密度，kg/m^3；

V——液体的体积，m^3；

m——体积为 V 的液体的质量，kg。

液体的密度随着压力或温度的变化而变化，因其变化量一般很小，所以在实际工程计算中可以忽略不计。

部分常用液压传动工作介质的密度值见表 2-2。

表 2-2 部分常用液压传动工作介质的密度值(20℃)

(TABLE 2-2 Density value of part of hydraulic transmission operating medium)(20℃)

液压工作介质	密度 $\rho/(kg/m^3)$	液压工作介质	密度 $\rho/(kg/m^3)$
10 号航空液压油	0.85×10^3	水-乙二醇液压液 L-HFC	1.06×10^3
抗磨液压液 L-HM32	0.87×10^3	飞机用磷酸酯液压液 L-HFDR	1.05×10^3
抗磨液压液 L-HM46	0.875×10^3	通用磷酸酯液压液 L-HFDR	1.15×10^3
油包水乳化液 L-HFB	0.932×10^3	水包油乳化液 L-HFAE	0.9977×10^3

2. 液体的可压缩性(Compressibility of fluid)

液体受压力作用而使其体积缩小的性质被称为液体的可压缩性。(The ratio of the change in pressure acting on a volume to the fractional change in volume is called compressibility of fluid.)液体的可压缩性通常用体积压缩系数度量，是指当温度不变时，单位压力变化下液体体积的相对变化量，即

$$\kappa = -\frac{1}{\Delta p}\frac{\Delta V}{V_0} \tag{2-2}$$

式中，κ——液体的体积压缩系数，m^2/N；

V_0——加压前液体体积，m^3；

ΔV——加压后液体体积减小量，m^3；

Δp——液体压力增量，N/m^2。

由于压力增大时液体的体积减小，因此式(2-2)右边需加一负号，以使 κ 为正值。一般情况下，液压传动工作介质的可压缩性很小，当液压传动系统在静态(稳态)工作状态时，可以忽略不计；但液压传动系统在高压状态或研究液压传动系统的动态性能及计算远距离控制的液压设备时，就必须予以考虑。

液体的体积压缩系数 κ 的倒数被称为液体的体积弹性模量，用 K 表示。(Fluid bulk modulus of elasticity K which is inversely proportional to the coeffcient of volume compressibility κ, is defined as the ratio of the change in pressure Δp to relative change in volume $\Delta V/V_0$ at constant temperature.)即

$$K = \frac{1}{\kappa} = -\frac{\Delta p}{\Delta V}V_0 \tag{2-3}$$

部分常用液压传动工作介质的体积弹性模量见表 2-3。

表 2-3　部分常用液压传动工作介质的体积弹性模量(20℃，标准大气压)

(TABLE 2-3　The bulk elastic modular of part of hydraulic transmission operating medium)

(20℃，standard atmosphere)

液压传动工作介质	体积弹性模量 K/MPa	液压传动工作介质	体积弹性模量 K/MPa
水	2.4×10^3	油包水乳化液 L-HFB	2.3×10^3
水-乙二醇液压液 L-HFC	3.45×10^3	通用磷酸酯液压液 L-HFDR	2.65×10^3
水包油乳化液 L-HFAE	1.95×10^3	石油基液压油	$(1.4\sim2)\times10^3$

3. 液体的黏性(Viscosity of fluid)

液体在外力作用下流动时，液体分子间内聚力会阻碍分子相对运动而产生一种内摩擦力，这一特性被称为液体的黏性。(Viscosity can be thought of as the internal stickiness of a fluid. Under the action of an external force, the cohesion between fluid molecules would stop the fluid flow, which is called internal friction force. This is referred to the viscosity of fluid.)黏性是液体的重要物理特性，也是选择液压工作介质的重要依据。

液体的黏性示意图如图 2-1 所示。假设距离为 h 的两平行平板之间充满液体，下平板固定，上平板以速度 u_0 向右平行运动。在附着力的作用下，会使流动液体内部各液层的速度大小不等，紧贴于下平板上表面的液体层速度为零，紧贴于上平板下表面的液体层黏附于该表面上，其速度与上平板相同(为 u_0)，而当层间距离 h 逐渐减小时，中间各层液体的速度由上到下近似呈线性递减的规律分布。黏性使流动液体内部各处的速度不相等，这是因为在相邻两液体层间存在内摩擦力的缘故，内摩擦力对上层液体起阻滞作用，而对下层液体起拖拽作用。

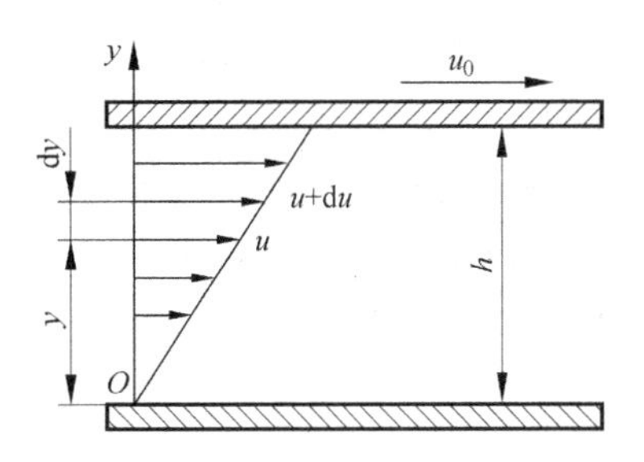

图 2-1　液体的黏性示意图

(FIGURE 2-1　Schematic illustration of viscosity of fluid)

实验结果表明，液体在流动时相邻流体层间的内摩擦力 F_f 与流体层的接触面积 A 及流体层的相对运动速度梯度 $\frac{du}{dy}$ 成正比，即

$$F_f = \mu A \frac{du}{dy} \tag{2-4}$$

式中，μ——比例系数，被称为动力黏度或绝对黏度。

若以 $\tau=\frac{F_f}{A}$ 表示流体层间切应力，即单位面积上的内摩擦力，则有

$$\tau = \mu \frac{du}{dy} \tag{2-5}$$

这就是牛顿液体内摩擦定律。(If the τ is described as the internal friction force per unit area A, it is the Newtonian's Law of Inner Friction.)

由式(2-5)可知，在静止液体中，因速度梯度 $\frac{du}{dy}=0$，故其内摩擦力为零，因此静止液体不呈现黏性。液体只有在流动时才显示其黏性。

1）黏性的度量(Viscosity measurement)

度量黏性大小的物理量被称为黏度。液体的黏度是指在单位速度梯度下流动时单位面积上产生的内摩擦力。(The viscosity of fluid is the internal friction force on per unit of area fluid under per unit of velocity gradient as fluid flows.)常用的黏度有三种，即动力黏度、运动黏度和相对黏度。

(1) 动力黏度 μ

动力黏度又称绝对黏度(dynamic viscosity or absolute viscosity)，它是表征液体黏性的内摩擦因数，用 μ 表示。由式(2-5)可得

$$\mu = \frac{\tau}{\frac{du}{dy}} \tag{2-6}$$

由式(2-6)可知动力黏度 μ 的物理意义是：当速度梯度 $\frac{du}{dy}=1$ 时，流动液层间单位面积上产生的内摩擦力。国际计量单位为 Pa·s(帕·秒)，或用 N·s/m^2(牛·秒/米^2)表示。

当速度梯度发生变化时，动力黏度 μ 为常量的液体被称为牛顿液体，动力黏度 μ 为变量的液体被称为非牛顿液体。石油基液压油一般为牛顿液体。

(2) 运动黏度 ν

液体的动力黏度 μ 与密度 ρ 的比值被称为运动黏度，用 ν 表示。(The ratio of dynamic viscosity μ to the mass density ρ is called the kinematic viscosity ν.)国际计量单位为 m^2/s(米^2/秒)。计算公式为

$$\nu = \frac{\mu}{\rho} \tag{2-7}$$

运动黏度 ν 没有明确的物理意义，在实际工程中经常用到它。因式(2-7)中只有长度和时间的量纲，故得名为运动黏度。黏度是液压油划分牌号的依据。例如，VG68 液压油，是指该液压油在 40℃时其运动黏度 ν 的平均值是 68mm^2/s。

国际标准化组织(ISO)按运动黏度值对液压传动工作介质的黏度等级进行了划分，部分常用液压传动工作介质的新、旧标准中运动黏度等级(或称牌号)的对照见表 2-4。旧标准是以 50℃的运动黏度值作为液压传动工作介质的运动黏度值。液压工作介质常用的黏度等级为 10～100 号，实际使用主要集中在 15～68 号。

表 2-4　部分常用液压传动工作介质的牌号和运动黏度　　10^{-6} m^2/s

(TABLE 2-4　Grade and kinetic viscosity of part of hydraulic transmission operating medium)

运动黏度等级 ISO 3448—1992	现牌号 GB/T 3141—1994	旧牌号 1982 年以前	过渡牌号 1983—1990 年	40℃时运动黏度范围	40℃时运动黏度平均值
VG10	10	7	N10	9.00～11.0	10
VG15	15	10	N15	13.5～16.5	15
VG22	22	15	N22	19.8～24.2	22
VG32	32	20	N32	28.8～35.2	32
VG46	46	30	N46	41.4～50.6	46
VG68	68	40	N68	61.2～74.8	68
VG100	100	60	N100	90.0～110	100

(3) 相对黏度

相对黏度又称条件黏度(relative viscosity or conditional viscosity)。它是采用特定的黏度计在规定的条件下测量出来的液体黏度。根据测量条件和使用仪器的不同，各国采用的相对黏度单位有所不同。如苏联、德国及我国等采用恩氏黏度($°E$)，英国采用雷氏黏度(R)，美国采用赛氏黏度(SSU)，等等。

使用恩氏黏度计测定恩氏黏度，具体方法如下：将200mL温度为t(单位：℃)的被测液体装入底部有$\phi 2.8$mm小孔的恩氏黏度计内，先测定该液体在重力作用下通过小孔流尽所需时间t_1后，再测出同体积温度为20℃的蒸馏水在同一恩氏黏度计内通过小孔流尽所需时间t_2($t_2=50\sim52$s)。t_1与t_2的比值即为被测液体在温度t时的恩氏黏度值，即

$$°E_t = \frac{t_1}{t_2} \tag{2-8}$$

在工业上，一般以20℃、50℃和100℃作为测定恩氏黏度值的标准温度，分别以符号$°E_{20}$、$°E_{50}$和$°E_{100}$表示。

恩氏黏度$°E$和运动黏度ν(单位：m^2/s)的换算关系式为

$$\nu = \left(7.31°E - \frac{6.31}{°E}\right) \times 10^{-6} \tag{2-9}$$

2) 调和油的黏度(The viscosity of blending oil)

选择合适黏度的液压传动工作介质，对液压传动系统的工作性能、可靠性及使用寿命影响很大。当现有的液压油黏度不能满足要求时，可把两种不同黏度的液压油按一定的比例混合起来使用，这就是调和油。调和油的黏度可用下面的经验公式计算：

$$°E = \frac{a°E_1 + b°E_2 - c(°E_1 - °E_2)}{100} \tag{2-10}$$

式中，$°E_1$、$°E_2$——混合前两种不同液压油的黏度，取$°E_1 > °E_2$；

$°E$——混合后调和油的黏度；

a、b——参与调和的两种不同液压油各占的百分比($a\% + b\% = 100\%$)；

c——实验系数，见表2-5。

表2-5　实验系数c的数值

(TABLE 2-5　Value of testing coefficient c)

a/%	10	20	30	40	50	60	70	80	90
b/%	90	80	70	60	50	40	30	20	10
c	6.7	13.1	17.9	22.1	25.5	27.9	28.2	25	17

3) 温度对黏度的影响(Viscosity-temperature characteristics)

液压传动工作介质的黏度受温度变化的影响很大，当液压传动工作介质温度升高时，其分子之间的内聚力减小，黏度就随之降低。液压传动工作介质的黏度随温度变化的性质被称为黏温特性。液压传动工作介质黏度的变化直接影响到液压传动系统的性能、泄漏量和容积效率，因此希望液压传动工作介质黏度随温度的变化越小越好。不同种类的液压传动工作介质有不同的黏温特性，黏温特性通常用黏度指数Ⅵ来度量。黏度指数Ⅵ表示该液压

传动工作介质的黏度随温度变化的程度与标准液的黏度变化程度之比。黏度指数越高，说明黏度随温度变化越小，其黏温特性就越好。

通常要求液压传动工作介质的黏度指数应在 90 以上，当液压传动系统的工作温度范围较大时，应选用黏度指数较高的液压传动工作介质。几种典型液压传动工作介质的黏度指数Ⅵ如表 2-6 所示。

表 2-6　典型液压传动工作介质的黏度指数Ⅵ

(TABLE 2-6　Viscosity index Ⅵ of typical hydraulic transmission operating medium)

液压工作介质种类	黏度指数Ⅵ	液压工作介质种类	黏度指数Ⅵ
普通液压油(L-HL)	90	高黏度指数液压油(L-HR)	≥160
石油基液压油(L-HG)	≥90	油包水乳化液(L-HFB)	130～170
抗磨液压油(L-HM)	≥95	水-乙二醇液压液(L-HFC)	140～170
高含水液压油(L-HFAE)	≈130	磷酸酯液压液(L-HFDR)	31～170
低温液压油(L-HV)	130		

4) 压力对黏度的影响(Viscosity-pressure characteristics)

当液压传动工作介质所受的压力增大时，分子之间的距离缩小，内聚力增大，液压传动工作介质的黏度也随之增大。当压力低于 5MPa 时，黏度值的变化很小，可以忽略不计；当压力超过 20MPa 时，这种影响就十分明显；当压力增加到 50MPa 时，液压传动工作介质的运动黏度就会增加 3 倍以上。压力对运动黏度的影响可用下式计算：

$$\nu_p = \nu_a e^{cp} \approx \nu_a(1 + cp) \tag{2-11}$$

式中，ν_p——液压传动工作介质在压力 p(单位：Pa)时的运动黏度，m^2/s；

ν_a——绝对压力为 1 个大气压时液压传动工作介质的运动黏度，m^2/s；

e——自然对数的底；

c——液压传动工作介质的系数，对于矿物油，$c=0.015\sim0.035MPa^{-1}$；

p——液压传动工作介质的压力，MPa。

5) 气泡对黏度的影响(Viscosity-foam characteristics)

当液压传动工作介质中混入直径为 0.25～0.5mm 的悬浮状态的气泡时，这些悬浮状态的气泡对液压传动工作介质的黏度具有一定的影响，其计算公式如下：

$$\nu_b = \nu_0(1 + 0.015b) \tag{2-12}$$

式中，ν_b——混入 b 空气时液压传动工作介质的运动黏度，m^2/s；

ν_0——不含空气时液压传动工作介质的运动黏度，m^2/s；

b——混入空气的体积分数。

2.1.3　液压传动工作介质的化学性质

1. 相容性(Compatibility)

液压传动工作介质抵抗与各种材料起化学反应的能力被称为相容性。液压传动工作介质与所接触的密封件、软管、电绝缘物质、油漆等都可能发生化学反应。如果化学反应不发生或很少发生，则表明此液压传动工作介质相容性好。

2. 热稳定性(Thermal resistance)

液压传动工作介质抵抗其受热时发生化学变化的能力被称为热稳定性。热稳定性差的液压传动工作介质在温度升高到一定程度时，可能产生裂化和聚合作用，当外来的杂质(水、灰尘等)与液压传动工作介质中化学反应后所产生的物质混在一起时，就会形成一种渣泥物。渣泥物的一部分悬浮在液压传动工作介质中，另一部分沉积在液压传动系统的各个组成部分里。由于这种化学反应随温度升高而加快，所以一般液压传动工作介质的工作温度应低于 65℃。

3. 氧化稳定性(Anti-oxygenation)

液压传动工作介质与空气中的氧或其他氧化物发生反应的程度被称为氧化稳定性。液压传动工作介质氧化后，会生成酸性化合物，使油液的黏度增加，从而引起液压传动系统中金属部分的腐蚀。所以，要求液压传动工作介质在 90℃以下化学稳定性好，以保证液压传动系统正常工作。

4. 水解稳定性(Hydrolytic stability)

液压传动工作介质遇水分解变质的程度被称为水解稳定性。水在液压传动工作介质中大部分沉淀在液压油箱的底部，但有一部分会成为液压传动工作介质中渣泥物的成分。当温度较低时，水会从液压传动工作介质中析出，凝成坚硬的细冰粒，会划伤机件的工作表面。

2.1.4 液压传动系统对工作介质的主要性能要求

液压传动工作介质是液压传动系统的重要组成部分之一，它具有双重作用。一个作用是作为传递能量和信号的工作介质；另一个作用是作为润滑剂润滑运动零件的工作表面，同时也起着冷却运动部件和保护金属不被锈蚀的作用。如果说液压泵是液压传动系统的心脏，那么液压传动工作介质就相当于液压传动系统的血液。液压传动系统能否安全、可靠、高效率、长寿命和经济地运行，与所选用的液压传动工作介质的各种性能和质量密切相关。不同的液压传动设备在不同的使用情况下，系统对液压传动工作介质的要求有很大的不同。为了更好地传递运动和动力，液压传动系统使用的液压传动工作介质应满足如下性能要求。

(1) 合适的黏度，$\nu_{40}=15\sim68\text{mm}^2/\text{s}$，有较好的黏温特性。

(2) 与密封材料和环境具有良好的相容性。

(3) 良好的水解稳定性和抗乳化性。

(4) 良好的空气释放性和抗泡沫性。

(5) 对金属材料需要具有良好的防腐性和防锈蚀性。

(6) 热膨胀系数小，比热容、热传导率大。

(7) 良好的过滤性能。

(8) 良好的抗磨性及润滑性。

(9) 凝固点和流动点低，闪点(明火能使液压油面上油蒸气内燃，但液压油本身不燃烧的温度)和燃点高。

(10) 良好的剪切稳定性、氧化稳定性和热稳定性。当温度低于57℃时,油液的氧化进程缓慢,之后,温度每增加10℃,氧化的程度增加一倍,所以控制液压传动工作介质的温度特别重要。

(11) 质地纯净,杂质少。

(12) 无毒无味、对人体无害,成本低。

另外,对轧钢机、挤压机、压铸机、飞机等则须突出热稳定、耐高温、不腐蚀、无毒、不挥发、防火等项要求。

2.1.5 液压传动工作介质的选择

正确、合理地选用液压传动工作介质是保证液压传动设备高效率正常运转的前提。液压传动工作介质的选择原则主要有两方面内容:品种和黏度。选择液压传动工作介质需考虑的因素如表2-7所示。

表2-7 选择液压传动工作介质时考虑的因素

(TABLE 2-7 Selection of hydraulic transmission operating medium)

考虑因素	考虑内容
液压传动系统工作条件	压力范围(承载能力、润滑性等) 转速(对支承面的浸润能力、气蚀等) 温度范围(黏温特性、黏度、热稳定性、剪切损失、低温流动性、挥发性等)
液压传动系统工作环境	要否阻燃(燃点、闪点等) 废液压传动工作介质再生处理及环保要求 抑制噪声的能力(消泡性、空气溶解度等)
液压传动工作介质的品质	物理化学指标 防锈蚀性 吸气情况、过滤性能、去垢能力 氧化稳定性 对金属和密封件等的相容性 剪切稳定性
液压传动工作介质的经济性	价格及使用寿命 维护、更换的难易程度 货源情况

在众多的考虑因素中,最重要的因素是液压传动工作介质的黏度。当黏度太小时,泄漏增大使液压传动系统效率下降;当黏度太大时,液流的压力损失和发热大,也会影响液压传动系统效率。在液压传动系统中,液压泵的工作条件最为恶劣,不但压力、转速和温度高,而且液压传动工作介质被液压泵吸入和压出时都要受到剪切作用,因此,液压传动工作介质的黏度是根据液压泵的要求来确定的。液压泵用液压传动工作介质的黏度范围及推荐牌号如表2-8所示。

表 2-8　液压泵用液压传动工作介质的黏度范围及推荐牌号

(TABLE 2-8　Viscosity range and grade of hydraulic transmission operating medium applied to pumps)

名　称	工作压力/MPa	工作温度/℃	运动黏度/(mm^2/s)		推荐用油
			最佳	允许	
齿轮泵	12.5 以下	5～40	25～54	4～220	L-HL32,L-HL46
		40～80			L-HL46,L-HL68
	10～20	5～40			L-HL46,L-HL68
		40～80			L-HM46,L-HM68
	16～32	5～40			L-HM32,L-HM68
		40～80			L-HM46,L-HM68
螺杆泵	10.5 以上	5～40	—	19～49	L-HL32,L-HL46
		40～80			L-HL46,L-HL68
叶片泵 1200r/min; 叶片泵 1800r/min	7	5～40	26～54 25～54	16～220 20～220	L-HH32,L-HH46
		40～80			L-HH46,L-HH68
	14 以上	5～40			L-HL32,L-HL46
		40～80			L-HL46,L-HL68
径向柱塞泵 轴向柱塞泵	14～35	5～40	16～48 16～47	10～65 4～76	L-HM32,L-HM46
		40～80			L-HM46,L-HM68
	35 以上	5～40			L-HM32,L-HM68
		40～80			L-HM68,L-HM100

2.1.6　液压传动工作介质的使用

在使用液压传动工作介质时,需注意以下几方面情况:

(1) 保持液压传动系统的密封,如发现泄漏,立即排除;

(2) 液压油箱的储油量应充分,以利于液压传动系统散热;

(3) 对长期使用的液压传动工作介质,氧化稳定性和热稳定性是决定温度界限的主要因素,因此,应使液压传动工作介质长期处在低于它开始氧化的温度下工作;

(4) 对液压传动工作介质定期抽样检验,并建立定期更换制度;

(5) 在储存、搬运和加注过程中,应防止液压传动工作介质被污染。

另外,在使用液压传动工作介质时,必须考虑液压传动系统工作条件的特殊要求。如在寒冷地区工作的液压传动设备要求低温流动性好、凝固点低,应使用黏度较低的液压传动工作介质;如液压传动设备在环境温度较高地区,工作压力高或运动速度较低时,为减小泄漏,应选用黏度较高的液压传动工作介质。各种液压传动工作介质的性能比较和应用范围如表 2-9 所示。

表 2-9　液压传动工作介质性能比较和应用范围

(TABLE 2-9　Property comparison and application range of hydraulic transmission operating medium)

项　目	石油基液压油	水包油乳化液	油包水乳化液	水-乙二醇液压液	水的化学溶液	磷酸酯液压液
黏度	低→很高	低	低	低→高	低	低→高
抗燃性	易燃	不燃	抗燃	抗燃	不燃	抗燃
润滑性	优	差	良	良→优	差	优
腐蚀性	无	小	小	极小	中等	极小
锈蚀性	无	小	极小	极小	小	极小
抗泡性	差→好	差	差	差	差	良
黏温性能	良→好	差	良	优	差	差→良
适用温度/℃	−29～100	4～49	4～66	−18～66	0～49	−7～130
常用压力/MPa 叶片泵	全域	<14	<7	<14	21	14～21
常用压力/MPa 柱塞泵			<14	<21		21
蒸发性	小	大	大	大	大	小
毒性	无	无	无	极微	无	轻微
过滤器吸入阻力/MPa	0.1	极小	0.09	0.2	极小	0.15
泵寿命	长	短	较长	较短	短	长
换油周期	长	短	短	长	长	长
不相容密封材料	天然橡胶 丁基橡胶 乙烯橡胶		丁基橡胶 乙烯橡胶 聚尿烷橡胶	聚尿烷橡胶 硅橡胶		丁腈橡胶 丙烯酯橡胶
维护保养	易	难	难	较易	较易	较易
相对价格/%	100	10～15	150	300～400	10～30	500～800

2.2　液压传动工作介质的污染和控制

2.2.1　液压传动工作介质污染物的种类

液压传动工作介质污染物是指对液压传动系统正常工作、工作可靠性和使用寿命产生不良影响的各种外来杂物，如空气、水、固体颗粒、微生物、化学物质和污染能量等。液压传动工作介质的污染物根据其物理形态可分为气体、液体和固体三种类型。气态污染物主要是空气；液态污染物主要是从外界侵入系统的水；固体污染物主要是液压传动系统工作介质中存在的颗粒状态物质。其中固体污染物是液压传动系统中最普遍、危害最大的污染物。

2.2.2　液压传动工作介质污染的原因

液压传动工作介质遭受污染的原因是多方面的，污染物的来源如表 2-10 所示。

表 2-10 液压传动工作介质的污染物

(TABLE 2-10 Contaminant of hydraulic transmission operating medium)

外来侵入的污染物	工作过程中产生的污染物
液压传动装置组装时残留下来的污染物 从周围环境混入的污染物 液压传动工作介质运输过程中带来的污染物	液压传动装置中相对运动件磨损时产生的污染物 液压传动工作介质物理化学性质变化时产生的污染物

在表 2-10 中,液压传动装置组装时残留下来的污染物是指液压元件和系统在加工、运输、装配等过程中残留下来的型砂、毛刺、切屑、磨粒、焊渣、纤维、灰尘、铁锈等。周围环境混入的污染物是指从液压油箱通气孔、注油孔、液压缸活塞杆、液压马达输出轴和维修过程中侵入的污染物。液压传动工作介质运输过程中带来的污染物是指新生产的液压传动工作介质被污染,包括从炼制、分装、运输和储存等过程中产生的污染。液压传动工作介质在工作过程中产生的污染物是指工作介质氧化和分解所产生的固体颗粒和胶状物质、液压元件磨损产生的磨屑、密封物的剥离片、管道内锈蚀剥落物等,其中磨屑是液压传动系统中最具破坏性、最危险的污染物。试验证明,新液压传动工作介质在长期储存过程中,工作介质中的颗粒污染物有聚积成团的趋势,大于 10μm/mL 的颗粒数超过 20 000 个,50%新液压传动工作介质的污染度超过液压元件的污染耐受度水平。

2.2.3 液压传动工作介质污染度的等级

为了定量地描述和评定液压传动工作介质的污染程度,国际标准化组织、美国和我国等都制定了污染度等级标准。我国国家标准《液压传动、油液固体颗粒污染等级代号》(GB/T 14039—2002)与国际标准 ISO 4406—1999 等效,如表 2-11 所示。

表 2-11 ISO 4406—1999 污染度等级数码

(TABLE 2-11 Contamination grade of hydraulic transmission operating medium in ISO 4406—1999)

每毫升颗粒数		等级数码
下限值	上限值	
80 000	160 000	24
40 000	80 000	23
20 000	40 000	22
10 000	20 000	21
5000	10 000	20
2500	5000	19
1300	2500	18
640	1300	17
320	640	16
160	320	15
80	160	14
40	80	13
20	40	12
10	20	11

续表

每毫升颗粒数		等级数码
下限值	上限值	
5	10	10
2.5	5	9
1.3	2.5	8
0.64	1.3	7
0.32	0.64	6
0.16	0.32	5
0.08	0.16	4
0.04	0.08	3
0.02	0.04	2
0.01	0.02	1
0.005	0.01	0
0.0025	0.005	0.9

ISO 4406—1999 污染度等级标准采用两个数码代表液压传动工作介质中固体颗粒污染度等级，前面的数码代表 1mL 液压传动工作介质中尺寸大于 5μm 的颗粒数等级，后面的数码代表 1mL 液压传动工作介质中尺寸大于 15μm 的颗粒数等级，两个数码之间用一斜线分开。例如，污染度等级数码为 20/17 的液压传动工作介质，表示它在每 1mL 内大于 5μm 的颗粒数在 5000～10 000 之间，大于 15μm 的颗粒数在 640～1300 之间。对于按 ISO 11171 校准的自动颗粒计数器计数，用≥4μm、≥6μm 和≥14μm 三个尺寸范围的颗粒浓度等级数码表示液压传动工作介质的污染度。

美国宇航学会标准 NAS 1638 液压传动工作介质的污染度等级标准见表 2-12。

表 2-12　NAS 1638 污染度等级(100mL 中的颗粒数)

(TABLE 2-12　Contamination grade of hydraulic operating medium in NAS 1638)

污染度等级	颗粒尺寸范围/μm				
	5～10	10～25	25～50	50～100	>100
00	125	22	4	1	0
0	250	44	8	2	0
1	500	89	16	3	1
2	1000	178	32	6	1
3	2000	356	63	11	2
4	4000	712	126	22	4
5	8000	1425	253	45	8
6	16 000	2850	506	90	16
7	32 000	5700	1012	180	32
8	64 000	11 400	2025	360	64
9	128 000	22 800	4050	720	128
10	256 000	45 600	8100	1440	256
11	512 000	91 200	16 200	2880	512
12	1 024 000	182 400	32 400	5760	1024

美国汽车工程师学会标准 SAE 749D 液压传动工作介质的污染度等级标准见表 2-13。

表 2-13　SAE 749D 污染度等级(100mL 中的颗粒数)

(TABLE 2-13　Contamination grade of hydraulic transmission operating medium in SAE 749D)

污染度等级	颗粒尺寸范围/μm				
	5～10	10～25	25～50	50～100	>100
0	2700	670	93	16	1
1	4600	1340	210	26	3
2	9700	2680	350	56	5
3	24 000	5360	780	110	11
4	32 000	10 700	1510	225	21
5	87 000	21 400	3130	430	41
6	128 000	42 000	6500	1000	92

2.2.4　液压传动工作介质污染度的测定

液压传动工作介质的污染度是指单位体积工作介质中固体颗粒污染物的含量,即液压传动工作介质中所含固体颗粒的浓度。液压传动工作介质污染度的测定方法主要有质量分析法和颗粒计数法。

1. 质量分析法(Mass methods of analysis)

液压传动工作介质污染度测定的质量分析法是指测定单位体积工作介质中所含固体污染物的质量,通常用 mg/L 表示。国际标准化组织的标准 ISO 4405《用质量测定法测定颗粒污染物》中有详细规定和使用说明。质量分析法测定的结果只能反映工作介质中颗粒污染物的总量,而不能反映颗粒的大小和尺寸分布,正在逐渐被颗粒计数法代替。

2. 显微镜计数法(Microscope count method)

液压传动工作介质污染度测定的显微镜计数法是指用微孔滤膜过滤一定体积的样液,将样液中的颗粒污染物全部收集在滤膜表面上,然后在显微镜下测定颗粒的大小,再按要求的尺寸范围计数。国际标准化组织的《光学显微镜计数法》(ISO/DIS 4407)和《入射光显微镜计数法》(ISO/DIS 4408)中对此有详细规定和使用说明。显微镜计数法是应用比较普遍的一种方法。其缺点是计数准确性在很大程度上取决于试验人员的主观性和经验;对尺寸小、数量多的颗粒,检测精度较差;计数重复性较差,偏差高达 30%左右。

3. 自动颗粒计数法(Automatic count method)

自动颗粒计数法是指使用自动颗粒计数器测出单位体积液压传动工作介质中所含各种尺寸范围的固体颗粒污染物的数量,其尺寸通常用 μm 表示。在液压传动工作介质污染分析中广泛应用自动颗粒计数器。根据工作原理的不同,自动颗粒计数器有遮光型、光散射型和电阻型等几种类型,应用较多的是遮光型自动颗粒计数器。

2.2.5　液压传动工作介质污染的危害

1. 液态污染物的危害(Hazard of liquid pollutants)

液态污染物主要是从外界侵入液压传动系统的水,液压传动和润滑系统的水主要来自周围的湿空气。其中，矿物油型液压传动工作介质的吸水饱和度一般为0.02%～0.03%，润滑油的吸水饱和度一般为0.05%～0.06%。水对液压传动元件和系统的危害主要有：

(1) 液压传动工作介质在低温下可能会结成冰粒，堵塞液压传动元件的间隙或小孔，导致液压传动元件或系统故障。

(2) 水侵入液压传动工作介质会加速油液的氧化，并与添加剂起作用产生黏性胶质，使滤芯堵塞。

(3) 使液压传动工作介质乳化，降低工作介质的润滑性能。

2. 气态污染物的危害(Hazard of atmospheric pollutants)

气态污染物主要是从大气侵入液压传动系统的空气。液压传动工作介质中的空气有两种存在形式：一种是溶解在工作介质中，另一种是以微小气泡状态悬浮在工作介质中。溶解气体不会改变工作介质的性质。悬浮在工作介质中的微小气泡对液压传动元件和系统的危害主要有：

(1) 使液压传动工作介质的可压缩性增大，在工作过程中，使工作介质的温度升高，能量消耗增大。

(2) 加速液压传动元件腐蚀，引起液压传动系统强烈地振动和噪声。

(3) 微小气泡会降低液压传动工作介质的体积弹性模量。试验表明，液压传动工作介质中混有1%的微小气泡，其体积弹性模量会降低到纯净工作介质的35.6%，严重影响液压传动系统的刚性和响应特性。

(4) 降低润滑性能。

3. 固体颗粒污染物的危害(Solid particles pollution hazard)

固体颗粒污染物是液压传动和润滑系统中最普遍、危害最大的污染物，实践证明，因固体颗粒污染物引起的液压传动和润滑系统的故障占总污染故障的60%～70%。固体颗粒污染物对液压传动元件和系统的危害主要表现在：

(1) 金属颗粒污染物对液压传动工作介质的氧化有催化作用。试验表明，当工作介质中同时存在金属颗粒和水时，则工作介质的氧化速度急剧增加，如铁或铜对液压传动工作介质的氧化作用使工作介质的氧化速度分别增加10倍和30倍以上。

(2) 固体颗粒污染物进入液压传动元件摩擦副的间隙内，对液压传动元件表面产生磨料磨损、冲蚀磨损和疲劳磨损，使表面材料受到破坏；还会使密封间隙增大，泄漏增加，系统的容积效率减小。

(3) 固体颗粒污染物进入液压传动元件摩擦副的间隙内，可能使摩擦副卡死而导致液压传动元件失效；固体颗粒污染物也可能会堵塞阻尼小孔、节流口或过滤器，使液压传动元件性能下降，产生噪声，甚至不能正常工作。

2.2.6 液压传动工作介质污染的控制及措施

1. 液压传动工作介质污染的控制(Pollution control of hydraulic transmission operating medium)

为了有效地控制液压传动系统的污染，以保证液压传动系统的工作性能、可靠性和液压元件的使用寿命，我国机械行业已制定了典型液压元件清洁度等级(见表2-14)和典型液压传动系统清洁度等级(见表2-15)。

表 2-14　典型液压元件清洁度等级
(TABLE 2-14　Cleanliness grade of typical hydraulic component)

液压元件类型	合格品	一等品	优等品
各种类型液压泵	19/16	18/15	16/13
一般液压阀	19/16	18/15	16/13
电液比例控制阀	16/13	15/12	14/11
电液伺服阀	15/12	14/11	13/10
摆动液压缸	20/17	19/16	17/14
液压缸	19/16	18/15	16/13
液压马达	19/16	18/15	16/13
储能器	19/16	18/15	16/13
过滤器壳体	17/14	16/13	15/12

表 2-15　典型液压传动系统清洁度等级
(TABLE 2-15　Cleanliness grade of typical hydraulic transmission system)

液压传动系统类型	清洁度等级										
	12/9	13/10	14/11	15/12	16/13	17/14	18/15	19/16	20/17	21/18	22/19
对污染极敏感的液压传动系统	—	—	—	—	—						
液压传动伺服系统		—	—	—	—	—					
高压液压传动系统			—	—	—	—	—				
中压液压传动系统					—	—	—	—	—		
低压液压传动系统						—	—	—	—	—	
低敏感液压传动系统							—	—	—	—	—
数控机床液压传动系统		—	—	—	—	—					
机床液压传动系统					—	—	—	—	—		
一般机械液压传动系统						—	—	—	—	—	
行走机械液压传动系统				—	—	—	—	—			
重型机械液压传动系统					—	—	—	—	—		
重型和行走设备液压传动系统						—	—	—	—	—	
冶金轧钢设备液压传动系统				—	—	—	—	—			

注：表中空白单元格表示没有数字；划横线的单元格表示推荐使用的清洁度等级。

2. 液压传动工作介质污染的控制措施(Pollution control and preventive measures of hydraulic transmission operating medium)

液压传动工作介质中的污染源可分为外界侵入的、液压传动系统内部残留的和系统在工作过程中内部生成的三类。对液压工作介质污染的控制主要有两个方面：一是防止污染物侵入液压传动系统，二是把已经侵入的污染物从液压传动系统中清除掉。液压工作介质污染的控制要贯穿于整个液压元件和系统的设计、制造、安装、调试、使用、日常维护和各种修理等各个阶段。液压传动系统可能的污染源和相应的控制措施如表 2-16 所示。

表 2-16　液压传动工作介质污染源和相应的控制措施

(TABLE 2-16　Pollution source and preventive measures of hydraulic transmission operating medium)

污染物类型	污染源类型	控制措施
外界侵入的污染物	侵入空气	去除液压传动工作介质中的空气；防止液压油箱内工作介质中的气泡被吸入液压传动系统中
	液压油箱的呼吸孔侵入水	设置高精度吸水或阻水空气过滤器 液压传动工作介质除水处理
	液压缸(马达)活塞杆	采用合格的液压缸(马达)活塞杆防尘密封圈
	检修与维护	定期检修保持液压设备清洁；彻底去除维修中残留的脱脂剂或清洗液，维修后循环过滤清洗整个液压传动系统
	补充或更换液压传动工作介质	补充或更换新液压传动工作介质时，新的工作介质清洁度应高于液压传动系统工作介质 1～2 级
内部残留的污染物	管件、液压油箱锈蚀物和残留的污染物	组装液压传动系统前，对管件、液压油箱进行酸洗和表面处理，使其达到规定的清洁度要求
	液压传动元件加工装配残留的污染物	完成各个加工工序后，进行清洗；零件装配时先清洗，达到规定的清洁度要求后再装配成元件
	液压传动系统组装过程中残留的污染物	液压传动系统组装后进行循环清洗，使其达到规定的清洁度要求
内部生成的污染物	液压传动工作介质氧化分解产物	选用化学稳定性良好的工作介质；去除工作介质中的金属颗粒和水，控制工作介质的温度，采用静电净油法处理工作介质中的胶状黏稠物
	液压元件磨损产物	选用耐磨损的材料；选择的过滤器能滤除尺寸与关键液压元件运动副油膜厚度相当的颗粒物，阻止磨损的链式反应

重点和难点课堂讨论

课堂讨论：液体的可压缩性、黏性及黏性的度量，牛顿液体内摩擦定律。

典型案例分析

案例　某一黏度计，若外筒直径 $D=100\text{mm}$，内筒直径 $d=98\text{mm}$，筒长 $l=200\text{mm}$，密度 $\rho=900\text{kg/m}^3$，外筒转速 $n=8\text{r/s}$，测得其转矩 $M=40\text{N}\cdot\text{cm}$，试求其油液的黏度。

解　油液在同心筒内旋转后，因油液黏性而产生的阻力转矩为

$$M = F\frac{D}{2} = \mu A\frac{u}{h}\frac{D}{2}$$

故

$$\mu = \frac{2Mh}{AuD}$$

又因

$$M = 40\ \text{N} \cdot \text{cm},\quad h = (100 - 98)/2\ \text{mm} = 1\ \text{mm}$$
$$A = \pi Dl = \pi \times 100 \times 200\ \text{mm}^2 = 2\pi \times 10^4\ \text{mm}^2$$

故

$$\mu = \pi Dn = \pi \times 100 \times 8\ \text{mm/s} = 800\pi\ \text{mm/s} = 2512\ \text{mm/s}$$

本 章 小 结

本章介绍了液压传动工作介质的物理和化学性质及其选用原则，液压传动系统对工作介质的主要性能要求，强调了黏度这一重要参数对液压传动系统正常工作的重要意义。重点分析了液体的可压缩性、黏性及黏性的度量，明确了液压传动工作介质可压缩性、动力黏度和运动黏度等重要的基本概念和计算方法，详细说明了它们的物理意义和应用。黏性是选择液压传动工作介质的重要依据。讲述了液压传动工作介质污染的原因及危害，污染度的等级及测定，正确控制污染的措施。

思考题和习题

1. 液压传动工作介质有哪几种类型？其性能特点和适用范围有何不同？

2. 液压传动系统对工作介质的主要性能要求是什么？

3. 液压传动工作介质的体积为 $20\times10^{-3}\text{m}^3$，质量为 18.2kg，求该工作介质的密度。

4. 什么是液压传动工作介质的黏性与黏度？为何液压传动工作介质会产生黏性？

5. 黏度有几种表示方法？常用的液压传动工作介质的黏度单位是什么？

6. 我国液压传动工作介质的牌号和黏度之间有何关系？

7. 一种可压缩性液体储存在圆柱形容器中。当容器内的压力为 10MPa 时，其体积为 995cm^3；当容器内的压力为 5MPa 时，其体积为 1000cm^3，试确定此液体的体积弹性系数。

8. 如图 2-2 所示结构中，上面的可移动平板面积为 3m^2，重 3000N，与下面不动平板的间距为 0.26mm，其间充满液压传动工作介质，为维持动平板以 0.8m/s 的速度运动，需加 9N 的水平推力。求：此间隙中液压传动工作介质的动力黏度。

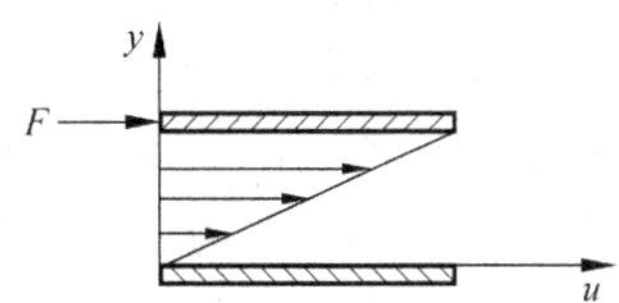

图 2-2　液体的黏性示意图
(FIGURE 2-2　Schematic illustration of viscosity of fluid)

9. 液压传动工作介质的污染物有哪几种类型？它们的危害是什么？

10. 液压传动工作介质被污染的途径有哪些？怎样才能有效地控制工作介质的污染？

第3章 液压流体力学基础知识

本 章 指 南

本章主要内容：介绍了液压流体力学基础知识，强调了压力和流量这两个重要参数对液压传动系统正常工作的重要意义。主要讲述了液体静力学、液体动力学理论基础知识，管路中液体流动时的流动状态、压力损失、液体流经小孔和缝隙的流量，空穴现象和液压冲击。

本章重点：掌握与运用液体静力学和流体动力学的基础知识及避免空穴现象和液压冲击的有效方法。

本章难点：实际液体的伯努利方程、动量方程及压力损失的公式推导与计算。

本章教学目的和要求：学习时应着重理解压力和流量这两个重要参数对液压传动系统正常工作的重要意义。必须准确地理解在液压传动中常用的计算公式，并通过反复练习学会在工程实际中正确地应用。

流体力学是研究液体平衡和运动规律的一门学科。(Hydro-mechanics studies the laws when fluid is in balance and flows.)本章主要叙述与液压传动有关的流体力学的基本理论，包括液体静力学与液体动力学，从而为正确分析、合理设计和使用液压传动系统打下必要的理论基础。

3.1 液体静力学基础知识

液体静力学研究液体在静止状态下的力学平衡规律以及这些规律的实际应用。(Hydro-static mechanics studies the laws and application when fluid is at rest.)静止液体是指液体内部质点间没有相对运动，至于液体整体，完全可以像刚体一样作各种运动。静止液体不显示黏性，液体内部无剪切应力而只有法向应力即压力。

3.1.1 液体静压力及特征

1. 液体静压力(Pressure in stationary liquids)

在非惯性系统中，液体处于静止状态下，作用在液体上的力有两种，即质量力和表面力。单位质量液体所受的质量力被称为单位质量力。单位面积上作用的表面力被称为应力，它有法向应力和切向应力之分。当液体静止时，液体质点间没有相对运动，不存在摩擦力，因此静止液体的表面力只有法向力。

质量力作用于液体的所有质点上，它的大小与液体质量成正比，如重力、惯性力和电磁力等都属于质量力。

表面力是作用于液体表面上的力，它可以是其他物体(如容器等)作用于液体上的力，也可以是一部分液体作用于另一部分液体上的力。

静压力是指液体在静止状态时,单位面积上所承受的法向力。(Static pressure is the action force in normal on per unit of area in stationary liquids.)液体静压力在物理学中被称为压强,在液压传动中被称为压力(It is intituled pressure in physics and action force in engineering usually)。

如果在静止液体中某点处微小面积 ΔA 上作用有法向力 ΔF,则该点的静压力 p 可定义为

$$p = \lim_{\Delta A \to 0} \frac{\Delta F}{\Delta A} \tag{3-1}$$

若法向作用力 F 均匀地作用在面积 A 上,静压力 p 又可表示为

$$p = \frac{F}{A} \tag{3-2}$$

(If a force acts perpendicularly on a surface or the whole surface, the force F divided by the area of the surface A will be the pressure p.)

压力的法定计量单位为 Pa(帕斯卡)或 N/m^2。由于此单位太小,工程上通常使用 kPa(千帕)或 MPa(兆帕)作计量单位,$1MPa=10^3 kPa=10^6 Pa$。常用压力单位换算见表 3-1。

表 3-1 常用压力单位换算表

(TABLE 3-1 Conversion chart of usage pressure unit)

帕 (Pa)	巴 (bar)	标准大气压 (atm)	工程大气压 (at)	千克力/厘米^2 (kgf/cm^2)	毫米水柱 (mmH_2O)	毫米水银柱 (mmHg)
1×10^5	1	$9.869\ 23\times10^{-1}$	1.019 72	1.019 72	$1.019\ 72\times10^4$	$7.500\ 62\times10^2$

2. 液体静压力的特性(Static pressure characteristic of liquids)

因为液体质点间的凝聚力很小,不能受拉,只能受压,所以液体的静压力具有两个重要特征:

(1) 液体静压力垂直于其承压面,其方向与该面的内法线方向一致。

(2) 静止液体内任一点处的静压力在各方向上都相等。

3.1.2 重力作用下静止液体中的压力分布和静力学基本方程

1. 静止液体中的压力分布和液体静力学的基本方程(Pressure spread in stationary liquids and basic equation of hydro-static mechanics)

如图 3-1(a)所示,静止液体所受的力有:液体受到的重力、液面上的压力 p_0 和容器壁面作用在液体上的压力。如果计算离液面深度为 h 处某点 B 的压力 p,可以假想在液体内取出一个底面包含该点的微小垂直液柱作为控制体来研究,如图 3-1(b)所示。设微小液柱的底面积为 dA,高度为 h,其体积为 $dA \cdot h$,则微小液柱所受的重力为 $\rho g h dA$,因为这个微小液柱在重力及周围液体的压力作用下处于平衡状态,所以其在垂直方向上的力平衡方程式为

$$p dA = p_0 dA + \rho g h\, dA \tag{3-3}$$

化简得

$$p = p_0 + \rho g h \tag{3-4}$$

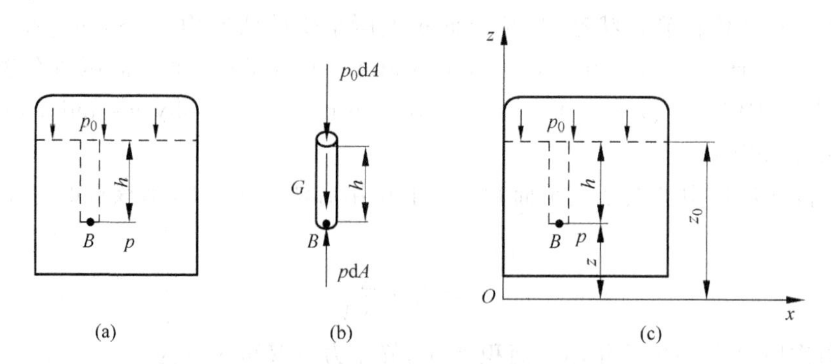

图 3-1　重力作用下的静止液体内压力分布规律

(FIGURE 3-1　Pressure distribution of gravity acting on static liquid)

式(3-4)被称为液体静力学的基本方程,它说明液体静压力分布有以下特征。

(1) 静止液体中任一点的压力均由两部分组成:一部分是液面上的表面压力 p_0,另一部分是该点以上的液体自重而形成的压力 ρgh。如果液面上只受大气压 p_a 作用,则液体中任一点的压力为

$$p = p_a + \rho gh \tag{3-5}$$

(2) 静止液体内的压力随液体深度呈线性规律递增。

(3) 同一液体内,距离液面深度相等的各点压力均相等。由压力相等的所有点组成的面被称为等压面,在重力作用下静止液体内的等压面是一个水平面。

2. 液体静力学基本方程的物理意义(Physical signification of hydro-static mechanics basic equation)

将图 3-1(a)所示盛有静止液体的密闭容器放在基准水平面(Ox)上加以分析,如图 3-1(c)所示,则液体静力学的基本方程可改写成

$$p + \rho gz = p_0 + \rho gz_0 = 常量 \tag{3-6}$$

式中,z——深度为 h 的 B 点与基准水平面之间的距离;

z_0——液面与基准水平面之间的距离。

将式(3-6)整理后可得

$$\frac{p}{\rho g} + z = \frac{p_0}{\rho g} + z_0 = 常量 \tag{3-7}$$

式中,$\dfrac{p}{\rho g}$——静止液体内单位重力液体的压力能,被称为压力水头;

z——静止液体内单位重力液体的位能,被称为位置水头。

式(3-7)说明静止液体中任一点的压力能和位能之和为一常数,压力能与位能可互为转换,即能量守恒(Formula (3-7) states that the total energy is conservation at any given point, that is conversation of energy),这就是液体静力学基本方程式中包含的物理意义。

3.1.3　液体静压力的传递

由液体静力学基本方程式(3-5)可知,盛在密闭容器内的液体,当外加压力 p_0 发生变化时,只要液体仍保持原来的静止状态不变,则液体内任一点的压力将发生同样大小的变化。

这就是说，在密闭容器内，施加于静止液体上的压力将以等值同时传到液体各点。这就是帕斯卡原理或称静压传递原理。帕斯卡原理是液压传动的一个基本原理。(Pressure exerted on a confined state liquid is transmitted equivalence in all directions and simultaneity and acts with equal force on all equal areas. That is the principle of Pascal. The principle of Pascal is also called as the hydro-static pressure transmission principle.)

必须指出，当 p_0 是液压传动系统的工作压力时，由于液体自重所产生的压力 ρgh 要比外力产生的压力 p_0 小得多，所以在液压传动中，可以不考虑位置势能对压力能的影响，一般认为 $p=p_0$，即在液压传动系统中相对静止液体内部各点的压力均相等，都等于外界所施加的压力，即外负载所产生的压力。

3.1.4　绝对压力、相对压力和真空度

在液压传动中，根据度量基准的不同，液体压力可用绝对压力和相对压力两种方法表示。以绝对真空为基准零值时所测得的压力，被称为绝对压力(The pressure that is based on the absolute vacuum is called absolute pressure)。以大气压为基准零值时所测得的压力，被称为相对压力(The pressure based on the atmosphere is called relative or gauge pressure)。由于大多数测压仪表都受大气压的作用，因此，仪表指示的压力都是相对压力。相对压力也被称为表压力。在使用中如不特别指明，液压传动中所提到的压力均为相对压力。当绝对压力低于大气压时，比大气压小的那部分数值被称为真空度(Vacuum or negative pressure is lower value than atmosphere)。

绝对压力、相对压力(表压力)、真空度三者的关系用公式表示可归纳如下：

(1) 绝对压力＝大气压力＋相对压力；

(2) 相对压力＝绝对压力－大气压力；

(3) 真空度＝大气压力－绝对压力。

绝对压力、相对压力(表压力)、真空度的相对关系可以用图解表示，如图 3-2 所示。

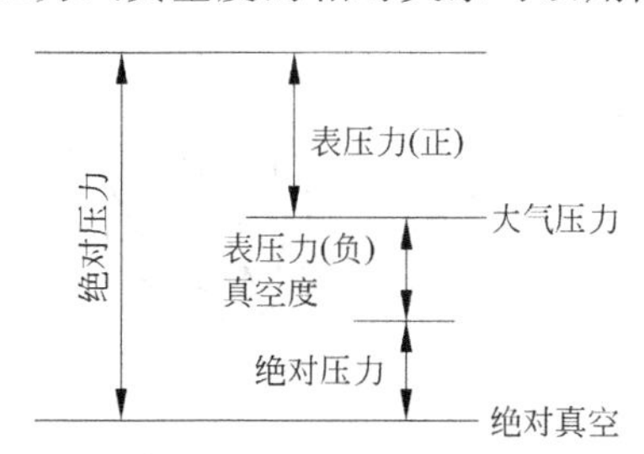

图 3-2　绝对压力、相对压力(表压力)与真空度的相对关系
(FIGURE 3-2　Relation between absolute pressure, relative pressure and vacuum)

3.1.5　液体静压力作用在固体壁面上的力

当静止液体与固体壁面相接触时，固体壁面将受到总液压力的作用。在液压传动计算中，通常略去由液体自重产生的压力，液体中各点的静压力被看作是均匀分布的，且垂直作用于受压表面。当固体壁面为平面时，静止液体对固体壁面的总作用力 F 等于液体的静压

力 p 与受压面积 A 的乘积，总作用力方向与该平面相垂直，即

$$F = pA \tag{3-8}$$

当固体壁面为曲面时，曲面上各点所受的静压力的方向是变化的，但大小相等。因而作用在曲面上的总作用力在不同的方向也就不一样，因此必须明确要计算的是曲面上哪一个方向上的力。由此可知，静压力作用在曲面某一方向 x 上的总作用力 F_x 等于静压力 p 与曲面在该方向上投影面积 A_x 的乘积，即

$$F_x = pA_x \tag{3-9}$$

综上所述，静止液体作用在曲面上的总作用力在某一方向上的分力等于静压力与曲面在该方向投影面积的乘积。这一结论对任意曲面都适用。下面以液压缸筒为例加以证实。

例 3.1　设液压缸两端面封闭，缸筒内充满着压力为 p 的油液，缸筒长度为 l，半径为 r，液压缸筒受力分析如图 3-3 所示。求液体作用在右半壁内表面 x 方向上的分力 F_x。

解　在缸筒右半壁内表面上取一微小面积 $\mathrm{d}A=l\mathrm{d}s=lr\mathrm{d}\theta$，则压力油作用在这微小面积 $\mathrm{d}A$ 上的作用力 $\mathrm{d}F=p\mathrm{d}A$ 在 x 方向上的分力为

$$\mathrm{d}F_x = \mathrm{d}F\cos\theta = p\mathrm{d}A\cos\theta = plr\cos\theta\mathrm{d}\theta$$

对上式积分，得液压缸筒右半壁内表面 x 方向上的分力：

$$F_x = \int_{-\frac{\pi}{2}}^{\frac{\pi}{2}} plr\cos\theta\mathrm{d}\theta = 2lrp$$

式中，$2lr$——液压缸筒右半壁内表面在 x 方向上的投影面积。

同理可求得液体作用在左半壁内表面 x 反方向上的作用力 $F'_x=pA$。因 $F_x=-F'_x$，所以液体作用在液压缸筒内壁的合力为零。

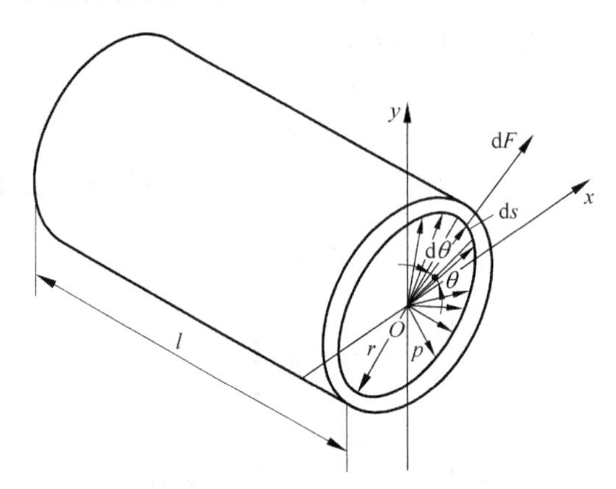

图 3-3　液体对固体壁面的作用力

(FIGURE 3-3　Forces in stationary liquids acting on the inner surfaces of the container)

3.2　液体动力学基础知识

液体动力学的主要内容是研究液体的流动状态、运动规律、能量转换，以及流动液体与固体壁面之间的相互作用力等问题。流动液体的连续性方程、伯努利方程和动量方程是描述流动液体力学规律的三个基本方程式。这三个方程式是刚体力学中质量守恒、能量守恒

和动量守恒在流体力学中的具体体现，连续性方程和伯努利方程反映压力、流速和流量之间的关系，动量方程则用来解决流动液体与固体壁面之间的相互作用力问题。这些内容不仅构成了液体动力学的基础，而且还是液压技术中分析问题和设计计算的理论依据。

3.2.1 流动液体的基本概念

1. 理想液体、恒定流动、一维流动、二维流动和三维流动(Ideal liquid, invariable flow, one dimension flow, two dimension flow and three dimension flow)

(1) 理想液体是指既无黏性又不可压缩的液体。

(2) 实际液体是指既具有黏性又可压缩的液体。

(3) 运动要素是指用来描写流体运动状态的各个物理量。即当液体流动时，可以将流动液体中空间任一点上质点的运动参数，如压力 p、流速 u 及密度 ρ 表示为空间坐标和时间的函数，例如：

$$p = p(x,y,z,t)$$
$$u = u(x,y,z,t)$$
$$\rho = \rho(x,y,z,t)$$

(4) 恒定流动(稳定流动或定常流动)是指当液体流动时，液体中任一点处的压力 p、流速 u 及密度 ρ 都不随时间 t 变化的流动，如图 3-4 所示。

恒定流动时，

$$\frac{\partial p}{\partial t} = 0, \quad \frac{\partial u}{\partial t} = 0, \quad \frac{\partial \rho}{\partial t} = 0$$

在研究液压传动系统的静态性能时，往往将一些非恒定流动问题适当简化，作为恒定流动来处理。

(5) 非恒定流动(非稳定流动或非定常流动)是指当液体流动时，液体中任一点处的压力 p、流速 u 及密度 ρ 有一个运动参数随时间 t 变化的流动，如图 3-5 所示。

在研究液压传动系统的动态性能时，必须按非恒定流动来处理。

(6) 一维流动是指液体整个作线性流动。

(7) 二维流动是指液体整个作平面流动。

(8) 三维流动是指液体整个作空间流动。

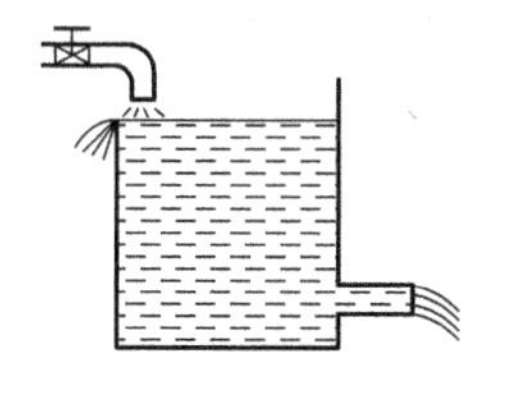

图 3-4　恒定流动
(FIGURE 3-4　Invariable flow)

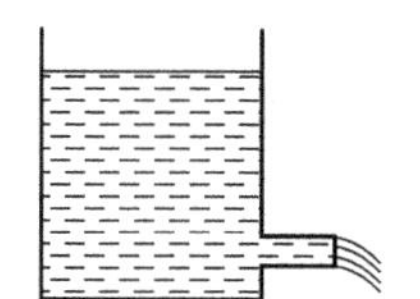

图 3-5　非恒定流动
(FIGURE 3-5　Variable flow)

2. 流场、迹线、流线、流束和通流截面(Flow field, trace, flown line, streamline and cross section)

(1) 流场是指被运动流体所充满的空间。

(2) 迹线是流体质点在一段时间内运动的轨迹线。

(3) 流线是流体质点在某一瞬间运动状态的一条空间曲线。在流线上各点处的瞬时流速 u 方向与该点的切线方向重合，如图 3-6(a)所示。在非恒定流动时，由于液流通过空间点的速度随时间变化，因此流线形状也随时间变化。在恒定流动时，流线形状不随时间变化。由于液流中每一点在每一瞬时只能有一个速度，所以流线之间不能相交也不能转折，流线与迹线重合，它是一条条光滑的曲线。

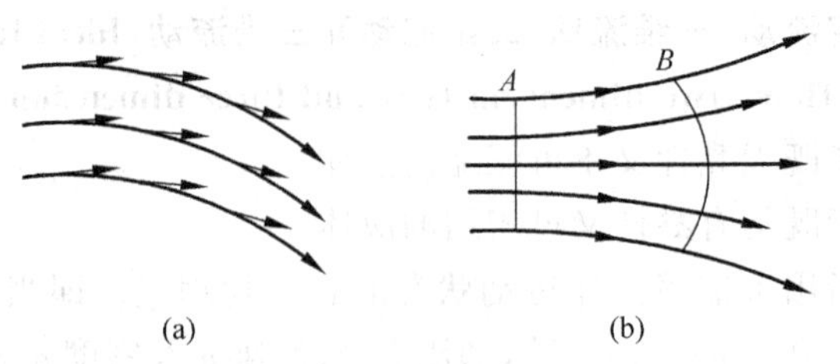

图 3-6　流线和流束

(FIGURE 3-6　Flown line and streamline)

(a) 流线；(b) 流束和通流截面

(4) 某一瞬时 t 在流场中画一不属于流线的任意封闭曲线，经过该封闭曲线的每一点作流线，由这些流线组成的表面称为流管。

(5) 流束是指充满在流管内的流线群。

(6) 通流截面(或过流断面)是指在流束中与所有流线正交的截面。在液压传动系统中，液体在管道中流动时，垂直于流动方向的截面即为通流截面或过流断面。如图 3-6(b)中 A、B 截面。通流截面可能是平面，也可能是曲面。

3. 流量和平均流速(Flow and average flow velocity)

(1) 流量是指单位时间内通过通流截面的流体体积，用 q 表示，单位为 m^3/s 或 L/min。

对于微小流束，通过 dA 上的流量为 dq，其表达式为

$$dq = u dA \tag{3-10}$$

对式(3-10)进行积分，可得流经整个通流截面的流量为

$$q = \int_A u dA \tag{3-11}$$

(2) 平均流速 v 是指流量 q 与通流截面面积 A 的比值。由于

$$q = \int_A u dA = vA \tag{3-12}$$

则平均流速为

$$v = \frac{q}{A} \tag{3-13}$$

在实际工程计算中，用平均流速 v 代替实际流速 u，在计算流量时平均流速才具有应用价值。

3.2.2　流量连续性方程

流量连续性方程简称连续性方程，是质量守恒定律(conservation of mass)在流体力学中的一种表达形式，它是流体运动学方程。即单位时间内流过每一通流截面的液体质量必

然相等。

当液体在流场中作恒定流动时，任意取一不等截面流管，其两端通流截面面积分别为 A_1、A_2。然后在该流管中取一微小流束，假设微小流束两端的通流截面面积分别为 dA_1、dA_2，如图 3-7 所示。根据质量守恒定律，在单位时间内流过两个微小截面的液体质量相等 (The mass is equal on two different cross-section according to the conservation of mass)，故有

$$\rho_1 u_1 dA_1 = \rho_2 u_2 dA_2$$

式中，ρ_1——液体流经通流截面 dA_1 的密度；

ρ_2——液体流经通流截面 dA_2 的密度；

u_1——液体流经通流截面 dA_1 的瞬时速度；

u_2——液体流经通流截面 dA_2 的瞬时速度。

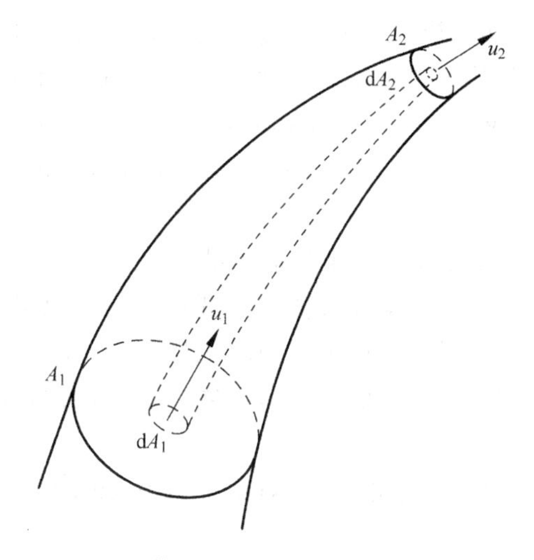

图 3-7　液体的微小流束连续性流动示意图

(FIGURE 3-7　Schematic illustration of tiny streamline continuity flow of liquid)

如果不考虑液体的可压缩性，即 $\rho_1=\rho_2$，流过两个微小截面的液体体积相等，则有

$$u_1 dA_1 = u_2 dA_2$$

对于整个流管，显然是微小流束的集合，由上式积分得通过整个流管的流量

$$\int_{A_1} u_1 dA_1 = \int_{A_2} u_2 dA_2$$

根据式(3-11)和式(3-13)，上式可以写成

$$q_1 = q_2$$

或写成

$$v_1 A_1 = v_2 A_2 = 常数 \tag{3-14}$$

式中，q_1——液体流经通流截面 A_1 的流量；

q_2——液体流经通流截面 A_2 的流量；

v_1——液体流经通流截面 A_1 的平均流速；

v_2——液体流经通流截面 A_2 的平均流速。

由于通流截面是任意取的，则有

$$q = v_1A_1 = v_2A_2 = v_3A_3 = \cdots = v_iA_i = 常数 \tag{3-15}$$

式(3-15)被称为不可压缩流体作恒定流动的连续性方程。它说明在恒定流动中流过各通流截面的不可压缩流体的流量是相等的，因此流速和通流截面的面积成反比。

(The law of mass continuity states that for incompressible liquids and in a system with impermeable walls, the rate of flow is constant. Thus, where q is the rate of flow, A is the cross-sectional area of the liquid steam, and v is the average velocity of the liquid in that cross-sectional location, the subscripts 1 and 2 refer to two different locations in the system.)

3.2.3　伯努利方程

众所周知，自然界的一切物质总是不停地运动着，其所具有的能量保持不变，既不能消灭，也不能创造，只能从一种形式转换成另一种形式。这就是能量守恒与转换定律。(Law of conservation of energy, with respect to a flowing fluid, states that the total energy of a flow of liquid does not change, as long as energy is not supplied from the outside or drained to the outside.)

伯努利方程是流体能量方程，它实际上是能量守恒定律(conservation of energy)在流体力学中的一种表达形式。要说明流动液体的能量问题，必须先讲述液流的受力平衡方程，即它的运动微分方程。由于流动液体的能量问题比较复杂，在研究时先从理想液体在微小流束中的流动情况着手，然后再对它加以修正，扩展到实际液体在流束中的能量问题，得出实际液体的伯努利方程。

1. 理想液体微小流束的运动微分方程(Kinetic differential equation of tiny streamline of ideal liquid)

现研究理想液体恒定流动条件下在重力场中沿流线运动时其力的平衡关系。在某一瞬时 t，从液流的微小流束上取出一段通流截面面积为 dA、长度为 ds、微元体积为 $dV=dAds$ 的微元体，如图 3-8 所示。在一维流动情况下，微小流束上各点的压力 p 和流速 u 是该点所在位置 s 和时间 t 的函数，即 $p=f(s,t)$，$u=f(s,t)$。对理想液体来说，作用在微元体上的外力有以下三种。

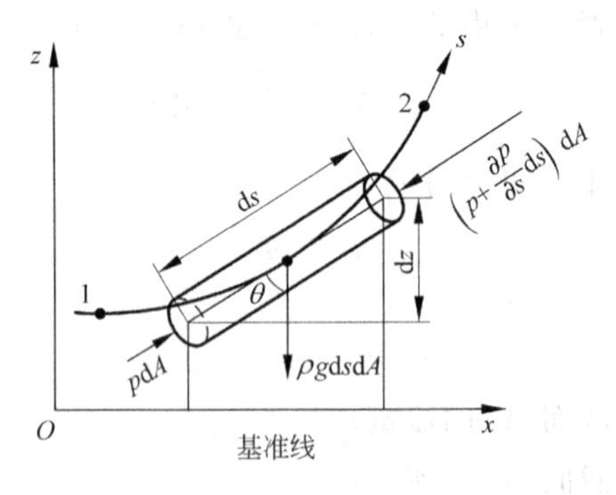

图 3-8　理想液体微小流束的一维流动伯努利方程推导

(FIGURE 3-8　Theoretical derivation of Bernoulli's equation of tiny streamline one dimension flow of ideal liquid)

(1) 压力在两端截面上所产生的作用力

$$p\mathrm{d}A-\left(p+\frac{\partial p}{\partial s}\mathrm{d}s\right)\mathrm{d}A=-\frac{\partial p}{\partial s}\mathrm{d}s\mathrm{d}A$$

式中，$\frac{\partial p}{\partial s}$——沿流线方向的压力梯度。

(2) 作用在微元体上的质量力只有重力

$$-mg=-\rho\mathrm{d}Vg=-\rho\mathrm{d}A\mathrm{d}sg=-\rho g\,\mathrm{d}A\mathrm{d}s$$

(3) 在恒定流动下该微元体的惯性力

$$ma=\rho\mathrm{d}A\mathrm{d}s\frac{\mathrm{d}u}{\mathrm{d}t}=\rho\mathrm{d}A\mathrm{d}s\left(u\frac{\partial u}{\partial s}\right)$$

式中，u——微元体沿流线方向的瞬时运动速度，$u=\frac{\mathrm{d}s}{\mathrm{d}t}$。

由牛顿第二定律，$\sum F=ma$，可得

$$-\frac{\partial p}{\partial s}\mathrm{d}s\mathrm{d}A-\rho g\,\mathrm{d}A\mathrm{d}s\cos\theta=\rho\mathrm{d}A\mathrm{d}s\left(u\frac{\partial u}{\partial s}\right)\tag{3-16}$$

式中，θ——质量力与流线 s 之间的夹角，$\cos\theta=\frac{\partial z}{\partial s}$。

将式(3-16)化简后可得

$$-\frac{1}{\rho}\frac{\partial p}{\partial s}-g\frac{\partial z}{\partial s}=u\frac{\partial u}{\partial s}\tag{3-17}$$

在恒定流动时，p、z、u 三个参数只是流线段长 s 的函数，故可进一步将式(3-17)化简为

$$\frac{1}{\rho}\mathrm{d}p+g\mathrm{d}z+u\mathrm{d}u=0\tag{3-18}$$

式(3-18)就是理想液体沿流线方向作恒定流动时的运动微分方程，也被称为欧拉运动方程。它表示了单位质量液体的力平衡方程。

2. 理想液体微小流束的伯努利方程(Bernoulli's equation of tiny streamline of ideal liquid)

如图 3-8 所示，将式(3-17)沿流线 s 从截面 1 积分到截面 2，便可得到微元体流动时的能量关系式，即

$$\int_1^2\left(-\frac{1}{\rho}\frac{\partial p}{\partial s}-g\frac{\partial z}{\partial s}\right)\mathrm{d}s=\int_1^2\frac{\partial}{\partial s}\left(\frac{u^2}{2}\right)\mathrm{d}s$$

上式两边同除以 g，移项后整理得

$$\frac{p_1}{\rho g}+z_1+\frac{u_1^2}{2g}=\frac{p_2}{\rho g}+z_2+\frac{u_2^2}{2g}\tag{3-19}$$

因为截面 1 和 2 是任意截取的，所以式(3-19)也可写成

$$\frac{p}{\rho g}+z+\frac{u^2}{2g}=\text{常数}\tag{3-20}$$

式中，$\frac{p}{\rho g}$——单位重力液体所具有的压力能，被称为比压能，也叫作压力水头；

z——单位重力液体所具有的势能，被称为比位能，也叫作位置水头；

$\frac{u^2}{2g}$——单位重力液体所具有的动能，被称为比动能，也叫作速度水头。

式(3-19)或式(3-20)就是理想液体微小流束作恒定流动时的能量方程或伯努利方程。

它与式(3-7)液体静力学的基本方程相比多了一项单位重力液体的动能 $u^2/2g$。

由此可知，理想液体伯努利方程的物理意义是：在密封管道内作恒定流动的理想液体在任意一个通流截面上具有三种形式的能量，即压力能、位能和动能，而且三种能量之间是可以相互转换的，三种能量的总和为一定值，也就是说能量是守恒的。(Formula (3-19) or (3-20) is the well-known Bernoulli's equation of tiny streamline of ideal liquid. It states that ideal liquid flows in a pipe including three forms of energies: pressure energy, potential energy and kinetic energy. These three energies can be transformed between each other, but the total energy is always invariable, that is called conservation of energy.)

3. 实际液体微小流束的伯努利方程(Bernoulli's equation of tiny streamline of practical liquid)

实际液体具有黏性，因此实际液体流动时需要克服由于黏性所产生的摩擦阻力，这必然要消耗能量，这样液流的总能量或总比能就在不断地减少。则实际液体微小流束的伯努利方程为

$$\frac{p_1}{\rho g}+z_1+\frac{u_1^2}{2g}=\frac{p_2}{\rho g}+z_2+\frac{{u_2}^2}{2g}+h'_{\mathrm{w}} \tag{3-21}$$

式中，h'_{w}——实际液体微小流束中微元体从截面 1 流到截面 2 因黏性摩擦而损耗的能量。

4. 实际液体总流的伯努利方程(Bernoulli's equation of practical liquid)

式(3-21)已经给出实际液体微小流束的伯努利方程，现需求出实际液体总流的伯努利方程。在管道内作恒定流动的一段实际液体上任取两个截面 1 和 2，两端的通流截面面积分别为 A_1 和 A_2，在该实际液流中取出一段微小流束，其两端的通流截面面积分别为 $\mathrm{d}A_1$ 和 $\mathrm{d}A_2$，相对应的压力、高度和流速分别为 p_1、z_1、u_1 和 p_2、z_2、u_2，如图 3-9 所示。因此，对式(3-21)中微小流束两端的通流截面面积 A_1 和 A_2 进行积分可得实际液体的伯努利方程为

$$\int_{A_1}\left(\frac{p_1}{\rho g}+z_1\right)u_1\mathrm{d}A_1+\int_{A_1}\frac{u_1^2}{2g}u_1\mathrm{d}A_1=\int_{A_2}\left(\frac{p_2}{\rho g}+z_2\right)u_2\mathrm{d}A_2+\int_{A_2}\frac{u_2^2}{2g}u_2\mathrm{d}A_2+\int_q h'_{\mathrm{w}}\mathrm{d}q \tag{3-22}$$

式中，$\mathrm{d}q$——微小流束的流量，$\mathrm{d}q=u_1\mathrm{d}A_1=u_2\mathrm{d}A_2$。

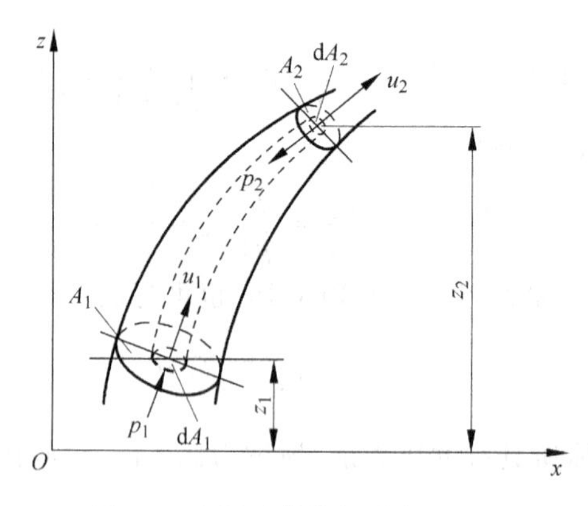

图 3-9 实际液体伯努利方程推导

(FIGURE 3-9 Theoretical derivation of Bernoulli's equation of practical liquid)

为了使式(3-22)便于使用，先将图3-9中实际液流通流截面 A_1 和 A_2 处的流动限于平行流动或缓变流动，这时通流截面 A_1 和 A_2 可视作平面，在通流截面 A_1 和 A_2 上只有重力而无其他质量力，即 $p/(\rho g)+z=$常数。因此通流截面 A_1 和 A_2 上各点处的压力具有与静止液体相同的压力分布规律。再用平均流速 v 代替实际液流通流截面 A_1 和 A_2 上各点处不相等的实际流速 u，取单位时间内通流截面 A 处液流的实际动能和按平均流速计算出的动能之比为动能修正系数 α，即

$$\alpha=\frac{\int_A \rho\frac{u^2}{2}u\mathrm{d}A}{\frac{1}{2}\rho Avv^2}=\frac{\int_A u^3\mathrm{d}A}{v^3A} \tag{3-23}$$

此外，对实际液流在管道内流动时因黏性摩擦而产生的能量损失，也采用平均能量损失的概念来处理，即令

$$h_w=\frac{\int_q h'_w\mathrm{d}q}{q} \tag{3-24}$$

将式(3-23)和式(3-24)代入式(3-22)，整理后可得

$$\frac{p_1}{\rho g}+z_1+\frac{\alpha_1 v_1^2}{2g}=\frac{p_2}{\rho g}+z_2+\frac{\alpha_2 v_2^2}{2g}+h_w \tag{3-25}$$

式中，α_1——实际液体总流在通流截面 A_1 上的动能修正系数；

α_2——实际液体总流在通流截面 A_2 上的动能修正系数；

h_w——实际液体总流单位重力液体从通流截面1流到通流截面2因黏性摩擦而损耗的能量。

式(3-25)就是仅受重力作用的实际液体在管道内作平行(或缓变)流动时的伯努利方程。它的物理意义是：单位重力实际液体的能量守恒。

在总流能量计算中，应用式(3-25)时，动能要乘以修正系数 α_1 和 α_2。动能修正系数 α 一般在紊流时取1，层流时取2。必须注意 p 和 z 应为通流截面内同一点上的两个参数，为便于计算，通常把这两个参数都取在通流截面内的轴心处。

伯努利方程的适用条件为：

(1) 恒定流动的不可压缩液体，即密度为常数；

(2) 液体所受质量力只有重力，忽略惯性力的影响；

(3) 所选择的两个通流截面必须在同一个连续流动的流场中是缓变流；

(4) 流体流动的沿程流量恒定；

(5) 两个通流截面之间没有能量输入或输出。

在液压传动系统的计算中，通常将式(3-25)变换成如下形式：

$$p_1+\rho gh_1+\frac{1}{2}\rho\alpha_1 v_1^2=p_2+\rho gh_2+\frac{1}{2}\rho\alpha_2 v_2^2+\Delta p_w \tag{3-26}$$

式中，h_1——在通流截面 A_1 上实际液体总流在流动时的高度；

h_2——在通流截面 A_2 上实际液体总流在流动时的高度；

Δp_w——实际液体总流在流动时的压力损失。

(Bernoulli's theorem is based on the principle of conservation of energy and relates to pressure, velocity, the elevation of the fluid at any location in the system, and the frictional losses in a system that is full of liquid.)

3.2.4 动量方程

动量方程是动量定理(theorem of momentum)在流体力学中的具体应用。在液压传动中，动量方程可以用来方便地计算流动液体作用于限制其流动的固体壁面上的总作用力。刚体力学动量定理指出：作用在物体上所有外力合力的大小等于物体在合力的作用方向上动量的变化率(The rate of change of momentum in the system equals to composition of outside forces)，即

$$\sum F = \frac{\mathrm{d}I}{\mathrm{d}t} = \frac{\mathrm{d}(mv)}{\mathrm{d}t} \tag{3-27}$$

为推导流动液体作恒定流动时的动量方程，在图 3-10 所示的流管中，任意瞬时 t 取出一被通流截面 A_1 和通流截面 A_2 所限制的液体体积 V，被称为控制体积。通流截面 A_1 和通流截面 A_2 为控制表面。在该控制体积内任取一个微小流束，其在 A_1 和 A_2 上的通流截面面积分别为 $\mathrm{d}A_1$ 和 $\mathrm{d}A_2$，流速分别为 u_1 和 u_2。设控制体积经过瞬时 $\mathrm{d}t$ 流到新的位置 $A_1'-A_2'$，在瞬时 $\mathrm{d}t$ 内控制体积中液体质量的动量变化为

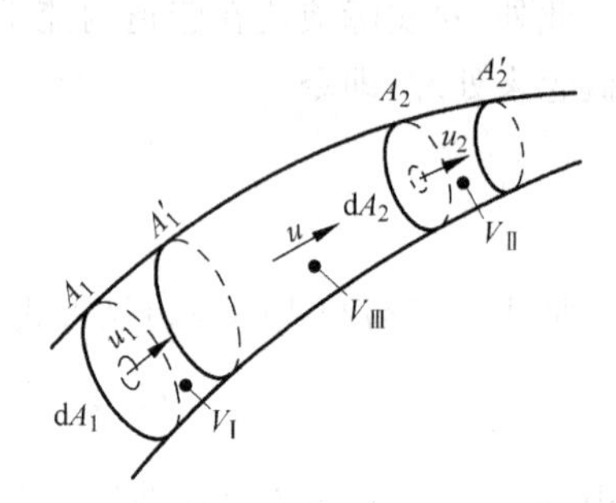

图 3-10 动量方程推导
(FIGURE 3-10 Theoretical derivation of momentum equation)

$$\mathrm{d}\left(\sum I\right) = I_{\mathrm{III}_{t+\mathrm{d}t}} - I_{\mathrm{III}_t} + I_{\mathrm{II}_{t+\mathrm{d}t}} - I_{\mathrm{I}_t} \tag{3-28}$$

控制体积内体积 V_{II} 中的液体质量在 $t+\mathrm{d}t$ 时的动量为

$$I_{\mathrm{II}_{t+\mathrm{d}t}} = \int_{V_{\mathrm{II}}} \rho u_2 \mathrm{d}V_{\mathrm{II}} = \int_{A_2} \rho u_2 \mathrm{d}A_2 u_2 \mathrm{d}t \tag{3-29}$$

式中，ρ——液体密度。

同理可推导出控制体积内体积 V_{I} 中的液体质量在 t 时的动量为

$$I_{\mathrm{I}_t} = \int_{V_{\mathrm{I}}} \rho u_1 \mathrm{d}V_{\mathrm{I}} = \int_{A_1} \rho u_1 \mathrm{d}A_1 u_1 \mathrm{d}t \tag{3-30}$$

式(3-28)中等号右边的前两项之差为

$$I_{\mathrm{III}_{t+\mathrm{d}t}} - I_{\mathrm{III}_t} = \frac{\mathrm{d}}{\mathrm{d}t}\left(\int_{V_{\mathrm{III}}} \rho u \mathrm{d}V_{\mathrm{III}}\right)\mathrm{d}t \tag{3-31}$$

当 $\mathrm{d}t \to 0$ 时，体积 $V_{\mathrm{III}} \approx V$，将式(3-29)～式(3-31)代入式(3-28)和式(3-27)，可得

$$\sum F = \frac{\mathrm{d}}{\mathrm{d}t}\left(\int_V \rho u \mathrm{d}V\right) + \int_{A_2} \rho u_2 u_2 \mathrm{d}A_2 - \int_{A_1} \rho u_1 u_1 \mathrm{d}A_1 \tag{3-32}$$

为了使式(3-32)便于使用，若用流管内液体的平均流速 v 代替实际液流截面 A_1 和 A_2 上各点处不相等的实际流速 u，其误差用一动量修正系数 β 予以修正，且不考虑液体的可压缩性，则动量修正系数 β 等于液流的实际动量和按平均流速计算出的动量之比，即

$$\beta = \frac{\int_A u \mathrm{d}m}{mv} = \frac{\int_A u(\rho u \mathrm{d}A)}{(\rho u A)v} = \frac{\int_A u^2 \mathrm{d}A}{v^2 A} \tag{3-33}$$

动量修正系数 β 一般在紊流时取 1，层流时取 1.33。

当忽略液体的可压缩性时，实际液流通过截面 A_1 和 A_2 的流量连续性方程为

$$q = v_1 A_1 = v_2 A_2 = \int_A u \mathrm{d}A \tag{3-34}$$

将式(3-33)和式(3-34)代入式(3-32)，可得

$$\sum \boldsymbol{F} = \frac{\mathrm{d}}{\mathrm{d}t}\left(\int_V \rho \boldsymbol{u} \mathrm{d}V\right) + \rho q(\beta_2 \boldsymbol{v}_2 - \beta_1 \boldsymbol{v}_1) \tag{3-35}$$

式(3-35) 即为流体力学中的动量定理。等式左边 $\sum \boldsymbol{F}$ 为作用于控制体积内实际液体上外力的矢量和；而等式右边第一项是使控制体积内实际液体加速或减速所需的力，被称为瞬态液动力，等式右边第二项是由于液体在不同控制表面上具有不同速度所引起的力，被称为稳态液动力。如果控制体积中的液体在所研究的方向上不受其他外力，只有液体与固体壁面的相互作用力，则瞬态液动力和稳态液动力对固体壁面的作用力与其所受的反作用力大小相等，方向相反。

对于作恒定流动的液体，$\mathrm{d}q/\mathrm{d}t = 0$，因此式(3-35)等号右边第一项瞬态液动力等于零，作用于控制体积内实际液体上的外力只有稳态液动力，即

$$\sum \boldsymbol{F} = \rho q(\beta_2 \boldsymbol{v}_2 - \beta_1 \boldsymbol{v}_1) \tag{3-36}$$

式中，ρ——实际液体的密度；

q——实际液体的流量；

β_1——实际液体在截面 A_1 上的动量修正系数；

β_2——实际液体在截面 A_2 上的动量修正系数。

必须注意，式(3-35)和式(3-36)均为矢量方程式，在应用时可根据问题的具体要求向指定方向投影，列出该指定方向上的动量方程，从而可求出作用力在该方向上的分量，然后再加以合成。如指定在 x、y、z 方向上的动量方程为

$$\sum \boldsymbol{F}_x = \rho q(\beta_2 \boldsymbol{v}_{2x} - \beta_1 \boldsymbol{v}_{1x}) \tag{3-37}$$

$$\sum \boldsymbol{F}_y = \rho q(\beta_2 \boldsymbol{v}_{2y} - \beta_1 \boldsymbol{v}_{1y}) \tag{3-38}$$

$$\sum \boldsymbol{F}_z = \rho q(\beta_2 \boldsymbol{v}_{2z} - \beta_1 \boldsymbol{v}_{1z}) \tag{3-39}$$

需要注意的是，液体作恒定流动时，根据牛顿第三定律，实际液体对固体壁面的作用力 $\sum \boldsymbol{F}'$ 与其所受外力 $\sum \boldsymbol{F}$ 的大小相等、方向相反，即

$$\sum \boldsymbol{F}' = -\sum \boldsymbol{F} = -\rho q(\beta_2 \boldsymbol{v}_2 - \beta_1 \boldsymbol{v}_1) \tag{3-40}$$

例 3.2　图 3-11 所示为一锥阀，锥阀芯的锥角为 2φ。当液体在锥阀入口处压力为 p_1，流速为 v_1，在锥阀出口处压力为 p_2，流速为 v_2 时，试求液流在外流式(图 3-11(a))和内流式(图 3-11(b))两种情况下对锥阀芯上的液动力的大小和方向。

解　根据液体流动情况分别取控制体，如图 3-11(a)和图 3-11(b)所示，设锥阀芯作用在控制体上的力为 F，沿液流方向对控制体列出动量方程。

在图 3-11(a)所示外流式情况下，有

$$p_1 \frac{\pi}{4} d^2 - F = \rho q(\beta_2 v_2 \cos\varphi - \beta_1 v_1)$$

取 $\beta_1 = \beta_2 = 1$，p_2 为大气压，即 $p_2 = 0$，因 $v_1 \ll v_2$，可略去 v_1，则

$$F = p_1 \frac{\pi}{4} d^2 - \rho q v_2 \cos\varphi$$

液流作用在锥阀芯上的力大小等于 F，方向向上，与图示方向相反。因 $\rho q v_2 \cos\varphi$ 项为负值，所以这部分力有使锥阀芯关闭的趋势。

在图 3-11(b)所示内流式情况下有

$$p_1 \frac{\pi}{4}(d_2^2 - d_1^2) - p_1 \frac{\pi}{4}(d_2^2 - d^2) - F = \rho q(\beta_2 v_2 \cos\varphi - \beta_1 v_1)$$

同样取 $\beta_1 = \beta_2 = 1, p_2 = 0$，因 $v_1 \ll v_2$，可略去 v_1，则

$$F = p_1 \frac{\pi}{4}(d^2 - d_1^2) - \rho q v_2 \cos\varphi$$

液流作用在锥阀芯上的力大小等于 F，方向向下，与图示方向相反。因 $\rho q v_2 \cos\varphi$ 项为负值，所以这部分力有使锥阀芯开启的趋势。

由此可见，液流作用在锥阀芯上的稳态液动力的方向是变化的，必须对具体问题作具体分析。

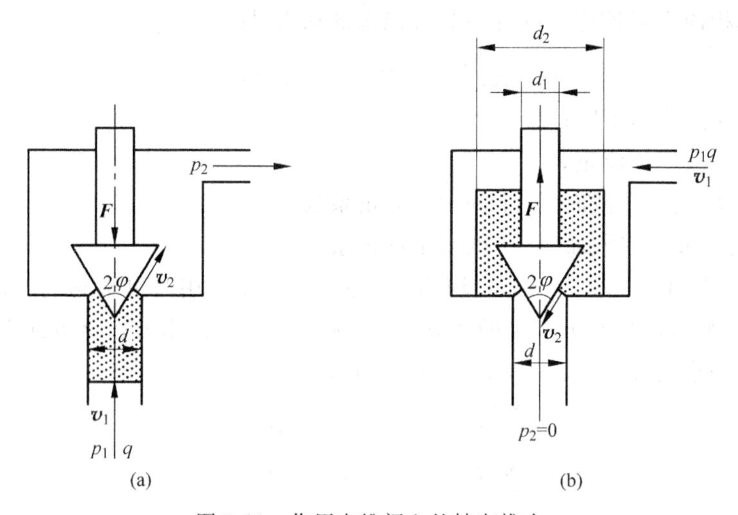

图 3-11　作用在锥阀上的轴向推力

(FIGURE 3-11　Thrust force on the poppet valve)

3.3　液体在管路中流动时的压力损失

实际液体具有黏性，在流动时就有阻力，为了克服阻力，就必然要消耗一部分能量，这样就有能量损失。在液压传动中，能量损失主要表现为压力损失，压力损失即是伯努利方程式(3-25)中的 h_w 项，它由沿程压力损失和局部压力损失两部分组成。这种能量损失转变成热量而损耗掉，使液压传动系统中工作介质温度升高、泄漏量增加、效率下降和液压传动系统性能变坏。在设计液压传动系统时，正确估算压力损失的大小，寻求减少压力损失的途径是具有实际意义的。液体在管路中的流动状态将直接影响液流的压力损失，所以下面先分析液流的两种流动状态，再分析两种压力损失。

3.3.1　层流、紊流和雷诺数

1. 层流和紊流(Laminar flow and turbulent flow)

1883 年,英国物理学家雷诺(Reynold)首先通过实验观察了水在圆管中的流动情况,他发现液体有两种不同的流动状态:层流和紊流(湍流)。大量的实验结果表明,在层流时,液体质点的运动互不干扰,液体的流动平行于管道轴线,且呈线性或层状;而在紊流时,液体质点的运动杂乱无章,既有平行于管道轴线的运动,又有激烈的横向脉动。

层流和紊流是两种不同性质的流态。在层流时,液体流速较低,质点受黏性制约,不能随意运动,黏性力起主导作用;在紊流时,液体流速较快,黏性制约作用减弱,惯性力起主导作用。

2. 雷诺数(Reynold's number)

实验结果表明,液体的流动有两种状态:层流和紊流。两种流动状态的物理现象可以通过雷诺实验来观察,实验装置如图 3-12 所示,进水管 8 一直向大水箱 7 供水,多余的水从大水箱 7 的隔板 6 顶端溢出,从而保持水位恒定,即位能不变。大水箱 7 下部装有一个水平玻璃管 4,用大截止阀 3 控制水平玻璃管 4 内水的流速。小水箱 1 内盛有密度与水相同的红颜色水,将小截止阀 2 打开后红色水经细导管 5 流入水平玻璃管 4 中。打开大截止阀 3,开始时水流速较小,红色水在水平玻璃管 4 中呈一条明显的水平直线,与水平玻璃管 4 中清水层次分明,互不混杂。实验表明管中的水是分层流动的,而且层与层之间互不干扰,水的这种流动状态被称为层流。当调整大截止阀 3 使水平玻璃管 4 中清水的流速逐渐增大至某一值时,可以看到红色线开始出现抖动呈波纹状,此时被称为过渡阶段。继续开大截止阀 3 开口,水流速进一步增大,红色水和清水完全混杂在一起,红色线消失,水的这种流动状态被称为紊流。在紊流状态下,如将大截止阀 3 开口逐渐关小,当流速逐渐减小至某一值时,红色线又出现,水流又重新恢复为层流。

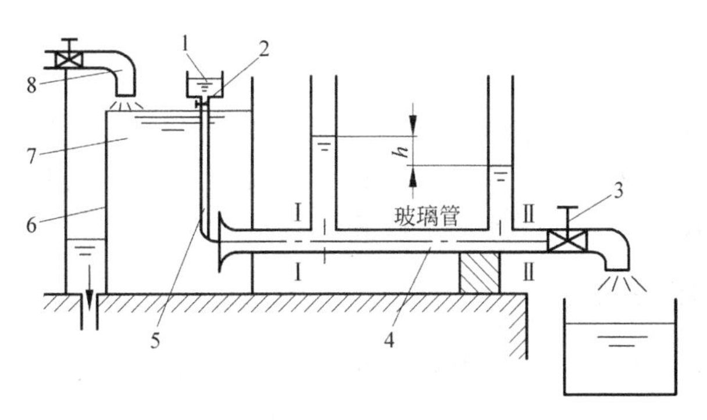

图 3-12　雷诺实验

(FIGURE 3-12　Reynold's experiment)

1—小水箱;2—小截止阀;3—大截止阀;4—玻璃管;
5—细导管;6—隔板;7—大水箱;8—进水管

液体流动时究竟是层流还是紊流,常用雷诺数来判别。

实验结果证明,液体在圆管中的流动状态不仅与管内液体流动的平均流速有关,还与圆管内径、液体的运动黏度有关。但是真正决定液体流动状态的是用这三个参数所组成的一

个被称为雷诺数(Re)的无量纲数，即

$$Re = \frac{vd}{\nu} \tag{3-41}$$

式中，v——液体流动的平均流速；

d——圆管内径；

ν——液体的运动黏度。

液流由层流转变为紊流的雷诺数和由紊流转变为层流的雷诺数是不同的，前者被称为上临界雷诺数，后者被称为下临界雷诺数，后者数值小。所以一般都用后者作为判别液流状态的依据，简称临界雷诺数，记作 Re_{cr}。当雷诺数 $Re < Re_{cr}$ 时，液流为层流；当雷诺数 $Re \geqslant Re_{cr}$ 时，液流为紊流。常见液流管道的临界雷诺数由实验取得，如表 3-2 所示。

表 3-2 常见液流管道的临界雷诺数

(TABLE 3-2 Critical Reynold's number of liquid as liquid move in pipe)

管道的材料与形状	临界雷诺数 Re_{cr}	管道的材料与形状	临界雷诺数 Re_{cr}
光滑的金属圆管	2320	带环槽的同心环状缝隙	700
橡胶软管	1600～2000	带环槽的偏心环状缝隙	400
光滑的同心环状缝隙	1100	圆柱形滑阀阀口	260
光滑的偏心环状缝隙	1000	锥阀口	20～100

对于非圆截面的管道来说，雷诺数 Re 可用下式计算：

$$Re = \frac{4vR}{\nu} \tag{3-42}$$

式中，R——液流通流截面的水力半径，它等于液流的有效截面积和其湿周(在通流截面处与液体相接触的固体壁面的周界长度)之比，即

$$R = \frac{A}{\chi} \tag{3-43}$$

式中，A——液流的有效截面积；

χ——液流的湿周。

水力半径的大小对管道的通流能力影响很大。水力半径大，表明液流与管壁接触少，通流能力大；水力半径小，表明液流与管壁接触多，通流能力小，容易堵塞。在面积相等但形状不同的所有通流截面中，圆形的水力半径最大。

3.3.2 沿程压力损失

液体在等直径圆管中流动时因黏性摩擦而产生的压力损失，被称为沿程压力损失。(The pressure losses due to viscosity in equal diameter pipe is called pressure losses at the pipes' surfaces and within the liquids.)它不仅取决于等直径圆管的长度和内径及液体的黏性，而且与液体的流动状态即雷诺数 Re 有关。当液体的流动状态不同时，造成的沿程压力损失也不同。液体在等直径圆管中的层流流动是液压传动中最常见的现象，因此，在设计和使用液压传动系统时，希望在等直径圆管中的液流保持层流流动的状态。

1. 层流时的沿程压力损失(Pressure losses at the pipes' surfaces and within the liquids when laminar flow occured)

在液压传动中，液体的流动状态多数是层流流动，层流流动时液体质点作有规则的运

动，因此可以方便地对流体建立数学模型来分析液体流动的速度、流量和压力损失。

1）液体在通流截面上的流速分布规律

图 3-13 所示为液体在等直径 d 水平放置的圆管中作恒定层流时的情况，在该等直径圆管内液流中取一段与管轴心线相重合的微小圆柱体作为研究对象，设其半径为 r，长度为 l，作用在左端面上的压力为 p_1、右端面上的压力为 p_2，作用在圆柱表面上的摩擦力为 F_f。微小圆柱体在等直径圆管内作匀速运动时受力平衡，故有

$$(p_1 - p_2)\pi r^2 - F_f = 0 \tag{3-44}$$

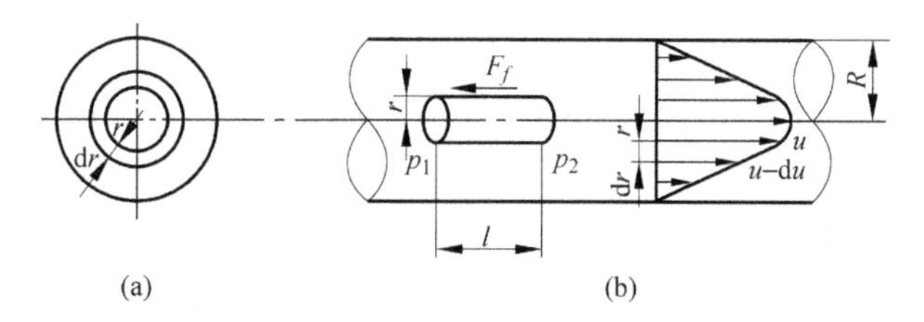

图 3-13　圆管中的层流

(FIGURE 3-13　Laminar flow of liquid in pipe)

由牛顿内摩擦定律可知

$$F_f = 2\pi r l \tau = 2\pi r l\left(-\mu\frac{\mathrm{d}u}{\mathrm{d}r}\right) \tag{3-45}$$

式中，μ——动力黏度。

因为流速 u 随半径 r 增大而减小，所以在式中加一负号。

令

$$\Delta p = p_1 - p_2$$

将上式代入式(3-44)和式(3-45)，可得

$$\mathrm{d}u = -\frac{\Delta p}{2\mu l} r\,\mathrm{d}r \tag{3-46}$$

对式(3-46)积分，并代入边界条件：当 $r=R$ 时，$u=0$，可得

$$u = \frac{\Delta p}{4\mu l}(R^2 - r^2) \tag{3-47}$$

由式(3-47)可见，等直径圆管内液体的流速 u 沿半径方向按抛物线规律分布，最小流速在管壁上，$u_{\min}=0$；最大流速在轴心线上，其值为

$$u_{\max} = \frac{\Delta p R^2}{4\mu l} \tag{3-48}$$

2）液体在管路中的流量

图 3-13(b)所示抛物体体积，是液体单位时间内流过通流截面的体积，即流量。为计算其流量，可在通流截面上半径为 r 处取一层厚度为 $\mathrm{d}r$ 的微小圆环面积 $\mathrm{d}A=2\pi r\mathrm{d}r$，通过此环形面积的流量为

$$\mathrm{d}q = u 2\pi r \mathrm{d}r \tag{3-49}$$

对式(3-49)积分，可得流量

$$q = \int_0^R \mathrm{d}q = \int_0^R \frac{\Delta p}{4\mu l}(R^2 - r^2)2\pi r\mathrm{d}r = \frac{\pi R^4}{8\mu l}\Delta p = \frac{\pi d^4}{128\mu l}\Delta p \tag{3-50}$$

这就是哈根-泊肃叶公式。当实验测出除动力黏度 μ 以外的各有关物理量后，应用式(3-50)便可求出流体的动力黏度 μ。

3）液体在管路中的平均流速

根据管路中通流截面上平均流速的定义，可得

$$v=\frac{q}{A}=\frac{\pi d^4}{128\mu l}\Delta p\frac{4}{\pi d^2}=\frac{\Delta p d^2}{32\mu l}=\frac{\Delta p R^2}{8\mu l} \tag{3-51}$$

由式(3-51)可知，平均流速与最大流速的关系为

$$v=\frac{1}{2}u_{\max} \tag{3-52}$$

将式(3-47)和式(3-51)分别代入式(3-23)和式(3-33)求出层流时的动能修正系数 $\alpha=2$ 和动量修正系数 $\beta=1.33$。

4）液体在管路中的沿程压力损失

在层流状态时，从式(3-51)中求出 Δp 的表达式，即为液体在管路中的沿程压力损失 Δp_λ：

$$\Delta p_\lambda=\Delta p=\frac{8\mu l v}{R^2}=\frac{32\mu l v}{d^2} \tag{3-53}$$

由式(3-53)可知，液流在等直径圆管中作层流流动时，其沿程压力损失与动力黏度、管长、平均流速成正比，与管内径平方成反比。

为了简化计算过程，适当变换式(3-53)后可得

$$\Delta p_\lambda=\frac{64}{Re}\rho g\frac{l}{d}\frac{v^2}{2g}=\lambda\frac{l\rho v^2}{2d} \tag{3-54}$$

式中，λ——沿程阻力系数。它的理论值为 $\lambda=64/Re$，考虑到液体实际流动时温度变化不均匀等问题，因而在实际工程计算时，对光滑金属管取 $\lambda=75/Re$，对橡胶软管取 $\lambda=80/Re$。

在液压传动中，因为液体自重和位置变化对压力的影响很小，可以忽略，所以在水平等直径圆管的条件下推导的公式(3-54)同样适用于非水平等直径圆管。

2. 紊流时的沿程压力损失(Pressure losses at the pipes' surfaces and within the liquids when turbulent flow occured)

因为液体在水平等直径圆管中作紊流运动时，液体内各质点不再作有规则的轴向运动，还存在剧烈的横向运动，引起质点间的碰撞，并形成漩涡，所以紊流时沿程压力损失比层流时沿程压力损失大得多。完全用理论方法加以研究至今未获得令人满意的成果，故仍采用实验的方法加以研究，再辅以理论解释，因而液体在紊流流动时，液体流动的沿程压力损失仍用公式(3-54)来计算，即

$$\Delta p_\lambda=\lambda\frac{l\rho v^2}{2d}$$

式中的沿程阻力系数 λ 值不仅与雷诺数 Re 有关，而且还与管壁的相对粗糙度 Δ/d(其中 Δ 为管壁的绝对粗糙度，d 为等直径圆管内径)有关。

液体在紊流流动时，等直径圆管的沿程阻力系数 λ 值可以根据不同的 Re 和 Δ/d 值从表3-3中选择公式进行计算。

表 3-3 液体在等直径圆管内作紊流流动时的沿程阻力系数 λ 值的计算公式
(TABLE 3-3 Calculational formula of resistance coefficient λ of turbulent flow of liquid in equivalent diameter pipe)

沿程阻力系数 λ 值的计算公式	Re 的取值范围
布拉休斯公式 $\lambda=0.3164Re^{-0.25}$	$2320<Re<10^5$
尼古拉兹公式 $\lambda=0.032+0.221Re^{-0.237}$	$10^5<Re<3\times10^6$
$\lambda=\left[1.74+2\lg\left(\frac{d}{2\Delta}\right)\right]^{-2}$	$Re>900\frac{d}{\Delta}$

管壁的绝对粗糙度 Δ 值与管道的材料及制造工艺有关。计算时可参考下列数值：钢管取 0.04mm，铜管取 0.0015～0.01mm，铝管取 0.0015～0.06mm，铸铁管取 0.25mm，橡胶软管取 0.03mm。

对于充分的紊流流动，紊流中的液体流动速度分布是比较均匀的，其最大流速为 $u_{max}=(1\sim1.3)v$，动能修正系数 $\alpha=1.05$，动量修正系数 $\beta=1.04$，因而紊流时这两个系数均可近似地取为 1。

3.3.3 局部压力损失

如图 3-14 所示，液体流经管道的弯管、滤网、接头、管道进出口，渐扩或渐缩管道，突然变化的通流截面，全开或部分开的阀口等处时，液体流速的大小和方向会发生剧烈变化，因而会产生漩涡和气穴，使液体的质点间相互撞击，于是产生较大的流动阻力，由此造成的压力损失被称为局部压力损失。(Fluid flows through pipe siphon, fitting, filter, sudden variety cross section, open or partially closed valve port, pipe entrance or exit, gradual expansion or contraction, turbulence flow may occur to bring resistance and pressure loss which is called pressure losses at a particular location.)

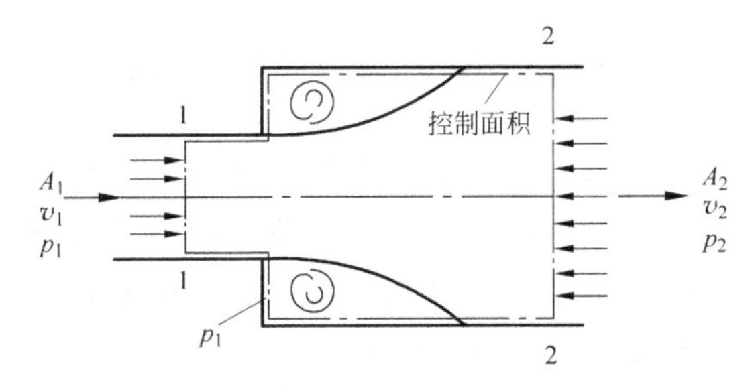

图 3-14 突然扩大处的局部损失

(FIGURE 3-14 Pressure losses at a diameter enlarged prompt particular location)

局部压力损失与液体流动的动能有直接关系，一般可按下式计算：

$$\Delta p_\zeta = \zeta\frac{\rho v^2}{2} \tag{3-55}$$

式中，ζ——局部阻力系数，其值仅在液体流经突然扩大的截面时可以用理论推导方法求得，其他情况均须通过实验来确定，ζ 的具体实验数值可查阅有关手册；

ρ——液体的密度；

v——液体流动的平均流速，一般情况下指局部阻力下游处的流速。

液体流过各种阀的局部压力损失，因阀芯和阀体内的通道结构比较复杂，按式(3-55)计算比较困难，可从产品样本中查出阀在额定压力和额定流量下的压力损失。当液体流过各种阀的实际流量小于额定流量时，通过各种阀的局部压力损失实际计算公式为

$$\Delta p_{\zeta} = \Delta p_{n}\left(\frac{q}{q_{n}}\right)^{2} \tag{3-56}$$

式中，Δp_n——阀在额定压力和额定流量下的压力损失；

q——液体流过阀的实际流量；

q_n——液体流过阀的额定流量。

3.3.4　管路系统总压力损失

整个液压传动系统管路的总压力损失等于所有沿程压力损失和所有局部压力损失之和，即

$$\sum \Delta p = \sum \Delta p_{\lambda} + \sum \Delta p_{\zeta} = \sum \lambda \frac{l}{d}\frac{\rho v^{2}}{2} + \sum \zeta \frac{\rho v^{2}}{2} \tag{3-57}$$

必须指出，应用式(3-57)计算液压传动系统管路的总压力损失时，只有在两相邻局部障碍之间的距离大于直管内径10～20倍的场合适用，否则计算出来的压力损失值比实际数值小。这是因为如果两相邻局部障碍距离太小，通过第一个局部障碍后的液体尚未稳定就进入第二个局部障碍，这时的液流的扰动更剧烈，局部阻力系数就会高于正常值2～3倍。

一般情况下，由于液压传动系统的管路并不长，沿程压力损失是比较小的，而各种液压阀类元件造成的局部压力损失却比较明显，因此管路总的压力损失一般以局部压力损失为主。

3.4　液体流经小孔的流量

实践证明，在液压元件和液压传动系统的管路中，普遍存在液体流经小孔的现象。液流通道上其通流截面有突然收缩处的流动称为节流，节流是液压传动技术中调节流量和控制压力的一种基本方法。能使流动成为节流的装置称为节流装置。例如，液压阀的孔口是常用的节流装置，通常利用液体流经液压阀的孔口来调节流量或控制压力，以便达到调速或调压的目的。因此，在研究节流调速及分析计算液压元件的泄漏时，它们是重要的理论基础。

根据小孔的通流长度 l 与孔内径 d 的比值，将孔口的形式分为三种：当孔口的长径比 $l/d \leqslant 0.5$ 时，被称为薄壁小孔；当 $0.5 < l/d \leqslant 4$ 时，被称为短孔；当 $l/d > 4$ 时，被称为细长孔。

1. 液体流经薄壁小孔的流量(Flow of liquid moving through thin plate orifice)

在液压元件中，薄壁小孔的孔口边缘一般都做成刃口形状，各种结构形式的阀口就是薄壁小孔的实际例子。液体流经薄壁小孔时多为紊流，只有局部压力损失而几乎不产生沿程

压力损失。图 3-15 所示为液体流经薄壁小孔的情况，当液体从薄壁小孔流出时，小孔左边管道内径 d_1 处的液体均向小孔汇集，在液体惯性力的作用下，使通过小孔后的液流形成一个收缩截面 2—2，然后再扩散，经过收缩和扩散的过程，造成了很大的能量损失。当孔前管道内径 d_1 与小孔内径 d 之比 $d_1/d \geqslant 7$ 时，液流的收缩作用不受孔前管道内壁的影响，被称为完全收缩；反之，当 $d_1/d < 7$ 时，孔前通道对液流进入小孔起导向作用，这时的收缩被称为不完全收缩。

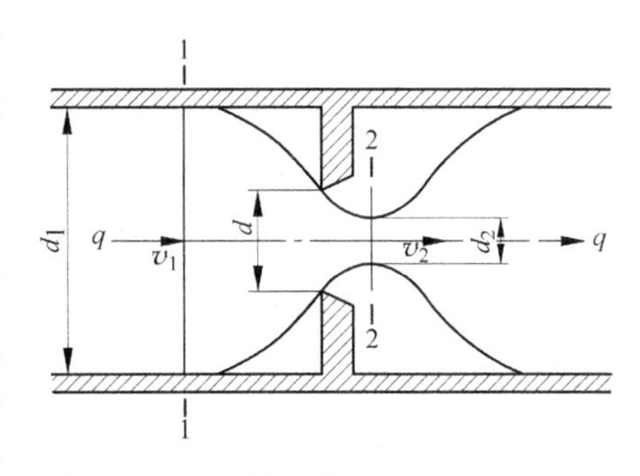

图 3-15　液体在薄壁小孔中的流动
(FIGURE 3-15　Liquid moves through thin plate orifice)

现对图 3-15 所示的孔前通道截面 1—1 和孔后通道截面 2—2 列出伯努利能量方程，设孔前通道截面 1—1 处的压力和平均速度分别为 p_1、v_1，孔后通道截面 2—2 处的压力和平均速度分别为 p_2、v_2。高度相等，即 $z_1 = z_2$，取动能修正系数 $\alpha = 1$，则有

$$\frac{p_1}{\rho g} + \frac{v_1^2}{2g} = \frac{p_2}{\rho g} + \frac{v_2^2}{2g} + h_w \tag{3-58}$$

式中，h_w——局部压力损失。

因为孔前通道的通流截面面积 A_1 比孔后通道的通流截面面积 A_2 大得多，所以 $v_1 \ll v_2$，v_1 可忽略不计。局部压力损失为

$$h_w = \zeta \frac{\rho v_2^2}{2} \tag{3-59}$$

将式(3-59)代入式(3-58)，求得液体流经薄壁小孔的平均速度为

$$v_2 = \frac{1}{\sqrt{\zeta + 1}} \sqrt{\frac{2\Delta p}{\rho}} \tag{3-60}$$

式中，Δp——小孔前后的压差，$\Delta p = p_1 - p_2$。

液体流经薄壁小孔的流量为

$$q = A_2 v_2 = C_c C_v A \sqrt{\frac{2\Delta p}{\rho}} = C_q A \sqrt{\frac{2\Delta p}{\rho}} \tag{3-61}$$

式中，A_2——收缩截面面积，$A_2 = \frac{\pi d_2^2}{4}$；

A——小孔截面面积，$A = \frac{\pi d^2}{4}$；

C_c——截面收缩系数，$C_c = \frac{A_2}{A}$；

C_v——速度系数，$C_v = \frac{1}{\sqrt{\zeta + 1}}$；

C_q——流量系数，$C_q = C_c C_v$。

流量系数一般由实验确定。在液流完全收缩的情况下，当 $Re = 800 \sim 5000$ 时，C_q 可按下式计算：

$$C_q = 0.964Re^{-0.05} \tag{3-62}$$

当 $Re>10^5$ 时，C_q 可视为常数，取值为 $C_q=0.60\sim0.62$。

在液流不完全收缩时，其流量系数可以增大为 $C_q\approx0.7\sim0.8$。具体数值可参考表 3-4。

表 3-4　液流不完全收缩的流量系数 C_q

(TABLE 3-4　Flow coefficient C_q of incomplete constriction of liquid)

A/A_1	0.1	0.2	0.3	0.4	0.5	0.6	0.7
C_q	0.602	0.615	0.634	0.661	0.696	0.742	0.804

由式(3-61)可知，液体流经薄壁小孔的流量与工作介质的黏度无关，因此流量受油温变化的影响较小，但流量与孔口前后的压力差呈非线性关系。

2. 液体流经短孔的流量(Flow of liquid moving through short orifice)

短孔的流量公式仍然是式(3-61)，由实验可知，短孔的流量系数 C_q 增大了，当 $Re>2000$ 时，C_q 值基本保持在 0.8 左右。

3. 液体流经细长孔的流量(Flow of liquid moving through slightness orifice)

液体流经细长孔时，由于受黏性的影响，流动状态一般都是层流，因此细长孔的流量公式可直接应用前面已推导出的等直径圆管层流流量公式(3-50)，即

$$q = \frac{\pi d^4}{128\mu l}\Delta p$$

液体流经细长孔的流量和孔前后压差 Δp 成正比，而与液体的动力黏度成反比。因此流量受液体温度变化影响较大。这一点是与薄壁小孔的特性明显不同的。

综合各种孔口的流量公式，可以归纳出一个通用公式

$$q = CA\Delta p^m \tag{3-63}$$

式中，C——由孔口的形状、尺寸和液体性质决定的系数，对于薄壁孔和短孔有 $C=C_q\sqrt{2/\rho}$；对于细长孔有 $C=d^2/(32\mu l)$；

A——孔口通流截面的面积；

Δp——孔口前后的压力差；

m——由孔口的长径比决定的指数。薄壁孔取 $m=0.5$；短孔取 $m=0.5\sim1$；细长孔取 $m=1$。

流量通用公式(3-63)经常用于分析液压传动系统中孔口的流量压力特性。

3.5　液体流经缝隙的流量

缝隙是指两个固体壁面之间的间隙与其长度和宽度相比小得多的情况。液体流过缝隙时，会产生一定的泄漏，这就是缝隙流量(或称间隙流量)。在液压元件中，构成运动副的一些运动件与固定件之间存在着一定缝隙。缝隙过小，会使有相对运动的零件卡死；缝隙过大，会造成泄漏。泄漏是由间隙和压力差造成的，如图 3-16 所示。外泄漏会造成环境污染；内泄漏造成的能量损失转换为热能，使液压传动系统中的工作介质温度升高。外泄漏和内

泄漏过大都会影响液压元件和液压传动系统的正常工作，使系统的效率降低，功率损耗加大。由于液压元件中相对运动的零件之间的间隙很小，一般在几微米到几十微米之间，水力半径也小，且由于液压工作介质具有一定的黏度，因此液体在缝隙中的流动状态通常为层流。

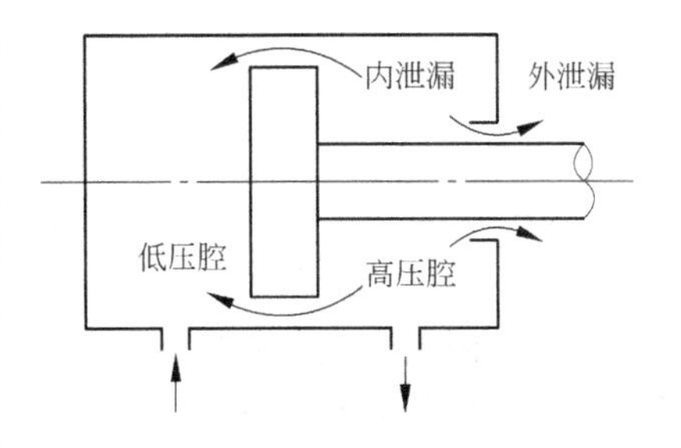

图 3-16　内泄漏与外泄漏
(FIGURE 3-16　Internal leak and external leak of liquid)

液体在缝隙中的流动一般分为三种情况：一种是各零件之间无相对运动只有压力差而造成的流动，被称为压差流动；另一种是各零件之间无压力差仅有相对运动而造成的流动，被称为剪切流动；还有一种是在压差与剪切同时作用下的流动。

1. 液体流经平行平板缝隙的流量(Flow of liquid moving through narrow clearance between two parallel plates)

一般来说，液体流经平行平板缝隙的流动既受压差的作用，同时又受到平行平板间相对运动的作用。如图 3-17 所示，设两平行平板的长度为 l，宽度为 b(图中未画出)，两平行平板间的缝隙值为 h，两端的压力为 p_1 和 p_2，且 $l \gg h, b \gg h$。从平行平板缝隙中取一个微小平行六面体 $\mathrm{d}x\mathrm{d}y$(宽度方向取单位长)，作用在微小平行六面体上、下两个表面上的切应力为 τ 和 $\tau+\mathrm{d}\tau$。其受力平衡方程式为

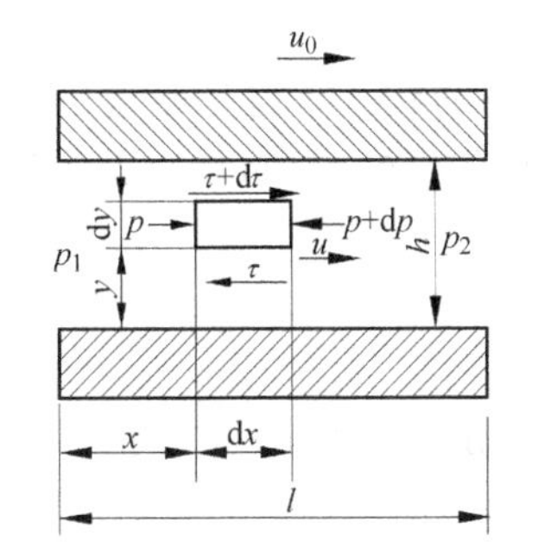

图 3-17　平行平板间隙流动
(FIGURE 3-17　Liquid moves through narrow clearance between two parallel plates)

$$p\mathrm{d}yb + (\tau + \mathrm{d}\tau)\mathrm{d}xb = (p + \mathrm{d}p)\mathrm{d}yb + \tau\mathrm{d}xb \tag{3-64}$$

将 $\tau=\mu\dfrac{\mathrm{d}u}{\mathrm{d}y}$代入式(3-64)并整理得

$$\frac{\mathrm{d}^2u}{\mathrm{d}y^2} = \frac{1}{\mu}\frac{\mathrm{d}p}{\mathrm{d}x} \tag{3-65}$$

将式(3-65)对 y 积分二次得

$$u = \frac{1}{2\mu}\frac{\mathrm{d}p}{\mathrm{d}x}y^2 + C_1y + C_2 \tag{3-66}$$

式中，C_1、C_2——积分常数。边界条件是：当 $y=0$ 时，$u=0$；$y=h$ 时，$u=u_0$。代入式(3-66)得

$$C_1 = \frac{u_0}{h} - \frac{h}{2\mu}\frac{\mathrm{d}p}{\mathrm{d}x},\quad C_2 = 0$$

于是

$$u = -\frac{h}{2\mu}(h-y)y\frac{\mathrm{d}p}{\mathrm{d}x} + \frac{u_0}{h}y \tag{3-67}$$

由式(3-67)可知速度沿缝隙截面的分布规律。下面分两种情况讨论液体流经平行平板缝隙的流量。

1) 液体流经固定两平行平板缝隙的流量

上、下两平行平板均固定不动，液体在缝隙两端的压力差作用下流动，即压差流动。p 只是 x 的线性函数，即 $\mathrm{d}p/\mathrm{d}x=(p_2-p_1)/l=-\Delta p/l, u_0=0$，代入式(3-67)，得

$$u = \frac{y(h-y)}{2\mu l}\Delta p \tag{3-68}$$

$$q=\int_0^h ub\,\mathrm{d}y=\int_0^h \frac{y(h-y)}{2\mu l}\Delta pb\,\mathrm{d}y \tag{3-69}$$

$$q=\frac{bh^3}{12\mu l}\Delta p \tag{3-70}$$

由式(3-67)和式(3-70)可知，液体流经固定平行平板缝隙的速度分布规律呈抛物线状，通过缝隙的流量与缝隙的三次方成正比，因此必须严格控制液压元件内部配合零件间的缝隙大小，以便减小泄漏。

2）液体流经有相对运动两平行平板缝隙的流量

（1）一个平板固定，另一个平板以速度 u_0 作相对运动，在无压差作用下，由于液体具有黏性，缝隙间的液体仍会产生流动，即纯剪切流动。

边界条件是：当 $y=0$ 时，$u=0$；$y=h$ 时，$u=u_0$，且 $\mathrm{d}p/\mathrm{d}x=0$。代入式(3-67)得

$$u=\frac{u_0}{h}y \tag{3-71}$$

由式(3-71)得出流量公式为

$$q=\int_0^h b\frac{u_0}{h}y\,\mathrm{d}y=\frac{bh}{2}u_0 \tag{3-72}$$

（2）液体在两平行平板缝隙中既有压差流动又有剪切流动的状态。这是在液压元件中常见的现象，在缝隙中流速的分布规律和流量是上述两种情况的线性叠加，将边界条件代入式(3-67)，对其积分可得液体通过缝隙的流量

$$q=\frac{bh^3}{12\mu l}\Delta p\pm\frac{bh}{2}u_0 \tag{3-73}$$

式(3-73)中正负号的确定：当动平板运动速度与压差作用下液体流动方向一致时，取"+"号；反之取"−"号。

液体在缝隙间的泄漏所造成的功率损失为

$$P_l=\Delta pq=\Delta p\left(\frac{bh^3}{12\mu l}\Delta p\pm\frac{bh}{2}u_0\right) \tag{3-74}$$

由式(3-74)可知，缝隙 h 越小，由泄漏造成的功率损失就越小。缝隙值 h 减小的同时，液压元件中运动零件间摩擦造成的功率损失就会增大，设计时应计算出能使这两种功率损失之和达到最小的缝隙值 h 的最佳值。

2. 液体流经圆柱环形缝隙的流量(Flow of liquid moving through narrow clearance between two cylindrical cirques)

液压元件中液压阀阀体与滑阀阀芯之间的间隙、液压缸缸体与活塞之间的间隙中的流动均属于圆柱环形间隙的流动。根据二者是否同心又分为同心圆柱环形间隙和偏心圆柱环形间隙。

1）液体流经同心圆柱环形缝隙的流量

液体流经同心圆柱环形缝隙的流动情况如图3-18所示。其圆柱塞直径为 $d=2r$，缝隙值为 h，长度为 l。当 $h/r\ll 1$ 时，如果将圆柱环形缝隙沿圆周方向展开，就可以将同心圆柱环形缝隙间的流动近似地看作是平行平板缝隙间的流动，只要将 $b=\pi d$ 代入平行平板缝隙流量公式(3-73)中，就可得到液体流经同心圆柱环形缝隙的流量公式，即

$$q=\frac{\pi dh^3}{12\mu l}\Delta p\pm\frac{\pi dh}{2}u_0 \tag{3-75}$$

2）液体流经偏心圆柱环形缝隙的流量

（1）液体在压差作用下流经固定两偏心圆柱环形缝隙的流量

图 3-19 所示为液体在偏心圆柱环形缝隙的流量。

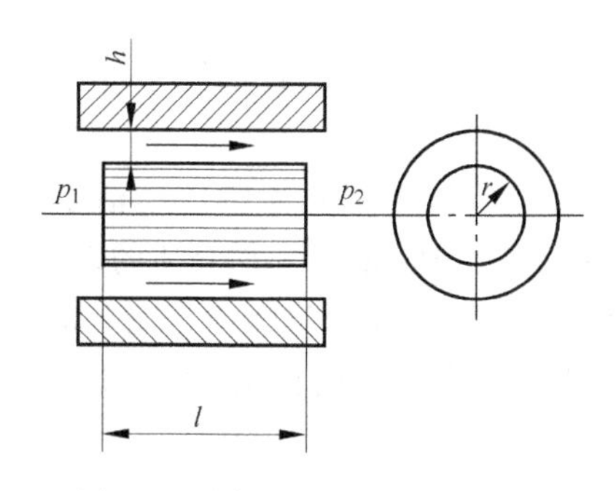

图 3-18　同心环形缝隙间的液流
（FIGURE 3-18　Liquid moves through narrow clearance between two concentricity cylindrical cirques）

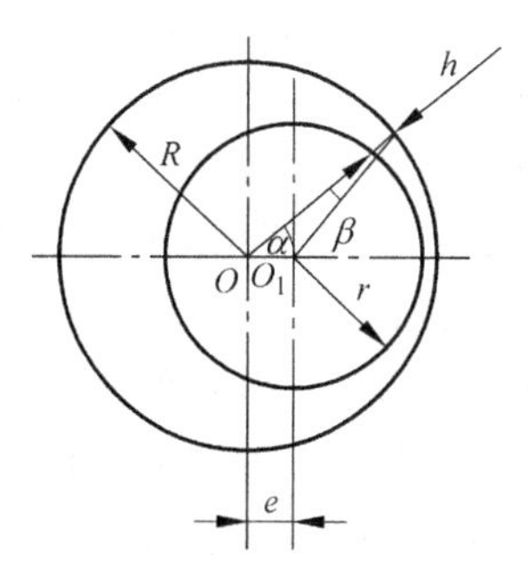

图 3-19　偏心环形缝隙间的液流
（FIGURE 3-19　Liquid moves through narrow clearance between two nonconcentricity cylindrical cirques）

在液压元件中，有相对运动的圆柱形零件很多，圆柱环形配合表面经常会出现偏心圆柱环形的情况，例如，液压缸中的活塞外表面与缸体内表面轴心线不同心时就形成了偏心圆柱环形缝隙。偏心圆柱环形缝隙的简图如图 3-19 所示。设孔半径为 R，其圆心为 O，轴半径为 r，其圆心为 O_1，偏心距 e，另设半径在任一角度 α 时，偏心圆柱环形缝隙值为 h，由图可知

$$h = R - (r\cos\beta + e\cos\alpha) \tag{3-76}$$

因 β 很小，$\cos\beta \to 1$，所以

$$h \approx R - (r + e\cos\alpha) \tag{3-77}$$

$\mathrm{d}\alpha$ 在一个很小的角度范围内，通过缝隙的流量 $\mathrm{d}q$ 可用式(3-70)计算，即

$$q = \frac{bh^3}{12\mu l}\Delta p$$

又因 b 相当于 $R\mathrm{d}\alpha$，则有

$$\mathrm{d}q = \frac{R\Delta p}{12\mu l}h^3\mathrm{d}\alpha \tag{3-78}$$

对式(3-78)积分就可得到通过整个偏心环形缝隙的流量

$$q = \frac{R\Delta p}{12\mu l}\int_0^{2\pi} h^3\mathrm{d}\alpha = \frac{R\Delta p}{12\mu l}\int_0^{2\pi}(R - r - e\cos\alpha)^3\mathrm{d}\alpha \tag{3-79}$$

令 $R-r=h_0$（同心时半径缝隙量），$e/h_0=\varepsilon$（相对偏心率），则有

$$R - r - e\cos\alpha = h_0 - e\cos\alpha = h_0(1 - \varepsilon\cos\alpha) \tag{3-80}$$

又令 $d=2r$，于是

$$q = \frac{h_0^3 R\Delta p}{12\mu l}\int_0^{2\pi}(1 - \varepsilon\cos\alpha)^3\mathrm{d}\alpha = \frac{\pi d h_0^3\Delta p}{12\mu l}(1 + 1.5\varepsilon^2) \tag{3-81}$$

（2）液体流经有相对运动两偏心圆柱环形缝隙的流量

液体处在两偏心圆柱环形缝隙中既有压差流动又有剪切流动的状态时，液体流经有相对运动两偏心圆柱环形缝隙的流量为

$$q=\frac{\pi dh_0^3\Delta p}{12\mu l}(1+1.5\varepsilon^2)\pm\frac{\pi dh_0u_0}{2} \tag{3-82}$$

由式(3-82)可知，当 $\varepsilon=0$ 时，即为同心圆柱环形缝隙流量计算公式。当 $\varepsilon=1$，即最大偏心 $e=h_0$ 时，其通过偏心圆柱环形缝隙的压差流量为同心时压差流量的 2.5 倍，这说明偏心对泄漏量的影响很大。因此，对液压元件中有相互配合的圆柱形零件的同心度应有严格要求，以减小缝隙泄漏量。

例 3.3　已知液压缸中的活塞直径 $d=100\times10^{-3}$m，长 $l=100\times10^{-3}$m，活塞与缸体内孔同心时间隙 $h=0.1\times10^{-3}$m，高低腔压力差 $\Delta p=2\times10^6$Pa，液压工作介质的动力黏度 $\mu=0.1$Pa · s。试求：(1)活塞与缸体内孔同心时的泄漏量；(2)活塞与缸体内孔完全偏心时的泄漏量；(3)当活塞以 6m/min 速度与压力差同向运动且活塞与缸体内孔完全偏心时的泄漏量。

解　(1) 活塞与缸体内孔同心时的泄漏量

$$q_1=\frac{\pi dh^3}{12\mu l}\Delta p=\frac{3.14\times0.1\times(0.1\times10^{-3})^3}{12\times0.1\times100\times10^{-3}}\times2\times10^6\ \mathrm{m^3/s}=5.23\times10^{-6}\ \mathrm{m^3/s}$$

(2) 活塞与缸体内孔完全偏心时的泄漏量

$$q_2=2.5q_1=13.08\times10^{-6}\ \mathrm{m^3/s}$$

(3) 活塞以 6m/min 速度与压力差同向运动且活塞与缸体内孔完全偏心时的泄漏量

$$\begin{aligned}q_3&=\frac{\pi dh_0^3\Delta p}{12\mu l}(1+1.5\varepsilon^2)+\frac{\pi dh_0u_0}{2}=q_2+\frac{\pi dh_0u_0}{2}\\&=\left(13.08\times10^{-6}+\frac{3.14\times100\times10^{-3}\times0.1\times10^{-3}\times6}{2\times60}\right)\mathrm{m^3/s}\\&=14.65\times10^{-6}\ \mathrm{m^3/s}\end{aligned}$$

3) 液体流经圆柱环形缝隙倒锥流动的流量及压力分布

当滑阀阀芯或阀体孔、柱塞或柱塞孔因加工误差带有一定锥度时，两相对运动零件之间的间隙为圆锥环形间隙，其间隙大小沿轴线方向变化。图 3-20 所示的阀芯大端为高压，液流由大端流向小端，被称为倒锥。

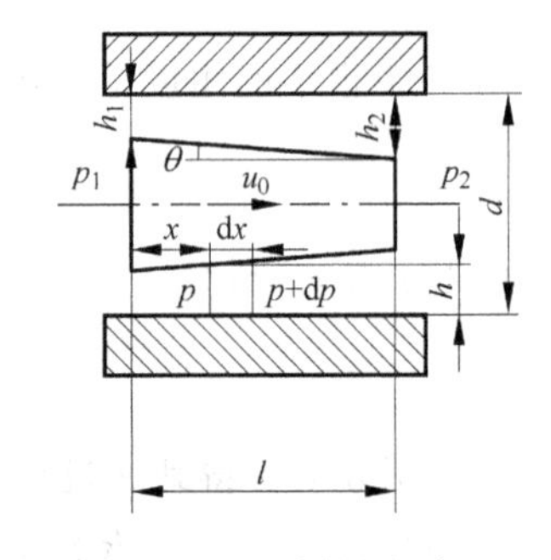

图 3-20　倒锥流动
(FIGURE 3-20　Liquid moves through narrow clearance between back conical valve core and valve)

(1) 液体流经圆柱环形缝隙倒锥流动的流量

在图 3-20 中，设阀芯以速度 u_0 向右运动，圆锥半角为 θ，圆柱环进出口处的压力和间隙分别为 p_1、h_1 和 p_2、h_2，在距左端 x 距离处的压力为 p，间隙为 h，阀芯长度为 l，并取微小单元 dx。因 dx 值很小，可认为在 dx 段内间隙宽度不变，现分析微小单元 dx 的流动情况。

由于 $-\frac{\Delta p}{l}=\frac{\mathrm{d}p}{\mathrm{d}x}$，将其代入同心圆柱环形缝隙流量公式(3-75)，可得

$$q=-\frac{\pi dh^3}{12\mu}\frac{\mathrm{d}p}{\mathrm{d}x}+\frac{\pi du_0h}{2} \tag{3-83}$$

因 $h=h_1+x\tan\theta$，$\mathrm{d}x=\frac{\mathrm{d}h}{\tan\theta}$，代入式(3-83)经过整理得

$$dp = -\frac{12\mu q}{\pi d\tan\theta}\frac{dh}{h^3} + \frac{6\mu u_0}{\tan\theta}\frac{dh}{h^2} \tag{3-84}$$

将 $\tan\theta = \frac{h_2 - h_1}{l}$ 代入式(3-84)积分后得

$$\Delta p = p_1 - p_2 = \frac{6\mu l}{\pi d}\frac{(h_1 + h_2)}{(h_1 h_2)^2}q - \frac{6\mu l}{h_1 h_2}u_0 \tag{3-85}$$

将式(3-85)移项可整理出液体流经圆柱环形缝隙倒锥流动的流量公式

$$q = \frac{\pi d}{6\mu l}\frac{(h_1 h_2)^2}{h_1 + h_2}\Delta p + \frac{\pi d h_1 h_2}{h_1 + h_2}u_0 \tag{3-86}$$

当阀芯静止，即 $u_0 = 0$ 时，其流量公式为

$$q = \frac{\pi d}{6\mu l}\frac{(h_1 h_2)^2}{h_1 + h_2}\Delta p \tag{3-87}$$

(2) 液体流经圆柱环形缝隙倒锥流动的压力分布

液体流经圆柱环形缝隙倒锥流动的压力分布可通过对式(3-84)积分，将边界条件 $p = p_1, h = h_1$ 代入得

$$p = p_1 - \frac{6\mu q}{\pi d\tan\theta}\left(\frac{1}{h_1^2} - \frac{1}{h^2}\right) + \frac{6\mu u_0}{\tan\theta}\left(\frac{1}{h_1} - \frac{1}{h}\right) \tag{3-88}$$

将式(3-86)代入式(3-88)，并将 $\tan\theta = \frac{h - h_1}{x}$ 代入得液体流经圆柱环形缝隙倒锥流动的压力分布公式

$$p = p_1 - \frac{1 - \left(\frac{h_1}{h}\right)^2}{1 - \left(\frac{h_1}{h_2}\right)^2}\Delta p - \frac{6\mu u_0 (h - h_2)}{h^2 (h_1 + h_2)}x \tag{3-89}$$

当阀芯没有运动，即 $u_0 = 0$ 时，且仅在压差流动的情况下，则有

$$p = p_1 - \frac{1 - \left(\frac{h_1}{h}\right)^2}{1 - \left(\frac{h_1}{h_2}\right)^2}\Delta p \tag{3-90}$$

4) 液体流经圆柱环形缝隙顺锥流动的流量及压力分布

(1) 液体流经圆柱环形缝隙顺锥流动的流量

图 3-21 所示的阀芯小端为高压，液流由小端流向大端，被称为顺锥。液体流经圆柱环形缝隙顺锥流动的流量与倒锥安装时流量计算公式相同，即

$$q = \frac{\pi d}{6\mu l}\frac{(h_1 h_2)^2}{h_1 + h_2}\Delta p + \frac{\pi d h_1 h_2}{h_1 + h_2}u_0$$

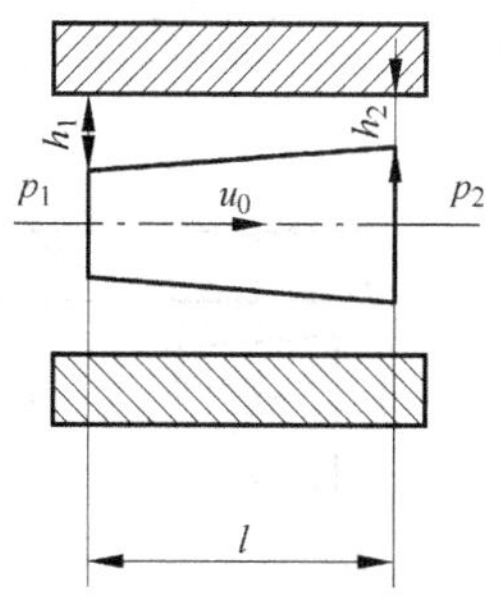

图 3-21 顺锥流动
(FIGURE 3-21 Liquid moves through narrow clearance between conical valve core and valve)

(2) 液体流经圆柱环形缝隙顺锥流动的压力分布

液体流经圆柱环形缝隙顺锥流动的压力分布公式的推导与倒锥流动的压力分布公式的推导类似，可得

$$p = p_1 - \frac{\left(\frac{h_1}{h}\right)^2 - 1}{\left(\frac{h_1}{h_2}\right)^2 - 1}\Delta p - \frac{6\mu u_0(h - h_1)}{h^2(h_1 + h_2)}x \tag{3-91}$$

当阀芯没有运动，即 $u_0=0$ 时，且仅在压差流动的情况下，则有

$$p = p_1 - \frac{\left(\frac{h_1}{h}\right)^2 - 1}{\left(\frac{h_1}{h_2}\right)^2 - 1}\Delta p \tag{3-92}$$

例 3.4　已知滑阀阀芯与阀套同心，由于加工误差使阀芯带有一定锥度，造成阀芯与阀套的两端间隙不同，$h_1=0.1\times10^{-3}$ m，$h_2=0.15\times10^{-3}$ m，阀芯长度 $l=30\times10^{-3}$ m，阀套孔径 $d=20\times10^{-3}$ m，滑阀两端的压力差 $\Delta p=10\times10^6$ Pa，液压工作介质的动力黏度 $\mu=0.1$ Pa · s。试求通过滑阀间隙的流量。

解　由式(3-87)可得

$$q=\frac{\pi d}{6\mu l}\frac{(h_1h_2)^2}{h_1+h_2}\Delta p=\frac{3.14\times20\times10^{-3}\times(0.1\times10^{-3}\times0.15\times10^{-3})^2}{6\times0.1\times30\times10^{-3}\times(0.1+0.15)\times10^{-3}}\times10\times10^6\ \text{m}^3/\text{s}$$
$$=31.4\times10^{-6}\ \text{m}^3/\text{s}$$

5）液压卡紧现象及卡紧力

当液体流经圆柱环形缝隙倒锥流动时，若阀芯在阀套内出现偏心现象，如图 3-22 所示，由式(3-90)可知，作用在阀芯下面的作用力将大于阀芯上面的作用力，使阀芯受到一个向上的液压径向力 F 的作用，液压径向力 F 使偏心距 e 增大。当液压径向力 F 足够大时，使阀芯压向阀套的壁面，将产生液压卡紧现象。

当液体流经圆柱环形缝隙顺锥流动时，若阀芯在阀套内出现偏心现象，如图 3-23 所示，由式(3-92)可知，作用在阀芯上面的作用力将大于阀芯下面的作用力，使阀芯受到一个向下的液压径向力 F 的作用。液压径向力 F 使偏心距 e 减小，直到趋于同心，因此不产生液压卡紧现象。

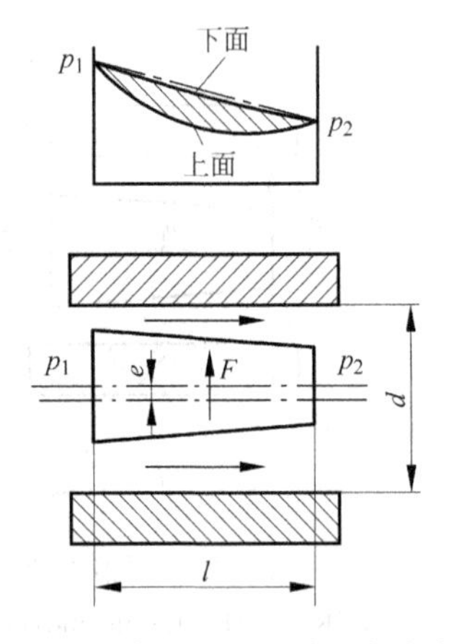

图 3-22　倒锥流动的液压径向力
(FIGURE 3-22　Hydraulic radial force when liquid moves through eccentric narrow clearance between back conical valve core and valve)

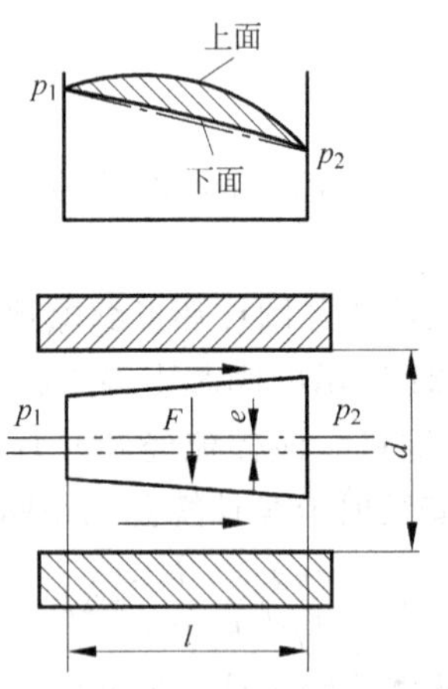

图 3-23　顺锥流动的液压径向力
(FIGURE 3-23　Hydraulic radial force when liquid moves through eccentric narrow clearance between conical valve core and valve)

在工程实际中，液压卡紧力是客观存在的，常在滑阀阀芯外圆周上加工一些径向压力平衡槽，使槽内液体压力在圆周方向处处相等，就可达到使阀套和阀芯同心配合的目的，如图 3-24 所示。压力平衡槽的深度和宽度一般为 0.3～1.0mm。试验证明，当开三条压力平衡槽时，液压径向力可减小到原来的 5%左右；当开七条压力平衡槽时，液压径向力可减小到原来的 2.7%左右。因此开压力平衡槽可大大地减小液压卡紧力。

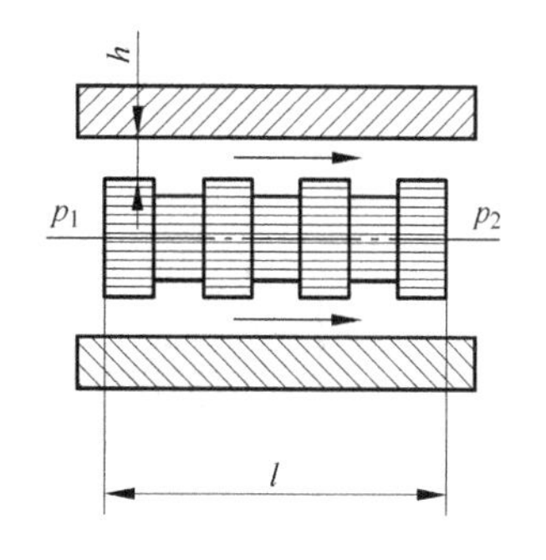

图 3-24　滑阀阀芯外圆周上加工径向压力平衡槽
(FIGURE 3-24　Spool core notched radial balance pressure)

在加工一些径向压力平衡槽后，液体流经圆柱环形缝隙的长度 l 会减小，但由于径向压力平衡槽会使阀芯与阀体孔之间的偏心距减小，因此径向压力平衡槽的开设不会使缝隙的泄漏量增大。

3. 液体流经平行圆环平面缝隙的流量(Flow of liquid moving through narrow clearance between two parallel disks)

图 3-25 所示为液体在平行圆环平面缝隙的流动。液流由圆盘中心孔流入，在压力差的作用下向四周径向呈放射形流出，且两平行圆盘无相对运动。由于缝隙很小，液体作层流流动，又因为液体作径向流动，所以液体流动对称于中心轴线。轴向柱塞泵的滑履与斜盘之间和有些端面推力静压轴承均属这种情况。

液体的径向流动速度可由公式(3-67)计算，将有关边界条件代入后，积分可得其流量计算公式

$$q=\frac{\pi h^3\Delta p}{6\mu\ln\frac{r_2}{r_1}} \tag{3-93}$$

式中，r_1——圆环中心孔半径；

r_2——圆盘半径；

Δp——液体流经平行圆环平面缝隙进出口压差；

h——平行圆环平面缝隙值。

作用于圆盘平面上的总液压力为

$$F=\pi r_1^2 p_1+\int_{r_1}^{r_2} p_2\pi r\mathrm{d}r \tag{3-94}$$

4. 液体流经圆锥状环形缝隙的流量(Flow of liquid moving through narrow clearance between conical valve core and valve seat)

圆锥状环形缝隙的流动如图 3-26 所示。如果将这一间隙展开成平面，就是一个扇形，相当于平行圆盘间隙的一部分，因此可以根据平行圆盘间隙流动的流量公式，推导出液体流经圆锥状环形缝隙的流量公式。

从图 3-26 中的几何关系可以得到当圆锥半锥角为 α 时展开的扇形中心角为

$$\theta=\frac{2\pi r_1}{\frac{r_1}{\sin\alpha}}=2\pi\sin\alpha$$

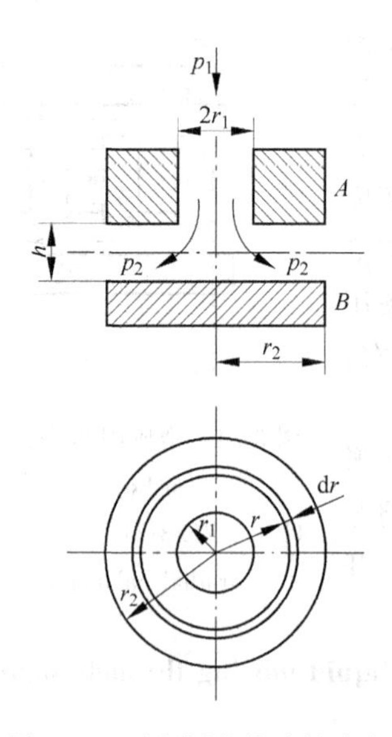

图 3-25 平行圆盘缝隙的液流
(FIGURE 3-25 Liquid moves through narrow clearance between two parallel disks)

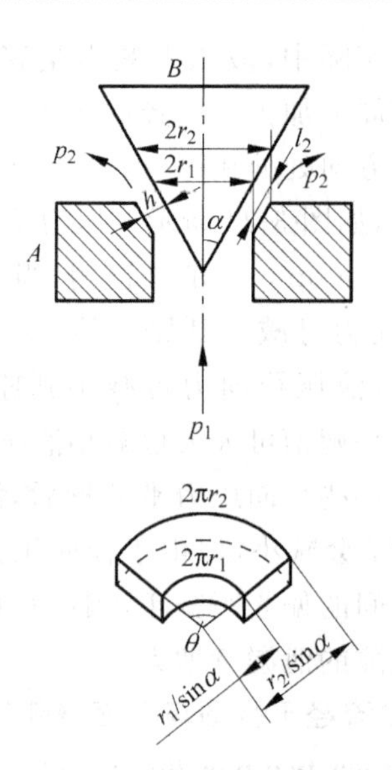

图 3-26 圆锥状环形缝隙的液流
(FIGURE 3-26 Flow of liquid moving through narrow clearance between conical valve core and valve seat)

将通过该扇形块的流量看作是平行圆盘间隙流量的一部分，中心角为 2π，而现在扇形中心角为 $2\pi\sin\alpha$，将式(3-93)中的 π 用 $\pi\sin\alpha$ 替换，即可得液体流经圆锥状环形缝隙的流量公式

$$q=\frac{\pi\sin\alpha h^3}{6\mu\ln\dfrac{r_2}{r_1}}\Delta p \tag{3-95}$$

例 3.5 已知圆锥阀的半锥角 $\alpha=20°$，$r_1=2\times10^{-3}\text{m}$，$r_2=7\times10^{-3}\text{m}$，间隙 $h=0.1\times10^{-3}\text{m}$，圆锥阀的进出口压力差 $\Delta p=1\times10^6\text{Pa}$，液压工作介质的动力黏度 $\mu=0.1\text{Pa}\cdot\text{s}$，试求通过圆锥阀的流量。

解 由式(3-95)可得

$$q=\frac{\pi\sin\alpha h^3}{6\mu\ln\dfrac{r_2}{r_1}}\Delta p=\frac{3.14\times\sin20°\times(0.1\times10^{-3})^3}{6\times0.1\ln\dfrac{7}{2}}\times1\times10^6\ \text{m}^3/\text{s}=1.43\times10^{-6}\ \text{m}^3/\text{s}$$

3.6 空穴现象

在液压传动系统中，当某点处的压力低于当时温度下液压工作介质的空气分离压时，原先溶解在液压工作介质中的空气将迅速地分离出来，使液压工作介质中出现大量气泡，这种现象被称为空穴现象(或被称为气穴现象)。(In hydraulic transmission systems, if the pressure at a point is reduced far enough, hydraulic operating medium may vaporize and vapour cavities will be formed in the hydraulic oil, which will make air separated from hydraulic operating medium and result in large numbers of air bubble. The phenomenon is called cavitation.)当该点处的压力进一步减小至低于当时温度下液压工作介质的饱和蒸气

压时，液压工作介质将迅速汽化，产生大量蒸气气泡，使气穴现象更加严重。

1. 产生的原因及部位(Causation and position)

1）液压泵的吸油口处

如果液压泵的吸油管道安装高度太大，直径太小，加上吸油口处过滤器、吸油管道阻力、液压泵的转速过高或液压工作介质的黏度等因素的影响，吸油腔未能完全充满液压工作介质，都会造成液压泵吸油口处的真空度过大，使其吸油口处的压力低于液压工作介质工作温度下的空气分离压，而产生空穴现象。

2）通流截面非常狭窄的阀口处

由于阀口处的通道狭窄，通流截面较小而使流速很高。根据伯努利方程式可知，在一定的流量下，通流截面越小，液体的流速就越高，因此，该处的压力也就越低，越容易产生气穴现象。

2. 危害(Danger)

当液压传动系统出现空穴现象时，大量的气泡使液流的流动特性变坏，会降低液压工作介质的润滑性能，使液压工作介质的压缩性增大，从而导致液压传动系统的容积效率降低。主要危害如下：

(1) 当液压工作介质中产生的气泡被带到高压区时，气泡在压力作用下急剧破灭，并凝结成液体而使体积减小。由于该过程发生在一瞬间，气泡周围的液压工作介质加速向气泡中心冲击，液体质点高速碰撞，产生局部高温和局部液压冲击，温度可达1149℃，冲击压力高达几百兆帕，因此会引起液压传动系统强烈的振动和噪声。

(2) 溶解于液压工作介质中的气泡分离出来以后，相互聚合，体积增大，形成具有相当体积的气泡，引起流量的不连续。当气泡到达管道最高点时，会产生断流现象，这种现象被称为气塞。它导致液压传动系统不能正常工作。

(3) 由于从液压工作介质里分离出来的空气中含有氧气，具有较强的氧化作用，会加速金属零件表面的氧化腐蚀、剥落，时间长了会形成麻点、小坑，这种因空穴造成的损坏被称为气蚀，它会导致液压元件工作寿命的缩短。

3. 预防空穴的措施(Preventive cavitation measure)

产生空穴现象对液压传动系统是非常不利的，必须加以防止，避免液压传动系统中的压力过分降低。具体预防空穴的措施主要有：

(1) 在液压传动系统管路中应尽量避免有狭窄处，减小液流在阀口或其他液压元件通道前后的压力降，一般使压力比 $p_1/p_2<3.5$。

(2) 尽量降低液压泵吸油高度 H，一般 $H<0.5$m，适当增大吸油管道内径并少用弯头；限制吸油管道内液压工作介质的平均流速，一般 $v<1$m/s，及时清洗或更换滤芯。对高压泵可采用辅助泵供油。

(3) 采用抗腐蚀能力强的金属材料，降低零件表面的粗糙度值，增强零件的机械强度。

(4) 液压传动系统中吸油管路的连接处要密封可靠，防止空气进入。

3.7 液压冲击

在液压传动系统中，当外负载突然换向或停止时，导致液压传动系统内液压工作介质的压力在一瞬间会突然升高，产生很高的压力峰值，这种现象被称为液压冲击。(In hydraulic transmission system, pressure of hydraulic operating medium can suddenly higher than several times those of normal operating conditions, which is called pressure shock.)

1. 液压冲击的原因(Pressure shock causation)

在液压换向阀突然关闭或运动部件快速制动等情况下,液压工作介质在液压传动系统中的流动会突然受阻,如图 3-27 和图 3-31 所示。此时,由于流动液压工作介质的惯性作用,液压工作介质就从受阻端开始,迅速将动能逐层转化为压力能,从而产生了压力冲击波;此后,这个压力冲击波又从该端开始反向传递能量,将压力能逐层转化为动能,这使得液压工作介质又反向流动;然后,在另一端又再次将动能逐层转化为压力能,如此反复地进行能量转换。由于这种压力冲击波的迅速往复传播,因此在液压传动系统内形成压力振荡。在这一振荡过程中,由于液压工作介质受到摩擦力以及液压工作介质和管路的弹性作用不断地消耗能量,才使振荡过程逐渐地衰减,最终趋向稳定,因此,产生液压冲击的本质是动量变化。

2. 液压冲击的类型(Types of pressure shock)

液压传动系统中液压冲击按其产生的原因分为两类:一类是因液流迅速换向或液流管道迅速关闭使液流速度的大小或方向发生突然变化时,液流的惯性导致的液压冲击;另一类是运动的工作装置突然换向或制动时,因工作装置的惯性引起的液压冲击。下面对这两种常见的液压冲击现象进行分析。

1)管道中液压换向阀阀门关闭时的液压冲击

图 3-27 所示为某液压传动系统油路的一部分。直径为 d 的管路入口端装有一个液压蓄能器,管路出口端装有一个电磁换向阀。当电磁换向阀换向打开油路时,管路中液压工作介质的压力为 p_0,流速为 v_0。现在研究当电磁换向阀阀门突然关闭时,阀门前及管中压力的变化规律,定量分析液压冲击压力的计算公式。

如图 3-28 所示,设当电磁换向阀阀门突然关闭时,在某一瞬间 Δt 时间内,与电磁换向阀阀门紧邻的一段微小液体 $m—n$ 先停止运动,其厚度为 Δl,通流截面面积为 A,密度为 ρ,体积为 $A\Delta l$,质量为 $\rho A\Delta l$,该段微小液体在 Δt 时间内受其后面液层的影响而压缩,尚在流动中的液体就以速度 v_0 流入了该层压缩后所空出的空间。

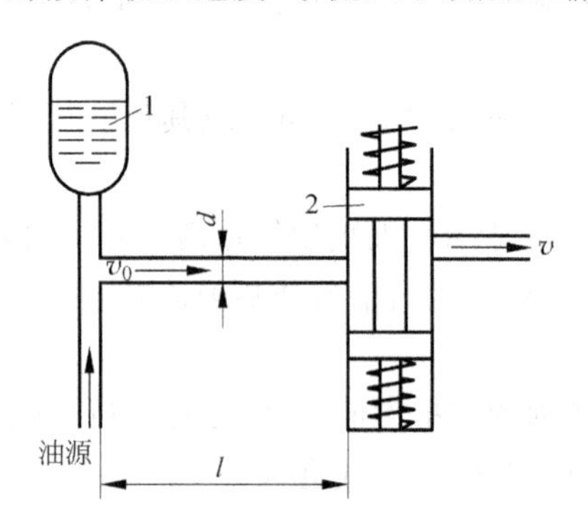

图 3-27 液压换向阀阀门突然关闭时液压冲击的油路分析

(FIGURE 3-27 Pressure shock analysis when hydraulic directional valve is shut abruptly)

1—充气式蓄能器;2—电磁换向阀

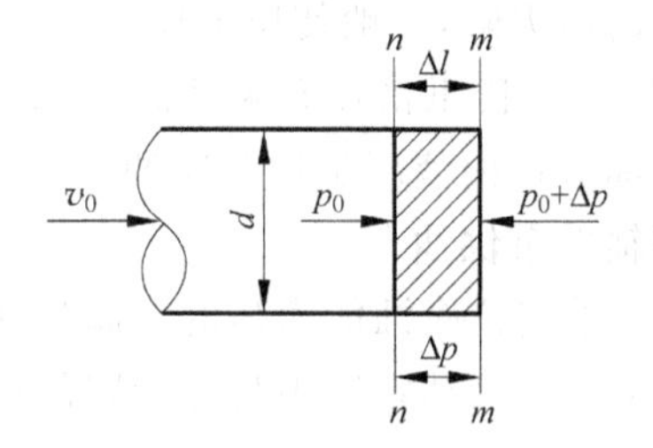

图 3-28 液压换向阀阀门突然关闭时微小液体的受力分析

(FIGURE 3-28 Force analysis when hydraulic directional valve is shut abruptly)

若以 p_0 代表电磁换向阀阀门突然关闭前的初始压力，而以 $p_0+\Delta p$ 代表骤然关闭后产生的压力。即 n—n 断面上压力为 p_0，而 m—m 断面上的压力为 $p_0+\Delta p$，则在 Δt 时间内，轴线方向作用于液体外力的冲量为 $-\Delta pA\Delta t$。同时微小液体段 m—n 的动量的增量值为 $-\rho A\Delta l v_0$。对该段微小液体运用动量定理，可得

$$-\Delta pA\Delta t = -\rho A\Delta l v_0 \tag{3-96}$$

$$\Delta p = \rho\frac{\Delta l}{\Delta t}v_0 = \rho c v_0 \tag{3-97}$$

如阀门不是一下全关闭，而是突然使流速从 v_0 下降为 v，则 Δp 可表示为

$$\Delta p = \rho c(v_0 - v) \tag{3-98}$$

式中，c——液压冲击波传播速度，$c=\Delta l/\Delta t$；

Δp——液压冲击压力的最大升高值。

式(3-97)中的 c 值不仅与液压工作介质的体积弹性模量有关，而且还与管道的弹性模量、管道的内径和壁厚有关。c 值的计算公式为

$$c = \frac{\sqrt{\dfrac{K}{\rho}}}{\sqrt{1+\dfrac{Kd}{E\delta}}} \tag{3-99}$$

式中，K——液压工作介质的体积弹性模量；

E——管道的弹性模量；

d——管道的内径；

δ——管道的壁厚。

在液压传动中，c 值的范围为900～1400m/s。

设液压换向阀阀门关闭的时间为 t，冲击波从起始点开始再反射到起始点的时间为 T，则 T 可用下式表示：

$$T = \frac{2l}{c} \tag{3-100}$$

式中，l——冲击波传播的距离。

如果液压换向阀阀门关闭的时间 $t<T$，则称为瞬时关闭。(The time t of the directional control valves is less than the time T is called critical close.)这时液流由于速度改变所引起的能量全部转变为液压能，压力峰值很大，这种液压冲击被称为直接液压冲击(即完全液压冲击)(whole pressure shock)。液压冲击压力 Δp 值可按式(3-97)或式(3-98)计算。

如果液压换向阀阀门关闭的时间 $t>T$，则称为逐渐关闭(The time t of the directional control valves is more than the time T is called partly close)。实际上，一般的液压阀门关闭时间还是比较长的，当液压冲击波折回到阀门时，阀门尚未完全关闭。此时液流由于速度改变所引起的能量变化仅有一部分(相当于 T/t 的部分)转变为液压能，这种液压冲击被称为间接液压冲击(即非完全液压冲击)(non-whole pressure shock)。液压冲击压力 Δp 值的计算公式为

$$\Delta p = \rho c(v_0 - v)\frac{T}{t} \tag{3-101}$$

图3-29是在理想情况下液压冲击压力的变化规律，表示在紧邻液压阀门前的压力随时

间变化的图形。由图 3-29 可以看出，该处的压力每经过 $2l/c$ 时间段，互相变换一次。

图 3-30 所示为实际情况下液压冲击压力的变化规律。实际上由于液压阻力及管壁变形需要消耗一定的能量，因此它是一个逐渐衰减的复杂曲线。

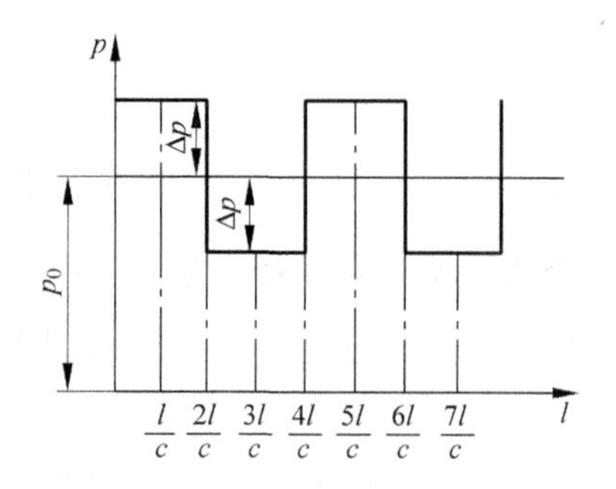

图 3-29　在理想情况下液压冲击压力的变化规律
(FIGURE 3-29　Pressure shock rule is in ideal condition)

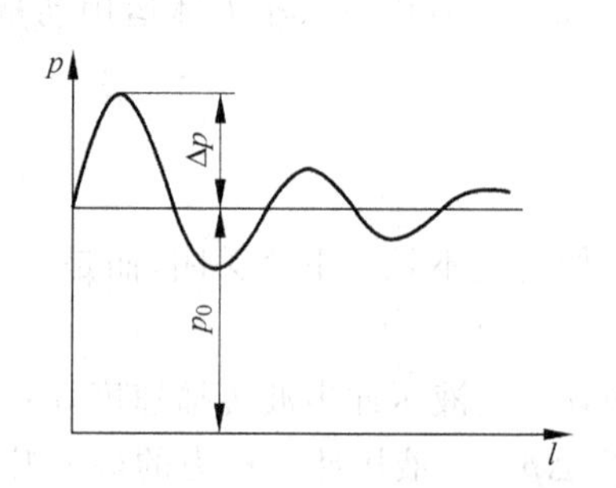

图 3-30　实际情况下液压冲击压力的变化规律
(FIGURE 3-30　Pressure shock rule is in practical condition)

由式(3-101)可知，间接液压冲击压力比直接液压冲击压力小，而且当 t 越大时，Δp 值将越小。

从式(3-97)、式(3-98)和式(3-101)还可以看出，要减小液压冲击压力，可以增大关闭管道中液压阀门的时间 t，或者减小液压冲击波从起始点开始再反射到起始点的时间 T，即减小液压冲击波传播的距离 l。

2) 运动部件快速制动时惯性作用引起的液压冲击

假设双作用液压缸活塞杆推动外负载以 v_0 的起始速度向右运动，外负载、活塞及活塞杆的总质量为 $\sum m$，如图 3-31 所示。当液压缸有杆腔(右腔)出油口被液压换向阀阀门突然关闭时，因活塞、活塞杆及外负载原有动量作用于液压缸有杆腔内的油液上，会引起压力急剧上升，产生液压冲击。运动部件则因受到液压缸有杆腔内液体压力产生的阻力而制动。显然，液压缸有杆腔及管路 l_2 中的压力高于液压缸无杆腔(左腔)及管路 l_1 中的压力。因此，运动部件的全部动能都转变成液压缸有杆腔油液的压力能，则根据动量定理可近似地求得液压缸有杆腔内的冲击压力 Δp，由于

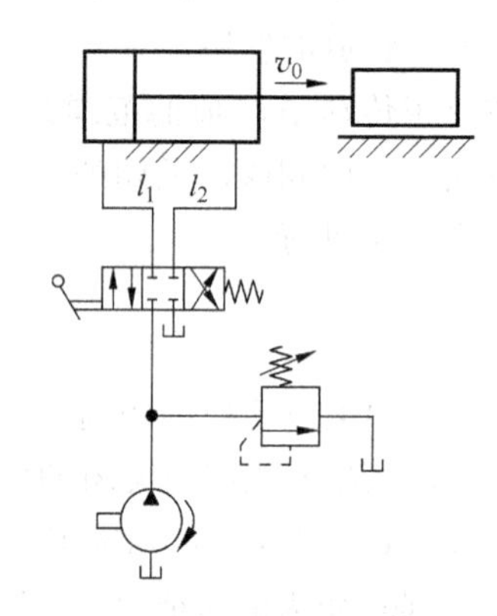

图 3-31　外负载快速制动惯性作用引起的液压冲击
(FIGURE 3-31　Pressure shock is caused when load brakes sharply)

$$\Delta p A \Delta t = \sum m \Delta v$$

故有

$$\Delta p = \frac{\sum m \Delta v}{A \Delta t} \tag{3-102}$$

式中，Δp——液压缸有杆腔内液压工作介质的冲击压力；

$\sum m$—— 运动部件(包括外负载、活塞及活塞杆)的总质量;

Δv——运动部件速度的变化值,$\Delta v = v_0 - v$,其中 v_0 为运动部件制动前的速度,v 为运动部件经过 Δt 时间后的速度;

A——液压缸有杆腔的有效工作面积;

Δt——运动部件制动时间。

式(3-102)的计算忽略了阻尼、泄漏等因素,其值比实际的要大些,是偏安全的,因而具有实用价值。

3. 液压冲击的危害(Pressure shock danger)

液压冲击的瞬时压力峰值往往比正常工作压力高好几倍,它不仅会损坏密封装置、管道和液压元件,而且还会引起振动和噪声。有时甚至使某些由压力控制的液压元件产生误动作,造成设备事故。

4. 减小液压冲击的措施(Diminishing pressure shock measures)

液压冲击对液压传动系统的危害是很大的,应当尽量减小液压冲击的影响。分析式(3-97)、式(3-98)、式(3-101)和式(3-102)中 Δp 的影响因素,可以归纳出减小液压冲击的主要措施有:

(1) 适当加大管道内径,尽量缩短管道长度,限制管道液压工作介质的流速,从而减小转变成压力能的动能;

(2) 在精度要求不太高的液压设备上,使液压缸两腔油路在液压换向阀回到中位时瞬时互通;

(3) 延长液压阀门关闭和运动部件换向、制动的时间,可采用换向时间可调的换向阀和带有缓冲措施的液压缸等;

(4) 用橡胶软管或在冲击源处设置蓄能器,以吸收冲击压力;

(5) 正确设计液压阀口或设置制动装置,使运动部件制动时速度变化比较均匀;

(6) 在液压传动系统中设置安全阀,可限制系统中的最高压力,起卸载作用。

重点和难点课堂讨论

课堂讨论:层流和紊流的判断、避免液压冲击和空穴现象的有效方法。

典型案例分析

案例　计算图 3-32 所示的液压泵吸油口处的真空度或液压泵允许的最大吸油高度。

解　对液压油箱液面 1—1 和液压泵吸油口截面 2—2 列实际液体的伯努利方程,则有

$$\frac{p_1}{\rho g} + \frac{v_1^2}{2g} = \frac{p_2}{\rho g} + h + \frac{v_2^2}{2g} + h_w$$

图示液压油箱液面与大气接触,故 p_1 为大气压力,即 $p_1 = p_a$;v_1 为液压油箱液面下降速度,由于 $v_1 \ll v_2$,故 v_1 可近似为零;v_2 为液压泵吸油口处的流速,它等于流体在吸油管内的流速;h_w 为吸油管路的能量损失。因此,上式可简化为

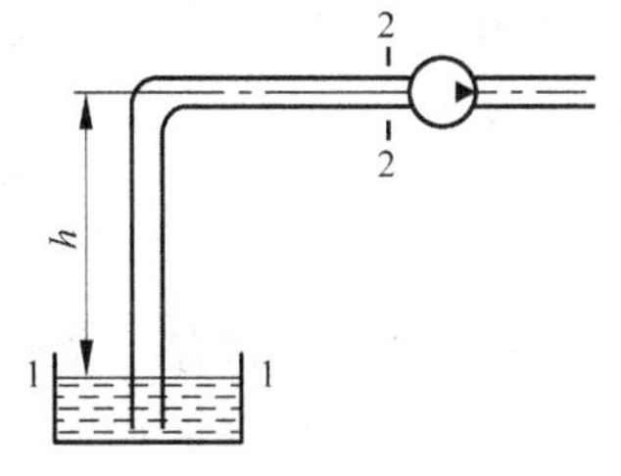

图 3-32　液压传动系统图
(FIGURE 3-32　Schematic illustration of hydraulic transmission system)

$$\frac{p_a}{\rho g}=\frac{p_2}{\rho g}+h+\frac{v_2^2}{2g}+h_w$$

所以液压泵吸油口处的真空度为

$$p_a-p_2=\rho gh+\frac{1}{2}\rho v_2^2+\rho gh_w=\rho gh+\frac{1}{2}\rho v_2^2+\Delta p$$

由此可见，液压泵吸油口处的真空度由三部分组成，分别是把油液提升到高度 h 所需的压力、将静止液体加速到 v_2 所需的压力和吸油管路的压力损失。

液压泵吸油口处的真空度不能太大，即液压泵吸油口处的绝对压力不能太低，否则会形成气穴现象，产生噪声和振动，影响液压泵和系统的工作性能。因此在实际使用中一般取 $h<0.5$m，有时为使吸油条件得以改善，采用倒灌式或浸入式安装，即使液压泵的吸油口高度小于零。

本章小结

本章介绍了液压流体力学基础知识，强调了压力和流量这两个重要参数对液压传动系统正常工作的重要意义。重点分析了液体静力学和流体动力学的理论基础知识，明确了液压传动中静压力、液体流动状态、压力损失和液体流经小孔和缝隙的流量等重要的基本概念和计算方法，详细说明了液体的连续性方程、伯努利方程和动量方程等重要液体动力学方程的物理意义和应用，这些是设计和计算液压传动系统的基本公式。讲述了液压传动系统工作中经常出现的空穴现象和液压冲击的形成原因、产生的危害，以及有效的预防措施。

思考题和习题

1. 液体静力学基本方程有何特点？

2. 什么是帕斯卡原理？

3. 什么是绝对压力？什么是相对压力？什么是真空度？三者之间有何关系？

4. 液体中某处的表压力为22MPa，其绝对压力是多少兆帕？某处绝对压力为0.05MPa，其真空度是多少？

5. 解释下列基本概念：理想液体，恒定流动，通流截面，流量，平均流速。

6. 试写出在重力作用下理想液体稳定流动时的伯努利方程式，并简要阐明其物理意义。

7. 如图3-33所示，安装在液压油箱液面下 $h=900$mm，直径 $d=30$mm 的管路上的液压泵流量为16L/min，液压油的运动黏度为 $20\times10^{-6}\,m^2/s$，密度为 $900kg/m^3$，管路长1000mm，如仅考虑吸油管的沿程损失，求液压泵入口处的绝对压力。已知大气压力为101 325Pa。

8. 如图3-34所示，有一水平管道，直径 $d_1=40$cm，$d_2=80$cm，过流断面1—1处的压力 $p_1=190$kPa，不考虑能量损失，试求过流断面2—2处的压力值 p_2。假设流量为 $q=0.18m^3/s$。

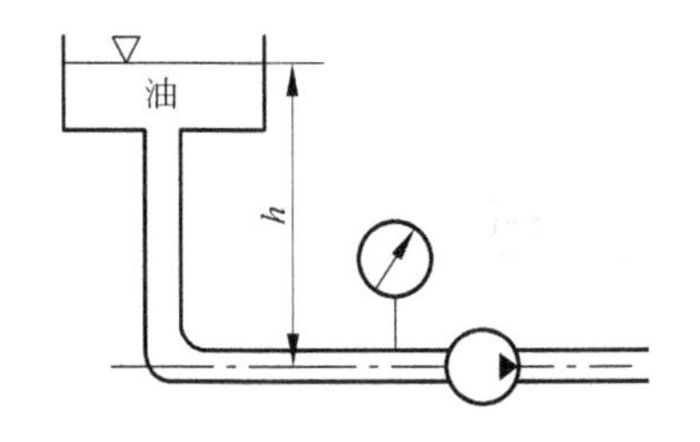

图 3-33 液压泵安装图
(FIGURE 3-33 Schematic illustration of hydraulic pump installation)

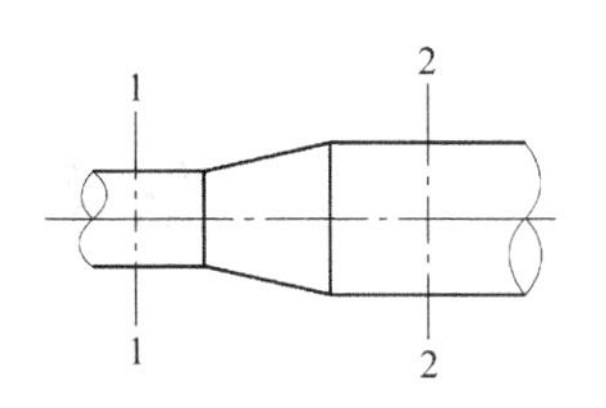

图 3-34 液压管道图
(FIGURE 3-34 Schematic illustration of hydraulic pipe)

9. 水管以 $q=20^{-2}\text{m}^3/\text{s}$ 的流量垂直向上喷水，喷嘴口面积为 16cm^2，不考虑能量损失，求水柱升高 3m 时的截面积。

10. 简要叙述层流与紊流的物理现象及两者的判断方法。

11. 计算 $d=10\text{mm}$ 的圆管，$d=10\text{mm}$、$D=18\text{mm}$，以及 $d=10\text{mm}$、$D=22\text{mm}$ 的同心环状管道的水力半径各是多少。

12. 液体在管道中的流速为 3m/s，管道内径为 50mm，液压工作介质的运动黏度为 $30\times10^{-6}\text{m}^2/\text{s}$，试确定其流态。如为层流，其流速应为多大?

13. 管路中的压力损失有哪几种? 其值与哪些因素有关?

14. 有一薄壁节流小孔，通过的流量 $q=0.3\text{L/min}$ 时，压力损失为 0.4MPa，试求节流小孔的通流截面面积。取液压工作介质的密度 $\rho=900\text{kg/m}^3$，流量系数 $C_q=0.61$。

15. 什么是阀的液压卡紧现象? 应采取什么措施防止这种现象?

16. 什么是空穴现象? 有何危害? 有何预防措施?

17. 什么是液压冲击? 其产生的原因是什么? 有何危害? 有何预防措施?

第 4 章　液压动力元件

本 章 指 南

本章主要内容：主要讲述液压动力元件液压泵，即齿轮式、叶片式和柱塞式液压泵的工作原理、组成、结构特点、性能分析与计算、优缺点及应用等。

本章重点：掌握各类液压泵的工作原理、性能分析、计算和具体应用。

本章难点：正确理解齿轮泵困油现象的产生、危害及预防措施，掌握各类液压泵全性能通用特性曲线的绘制。

本章教学目的和要求：通过认真学习各类液压泵的组成、工作原理和主要性能，掌握其结构特点，并会进行性能分析与计算，从而掌握各类液压泵在液压传动系统中的具体应用。

4.1　液压泵概述

液压泵是液压传动系统的动力元件，即将原动机(电动机或内燃机)输入的机械能转换为压力能输出，为液压传动系统提供动力，它是一种能量转换装置，是液压传动系统的核心元件。液压泵性能好坏直接影响液压传动系统工作的可靠性和稳定性。

4.1.1　液压泵的工作原理

在液压传动系统中使用的各种液压泵，其工作原理都是一样的，就是依靠液压泵密闭工作容积大小交替变化来实现吸油和压油的，因此称为容积式液压泵。图 4-1 所示为单柱塞式液压泵的工作原理。当电动机或内燃机驱动偏心轮 1 从 0°～ 180°作逆时针方向旋转时，柱塞 2 在弹簧 3 的作用下向右移动，此时柱塞 2 底部与缸体 4 内孔之间形成的密闭工作容积增大，形成局部真空，液压油箱 5 中的油液在大气压作用下打开进油单向阀 6 进入液压泵体内的密闭工作容积(此时压油单向阀 7 关闭)，完成吸油过程；当偏心轮 1 继续从 180°～360°旋转时，偏心轮 1 推动柱塞 2 向左移动，柱塞 2 与缸体 4 内孔形成的密闭工作容积减小，油液受到挤压产生一定的压力，打开压油单向阀 7 进入液压传动系统(此时进油单向阀 6 关闭)，完成压油过程；当偏心轮 1 连续地转动时，液压泵就连续地吸油和压油。液压泵是依靠密闭工作容积的变化进行工作的，其输出流量的大小取决于密闭工作容积的变化量。

由液压泵的工作原理可知，液压泵正常工作的基本条件是：

(1) 具有密闭的工作容积。

（2）密闭工作容积的大小能随运动件的运动实现周期性变化，密闭工作容积由小变大时，其吸油腔与液压油箱相通；由大变小时，其排油腔与液压传动系统相通。

（3）密闭工作容积吸油腔与压油腔相互隔开，不能连通。

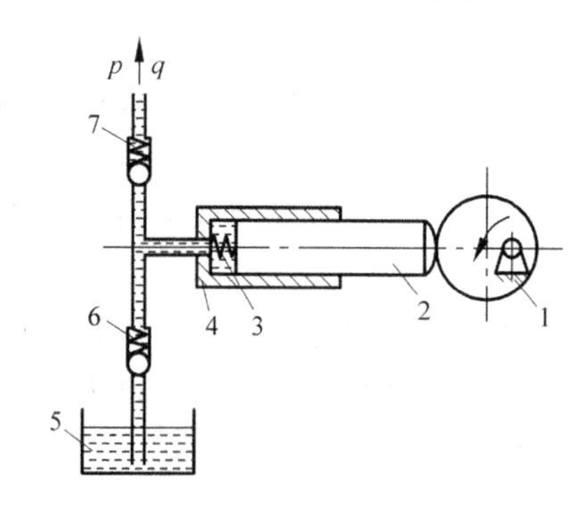

图4-1　单柱塞式液压泵的工作原理示意图

(FIGURE 4-1　Schematic illustration of operating principles of single plunger hydraulic pumps)

1—偏心轮；2—柱塞；3—弹簧；4—缸体；5—液压油箱；6—进油单向阀；7—压油单向阀

4.1.2　液压泵的分类

（1）按液压泵的结构分类

齿轮泵　可分为外啮合齿轮泵和内啮合齿轮泵；

叶片泵　可分为单作用叶片泵和双作用叶片泵；

柱塞泵　可分为轴向柱塞泵和径向柱塞泵；

螺杆泵　可分为单螺杆泵、双螺杆泵、三螺杆泵和五螺杆泵。

（2）按液压泵的排量可否调节分类

定量泵　单位时间内输出液压工作介质的体积不能变化；

变量泵　单位时间内输出液压工作介质的体积能够变化。

（3）按液压泵的组成分类

按液压泵的组成可分为单液压泵和复合液压泵。

4.1.3　液压泵的图形符号

液压泵的图形符号如图4-2所示。

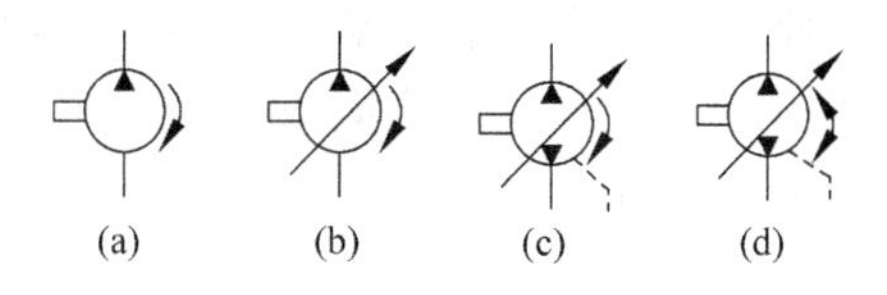

图4-2　液压泵的图形符号

(FIGURE 4-2　Schematic illustration of diagram symbols of hydraulic pumps)

(a) 单向定量液压泵；(b) 变量液压泵；

(c) 单向旋转双向流动变量液压泵；(d) 双向旋转双向流动变量液压泵

4.1.4 液压泵的基本性能参数和计算公式

1. 液压泵的压力(Pressure of hydraulic pumps)

1) 工作压力 p

它是指液压泵实际工作时的压力,其值由外负载决定,常用单位为 Pa 和 N/m^2。

2) 额定压力 p_n

它是指液压泵在正常工作条件下,按试验标准规定连续运转的最高压力。

3) 最高允许压力 p_{max}

它是指液压泵按试验标准规定,超过额定压力允许短暂运行的最高压力。

由于液压传动的用途不同,液压传动系统所需压力也不同。为了便于液压元件的设计、生产和使用,将压力分成几个等级,见表 4-1。

表 4-1 液压传动系统的压力等级

(TABLE 4-1 Pressure grade of hydraulic transmission system)

压力等级	低压	中压	中高压	高压	超高压
压力/MPa	≤2.5	>2.5~8	>8~16	>16~31.5	>31.5

2. 液压泵的转速(Speed of hydraulic pumps)

1) 额定转速 n

它是指液压泵在额定压力下,能连续长时间正常运转的最高转速。

2) 最高转速 n_{max}

它是指液压泵在额定压力下,超过额定转速允许短暂运行的转速。

3) 最低转速 n_{min}

它是指液压泵正常运转所允许的最低转速。

转速常用单位为 r/s 或 r/min。

3. 液压泵的排量和流量(Displacement and flow of hydraulic pumps)

1) 排量 V

它是指在不考虑泄漏的情况下,液压泵轴每转过一转,由其几何尺寸计算得到的排出液体的体积,常用单位为 m^3/r 和 mL/r。

2) 理论(几何)流量 q_t

它是指在不考虑泄漏的情况下,液压泵在单位时间内排出的液体体积(即按照泵的几何尺寸计算而得到的流量)。其理论流量等于泵的排量 V 与输入轴转速 n 的乘积,即

$$q_t = Vn \tag{4-1}$$

流量的常用单位为 m^3/s 或 L/min。

3) 额定流量 q_n

它是指液压泵在额定压力和额定转速条件下,按试验标准规定,必须保证的流量。

4) 实际流量 q

它是指液压泵实际工作时,在单位时间内排出的液体体积。因液压泵存在泄漏流量 Δq,所以液压泵的实际流量 q 总是小于理论流量,即

$$q = q_t - \Delta q \tag{4-2}$$

4. 液压泵的功率(Power of hydraulic pumps)

液压泵输入的是机械功率 P_i(转矩 T 和转速 n),输出的是液压功率 P_o(压力 p 和流量 q)。

1) 实际输入功率 P_i

它是指驱动液压泵轴的机械功率,即

$$P_i = \omega T = 2\pi nT \tag{4-3}$$

式中,角速度 ω 的常用单位为 rad/s。

2) 实际输出功率 P_o

它是指液压泵输出的液压功率,即

$$P_o = pq \tag{4-4}$$

功率的常用单位为 W。

3) 理论输入转矩 T_t

它是指不考虑液压泵在能量转换过程中的损失时的输入转矩,即液压泵的输入功率与输出功率相等,液压泵的理论输入转矩计算公式为

$$2\pi nT_t = pq_t \tag{4-5}$$

$$T_t = \frac{pV}{2\pi} \tag{4-6}$$

转矩的常用单位为 N·m。

4) 实际输入转矩 T

它是指液压泵在工作过程中实际输入的转矩。因泵内运动副有摩擦而造成转矩损失 ΔT,所以液压泵的实际输入转矩大于理论输入转矩,即

$$T = T_t + \Delta T \tag{4-7}$$

5. 液压泵的效率(Efficiency of hydraulic pumps)

1) 容积效率 η_V

它是指液压泵实际输出流量与理论流量的比值,即

$$\eta_V = \frac{q}{q_t} = \frac{q_t - \Delta q}{q_t} = 1 - \frac{\Delta q}{q_t} \tag{4-8}$$

2) 机械效率 η_m

它是指液压泵的理论输入转矩与实际输入转矩的比值,即

$$\eta_m = \frac{T_t}{T} = \frac{pV}{2\pi T} \tag{4-9}$$

3) 总效率 η

它是指液压泵实际输出功率与实际输入功率的比值,即

$$\eta = \frac{P_o}{P_i} = \frac{pq}{2\pi nT} = \frac{q}{Vn}\frac{pV}{2\pi T} = \eta_V \eta_m \tag{4-10}$$

4.1.5 液压泵的特性曲线和检测

液压泵性能试验台的工作原理如图4-3所示。液压泵性能试验台主要由液压泵1、比例溢流阀2、流量计3、比例节流阀4和压力表5等组成。用比例溢流阀2限定液压传动系统最高压力,用比例节流阀4加载测量液压泵出口压力,用流量计3测量液压泵输出流量,使用计算机辅助检测技术(CAT)进行测量与处理可大大提高检测精度及效率。

液压泵的性能常用以工作压力 p 为横坐标,容积效率 η_V(或实际流量 q)、机械效率 η_m、

总效率 η、输入功率 P_i 为纵坐标的曲线来表示，这种性能曲线是在一定品种的液压工作介质中，在某一温度和某个转速下通过试验测出的，如图 4-4 所示。

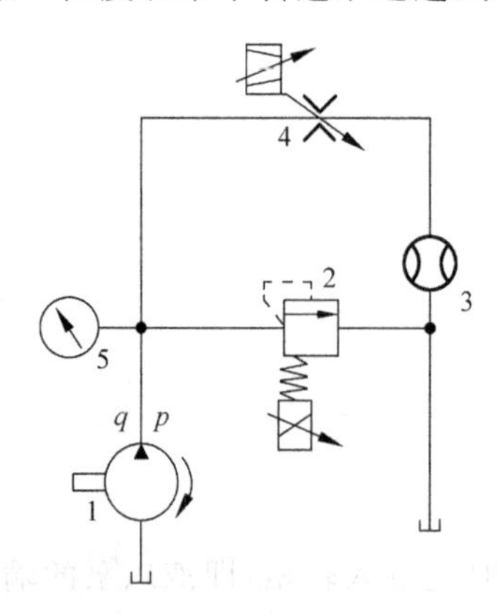

图 4-3　液压泵性能试验台工作原理示意图
(FIGURE 4-3　Schematic illustration of operating principles of hydraulic pumps performance test)
1—液压泵；2—比例溢流阀；3—流量计；
4—比例节流阀；5—压力表

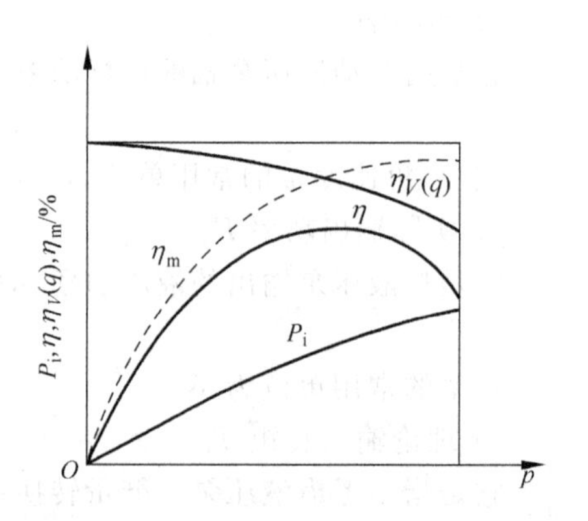

图 4-4　液压泵的性能曲线示意图
(FIGURE 4-4　Schematic illustration of characteristic curves of hydraulic pumps)

由图 4-4 可以看出，容积效率 η_V（或实际流量 q）随工作压力 p 增高而减小。当工作压力 $p=0$ 时，泄漏流量 $\Delta q=0$，容积效率 $\eta_V=100\%$，机械效率 $\eta_m=0$，实际流量 q 等于理论（几何）流量 q_t；当工作压力升高后，最初机械效率 η_m 迅速上升，而后逐渐变缓，所以总效率 η 开始时等于零，之后总效率 η 随工作压力 p 增高而增大，且有一个最高点。

对于某些工作转速可在一定范围内变化的液压泵或排量可变的液压泵，可按照试验标准的规定测出液压泵的全性能特性，常用图 4-5 所示的通用特性曲线来表示。曲线的横坐标为工作压力 p，纵坐标左侧为流量 q，右侧为转速 n，图中绘出了等功率曲线 P_i，等效率曲线 η_i。通用特性曲线的绘制方法是分别在 i 个不同的工作转速 n_i 下，作出 i 个如图 4-4 所示液压泵的性能曲线，然后把每张图中的等功率点和等效率点找出来，绘入图 4-5 中即得。

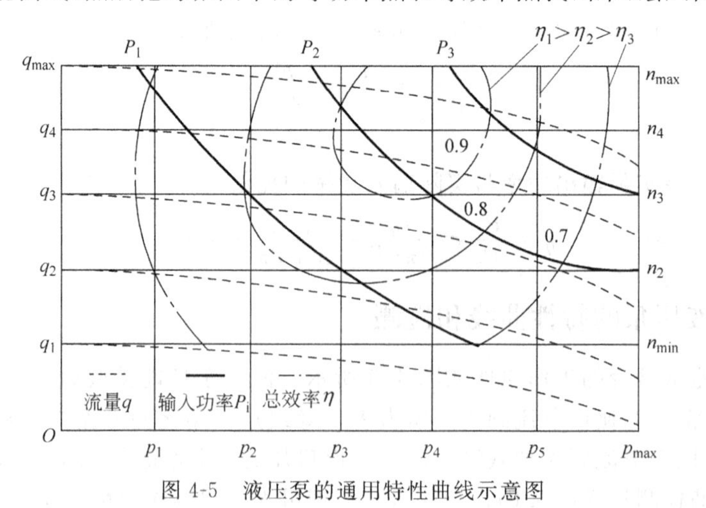

图 4-5　液压泵的通用特性曲线示意图
(FIGURE 4-5　Schematic illustration of general characteristic curves of hydraulic pumps)

4.2 齿轮泵

齿轮泵是液压传动系统中常用的液压泵。可分为外啮合齿轮泵和内啮合齿轮泵两种。它属于定量泵。

4.2.1 外啮合齿轮泵的工作原理

外啮合齿轮泵的工作原理如图 4-6 所示。在齿轮泵壳体 1 内有一对模数相同、齿数相等的主动齿轮 2 和从动齿轮 3，两个盖板（图中未画出）分别罩住齿轮的两端，由于它们的配合间隙很小，因此，两轮齿的啮合线将齿轮泵壳体内表面、两个盖板和两个齿轮组成的密闭工作容积分隔为两个互不相通的吸油腔和压油腔。左侧吸油口和右侧压油口分别用油管与液压油箱和液压传动系统接通。当主动齿轮 2 按逆时针方向旋转时，左侧吸油腔啮合着的轮齿逐渐脱开啮合，使密闭工作容积逐渐增大，形成局部真空，液压油箱中的油液在大气压作用下，经吸油管进入吸油腔，填满吸油腔齿间容积，并被旋转的齿轮带入右侧压油腔；与此同时，右侧压油腔的轮齿逐渐进入啮合，密封工作容积逐渐减小，齿间的油液被挤出，通过齿轮泵的压油口排出而输送到液压传动系统中。当齿轮不断地转动时，齿轮泵就不断地吸油和压油。

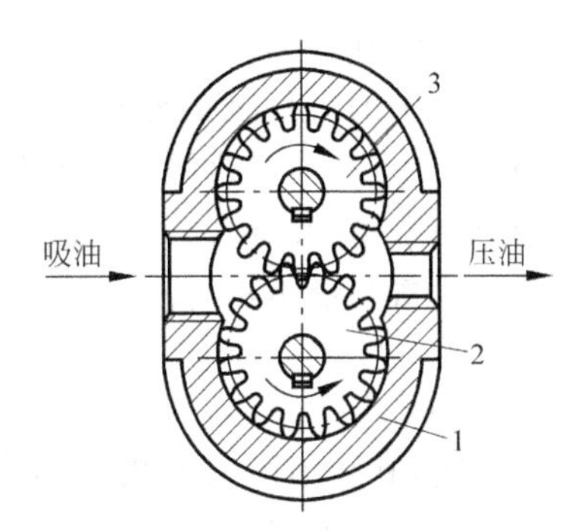

图 4-6　外啮合齿轮泵的工作原理示意图
(FIGURE 4-6　Schematic illustration of operating principles of external gear pumps)
1—壳体；2—主动齿轮；3—从动齿轮

齿轮啮合点处的齿面接触线将吸油腔和压油腔分开，起到了配流作用，因此不需要单独设置配流装置，这种配流方式称为直接配流。

4.2.2 外啮合齿轮泵的排量和流量公式

1. 外啮合齿轮泵的排量(Displacement equation of external gear pumps)

外啮合齿轮泵的排量为齿轮每转一转排出的液体体积，其排量的精确计算可按齿轮啮合原理来进行。近似计算时，可认为两个齿轮的齿间槽容积等于轮齿体积，因此，其排量的近似计算等于它的两个齿轮的齿槽容积之和，即

$$V = \pi dhb = 2\pi z m^2 b \tag{4-11}$$

式中，d——齿轮的节圆直径，$d=mz$；

h——齿轮的有效齿高，$h=2m$；

b——齿轮的齿宽；

z——齿轮的齿数；

m——齿轮的模数。

由式(4-11)可知，外啮合齿轮泵的排量 V 与齿轮模数 m 的平方成正比，与齿数 z 的一次方成正比。当齿轮节圆直径一定时，增大模数 m、减少齿数 z 可以增大外啮合齿轮泵的排

量 V,因此外啮合齿轮泵的齿数一般较少。考虑到齿间槽容积比轮齿体积稍大,所以通常用 3.33 代替 π 加以修正,则

$$V = 6.66zm^2b \tag{4-12}$$

2. 外啮合齿轮泵的流量计算(Flow equation of external gear pumps)

实际流量

$$q = 6.66zm^2bn\eta_V \tag{4-13}$$

式中,n——齿轮的转速;

η_V——容积效率。

3. 外啮合齿轮泵的流量脉动(Instantaneous flow fluctuating coefficient of external gear pumps)

式(4-13)中的流量是指外啮合齿轮泵的平均流量,根据齿轮啮合原理可知,齿轮在啮合过程中,啮合点是沿啮合线不断变化的,造成吸、压油腔的变化率也是变化的,因此齿轮泵的输出瞬时流量是脉动的。应用流量脉动率 σ 来评价瞬时流量的脉动。用 q_{max}、q_{min} 分别表示最大瞬时流量和最小瞬时流量,q 表示平均流量。流量脉动率可用下式表示:

$$\sigma = \frac{q_{max} - q_{min}}{q} \tag{4-14}$$

试验表明,其脉动周期为 $2\pi/z$,齿数越少,流量脉动率 σ 越大。例如,当 $z=6$ 时,σ 值高达 34.7%;当 $z=12$ 时,σ 值高达 17.8%。在试验条件相同的情况下,内啮合齿轮泵的流量脉动率要小得多。由能量方程可知,流量脉动会引起压力脉动,使液压传动系统产生振动和噪声,直接影响液压传动系统工作部件的运动平稳性。

4.2.3 外啮合齿轮泵的结构特点分析

1. 降低外啮合齿轮泵的噪声(Low sound level of external gear pumps)

外啮合齿轮泵产生噪声的一个主要根源来自流量脉动,为减少外啮合齿轮泵的瞬时理论流量脉动,可同轴安装两套齿轮,每套齿轮之间错开半个齿距,两套齿轮之间用一块平板相互隔开,组成共同吸油和压油的两个分离的外啮合齿轮泵。因两个外啮合齿轮泵的流量脉动错开了半个周期,各自的流量脉动量相互抑制,所以外啮合齿轮泵总的流量脉动量大大减小。

2. 外啮合齿轮泵的泄漏(Leakiness of external gear pumps)

为保证外啮合齿轮泵齿轮的端面与轴套(或端盖)之间、齿轮齿顶与齿轮泵壳体之间正常的相对运动,必须存在一定的间隙。因此,外啮合齿轮泵高压腔的压力油通过间隙泄漏到吸油腔的途径主要有三条:

(1) 通过齿轮两端面和轴套(或端盖)之间的端面间隙泄漏;

(2) 通过齿轮齿顶和齿轮泵壳体内表面的径向间隙泄漏;

(3) 通过轮齿啮合处的间隙泄漏。

通过端面间隙的泄漏量最大,占总泄漏量的 75%~80%;通过径向间隙的泄漏量占总泄漏量的 10%~15%;通过轮齿啮合处的间隙泄漏量最小,占总泄漏量的 5%左右。通常采用浮动轴套或弹性侧板对端面间隙进行自动补偿以减小泄漏。

3. 外啮合齿轮泵的径向不平衡力(Radial non balancing force of external gear pumps)

作用在外啮合齿轮泵轴承上的径向力是由沿齿轮圆周液压油压力产生的径向力和由齿

轮啮合产生的径向力所组成。在外啮合齿轮泵中，处在高压腔和吸油腔的两齿轮外圆和齿廓表面分别承受着工作压力和吸油腔压力，因此作用在整个齿轮外圆上的压力是不相等的，因在整个齿轮外圆与泵体内孔的间隙中存在泄漏，所以高压腔压力逐渐分级下降递减到吸油腔压力，其合力使齿轮的轮轴和轴承受到径向不平衡力，工作压力越高，径向不平衡力就越大。当径向不平衡力过大时，会使齿轮轴弯曲，造成齿顶接触泵体内表面产生摩擦，加速轴承磨损，影响了外啮合齿轮泵的工作性能和使用寿命。

4. 减小径向不平衡力的措施(Measures to decrease radial non balancing force of external gear pumps)

(1) 在端盖或轴承座圈上的过渡区分别开设两个与高、低压腔相通的平衡槽。

(2) 缩小压油腔(压出角)的尺寸，即外啮合齿轮泵的压油口尺寸比吸油口尺寸小。

(3) 扩大压油区只保留 1～2 齿密封。

(4) 扩大吸油区只保留 1～2 齿密封。

(5) 适当增加齿轮齿顶圆与泵体内表面的间隙，使齿轮在径向不平衡力作用下，齿顶不与泵体内表面接触。

5. 外啮合齿轮泵的困油现象(Phenomenon of external gear pumps surrounded oil)

要使外啮合齿轮泵平稳工作，齿轮啮合的重叠系数必须大于 1，一般 $\varepsilon=1.05\sim1.30$，也就是说要求在前一对轮齿尚未脱开啮合之前，后一对轮齿就已经进入啮合。就在两对轮齿同时啮合的这一小段时间内，留在齿间的油液被围困在两对啮合轮齿和前后泵盖所形成的密闭容积之中，该密闭容积与齿轮泵的高、低压油腔均不相通，并且随齿轮的转动而发生变化，如图 4-7 所示。这个密闭容积先随着齿轮的转动逐渐减小(从图 4-7(a)到图 4-7(b))，后又逐渐增大(从图 4-7(b)到图 4-7(c))。由于油液的可压缩性很小，当密闭容积减小时被困油液受到挤压而产生高压，从零件配合间隙中挤出，使齿轮和轴承受到很大的径向力，导致油液发热；当齿轮继续旋转，密闭容积增大得不到油液补充造成局部真空，使溶解于油液中的气体分离，产生空穴、出现气蚀现象，产生强烈的噪声和振动。这种因密闭容积大小发生变化而导致压力冲击和产生气蚀的现象被称为齿轮泵的困油现象。困油现象对齿轮泵的工作性能和使用寿命都是有害的。

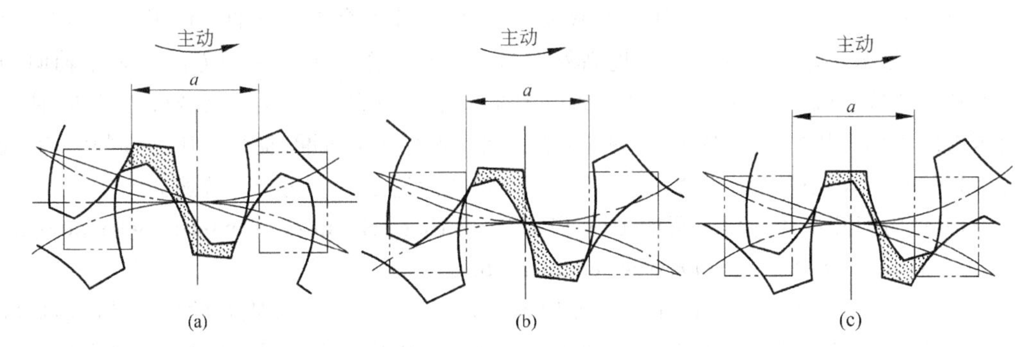

图 4-7　外啮合齿轮泵对称布置的双矩形卸荷槽示意图

(FIGURE 4-7　Schematic illustration of double rectangle load pressure releasing groove symmetry array of external gear pumps)

消除困油的方法，通常是在外啮合齿轮泵的浮动轴套或两侧盖板等零件上开卸荷槽（如图 4-7 中双点画线所示），卸荷槽的位置和尺寸能使封闭容积减小时通过左边的卸荷槽与压油腔相通（图 4-7(a)），容积增大时通过右边的卸荷槽与吸油腔相通（图 4-7(c)）。在外啮合齿轮泵中，卸荷槽的主要形式有双圆形卸荷槽和双矩形卸荷槽两种，主要有相对齿轮中心连线不对称布置的双卸荷槽和相对齿轮中心连线对称布置的双卸荷槽两种。

实践证明，双卸荷槽并不对称于齿轮中心连线分布，而是整体向吸油腔侧平移一段距离，这样能取得更好的卸荷效果。要严格控制两卸荷槽之间的距离 a，若尺寸 a 太大，则困油现象不能彻底消除；若尺寸 a 太小，两卸荷槽经困油密闭容腔将外啮合齿轮泵的吸、压油腔直接沟通，会使外啮合齿轮泵的容积效率下降。对于分度圆压力角 $\alpha=20°$、模数为 m 的标准渐开线齿轮，$a=2.78m$，当卸荷槽为不对称分布时，在压油腔一侧必须保证 $b=0.8m$，另一方面为保证卸荷槽畅通，槽宽 $c>2.5m$，槽深 $h\geqslant 0.8m$，如图 4-8 所示。

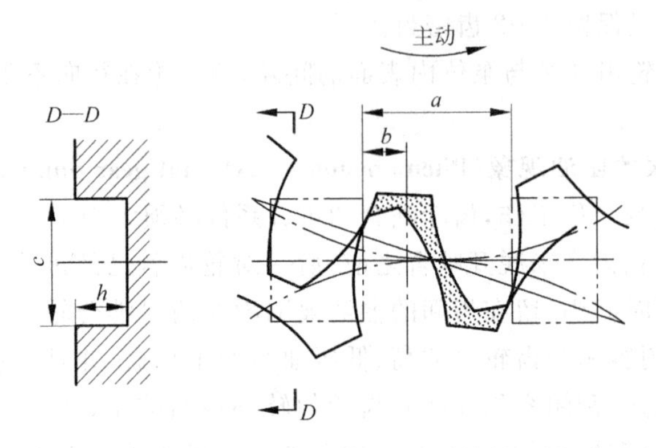

图 4-8 外啮合齿轮泵非对称布置的双矩形卸荷槽尺寸示意图

(FIGURE 4-8 Schematic illustration of double rectangle load pressure releasing groove dimension dissymmetrical array of external gear pumps)

4.2.4 提高外啮合齿轮泵工作压力的措施

由于外啮合齿轮泵的端面泄漏非常大，为了提高外啮合齿轮泵的工作压力，在结构上采取措施，以便减小端面泄漏。目前提高外啮合齿轮泵工作压力的常用方法是采用轴向间隙自动补偿装置。轴向间隙自动补偿装置一般是采用浮动侧板、浮动轴套或弹性侧板，使之在液压力的作用下压紧齿轮端面，使轴向间隙减小，从而减小泄漏，提高了压力，同时具有较高的容积效率与较长的使用寿命，因此在高压外啮合齿轮泵中应用十分普遍。

1. 轴向间隙自动补偿装置的工作原理（Operating principles of external gear pumps with axial clearance pressure compensator）

轴向间隙自动补偿装置的工作原理如图 4-9 所示。一对相互啮合的齿轮是由前后轴套中的滑动轴承（或滚动轴承）支承，且轴套可在泵壳体内作轴向浮动，通过把外啮合齿轮泵排油腔的压力油引到轴套外端面上，产生液压合力 F_1，方向向左。同时齿轮端面的液压力也作用在轴套内端面上，产生液压反推力 F_2，方向向右。在结构设计上应使 $F_1>F_2$，因此，合力 F_1 使轴套紧压在齿轮端面上，其大小与外啮合齿轮泵的工作压力成正比，即工作压力越高，轴套就被压得越紧，从而自动地补偿了由于端面磨损而产生的间隙。

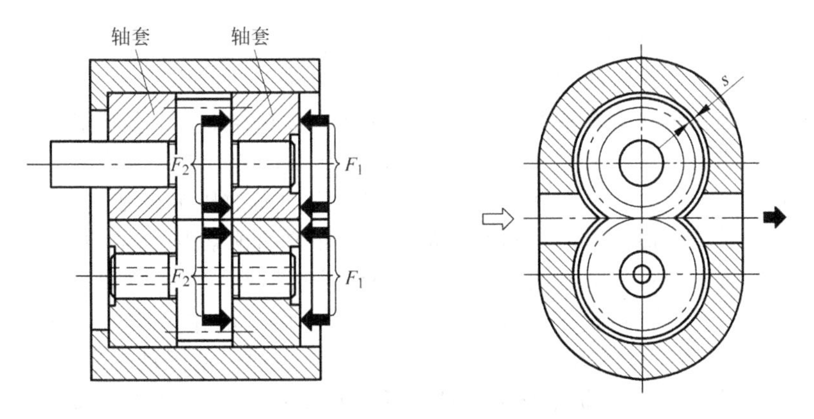

图 4-9　外啮合齿轮泵轴向间隙自动补偿装置的工作原理
(FIGURE 4-9　Schematic illustration of operating principles of external gear pumps with axial clearance pressure compensator)

2. 两种常见的轴向间隙自动补偿装置(Two kinds of common axial clearance pressure compensators)

1) 补偿面为偏心 8 字形的浮动轴套

图 4-10 所示为安装有补偿面为偏心 8 字形浮动轴套的外啮合齿轮泵图。两个嵌入环形凹槽的 O 形密封圈 1 和泵壳体 3 围成了图中偏心 8 字形补偿面 A。外啮合齿轮泵排油口处的压力油自孔 C 引到偏心 8 字形补偿面 A 上,补偿液压压紧力的合力 F_1,孔 B 可把外啮合齿轮泵内部的泄漏油引到吸油腔。如果改变环形凹槽的偏心,就可调节压紧力的作用点对轴套偏心量,因此也能保证补偿液压压紧力的合力 F_1 的作用线与浮动轴套另一侧液压反推力的合力 F_2 重合。在外啮合齿轮泵空载启动而油压未被建立起来时,O 形密封圈 1 可以使偏心 8 字形浮动轴套与齿轮间产生足够的和必要的预紧力。

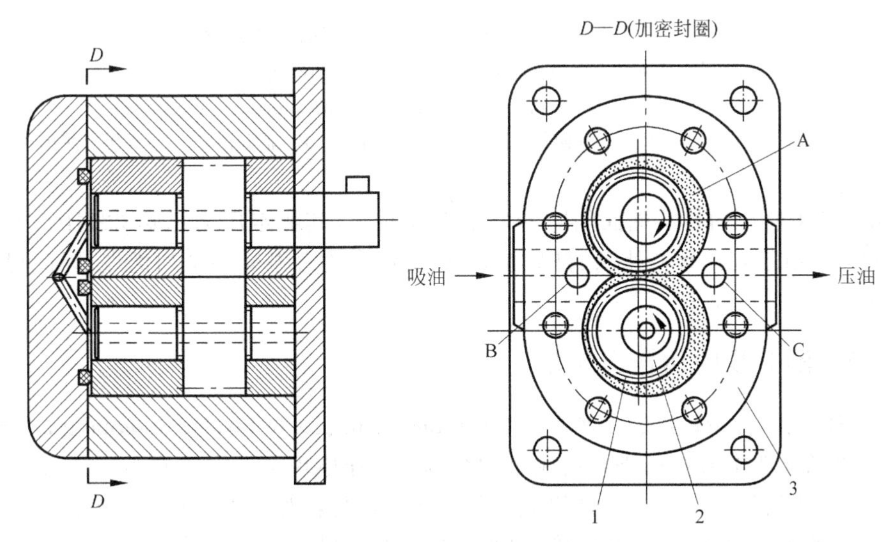

图 4-10　安装有补偿面为偏心 8 字形浮动轴套的外啮合齿轮泵
(FIGURE 4-10　Schematic illustration of external gear pumps with eccentricity number 8 moving shaft sleeve pressure compensator)
1—密封圈;2—低压区;3—泵壳体;A—补偿面;B—泄漏油孔;C—高压引油孔

2）补偿面为 8 字形的浮动轴套

安装有结构简单且补偿面为 8 字形浮动轴套的外啮合齿轮泵如图 4-11 所示。两个与齿轮同心的 O 形密封圈 1 和泵壳体 3 围成了图中 8 字形补偿面 A。外啮合齿轮泵排油口处的压力油自孔 C 引到 8 字形补偿面 A 上，补偿液压压紧力的合力 F_1，孔 B 可把外啮合齿轮泵内部的泄漏油引到吸油腔。在外啮合齿轮泵空载启动而油压未被建立起来时，O 形密封圈 1 可以使 8 字形浮动轴套与齿轮间产生足够的和必要的预紧力。因为两个齿轮端面的对称中心线与补偿面积的对称中心线重合，所以补偿液压压紧力的合力 F_1 的作用线通过浮动轴套的中心线，而浮动轴套另一侧液压反推力的合力 F_2 的作用线离开浮动轴套中心线向压油腔偏离，F_1 和 F_2 对浮动轴套就形成了力偶。该力偶迫使浮动轴套倾斜，导致齿轮与浮动轴套之间磨损、浮动轴套被卡死而不能灵活浮动、端面间隙增大和泄漏量增加。如将液压泵壳体与浮动轴套之间的配合长度加大和提高加工精度，就可避免上述缺点与不足。

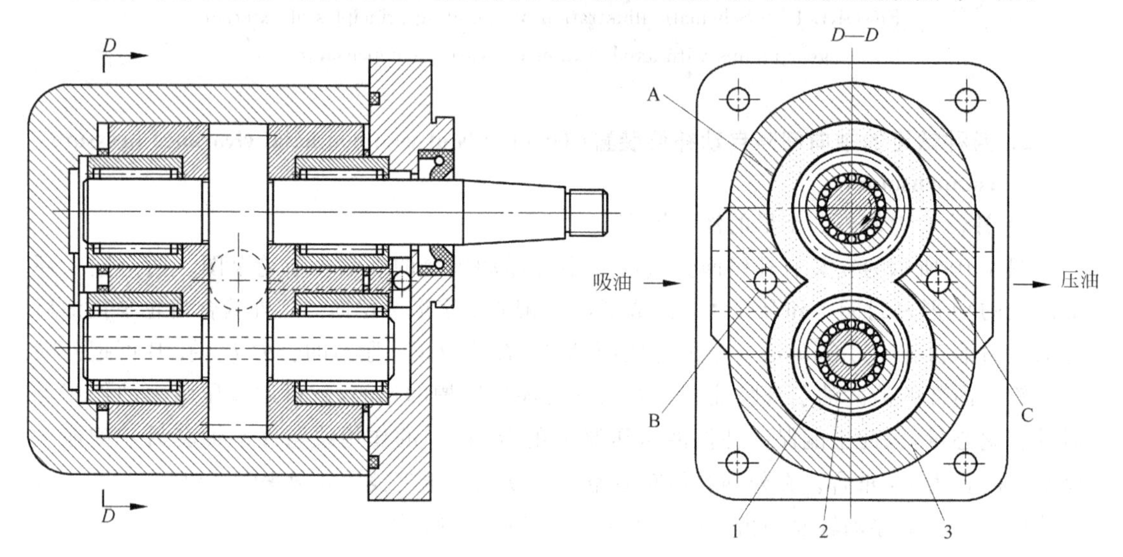

图 4-11　安装有补偿面为 8 字形浮动轴套的外啮合齿轮泵

(FIGURE 4-11　Schematic illustration of external gear pumps with centricity number 8 moving shaft sleeve pressure compensator)

1—O 形密封圈；2—滚针轴承外圈；3—泵壳体；A—补偿面；B—泄漏油孔；C—高压引油孔

采用浮动轴套自动补偿端面间隙的外啮合齿轮泵，其额定压力已达 32MPa，容积效率可高于 90%。由于它具有转速高、自吸能力好、抗污染能力强等一系列优点，因此得到了广泛的应用。

4.2.5　渐开线内啮合齿轮泵

1. 渐开线内啮合齿轮泵的工作原理(Operating principles of involute internal gear pumps)

图 4-12 所示为渐开线内啮合齿轮泵的结构和工作原理示意图。它由月牙板 3、从动内齿轮 4 和主动小齿轮 5 等主要零件组成。其工作原理是：当主动小齿轮 5 按逆时针方向旋转时，从动内齿轮 4 也作逆时针旋转，中心轴偏置相互啮合的主动小齿轮 5、从动内齿轮 4 和两侧盖板所围成的密闭容积被齿轮啮合线和月牙板 3 分割成吸油腔 1 和压油腔 2。左半部轮齿逐渐退出啮合，密闭工作容积逐渐增大，形成局部真空，通过吸油腔 1 从液压油箱里

吸油；填满各齿间的油液被带到压油腔 2，右半部轮齿逐渐进入啮合，密闭工作容积减小，油液被挤压，从压油腔 2 排出进入液压传动系统中。

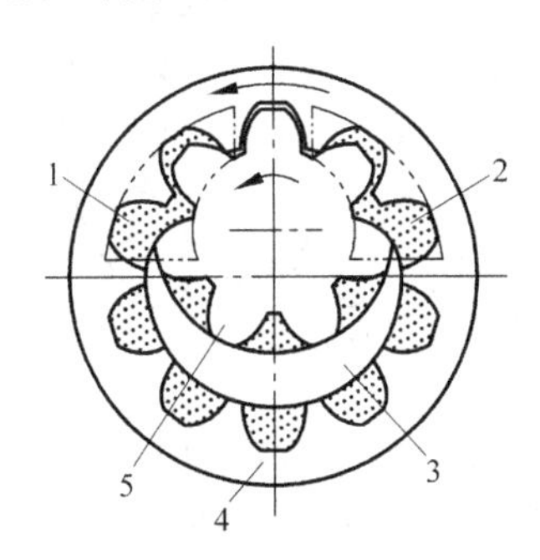

图 4-12　渐开线内啮合齿轮泵的结构和工作原理示意图
(FIGURE 4-12　Schematic illustration of operating principles of involute internal gear pumps)
1—吸油腔；2—压油腔；3—月牙板；4—从动内齿轮；5—主动小齿轮

2. 渐开线内啮合齿轮泵的排量(Displacement equation of involute internal gear pumps)

采用啮合角 $\alpha=20°$、齿顶高系数 $f=1$ 的标准渐开线齿轮副的内啮合齿轮泵的排量可按下列近似公式计算：

$$V = \pi bm^2\left(4z_1 - \frac{z_1}{z_2} - 0.75\right)\times 10^{-3} \tag{4-15}$$

式中，b——齿轮的齿宽；

m——齿轮的模数；

z_1、z_2——主动小齿轮和从动内齿轮的齿数。

4.2.6　摆线内啮合齿轮泵

1. 摆线内啮合齿轮泵的工作原理(Operating principles of orbit internal gear pumps)

图 4-13 所示为摆线内啮合齿轮泵的结构和工作原理示意图。它由主动小齿轮(内转子)3 和内齿轮(外转子)4 等主要零件组成。其工作原理是：当主动小齿轮 3 带动内齿轮 4 各绕其轴线按逆时针方向旋转时，内、外转子的轮齿与两侧板一起形成几个密闭工作容积，左半部轮齿逐渐退出啮合，密闭工作容积逐渐增大，形成局部真空，通过吸油腔 1 从液压油箱里吸油；填满各齿间的油液被带到压油腔 2，右半部轮齿逐渐进入啮合，密闭工作容积逐渐减小，油液被挤压，从压油腔 2 排出进入液压传动系统中。摆线内啮合齿轮泵又称摆线转子泵。

2. 摆线内啮合齿轮泵的排量(Displacement equation of orbit internal gear pumps)

摆线内啮合齿轮泵的排量可按下列近似公式计算，计算误差在 2%～4%以内：

$$V = 2\pi bed_1(z_1 - 0.125)\times 10^{-3} \tag{4-16}$$

式中，b——齿轮的齿宽；

e——啮合副的偏心距；

d_1——内齿轮齿顶圆直径；

z_1——内齿轮的齿数。

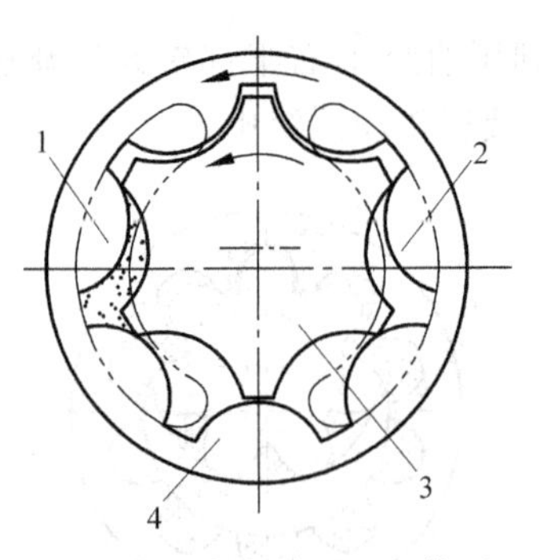

图 4-13　摆线内啮合齿轮泵的工作原理示意图

(FIGURE 4-13　Schematic illustration of operating principles of orbit internal gear pumps)

1—吸油腔；2—压油腔；3—主动小齿轮；4—内齿轮

4.2.7　配装有溢流阀的内啮合齿轮泵

图 4-14 所示为配装有溢流阀的内啮合齿轮泵的结构和工作原理示意图。它由内啮合齿轮泵总成和溢流阀总成组合而成。内啮合齿轮泵总成主要由小齿轮 1、内齿轮 2、液压泵壳体 3 和液压泵驱动轴 4 等零件组成。溢流阀总成主要由锥阀座 6、锥阀芯 8、阀体 9、弹簧 10、弹簧座 12 和调节螺钉 15 等零件组成。其工作原理是：当旋转调节螺钉 15 时，可以调节内啮合齿轮泵出口的最高限定压力，液压泵出口的压力油经阀体 9 的通道 A 引到锥阀芯 8 下端，产生向上的推力；当内啮合齿轮泵出口的压力达到或超过由弹簧 10 所限定的最高压力时，锥阀芯 8 下端所受向上的液压推力克服弹簧力，顶开锥阀芯 8，液压泵出口的压力油经阀体 9 上的通道 B 溢流到吸油腔。此时，内啮合齿轮泵出口的压力为弹簧 10 所限定的最高压力。

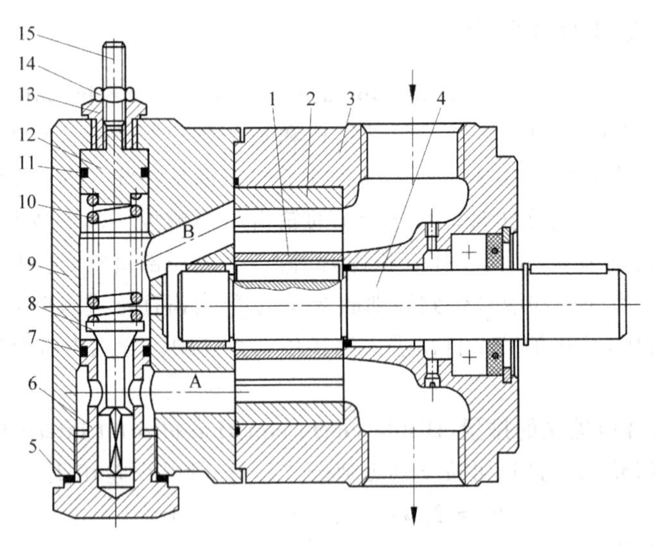

图 4-14　配装有溢流阀的内啮合齿轮泵结构示意图

(FIGURE 4-14　Structural figure of internal gear pumps with pressure relief valves)

1—小齿轮；2—内齿轮；3—液压泵壳体；4—液压泵驱动轴；5—组合密封圈；6—锥阀座；7,11—O 形密封圈；8—锥阀芯；9—阀体(即泵盖)；10—弹簧；12—弹簧座；13—螺塞；14—锁紧螺母；15—调节螺钉

4.2.8　齿轮泵的主要性能

(1) 排量　工程上使用的齿轮泵的排量范围为 0.05～800mL/r，常用的范围为 2.5～250mL/r。

(2) 转速　微型齿轮泵的最高转速可达 20 000r/min 以上，常用的范围为 1000～3000r/min，齿轮泵的工作转速不能低于 300～500r/min。

(3) 压力　齿轮泵一般用于低压大流量液压传动系统，工作压力小于 2.5MPa。大排量的齿轮泵的许用压力范围为 16～20MPa。具有良好自动补偿措施的中小排量的齿轮泵的最高工作压力目前均超过了 25MPa，最高达 32MPa 以上。

(4) 效率　低压齿轮泵的效率较低，一般总效率小于 60%，具有良好自动补偿功能的齿轮泵的总效率范围为 80%～90%。

(5) 寿命　低压外啮合齿轮泵的寿命范围为 3000～5000h，高压外啮合齿轮泵在额定压力下的寿命一般只有几百小时。高压内啮合齿轮泵的寿命范围为 2000～3000h。

4.2.9　齿轮泵的优缺点

外啮合齿轮泵的优点：自吸能力强、尺寸小、结构简单、重量轻、制造容易、成本低、对工作介质的污染不敏感、维护方便、工作可靠，可广泛用于压力要求不高的场合，如磨床、珩磨机等中低压机床中。

外啮合齿轮泵的缺点：压力脉动和噪声较大、内泄漏较大，轴承承受不平衡力、磨损严重。

内啮合齿轮泵的优点：自吸性能好、结构紧凑、零件少、体积小、重量轻、啮合重叠系数大、流量脉动性小、传动平稳、相对滑移速度小、噪声小，因而磨损小、寿命长。

内啮合齿轮泵的缺点：齿形复杂、加工精度要求高，因此价格也高。

4.2.10　螺杆泵

如图 4-15 所示为一种三根螺杆的螺杆泵，它主要由三根互相啮合的双头螺杆平行地安装在泵壳体 5 内，中间的主动螺杆 1 是凸螺杆，上下两根从动螺杆 3 和 4 是凹螺杆，互相啮合的三根螺杆的啮合线使主动螺杆和从动螺杆的螺旋槽与泵壳体 5 之间形成多个相互隔离的密闭工作容积，每个密闭工作容积为一级，其长度约等于螺杆的螺距。螺杆泵实际上是一种外啮合的摆线齿轮泵，它具有齿轮泵的许多特性。其工作原理是：当电动机或内燃机驱动主动螺杆 1 按顺时针(从左向右看)方向带动从动螺杆 3 和 4 旋转时，多个密闭工作容积不断地在右端形成，并沿轴向从右向左移动，在左端消失。在右端密闭工作容积逐渐形成时，其密闭工作容积逐渐增大，通过吸油腔从液压油箱里吸油；在左端密闭工作容积逐渐消失的过程中，左端密闭工作容积逐渐减小，将高压油从压油腔排出进入液压传动系统中。螺杆直径越大，螺杆槽越深，排量也越大。螺杆越长，螺杆的级数越多，其密封性越好，螺杆泵的额定压力就越高(每一级的工作压差为 2～2.5MPa)。

1. 螺杆泵的主要性能(Main performance of screw pumps)

(1) 流量　螺杆泵的流量范围为 3～10 000L/min，输送物料的螺杆泵的流量可达 200 000L/min。

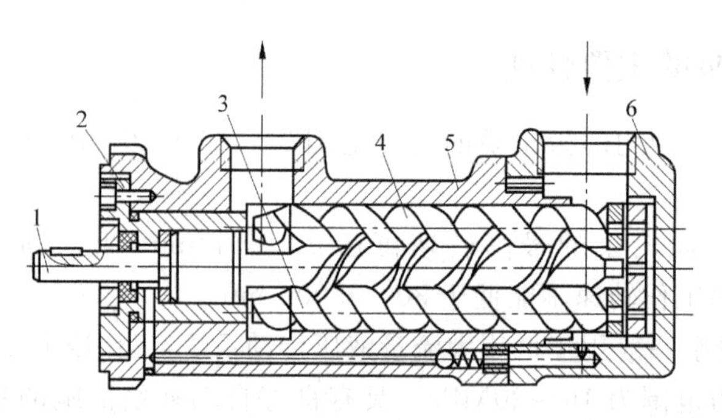

图 4-15　螺杆泵工作原理示意图

(FIGURE 4-15　Schematic illustration of operating principles of screw pumps)

1—主动螺杆；2—前盖；3,4—从动螺杆；5—泵壳体；6—后盖

(2) 转速　小排量螺杆泵的转速可高达 6000r/min,大排量螺杆泵的转速范围为 1000～1500r/min。

(3) 压力　三螺杆泵的常用工作压力范围为 2.5～20MPa,个别可高达 35～40MPa。

(4) 功率　各种螺杆泵中最大的功率超过 600kW。

(5) 效率　螺杆泵的总效率范围为 70%～85%。

(6) 寿命　螺杆泵的使用寿命为 30～40 年。

2. 螺杆泵的优缺点(Advantages and disadvantages of screw pumps)

螺杆泵的优点：体积小、重量轻、结构简单、紧凑、噪声小、运转平稳、流量无脉动、输油均匀、容积效率高(达 90%～95%)、工作寿命长,特别适用于对压力和流量稳定要求较高的精密机械。此外,螺杆泵的自吸能力强,对工作介质的污染不敏感,允许采用高转速,流量大,因此常用作大型液压设备的补油泵。因螺杆泵内的油液由吸油腔到压油腔为无搅动地提升,因此又常被用来输送含有颗粒物质或黏度大的液体,如原油。

螺杆泵的缺点：螺杆形状复杂,加工工艺复杂,精度不易保证,应用受到限制。

4.3　叶　片　泵

叶片泵也是一种常见的液压泵。根据结构来分,有单作用叶片泵和双作用叶片泵两种。单作用叶片泵一般设计成可以无级调节排量的变量泵,又被称为非平衡式液压泵；双作用叶片泵设计成定量泵,又被称为平衡式液压泵。

4.3.1　单作用叶片泵

1. 单作用叶片泵的工作原理(Operating principles of single-acting vane pumps)

单作用叶片泵的工作原理如图 4-16 所示。其主要由泵壳体 1、转子 2、定子 3、叶片 4、两侧配流盘和盖板等零件组成。圆柱体转子 2 上开有均匀分布的径向狭槽,矩形叶片 4 装在转子 2 槽内,可以自由滑动,定子 3 的内表面为圆柱形孔,转子 2 和定子 3 轴心线之间有偏心距 e。在转子和定子的两侧端面装有配流盘,配流盘上的两个腰形槽一个是吸油窗口 5,另一个是压油窗口 6。当转子逆时针方向旋转时,叶片在离心力的作用下可在转子槽内灵活滑动，其顶部与定子内表面相接触。转子外表面、定子内表面、两相邻叶片和配流盘构成若干个密闭工作容积。当转子逆时针方向旋转一周时，左半周转子里的叶片向外伸出，密闭工作容积逐渐增大，形成局部真空，通过左侧吸油窗口 5 从液压油箱里吸油；同时，右半周转子里的叶片被定子内表面压进转子槽内，密闭工作容积逐渐减小，通过压油窗口 6 排出进入液压传动系统中。当单作用叶片泵的转子旋转一周时，每一个叶片在转子槽内往复滑动一次，密闭工作容积增大一次和缩小一次，完成吸油和压油各一次，故被称为单作用叶片泵。

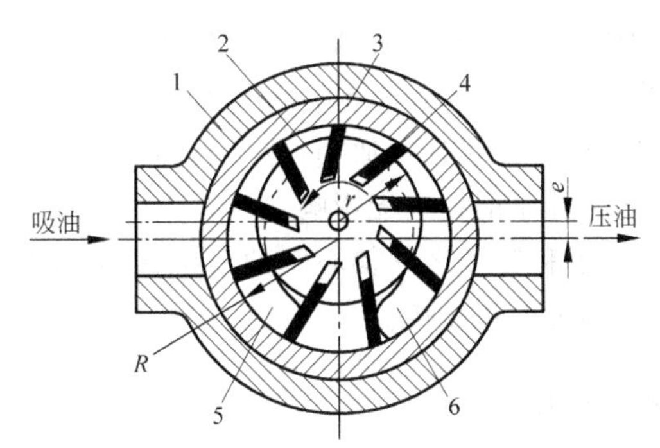

图 4-16　单作用叶片泵的工作原理示意图

(FIGURE 4-16　Schematic illustration of operating principles of single-acting vane pumps)

1—泵壳体；2—转子；3—定子；4—叶片；5—吸油窗口；6—压油窗口

2. 单作用叶片泵的排量和流量(Displacement and flow equation of single-acting vane pumps)

如图 4-17 所示，当单作用叶片泵的转子每转一转时，每两相邻叶片间的密闭工作容积变化量为 V_1-V_2。若近似把 AB 和 EF 看作是中心为 O_1 的圆弧，则有

$$V_1=\pi\left[\left(\frac{D}{2}+e\right)^2-\left(\frac{d}{2}\right)^2\right]\frac{\alpha}{2\pi}b=\pi\left[\left(\frac{D}{2}+e\right)^2-\left(\frac{d}{2}\right)^2\right]\frac{b}{z} \tag{4-17}$$

$$V_2=\pi\left[\left(\frac{D}{2}-e\right)^2-\left(\frac{d}{2}\right)^2\right]\frac{\alpha}{2\pi}b=\pi\left[\left(\frac{D}{2}-e\right)^2-\left(\frac{d}{2}\right)^2\right]\frac{b}{z} \tag{4-18}$$

排量

$$V=(V_1-V_2)z=2\pi ebD \tag{4-19}$$

式中，D——定子的直径；

e——定子与转子的偏心距；

d——转子的直径；

α——两叶片之间的夹角；

b——叶片的宽度；

z——叶片数。

单作用叶片泵的实际流量

$$q=2\pi ebDn\eta_V \tag{4-20}$$

式中，n——转子转速；

η_V——容积效率。

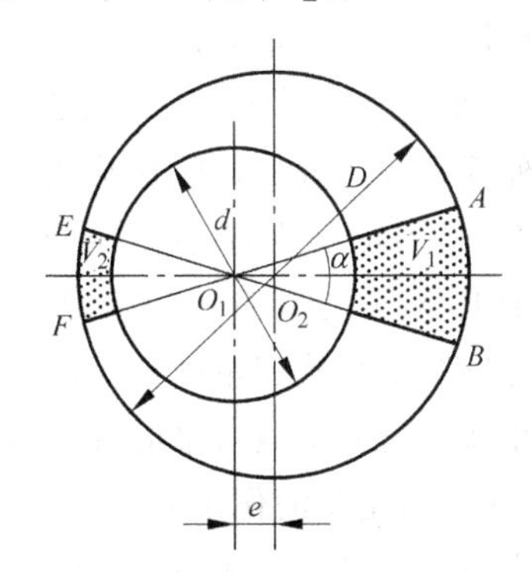

图 4-17　单作用叶片泵排量计算示意图

(FIGURE 4-17　Schematic illustration of displacement calculation of single-acting vane pumps)

由式(4-19)和式(4-20)可知，当改变单作用叶片泵的定子和转子的偏心距时，就可以改变其排量和流量。从理论计算上分析和实践证明，当叶片取为奇数时，泵的瞬时流量脉动较小，因此，单作用叶片泵的叶片总数取奇数，一般取13片或15片。

3. 单作用叶片泵的结构特点(Structure characteristics of single-acting vane pumps)

(1) 叶片底部的通油槽在低压区通低压油，高压区通高压油，叶片的底部与顶部受液压油的压力是平衡的，叶片只靠离心力甩出。

(2) 叶片向后倾斜，主要考虑叶片的离心合力。叶片所受的惯性力和叶片与定子之间的摩擦力尽量与叶片槽的倾斜方向一致，有利于叶片在离心力的作用下向外甩出。

(3) 有径向液压不平衡作用力，只适合于中低压液压传动系统使用。

(4) 单作用叶片泵因叶片槽底部分别通油，位于吸油区的叶片外伸时不需要压油腔补油，因此叶片厚度对单作用叶片泵的排量无影响。

(5) 用变量机构改变定子和转子之间偏心距的大小，即可改变单作用叶片泵的排量和流量。偏心反向时，吸油压油方向也相反。

4.3.2 限压式变量叶片泵

单作用变量叶片泵的结构类型比较多，当改变偏心距 e 值的大小时，可改变单作用变量叶片泵的排量和流量。按改变偏心方式的不同，有手动和自动调节变量泵两种。根据工作原理的不同，自动调节变量泵可分为限压式、恒压式和恒流式变量叶片泵等几种。其中限压式变量叶片泵被广泛使用。

1. 限压式变量叶片泵的工作原理和特性(Operating principles and characteristics of pressure limited variable displacement vane pumps)

限压式变量叶片泵是利用负载的变化来实现自动变量的，根据控制方式的不同，限压式变量叶片泵分为外反馈和内反馈两种。外反馈限压式变量叶片泵主要是利用单作用变量叶片泵输出的压力油从外部来控制定子的移动，以达到改变定子与转子之间的偏心距，调节流量的目的。内反馈限压式变量叶片泵主要是利用单作用变量叶片泵所受的径向不平衡力来进行压力反馈，从而改变定子与转子之间的偏心距，以达到调节流量的目的。这里只详细介绍外反馈限压式变量叶片泵。

1) 外反馈限压式变量叶片泵

外反馈限压式变量叶片泵的工作原理如图4-18所示。定子1可以左右移动，转子2的中心 O_1 是固定不动的，在限压弹簧6的弹簧力作用下，定子1被推向左端，使转子中心 O_1 与定子中心 O_2 之间有一初始偏心距 e。初始偏心距 e 值由最大流量调节螺钉5调节，它决定了外反馈限压式变量叶片泵此时的最大流量，定子左侧反馈液压缸4的无杆腔与泵的压油腔相通。若外负载对泵的排油口建立起来的工作压力为 p，反馈液压缸无杆腔活塞面积为 A，活塞对定子的作用力 pA 与限压弹簧对定子的弹簧预紧力 F 方向相反。

当 $pA<F$ 时，定子不动，转子中心 O_1 与定子中心 O_2 之间偏心距保持最大值 e_{max}，此时泵的流量也保持最大值 q_{max}。压力-流量特性曲线见图4-19中 AB 段曲线。

当 $pA=F$ 时，达到泵在最大流量时的最大压力值 p_B，被称为泵的限定压力。图4-19中拐点 B 对应的压力为 p_B。

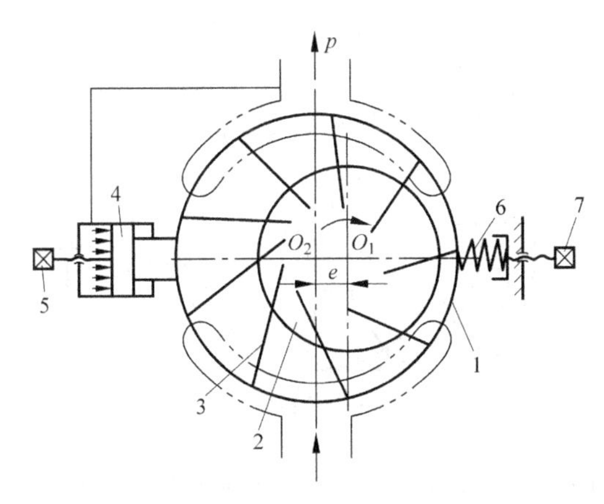

图 4-18　外反馈限压式变量叶片泵的工作原理示意图
(FIGURE 4-18　Schematic illustration of operating principles of external feedback pressure limited variable displacement vane pumps)
1—定子；2—转子；3—叶片；4—反馈液压缸；5—最大流量调节螺钉；6—限压弹簧；7—限定压力调节螺钉

当 $pA>F$ 时，液压反馈力克服弹簧力使定子向右移动，偏心距 e 值减小，此时泵的流量也随之减小。

当外反馈限压式变量叶片泵的出口工作压力达到一定值时，液压反馈力把弹簧压缩到最短，定子被移到最右端，偏心距减到最小，即 $e=0$，此时泵的输出流量为零，泵的出口工作压力便不再升高，保持最大压力值 p_{max}。压力-流量特性曲线见图 4-19 中 BC 段曲线，C 点对应的压力为 p_{max}。因此，限压式变量叶片泵通过泵出口工作压力的反馈作用实现流量自动调节。

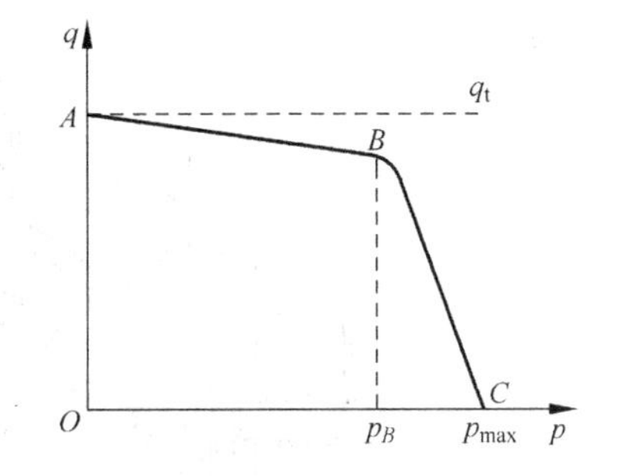

图 4-19　外反馈限压式变量叶片泵的特性曲线示意图
(FIGURE 4-19　Schematic illustration of characteristic curves of external feedback pressure limited variable displacement vane pumps)

2）内反馈限压式变量叶片泵

内反馈限压式变量叶片泵的工作原理如图 4-20 所示。由于内反馈限压式变量叶片泵配流盘的吸、压油窗口相对液压泵中心线 y 是不对称的，存在着偏角 θ，因此液压泵在工作时，压油区的压力油作用于定子上的力 F 也偏一个 θ 角，这样 F 在 x 轴方向的分力为 $F\sin\theta$。当分力 $F\sin\theta$ 超过限压弹簧的限定作用力时，则定子向右运动，减少定子与转子的偏心量 e，因而使液压泵的输出流量减小。

这种变量液压泵是依靠压油腔压力直接作用在定子上来控制变量的，故称为内反馈限压式变量叶片泵。

2. 限压式变量叶片泵的结构(Structure characteristics of pressure limited variable displacement vane pumps)

外反馈限压式变量叶片泵的结构如图 4-21 所示。叶片泵的压、吸油腔对称地分布在转子和定子中心连线的上下两侧，因此，作用在定子环内的液压力对定子环不产生左右调节力。反馈液压缸无杆腔的控制压力通过控制活塞克服限压弹簧的弹簧力和定子环移动时产

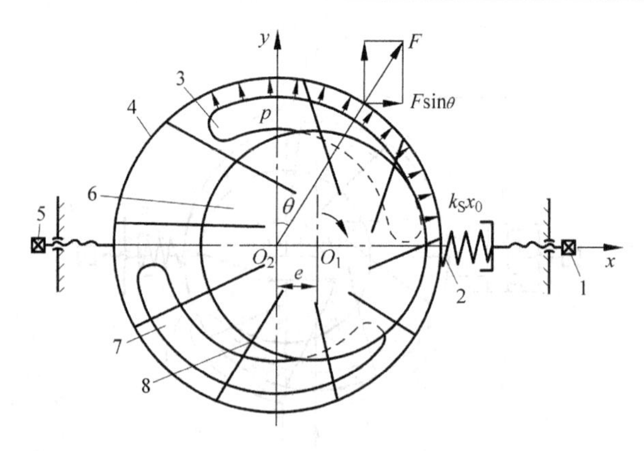

图 4-20　内反馈限压式变量叶片泵的工作原理示意图
(FIGURE 4-20　Schematic illustration of operating principles of internal feedback pressure limited variable displacement vane pumps)
1—限定压力调节螺钉；2—限压弹簧；3—压油口；4—定子；
5—最大流量调节螺钉；6—转子；7—吸油口；8—叶片

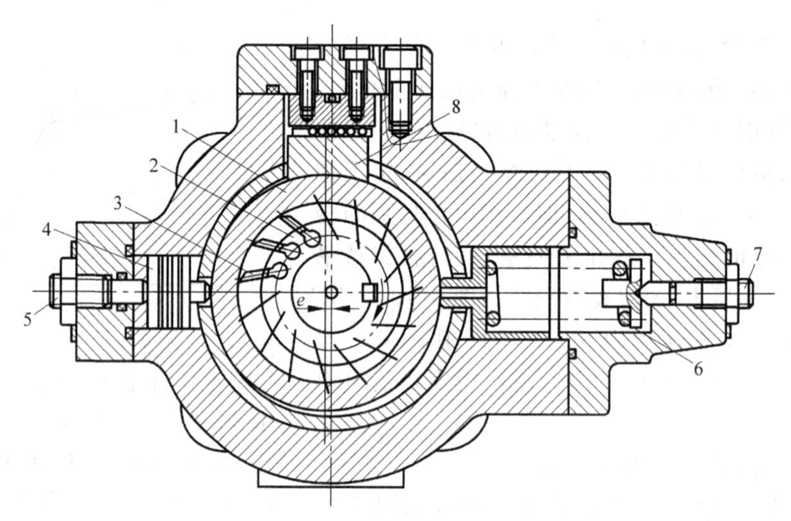

图 4-21　外反馈限压式变量叶片泵的结构简图
(FIGURE 4-21　Structural figure of external feedback pressure limited variable displacement vane pumps)
1—定子；2—转子；3—叶片；4—反馈液压缸；
5—最大流量调节螺钉；6—限压弹簧；7—限定压力调节螺钉；8—滑块

生的摩擦力而推动定子环，改变转子中心 O_1 与定子中心 O_2 之间偏心距 e 值的大小，实现外反馈限压式变量叶片泵的变量。

4.3.3　双作用叶片泵

1. 双作用叶片泵的工作原理(Operating principles of double-acting vane pumps)

双作用叶片泵的工作原理如图 4-22 所示，它是由叶片 6、转子 5、定子 4、泵体 2 和配流盘(图中虚线部分)等组成。转子5和定子4同心,定子内表面由两段半径为R的大圆弧、两段半径为r的小圆弧以及四段过渡曲线组成。配流盘上有与轴心线相互对称的两个吸油窗口3和两个压油窗口7。当转子顺时针方向旋转时,在左上角和右下角处叶片从r到R向外移动,密闭工作容积逐渐增大,形成局部真空,通过两个吸油窗口3和吸油口1从液压油箱里吸油;与此同时,在左下角和右上角处叶片从R到r向里移动,密闭工作容积逐渐减小,通过两个压油窗口7和压油口8将油排出进入液压传动系统中。

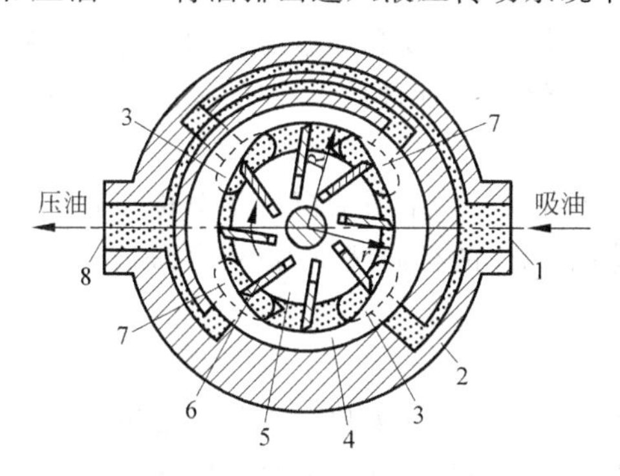

图4-22 双作用叶片泵的工作原理示意图

(FIGURE 4-22 Schematic illustration of operating principles of double-acting vane pumps)

1—吸油口;2—泵体;3—配流盘吸油窗口;4—定子;5—转子;6—叶片;7—配流盘压油窗口;8—压油口

双作用叶片泵的转子每转一转,每个叶片往复运动两次,即完成两次吸油和两次压油,故被称为双作用叶片泵。

2. 双作用叶片泵的排量和流量(Displacement and flow equation of double-acting vane pumps)

双作用叶片泵的排量计算简图如图4-23所示。双作用叶片泵传动轴每转一转排出的油液体积,即排量为

$$V = 2(V_1 - V_2)z = 2b\left[\pi(R^2 - r^2) - \frac{R-r}{\cos\theta}cz\right] \tag{4-21}$$

式中,b——转子的宽度,m;

R——定子内表面圆弧段的大半径,m;

r——定子内表面圆弧段的小半径,m;

θ——叶片槽相对于径向的倾斜角;

c——叶片的厚度,m;

z——叶片数;

V_1——两叶片间最大容积,m^3;

V_2——两叶片间最小容积,m^3。

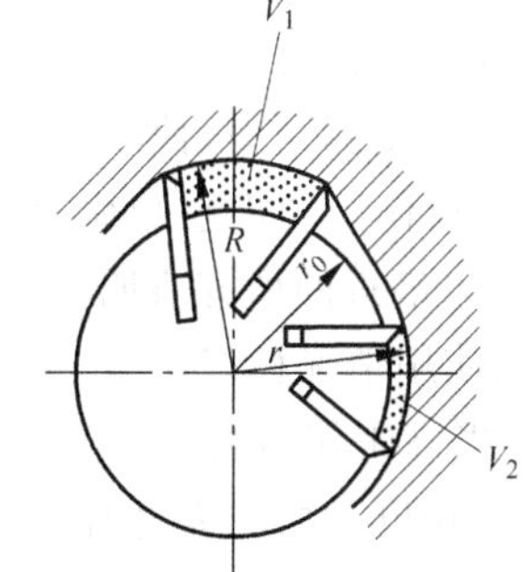

图4-23 双作用叶片泵排量计算简图

(FIGURE 4-23 Schematic illustration of displacement calculation of double-acting vane pumps)

双作用叶片泵的实际流量

$$q = 2b\left[\pi(R^2 - r^2) - \frac{R-r}{\cos\theta}cz\right]n\eta_V \tag{4-22}$$

式中,n——转子转速;

η_V——容积效率。

从理论计算上分析和实践证明，叶片数为 4 的倍数时流量脉动率最小，双作用叶片泵的叶片数一般取 12 或 16。

3. 双作用叶片泵的结构特点(Structure characteristics of double-acting vane pumps)

1）定子内表面过渡曲线

定子内表面的四段过渡曲线与两段半径为 R 的大圆弧和两段半径为 r 的小圆弧的连接应保证叶片在转子槽中滑动时的速度和加速度均匀变化，以减小叶片对定子内表面的冲击和噪声。目前定子过渡曲线广泛采用性能良好的等加速-等减速曲线。

2）径向液压力

因配流盘上的两个压油窗口和两个吸油窗口是对称布置的，所以作用在转子和定子上的径向液压力是平衡的，轴承承受的径向液压力小，寿命长，因此双作用叶片泵又被称为平衡式叶片泵。

3）配流盘

为了保证配流盘的吸油窗口和压油窗口在工作中能隔开，就必须使封油区对应的中心角稍大于或等于两个叶片之间的夹角。在配流盘的压油窗口靠近叶片从封油区进入压油区的一边开有一个截面形状为三角形的三角槽(又称眉毛槽)，如图 4-22 所示，三角槽使两叶片之间的封闭油液在未进入压油区之前就与压力油相通，使其压力逐渐上升，因而减缓了压力和流量脉动并降低了噪声。

4）端面间隙自动补偿

双作用叶片泵端面间隙自动补偿的方法与齿轮泵中采用的方法相似，是将压油腔的压力油引到浮动式配流盘的另一侧，使浮动式配流盘在液压推力作用下压向定子端面，减小端面间隙。外负载对泵的排油口建立起来的工作压力越高，配流盘就会更加贴紧定子，因此容积效率也就越高。

5）叶片的倾角

叶片在工作过程中，受离心力和叶片根部压力油的作用，使叶片和定子紧密接触。为了减小叶片所受侧向力，使叶片在槽中移动灵活，减少磨损，将叶片顺着转子回转方向前倾一个 θ 角。双作用叶片泵叶片的倾角 θ 一般取 10°～14°；YB 型双作用叶片泵叶片的倾角 θ 一般取 13°。最近的研究表明，叶片倾角并非完全必要，某些高压双作用叶片泵的转子槽是径向的，且使用情况良好。

6）提高工作压力

双作用叶片泵所有叶片底部均与压油腔相通，因此处在吸油区内的叶片底部和顶部所受的液压力不平衡，会加速定子内表面磨损，因此缩短了泵的使用寿命。

提高双作用叶片泵工作压力在结构上采取的措施主要有以下几种。

(1) 减小作用在叶片底部的油液压力

将双作用叶片泵压油腔的油液通过内装式减压阀或阻尼槽通到吸油区的叶片底部，使叶片经过吸油腔时，叶片压向定子内表面的作用力不致过大。

(2) 减小叶片底部受压力油作用的面积

减小叶片的厚度可减小压力油对叶片底部的作用力，根据目前材料的工艺条件，叶片不能制造得太薄，一般厚度范围为 1.8～2.5mm。

(3) 采用双叶片结构

在转子 2 的每个槽内都装有两个结构尺寸一样的可相互滑动的叶片，每个叶片内侧都加工 V 形槽，通过 V 形槽把叶片根部的压力油引到叶片顶部，这样叶片顶部和根部的液压油的压力相等，如图 4-24 所示。通过合理设计叶片结构，即使叶片根部的承压面积稍微大于叶片顶部的承压面积，这样既能保证叶片顶部与定子内表面的紧密接触，又使叶片不至于产生过大的作用力，从而减小了叶片对定子内表面的磨损。

(4) 采用弹簧叶片式结构

叶片装弹簧的结构如图 4-25 所示。叶片 2 较厚，其底部与顶部有孔相通，叶片底部的油液是由叶片顶部经叶片中的孔引入的，因此作用在叶片上的液压力基本平衡，叶片底部弹簧 1 使叶片 2 紧贴定子 4 内表面，以保证密封。

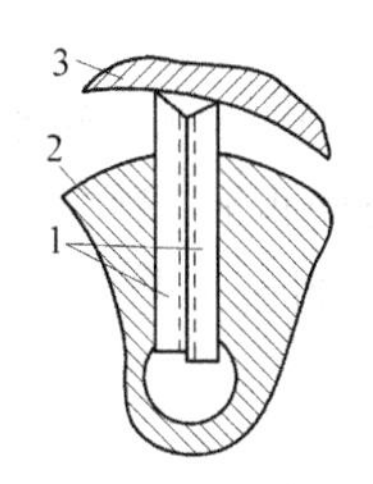

图 4-24　双叶片结构示意图

(FIGURE 4-24　Structural figure of double vanes)

1—叶片；2—转子；3—定子

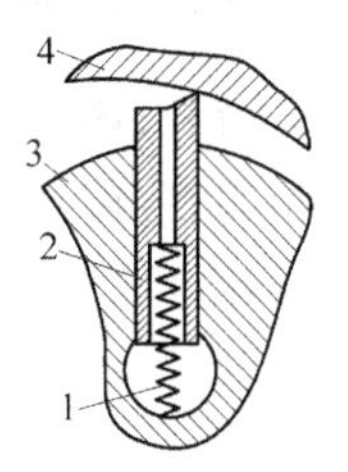

图 4-25　弹簧叶片式结构示意图

(FIGURE 4-25　Structural figure of vanes with spring)

1—弹簧；2—叶片；3—转子；4—定子

(5) 采用复合叶片结构

母叶片 1 和子叶片 2 共同组成复合叶片。在叶片槽中母叶片和子叶片可产生相对滑动，母叶片的根部 A 腔经转子 3 上虚线所示油孔始终与其所在顶部油腔相通，母叶片和子叶片之间的小腔 B 通过配流盘经 C 槽始终与压油窗口的高压油相通，如图 4-26 所示。当叶片处在吸油区时，母叶片作用在定子 4 内表面上的力仅为 B 腔的液压力。因此，叶片对定子的作用力可大大减小，这样双作用叶片泵的工作压力就可提高到 16～20MPa。

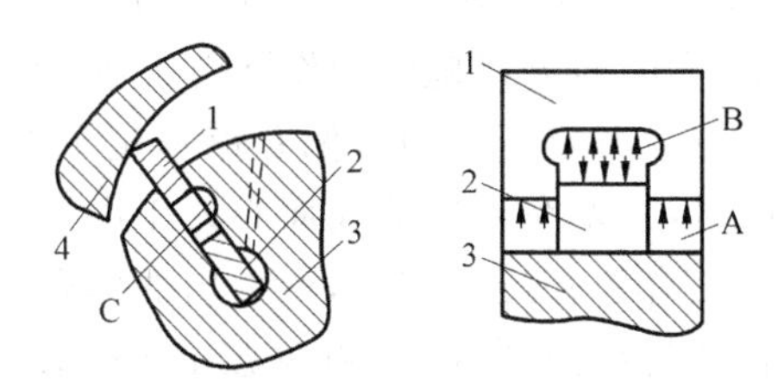

图 4-26　复合叶片结构示意图

(FIGURE 4-26　Structural figure of double vanes)

1—母叶片；2—子叶片；3—转子；4—定子

4.3.4　叶片泵的主要性能

(1) 排量　叶片泵的排量范围为 0.5～4200mL/r，单作用变量叶片泵常用的排量范围为 6～120mL/r，双作用定量叶片泵常用的排量范围为 2.5～300mL/r。

(2) 转速　小排量双作用叶片泵的最高转速可达 8000～10 000r/min，一般排量双作用叶片泵的转速为 1500～2000r/min，常用的单作用变量叶片泵最高转速大约为 3000r/min，但最低转速不能低于 600～900r/min。

(3) 压力　中低压叶片泵的工作压力一般为 6.3MPa，单作用变量叶片泵的工作压力一般不超过 17.5MPa，双作用叶片泵的最高工作压力可达 28～30MPa，凸轮转子叶片泵的工作压力可达 21MPa。

(4) 效率　双作用叶片泵在额定工况下的容积效率较高，可达 93%～95%，但机械效率较低，其总效率与齿轮泵相当。

(5) 寿命　叶片泵的使用寿命高于齿轮泵，高压叶片泵的使用寿命可达 5000h 以上。

4.3.5　叶片泵的优缺点

叶片泵具有寿命长、体积小、结构紧凑、质量轻、流量均匀、噪声小和运转平稳等优点，在工程机械、机床、船舶、压铸及冶金设备等中低压液压传动系统中得到了广泛的应用。其缺点是对油液的污染较齿轮泵敏感、吸油能力差、结构较复杂和对制造工艺要求高。

4.4　柱　塞　泵

柱塞式液压泵是依靠若干个柱塞在缸体柱塞孔内作往复运动时使密闭工作容积发生变化来实现吸油和压油的。

根据柱塞在缸体中排列形式的不同，将其分为径向柱塞泵和轴向柱塞泵。径向柱塞泵的柱塞中心线与缸体中心线垂直，轴向柱塞泵的柱塞中心线与缸体中心线平行。根据配流方式的不同，将其分为轴配流、缸体不动的阀配流和缸体转动的端面配流式柱塞泵。

4.4.1　径向柱塞泵

1. 径向柱塞泵的工作原理(Operating principles of radial piston pumps)

径向柱塞泵的工作原理如图 4-27 所示。它主要由定子 1、柱塞 2、转子 3 和配流轴 4 等组成，柱塞径向均匀布置在转子中，柱塞既随转子作圆周运动，又在转子内作往复直线运动。配流轴固定不动并支承转子，转子和定子之间有偏心距 e，定子能左右移动。当转子按顺时针方向转动柱塞转到上半周时，柱塞在低压油或离心力作用下，向外伸出压紧在定子内壁上，柱塞底部径向孔内的密闭工作容积逐渐增大，产生局部真空，将液压油箱内的油液经配流轴上的 a 孔进入 b 腔；当柱塞转到下半周时，柱塞被定子内表面向里推入，密闭工作容积逐渐减小，将 c 腔的高压油从配流轴上的 d 孔排出进入液压传动系统中。转子每转一转，每个柱塞吸、压油各一次。如果改变转子和定子之间偏心距 e 值的大小，便可以改变泵的排量。如果改变偏心距的方向(即 e 为负值)，就可以改变泵的吸压油方向。因此，径向柱塞泵可以做成单向或双向变量泵。

2. 径向柱塞泵的排量和流量(Displacement and flow equation of radial piston pumps)

若径向柱塞泵中柱塞直径为 d，柱塞数为 z，转子和定子的偏心距为 e，柱塞在缸体内孔的直线行程为 $2e$，则径向柱塞泵的排量为

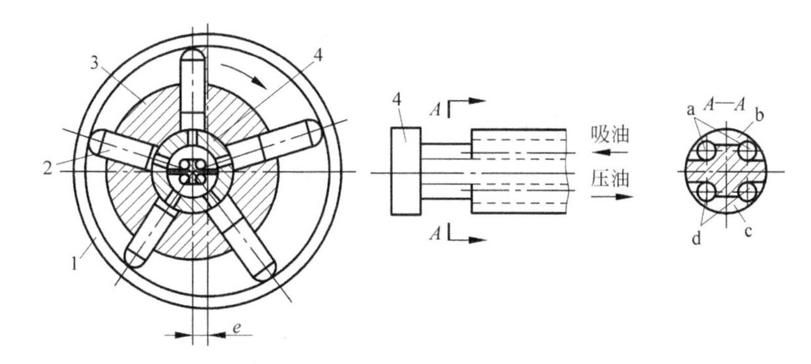

图 4-27 径向柱塞泵的工作原理示意图

(FIGURE 4-27 Schematic illustration of operating principles of radial piston pumps)

1—定子；2—柱塞；3—转子；4—配流轴

$$V = \frac{\pi}{4}d^2 2ez = \frac{\pi}{2}d^2 ez \tag{4-23}$$

径向柱塞泵的实际流量

$$q = \frac{\pi}{4}d^2 2ezn\eta_V = \frac{\pi}{2}d^2 ezn\eta_V \tag{4-24}$$

式中，n——转子转速；

η_V——容积效率。

径向柱塞泵的瞬时流量是脉动的。为了减小流量脉动，柱塞数通常取奇数。

3. 径向柱塞泵的结构特点(Structure characteristics of radial piston pumps)

径向柱塞泵压力高，流量大，工作可靠，性能稳定；但其结构较复杂，径向尺寸大，自吸能力差，配流轴受径向不平衡液压力的作用，易磨损，且泄漏间隙不能补偿。

4. 负载敏感变量径向柱塞泵(Radial piston pumps with load-sensitive variable displacement)

负载敏感变量径向柱塞泵的工作原理如图 4-28 所示。径向柱塞泵输出的压力油 p_1 经可调节流阀 3(也可采用电液比例换向阀)后进入执行元件，可调节流阀 3 的出口压力 p_2 由执行元件驱动的外负载决定。因压力油 p_1 和 p_2 被分别引到三通滑阀 1 的阀芯两端，在三通滑阀 1 的阀芯处于受力平衡时，可调节流阀 3 进出口压力差 Δp 为

$$\Delta p = p_1 - p_2 = F_t/A \tag{4-25}$$

式中，F_t——三通滑阀阀芯右端弹簧力；

A——三通滑阀阀芯端面面积。

若视 F_t 不变，则 $p_1 - p_2$ 为定值(0.2～0.3MPa)，即对应于可调节流阀 3 一定的开口面积，径向柱塞泵输出一定的流量，定子 6 与转子 7 之间具有一定的偏心距 e，定子两侧变量活塞受力平衡。

当调节可调节流阀 3，如减小其开口面积，在径向柱塞泵输出流量还未发生变化时，可调节流阀 3 进出口压力差 Δp 将增大，三通滑阀 1 的阀芯两端受力平衡破坏，阀芯向右移动，开启阀口 a 和 c，左反馈液压缸 8 的压力油与液压油箱接通，压力 p_3 下降，定子 6 两端受力平衡破坏，定子 6 向左移动，偏心距 e 减小，径向柱塞泵输出流量减小，可调节流阀 3 进出口压力差 Δp 减小。当其压力差 Δp 恢复到原来值时，三通滑阀 1 的阀芯受力重新平衡，三

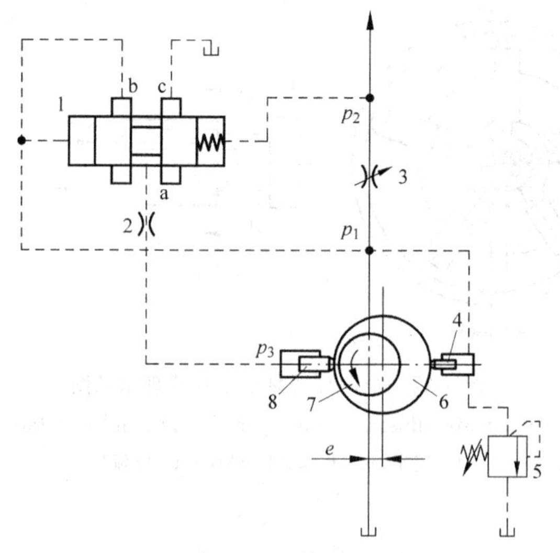

图 4-28　负载敏感变量径向柱塞泵的工作原理示意图
(FIGURE 4-28　Schematic illustration of operating principles of radial piston pumps with load-sensitive variable displacement)
1—三通滑阀；2—固定节流阀；3—可调节流阀；4—右反馈液压缸；5—安全阀；6—定子；7—转子；8—左反馈液压缸

通滑阀 1 的阀芯回到中位，阀口 a 和 c 被关闭，左反馈液压缸 8 封闭，定子 6 稳定在新的位置，径向柱塞泵输出与可调节流阀 3 开口面积相适应的流量，满足执行元件的需求。如增大可调节流阀 3 开口面积时，类似上面的分析过程，定子 6 与转子 7 之间偏心距 e 将增大，径向柱塞泵输出的流量也相应增大。

这种变量形式的液压泵不仅液压泵的出口压力 p_1 随外负载变化，而且液压泵输出的流量也适应执行元件的流量需求，因此被称为负载敏感变量液压泵，或被称为功率(压力和流量)自适应变量液压泵。

缸体转动端面配流的轴向柱塞泵，按其结构特点分为斜盘式和斜轴式两大类。下面分别介绍它们的工作原理及特点。

4.4.2　斜盘式轴向柱塞泵

1. 斜盘式轴向柱塞泵的工作原理(Operating principles of swash plate axial piston pumps)

斜盘式轴向柱塞泵的工作原理如图 4-29 所示。斜盘式轴向柱塞泵由传动轴 1、配流盘 2、缸体 3、柱塞 4 和斜盘 5 组成，缸体与斜盘间有一倾斜角 γ。柱塞均布于缸体内，其头部通过弹簧回程机构和油压力作用紧紧地压在斜盘上。传动轴通过花键带动缸体旋转，斜盘和配流盘固定不动。当传动轴按逆时针方向旋转时(从左向右看)，柱塞既随缸体旋转，又在缸体柱塞孔内作往复直线运动。图 4-29 中最下面的柱塞在 0°～180°旋转期间，柱塞沿轴线逐渐地向外伸出，柱塞与缸体内孔之间的密闭工作容积逐渐增大，产生局部真空，通过配流窗口 a 从液压油箱中吸油；该柱塞在 180°～360°旋转期间，柱塞沿轴线逐渐地向里缩进，柱塞与缸体内孔之间的密闭工作容积逐渐减小，将高压油通过配流窗口 b 排出进入液压传动系统中。当传动轴及缸体每转一转时，每个柱塞各完成吸、压油一次；当缸体连续地旋转时，柱塞就连续地吸油和压油。如果改变斜盘倾角 γ 的大小，就可改变柱塞的往复行程，即可改变柱塞泵的排量，就成为变量斜盘式轴向柱塞泵；如果改变斜盘倾角的方向，则能改变吸、压油的方向，就可成为双向变量斜盘式轴向柱塞泵。

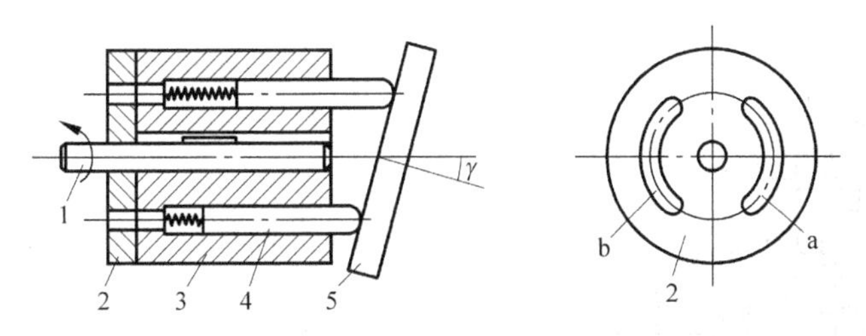

图 4-29　斜盘式轴向柱塞泵的工作原理

(FIGURE 4-29　Schematic illustration of operating principles of swash plate axial piston pumps)

1—传动轴；2—配流盘；3—缸体；4—柱塞；5—斜盘

2. 斜盘式轴向柱塞泵的排量和流量(Displacement and flow equation of swash plate axial piston pumps)

假定斜盘倾角为 γ，柱塞直径为 d，柱塞数为 z，柱塞行程为 $s=D\tan\gamma$，缸体上柱塞分布圆直径为 D，则斜盘式轴向柱塞泵的排量

$$V = \frac{\pi}{4}d^2 sz = \frac{\pi}{4}d^2 Dz\tan\gamma \tag{4-26}$$

斜盘式轴向柱塞泵的实际流量

$$q = \frac{\pi}{4}d^2 Dzn\eta_V\tan\gamma \tag{4-27}$$

式中，n——转子转速；

η_V——容积效率。

根据理论计算分析和实践证明，柱塞取奇数时，流量脉动率较小，因此柱塞泵的柱塞数视流量大小，一般取 7、9 或 11 个。

3. 斜盘式轴向柱塞泵的结构特点(Structure characteristics of swash plate axial piston pumps)

图 4-30 所示为 CY 型斜盘式轴向柱塞泵的结构简图。

(1) 将传动轴 1 改为半轴，悬臂端通过缸体外大轴承 6 支承，使传动轴不受弯矩，保证配流盘 3 与缸体 5 端面之间更好地接触。但柱塞泵的转速受大轴承的转速限制，不易很高。

(2) 柱塞泵内高压油经三对摩擦副的间隙泄漏到缸体与泵壳体之间的容腔后，经柱塞泵壳体上的泄漏油口直接引回液压油箱，由于柱塞泵壳体内油压低，因此起到了冲洗和冷却柱塞泵的作用。

(3) 配流盘 3 与缸体 5、斜盘 12 与滑履 15 之间的平面缝隙采用静压平衡，可自动补偿间隙磨损；缸体柱塞孔与柱塞 17 加工容易，配合精度高，容积效率高。

(4) 它由配流盘 3、缸体 5 及中间壳体 16 构成的主体和变量机构两大部分组成，同规格泵主体部分相同，可配液控变量、手动变量、手动伺服变量、恒功率变量和恒压变量等多种不同形式的变量机构。

(5) 手动变量机构，通过转动手轮 8，带动螺杆 9 转动，因导向键 10 的作用，使变量活塞

11不能转动,只能上下移动,通过销轴13使支承在变量壳体上的斜盘12绕其两端水平中心轴转动,改变斜盘倾角,达到改变柱塞泵排量的目的。

(6) 图4-31所示弹簧回程机构内的中心弹簧4使滑履15始终紧贴斜盘12,满足了柱塞17在吸油区正常外伸实现吸油的要求,同时它也将缸体5压在配流盘3上,保证了柱塞泵启动时的密封性。

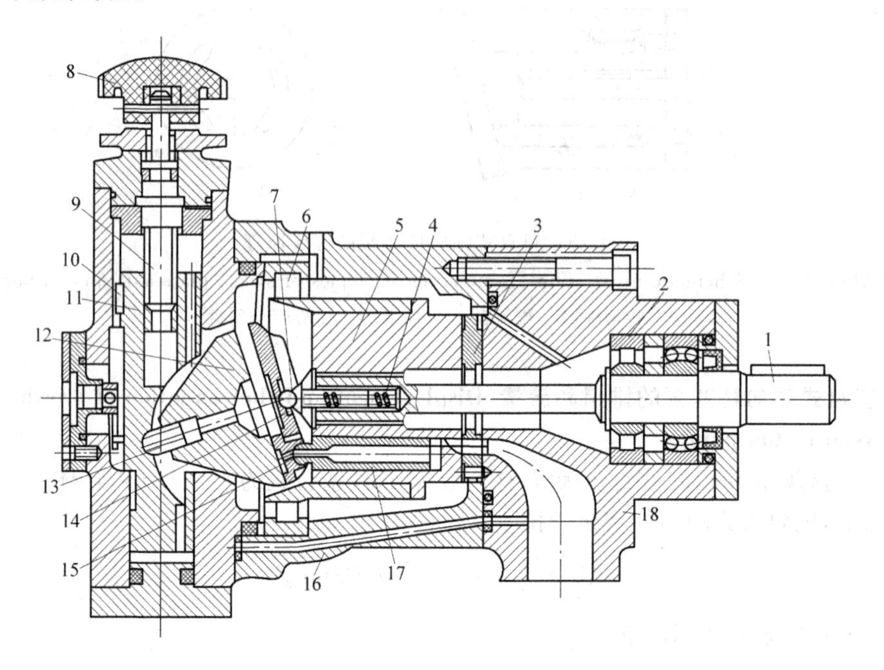

图4-30 CY型斜盘式轴向柱塞泵的结构简图

(FIGURE 4-30 Structural figure of model CY swash plate axial piston pumps)

1—传动轴;2—前轴承;3—配流盘;4—中心弹簧;5—缸体;6—大轴承;7—球形弹簧支承柱;8—手轮;9—螺杆;10—导向键;11—变量活塞;12—斜盘;13—销轴;14—回程盘;15—滑履;16—中间壳体;17—柱塞;18—前壳体

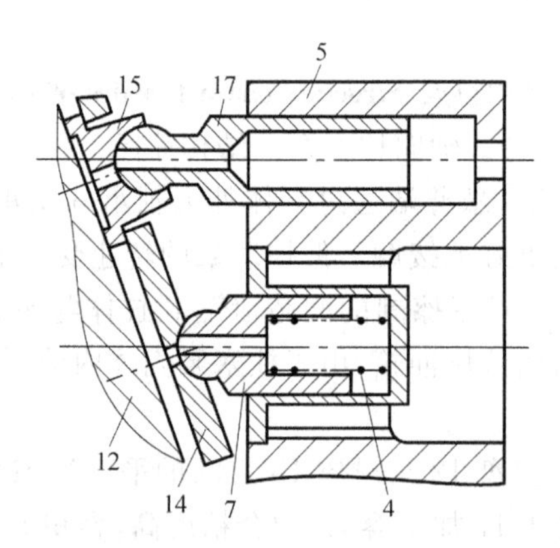

图4-31 CY型斜盘式轴向柱塞泵的弹簧回程机构简图

(FIGURE 4-31 Structural figure of spring clamping plate of model CY swash plate axial piston pumps)

4—中心弹簧;5—缸体;7—球形弹簧支承柱;12—斜盘;14—回程盘;15—滑履;17—柱塞

4.4.3　斜轴式轴向柱塞泵

1. 斜轴式轴向柱塞泵的工作原理(Operating principles of bent axis axial piston pumps)

A2F 型斜轴式轴向柱塞泵结构如图 4-32 所示。因泵的缸体中心线与传动轴中心线有一倾角,故被称为斜轴泵。该泵主要由传动轴 1、轴承组 2、泵壳体 3、碟形弹簧 4、连杆柱塞副 5、缸体 6、中心轴 7、配流盘 8 和后盖 9 等组成。传动轴由 3 个轴承支承,左侧的轴承组 2 主要承受轴向力,也承受一定的径向力;右侧的轴承为深沟球轴承,主要承受径向力。连杆柱塞副装入缸体柱塞孔内,连杆的小球头与柱塞里的球窝相配合,连杆大球头由回程盘压在传动轴的球窝里。中心轴 7 左端球头插入球面配流盘中心孔内,保证缸体很好地绕着中心轴回转,右端球头和传动轴中心孔铰接。缸体与配流盘之间采用球面配流,套在中心轴 7 上的碟形弹簧 4 将缸体压在配流盘上,缸体在旋转时有较好的密封性和自位性。当电动机或内燃机驱动传动轴旋转时,连杆与柱塞一起带动缸体旋转,同时柱塞还要在柱塞孔内作往复直线运动,这样柱塞底部的密闭工作容积就会发生周期性的增大与减小变化,通过配流盘完成吸压油过程。图 4-32 所示的 A2F 型斜轴式轴向柱塞泵是定量泵。

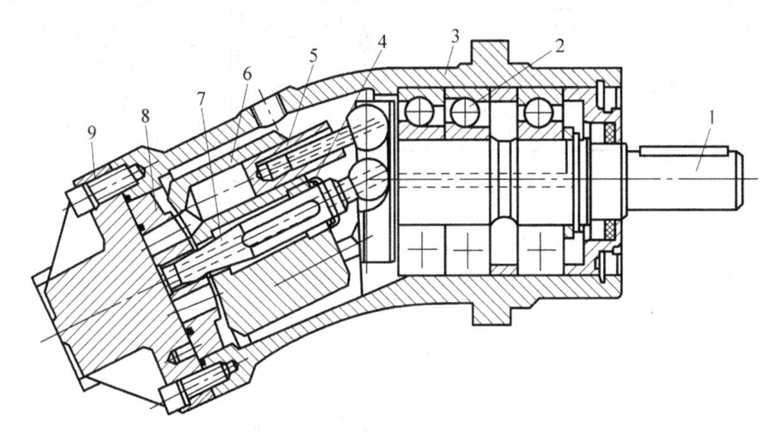

图 4-32　A2F 型斜轴式轴向柱塞泵结构简图

(FIGURE 4-32　Structural figure of model A2F bent axis axial piston pumps)

1—传动轴;2—轴承组;3—泵壳体;4—碟形弹簧;5—连杆柱塞副;6—缸体;7—中心轴;8—配流盘;9—后盖

2. 斜轴式轴向柱塞泵的结构特点(Structure characteristics of bent axis axial piston pumps)

斜轴式轴向柱塞泵与斜盘式轴向柱塞泵相比,具有如下特点。

(1) 传动轴中心线与缸体中心线夹角较大,斜轴式轴向柱塞泵一般为 25°,最大可达到 40°;而斜盘式轴向柱塞泵一般为 15°,最大为 20°,所以斜轴式轴向柱塞泵变量范围较大。

(2) 斜轴式轴向柱塞泵中的柱塞是由连杆带动运动的,柱塞所受径向力较小,因而由此引起的摩擦损失小。

(3) 重量和体积大,运动部件的惯量大,在变量时动态响应不灵敏。

(4) 结构强度较高,抗冲击性能好。

(5) 缸体受到的倾覆转矩很小,摩擦副配合精度高,摩擦损失小,机械效率高;配流盘与缸体端面贴合均匀,泄漏损失小,容积效率高,因此斜轴式轴向柱塞泵的总效率高。

4.4.4　通轴式轴向柱塞泵

通轴式轴向柱塞泵结构如图 4-33 所示。它的弹簧回程机构如图 4-34 所示。其工作原理与非通轴式轴向柱塞泵相同，它与 CY 型斜盘式轴向柱塞泵相比，具有如下特点。

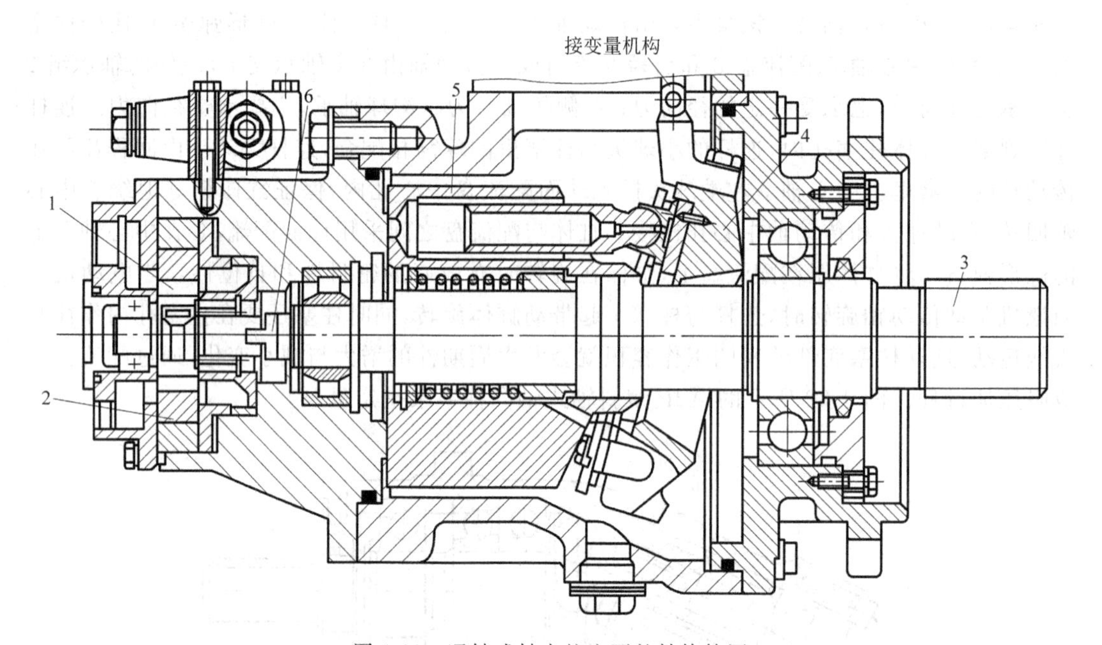

图 4-33　通轴式轴向柱塞泵的结构简图

(FIGURE 4-33　Structural figure of swash plate axial piston pumps with auxiliary pumps)

1，2—辅助泵内、外转子；3—传动轴；4—斜盘；5—缸体；6—联轴器

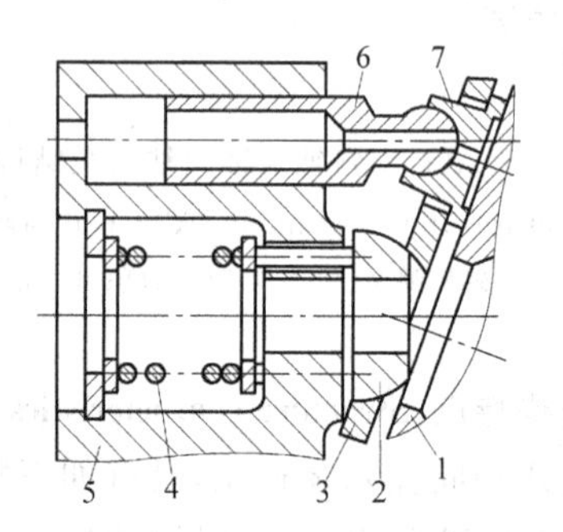

图 4-34　通轴式轴向柱塞泵的弹簧回程机构简图

(FIGURE 4-34　Structural figure of spring clamping plate of swash plate axial piston pumps with auxiliary pumps)

1—斜盘；2—球形弹簧支承柱；3—回程盘；4—中心弹簧；5—缸体；6—柱塞；7—滑履

(1) 传动轴 3 左端外伸，可通过联轴器 6 驱动安装在泵后盖上的齿轮泵或摆线泵。当通轴式轴向柱塞泵用于闭式回路时，齿轮泵或摆线泵作辅助泵用，可以简化管路连接和液压传动系统，有利于液压传动系统的集成化。

(2) 通轴式轴向柱塞泵的传动轴 3 穿过斜盘 4 的中心孔，且斜盘安装在靠近电动机或内燃机的一端。

(3) 通轴式轴向柱塞泵将传动轴改为通轴，取消了缸体 5 外缘大轴承，两端由滚动轴承支承，这样既改变了传动轴的受力状态，又使通轴式轴向柱塞泵的转速得以提高。

(4) 通轴式轴向柱塞泵变量机构的活塞中心线与传动轴中心线平行布置，并作用于斜盘外缘，这样既有利于缩小泵的径向尺寸，又可以减小变量机构所需的操纵力。

4.4.5 柱塞泵的主要性能

(1) 排量　柱塞泵的排量范围很大，最小的排量可达 0.1mL/r，最大的排量超过 3000mL/r。

(2) 转速　柱塞泵的许用转速较高，小排量柱塞泵的转速可超过 10 000r/min，中等排量(10～200mL/r)柱塞泵的转速范围为 3000～5000r/min，大排量柱塞泵在有辅助泵供油的情况下转速也可超过 2000r/min。但大中排量阀配流柱塞泵的转速都比较低。

(3) 压力　柱塞泵的工作压力一般为 16～32MPa，广泛应用的轴向柱塞泵的额定压力可达 40～48MPa，某些专用柱塞泵的最高压力可达 160MPa。

(4) 效率　柱塞泵具有较高的容积效率和机械效率，其总效率超过 90%。

(5) 寿命　柱塞泵在额定工况下有较长的使用寿命，最高可达 10 000～12 000h。

4.4.6 柱塞泵的优缺点

由于密闭工作容积是由缸体中若干个柱塞和缸体内柱塞孔构成的，且柱塞和缸体内柱塞孔都是圆柱表面，其加工精度容易保证，它具有结构紧凑、重量轻、密封性好、工作压力高，在高压下仍能保持较高的容积效率和总效率，容易实现变量等优点；其缺点是结构复杂，对液压工作介质的污染较敏感，滤油精度要求高，加工精度和日常维护要求比较高，价格也比较贵。柱塞泵常用于农林机械、工程机械、起重运输设备、液压机、机床、冶金设备、船舶火炮和空间技术等设备的液压传动系统中。

4.5 各类液压泵的主要性能及应用

目前国内生产的齿轮式、叶片式和柱塞式液压泵的主要性能及应用见表 4-2，设计与应用时应根据实际工况合理地选择液压泵。

表 4-2　各类液压泵的主要性能及应用

(TABLE 4-2　Main property and applications of hydraulic pumps)

项　目	齿轮泵	单作用叶片泵	双作用叶片泵	螺杆泵	径向柱塞泵	轴向柱塞泵
压力范围/MPa	2.5～31.5	6.3～10	6.3～31.5	2.5～10	7～70	7～40
排量范围/(mL/r)	0.3～650	1～320	0.5～480	1～9200	16～4200	0.2～3600
转速范围/(r/min)	300～7000	500～2000	500～4000	1000～18 000	700～4000	600～6000
流量调节	不能	能	不能	不能	能	能
容积效率	0.70～0.95	0.80～0.90	0.80～0.95	0.70～0.95	0.85～0.95	0.90～0.98
总效率	0.60～0.85	0.70～0.85	0.75～0.85	0.60～0.85	0.75～0.92	0.85～0.95

续表

项　　目	齿轮泵	单作用叶片泵	双作用叶片泵	螺杆泵	径向柱塞泵	轴向柱塞泵
流量脉动率	大	中等	小	很小	中等	中等
对油的污染敏感性	不敏感	敏感	敏感	不敏感	敏感	敏感
自吸特性	好	中	中	好	差	较差
噪声	大	较大	小	很小	较大	大
应用范围	工程机械、农机、机床、船舶、航空、一般机械	注塑机、机床	工程机械、注塑机、机床、起重运输机械、航空	食品化工、精密机床及机械、石油、纺织机械等	液压机、机床、船舶机械	矿山机械、锻压机械、冶金机械、起重运输机械、工程机械、船舶、航空

重点和难点课堂讨论

课堂讨论：齿轮泵困油现象的产生、危害及预防措施。

典型案例分析

案例　液压泵的额定流量为100L/min，额定压力为2.5MPa，当转速为1450r/min时，机械效率为$\eta_m=0.9$。由试验测得，当液压泵出口压力为零时，流量为106L/min；压力为2.5MPa时，流量为100.7L/min。求：

(1) 液压泵的容积效率；

(2) 如液压泵的转速下降到500r/min，在额定压力下工作时，估算液压泵的流量；

(3) 上述两种转速下液压泵的驱动功率。

解　(1) 液压泵出口压力为零时的流量为理论流量，即106L/min，所以液压泵的容积效率$\eta_V=100.7/106=0.95$。

(2) 转速为500r/min时，液压泵的理论流量为$106\times\frac{500}{1450}$L/min=36.55L/min，因液压泵的压力仍是额定压力，故此时液压泵的流量为36.55×0.95L/min=34.72L/min。

(3) 液压泵的驱动功率在第一种情况下为$\frac{2.5\times106}{60\times0.9}$kW=4.91kW，第二种情况下为$\frac{2.5\times36.55}{60\times0.9}$kW=1.69kW。

本章小结

本章通过液压齿轮泵、螺杆泵、叶片泵和柱塞泵的具体实例，讲述了液压泵的结构、组成、工作原理和主要性能；着重强调了掌握液压泵的性能分析与计算及液压泵具体应用的重要性。指出了要正确理解齿轮泵的困油现象和液压泵全性能通用特性曲线绘制的重要性。简明扼要地介绍了各类液压泵的优缺点。

思考题和习题

1. 什么是容积式液压泵？容积式液压泵必须具备什么条件？

2. 齿轮泵的工作原理和特点是什么？

3. 为什么齿轮泵有较大的流量脉动？流量脉动大有什么危害？

4. 齿轮泵的困油现象是什么？有何危害？如何解决？

5. 与其他液压泵相比，螺杆泵的特点是什么？

6. 为什么单作用叶片泵的叶片数为奇数，而双作用叶片泵的叶片数取为偶数？

7. 单作用叶片泵和双作用叶片泵各自的优缺点是什么？

8. 限压式变量叶片泵的拐点压力和最大流量如何调节？在调节过程中，叶片泵的流量-压力特性曲线如何变化？

9. 某一液压泵的输出压力 $p=10\text{MPa}$，转速 $n=2000\text{r/min}$，排量 $V=80\text{mL/r}$，容积效率 $\eta_V=0.95$，总效率 $\eta=0.9$，液压泵的输出功率和电动机的驱动功率分别是多少？

10. 某一轴向柱塞泵的斜盘倾角 $\gamma=22°5'$，柱塞直径 $d=32\text{mm}$，柱塞分布圆直径 $D=78\text{mm}$，柱塞数 $z=9$。设容积效率 $\eta_V=0.98$，机械效率 $\eta_m=0.9$，转速 $n=2000\text{r/min}$，输出压力 $p=32\text{MPa}$，液压泵的理论流量、实际流量和输入功率分别是多少？

11. 为什么柱塞泵比齿轮泵、叶片泵的额定压力高？

12. 在实际应用时，应如何选择液压泵？

第5章 液压执行元件

本章指南

本章主要内容：液压执行元件是将液压传动系统的压力能转换成机械能的装置。液压执行元件有实现直线往复运动的液压缸和实现旋转运动的液压马达两类。本章主要讲述液压缸和液压马达的工作原理、基本结构和它们的特点及应用。

本章重点：液压执行元件的基本参数，液压缸的组成和设计。

本章难点：理解数字控制液压缸和模拟控制液压缸的组成和工作原理，以及低速大转矩液压马达的结构特点和性能。

本章教学目的和要求：通过学习掌握液压缸和液压马达的工作原理，了解它们的结构，合理设计液压缸。

5.1 液 压 缸

液压缸是用来实现直线往复运动的执行元件，其结构简单，制造容易，工作可靠，应用广泛。

5.1.1 液压缸的分类及特点

液压缸有多种形式。按结构形式可分为活塞式、柱塞式、组合式和摆动式四大类；按作用方式可分为单作用式和双作用式两种。表5-1示出了几种常用的液压缸形式和特点。

表5-1 常用的液压缸形式和特点

(TABLE 5-1 Classification and characteristics of common hydraulic cylinders)

分类形式		符号	输出力	速度	特点
单作用液压缸	双活塞杆液压缸	p_1q F v A_2	$F=p_1A_2$	$v=q/A_2$	活塞的两侧都装有活塞杆，只能向活塞左侧供给压力油，由外力使活塞反向运动
	单活塞杆液压缸	p_1q F v A_1	$F=p_1A_1$	$v=q/A_1$	活塞仅单向运动，返回行程利用自重或外负载将活塞推回

续表

分类形式		符　号	输　出　力	速　度	特　点
单作用液压缸	柱塞式液压缸	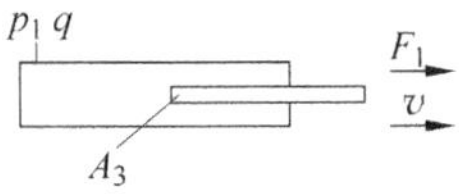	$F_1=p_1A_3$	$v=q/A_3$	柱塞仅单向运动，由外力使柱塞反向运动
	差动液压缸	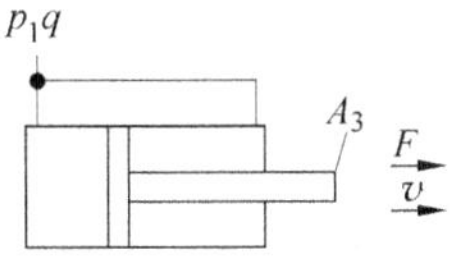	$F=p_1A_3$	$v=q/A_3$	可使活塞运动速度加快，但作用力相应减小
	伸缩液压缸	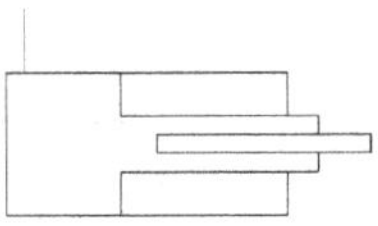			以短液压缸获得长行程；活塞杆由大到小逐节推出，靠外力由小到大逐节缩回
双作用液压缸	双活塞杆液压缸	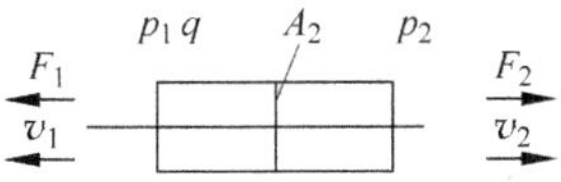	$F_1=(p_2-p_1)A_2$ $F_2=(p_1-p_2)A_2$	$v_1=q/A_2$ $v_2=q/A_2$	两边有活塞杆，双向液压驱动，双向速度相等
	单活塞杆液压缸	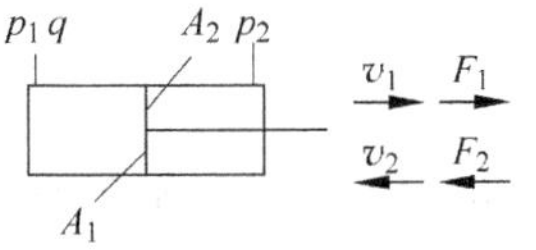	$F_1=p_1A_1-p_2A_2$ $F_2=p_2A_2-p_1A_1$	$v_1=q/A_1$ $v_2=q/A_2$	单边有杆，双向液压驱动，$v_1<v_2$，$F_1>F_2$
	伸缩液压缸	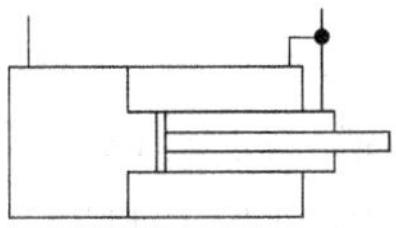			双向液压驱动，由大到小逐节推出，由小到大逐节缩回
组合液压缸	弹簧复位液压缸	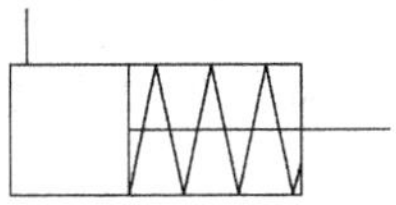			单向由液压驱动，回程弹簧复位
	串联液压缸	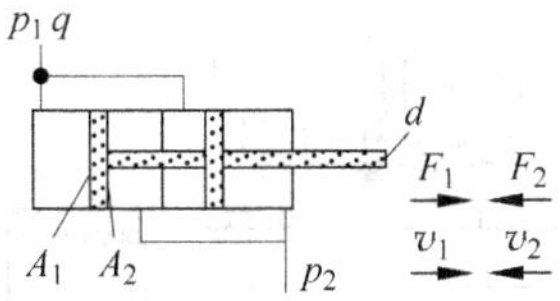	$F_1=p_1(A_1+A_2)-2p_2A_2$ $F_2=2p_2A_2-p_1(A_1+A_2)$	$v_1=\dfrac{q}{A_1+A_2}$ $v_2=\dfrac{q}{2A_2}$	用于液压缸的直径受限制，而其长度不受限制处，可获得较大的推力
	增压缸	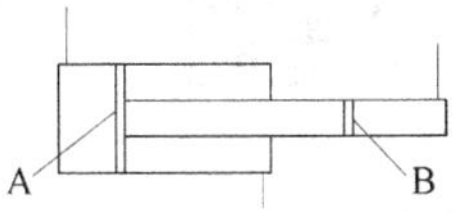			由活塞缸和柱塞缸组合而成，低压油送入 A 腔，B 腔输出高压油
	齿条液压缸	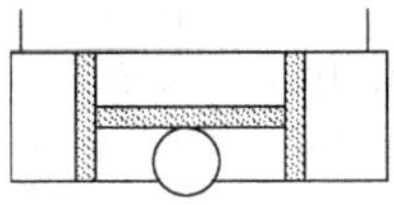			活塞的往复移动通过传动机构变成齿轮的往复回转运动

续表

分类形式		符号	输出力	速度	特点
摆动液压缸	单叶片液压缸		$T=\frac{\Delta p(D^2-d^2)b}{8}$	$\omega=\frac{8q}{b(D^2-d^2)}$	把液压能变为回转的机械能，输出轴摆动角<300°
	双叶片液压缸		$T=\frac{\Delta p(D^2-d^2)b}{4}$	$\omega=\frac{4q}{b(D^2-d^2)}$	把液压能变为回转的机械能，输出轴摆动角<150°

注：A_1—活塞面积；A_3—活塞杆面积；$A_2=A_1-A_3$；$\Delta p=p_1-p_2$；b—叶片宽度；d,D—叶片的底端、顶端直径；ω—叶片轴的角速度；T—理论转矩。

5.1.2　液压缸的结构形式及安装方式

1. 液压缸的结构形式(Structure of hydraulic cylinders)

1）活塞式液压缸

(1) 双作用单活塞杆液压缸

图5-1所示为双作用单活塞杆液压缸的结构图。它主要由缸底端盖1、活塞5、缸筒10、缸盖13和活塞杆15等零件组成。缸体由缸底端盖1和缸筒10焊接而成，另一端由缸筒10与缸盖13用螺纹连接以便拆装检修。活塞5上套有一个用聚四氟乙烯制成的支承环7，由弹簧挡圈2、套环3和卡环4(两个半环)定位，靠导向套12导向；活塞5与缸筒10之间用Y形密封圈9密封，活塞5与活塞杆15之间则用O形密封圈6密封。缸盖13上有防尘圈14，活塞杆15左端带有缓冲柱塞。缸底端盖1和活塞杆15头部都有耳环，便于铰接。因此，这种液压缸在作往复运动时，其轴线可随工作需要自由摆动，常用于液压挖掘机等工程机械。

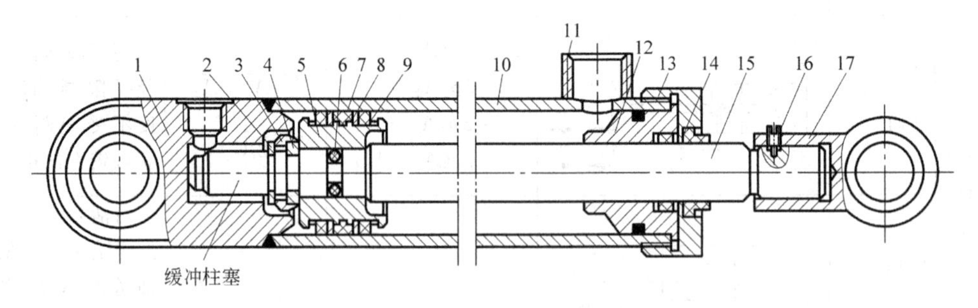

图5-1　单活塞杆液压缸的结构图

(FIGURE 5-1　Schematic illustration of structure of single-piston-rod cylinder)

1—缸底端盖；2—弹簧挡圈；3—套环；4—卡环；5—活塞；6—O形密封圈；7—支承环；8—挡圈；9—Y形密封圈；10—缸筒；11—管接头；12—导向套；13—缸盖；14—防尘圈；15—活塞杆；16—锁紧螺钉；17—耳环

单活塞杆液压缸两腔同时通入压力油时的连接方式称为差动连接。由于无杆腔受力面积大于有杆腔受力面积，使活塞向右的作用力大于向左的作用力，因此活塞杆作伸出运动，并将有杆腔的油液挤出，流进无杆腔，使活塞向右运动速度加快。差动连接的特点是速度快，伸出力小。它用于增速、外负载小的场合。

（2）双作用双活塞杆液压缸

图 5-2 所示为双作用双活塞杆液压缸的结构图。它主要由活塞杆 1、压盖 2、密封圈 3、缸盖 4、导向套 5 和 8 、缸筒 6、活塞 7 等零件组成。缸筒 6 一般采用无缝钢管，内壁加工精度要求很高；活塞杆 1 与活塞 7 用圆柱开口销连接；活塞杆 1 靠导向套 5 和 8 导向，并用密封圈 3 密封，调节压盖 2 与缸盖 4 之间的螺钉即可调整密封圈 3 的松紧；缸筒 6 与活塞 7 之间采用动密封。这种液压缸的特点是往复运动的速度和输出力相等；长度方向占有的空间，当活塞杆固定时约为缸体长度的 2 倍，当缸体固定时约为缸体长度的 3 倍。

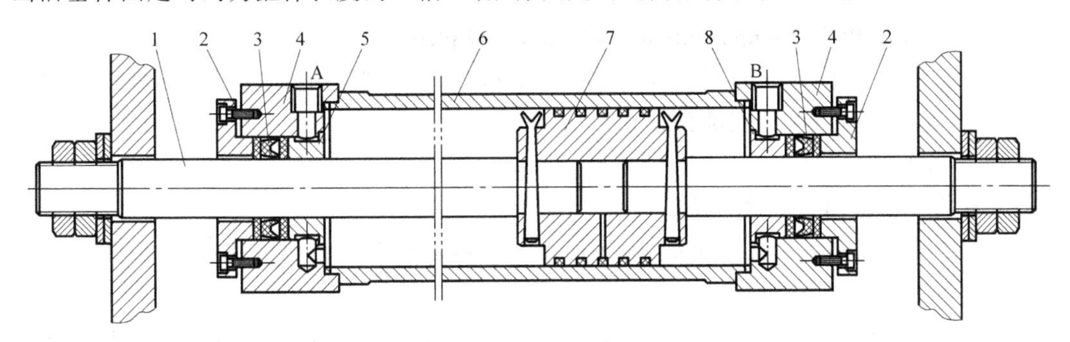

图 5-2 双活塞杆液压缸的结构图

（FIGURE 5-2 Schematic illustration of structure of double-piston-rod cylinder）

1—活塞杆；2—压盖；3—密封圈；4—缸盖；5，8—导向套；6—缸筒；7—活塞

2）柱塞式液压缸

图 5-3 所示为单柱塞式液压缸，它由缸筒 1、柱塞 2、导向套 3、密封圈 4 和压盖 5 等零件组成。它只能实现一个方向的运动，回程靠重力或弹簧力或其他外力推动。

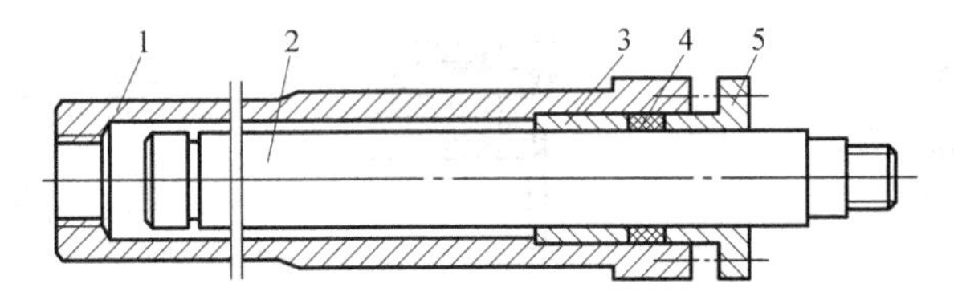

图 5-3 单柱塞式液压缸的结构图

（FIGURE 5-3 Schematic illustration of structure of single plunger cylinder）

1—缸筒；2—柱塞；3—导向套；4—密封圈；5—压盖

3）伸缩式液压缸

伸缩式液压缸是由两个或多个活塞式液压缸套装而成的，前一级活塞缸的活塞是后一级活塞的缸筒。伸出时，由大到小逐级伸出；缩回时，由小到大逐级缩回，如图 5-4 所示。伸缩式液压缸的特点是：工作行程可以很长，不工作时可以缩得较短。特别适用于工程机械及自动线步进式输送装置。

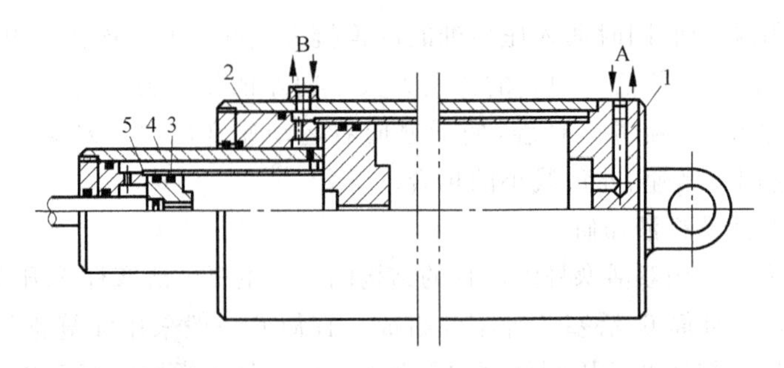

图 5-4　伸缩式液压缸的结构图

(FIGURE 5-4　Schematic illustration of structure of telescopic cylinder)

1—缸盖；2—缸筒；3—O 形密封圈；4—套筒；5—活塞

2. 液压缸的组成(Components of hydraulic cylinders)

液压缸的种类虽然很多，但是按其结构归结起来，一般都是由缸筒组件、活塞组件、密封装置、缓冲装置和排气装置五部分组成。

1) 缸筒组件

几种常见的缸筒与缸盖连接形式如下：

(1) 法兰连接式　其结构简单，容易加工、装拆，但外形尺寸和重量较大，如图 5-5(a)所示。

(2) 半环连接式　其容易加工、拆装，重量较轻，但削弱了缸筒强度，如图 5-5(b)所示。

(3) 拉杆连接式　其结构简单、工艺性好、通用性强、易于装拆，但重量和外形较大，如图 5-5(c)所示。

(4) 螺纹连接式　其外形尺寸和重量较小，但结构复杂，外径加工时要求保证与内径同心，装拆要使用专用工具，如图 5-5(d)和(e)所示。

(5) 焊接式连接　其外形尺寸小、连接强度高、制造简单，但焊后容易使缸筒变形，如图 5-5(f)所示。

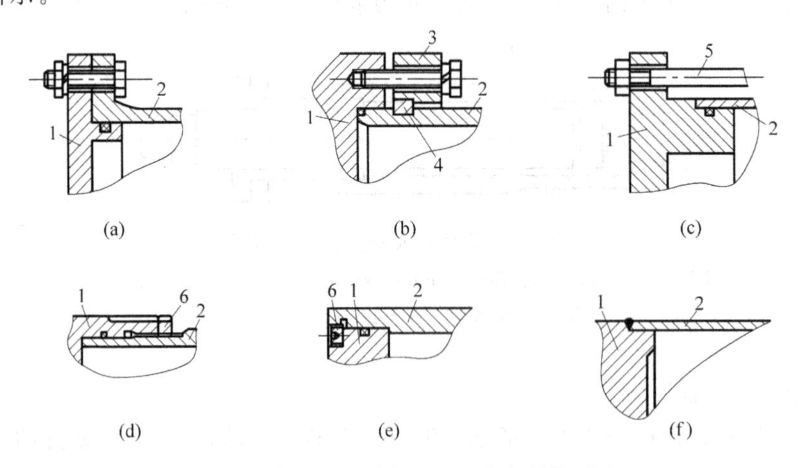

图 5-5　常见的缸筒与缸盖连接的结构形式

(FIGURE 5-5　Schematic illustration of common cylinder block and cover connect)

1—缸盖；2—缸筒；3—压板；4—半环；5—拉杆；6—防松螺钉

2）活塞组件

活塞组件主要包括活塞、活塞杆和连接件等零件。几种常见的活塞与活塞杆的连接形式如下：

(1) 整体式连接和焊接式连接　如图5-6(a)和(b)所示，适用于行程较短或尺寸较小的场合。

(2) 半环连接式　如图5-6(c)和(d)所示。其特点是工作可靠；但结构较复杂、拆装不便。

(3) 锥销式连接　如图5-6(e)所示。其特点是加工容易、装配简单，但其承载能力小。

(4) 螺纹式连接　如图5-6(f)和(g)所示。其特点是结构简单，拆装方便，但一般需配备螺母防松装置。

活塞材料一般采用35钢或45钢，也有用铝合金制成的。活塞杆材料一般采用35钢或45钢实心杆或空心杆。

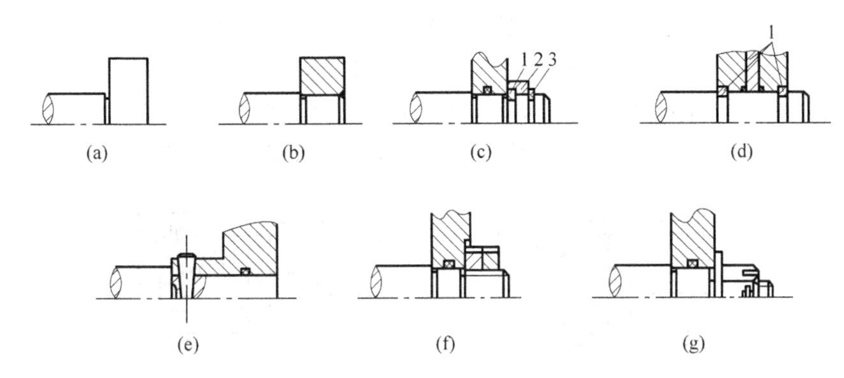

图5-6　活塞与活塞杆连接形式

(FIGURE 5-6　Schematic illustration of cylinder piston and rod connect)

1—半环；2—轴套；3—弹簧圈

3）密封装置

液压缸的活塞与活塞杆、缸筒与端盖间的密封属于静密封，通常采用O形密封圈来密封。活塞与缸筒间的密封属于动密封，通常采用的密封形式有如下几种。

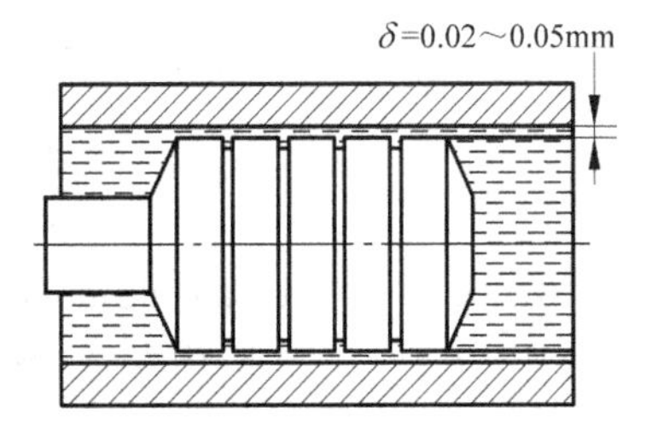

图5-7　间隙密封结构图

(FIGURE 5-7　Schematic illustration of clearance gap seal)

(1) 图5-7所示为间隙式密封，它依靠运动件之间的微小间隙来防止泄漏，为了提高密封能力，通常在活塞(柱塞)的表面上开有若干个细小的环形槽，这样既能增大油液流动时的阻力，又能减少其移动时的摩擦力(卡紧力)。其特点是结构简单、摩擦阻力小、耐高温；但泄漏大，加工要求高，磨损后无法补偿。用于尺寸较小、压力较低、相对运动速度较高的场合。

(2) 图5-8所示为密封圈密封，它利用橡胶或塑料的弹性使各种截面的环形圈紧贴在静、动配合面之间防止泄漏。其特点是结构简单，制造方便，磨损后能自动补偿，性能可靠。图5-8(a)所示为O形密封圈。当用于动密封且压力大于10MPa时，应加挡圈

(图 5-8(b)、(c)),否则密封圈易被挤出。

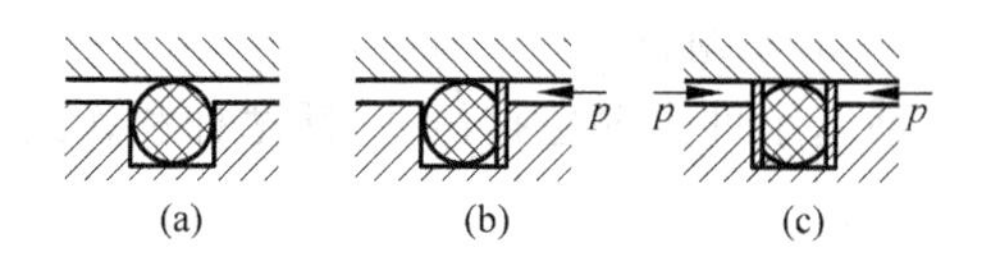

图 5-8　O 形密封圈密封结构图
(FIGURE 5-8　Schematic illustration of O-ring seal)

4) 缓冲装置

当液压缸所驱动的外负载较大、运动速度较高($v>12$m/min)时,为避免因动量大而在行程终点产生活塞与缸盖(或缸底)的撞击,影响工作精度或损坏液压缸,因此,在液压缸内两端部应设置缓冲装置。缓冲装置的原理是活塞运动接近终点位置时,增大液压缸排油阻力,使活塞运动速度降低,此排油阻力又称为缓冲压力。

图 5-9(a)和(b)所示为间隙缓冲装置,当活塞运动接近缸盖时,活塞上的圆柱凸台(或圆锥凸台)进入缸盖凹腔,封闭在活塞与缸盖间的油液只能从环形间隙 δ(或锥形间隙)挤压出去,由于排油压力升高形成缓冲压力,使活塞运动速度减慢。其特点是结构简单,适用于运动部件惯性不大、运动速度不高的场合。

图 5-9(c)所示为可变节流缓冲装置,缓冲柱塞 1 上开有三角节流槽。缓冲过程中通流面积不断减小,缓冲压力变化均匀、冲击压力小、缓冲作用较好。

图 5-9(d)所示为可调节流缓冲装置,当活塞上的圆柱凸台进入缸盖凹腔后,排油只能从针形节流阀 4 流出,调节针形节流阀 4 的开口可改变缓冲压力的大小。

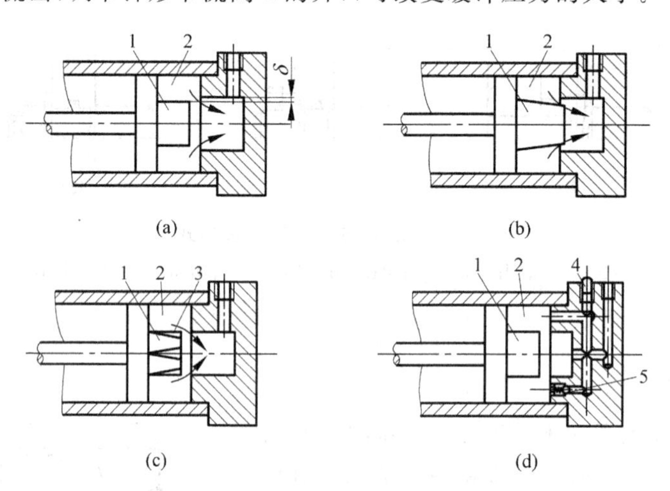

图 5-9　液压缸缓冲装置的结构和工件原理图
(FIGURE 5-9　Schematic illustration of structure and operating principles of cylinder shock-absorber)
1—缓冲柱塞；2—缓冲油腔；3—三角节流槽；4—针形节流阀；5—单向阀

5) 排气装置

液压传动系统在安装过程中或长时间停止使用时会侵入空气,液压油中也会混入空气,由于有很大的可压缩性,会使执行元件产生低速爬行、噪声等不正常现象,因此在设计液压缸时,要保证能及时排除积留在液压缸内的气体。

对于要求速度稳定性不高的液压缸一般不设专门的排气装置,而是将油口设置在缸筒两端最高处,以便空气随油液排到液压油箱再逸出；若不能在最高处设置油口时,可在最高处设置放气孔,如图 5-10(a)所示；对于速度稳定性要求高的液压缸,通常在液压缸两端部设置放气装置,如图 5-10(b)、(c)所示。

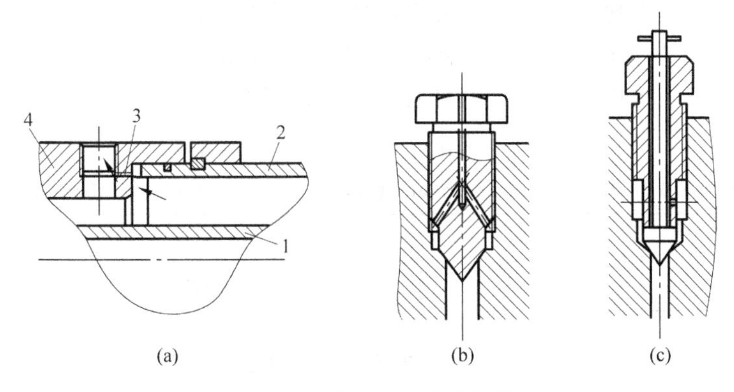

图 5-10　排气装置的结构图
(FIGURE 5-10　Schematic illustration of structure of cylinder air exhausting device)
1—活塞杆；2—缸筒；3—放气小孔；4—缸盖

5.1.3　液压缸的设计与计算

液压缸是标准件，但有时也需要自行设计或向生产厂提供主要尺寸。本节主要介绍液压缸主要尺寸计算、强度计算和校核及缓冲装置计算。

1. 液压缸的主要尺寸计算(Main dimension calculation of hydraulic cylinders)

液压缸的主要尺寸是活塞缸的内径 D 和活塞杆的直径 d，设计时根据最大总外负载 F_1 和选取的工作压力计算并圆整确定。

对于单活塞杆液压缸，无杆腔进油液压力为 p_1，不考虑机械效率时，

$$D=\sqrt{\frac{4F_1}{\pi(p_1-p_2)}-\frac{d^2p_2}{p_1-p_2}} \tag{5-1}$$

有杆腔进油液压力为 p_1，不考虑机械效率时，

$$D=\sqrt{\frac{4F_2}{\pi(p_1-p_2)}+\frac{d^2p_1}{p_1-p_2}} \tag{5-2}$$

式中，p_2——背压。一般选取背压 $p_2=0$，上述计算公式可简化为：

无杆腔进油时，

$$D=\sqrt{\frac{4F_1}{\pi p_1}} \tag{5-3}$$

有杆腔进油时，

$$D=\sqrt{\frac{4F_2}{\pi p_1}+d^2} \tag{5-4}$$

若考虑排油腔对活塞产生的背压、活塞杆和活塞密封及导向套处的摩擦、运动件质量产生的惯性力等因素的影响，取机械效率 $\eta_{cm}=0.8\sim0.9$，式(5-4)中的活塞杆直径 d 可根据工作压力或设备类型选取(查表 5-2、表 5-3)。当液压缸的往复速度比 φ 有一定要求时可按下式计算活塞杆直径 d：

$$d=D\sqrt{\frac{\varphi-1}{\varphi}} \tag{5-5}$$

液压缸的往复速度比 φ 过大会使无杆腔的背压过大，过小则活塞杆太细，稳定性不好。表 5-4 所示为不同工作压力时推荐的液压缸往复速度比值。

计算得到的液压缸内径 D 和活塞杆直径 d 应按国家标准圆整为标准系列值。

表 5-2 液压缸工作压力与活塞杆直径

(TABLE 5-2 Operating pressure and piston rod diameter of hydraulic cylinders)

液压缸工作压力 p/MPa	<5	5～7	>7
活塞杆直径 d	$(0.5\sim0.6)D$	$(0.6\sim0.7)D$	$0.7D$

表 5-3 设备类型与活塞杆直径

(TABLE 5-3 Equipment type and piston rod diameter of hydraulic cylinders)

设备类型	磨床、珩磨及研磨机	插、拉、刨床	车、铣、钻、镗床
活塞杆直径 d	$(0.2\sim0.3)D$	$0.5D$	$0.7D$

表 5-4 液压缸往复速度比推荐值

(TABLE 5-4 Hydraulic cylinders reciprocating movement velocity ratio recommended value)

液压缸工作压力 p/MPa	<10	10～20	>20
往复速度比 φ	1.33	1.46	2

液压缸的缸筒长度由活塞最大行程、活塞长度、活塞杆导向套长度、活塞杆密封长度和有特殊要求的其他长度确定。其中活塞长度 $B=(0.6\sim1.0)D$，导向套长度 $A=(0.6\sim1.5)d$。为减少加工难度，一般液压缸的缸筒长度不大于内径 D 的 20～30 倍。

液压缸的进出口直径 d_0 可由下式计算求得：

$$d_0=\sqrt{\frac{4q}{\pi v}} \tag{5-6}$$

式中，q——液压缸配管内的流量；

v——液压缸配管内液体的平均流速(一般取 $v=4\sim5\mathrm{m/s}$)。

计算的 d_0 值需按国家标准进行圆整。

2. 液压缸的强度计算及校核(Intensity calculation and check of hydraulic cylinders)

1) 缸筒壁厚 δ 的计算

缸筒是液压缸中最重要的零件，承受液体的工作压力，其壁厚需进行计算确定。

中低压液压缸一般用无缝钢管作缸筒，大多属薄壁筒，即 $D/\delta\geqslant10$，缸筒最薄处的壁厚用材料力学薄壁圆筒公式计算壁厚：

$$\delta\geqslant\frac{pD}{2[\sigma]} \tag{5-7}$$

式中，δ——缸筒壁厚。

p——缸筒内液体的工作压力。

$[\sigma]$——缸筒材料的许用应力。$[\sigma]=\frac{\sigma_b}{n}$，其中 σ_b 为材料的抗拉强度，n 为安全系数，当 $D/\delta\geqslant10$ 时，一般取 $n=5$。

缸筒的 $D/\delta<10$ 时为厚壁筒，用于高压系统。缸筒的安装方式一般有台肩支承和缸底支承两种。台肩支承的缸筒壁受液体压力和缸底轴向反作用力，而缸底支承仅有液体压力。可按表 5-5 的公式计算缸筒壁厚。

表 5-5　缸筒壁厚的计算

（TABLE 5-5　Calculation of thin-walled cylinder wall thickness）

缸 筒 材 料	缸筒支承方式	计 算 公 式
塑性材料	台肩支承	$D_1=D\sqrt{\dfrac{[\sigma]}{[\sigma]-\sqrt{3}p}}$
	缸底支承	$D_1=D\sqrt{\dfrac{[\sigma]^2+p\sqrt{4[\sigma]^2-3p^2}}{[\sigma]^2-3p^2}}$
脆性材料	台肩支承	$D_1=D\sqrt{\dfrac{[\sigma]+0.4p}{[\sigma]-0.3p}}$
	缸底支承	$D_1=D\sqrt{\dfrac{[\sigma]+0.7p}{[\sigma]-1.3p}}$
缸筒壁厚 δ		$\delta=\dfrac{D_1-D}{2}$
台肩支承	缸底支承	符号说明： D_1——缸筒外径 D——缸筒内径 $[\sigma]$——缸筒材料的许用应力 p——缸内液体的工作压力

2）活塞杆的稳定性计算

活塞杆受轴向压缩外负载，为避免发生弯曲，要进行压杆稳定性验算。

活塞杆受轴向压力作用时，有可能发生弯曲，当轴向力达到临界值 F_{cr} 时，会出现压杆的失稳现象。临界值 F_{cr} 的大小与活塞杆的长度和直径，以及缸的安装方式等因素有关。一般只有当活塞杆的长径比 $l/d\geqslant 10$ 时才进行活塞杆的稳定性计算。

按材料力学的公式，活塞杆的稳定条件为

$$F\leqslant\frac{F_{cr}}{n_{cr}} \tag{5-8}$$

式中，F——液压缸承受的轴向压力；

F_{cr}——活塞杆不产生弯曲变形的临界力；

n_{cr}——稳定性安全系数，一般取 2～6。

F_{cr} 可根据活塞杆的细长比 l/k 的范围按下列公式计算：

当细长比 $\dfrac{l}{k}>m\sqrt{i}$ 时，

$$F_{cr}\leqslant\frac{i\pi^2EJ}{l^2} \tag{5-9}$$

当细长比 $\dfrac{l}{k}\leqslant m\sqrt{i}$ 且 $m\sqrt{i}=20\sim120$ 时，

$$F_{cr} = \frac{fA}{1+\frac{\alpha}{i}\left(\frac{l}{k}\right)^2} \tag{5-10}$$

式中，l——液压缸的安装长度，其值与液压缸的安装形式有关，见表5-6；

k——活塞杆最小截面的惯性半径，$k=\sqrt{\frac{l}{A}}$；

m——活塞杆的柔性系数，见表5-7；

i——由液压缸支承方式决定的末端系数，其值查表5-6；

E——活塞杆材料的弹性模量，对于钢，$E=2.06\times10^{11}$ Pa；

J——活塞杆最小截面的惯性矩；

f——由材料强度决定的实验值，见表5-7；

A——活塞杆最小截面面积；

α——实验常数，见表5-7。

当细长比$\frac{l}{k}<20$时，液压缸具有足够的稳定性，不必校核。

表5-6　液压缸的安装长度

(TABLE 5-6　Fitting length of hydraulic cylinders)

安装形式	一端固定、一端自由	两端球铰	一端固定、一端球铰	两端固定
l	F_{cr} l	F_{cr} l	F_{cr} l F_{cr} l	F_{cr} l
i	1/4	1	2	4

表5-7　m、f、α的值

(TABLE 5-7　m, f and α value)

材　　料	m	f/MPa	α
铸钢	80	560	1/1600
锻钢	110	250	1/9000
低碳钢	90	340	1/7500
中碳钢	85	490	1/5000

3. 液压缸缓冲装置的计算(Calculation of hydraulic cylinder shock-absorber)

液压缸的缓冲计算主要是估计缓冲时缓冲腔内出现的最大冲击压力，以便校核缸筒强度，另外还应校核制动距离是否符合要求。

缓冲腔内液压能为

$$E_1 = p_c A_c l_c \tag{5-11}$$

工作部件产生的机械能为

$$E_2 = p_p A_p l_c + \frac{1}{2} m v^2 - F_f l_c \tag{5-12}$$

式中，p_c——缓冲腔中的平均缓冲压力；

p_p——高压腔中的油液压力；

A_c、A_p——缓冲腔、高压腔的有效作用面积；

l_c——缓冲行程长度；

m——工作部件的质量；

v——工作部件的运动速度；

F_f——摩擦力。

5.1.4 液压缸的安装和常见故障分析及排除方法

1. 液压缸的安装形式(Installation of hydraulic cylinders)

液压缸的安装形式见表 5-8。当缸筒固定而活塞杆运动时，可采用支座式或法兰式来安装定位。当活塞杆固定在机体上而缸筒运动时，可采用轴销式、耳环式或球头式等安装方式。当液压缸行程较长时，为了适应热胀冷缩的需要，液压缸两端只能采用一端固定、另一端浮动的安装方式。当采用法兰式或轴销式安装定位时，应注意活塞杆会受压杆稳定性的影响。

表 5-8　液压缸的安装形式

(TABLE 5-8　Fitting type of hydraulic cylinders)

类　型	外形特点	安 装 形 式	类　型	外形特点	安 装 形 式
支座式	径向底座	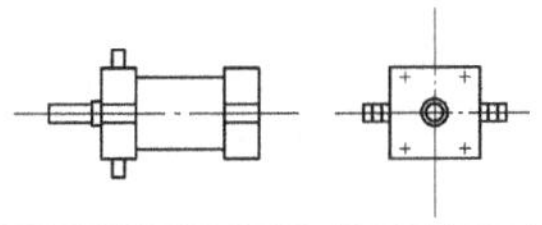	轴销式	头部轴销	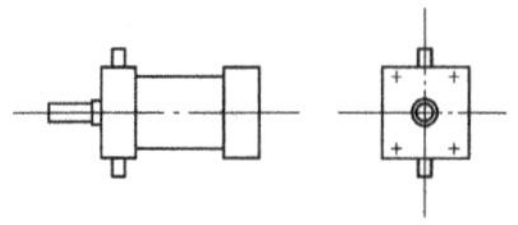
	切向底座	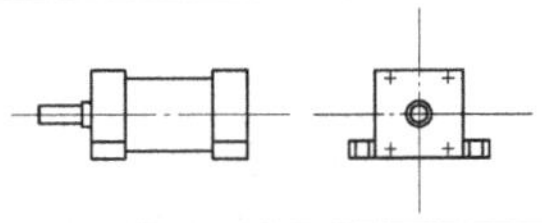		中部轴销	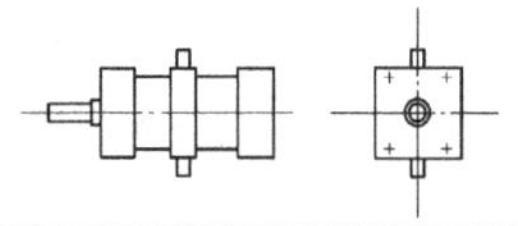
	轴向底座	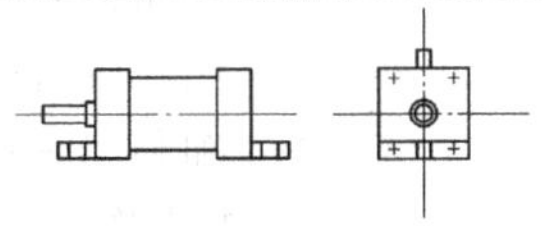		尾部轴销	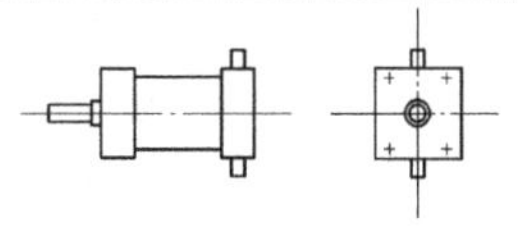
法兰式	头部外法兰	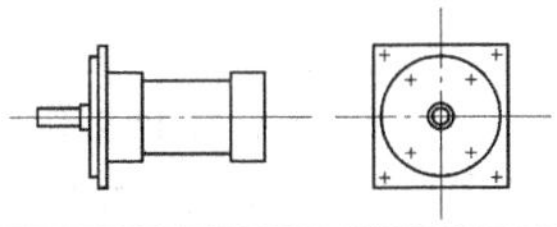	耳环式	单耳环	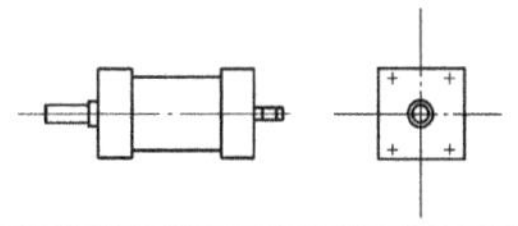
	头部内法兰	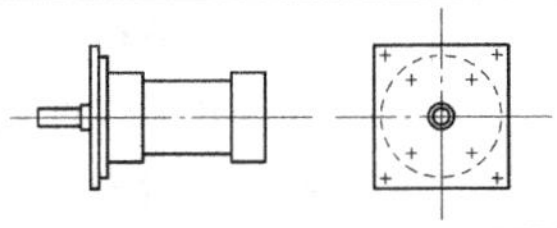		双耳环	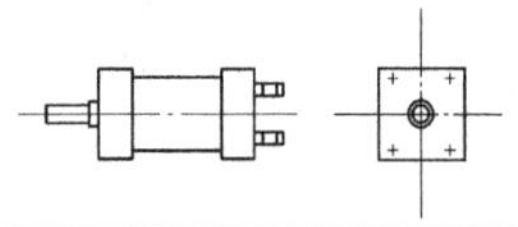
	尾部外法兰	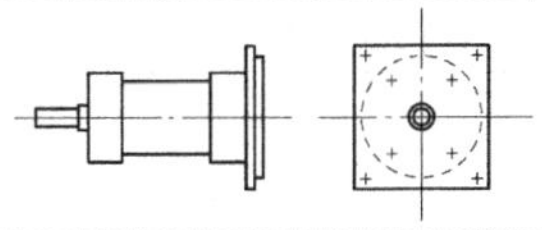	球头式	尾部球头	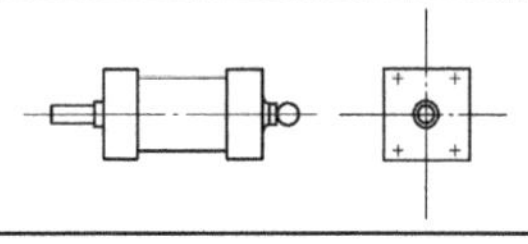

2. 液压缸的故障分析和排除方法(Troubleshooting and repairing of hydraulic cylinders)

液压缸常见故障与排除方法见表 5-9。

表 5-9　液压缸常见故障分析和排除方法

(TABLE 5-9　Troubleshooting and repairing of hydraulic cylinders)

故障现象	产生原因	排除方法
爬行	(1) 空气侵入液压缸; (2) 活塞杆两端螺母旋得太紧; (3) 液压缸安装与导轨不平行; (4) 活塞与活塞杆不同心; (5) 液压缸内壁或活塞表面拉伤,局部磨损或腐蚀; (6) 活塞杆不直	(1) 设置排气装置,强迫排除空气; (2) 调整,保持活塞杆处于自然状态; (3) 调整导轨或滑块的松紧度,保证缸与导轨的平行度<0.1mm/m; (4) 调整使活塞杆全长直线度≤0.2mm; (5) 镗缸筒内孔,重配活塞; (6) 单个或连同活塞放在 V 形铁块上校正
推力不足,速度下降	(1) 缸筒与活塞间磨损造成配合间隙过大,使内泄漏严重; (2) 活塞上密封圈损坏,增大泄漏或增大摩擦力; (3) 活塞杆弯曲,阻力增大; (4) 溢流阀调压低或溢流阀控压力区泄漏,造成系统压力低,使推力不足	(1) 在活塞上车削凹槽装密封圈或更换活塞,单配活塞间隙为 0.03~0.04mm; (2) 更换密封圈,注意装配时不要过紧; (3) 校正活塞杆; (4) 按推力要求调整溢流阀压力值,检查溢流阀内泄漏
冲击	(1) 未设缓冲装置,运动速度过快; (2) 缓冲装置结构不正确,三角节流槽过短; (3) 缓冲装置中的柱塞与孔的间隙过大而严重泄漏,节流阀不起作用	(1) 调整换向时间,降低运动速度,或增设缓冲装置; (2) 修正凸台与凹槽,加长三角节流槽; (3) 修理、研配单向阀与阀座或更换
泄漏	(1) 活塞杆表面损伤; (2) 密封圈因损伤或老化密封不严; (3) 缸盖加工精度不高,造成泄漏; (4) 缸筒内孔表面局部磨损或有腰鼓形导致泄漏; (5) 活塞与缸筒安装不同心或承受偏心负荷	(1) 修复损伤的活塞杆; (2) 更换磨损或老化的密封圈; (3) 检查接触面的加工精度并修复; (4) 镗、磨缸筒内表面,重配活塞; (5) 检查缸筒与活塞、缸盖与活塞杆的同心度,并修整对中
声音异常或噪声	(1) 压力过高或滑动面油膜破坏,导致滑动表面摩擦声响; (2) 密封圈刮削过大出现异常声音; (3) 立式液压缸活塞下行到终点时,发生抖动	(1) 设备停止工作,检查并加强润滑,防止滑动面的烧伤; (2) 用砂纸或砂布轻轻打磨唇边,或调整密封圈压紧程度; (3) 将活塞慢慢往复数次运动到顶端,以排除气体

5.2　数字控制液压缸和模拟控制液压缸

随着机电液一体化技术和自动化控制技术的发展，为了缩小体积、减少污染、便于控制及提高动态性能，往往将液压缸与各种控制阀、传感器等集成为一体，构成功能复合式液压缸。功能复合式液压缸常见的形式有数字控制液压缸和模拟控制液压缸。

5.2.1　数字控制液压缸

在液压传动领域中，液压技术与计算机技术、微电子技术、传感技术、数字技术和机械技术相结合，给液压传动和控制技术带来了巨大的进步。

数字控制电液步进液压缸的结构和工作原理如图 5-11 所示。其中，图 5-11(a)为结构示意图，它由步进电动机、减速齿轮和液压力放大器三部分组成。图 5-11(b)为工作原理图。

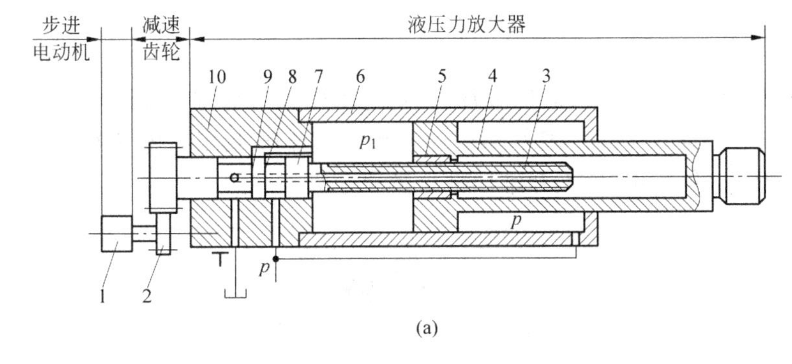

(a)

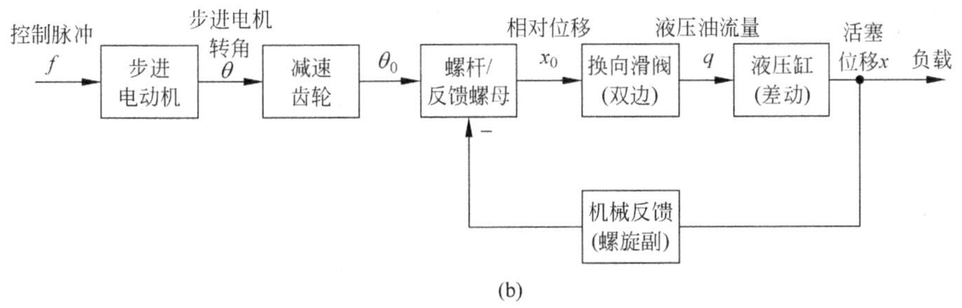

(b)

图 5-11　数字控制电液步进液压缸的结构示意图和工作原理图

(FIGURE 5-11　Schematic illustration of structure and operating principles of digital signal control hydraulic cylinder)

(a) 结构示意图；(b) 工作原理图

1—步进电动机；2—减速齿轮；3—螺杆；4—活塞；5—反馈螺母；6—缸体；7—三通阀阀芯；8,9—阀口；10—缸盖

步进电动机(脉冲电动机)是一种将数控电路输入的电脉冲信号转换为机械角位移量输出的数/模(D/A)转换装置。对步进电动机输入一个电脉冲，其输出轴就转过一个步距角。因为步进电动机输出功率较小，所以必须通过液压力放大器进行功率放大后才能驱动外负载。

液压力放大器是一个直接位置反馈式液压伺服机构，它由控制阀、活塞缸、螺杆和反馈螺母组成。图 5-11 中电液步进液压缸为单活塞杆差动连接液压缸，采用三通双边滑阀阀芯 7 来控制。压力油 p 直接进入有杆腔，活塞腔内压力 p_1 受滑阀阀芯 7 的棱边所控制，若差动液压缸无杆腔和有杆腔活塞的面积比 $A_1 : A_2 = 2 : 1$，当空载稳态时，$p_1 = p/2$，活塞 4 处于平衡状态，阀口 8 处于某个稳定状态。在可编程控制器或计算机发出正转控制脉冲时，步进电动机带动滑阀阀芯 7 旋转，活塞及反馈螺母 5 尚未动作，螺杆 3 相对反馈螺母 5 向左运动，从而带动阀芯 7 左移，阀口开大，$p_1 > p/2$，于是活塞 4 向右运动，活塞杆伸出。与此同时，同活塞 4 连成一体的反馈螺母 5 带动阀芯 7 右移，实现了直接位置负反馈，使阀口关小，开口量及油压 p_1 值又恢复到初始状态。如果输入连续的脉冲，步进电动机就连续旋转，活塞杆便随之向外伸出；反之，输入反转脉冲时，步进电动机反转，活塞杆缩回。

活塞杆外伸时，阀口 8 的棱边为工作边，活塞杆缩回时，阀口棱边 9 为工作边。如果活塞杆上存在着外负载 F，稳态平衡时，$p_1 \neq p/2$。通过螺杆螺母之间的间隙泄漏到空心活塞杆腔内的油液，可经螺杆中心孔引至液压油箱。

5.2.2　模拟控制液压缸

用模拟信号控制电液比例（或伺服）液压缸的工作原理如图 5-12 所示。它是以液压缸作为主体，将电液比例（或伺服）阀 1、溢流阀 6 和 7、节流阀 4、压力传感器 3 和 5 等元件集成在液压缸的缸体上，给使用、操纵和维护带来极大方便。

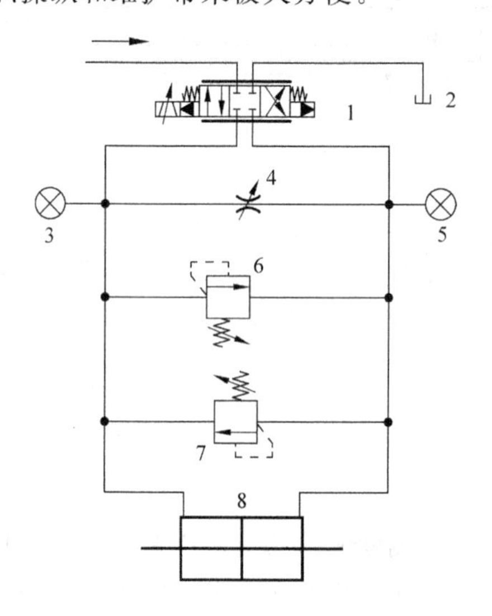

图 5-12　模拟信号控制液压缸的工作原理图

(FIGURE 5-12　Schematic illustration of operating principles of simulative signal control hydraulic cylinder)

1—电液比例（或伺服）阀；2—液压油箱；3,5—压力传感器；4—节流阀；6,7—溢流阀；8—液压缸

当输入一定的电流时，液压缸 8 便在压力油的作用下移动与输入电流量成比例的位移。液压缸活塞杆内装有位移传感器，它将位移量转变成电信号，再经放大后，作为反馈信号输出。将多种控制阀集成在液压缸的缸体上能有效地缩短控制阀到液压缸之间的管道长度，

提高液压传动系统的动态性能。溢流阀6和7起安全阀作用,防止液压缸过载。旁通节流阀4起调整控制液压传动系统动态阻尼大小的作用,可根据不同工况进行调整,以提高液压传动系统的动态稳定性。

5.3 液压马达概述

液压马达是将液压传动系统的压力能转化为机械能,以旋转的形式输出转矩和转速。

5.3.1 液压马达的特点和分类

1. 液压马达的特点(Characteristics of hydraulic motors)

(1) 液压马达内部具有对称结构,可以正反转,而液压泵不能反转。

(2) 液压马达靠压力油驱动,而液压泵是由原动机驱动旋转。

(3) 液压马达的进出口压力都高于大气压力,且具有单独的外泄油口,不存在液压泵的吸油不足、异常噪声等问题。

2. 液压马达的分类(Classification of hydraulic motors)

按额定转速不同,液压马达分为两大类。额定转速在500r/min以上的为高速液压马达;额定转速小于500r/min的为低速液压马达。高速液压马达有齿轮式、螺杆式、叶片式、轴向柱塞式等。低速液压马达有单作用曲轴连杆径向柱塞式和多作用内曲线径向柱塞式等。液压马达的图形符号如图5-13所示。

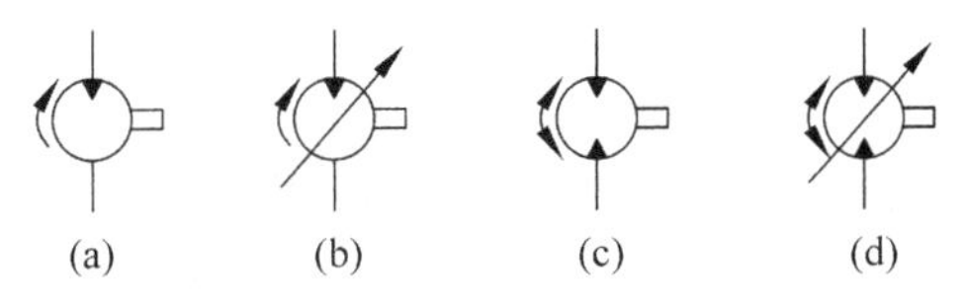

图5-13 液压马达的图形符号

(FIGURE 5-13 Diagram symbols of hydraulic motors)

(a) 单向定量马达;(b) 单向变量马达;(c) 双向定量马达;(d) 双向变量马达

5.3.2 液压马达的基本性能参数

1. 压力(Pressure)

1) 工作压力 p

工作压力是指液压马达进口油液的实际压力,其大小取决于外负载。

2) 工作压差 Δp

工作压差是指液压马达进口压力与出口压力的差值。

3) 额定压力 p_n

额定压力是指液压马达在正常工作条件下,按试验标准规定能连续运转的最高压力。

4) 最高允许压力 p_{max}

最高允许压力是指液压马达按试验标准规定,超过额定压力允许短暂运行的最高压力。

2. 排量和流量(Displacement and flow)

1) 排量 V

排量是指液压马达轴转一周,由其密闭工作腔的几何尺寸变化计算而得到的油液体积。排量不变的液压马达为定量液压马达;排量可变的为变量液压马达。

2) 流量 q

液压马达的流量是指液压马达达到要求转速时,单位时间内输入油液的体积。不考虑泄漏的流量为理论流量 q_t,考虑泄漏时为实际流量 q,有

$$q_t = Vn \tag{5-13}$$

$$q = q_t + \Delta q \tag{5-14}$$

3. 转速(Speed)

1) 额定转速 n

额定转速是指液压马达在额定压力下,能连续长时间正常运转的最高转速。

液压马达的转速等于理论流量与排量的比值,即

$$n = \frac{q_t}{V} \tag{5-15}$$

2) 最高转速 n_{max}

最高转速是指液压马达在额定压力下,超过额定转速允许短暂运行的转速。

3) 最低转速 n_{min}

最低转速是指液压马达正常运转所允许的最小转速。

4. 转矩(Torque)

1) 理论输出转矩 T_t

理论输出转矩是指在没有能量损失的情况下液压马达的输出转矩。理论转矩的计算式为

$$T_t = \frac{\Delta p V}{2\pi} \tag{5-16}$$

2) 实际输出转矩 T

实际输出转矩是指液压马达输出轴上实际输出的转矩。因液压马达内运动副有摩擦而造成转矩损失 ΔT,所以液压马达的实际输出转矩小于理论输出转矩,即

$$T = T_t - \Delta T \tag{5-17}$$

5. 功率(Power)

1) 实际输入功率 P_i

液压马达实际输入的液压功率为

$$P_i = \Delta p q \tag{5-18}$$

2) 实际输出功率 P_o

液压马达实际输出的机械功率为

$$P_o = \omega T = 2\pi n T \tag{5-19}$$

6. 效率(Efficiency)

1) 容积效率 η_V

液压马达的容积效率等于理论输入流量与实际输入流量的比值,即

$$\eta_V = \frac{q_t}{q} \tag{5-20}$$

2）机械效率 η_m

液压马达的机械效率等于实际输出转矩与理论输出转矩的比值，即

$$\eta_m = \frac{T}{T_t} \tag{5-21}$$

3）总效率 η

总效率为输出机械功率与输入液压功率的比值，即

$$\eta = \frac{P_o}{P_i} = \frac{2\pi nT}{\Delta pq} = \frac{2\pi nT}{\Delta p\dfrac{Vn}{\eta_V}} = \frac{T}{\dfrac{\Delta pV}{2\pi}}\eta_V = \eta_m\eta_V \tag{5-22}$$

即液压马达的总效率等于其容积效率和机械效率的乘积。

5.4　高速液压马达

高速液压马达的主要特点是：转速较高，转动惯量小，便于启动和制动，调速和换向的灵敏度高。通常高速液压马达的输出转矩小，仅有几十到几百牛·米，故又称为高速小转矩液压马达。

5.4.1　齿轮液压马达

外啮合齿轮式液压马达的工作原理如图 5-14 所示。其中，Ⅰ为转矩输出齿轮，其节圆半径为 R_1；Ⅱ为空转齿轮，其节圆半径为 R_2；啮合点 c 到两齿轮中心的距离分别为 R_{c1} 和 R_{c2}。当压力为 p_h 的高压油输入液压马达时，处于高压腔内的轮齿受到压力油作用，由于 $R_{c1} < R_{a1}$，$R_{c2} < R_{a2}$，故互相啮合的两个齿面只有部分处于高压腔。这样使液压力作用于两个处于高压腔轮齿上的转矩不相等。若对两齿轮产生的有效推动转矩分别为 T_1'、T_2'，同理，处于低压腔轮齿上的转矩也不相等，其产生的有效推动转矩为反方向转矩 T_1''、T_2''，此时齿轮Ⅰ上的不平衡转矩 $T_1 = T_1' - T_1''$，齿轮Ⅱ上的不平衡转矩为 $T_2 = T_2' - T_2''$，所以马达输出轴上产生总转矩 $T = T_1 + T_2\dfrac{R_1}{R_2}$，从而克服外负载转矩而按图中箭头所示方向旋转。随着齿轮旋转，油液从高压腔被带到低压腔排出。

5.4.2　叶片液压马达

双作用叶片式液压马达的工作原理如图 5-15 所示。当压力油从进油口进入叶片 1、3 和 5、7 之间时，叶片 2 和 6 两侧所受液压力平衡，故不产生转矩；而叶片 1、3、5、7 上，一面作用高压油，另一面作用低压油，由于叶片 3、7 伸出的面积大于叶片 1、5 伸出的面积，因此作用于叶片 3、7 上的总液压力大于作用于叶片 1、5 上的总液压力，于是压力差使转子产生顺时针转矩，从而实现了油液的压力能向旋转机械能转变，顺时针转矩要克服阻力转矩、摩擦转矩后才能带动轴上的外负载转动。如果将进、出油口对换，则马达反向旋转。

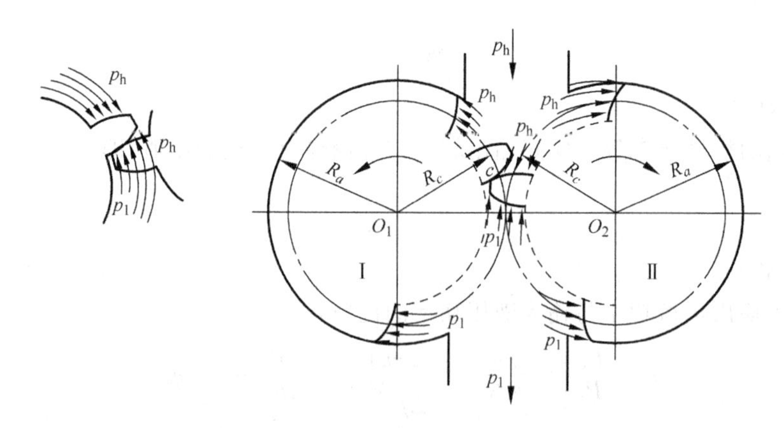

图 5-14 外啮合齿轮马达工作原理图

(FIGURE 5-14 Schematic illustration of operating principle of external gear motors)

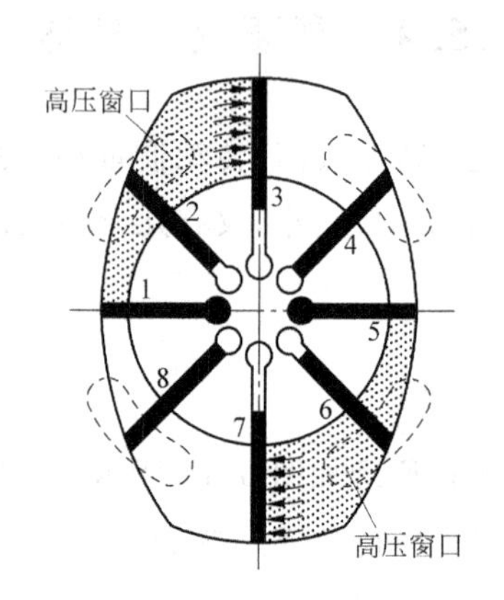

图 5-15 双作用叶片马达工作原理图

(FIGURE 5-15 Schematic illustration of operating principle of double-acting vane motors)

5.4.3 轴向柱塞液压马达

轴向柱塞式液压马达的工作原理如图 5-16 所示。当压力油输入液压马达时，位于进油腔的柱塞被顶出，紧压在斜盘上。斜盘作用在柱塞顶面上的反力为 F，F 可分解为轴向分力 F_x 和垂直于轴向的分力 F_y。其中轴向分力 F_x 和作用在柱塞末端的液压力相平衡，其值为 $F_x=\frac{\pi}{4}d^2p$；垂直于轴向的分力 F_y 使缸体产生转矩，其值为

$$F_y = F_x\tan\gamma = \frac{\pi}{4}d^2p\tan\gamma \tag{5-23}$$

若与 F_y 对应的力臂为 a，则柱塞产生的瞬时转矩为

$$T' = F_ya = F_yR\sin\varphi = \frac{\pi}{4}d^2Rp\tan\gamma\sin\varphi \tag{5-24}$$

式中，d——柱塞直径；

R——柱塞在缸体中的分布圆半径；

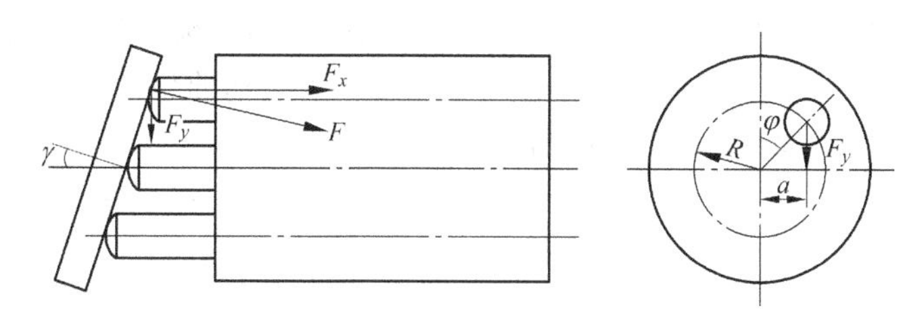

图 5-16　轴向柱塞液压马达的工作原理图
(FIGURE 5-16　Schematic illustration of operating principle of axial piston hydraulic motors)

p——马达的工作压力；
γ——斜盘倾角；
φ——柱塞的瞬时方位角。

液压马达输出的转矩等于位于马达进油腔半周内各柱塞瞬时转矩 T' 的总和。当马达的进、回油口互换时，马达将反向转动。马达的排量可以通过改变斜盘倾角 γ 来实现。如果改变斜盘倾角的方向，就可以改变马达的旋转方向，此时马达成为双向变量马达。

轴向柱塞马达的结构形式很多，由于柱塞副构成的工作容积密封性好，因此适用于工作压力较高的场合。

5.5　低速液压马达

低速液压马达的主要特点是：排量大，体积大，转速低，有时转速可低到每分钟几转或不到一转，因此可以直接与工作机构连接，不需要减速装置，使传动机构大大简化。低速液压马达输出的转矩可达几千到几万牛·米，故又称为低速大转矩液压马达。

5.5.1　单作用曲轴连杆径向柱塞液压马达

图 5-17 所示为单作用曲轴连杆径向柱塞液压马达的工作原理。在壳体 1 的圆周均匀分布了 5 个缸。缸中的柱塞 2 通过球铰与连杆 3 相连接，连杆 3 端部的鞍形圆柱面与曲轴 4 的偏心轮相接触。其中偏心轮的圆心为 O_1，它与曲轴 4 旋转中心 O 的偏心距 OO_1 为 e。曲轴 4 的一端通过十字接头与配流轴 5 相连。配流轴 5 两侧分别为进油腔和排油腔。当高压油进入马达的进油腔后，经壳体的槽 a、b、c 引到相应的柱塞缸中。高压油产生的液压力作用于柱塞顶部，并通过连杆 3 传递到曲轴 4 的偏心轮上。例如，柱塞缸 b 作用于偏心轮上的力为 F_N，该力的方向沿连杆 3 的中心线，指向偏心轮的中心 O_1。作用力可分解为与连心线 OO_1 重合的法向力 F_f 和与连心线 OO_1 垂直的切向力 F_t。切向力 F_t 相对于曲轴 4 旋转中心 O 产生转矩，使曲轴 4 绕中心 O 逆时针方向旋转。柱塞缸 a 和 c 与缸 b 类似，产生相应的转矩。与高压油腔相通的柱塞缸产生的转矩之和使曲轴旋转。曲轴旋转时，缸 a、b、c 密闭容积增大，油液通过壳体油道并经配流轴 5 的进油腔进油；缸 d、g 的密闭容积减小，油液通过壳体油道并经配流轴 5 的排油腔排油。当配流轴 5 随曲轴 4 转过一个角度后，配流轴 5 封闭了油道 c，此时缸 c 与高、低压腔均不相通，缸 a、b 通高压油，使马达产生转矩；缸 d 和缸 g 排油。配流轴 5 随曲轴 4 再转过一个角度后，缸 g、a、b 通高压油，产生转矩，缸 c、d 排

油。由于配流轴 5 随曲轴 4 连续旋转,进油腔和排油腔分别依次与各柱塞缸相通,以保证马达连续旋转。若将进、出油口交换,马达则反转。在液压马达曲轴 4 旋转一周过程中,每个柱塞完成进排油一次,所以称其为单作用液压马达。

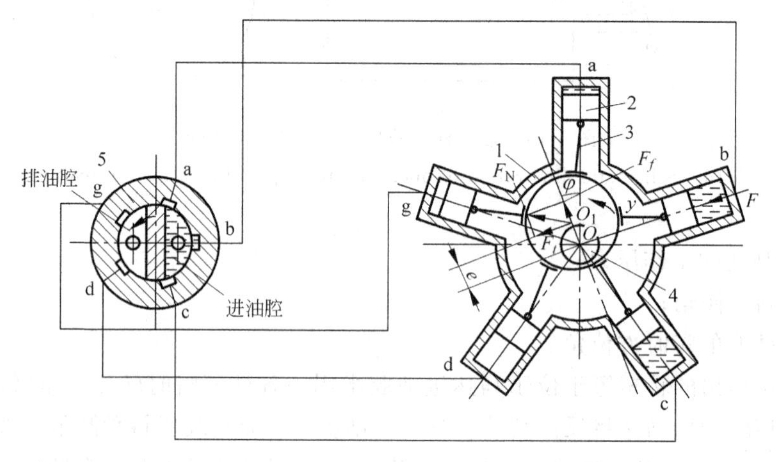

图 5-17　单作用曲轴连杆径向柱塞液压马达工作原理图

(FIGURE 5-17　Schematic illustration of operating principle of single-acting crankshaft connecting rod radial piston motors)

1—壳体；2—柱塞；3—连杆；4—曲轴；5—配流轴

单作用曲轴连杆径向柱塞液压马达的排量公式为

$$V = \frac{\pi d^2}{2} ez \tag{5-25}$$

式中,V——马达排量；

d——柱塞直径；

e——曲轴偏心距；

z——柱塞数。

单作用曲轴连杆径向柱塞液压马达的优点是结构简单,工作可靠。其缺点是重量和体积较大,转矩脉动,低速稳定性差。近几年来因其主要摩擦副大多采用静压平衡或静压支承结构,其最低稳定转速可达 3r/min,额定工作压力为 21MPa,最高工作压力为 31.5MPa。

5.5.2　多作用内曲线径向柱塞液压马达

内曲线液压马达有轴转式、壳转式,定量式、变量式,单排柱塞、双排柱塞、多排柱塞等多种形式。

图 5-18 所示为多作用内曲线径向柱塞液压马达的工作原理。在液压油的作用下,具有特殊内曲线的凸轮环使每个柱塞在轴旋转一周中往复运动多次从而推动转子旋转。因定子内表面由多条曲线构成,故称为多作用内曲线径向柱塞液压马达(简称内曲线马达)。定子 6 的内表面由若干段形状相同、均匀分布的曲面(图示 $x=6$)组成。曲面的数目 x 就是马达的作用次数。将每一凹形曲面从顶点处对称地分为两半,一半为进油区段,此区段马达向外

输出转矩，另一半为回油区段。缸体 5 内有 $z(z=8)$ 个柱塞 4 径向均匀分布在缸体 5 的柱塞孔内，柱塞 4 的末端与横梁 3 接触。横梁 3 可在缸体 5 的径向槽中滑动。安装在横梁两端轴颈上的滚轮 2 可沿定子内表面滚动。在缸体 5 内，每个柱塞孔底部都有一配流孔与配流轴 1 相通。配流轴 1 固定不动，其上有 $2x$ 个配流窗孔沿圆周径向均匀分布。这些配流窗孔分别和定子内表面的进、回油区段位置相对应。其中有 x 个窗口 B 与轴中心的进油孔相通，另外 x 个窗孔 A 与回油孔道相通。由于导轨曲面为抛物线，因此导轨曲面对滚轮产生的约束反力 F 将不通过缸体中心，如图 5-18 所示。F 可分解为径向分力 F_r 和切向分力 F_t。其中径向分力 F_r 与柱塞底部的液压作用力相平衡，切向分力 F_t 则通过柱塞组对缸体 5 形成一个转矩，带动缸体 5 即输出轴作顺时针转动，输出转矩和转速。缸体 5 每旋转一周，每个柱塞往复移动 x 次。因为 x 和 z 不相等，故任一瞬时总有一部分柱塞处于进、出油段，而使缸体 5 连续转动。

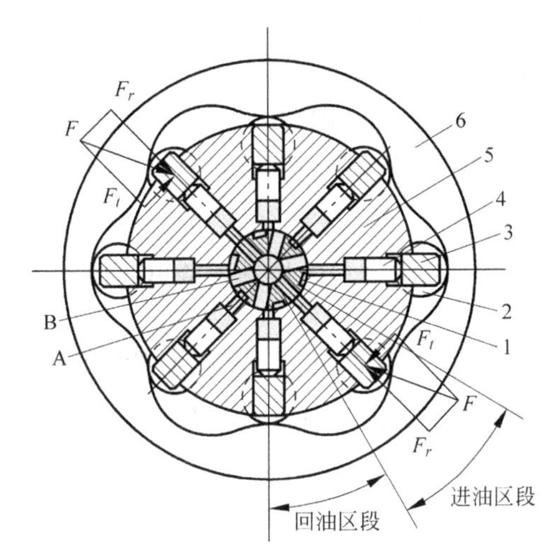

图 5-18　多作用内曲线马达工作原理图

(FIGURE 5-18　Schematic illustration of operating principle of multi-acting internal curves radial piston motors)

1—配流轴；2—滚轮；3—横梁；4—柱塞；5—缸体；6—定子

当马达的进、回油口互换时，马达缸体 5 将反向旋转。除输出轴旋转的机构外，若固定缸体 5 和输出轴，则马达通油后，壳体即定子 6 与配流轴 1 一起转动，此时多作车轮马达用。

多作用内曲线径向柱塞液压马达的排量公式为

$$V = \frac{\pi d^2}{4} sxyz \tag{5-26}$$

式中，V——马达排量；

d——柱塞直径；

s——柱塞行程；

x——作用次数；

y——柱塞排数，图示中 $y=1$；

z——柱塞数。

多作用内曲线径向柱塞式液压马达具有尺寸较小、径向受力平衡、转矩脉动小、转动效率高，并能在很低转速下稳定工作的特点，因此广泛应用于工程、农业、矿山、起重运输、建筑、船舶等机械中，它一般不需减速装置即可直接驱动工作机械。

重点和难点课堂讨论

课堂讨论：活塞式液压缸的差动连接，液压马达和液压泵在具体结构上的差异。

典型案例分析

案例 某液压马达的进出口压力差为 69.8×10^5Pa，排量为 200mL/r，总效率为 0.75，机械效率为 0.9。

(1) 计算该液压马达能输出的理论转矩；

(2) 若液压马达的转速为 500r/min，则输入液压马达的流量为多少？

(3) 外负载为 200N · m(n=500r/min)时，该液压马达的输入功率和输出功率各为多少？

解 (1) 根据公式 $T_t=\dfrac{\Delta p q_m}{2\pi}$，可算得液压马达输出的理论转矩为

$$T_t=\frac{1}{2\pi}\times100\times10^5\times200\times10^{-6}\ \mathrm{N\cdot m}=318.3\ \mathrm{N\cdot m}$$

(2) 转速为 500r/min 时，液压马达的理论流量为

$$q_t=V_m n=200\times500\times10^{-3}\ \mathrm{L/min}=100\ \mathrm{L/min}$$

因液压马达的容积效率

$$\eta_V=\frac{\eta}{\eta_m}=\frac{0.75}{0.9}=0.83$$

所以液压马达的输入流量为

$$\frac{q_t}{\eta_V}=\frac{100}{0.83}\ \mathrm{L/min}=120\ \mathrm{L/min}$$

(3) 液压马达的进油压力为 100×10^5Pa 时，液压马达能输出的实际转矩为

$$T=318.3\times0.9\ \mathrm{N\cdot m}=286.5\ \mathrm{N\cdot m}$$

液压马达的输入功率为

$$P_i=\Delta p\cdot V_m n/\eta_V=69.8\times10^5\times200\times10^{-6}\times500/(60\times0.83\times1000)\ \mathrm{kW}=14\ \mathrm{kW}$$

液压马达的输出功率为

$$P_o=P_i\eta=14\times0.75\ \mathrm{kW}=10.5\ \mathrm{kW}$$

本 章 小 结

液压缸和液压马达都是液压传动系统中的执行元件，液压缸的作用是将液体的压力能转换为直线运动(或在一定角度范围内摆动)的机械能。本章讲述了几种常见液压缸的工作原理，同时介绍了性能先进、高精度的数字控制液压缸和模拟控制液压缸的组成和工作原

理。液压缸一般为标准件,但有时也需专门设计,要掌握设计液压缸的主要内容和一般步骤。介绍了有关液压缸安装、故障分析及排除方式等有关内容。液压马达的作用是将液体的压力能转换为旋转运动的机械能。根据结构形式的不同,液压马达主要分为齿轮式、叶片式、柱塞式三大类,要掌握各类马达的工作原理、特点和使用场合。

思考题和习题

1. 活塞式液压缸的安装应注意些什么?

2. 柱塞式液压缸有哪些特点?

3. 伸缩式液压缸工作时有何特点?

4. 为什么要为液压缸设置缓冲装置? 如何设置?

5. 图 5-19 所示为两个结构相同相互串联的液压缸,无杆腔的面积 $A_1=80\times10^{-4}\,\mathrm{m}^2$,有杆腔的面积 $A_2=60\times10^{-4}\,\mathrm{m}^2$,缸 1 的输入压力 $p_1=2\mathrm{MPa}$,输入流量 $q=10\mathrm{L/min}$,不计损失和泄漏。

(1) 两缸承受相同外负载($F_1=F_2$)时,求该外负载的数值及两缸的运动速度。

(2) 缸 1 不承受外负载($F_1=0$)时,缸 2 能承受多少外负载?

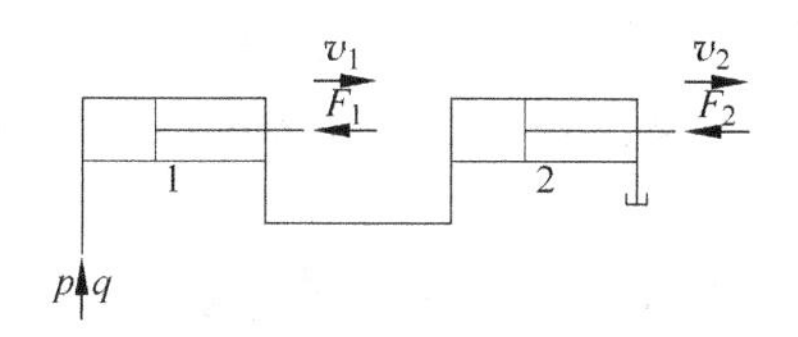

图 5-19　液压回路图

(FIGURE 5-19　Schematic illustration of hydraulic control circuit)

6. 液压马达和液压泵在具体结构上存在哪些差异?

7. 什么是液压马达和液压泵的工作压力? 其大小由什么来决定?

8. 某叶片马达的排量 $V=\dfrac{0.000\,01}{2\pi}\,\mathrm{m^3/rad}$,供油额定压力 $p=8\mathrm{MPa}$,流量 $q=0.0004\mathrm{m^3/s}$,总效率 $\eta=0.85$。试求在额定压力时,该马达的理论输出转矩 T_t、理论角速度 ω_t、理论转速 n_t 和实际输出功率 P_o。

第6章 液压控制元件

本章指南

本章主要内容：主要讲述液压传动系统中压力控制阀、方向控制阀、流量控制阀的功能和要求、结构特点和工作原理、主要性能和应用场合；介绍了插装阀、叠加阀、多路阀、电液伺服控制阀、电液比例控制阀、电液数字控制阀的功能结构和主要用途。

本章重点：掌握常用压力控制阀、方向控制阀、流量控制阀的结构、工作原理、主要性能及其应用。

本章难点：理解先导式控制阀的工作原理和滑阀式换向阀中位机能的特性及应用。

本章教学目的和要求：通过学习各种液压控制阀的结构，正确理解其工作原理，从而达到能够分析液压传动系统中各种液压控制阀的功能，以及在进行设计液压传动系统时能按实际工况要求正确选择各种液压控制阀的目的。

6.1 液压控制阀概述

液压控制元件在液压传动系统中被用来控制工作介质的压力、流量和方向，以保证执行元件按照外负载的需求进行工作。液压控制元件又称为液压控制阀，简称液压阀。

6.1.1 液压控制阀的基本结构和工作原理

1. 液压控制阀的基本结构(Basic structure of hydraulic control valves)

液压控制阀的基本结构主要包括阀体、阀芯及驱动阀芯在阀体内作相对运动的装置。阀体上除有与阀芯配合的阀体孔和阀座孔外，还有进出油口；阀芯的主要形式有滑阀、球阀和锥阀；驱动装置可以是电磁铁、弹簧或手动机构等。

2. 液压控制阀的工作原理(Operating principles of hydraulic control valves)

液压控制阀是利用阀芯在阀体内的相对运动来控制阀口的开口大小和通断，实现工作介质的压力、流量和方向的控制。

液压控制阀工作时始终满足压力流量方程，即它们的阀口大小、进出口压力差和通过的流量之间的关系都符合孔口流量公式 $q=CA\Delta p^m$。

6.1.2 液压控制阀的分类

1. 按结构形式分类(Basic structures of hydraulic control valves)

(1) 滑阀　如图6-1(a)所示，阀芯为圆柱形，与进出油口对应的阀体上开有沉割槽，一般为全圆周。阀芯在阀体孔内作相对运动，开启或关闭阀口来控制油路的通断，使滑阀进行工作。

(2) 锥阀　如图 6-1(b)所示,锥阀阀芯的半锥角 α 一般为 12°～20°,有时为 45°。阀口关闭时为线密封,不仅密封性能好,而且阀口开启灵活,动作灵敏。锥阀只能有一个进油口和一个出油口,因此又称为二通锥阀。

(3) 球阀　如图 6-1(c)所示,球阀的性能比锥阀的性能差。

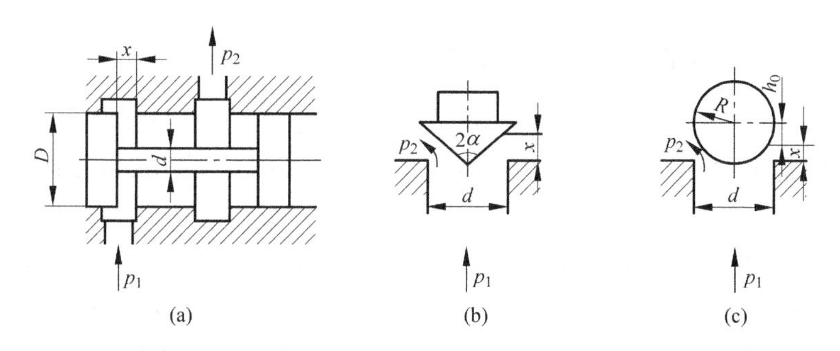

图 6-1　液压控制阀的结构形式

(FIGURE 6-1　Basic structures of hydraulic control valves)

(a) 滑阀; (b) 锥阀; (c) 球阀

2. 根据控制方式分类(Control models of hydraulic control valves)

(1) 定值或开关控制阀　是指被控制量为定值或阀口启闭控制液流通路的阀类,包括普通控制阀、插装阀、叠加阀、多路阀等。

(2) 电液伺服控制阀　是指被控制量与输入信号及反馈量成比例连续变化的阀类,包括电液伺服控制阀和机液伺服控制阀。

(3) 电液比例控制阀　是指被控制量与输入电信号成比例连续变化的阀类,包括普通电液比例控制阀和带内反馈的电液比例控制阀等。

(4) 电液数字控制阀　是指用数字信息直接控制阀口的启闭来控制液流的压力、流量和方向的阀类。

3. 根据安装连接形式分类(Installations and connections of hydraulic control valves)

(1) 管式连接　阀体进出油口由螺纹或法兰直接与油管连接,安装方式简单,但元件分散布置,装拆维修不方便。它适用于简单的液压传动系统。

(2) 板式连接　阀体进出油口通过连接板与油管连接,或安装在集成块侧面,由集成块沟通阀与阀之间的油路,并外接液压泵、液压缸、液压油箱。这种连接形式元件集中布置,操纵、调整、维修都比较方便。

(3) 插装阀　根据不同功能将阀芯和阀套单独做成组件(插入件),插入专门设计的阀块组成回路,结构紧凑且具有一定的互换性。

(4) 叠加阀　液压阀的上下面为安装面,液压阀的进出油口分别在这两个面上。使用时,相同通径、功能各异的液压阀通过螺栓串联叠加安装在底板上,对外连接的进出油口由底板引出。

4. 根据用途分类(Applications of hydraulic control valves)

(1) 压力控制阀　是指用来控制或调节液压传动系统压力的阀类,如溢流阀、减压阀、顺序阀等。

(2) 流量控制阀　是指用来控制或调节液压传动系统流量的阀类，如节流阀、调速阀、溢流节流阀、比例流量阀等。

(3) 方向控制阀　是指用来控制或改变液压传动系统中液流方向的阀类，如单向阀、液控单向阀、换向阀等。

6.1.3　液压控制阀的基本性能参数

液压控制阀的基本性能参数有两个：额定流量(或公称通径)和额定压力。

1. 额定流量 q_n 或公称通径 D_n(Nominal flow q_n or inside nominal diameter D_n)

液压控制阀的规格表示方法有两种：额定流量 q_n 和公称通径 D_n。

额定流量是指液压控制阀在额定工况下通过的名义流量，主要用于表示中低压液压控制阀的规格。额定流量符号用 q_n 或 Q_n 表示，常用单位为 m^3/s 或 L/min。

公称通径表示液压控制阀通流能力的大小，对应于液压控制阀的额定流量，主要用于表示高压液压控制阀的规格。公称通径常用 D_n 表示，单位为毫米(mm)，其数值是液压控制阀进、出油口的名义尺寸，与实际尺寸不一定相等。在选用连接油管时，油管的规格应该与液压控制阀的通径一致。液压控制阀工作时的实际流量应小于或等于它的额定流量，最大不得大于额定流量的 1.1 倍。

2. 额定压力 p_n(Nominal pressure p_n)

额定压力是指液压控制阀长期工作所允许的最高压力。额定压力用 p_n 表示，常用的单位是 Pa 和 N/m^2。通常液压传动系统的压力小于或等于液压控制阀的额定压力时是比较安全的。

6.1.4　对液压控制阀的基本要求

对液压控制阀的基本要求如下：

(1) 密封性能好，内泄漏小，无外泄漏；

(2) 动作灵敏、使用可靠，工作时冲击和振动小、噪声小；

(3) 被控参数(压力、流量)要稳定，受外界干扰时变化量小；

(4) 液压油流过时压力损失小；

(5) 结构要简单紧凑，安装、调试方便，通用性或互换性好；

(6) 使用、维护简单方便，可靠性好，使用寿命长。

6.2　压力控制阀

在液压传动系统中，控制工作介质压力高低的液压控制阀被称为压力控制阀，简称压力阀。压力阀按功能和用途可分为溢流阀、减压阀、顺序阀、平衡阀、压力继电器等。它们的共同特点是利用作用在阀芯上的液压力和弹簧力相平衡这一工作原理。

6.2.1 溢流阀

1. 溢流阀的结构和工作原理及图形符号(Structure and operating principles and diagram symbols of pressure relief valves)

1) 直动式溢流阀

直动式溢流阀是依靠液压传动系统中的压力油直接作用在阀芯上与弹簧力等相平衡,以控制阀芯的启闭动作。阀芯为锥阀的低压直动式溢流阀的结构和工作原理图及图形符号如图6-2所示。它主要由调压手柄1、阀体4、调压弹簧5、锥阀阀芯6等组成。在常态下,阀芯在调压弹簧的作用下紧贴在阀座上,进油口P和出油口T是不通的(即溢流阀为常闭型)。当将溢流阀接入液压传动系统时,进口压力油作用在锥阀阀芯6左端,液压力的方向与调压弹簧力的方向相反。当进油口压力低于溢流阀的调定压力时,锥阀阀芯6不开启,此时进油口压力主要取决于外负载;当油液作用力大于弹簧力时,锥阀阀芯6开启,油液从溢流口T流回液压油箱。弹簧力随着溢流阀的开口量的增大而增大,直至与液压力相平衡。当溢流阀开始溢流时,其进油口P处的压力基本稳定在调定值上,从而起到溢流稳压的作用。通过调压手柄1调节调压弹簧5的预压缩量,就可以调整溢流阀进口压力值的大小。

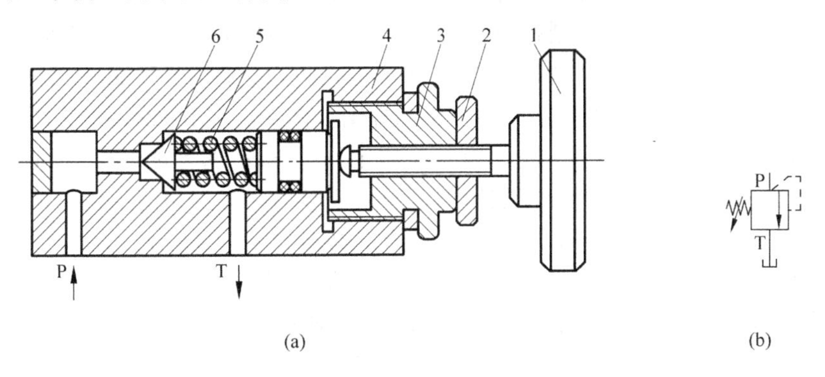

图6-2 直动式溢流阀的结构和工作原理图及图形符号

(FIGURE 6-2 Schematic illustration of structure and operating principles and diagram symbols of direct operated pressure relief valves)

(a) 结构和工作原理图;(b) 图形符号

1—调压手柄;2—锁紧螺母;3—压盖;4—阀体;5—调压弹簧;6—锥阀阀芯;P—进油口;T—回油口

下面分析溢流阀的稳压原理。当溢流阀稳定工作时,作用在锥阀阀芯6上的液压力、调压弹簧5的弹簧压紧力 F_s、稳态轴向液动力 F_y、锥阀阀芯6重力 G 和摩擦力 F_f 是平衡的,作用在锥阀阀芯6上力的平衡方程为

$$pA_c = F_s + F_y + G \pm F_f \tag{6-1}$$

式中,p——进油口P处油液的压力,Pa;

A_c——锥阀阀芯1的有效承压面积,m^2。

如忽略锥阀阀芯1液动力、重力和摩擦力,则式(6-1)可写成

$$pA_c = k(x_0 + \Delta x) \tag{6-2}$$

式中,k——调压弹簧刚度,N/m;

x_0——调压弹簧预压缩量,m;

Δx——阀开口量，即弹簧压缩量的变化量，m。

将式(6-2)改写为

$$p=\frac{k(x_0+\Delta x)}{A_c}=\frac{kx_0}{A_c}+\frac{k\Delta x}{A_c} \tag{6-3}$$

由式(6-3)可以看出，只要保证 $\Delta x \ll x_0$，就有

$$p=\frac{k(x_0+\Delta x)}{A_c}\approx\frac{kx_0}{A_c}=\text{常数} \tag{6-4}$$

式(6-4)就可以保证溢流阀进油口压力基本维持不变。

若调压偏差用 Δp 表示，则

$$\Delta p=\frac{k\Delta x}{A_c} \tag{6-5}$$

由式(6-5)可以发现，调压偏差还与弹簧刚度成正比。因此，直动式溢流阀一方面为了保证 x_0 足够大以减小调压偏差，另一方面为了保证在调节时方便灵活、省力，调压弹簧的刚度一般都选择得比较小，因此直动式溢流阀一般用于压力小于 2.5MPa 的小流量场合。

直动式溢流阀在结构上作合理的改进后，也可以用于高压大流量的场合。如德国 Rexroth 公司开发的球阀式结构，其通径为 10mm，最高压力可以达到 63MPa，其流量可以达到 120L/min；而对于锥阀式结构，通径为 6～20mm 的压力为 40～63MPa，通径为 25～30mm 的压力为 31.5MPa 的直动式溢流阀，最大流量可以达到 330L/min。

典型的直动式锥型溢流阀的结构和工作原理图如图 6-3 所示。图 6-3(b)所示为锥阀芯结构的局部放大图，在锥阀阀芯 7 左端有一个阻尼活塞 8，活塞 8 的侧面铣扁，以便将压力油引到活塞的左端，该阻尼活塞除了能增加运动阻尼以提高溢流阀的工作稳定性外，还可以使锥阀导向而在开启后不会倾斜。此外，在锥阀 7 右端有一个偏流盘 6，偏流盘 6 上的环形槽用来改变液流方向，一方面可以补偿锥阀 7 的液动力；另一方面由于液流方向的改变，可以产生一个与弹簧力相反方向的射流力，当通过溢流阀的流量增加时，尽管因锥阀阀口增大引起弹簧力增加，但由于与弹簧力方向相反的射流力同时也增加，结果就抵消了弹簧力的增量，有利于提高溢流阀的工作压力和通流流量。

2) 先导式溢流阀

先导式溢流阀的结构、工作原理图和图形符号如图 6-4 所示。它由先导阀和主阀两部分组成。先导阀为一锥阀，实际上是一个小流量的直动式溢流阀；主阀也是锥阀。在工作时，进油口 P 处压力油经主阀阀芯 5 的轴向阻尼孔 6 进入主阀阀芯 5 上部和先导阀阀芯 3 的左侧。当作用在先导阀阀芯 3 上的液压力小于先导阀调压弹簧 2 的作用力时，先导阀关闭，阻尼孔 6 中油液不流动，作用在主阀阀芯 5 上下两个方向的压力相等，主阀阀芯 5 在较软的主阀弹簧 4 的作用下处于最下端位置，主阀进油口 P 和回油口 T 隔断，主阀阀口也是关闭的。当进油压力升高到作用在先导阀阀芯 3 上的液压力大于先导阀调压弹簧 2 的作用力时，先导阀打开，液压油就通过主阀阀芯 5 上的阻尼孔 6，经先导阀及回油口 T 流回液压油箱。由于阻尼孔 6 的阻尼作用，使主阀阀芯 5 上端的液压力小于下端的液压力，主阀阀芯 5 在压力差的作用下上移，打开主阀阀口，主阀进油口 P 和回油口 T 相通，实现溢流，并维持进油压力基本稳定。由于主阀阀芯 5 上下两腔的压力差比较小，所以主阀弹簧 4 的刚度可以很小。通过调节先导阀调压弹簧 2 的初始压缩量 x_0 的大小，就可调节溢流阀的溢流压力。

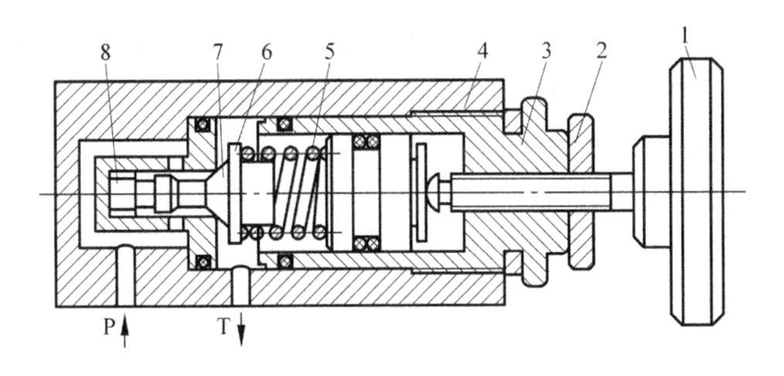

(a)

A—A

(b)

图 6-3　直动式锥型溢流阀的结构和工作原理图

(FIGURE 6-3　Schematic illustration of structure and operating principles of direct operated taper core pressure relief valves)

(a) 锥型溢流阀结构与工作原理图；(b) 锥型阀芯结构局部放大图

1—调压手柄；2—锁紧螺母；3—压盖；4—阀体；5—调压弹簧；6—偏流盘；7—锥阀；8—活塞；P—进油口；T—回油口

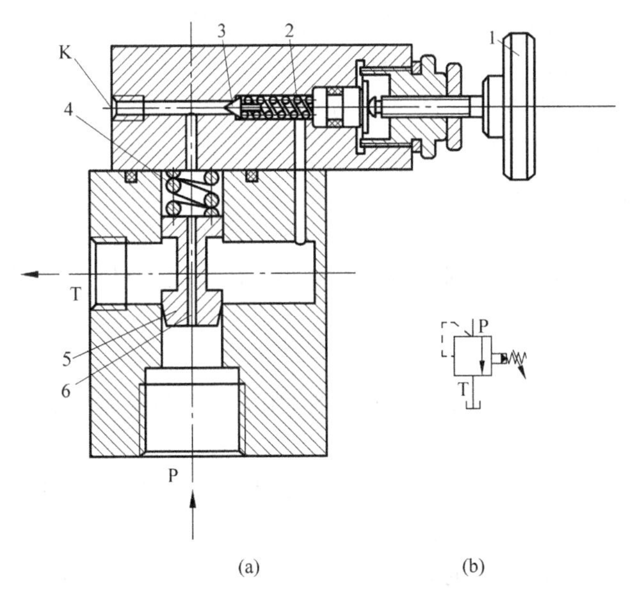

(a)　　(b)

图 6-4　先导式溢流阀的结构和工作原理图及图形符号

(FIGURE 6-4　Schematic illustration of structure and operating principles and diagram symbols of pilot operated pressure relief valves)

(a) 结构和工作原理图；(b) 图形符号

1—调压螺钉；2—先导阀调压弹簧；3—先导阀阀芯；4—主阀弹簧；5—主阀阀芯；6—阻尼孔；P—进油口；T—回油口；K—远程控制口

先导式溢流阀阀体上有一个远程控制口K，采用不同的控制方式，可使先导式溢流阀实现不同的作用。当远程控制口K通过二位二通阀接通液压油箱时，主阀阀芯5上端的压力接近于零，主阀阀芯5在很小的压力作用下便可上移，阀口开得很大，这时液压泵输出的油液在很低的压力下通过阀口流回液压油箱，实现卸荷。如果将K口接到另一个远程调压阀上，并使远程调压阀的调整压力小于先导阀的调整压力，则主阀阀芯5上端压力（即溢流阀的溢流压力）就由远程调压阀来决定。使用远程调压阀后便可对液压传动系统的溢流压力实行远程调节。

在先导式溢流阀的结构中，由于先导阀规格较小，先导阀承压面较小，在弹簧刚度与压缩量相同的情况下，开启压力要比直动式溢流阀大得多。同时，由于先导式溢流阀主阀阀芯上的轴向孔直径很小，d 一般为 0.8～1.2mm，孔长 l 为 8～12mm，流经先导阀的流量极小，仅为主阀流量的1%，1～5L/min，大部分油液经过主阀流回液压油箱，即使在大流量下，先导阀开口量 Δx 也可以很小，由此引起的调压偏差 Δp 就比较小，所以先导式溢流阀一般用于高压大流量的场合。

2. 溢流阀的静态特性和动态特性（Static and dynamic characteristics of pressure relief valves）

溢流阀的特性包括静态特性和动态特性。

1）静态特性

溢流阀的静态特性是指溢流阀在某一稳定工况下的性能。溢流阀的静态特性主要包括压力调节范围、最小稳定流量和许用流量范围、压力稳定性、启闭特性、压力损失和卸荷压力等。

（1）压力调节范围

压力调节范围是指调压弹簧在规定的范围内调节时，液压传动系统压力能够平稳地上升或下降，且压力无突跳和迟滞现象时的最大和最小调定压力。为改善调节性能，高压溢流阀一般通过更换四根内径和自由高度相等而刚度不相等的弹簧实现 0.6～8MPa、4～16MPa、8～20MPa、16～32MPa 四级调压。

（2）最小稳定流量和许用流量范围

溢流阀控制压力稳定，工作时无振动、噪声时的最小溢流量被称为最小稳定流量。最小稳定流量与额定流量之间的范围被称为许允流量范围。溢流阀的最小稳定流量一般规定为额定流量的15%。

（3）压力稳定性

溢流阀工作时应该具备良好的压力稳定性，压力振摆和偏移量要小，工作时无噪声。

（4）启闭特性

溢流阀的启闭特性是指溢流阀在稳态情况下从开启到闭合过程中的压力随流量变化的一种特性，又称压力流量特性。它是衡量溢流阀定压精度的一个非常重要的指标，一般用溢流阀处于额定流量、调定压力 p_y 时，开始溢流的开启压力 p_k 及停止溢流的闭合压力 p_b 与调定压力 p_y 的百分比来衡量。开启压力 p_k 与调定压力 p_y 的比称为开启比 $\overline{p_k}$，闭合压力 p_b 与调定压力 p_y 的比称为闭合比 $\overline{p_b}$，即

$$\overline{p_k} = \frac{p_k}{p_y} \times 100\% \tag{6-6}$$

$$\overline{p_b}=\frac{p_b}{p_y}\times 100\% \tag{6-7}$$

式中，调定压力 p_y 可以是溢流阀调压范围内的任意值，开启比$\overline{p_k}$和闭合比$\overline{p_b}$越接近，溢流阀的调压偏差越小，调压精度越高，即启闭特性就越好。一般应使$\overline{p_k}\geqslant 90\%$，$\overline{p_b}\geqslant 85\%$。直动式溢流阀和先导式溢流阀的启闭特性曲线如图 6-5 所示。

(5) 压力损失和卸荷压力

当调压弹簧预压缩量等于零，流经阀的流量为额定值时，溢流阀的进口压力值被称为溢流阀的压力损失。

当溢流阀远程控制口 K 与液压油箱相连时，额定流量下进、出油口的压力差被称为卸荷压力。

2) 动态特性

溢流阀的动态特性是指通过溢流阀的流量从零阶跃变化至额定流量时的压力响应特性，包括升压特性和卸荷特性。图 6-6 所示为溢流阀的动态特性曲线。

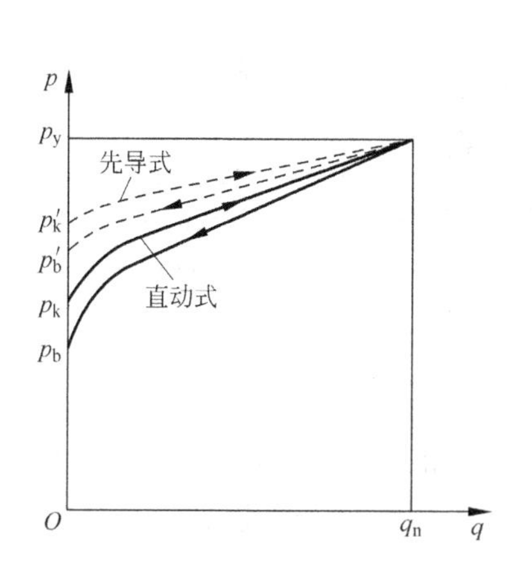

图 6-5 溢流阀的启闭特性曲线
(FIGURE 6-5 Schematic illustration of open and close characteristic curves of pressure relief valves)

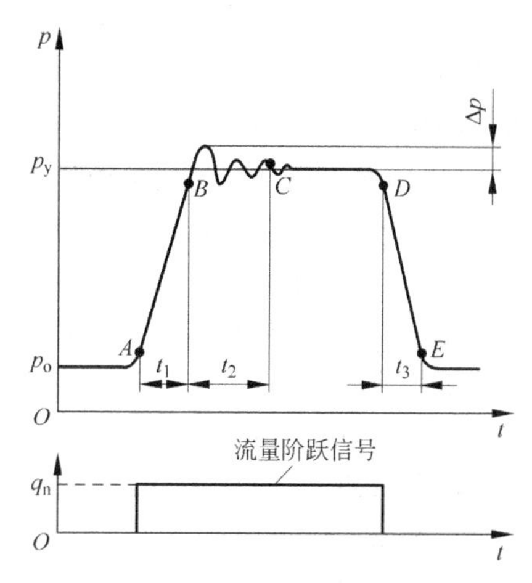

图 6-6 溢流阀的动态特性曲线
(FIGURE 6-6 Schematic illustration of dynamic characteristic curves of pressure relief valves)

溢流阀的动态特性指标主要有：

(1) 压力超调量 Δp

压力超调量是指最高瞬时峰值压力与稳态时的调定压力 p_y 之差，用 Δp 表示，并将 $(\Delta p/p_y)\times 100\%$称为压力超调率。压力超调量是衡量溢流阀动态定压误差及稳定性的重要指标。一般要求溢流阀的压力超调率$\leqslant 30\%$。

(2) 响应时间(升压时间)t_1

响应时间是指从起始稳态压力 p_o 与最终稳态压力 p_y 之差的 10%上升到 90%的时间，用 t_1 表示，即图 6-6 中 A 和 B 两点间的时间间隔。t_1 越小，溢流阀的响应越快。

(3) 过渡过程时间 t_2

过渡过程时间 t_2 是指从$(p_y-p_o)\times 90\%$的 B 点到瞬时过渡过程的最终时刻 C 点之间

的时间间隔。它反映了溢流阀的响应快速性、阻尼状况和稳定性。

(4) 卸荷时间 t_3

卸荷时间 t_3 是指卸荷信号发出后，$(p_y-p_o)\times90\%$至$(p_y-p_o)\times10\%$的时间间隔。也即图 6-6 中 D 和 E 两点间的时间间隔。

响应时间 t_1 和卸荷时间 t_3 越小，溢流阀的动态特性越好。性能优良的溢流阀响应时间不超过 0.1s，卸荷时间应小于 100ms。

3. 溢流阀的主要用途(Main applications of pressure relief valves)

1) 溢流稳压

图 6-7 所示为由定量泵构成的液压传动系统，用流量控制阀调节进入液压缸的流量，多余的压力油经溢流阀流回液压油箱，使液压泵出口压力为某一定值，实现稳压作用。

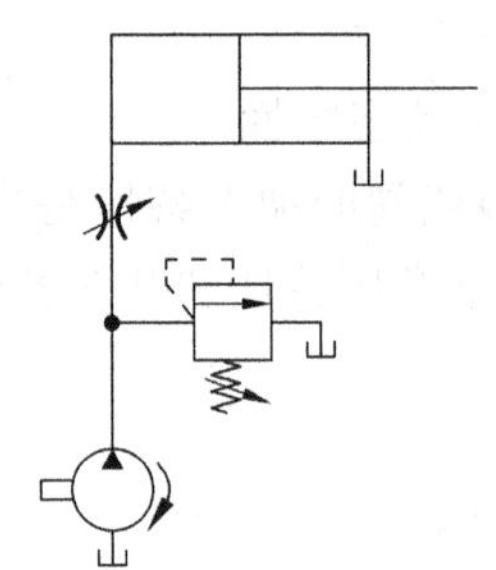

图 6-7　溢流阀稳压回路
(FIGURE 6-7　Schematic illustration of pressure stabilization circuits of pressure relief valves)

当溢流阀用于溢流稳压时，对其主要要求是：调压范围大，调压偏差小，压力振摆小，动作灵敏，通流能力强，噪声小。

2) 用作安全阀

当溢流阀用作安全阀时，既可以用在定量泵液压传动系统中，也可以用在由变量泵构成的液压传动系统中。在图 6-8(a)所示的旁油路节流调速回路中，当系统正常工作时，溢流阀不开启，只有当液压传动系统过载时才打开溢流阀，因此溢流阀在该回路中起安全阀的作用。图 6-8(b)所示为变量泵构成的液压传动系统，当液压传动系统正常工作时，变量泵供给的压力油全部进入液压马达，主系统溢流阀 4 处于关闭状态，变量泵出口的压力由外负载决定。当由于某种原因(比如手动变量机构失灵时过载)使液压传动系统压力大于主系统溢流阀 4 的调定压力时，主系统溢流阀 4 开始开启溢流，使变量泵的出口压力不再升高，从而实现对液压传动系统的保护作用。

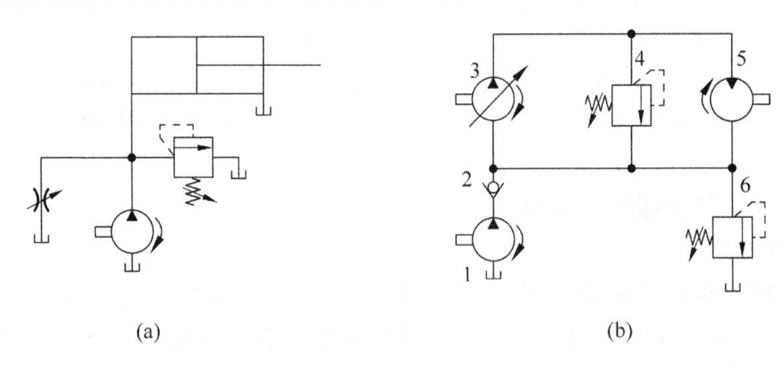

图 6-8　溢流阀用作安全阀
(FIGURE 6-8　Pressure relief valves acts as safety valve application)
(a) 溢流阀用在定量泵出口；(b) 溢流阀用在变量泵系统中
1—补油泵；2—单向阀；3—变量液压泵；4—主系统溢流阀；5—液压马达；6—补油系统溢流阀

3) 用作背压阀

溢流阀用作背压阀时，一般用在回油路上，其作用主要是在回油路上产生一定的回油阻力，改善外负载运动的平稳性；但是背压的存在会使液压传动系统的能量损失增加，效率降低，所以背压不宜过大。

溢流阀的用途有很多，除了以上介绍的三种作用以外，还可以用在远程调压、多级调压、卸荷回路中。

6.2.2　顺序阀

顺序阀用来控制液压传动系统中多个执行元件的顺序动作。根据泄油方式不同，有内泄式和外泄式之分；根据控制压力来源不同，顺序阀可分为内控式和外控式；根据结构形式不同，有直动式和先导式两种。

内控直动式顺序阀的结构、工作原理图及图形符号如图 6-9(a)所示。压力油从进油口 P_1 进入，经阀体上的孔道流到控制活塞 5 的底部，当作用在控制活塞 5 上的液压力 p_1 能克服阀芯 4 上调压弹簧 3 的弹簧力时，阀芯 4 上移，打开阀口，压力油经出油口 P_2 流出，操纵另一执行元件或其他元件动作。调节调压弹簧 3 的压缩量可以改变顺序阀的开启压力。因该阀开启的压力油来源于顺序阀的入口，所以称其为内控式顺序阀。若将图 6-9(a)中的下端盖旋转 90°或 180°安装，切断进油口通向控制活塞底部的通道，并打开控制油口 K，引入外部控制压力油，如图 6-9(b)所示，便构成了外控直动式顺序阀。直动式顺序阀只用于压力低于 8MPa 的液压传动系统。

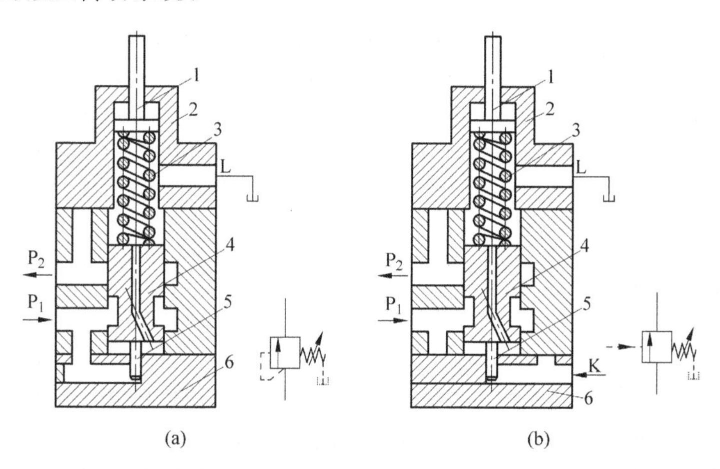

图 6-9　直动式顺序阀的结构和工作原理图及图形符号

(FIGURE 6-9　Schematic illustration of structure and operating principles and diagram symbols of direct operated pressure sequence valves)

(a) 内控式顺序阀；(b) 外控式顺序阀

1—调压螺钉；2—上端盖；3—调压弹簧；4—阀芯；5—控制活塞；6—下端盖；P_1—进油口；P_2—出油口；L—泄油口；K—控制油口

由上述分析可知，顺序阀的工作原理与溢流阀相似，两者的主要区别在于：

(1) 顺序阀的出油口与执行元件油路相通，溢流阀的出油口接液压油箱；

(2) 顺序阀的进油口压力由液压传动系统工况来定，出油口压力油进入执行元件驱动外负载做功，溢流阀的进油口最高压力由调压弹簧限定，因液流溢回液压油箱，所以损失了液体的全部能量；

(3) 顺序阀的泄油口单独接液压油箱，溢流阀的弹簧腔可以与其出油口相通。

先导式顺序阀的结构、工作原理图和图形符号如图 6-10 所示，其中 P_1 为进油口，P_2 为出油口。其工作原理和先导式溢流阀的工作原理相似，所不同的是先导式顺序阀的出油口与执行元件油路相通，其泄油口单独接液压油箱。

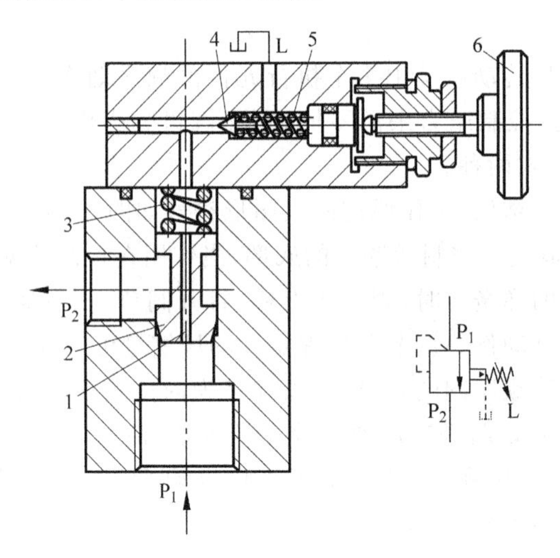

图 6-10　先导式顺序阀的结构和工作原理图及图形符号

(FIGURE 6-10　Schematic illustration of structure and operating principles and diagram symbols of pilot operated pressure sequence valves)

1—阻尼孔；2—主阀阀芯；3—主阀弹簧；4—先导阀阀芯；5—调压弹簧；6—调压手柄；P_1—进油口；P_2—出油口；L—泄油口

6.2.3　减压阀

减压阀是一种利用液流通过节流口产生压力损失，使其出口压力低于进口压力的压力控制阀。按调节要求不同，减压阀可分为定值减压阀、定比减压阀和定差减压阀。

1. 定值减压阀(Fixed value pressure reducing valves)

定值减压阀用于控制出口压力为定值，使液压传动系统中某一部分得到较供油压力低的稳定压力。定值减压阀有直动式和先导式两种结构形式。

直动式定值减压阀的结构、工作原理图和图形符号如图 6-11 所示。直动式定值减压阀主要由阀体 2、阀芯 3、调压弹簧 4 和调压手柄 6 等组成。其工作原理是：当减压阀不工作时，阀芯 3 在调压弹簧 4 的作用下处于最下端位置，减压阀的进、出油口是相通的，即减压阀是常开的；若压力油通过减压阀，当出油口液压力 p_2 大于调压弹簧 4 的调定压力时，阀芯 3 在液压力 p_2 的作用下向上运动，阀口关小，节流作用增强，使液压力 p_2 减小，经过短暂的动态过程，最终调压弹簧 4 的作用力与液压力处于新的平衡状态，减压阀进入稳定的减压状态。这时如减压阀进口或出口压力增大，则阀芯 3 就上移，关小阀口，阀口处阻力增大，压降增大，使出口压力下降到调定值；反之，如进口或出口压力减小，阀芯 3 就下移，阀口变大，阀口处阻力减小，压降减小，使出口压力回升到调定值。若忽略其他阻力，仅考虑作用在阀

芯上的液压力和弹簧力相平衡的条件，此时作用在阀芯 3 上力的平衡方程为

$$p_2A_c = k(x_0 + \Delta x) \tag{6-8}$$

式中，p_2——出油口油液的压力，Pa；

A_c——阀芯的有效承压面积，m^2；

k——弹簧刚度，N/m；

x_0——弹簧预压缩量，m；

Δx——减压阀开口变化量的大小，即弹簧压缩量的变化量，m。

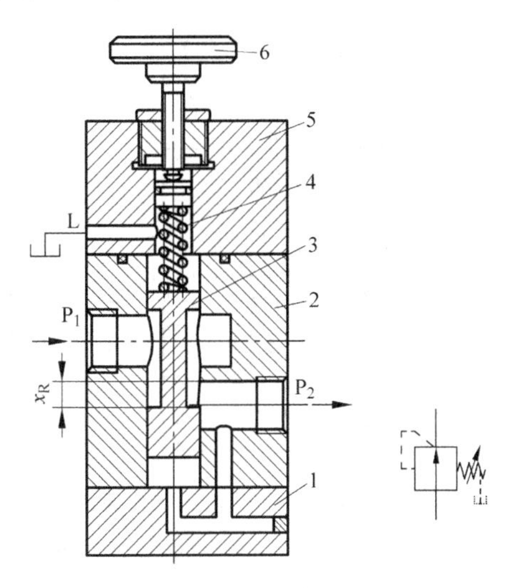

图 6-11　直动式定值减压阀的结构和工作原理图及图形符号

(FIGURE 6-11　Schematic illustration of structure and operating principles and diagram symbols of direct operated fixed value pressure reducing valves)

1—阀座；2—阀体；3—阀芯；4—调压弹簧；5—上盖；6—调压手柄；P_1—进油口；P_2—出油口；L—泄油口

因 $\Delta x \ll x_0$，则有

$$p_2 = \frac{k(x_0 + \Delta x)}{A_c} \approx \frac{kx_0}{A_c} = 常数 \tag{6-9}$$

这就是减压阀出口压力可基本上保持定值的原因。

先导式减压阀的结构、工作原理图和图形符号如图 6-12 所示。先导式减压阀由主阀和先导阀两部分组成。其工作原理是：当先导式减压阀不工作时，主阀阀口常开不减压。若压力为 p_1 的压力油经过主阀口流出时，其中有一部分油液经过主阀阀体 2 和阀座 1 下方的小孔、主阀阀芯 3 上的阻尼孔进入主阀的弹簧腔，并经先导阀阀体 5 上的小孔进入先导阀阀体，便在先导阀阀芯 6 上产生一个液压力。当出口压力 p_2 较低，作用在先导阀阀芯 6 上的油液压力小于先导阀的调定压力时，先导阀处于关闭状态，没有油液流经先导阀，主阀阀芯 3 上下两腔的油液压力相等，主阀阀芯 3 在主阀弹簧 4 的作用下处于最下方，此时，阀口全开，减压阀不减压，出口压力 p_2 基本等于入口压力 p_1；当出口压力增加，使作用在先导阀阀芯 6 上的油液压力大于先导阀的调定压力时，先导阀被打开，主阀弹簧腔的油液便经过先导阀流回液压油箱，这样在主阀上下两腔中产生压力差，主阀阀芯 3 便在该压力差的作用下上

移，阀口的开口减小，产生节流作用，使出口压力 p_2 减小至调定压力值。若减压阀的进口或出口压力增大，则主阀阀芯 3 就上移，关小阀口，阀口处阻力增大，压降增大，使出口压力下降到调定值；反之，进口或出口压力减小，主阀阀芯 3 下移，阀口增大，阀口处节流作用减小，压降减小，使出口压力 p_2 回升至调定值。

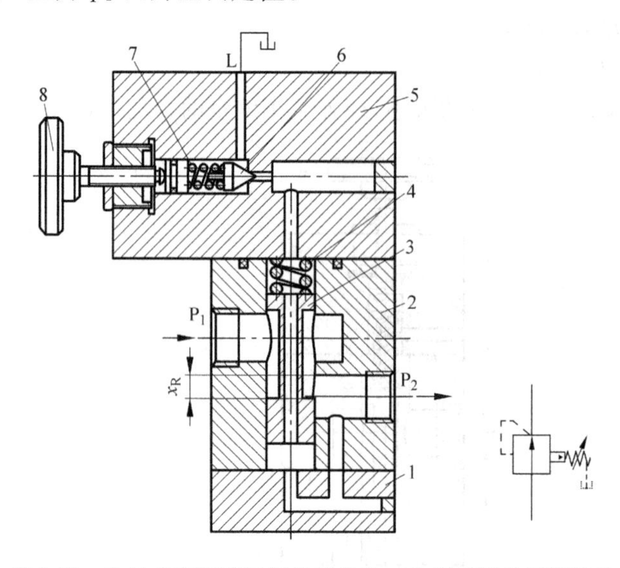

图 6-12　先导式定值减压阀的结构和工作原理图及图形符号

(FIGURE 6-12　Schematic illustration of structure and operating principles and diagram symbols of pilot operated fixed value pressure reducing valves)

1—阀座；2—主阀阀体；3—主阀阀芯；4—主阀弹簧；5—先导阀阀体；6—先导阀阀芯；7—先导阀调压弹簧；8—调压手柄；P_1—进油口；P_2—出油口；L—泄油口

2. 定比减压阀(Fixed ratio pressure reducing valves)

定比减压阀的结构、工作原理图和图形符号如图 6-13 所示。定比减压阀可使进、出油口油液的压力比值保持恒定。当压力为 p_1 的压力油经进油口 P_1 进入阀芯 3 下腔，通过阀口减压后，由出油口 P_2 流出，出油口压力变为 p_2，同时减压后的压力油一部分进入阀芯 3 上腔。在稳态时，忽略阀芯 3 所受到的重力、摩擦力和稳态液动力时，作用在阀芯 3 上力的平衡方程为

$$p_2A_2 = p_1A_1 + k(x_0 + \Delta x) \tag{6-10}$$

式中，k ——弹簧刚度系数，N/m；

x_0——弹簧预压缩量，m；

Δx——减压阀开口变化量的大小，即弹簧压缩量的变化量，m。

其他符号如图 6-13 所示，若忽略弹簧力(弹簧刚度较小)，则有

$$\frac{p_2}{p_1} = \frac{A_1}{A_2} \tag{6-11}$$

由式(6-11)可见，只要适当选择阀芯 3 的作用面积 A_1 和 A_2，就可以得到所要求的压力比，且比值近似恒定。

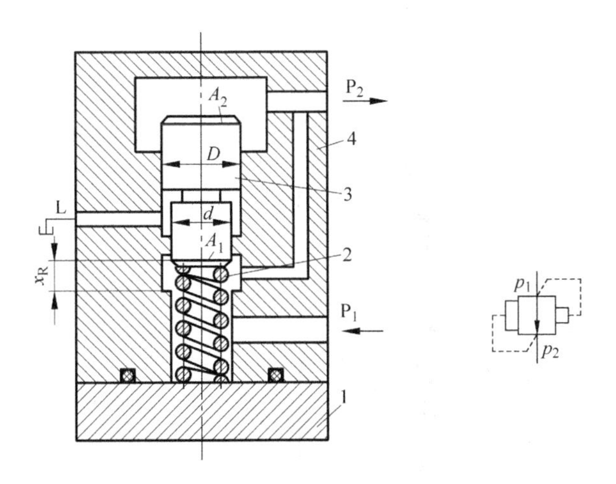

图 6-13 定比减压阀的结构和工作原理图及图形符号
(FIGURE 6-13 Schematic illustration of structure and operating principles and diagram symbols of fixed ratio pressure reducing valves)
1—阀座；2—弹簧；3—阀芯；4—阀体；P_1—进油口；P_2—出油口；L—泄油口

3. 定差减压阀(Fixed difference value pressure reducing valves)

定差减压阀的结构和工作原理图及图形符号如图 6-14 所示。定差减压阀可使进、出油口油液的压力差保持定值。当定差减压阀在初始状态时，阀芯 2 在弹簧力的作用下处于最下方，此时阀芯 2 开度 $x_R=0$，阀芯 2 不工作；当高压油 p_1 经节流口 x_R 减压后以低压 p_2 输出，同时低压油 p_2 经阀芯 2 轴向孔进入阀芯 2 上腔，在稳态时，若忽略摩擦力和稳态液动力，则阀芯 2 在进油压力、出油压力和弹簧力的作用下处于平衡状态，作用在阀芯 2 上力的平衡方程为

$$p_1 \frac{\pi}{4}(D^2-d^2) = p_2 \frac{\pi}{4}(D^2-d^2)+k(x_c+x_R) \tag{6-12}$$

式中，p_1、p_2——进油口压力和出油口压力，Pa；

k——弹簧刚度系数，N/m；

x_c——阀芯开度 $x_R=0$ 时弹簧的初始压缩量，m；

D——阀芯大外径，m；

d——阀芯小外径，m。

由式(6-12)可求出定差减压阀进出口压力差

$$\Delta p = p_1 - p_2 = \frac{k(x_c+x_R)}{\frac{\pi}{4}(D^2-d^2)} \tag{6-13}$$

由式(6-13)可知，由于 $x_R \ll x_c$，阀芯开度的变化引起压力差的变化就很小，可以忽略不计，因此可使定差减压阀前后的压力差 Δp 近似保持为定值。

减压阀和溢流阀相比较，它们之间的主要区别如下：

(1) 在不工作时，减压阀进、出油口互通，处于开启状态；而溢流阀进、出油口不通，处于关闭状态。

(2) 减压阀保持出口压力基本不变，而溢流阀保持进口压力基本不变。

(3) 先导式减压阀的泄漏油液和经先导阀流出的油液经过单独油口引回液压油箱，属

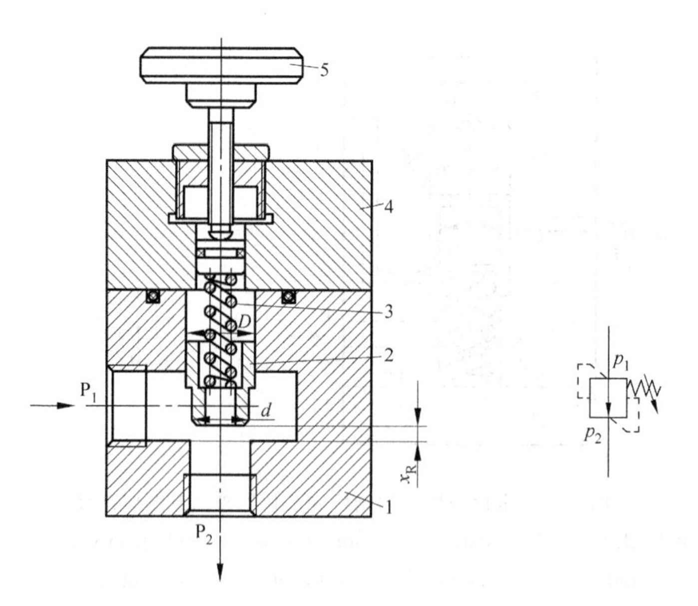

图 6-14　定差减压阀的结构和工作原理图及图形符号

(FIGURE 6-14　Schematic illustration of structure and operating principles and diagram symbols of fixed difference value pressure reducing valves)

1—阀体；2—阀芯；3—弹簧；4—阀盖；5—调压手轮；P_1—进油口；P_2—出油口

于外泄式；而先导式溢流阀的泄漏油液和经先导阀流出的油液直接经出油口引回液压油箱，属于内泄式。

(4) 先导式减压阀的出油口一般接工作回路，而先导式溢流阀出油口一般接液压油箱。

6.2.4　压力继电器

压力继电器是一种将油液的压力信号转换成电信号的电液控制元件。压力继电器有柱塞式、膜片式、弹簧管式和波纹管式四种结构形式。当油液压力达到压力继电器的调定压力时，即发出电信号，以控制电磁铁、电磁离合器等元件动作，使油路换向、卸压、执行元件实现顺序动作，或关闭电动机，使液压传动系统停止工作，起安全保护作用等。

单柱塞式压力继电器的结构和工作原理图及图形符号如图 6-15 所示，主要由微动开关 1、调节螺钉 2、顶杆 3、调压弹簧 4 和柱塞 5 组成。当进油口 P 处的油液压力达到压力继电器的调定压力时，作用在柱塞 5 上的液压力通过顶杆 3 的推动，使微动开关 1 闭合，发出电信号，实现某一预定的动作。当通过调节螺钉 2 改变调压弹簧 4 的预压缩量时，便可以调节压力继电器动作压力的大小。

压力继电器的主要性能指标包括：

1) 调压范围

调压范围是指发出电信号的最低工作压力和最高工作压力的范围。用调节螺钉 2 调节工作压力。

2) 升压或降压动作时间

压力由卸荷压力升到设定压力，微动开关触点闭合发出电信号的时间称为升压动作时

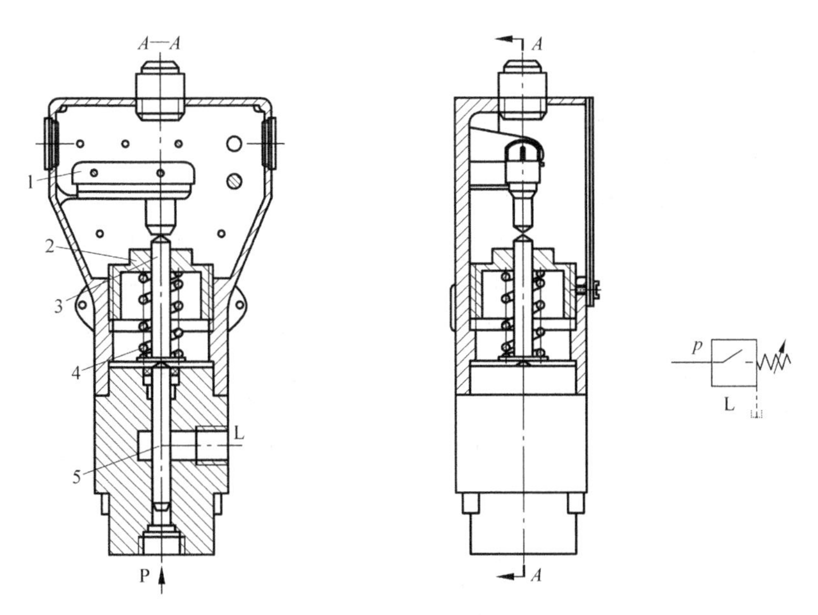

图 6-15　压力继电器的结构和工作原理图及图形符号
(FIGURE 6-15　Schematic illustration of structure and operating principles and diagram symbols of hydro-electric pressure switch)
1—微动开关；2—调节螺钉；3—顶杆；4—调压弹簧；5—柱塞

间，反之称为降压动作时间。

3）灵敏度和通断调节区间

压力升高继电器接通电信号的压力(称为开启压力)和压力下降继电器复位切断电信号的压力(称为闭合压力)之差为压力继电器的灵敏度；开启时，柱塞顶杆移动时所受的摩擦力与压力方向相反，而闭合时与压力方向相同，所以开启压力大于闭合压力。为避免压力波动时继电器时通时断，要求开启压力和闭合压力之间有一可调节的差值，称为通断调节区间，该值不宜过大。

4）重复精度

在一定的调定压力下，多次升压和降压过程中，开启压力和闭合压力本身的差值称为重复精度。此差值越小，重复精度越高。

压力继电器在液压传动系统中的应用很广，如液压传动系统工作程序的自动换接，自动润滑系统发生故障时的整机自动停车，刀具移到指定位置动力滑台碰到挡铁或外负载过大时动力头的自动退刀等，都是典型的例子。

6.3　方向控制阀

方向控制阀的主要作用是控制液压传动系统中工作介质的流动方向，其工作原理是利用阀芯和阀体之间相对位置的改变来实现通道的接通或断开，从而实现对执行元件的启动、停止、换向进行控制。方向控制阀主要有单向阀和换向阀两大类。

6.3.1　单向阀

单向阀分为普通单向阀和液控单向阀。

1. 普通单向阀(General check valves)

普通单向阀又称为止回阀,简称单向阀,它的作用是控制油液的单方向流动,而反向时截止。按照阀芯结构不同,普通单向阀又可以分为球阀式和锥阀式两种。

普通单向阀的结构、工作原理图和图形符号如图 6-16 所示。普通单向阀是由弹簧 2、阀体 3 及锥阀芯 4 等主要零件组成。其工作原理是利用作用在锥阀芯 4 上的液压力来控制阀芯开启或关闭。静态时,弹簧力将锥阀芯 4 压紧在阀座上,当工作介质从油口 A 流入时,液压力克服锥阀芯 4 上的弹簧力使其右移,打开阀口,工作介质经油口 B 流出;当工作介质从油口 B 流入时,锥阀芯 4 在液压力和弹簧力的共同作用下处于关闭状态,油口 A 无工作介质流出。

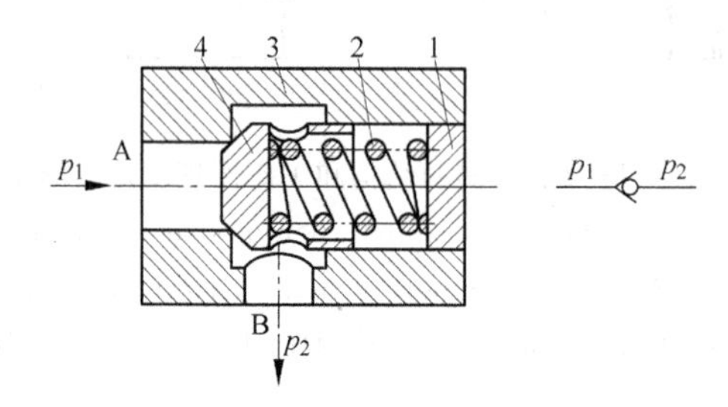

图 6-16　普通单向阀的结构和工作原理图及图形符号

(FIGURE 6-16　Schematic illustration of structure and operating principles and diagram symbols of general check valves)

1—弹簧座;2—弹簧;3—阀体;4—锥阀芯

2. 液控单向阀(Pilot operated check valve)

如果要实现液压油双向流动,可以用液控单向阀来实现。液控单向阀的结构、工作原理图和图形符号如图 6-17 所示。它由一个普通单向阀和一个小型液压缸组成。

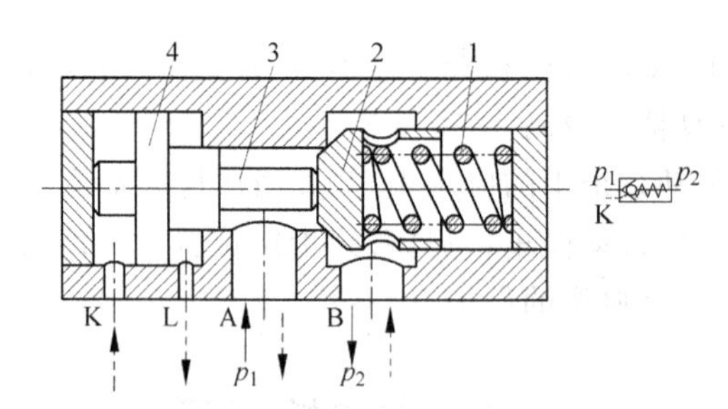

图 6-17　液控单向阀的结构和工作原理图及图形符号

(FIGURE 6-17　Schematic illustration of structure and operating principles and diagram symbols of pilot operated check valve)

1—弹簧;2—锥阀芯;3—顶杆;4—控制活塞

当控制油口 K 不通压力油时，液控单向阀的作用与普通单向阀一样，工作介质只能从油口 A 流入，经油口 B 流出，不能反向流动；当控制油口 K 通入压力油时，压力油作用在控制活塞 4 的左端，因控制活塞 4 的面积设计得较大，所以在较低的压力下就可以产生很大的作用力，活塞 4 和顶杆 3 向右移动将锥阀芯 2 打开，工作介质从油口 B 流向油口 A，实现反向流动。

图 6-17 所示的液控单向阀为不带卸荷阀芯的普通液控单向阀，控制压力为工作压力的 40%～50%，而带卸荷阀芯的卸荷式液控单向阀的控制压力为工作压力的 5%。当控制油口 K 不工作时，应使其与液压油箱接通，保证压力为零，否则控制活塞 4 难以复位，单向阀反向不能截止液流。

3. 对单向阀的基本要求(Basic requirements for hydraulic check valves)

(1) 反向不通时密封性要好。

(2) 动作灵敏，工作时无撞击和噪声。

(3) 工作介质向一个方向通过时压力损失要小，所以单向阀的弹簧刚度系数比较小，单向阀正向开启压力一般为 0.03～0.05MPa。当用作背压阀时，可以将单向阀中的弹簧换成刚度较大的弹簧，用以产生足够大的背压，此时单向阀的开启压力一般为 0.2～0.6MPa。

4. 单向阀的应用(Applications of hydraulic check valves)

(1) 用于隔开油路之间的联系，防止油路之间相互干扰；

(2) 安装在液压泵的出油口，用来防止液压传动系统油液倒流，保护液压泵；

(3) 用于液压回路的保压；

(4) 作旁通阀使用，与其他类型的液压阀相并联，从而构成组合阀；

(5) 作背压阀使用，在回油路上产生背压使液压传动系统的运动变得平稳；

(6) 在液压缸垂直布置的液压传动系统中，常用单向阀与顺序阀并联来平衡液压缸的自重；

(7) 用两个液控单向阀构成双向液压锁结构；

(8) 液控单向阀用于高压回路换向前的释压回路中。

6.3.2 换向阀

换向阀是利用阀芯对阀体的相对运动使油路接通、关断或改变液流的方向，从而实现液压执行元件及其所驱动外负载的启动、停止或变换运动方向。

1. 换向阀的分类(Classification of hydraulic directional valves)

(1) 按阀芯的操纵方式可分为手动式、机动式、电磁式、液动式、电液式等；

(2) 按结构类型可分为滑阀式、转阀式、球阀式、锥阀式；

(3) 按阀芯的定位方式可分为钢球定位和弹簧复位两种；

(4) 按阀芯的工作位置数可分为二位阀、三位阀等；

(5) 按阀的控制通道数可分为二通阀、三通阀、四通阀、五通阀等。

2. 对换向阀的基本要求(Basic requirements for hydraulic directional valves)

(1) 互不相通的油口间油液的泄漏量要小；

(2) 油液流经换向阀时压力损失要小，一般为 0.3MPa 左右；

(3) 换向过程要可靠、平稳、迅速，换向应无冲击或者冲击要小。

3. 换向阀的"位"和"通"的概念(Position and way concepts of directional valves)

"位"和"通"是滑阀式换向阀的重要概念，不同的"位"和"通"构成不同类型的换向阀。

1)"位"的概念

"位"是指阀芯在阀体中的工作位置数，它代表了换向阀的一种工作状态，分为二位、三位、四位等。

2)"通"的概念

"通"是指阀体与液压传动系统连接的油路数，可分为二通、三通、四通、五通等。

4. 换向阀的工作原理及图形符号的含义(Operating principles and diagram symbols definition of directional valves)

1) 换向阀的工作原理

三位四通滑阀式换向阀的工作原理如图 6-18(a)所示。当换向阀的阀芯处于图示位置时，进油口 P 被封闭，油液无法进入液压缸，因此液压缸静止不动。当从阀芯左侧施加推力使阀芯右移时，进油口 P 与工作油口 A 接通，油液进入液压缸有杆腔，推动活塞杆缩回，同时液压缸无杆腔中的油液经过工作油口 B 和回油口 T 流回液压油箱；反之，当从阀芯右侧施加推力使阀芯左移时，进油口 P 与工作油口 B 接通，油液进入液压缸无杆腔，推动活塞杆伸出，同时液压缸有杆腔中的油液经过工作油口 A 和回油口 T 流回液压油箱。因而通过阀芯移动可实现液压执行元件正、反向运动或停止。

2) 换向阀图形符号的含义

三位四通滑阀式换向阀的图形符号如图 6-18(b)所示。

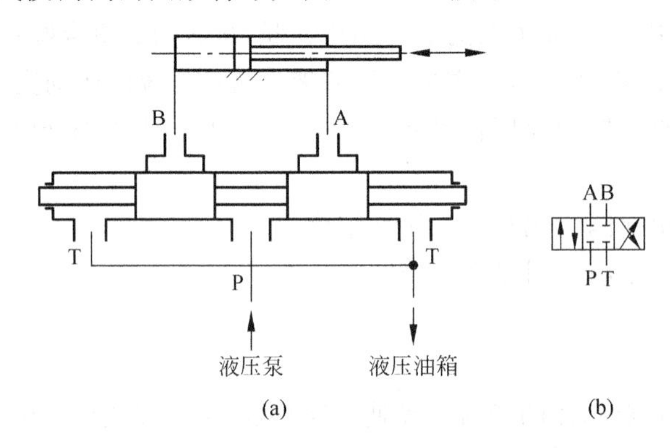

图 6-18　三位四通滑阀式换向阀的工作原理图和图形符号

(FIGURE 6-18　Schematic illustration of operating principles and diagram symbols of four-way-three-position directional spool valve)

(a) 换向阀工作原理图；(b) 图形符号图

换向阀图形符号的具体含义：

(1) 字母的含义：一般情况下，用字母 P 表示换向阀与液压传动系统供油路连接的进油口；用 T(有时用 O)表示换向阀与液压传动系统回油路连接的回油口；而用 A、B 等表示换向阀与液压执行元件连接的油口；用 L 表示泄漏油口。

(2) 该换向阀有 P、A、B、T 四个油口，所以与每个方框上下两边交点个数均为四个，就表示四"通"，说明该换向阀与外部油管的连接数为四个。

(3) 用粗实线方框表示阀的工作位置，有几个位置就有几个方框。该例为三位阀，所以图形符号中有三个方框，表示三"位"；换向阀都有两个或两个以上的工作位置，其中一个为常态位，即阀芯未受到操纵力时所处的位置，在该例图形符号中的中位即是三位阀的常态位。对于利用弹簧复位的二位阀而言，以靠近弹簧方框内的通路状态为其常态位。在绘制液压传动系统图时，油路一般应连接在换向阀的常态位上。

(4) 当阀芯处于中间位置时，P、A、B、T 四个油口之间互不相通，用符号"⊥"或"⊤"表示。

(5) 各方框内的箭头表示油路处于接通状态，但箭头方向不一定表示液流的实际方向。

5. 滑阀机能(Functions of spool valves)

滑阀式多位换向阀处于不同工作位置时，各油口的不同连通方式体现了换向阀的不同控制机能，称为换向阀的滑阀机能。

对于各种操纵方式的三位四通和三位五通换向滑阀，阀芯在中间位置时各油口的连通方式称为换向阀的中位机能。三位四通换向阀的中位机能及特点见表 6-1。

表 6-1　三位四通换向阀的中位机能及特点

(TABLE 6-1　Middle position functions and characteristics of four-way-three-position directional spool valve)

滑阀中位机能代号	滑阀中位结构原理图及图形符号	中位时的性能特点及应用
O 形	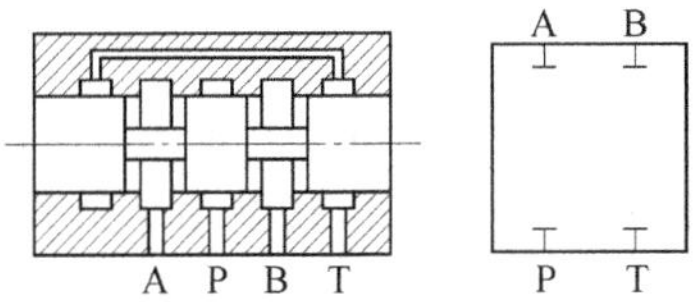	P、A、B、T 四个油口全封闭，执行元件闭锁，液压泵不卸荷。可用于多个换向阀并联工作
H 形	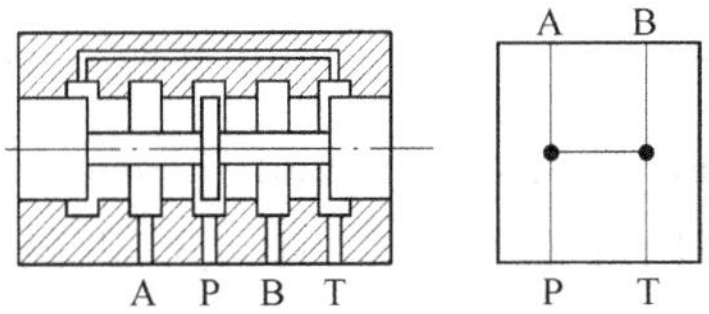	P、A、B、T 口全通；执行元件浮动，在外力作用下可移动，液压泵出口油液直接回液压油箱卸荷
Y 形	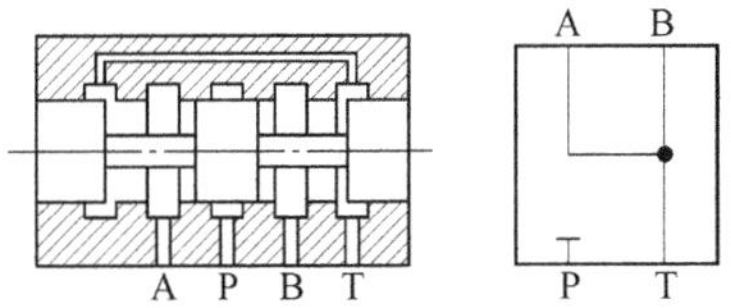	P 口封闭，A、B、T 口相通；执行元件浮动，在外力作用下可移动，液压泵不卸荷
K 形	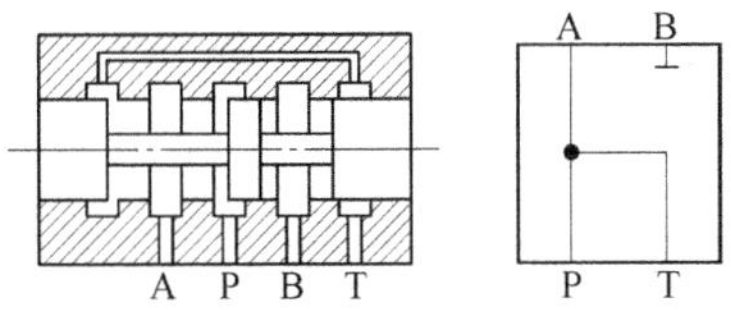	P、A、T 口相通，B 口封闭；执行元件处于闭锁状态，液压泵卸荷
M 形	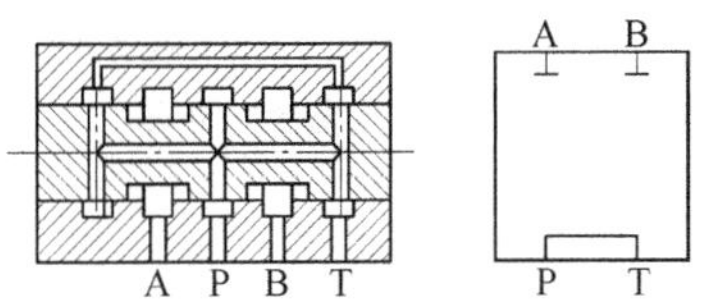	P、T 口相通，A 与 B 口均封闭；执行元件闭锁不动，液压泵卸荷，也可用多个 M 型换向阀并联工作

续表

滑阀中位机能代号	滑阀中位结构原理图及图形符号	中位时的性能特点及应用
X形	A B A P B T P T	四个油口处于半开启状态，液压泵基本上卸荷，但仍保持一定压力
P形	A B A P B T P T	P、A、B口相通，T封闭；液压泵与液压缸两腔相通，可组成差动回路
C形	A B A P B T P T	P与A相通，B与T封闭；执行元件处于停止位置
U形	A B A P B T P T	P和T封闭，A与B相通；执行元件浮动，在外力作用下可移动，液压泵不卸荷

6. 几种常用的换向阀(Several frequently-used directional spool valves)

滑阀式换向阀按阀芯的操纵方式可以分为手动式、机动式、电磁式、液动式、电液动式等，常用的操纵方式图形符号如图 6-19 所示。

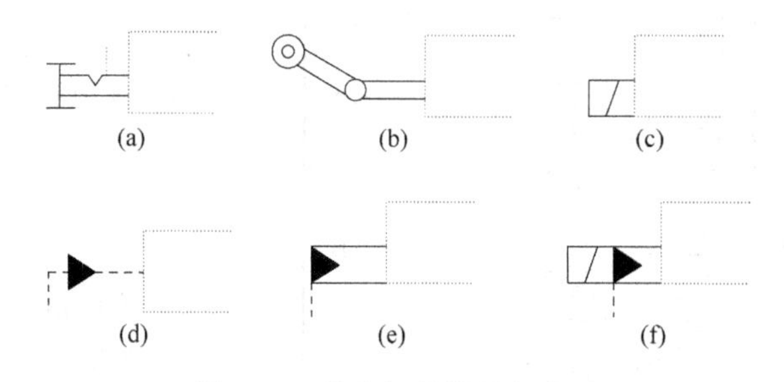

图 6-19 换向阀的操纵方式图

(FIGURE 6-19 Schematic illustration of operating types of directional spool valve)

(a) 手动式；(b) 机动(滚轮)式；(c) 电磁式；(d) 液动式；
(e) 液压先导控制式；(f)电磁-液压先导控制式

1) 手动换向阀

手动换向阀按照阀芯复位的方式可以分为弹簧复位式和钢珠定位式两种。

图 6-20(a)所示为弹簧复位式三位四通手动换向阀的结构、工作原理图和图形符号。操纵手柄 2，通过杠杆使阀芯 4 在阀体 3 内从图示位置向左或向右移动，以改变液压油流动的方向。松开操纵手柄 2 后，阀芯 4 在弹簧 5 的作用下恢复到中位。弹簧复位式手动换向阀适用于动作频繁、持续工作时间比较短和安全性要求比较高的场合，常用于挖掘机等工程机械中。

图 6-20(b)所示为钢球定位式三位四通手动换向阀的结构、工作原理图和图形符号。当用手操纵手柄 2 推动阀芯 4 换向后，松开手柄，阀芯 4 在钢球 1 的作用下便可以保持在该工作位置上。钢球定位式手动换向阀主要适用于机床、液压机等需要保持工作时间较长的场合。

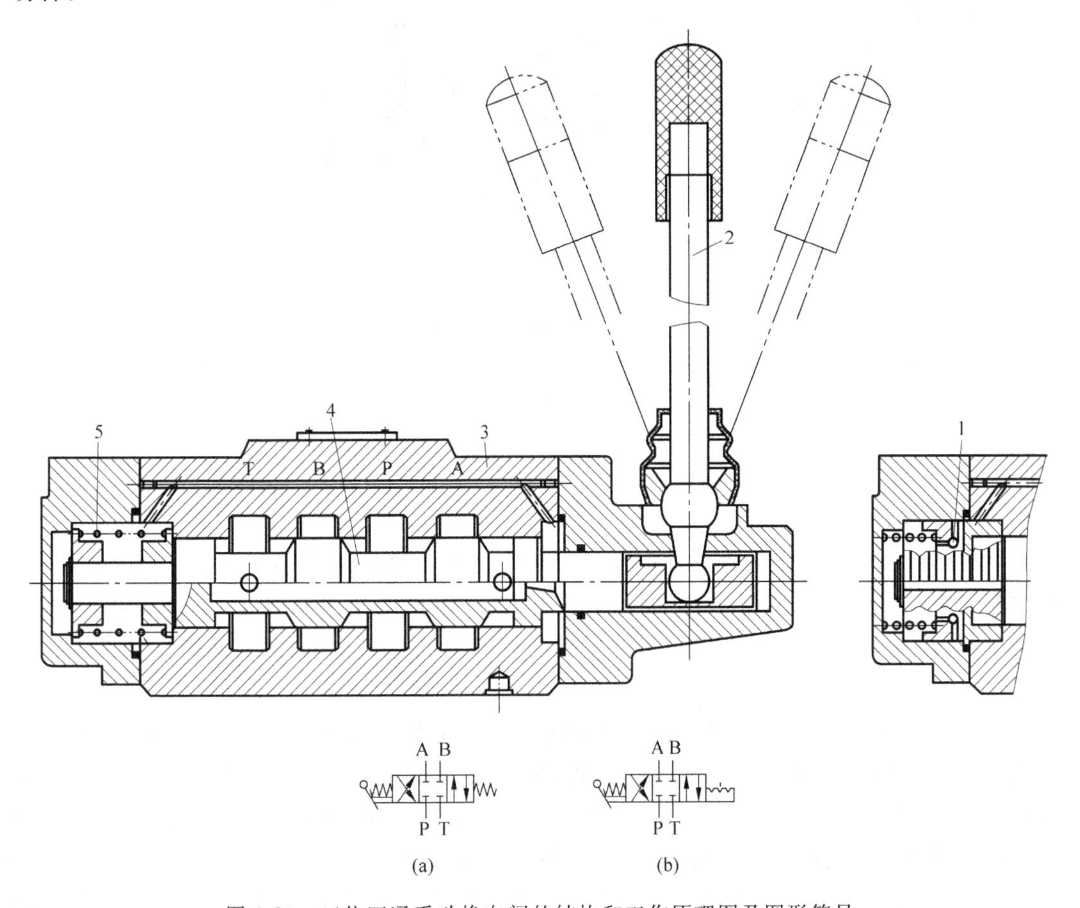

图 6-20　三位四通手动换向阀的结构和工作原理图及图形符号

(FIGURE 6-20　Schematic illustration of structure and operating principles and diagram symbols of four-way-three-position manually operated directional spool valve)

(a) 弹簧复位式；(b) 钢球定位式

1—钢球；2—操纵手柄；3—阀体；4—阀芯；5—弹簧

2）机动换向阀

机动换向阀又称行程阀，它主要用来控制机械运动部件的行程，借助于安装在工作台上的挡铁或凸轮来迫使阀芯移动，从而控制工作介质的流动方向。当挡铁或凸轮脱开阀芯端部的滚轮后，阀芯依靠弹簧自动复位。机动换向阀多为二位阀，有二通、三通、四通、五通阀等几种，其中二位二通机动换向阀又分常开式和常闭式两种。

图 6-21 所示为二位二通常闭式机动换向阀的结构、工作原理图和图形符号。在图示位置时阀芯 2 被弹簧 1 压向左端，油口 P 和油口 A 不通，当挡铁 4 压住滚轮 3 使阀芯 2 移动到右端时，油口 P 和油口 A 接通。

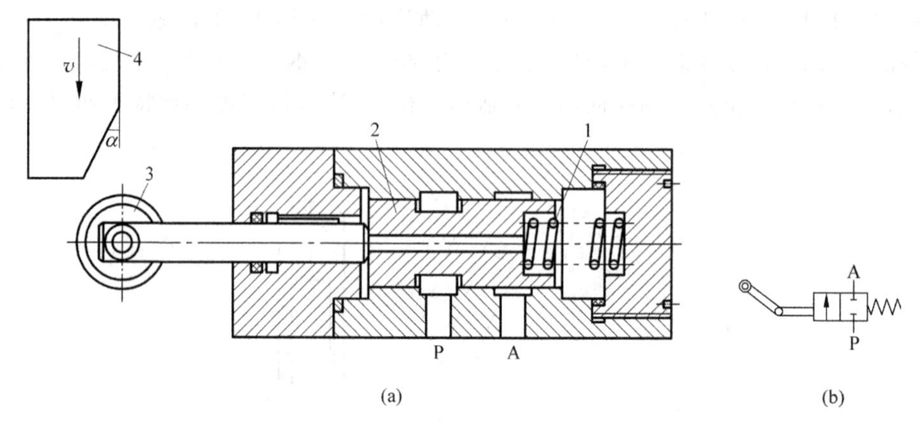

图 6-21　二位二通机动换向阀的结构和工作原理图及图形符号

(FIGURE 6-21　Schematic illustration of structure and operating principles and diagram symbols of two-way-two-position mechanical operated directional spool valve)

(a) 二位二通换向阀结构与工作原理图；(b) 图形符号

1—弹簧；2—阀芯；3—滚轮；4—挡铁

3) 电磁换向阀

电磁换向阀是利用电磁铁的通电吸合与断电释放而直接推动阀芯来控制液流方向的。它的电气信号由计算机、PLC 等控制装置发出，也可以借助于限位开关、压力继电器、按钮开关、行程开关等电气元件来实现，易于实现动作转换的自动化，因此在液压传动系统中得到广泛应用。

图 6-22(a)所示为二位三通电磁换向阀的结构和工作原理图。当电磁铁 4 通电时，推杆 3 将阀芯 2 推向右端，油口 P 和油口 B 相通，油口 A 封闭；当电磁铁 4 断电时，弹簧 1 推动阀芯 2 复位至左端，油口 P 和油口 A 相通，油口 B 封闭，实现油液的换向。图 6-22(b)所示为二位三通电磁换向阀的图形符号，弹簧一侧为其常态位。

电磁换向阀按电磁铁所用电源的不同，可以分为直流、交流和本整型三种；按电磁铁内部是否有油液侵入，又分为干式和湿式两种。

直流电磁铁的使用电压为直流 24V，工作可靠，换向时间为 0.05～0.08s，允许的切换频率较高，一般可达 120 次/min，最高可达 300 次/min，换向冲击较小，使用寿命较长。

交流电磁铁的使用电压一般为交流 220V，启动力大，寿命短，换向时间为 0.01～0.03s，允许的切换频率一般为 10 次/min，不得超过 30 次/min。若电源电压下降 15%以上，电磁铁吸力明显减小，当衔铁不动作时，干式电磁铁会在 10～15min 后烧坏线圈，湿式电磁铁会在 1～1.5h 后烧坏线圈。

本整型电磁铁本身带有半波整流器，采用交流电源进行本机整流后，由直流进行控制，

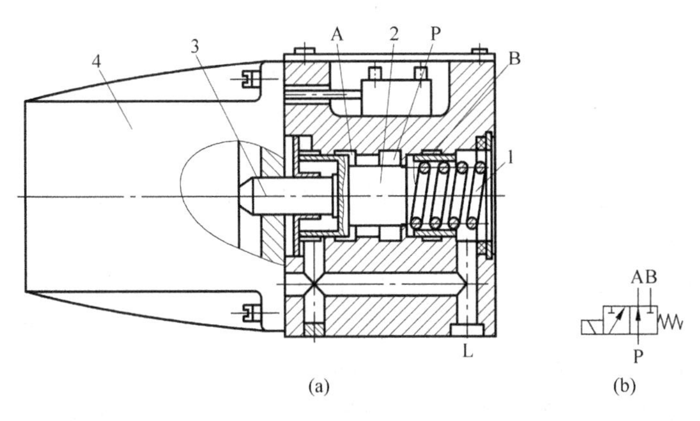

图 6-22　二位三通电磁换向阀的结构和工作原理图及图形符号

(FIGURE 6-22　Schematic illustration of structure and operating principles and diagram symbols of three-way-two-position electrically operated directional spool valve)

(a) 二位三通换向阀结构与工作原理图；(b) 图形符号

1—弹簧；2—阀芯；3—推杆；4—电磁铁

电磁铁仍为一般的直流型，因而兼具上述两者的优点。

4) 液动换向阀

液动换向阀是利用控制油路的压力油推动阀芯移动，来实现油路的换向。液动式操纵给予阀芯的推力是很大的，因此适用于压力高、流量大、阀芯移动行程长的场合。图 6-23 所示为弹簧对中型三位四通液动换向阀的结构、工作原理图和图形符号。在图 6-23(a)中，阀芯两端分别接通控制油口 K_1 和 K_2。当控制油口 K_1 和 K_2 都通回油时，阀芯 2 在两端对中弹簧力的作用下处于中位(常态位置)；当控制油口 K_1 通压力油，K_2 通回油时，阀芯 2 在液压力的作用下右移，P 与 A 通，B 与 T 通；当控制油口 K_2 通压力油，K_1 通回油时，阀芯 2 在液压力的作用下左移，P 与 B 通，A 与 T 通。图 6-23(b)所示为液动换向阀的图形符号。

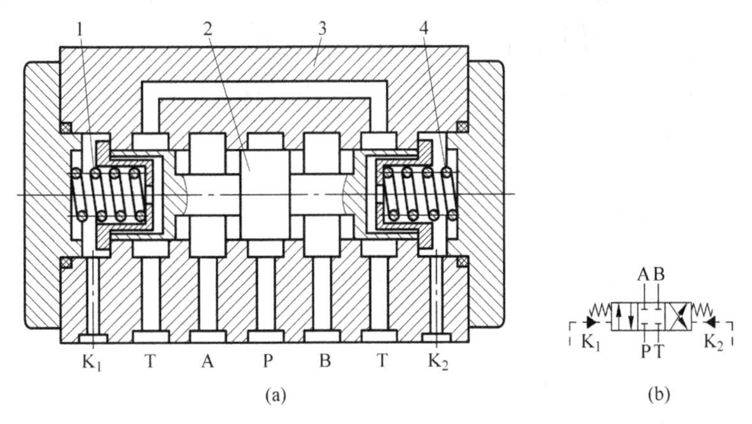

图 6-23　三位四通液动换向阀的结构和工作原理图及图形符号

(FIGURE 6-23　Schematic illustration of structure and operating principles and diagram symbols of four-way-three-position hydraulic operated directional spool valve)

(a) 三位四通换向阀结构与工作原理图；(b) 图形符号

1,4—对中弹簧；2—阀芯；3—阀体

5）电液换向阀

电液换向阀由电磁换向阀和液动换向阀组合而成。电磁换向阀改变液动换向阀控制油路的方向，称为先导阀；液动换向阀实现主油路换向，称为主阀。

在电液换向阀中，主阀芯的运动由液压力驱动，驱动力较大，所以主阀芯的尺寸可以做得很大，允许大流量通过。电液换向阀主要用在流量超过电磁换向阀额定流量的液压传动系统中，从而用较小的电磁铁来控制较大的流量。

图 6-24 所示为弹簧对中型三位四通电液换向阀的结构、工作原理图和图形符号。其工作原理是：当先导电磁换向阀 1 的两个电磁铁不通电时，三位四通先导电磁换向阀 1 处于中位，液动换向阀 6 主阀芯左右两端容腔同时接通液压油箱，主阀芯在两端对中弹簧的作用下处于中位；当先导电磁换向阀 1 左端的电磁铁 1YA 通电时，其阀芯向右端移动，来自外接油口 K 的控制压力油经先导电磁换向阀 1 左位油口 A_1 和左端单向阀 3 进入主阀 6 左端容腔，并推动主阀 6 阀芯向右移动，这时主阀芯右端容腔中的控制油液可通过右端的节流阀 5 经先导电磁换向阀 1 左位油口 B_1 和油口 T_1 流回液压油箱（主阀芯的移动速度可由右端的节流阀 5 调节），液动主阀 6 处于左位工作，使主阀口 P 与油口 A、油口 B 和油口 T 的油路相通；反之，当先导电磁换向阀 1 右端的电磁铁 2YA 通电，液动换向阀 6 处于右位工作，可使主阀口 P 与油口 B、油口 A 和油口 T 的油路相通。

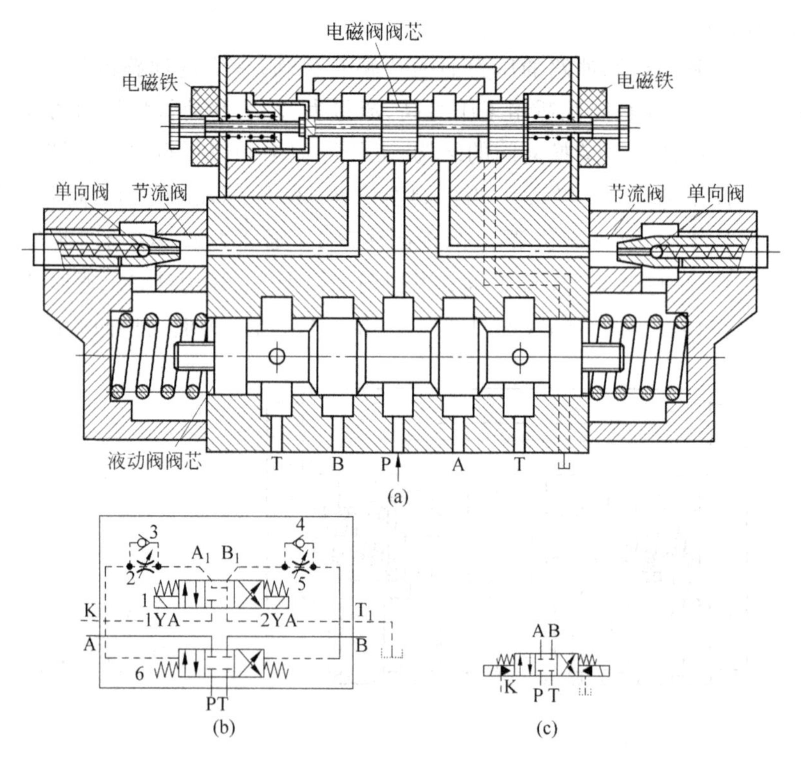

图 6-24 三位四通电液换向阀的结构和工作原理图及图形符号

（FIGURE 6-24 Schematic illustration of structure and operating principles and diagram symbols of four-way-three-position electro-hydraulically operated directional spool valve）

(a) 电液换向阀结构与工作原理图；(b) 图形符号(一)；(c) 图形符号(二)

1—电磁换向阀(先导阀)；2,5—节流阀；3,4—单向阀；6—液动换向阀(主阀)

使用电液换向阀时，必须注意以下几点：

(1) 当控制压力油采用外控独立油源时，独立油源的流量不得小于液动换向阀 6 最大通流量的 15%，以保证换向时间要求；当控制压力油取自主油路时，最低控制压力不得小于 0.4MPa，以便开启单向阀 3 和 4。

(2) 先导电磁换向阀 1 的回油口 T_1 可以单独引回液压油箱，也可以在阀体内与液动换向阀 6 回油口 T 的油路相通，然后一起引回液压油箱。

(3) 液动换向阀 6 主阀芯左右两端容腔控制油路上的节流阀 2 和 5 用来控制排出主阀芯两端容腔的流量，可调节主阀的换向速度和时间，当节流阀 2 和 5 的阀口完全关闭时，液动换向阀 6 主阀芯无法移动，主油路不能换向。

(4) 当液动换向阀 6 为弹簧对中型时，电磁换向阀 1 的中位必须是油口 A_1、B_1 和 T_1 相通，以确保液动换向阀 6 主阀芯左右两端容腔同时接通液压油箱；否则，液动滑阀无法回到中位。

6.4　流量控制阀

流量控制阀是通过改变阀口通流面积的大小，来调节通过阀口的流量，从而调节执行元件的运动速度。常用的液压流量控制阀有节流阀、调速阀、溢流节流阀、分流集流阀和限速切断阀等。

对流量控制阀的要求主要有：

(1) 流量稳定性好，即当流量控制阀进出口压力差发生变化时，流量变化小；

(2) 流量调节范围宽；

(3) 调节方便，泄漏小；

(4) 节流口应不易堵塞，以保证液压传动系统所需要的最小稳定流量；

(5) 流量受温度的影响尽可能小。

6.4.1　节流口的形式和流量特性

1. 节流口的形式(Types of throttle ports)

图 6-25 所示为几种常见的节流口的形式。

1) 针阀式节流口

针阀式节流口如图 6-25(a)所示。当针阀作轴向移动时，调节环形通道的大小以调节流量。其优点是结构简单，工艺性好；缺点是节流口长度大，水力半径小，易堵塞，流量受油温影响较大。针阀式节流口适用于流量较大且对流量稳定性要求较低的场合。

2) 偏心槽式节流口

偏心槽式节流口如图 6-25(b)所示。在阀芯上开一个截面为三角形(或矩形)的偏心槽，转动阀芯就可调节通道的大小以调节流量。其优点是结构简单、容易制造；缺点是阀芯上存在径向不平衡力，旋转阀芯时较费力。偏心槽式节流口适用于低压、较大流量和流量稳定性要求不高的场合。

3）轴向三角槽式节流口

轴向三角槽式节流口如图 6-25(c)所示。在阀芯端部开有两个斜的三角槽，轴向移动阀芯时，就可改变三角槽通流面积的大小。其优点是结构简单，水力半径较大，可以获得较小的稳定流量，且调节范围较大；缺点是节流通道有一定的长度，油温变化对流量有一定的影响。目前，轴向三角槽式节流口应用非常广泛。

4）周向缝隙式节流口

周向缝隙式节流口如图 6-25(d)所示。阀芯周向开有一条宽度不等的狭缝，液压油可通过狭缝流入阀芯的内孔，再经左边的孔流出，转动阀芯就可改变缝隙通流面积的大小以调节流量。其优点是通道短，水力直径大，不易堵塞，油温变化对流量影响小，因此其性能接近于薄壁小孔；缺点是阀芯上也存在径向不平衡力，旋转阀芯时较费力。周向缝隙式节流口适用于低压小流量场合。

5）轴向缝隙式节流口

轴向缝隙式节流口如图 6-25(e)所示。在阀孔的衬套上开有轴向缝隙，轴向移动阀芯就可以改变缝隙的通流面积大小。轴向缝隙式节流口可以做成单薄刃或双薄刃式结构，温度对流量的影响较小，其优点是在小流量时水力半径大、稳定性好；缺点是节流口在高压作用下易变形。轴向缝隙式节流口可用于流量稳定性要求较高的场合。

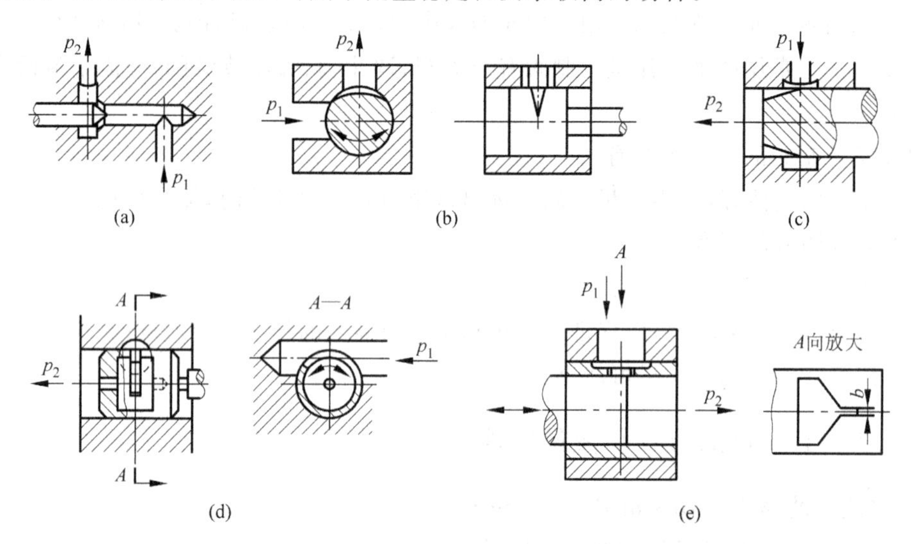

图 6-25　典型节流口的结构形式

(FIGURE 6-25　Structure types of typical throttle ports)

(a) 针阀式节流口；(b) 偏心槽式节流口；(c) 轴向三角槽式节流口；
(d) 周向缝隙式节流口；(e) 轴向缝隙式节流口

2. 节流口的流量特性(Flow characteristics of throttle ports)

由流体力学知识可知，流量通用公式为

$$q = CA\Delta p^m \tag{6-14}$$

式中，C——由孔口的形状、尺寸和液体性质决定的系数。对于薄壁小孔和短孔有 $C=C_q\sqrt{2/\rho}$；对于细长孔有 $C=d^2/(32\mu l)$。

A——孔口通流截面的面积。

Δp——孔口前后的压力差。

m——由孔口的长径比决定的指数。薄壁孔取 $m=0.5$；短孔取 $m=0.5\sim1$；细长孔取 $m=1$。

显然，在 C、Δp 一定时，改变通流截面的面积，即改变液阻的大小，可以调节流量，这就是流量控制阀的控制原理。因此，称这些孔口和缝隙为节流口，式(6-14)又称为节流方程。

细长孔、短孔和薄壁小孔的流量特性曲线如图 6-26 所示。

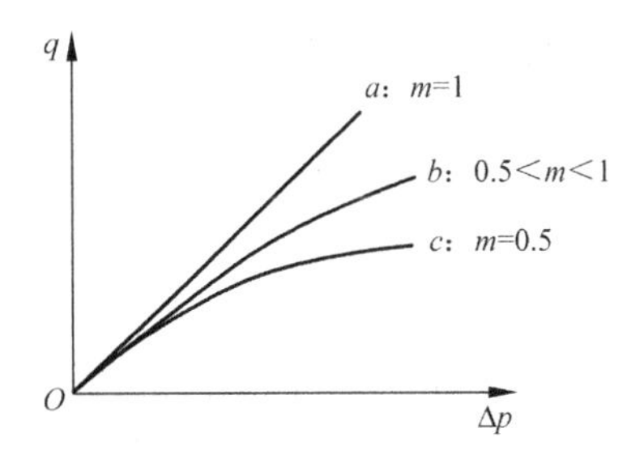

图 6-26　三种形式的节流口流量特性曲线
(FIGURE 6-26　Three kinds of throttle ports flow characteristic curves)
a—细长孔；b—短孔；c—薄壁小孔

3. 影响流量稳定的因素(Influence flow stability factors)

液压传动系统在工作时，希望节流口大小在调节好后，通过其流量稳定不变，但这在实际运行的设备上是很难达到的。影响液压传动系统流量稳定的主要因素有以下几点。

1) 温度对流量的影响

油温影响到油液的黏度，对于薄壁小孔，与油液流动时的雷诺数有关。当雷诺数大于临界雷诺数时，温度对流量几乎没有影响，而当开口面积 A 较小、压力差 Δp 较小时，流量系数 C 与雷诺数有关，流量要受到油温变化的影响。对于细长孔，油温变化时，流量变化较大。对于短孔，油温变化对流量的影响介于两者之间。

2) 压力差 Δp 对流量的影响

当液体流经节流阀两端的压力差 Δp 发生变化时，通过它的流量也会随之发生变化。从图 6-26 中可以看出，通过薄壁小孔的流量受到压力差改变的影响最小。

3) 节流口的堵塞

当节流口面积较小时，节流口的流量会出现周期性脉动，甚至造成断流，这种现象称为节流口的堵塞。产生这种现象的主要原因一方面是液压传动系统工作时的高压、高温使液压油氧化，析出氧化物、胶质沉淀物和沥青等；另一方面是还有部分没有过滤干净的机械杂质。这些杂质就在节流口附近形成附着层，当附着层达到一定厚度时，就会造成节流口的堵塞，形成周期性脉动。

预防节流阀堵塞的措施有：

(1) 精密过滤液压油

实践证明，5～10μm 的过滤精度能显著改善阻塞现象。为除去铁质污染，采用带磁性的过滤器效果更好。

(2) 正确选择节流阀进出口压力差 Δp

设计时一般取节流阀进出口压力差 $\Delta p=0.2\sim0.3$MPa。压力差 Δp 大，则节流口能量损失大，温度高；同等流量时，压力差 Δp 大，则对应的通流面积小，容易引起阻塞。

4. 流量调节范围和最小稳定流量(Flow adjusting range and minimum steady flow)

流量调节范围是指通过节流阀的最大流量和最小流量之比，它与节流口形状和流量特性有关，一般可达 50 以上；轴向三角槽式节流口调节范围最大，可达 100 以上。

节流阀的最小稳定流量与节流口形式关系密切，一般薄壁小孔可达 0.01～0.015L/min，轴向三角槽式节流口可达 0.03～0.05L/min。

6.4.2 节流阀

1. 节流阀的工作原理(Operating principles of throttle valves)

图 6-27 所示为轴向三角槽式节流口的节流阀结构、工作原理图和图形符号。它主要由调节手柄 1、阀芯 2、弹簧 3 和阀体 4 等组成。压力油从进油口流入，经阀芯 2 下端的三角槽，从出油口流出。节流口流量的调节是通过旋转调节手柄 1，推动阀芯 2 作轴向移动改变阀口的开度而实现的。

2. 节流阀的刚度(Rigidity of throttle valves)

节流阀的刚度表示其抵抗外负载变化的干扰、保持流量稳定的能力，即当节流阀开口面积一定时，由于阀进出口压力差 Δp 的变化，会引起通过节流阀流量的变化。流量变化越小，节流阀的刚度越大；反之，其刚度越小。如果用 T 表示节流阀的刚度，则有

$$T=\frac{\mathrm{d}\Delta p}{\mathrm{d}q} \tag{6-15}$$

将式(6-14)代入，可得

$$T=\frac{\Delta p^{1-m}}{CAm}=\cot\beta \tag{6-16}$$

从同一节流阀在不同开口时的流量特性曲线图(图 6-28)中可以发现，节流阀的刚度 T 相当于流量特性曲线上某点的切线和横坐标夹角 β 的余切。

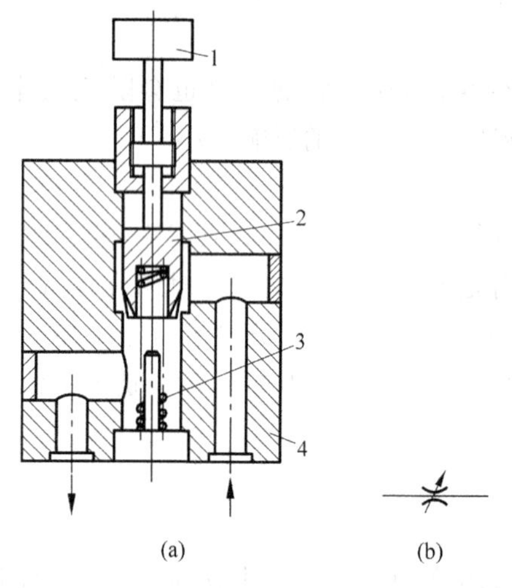

图 6-27 节流阀的结构和工作原理图及图形符号

(FIGURE 6-27 Schematic illustration of structure and operating principles and diagram symbols of throttle valves)

(a) 结构简图；(b) 图形符号

1—调节手柄；2—阀芯；3—弹簧；4—阀体

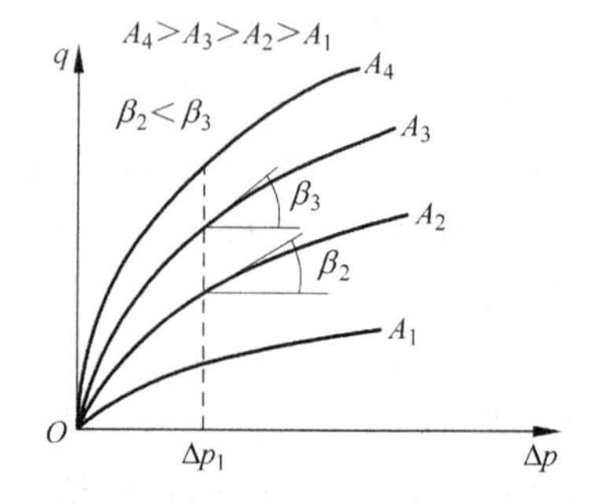

图 6-28 不同开口时节流阀的流量特性曲线

(FIGURE 6-28 Flow characteristic curves of throttle valves with different throttle ports)

由图 6-28 和式(6-16)可以得出如下结论：

(1) 指数 m 值减小可以提高节流阀的刚度，因此在实际使用中尽可能采用薄壁小孔式

节流口，即 $m=0.5$ 的节流口。

（2）同一节流阀，当阀进出口压力差 Δp 相同，节流开口面积 A 小时，刚度大。

（3）同一节流阀，在节流开口面积 A 一定时，阀进出口压力差 Δp 越小，刚度越低。为了保证节流阀具有足够的刚度，节流阀只能在所允许的最低压力差 Δp_{min} 的条件下才能正常工作；但压力差 Δp 增大时，将引起压力损失的增加，使液压传动系统效率降低。

节流阀的优点是结构简单、价格低廉、调节方便；缺点是当外负载发生变化时引起的压力差变化会使流量发生变化，所以节流阀一般用于外负载变化不大或者对速度稳定性要求不高的场合。

6.4.3　调速阀

节流阀因刚性差，通过节流阀阀口的流量受阀口前后压力差的变化而波动，所以不能保持执行元件运动的稳定性。为解决外负载变化大的执行元件运动速度稳定性问题，应采取措施，以便在外负载变化时，保证节流阀阀口的前后压力差不变，因此研制出了调速阀。

1. 调速阀的工作原理（Operating principles of 2-way flow control valves with pressure compensators）

调速阀是在节流阀的前面串接了一个定差减压阀。图 6-29 所示为调速阀的结构、工作原理图和图形符号。其工作原理是：液压泵 5 提供给调速阀液压油的压力为 p_1，经过定差减压阀后压力降低为 p_2，定差减压阀出口压力油经过小孔 7 进入定差减压阀的 b 腔和 c 腔，同时，压力为 p_2 的液压油经过节流阀后压力进一步降低为 p_3，压力 p_3 既为液压缸 11 提供动力，又经过小孔 1 进入定差减压阀的 a 腔。当外负载增大时，压力 p_3 升高，于是作用在定差减压阀阀芯 6 上端 a 腔的液压力增加，定差减压阀阀芯 6 下移，定差减压阀的开口加大，压降减小，因而使压力 p_2 也升高，结果使节流阀阀口的前后压力差 p_2-p_3 保持不变；反之亦然。这样就使通过调速阀的流量恒定不变，执行元件活塞运动速度稳定，不受外负载变化的影响。

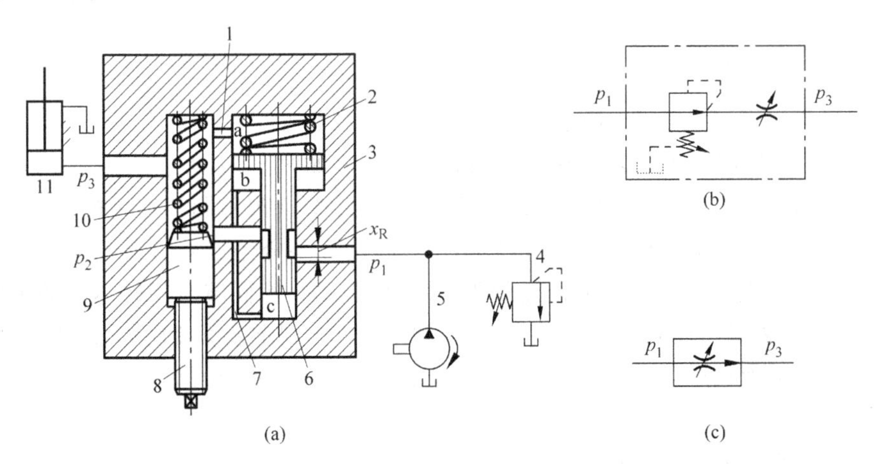

图 6-29　调速阀的结构和工作原理图及图形符号

（FIGURE 6-29　Schematic illustration of structure and operating principles and diagram symbols of 2-way flow control valves with pressure compensators）

(a) 调速阀结构与工作原理图；(b) 详细图形符号；(c) 简化图形符号

1,7—小孔；2—定差减压阀弹簧；3—阀体；4—溢流阀；5—液压泵；6—定差减压阀阀芯；8—调节螺杆；9—节流阀阀芯；10—节流阀弹簧；11—液压缸

2. 调速阀的稳态特性(Static characteristics of 2-way flow control valves with pressure compensators)

若忽略减压阀阀芯液动力、重力和摩擦力等因素,仅考虑阀芯的弹簧力 F_s、液压力 p_2 和 p_3 的作用,当定差减压阀阀芯 6 处于某一平衡位置时,则有

$$p_3 A + F_s = p_2 A_1 + p_2 A_2 \tag{6-17}$$

式中 A、A_2 和 A_1 分别为 a 腔、b 腔和 c 腔内压力油作用于定差减压阀阀芯 6 的有效面积,且 $A = A_1 + A_2$,由此可得

$$p_2 - p_3 = \Delta p = \frac{F_s}{A} = \frac{k(x_c + x_R)}{A} \tag{6-18}$$

式中 x_c、x_R 分别表示定差减压阀弹簧 2 的初始压缩量和定差减压阀阀芯 6 的位移。由于定差减压阀弹簧 2 的刚度系数 k 较低,且工作过程中定差减压阀阀芯 6 位移 x_R 很小,所以

$$p_2 - p_3 = \Delta p = \frac{F_s}{A} = \frac{k(x_c + x_R)}{A} \approx \frac{kx_c}{A} \tag{6-19}$$

即节流阀两端压力差 $\Delta p = p_2 - p_3$ 也基本保持不变,从而保证了通过节流阀的流量稳定。

图 6-30 所示为节流阀和调速阀的流量特性曲线。由图 6-30 可以看出,节流阀的流量随压力差变化较大,而在压力差大于 Δp_{min} 后,调速阀的流量基本上保持恒定。当压力差小于 Δp_{min} 时,由于定差减压阀阀芯 6 被定差减压阀弹簧 2 推至最下端位置,阀口全开,不起稳定节流阀前后压力差的作用,故这时调速阀的性能与节流阀相同。调速阀正常工作时,至少要求有 0.4～0.5MPa 以上的压力差。

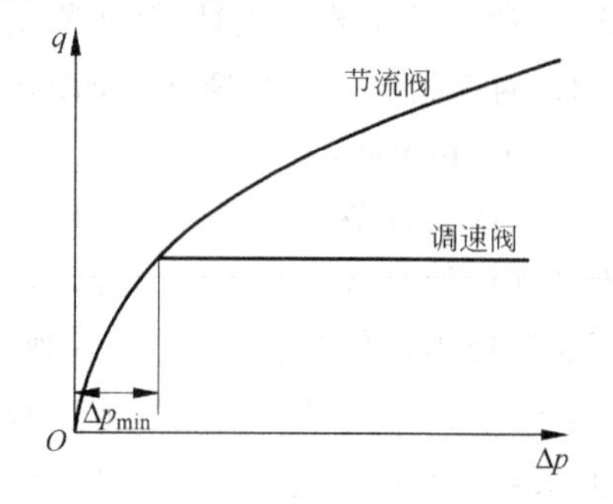

图 6-30 节流阀和调速阀的流量特性曲线
(FIGURE 6-30 Flow characteristic curves of throttle valves and 2-way flow control valves with pressure compensators)

6.4.4 溢流节流阀

溢流节流阀又称旁通式调速阀,它由定差溢流阀和节流阀并联而成,也是一种压力补偿型节流阀。溢流节流阀的结构、工作原理图和图形符号如图 6-31 所示。其工作原理是:从液压泵 12 输出压力为 p_1 的油液一部分从进油口 P_1 经节流阀阀芯 8 产生的节流口通过出油口 P_2 进入液压缸 6 的无杆腔推动活塞向右运动,另一部分经定差溢流阀阀芯 11 产生的溢流口从 T 口流回液压油箱,定差溢流阀阀芯 11 的上端 a 腔同节流阀阀芯 8 的上腔相通,其压力为 p_2;定差溢流阀阀芯 11 的中间 b 腔和下端 c 腔同定差溢流阀阀芯 11 进油口前液压泵 12 提供的油液相通,其压力为 p_1。定差溢流阀阀芯 11 的受力平衡方程为

$$p_2 A + k_s(x_0 + x_c + x_R) + F_{fs} = p_1 A_1 + p_1 A_2 \tag{6-20}$$

式中,k_s——定差溢流阀弹簧 1 的刚度系数;

x_0——定差溢流阀阀芯 11 在底部限位时的弹簧预压缩量;

x_c——定差溢流阀开启($x_R = 0$)时阀芯 11 的位移量;

x_R——定差溢流阀开口量;

F_{fs}——定差溢流阀阀芯 11 上的稳态液动力;

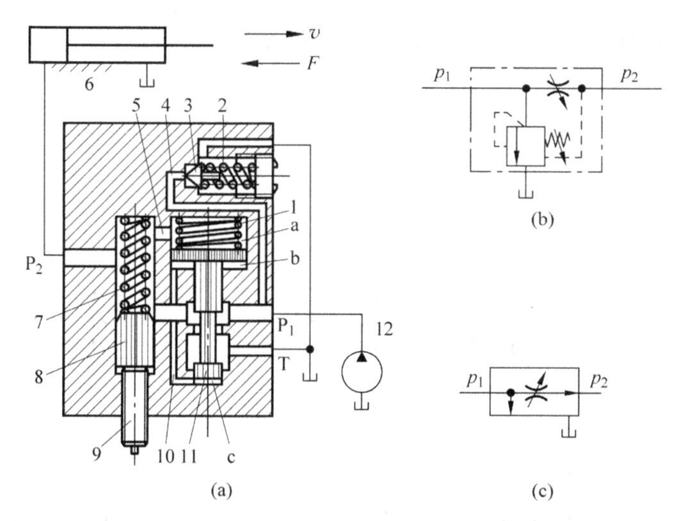

图 6-31　溢流节流阀的结构和工作原理图及图形符号

(FIGURE 6-31　Schematic illustration of structure and operating principles and diagram symbols of 3-way flow control valves with pressure compensators)

(a) 溢流节流阀结构与工作原理图；(b) 详细图形符号；(c) 简化图形符号

1—定差溢流阀弹簧；2—安全阀弹簧；3—安全阀阀芯；4,5,10—小孔；6—液压缸；7—节流阀弹簧；8—节流阀阀芯；9—节流阀调节螺杆；11—定差溢流阀阀芯；12—液压泵

A、A_2、A_1——a、b、c 腔内压力油作用于阀芯的有效面积，且 $A=A_1+A_2$。

设计时使 $x_R \ll x_0+x_c$，若忽略稳态液动力 F_{fs}，则有

$$p_1 - p_2 = \Delta p \approx \frac{k_s(x_0+x_c)}{A} \tag{6-21}$$

即节流阀节流口前后的压力差 $\Delta p=p_1-p_2$ 基本保持恒定。

在稳态工况下，当外负载增大使压力 p_2 上升时，a 腔压力也随之上升，使定差溢流阀阀芯 11 下移，定差溢流阀溢流口关小，进油压力 p_1 上升，定差溢流阀阀芯 11 建立新的力平衡，节流阀口两端的压力差 $\Delta p=p_1-p_2$ 仍然不变；反之，当外负载减小时，p_2 下降，但 p_1 也下降，使节流阀口两端的压力差 $\Delta p=p_1-p_2$、通过节流阀的流量和外负载的移动速度也保持不变。

溢流节流阀中安全阀的进口与节流阀的进口并联，用于限制节流阀进口压力 p_1 的最大值，对液压传动系统起到安全保护作用。溢流节流阀正常工作时，安全阀处于关闭状态。溢流节流阀多用于定量泵供油的进油节流调速系统，与调速阀调速回路相比，其效率比较高。近年来，国内外研发的负载敏感阀和功率适应回路正是在溢流节流阀的基础上发展起来的。

6.4.5　分流集流阀

1. 分流集流阀的用途(Application of flow divider and combiners)

在液压传动系统中，由一个液压泵同时向几个结构尺寸相同的执行元件供油，要求不论外负载如何变化，所驱动执行元件能够保持相同的运动速度，即速度同步。分流集流阀就是用来保证多个执行元件速度同步的流量控制阀，又称速度同步阀。

分流集流阀包括分流阀、集流阀和分流集流阀三种不同控制类型。分流阀安装在执行

元件的进油路上，保证进入执行元件的流量完全相等；集流阀安装在执行元件的回油路上，保证执行元件回油流量完全相等。分流阀和集流阀只能保证执行元件单方向运动同步，而分流集流阀可保证执行元件双向运动同步。分流阀、集流阀和分流集流阀的图形符号如图 6-32 所示。

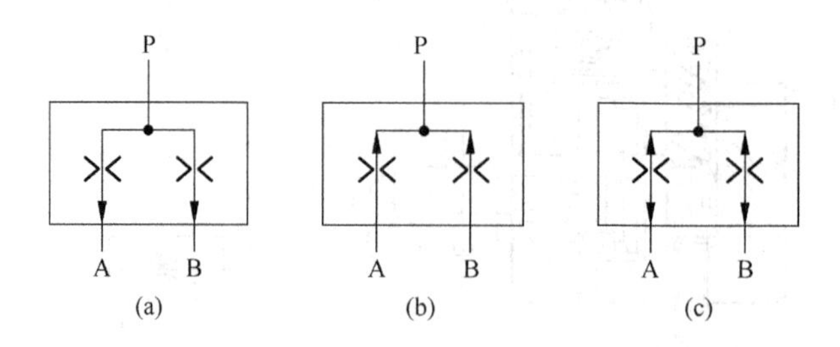

图 6-32　分流阀、集流阀和分流集流阀图形符号
(FIGURE 6-32　Diagram symbols of dividing valve and collecting valve and flow divider and combiners)
(a) 分流阀；(b) 集流阀；(c) 分流集流阀

采用分流集流阀同步控制的液压传动系统具有结构简单、成本低、制造容易、可靠性强等许多优点，因而分流集流阀在液压传动系统中得到了广泛的应用。

2. 分流集流阀的分类(Classification of flow divider and combiners)

1) 根据调整方式分类

根据调整方式来分，可分为固定式分流集流阀、自调式分流集流阀、可调式分流集流阀，以及自调和可调式组合在一起的组合可调式分流集流阀，其中固定式结构分流集流阀又可分为换向活塞式和勾头式两种结构。

2) 根据流量分配方式分类

根据流量分配方式来分，可分为等流量式分流阀和比例流量式分流阀。比例流量式分流阀常采用的比例是 2∶1，也可按要求的比例设计为小流量同步阀。

3) 根据液流的流动方向分类

根据液流的流动方向来分，可分为分流阀、集流阀和分流集流阀，与单向阀组合还可以构成单向分流阀、单向集流阀等复合阀。

3. 分流阀的工作原理(Operating principles of flow divider)

图 6-33 所示为等流量分流阀的结构、工作原理图和图形符号。它由两个结构尺寸完全相同的薄刃型固定节流孔 1 和 2、阀芯 3、对中弹簧 4 和 7、可变节流孔 5 和 6、阀体 8 等组成。装配时，阀芯 3 在对中弹簧 4 和 7 的作用下处于中间位置，此时阀芯 3 与阀体 8 组成的两个可变节流孔 5 和 6 完全相等。若分流阀的进口 P 处的油液压力为 p_0，流量为 q_0，进入分流阀后油液分成两路，通过两个通流截面面积相等的固定节流孔 1、2，分别进入油腔 a 和 b，然后由可变节流孔 5、6 经出油口 A 和 B 进入两个执行元件。当两个执行元件的外负载相等时，则分流口的出口压力 $p_3=p_4$，由于分流阀内两流道的结构和尺寸完全对称，所以油腔 a 和油腔 b 中的压力相等，即 $p_1=p_2$，则油液流经固定节流孔 1 和 2 前后的压力差 Δp_1 和 Δp_2 相等，即

$$\Delta p_1 = p_0 - p_1 = p_0 - p_2 = \Delta p_2 \tag{6-22}$$

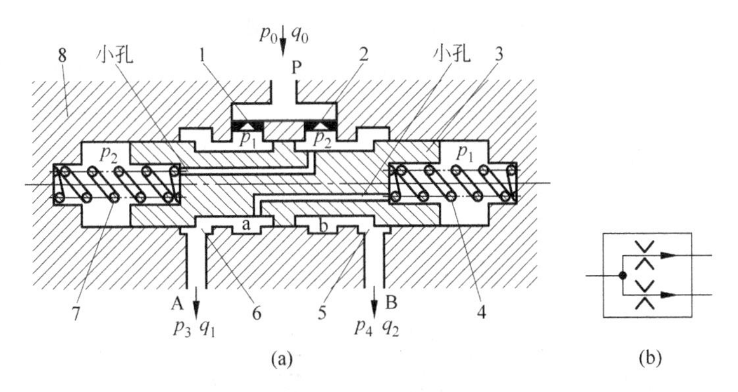

图 6-33　分流阀的结构和工作原理图及图形符号

(FIGURE 6-33　Schematic illustration of structure and operating principles and diagram symbols of flow divider)

(a) 分流阀结构和工作原理图；(b) 图形符号

1,2—固定节流孔；3—阀芯；4,7—对中弹簧；5,6—可变节流孔；8—阀体

根据流量公式 $q=CA\Delta p^m$ 可得

$$q_1 = q_2 = q_0/2 \tag{6-23}$$

当工作中两个外负载出现不相等时，即 $p_3 \neq p_4$，假设 $p_4 > p_3$，分析其压力补偿原理：当 p_4 增大的瞬时，p_3 不变，阀芯 3 来不及运动而处于中间位置，根据流量公式，压力差$(p_0 - p_4) < (p_0 - p_3)$势必导致输出流量 $q_2 < q_1$。输出流量的偏差一方面使执行元件的速度出现不同步，另一方面又使固定节流孔 2 的压力损失小于固定节流孔 1 的压力损失，即 $p_2 > p_1$。因 p_1 和 p_2 被分别反馈到阀芯 3 的右端和左端，所以作用在阀芯 3 左侧的力大于右侧的力，推动阀芯 3 右移，可变节流孔 5 开大，节流作用减弱，使 q_2 增大、p_2 减小，可变节流孔 6 关小，节流作用增强使 q_1 减小、p_1 增大，直至 $q_1 = q_2$，$p_1 = p_2$，阀芯 3 停留在一个新的平衡位置上，保证了通向两个执行元件的流量相等，使得两个结构尺寸完全相同的执行元件速度同步。

4. 分流集流阀的工作原理(Operating principles of flow divider and combiners)

图 6-34 所示为分流集流阀的结构、工作原理图和图形符号。图 6-34 中 P 表示分流集流阀进油时油口，T 表示分流集流阀回油时油口，A、B 表示两个工作油口。在初始状态时，阀芯 3、9 在对中弹簧 4、7 的作用下处于中间平衡位置。在工作状态时，分为分流与集流两种工况。

在分流工况时，由于 p_0 大于 p_1 和 p_2，若两外负载相同(即 $p_3 = p_4$)，则两个阀芯 3 和 9 处于相离状态，互相勾住，两个阀芯 3 和 9 停留在中间位置，如图 6-34(a)所示。若外负载压力 $p_4 > p_3$，如果两个阀芯 3 和 9 仍留在中间位置，必然使 $p_2 > p_1$，这时连成一体的两个阀芯 3 和 9 将向左移，使可变节流孔 5 增大，可变节流孔 6 减小，使 p_2 减小，p_1 上升，直至 $p_1 = p_2$，两个阀芯 3 和 9 停止运动。由于两个固定节流孔 1 和 2 的通流截面面积相等，因此通过两个固定节流孔的流量 $q_1 = q_2$，并不因 p_3、p_4 的变化而受到影响。反之，若外负载压力 $p_4 < p_3$ 时，两个阀芯 3 和 9 将向右移，使通过两个固定节流孔 1 和 2 的流量也不受影响。

在集流工况时，由于 p_0 小于 p_1 和 p_2，若两外负载相同(即 $p_3 = p_4$)，则两个阀芯 3 和 9

处于互相压紧状态，两个阀芯 3 和 9 停留在中间位置，如图 6-34(b)所示。若当外负载压力 $p_4 < p_3$，若两个阀芯 3 和 9 仍留在中间位置，必然使 $p_1 > p_2$，这时压紧成一体的两个阀芯 3 和 9 右移，使可变节流孔 6 增大，可变节流孔 5 减小，使 p_1 下降，p_2 增加，直至 $p_1 = p_2$，$q_1 = q_2$，两个阀芯 3 和 9 停止运动。因此，集流工况时流量 q_1 和 q_2 也不受进口压力 p_3 和 p_4 变化的影响。

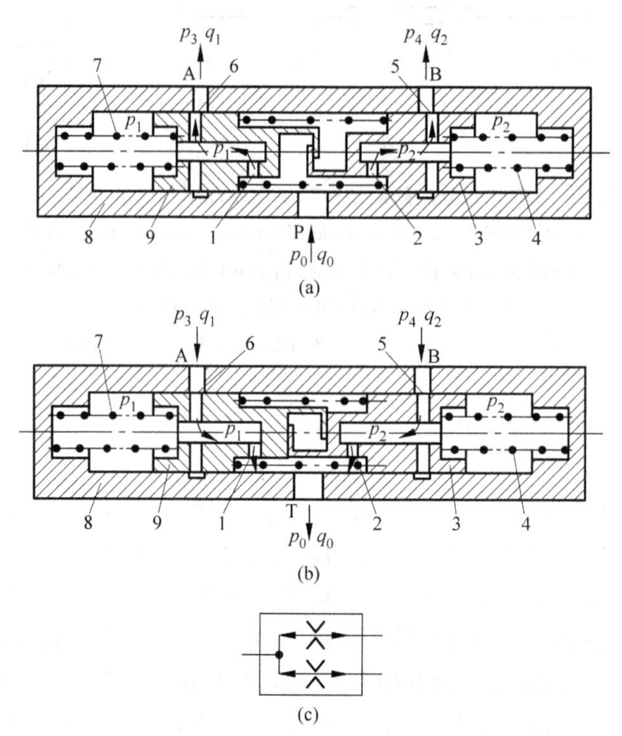

图 6-34　分流集流阀的结构和工作原理图及图形符号

(FIGURE 6-34　Schematic illustration of structure and operating principles and diagram symbols of flow divider and combiners)

(a) 分流工况；(b) 集流工况；(c) 图形符号

1,2—固定节流孔；3,9—阀芯；4,7—对中弹簧；5,6—可变节流孔；8—阀体

6.4.6　限速切断阀

在液压传动举升系统中，为防止意外情况发生时其由于平台自重和外负载而超速下落，经常安装一种当管路中流量超过一定值时自动切断油路的安全保护阀，即限速切断阀。

图 6-35 所示为限速切断阀的结构和工作原理图，它主要由锥阀芯 1、弹簧 2、阀体 3 和挡圈 4 等组成。图中锥阀芯 1 上有固定节流孔，其孔径与数量由所需的流量确定。锥阀芯 1 在弹簧 2 作用下由挡圈 4 限位，使锥阀口开至最大。当流量增大，使固定节流孔两端压力差作用在锥阀芯 1 上的力大于弹簧 2 的预紧力时，锥阀芯 1 开始向右移动。当流量超过一定值时，锥阀芯 1 会完全关闭阀口，使液流切断。当液流反向流动时，限速切断阀无限流作用。

限速切断阀的典型应用实例是液压升降台，用于防止液压缸回油管路破裂等意外情况发生时因平台自重和外负载急剧下降而引发事故。

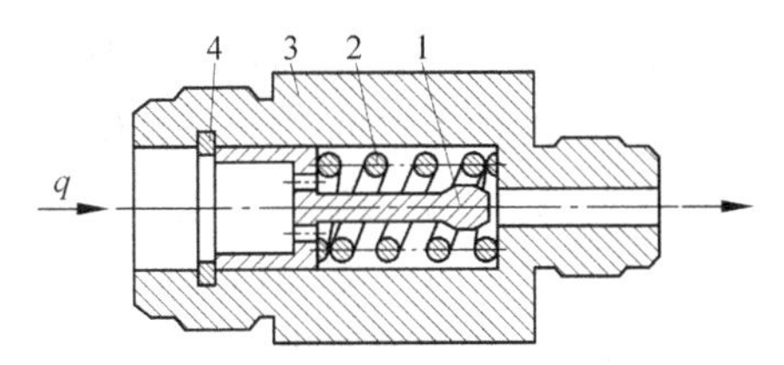

图6-35 限速切断阀的结构和工作原理图及图形符号
(FIGURE 6-35 Schematic illustration of structure and operating principles and diagram symbols of limiting flow valve)
1—锥阀芯；2—弹簧；3—阀体；4—挡圈

6.5 插 装 阀

6.5.1 插装阀的概述与优点

插装阀是20世纪70年代后发展起来的一种新型阀，它是以插装单元为主体，配以盖板不同的先导控制阀组合而成，且具有一定控制功能的组件，根据需要可组成复合阀。由于插装阀基本组件只有两个通油口，因此又称为二通插装阀。

和普通液压阀相比，插装阀具有以下优点：

(1) 通流能力较大，特别适用于大流量的场合。它的最大通径可达200～250mm，通过的流量可达10 000L/min。

(2) 采用锥阀结构，密封好，泄漏少，内阻小。

(3) 机能多，集成度高。

(4) 结构简单，易于实现标准化、系列化。

(5) 制造工艺性好，稳定性好，便于维修与更换。

(6) 阀芯动作灵敏，切换时响应快，液压冲击小。

6.5.2 插装阀的组成和工作原理

盖板式插装阀的结构、工作原理图和图形符号如图6-36所示。它主要由插装元件(阀芯1、弹簧2、阀套3及密封件等)、控制盖板5和先导控制阀(图中未画出)等三部分组成。

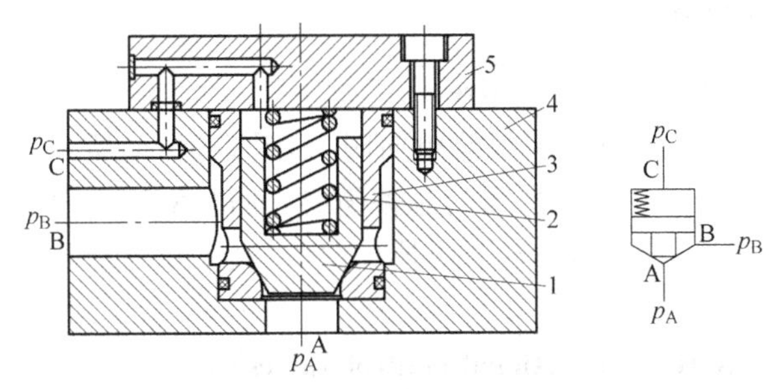

图6-36 盖板式插装阀的结构和工作原理图及图形符号
(FIGURE 6-36 Schematic illustration of structure and operating principles and diagram symbols of cartridge valves)
1—阀芯；2—弹簧；3—阀套；4—集成块；5—控制盖板

就工作原理而言，二通插装阀是一个液控单向阀。在图 6-36 中，A 和 B 为主油路通口，C 为先导控制油路通口。假设 A、B、C 油口的压力及其作用于阀芯 1 上的有效面积分别为 p_A、p_B、p_C 和 A_A、A_B、A_C，且 $A_C=A_A+A_B$，F_S 为弹簧作用力。若忽略阀芯 1 的液动力、摩擦力和重力的影响，当 $p_AA_A+p_BA_B<p_CA_C+F_S$ 时，阀口关闭，油口 A、B 不通；当 $p_AA_A+p_BA_B>p_CA_C+F_S$时，阀口打开，油口 A、B 接通。由此可见，只要改变先导控制油口 C 的控制压力 p_C 就可以控制油口 A 与 B 的通断。插装阀通过不同的控制盖板与各种先导控制阀组合，便可构成压力控制阀、方向控制阀和流量控制阀。

6.5.3　插装压力阀

图 6-37(a)所示为插装溢流阀，插装元件 1 构成主阀，溢流阀 2 作先导控制阀，其优点是用较小规格的溢流阀实现大流量溢流。如果油口 B 不接液压油箱而直接与执行元件连接，则构成顺序阀。在图 6-37(b)中，若电磁换向阀 5 断电，用作溢流阀；若电磁换向阀 5 通电，用作卸荷阀。图 6-37(c)所示为插装减压阀的工作原理，进油口 B 处的油压力为 p_1，减压后由出油口 A 流出，压力为 p_2。

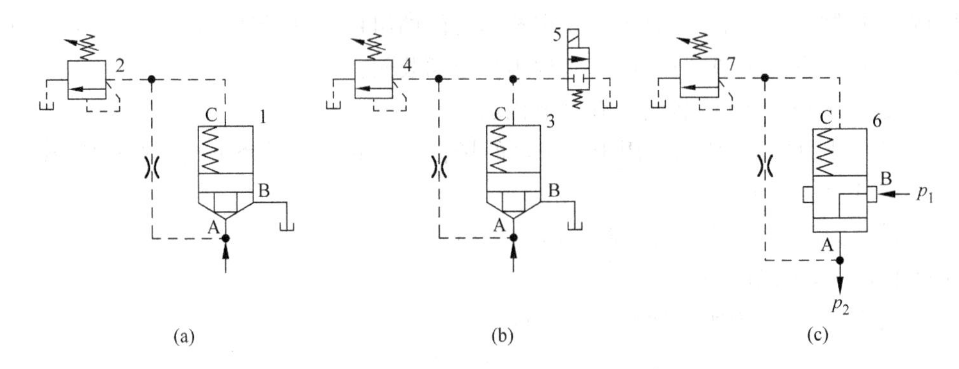

图 6-37　插装压力阀图形符号

(FIGURE 6-37　Diagram symbols of cartridge pressure valves)

(a) 溢流阀；(b) 溢流阀或卸荷阀；(c) 减压阀

1—插装溢流阀；2,4,7—溢流阀；3—插装卸荷阀；5—电磁换向阀；6—插装减压阀

6.5.4　插装方向阀

1. 插装单向阀(Cartridge check valves)

将油口 C 与油口 B 连通，即构成插装单向阀，如图 6-38(a)所示。当 $p_A>p_B$ 时阀芯开启，油液由油口 A 流向油口 B；反之，当阀芯关闭时，油口 A、B 不通。图 6-38(b)为其对应的工作原理图。如图 6-38(c)所示为插装液控单向阀，其工作原理与图 6-38(d)所示的液控单向阀相同。

2. 插装换向阀(Cartridge directional control valves)

插装换向阀的种类较多，按照通数可分为二通、三通、四通等；按照位数可分为二位、三位等。图 6-39(a)所示为二位三通阀，当电磁换向阀 3 断电时，锥阀 1 打开，锥阀 2 关闭，使油口 A 与油口 T 相通、油口 P 与油口 A 不通；当电磁换向阀 3 通电时，锥阀 1 关闭，锥阀 2

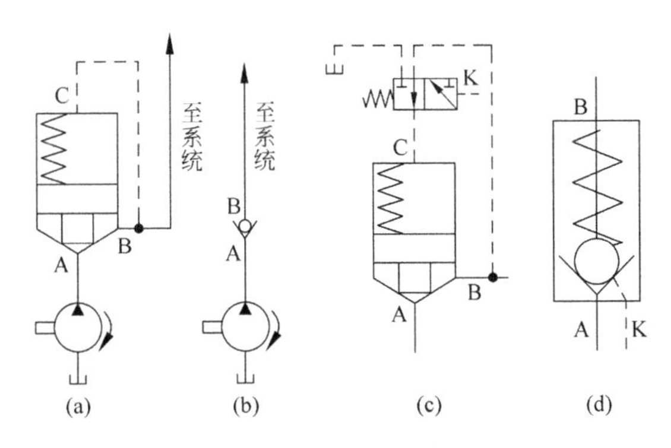

图 6-38　插装单向阀图形符号

(FIGURE 6-38　Diagram symbols of cartridge check valves)

(a) 插装单向阀；(b) 工作原理；(c) 插装液控单向阀；(d) 液控单向阀

打开，使油口 P 与油口 A 相通、油口 A 与油口 T 不通。图 6-39(b)所示为二位四通阀，用二位四通电磁换向阀 8 作为先导阀控制四个锥阀单元，其功能与二位四通电液换向阀相同。

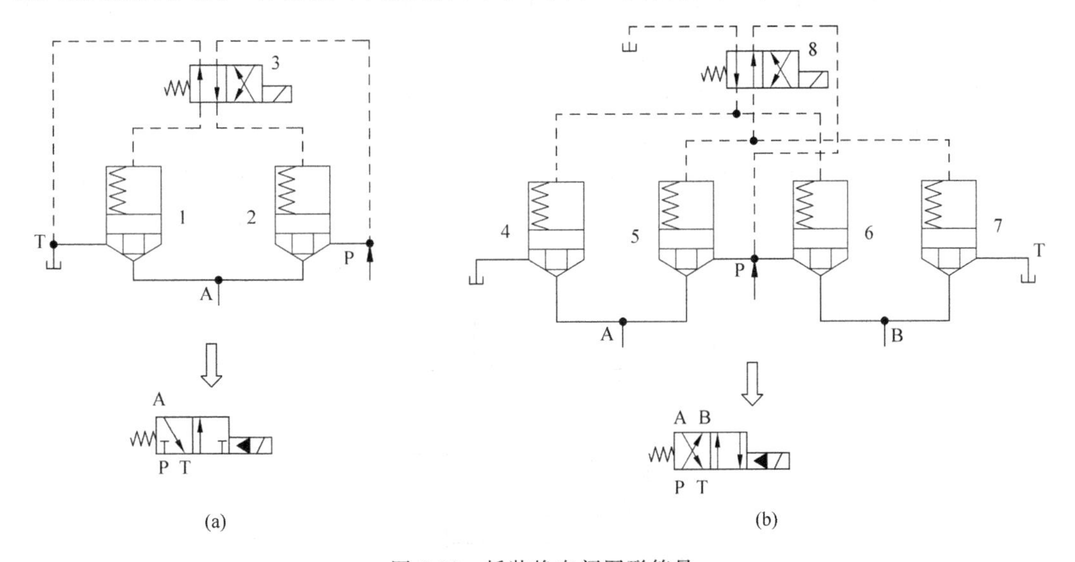

图 6-39　插装换向阀图形符号

(FIGURE 6-39　Diagram symbols of cartridge directional control valves)

(a) 二位三通换向阀；(b) 二位四通换向阀

1,2,4～7—锥阀；3,8—电磁换向阀

6.5.5　插装流量阀

图 6-40(a)表示插装阀用作节流阀，图 5-40(b)表示插装阀用作调速阀。在插装流量阀中，为实现流量调节，可以用机械或电气的方式限制锥阀阀芯的行程达到改变阀口通流面积大小的目的。

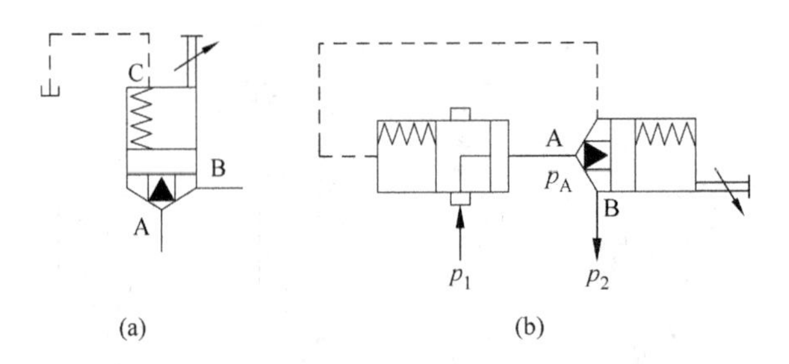

图 6-40　插装流量阀图形符号

(FIGURE 6-40　Diagram symbols of cartridge flow valves)

(a) 用作节流阀；(b) 用作调速阀

6.6　叠　加　阀

叠加阀早期用来作插装阀的先导阀，它是近 30 年内发展起来的一种新型集成式液压元件。采用叠加阀组成的液压传动系统时，不需要另外的连接块，它是以自身的阀体作为连接体直接叠加组成所需的液压传动系统。

叠加阀液压传动系统的最下面一般为底板，底板上有进、回油口及执行元件的接口。单个叠加阀的工作原理与普通控制阀完全相同。通常一个叠加阀组控制一个执行元件。若液压传动系统中有几个执行元件需要集中控制时，可以将几个叠加阀组竖立并排安装在多联底板上。图 6-41 所示为由叠加阀组成的液压装置示意图。图 6-42 所示为几种叠加阀的实物图。

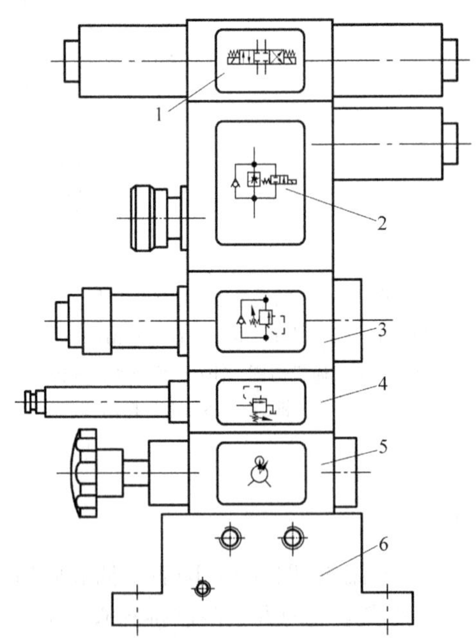

图 6-41　叠加阀组成的液压装置示意图

(FIGURE 6-41　Schematic illustration of modular valves hydraulic equipment)

1—换向阀；2—单向调速阀；3—单向顺序阀；4—溢流阀；5—压力表开关；6—底板

图 6-42 叠加阀实物图

(FIGURE 6-42 Schematic illustration of modular valves practicality)

由叠加阀组成的液压传动系统具有结构紧凑、配置灵活、占地面积小、制造与安装周期短、维修方便等系列优点，目前，叠加阀广泛地应用于机械制造、机床、工程机械、冶金等领域中。

6.7 多 路 阀

多路换向阀是由两个以上的换向阀为主体的组合阀，用以操纵多个执行元件的运动。根据不同液压传动系统的要求，可将安全阀、单向阀、制动阀、补油阀等组合在阀体内。多路换向阀具有结构紧凑、操纵简便、压力损失小、安装维修方便等优点，它主要用于起重运输机械、工程机械等行走机械上。

按照操纵方式，多路换向阀可分为手动控制、电液比例控制和电液数字控制；按照阀体的结构形式，可分为分片式和整体式；按照油路连接方式，可分为串联、并联、串并联等形式。图 6-43(a)、(b)、(c)所示分别为串联、并联、串并联连接形式。

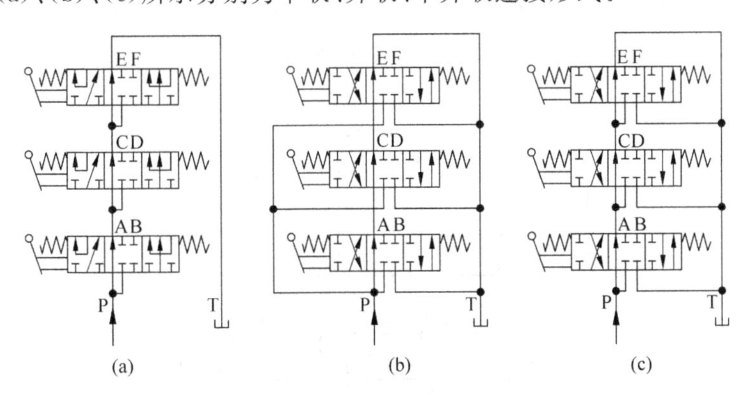

图 6-43 多路换向阀的基本油路连接形式

(FIGURE 6-43 Basic control circuits of hydraulic multi-pathway control valves)

(a) 串联；(b) 并联；(c) 串并联

串联连接是指多路换向阀中后一联换向阀的进油腔与前一联换向阀的回油腔相连。各联换向阀可同时操作，所控制的执行元件可同时驱动各自的外负载，液压泵输出的压力大于所有执行元件压力的总和，压力损失较大。

并联连接是指多路换向阀进油口处的压力油可直接通到各联换向阀的进油腔，而各联换向阀的回油腔又直接通到多路换向阀的总回油口。各联换向阀可同时操作，外负载小的先动作，压力损失较小。

串并联连接是指多路换向阀中各联换向阀的进油腔串联，回油腔并联。这是一种互锁回路，即操作上一联换向阀工作时，下一联换向阀就不能工作，以确保前一联换向阀优先得到压力油。

6.8　电液伺服控制阀

6.8.1　伺服控制元件的基本类型

伺服控制元件也称液压放大器，是一种将输入的机械信号转换为液压信号输出，并进行功率放大及反馈控制的元件。它是液压伺服阀中最重要的组成部分之一。常用的伺服控制元件可分为滑阀、射流管阀和喷嘴挡板阀三种。

1. 滑阀(Spool valves)

根据滑阀控制边数，滑阀的控制类型有单边控制、双边控制和四边控制三种。其中单边控制、双边控制滑阀仅用于控制单杆液压缸；四边控制滑阀既可控制单杆液压缸，又可控制双杆液压缸。

1）单边滑阀

单边滑阀的工作原理如图 6-44 所示。单边滑阀控制边的开口量 x_s 控制着液压缸无杆腔的压力和流量，从而控制液压缸运动的速度和方向。来自液压泵的压力油 p_0 进入单杆液压缸的有杆腔，通过活塞上小孔 a 进入无杆腔，压力由 p_0 降为 p_2，再通过滑阀唯一的节流边流回液压油箱。当液压缸不承受外负载时，$p_0A_1=p_2A_2$。当阀芯根据输入信号向右移动时，开口量 x_s 减小，无杆腔压力 p_2 增大，于是 $p_2A_2>p_0A_1$，缸体向右移动。因为缸体和阀体连接成一个整体，故阀体右移又使开口量 x_s 增大(负反馈)，直至平衡。

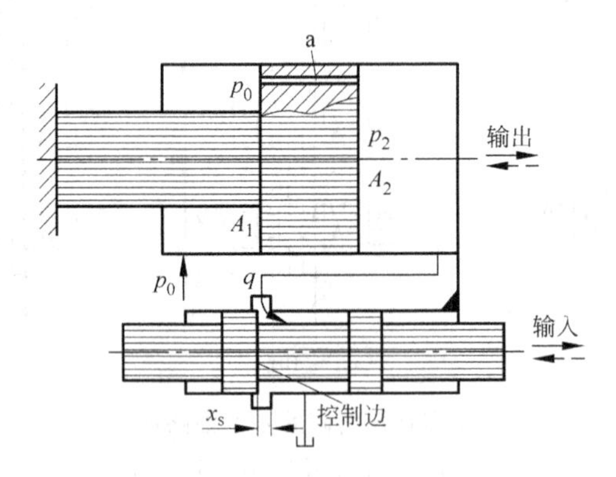

图 6-44　单边滑阀的工作原理图

(FIGURE 6-44　Schematic illustration of operating principles of single-edge spool valves)

2）双边滑阀

双边滑阀的工作原理如图 6-45 所示。压力油 p_0 一路直接进入液压缸有杆腔，另一路经滑阀左控制边 1 的开口 x_{s1} 和液压缸无杆腔相通，并经滑阀右控制边 2 的开口 x_{s2} 流回液压油箱。当滑阀阀芯向左移动时，x_{s1} 减小，x_{s2} 增大，液压缸无杆腔压力 p_2 减小，两腔受力不平衡，缸体向左移动；反之缸体向右移动。双边滑阀的调节灵敏度、工作精度比单边滑阀高。

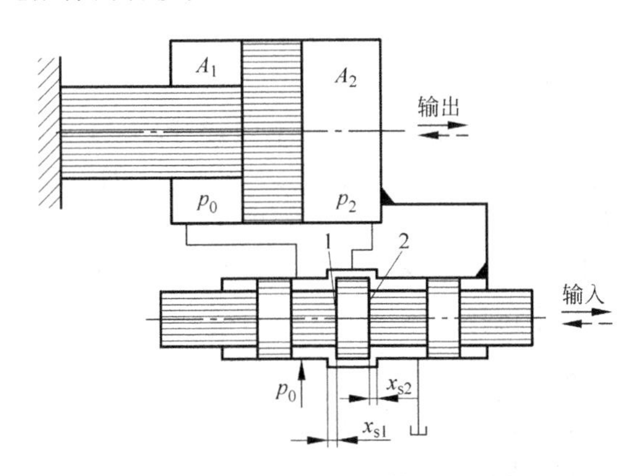

图 6-45　双边滑阀的工作原理图

(FIGURE 6-45　Schematic illustration of operating principles of double-edge spool valves)

1—滑阀左控制边；2—滑阀右控制边

3）四边滑阀

四边滑阀的工作原理如图 6-46 所示。它有四个控制边，开口 x_{s1}、x_{s2} 分别控制进入液压缸左右油腔的压力油，开口 x_{s3}、x_{s4} 分别控制液压缸左右油腔通向液压油箱的回油。当滑阀阀芯向左移动时，液压缸左腔的进油开口 x_{s1} 减小，回油开口 x_{s3} 增大，使 p_1 迅速减小；与此同时，液压缸右腔的进油开口 x_{s2} 增大，回油开口 x_{s4} 减小，使 p_2 迅速增大，这样就使活塞迅速左移。因为活塞和阀体连接成一个整体，故阀体左移又使开口量 x_{s1} 增大（负反馈），直至平衡。与双边滑阀相比，四边滑阀同时控制液压缸两腔的压力和流量，故调节灵敏度和工作精度都很高。

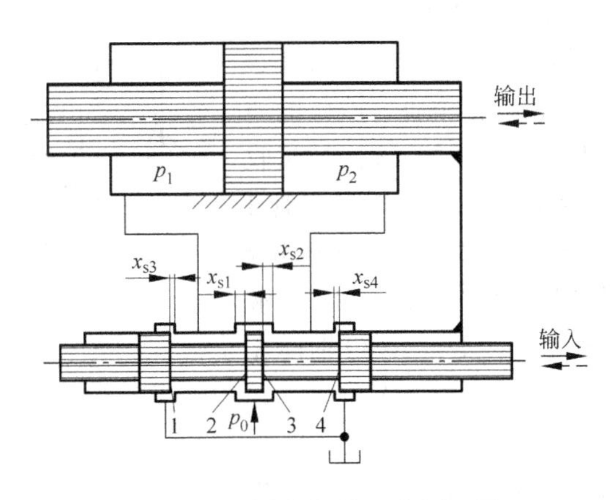

图 6-46　四边滑阀的工作原理图

(FIGURE 6-46　Schematic illustration of operating principles of four-edge spool valves)

1—滑阀左台肩右控制边；2—滑阀中间台肩左控制边；3—滑阀中间台肩右控制边；4—滑阀右台肩左控制边

由以上所述可见，单边、双边和四边滑阀的控制作用是相同的。单边和双边滑阀仅用来控制单杆双作用液压缸，四边滑阀用来控制双杆双作用液压缸。控制边数越多，控制质量越好，但其结构工艺性越差。一般来说，单边和双边滑阀用来控制一般精度液压传动系统，四边滑阀则用于控制稳定性和精度要求较高的液压传动系统。滑阀式伺服阀对油液的污染较敏感，装配精度要求较高，价格也较贵。

根据在初始平衡位置时阀口初始开口量的不同，滑阀阀芯可分为三种类型，即负开口（$x_s<0$）、零开口（$x_s=0$）和正开口（$x_s>0$），如图 6-47 所示。具有零开口滑阀的工作精度最高、性能最好，因制造工艺原因允许有几十微米的开口量误差；具有负开口滑阀的不灵敏区（死区）较大，流量特性为非线性，较少采用；具有正开口滑阀的工作精度较负开口高，但中位泄漏较大，稳定性较差，功率损耗大。

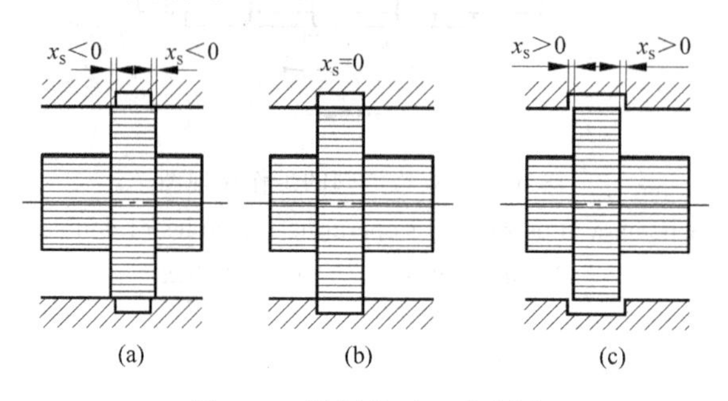

图 6-47　滑阀的开口形式图

（FIGURE 6-47　Schematic illustration of spool valves core and sleeve relation）

(a) 负开口；(b) 零开口；(c) 正开口

2. 射流管阀(Jet-flow pipe valves)

射流管阀由射流管 1、接收板 2 和液压缸 3 等主要部件组成。射流管阀的工作原理如图 6-48 所示。射流管 1 在输入信号的作用下可绕 O 轴左右摆动一个不大的角度，压力油经轴孔管道进入射流管 1，从锥形喷嘴孔 a 射出的压力油冲到接收板 2 上的两个并列的接收孔 b、c 内，两接收孔分别与液压缸 3 两腔相通。液压能通过射流管 1 的喷嘴转换为液流的动能，液流被接收孔接收后，又将其动能转变为压力能。当射流管 1 处于两接收孔的中间位置(零位)时，两接收孔 b、c 所接收的射流动能相同，因此恢复压力也相等，液压缸 3 不动。当输入信号使射流管 1 绕 O 轴向左摆动一小角度时，进入孔 b 的油液压力大于进入孔 c 的油液压力，因液压缸 3 的活塞杆固定，所以液压缸 3 的缸体向左移动。由于接收板 2 与缸体连接在一起，接收板 2 也向左移动，形成负反馈，射流管 1 的喷嘴恢复到中间位置，液压缸 3 停止运动。同理，当输入信号使射流管 1 绕 O 轴向右摆动一个小角度时，进入孔 c 的油液压力就比进入孔 b 的

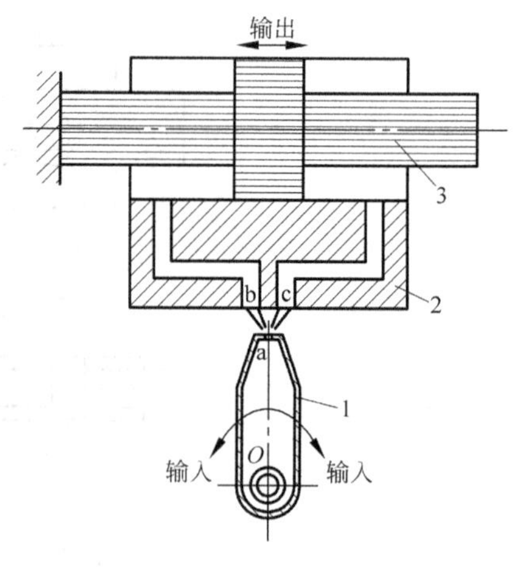

图 6-48　射流管阀的工作原理图

（FIGURE 6-48　Schematic illustration of operating principles of jet-flow pipe valves）

1—射流管；2—接收板；3—液压缸

油液压力大,液压缸 3 的缸体向右移动,在负反馈信号的作用下,液压缸 3 最终停止移动。

射流管阀的优点是结构简单,元件加工精度要求较低;抗污染能力强,工作可靠,动作灵敏,不会发生“卡紧”情况。其缺点是受射流力的影响,高压时易产生干扰振动;射流管运动部件惯性较大,射流能量损失大、工作性能较差,效率较低。因此,射流管阀适用于低压小功率的液压伺服系统。

3. 喷嘴挡板阀(Nozzle flapper servo valves)

喷嘴挡板阀有单喷嘴和双喷嘴两种。

1) 单喷嘴挡板阀

单喷嘴挡板阀的工作原理如图 6-49 所示。它主要由挡板 1、喷嘴 2 和液压缸 3 等元件组成。压力油 p_0 一部分进入液压缸 3 的有杆腔,另一部分液压油经过固定节流孔 a 进入中间油腔 b。进入油腔 b 的压力油一部分经过孔道 c 进入液压缸 3 的无杆腔,另一部分经喷嘴和挡板之间的间隙 δ 流回液压油箱。单杆活塞缸为差动连接,因此油腔 b 和液压缸无杆腔的压力主要由间隙 δ 的节流阻力控制。当活塞处于平衡状态时,活塞两侧受力相等,即 $p_1A_1=p_0A_2$。当输入信号使挡板 1 向右移动时,挡板 1 和喷嘴 2 的间隙 δ 增大,使固定节流孔 a 与喷嘴 2 之间的控制压力 p_1 降低,$p_1A_1<p_0A_2$,故推动活塞向左移动;反之,当输入信号使挡板 1 向左移动时,挡板 1 和喷嘴 2 的间隙 δ 减小,使固定节流孔 a 与喷嘴 2 之间的控制压力 p_1 升高,此时 $p_1A_1>p_0A_2$,所以可推动活塞向右移动。

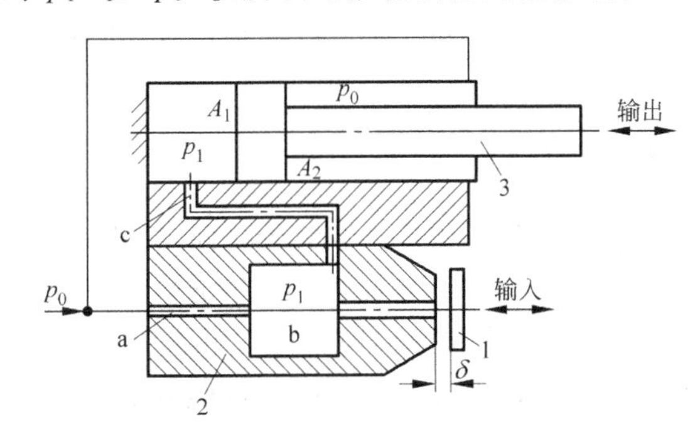

图 6-49　单喷嘴挡板阀的工作原理图

(FIGURE 6-49　Schematic illustration of operating principles of single-nozzle flapper servo valves)

1—挡板;2—喷嘴;3—液压缸

2) 双喷嘴挡板阀

双喷嘴挡板阀主要由挡板 1、一对严格与挡板匹配的单喷嘴 3 和 4、固定节流孔 2 和 5、液压缸 6 等元件组成,其工作原理如图 6-50 所示。当挡板 1 处于中间位置(零位)时,挡板 1 两侧与两喷嘴 3 和 4 端面的缝隙相等($\delta_1=\delta_2$),两缝隙所形成的节流阻力相等,两喷嘴腔内的油液压力相等,即 $p_1=p_2$,液压缸不动。压力油经固定节流孔 2 和 5、缝隙 δ_1 和 δ_2 流回液压油箱。当输入信号使挡板 1 绕轴顺时针旋转某一角度时,可变缝隙 $\delta_2>\delta_1$,p_1 上升,p_2 下降,液压缸 6 缸体向左移动。因负反馈作用,当喷嘴 3 和 4 跟随液压缸 6 缸体向左移动到挡板 1 两边对称位置时,液压缸 6 停止运动。同理,当输入信号使挡板 1 绕轴逆时针旋转某一角度时,可使液压缸 6 缸体向右移动。

喷嘴挡板阀的优点是结构简单,尺寸、体积也较小,加工方便,调整简易,运动部件惯性小，反应快，灵敏度和精度高。缺点是挡板处于中间位置(零位)时泄漏大，无功损耗大，输出流量小，负载刚性差，喷嘴与挡板之间的缝隙为0.025～0.1mm，极易淤堵，抗污染能力差，造成零偏，严重时会造成“满舵”事故。喷嘴挡板阀常用作多级放大伺服控制元件中的前置级。

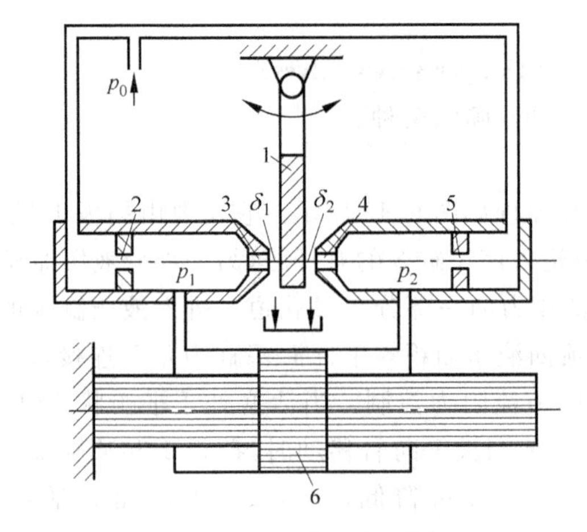

图 6-50　双喷嘴挡板阀的工作原理图

(FIGURE 6-50　Schematic illustration of operating principles of double-nozzle flapper servo valves)

1—挡板；2,5—固定节流孔；3,4—喷嘴；6—液压缸

6.8.2　电液伺服控制阀

电液伺服控制阀是电液转换元件，也是功率放大元件，它能将很小功率的输入电信号转换为大功率的液压能输出，是电液伺服控制系统的关键元件。常用的电液伺服控制阀可分为滑阀式电液伺服阀、喷嘴挡板电液伺服阀和射流管式电液伺用阀三种类型。

1. 滑阀式电液伺服阀(Electro-hydraulic servo spool valves)

滑阀式伺服阀又称动圈伺服阀。图 6-51 所示为滑阀式直接反馈二级电液伺服阀的结构和工作原理图，它由永磁动圈式力马达、一对固定节流孔、预开口双边滑阀式前置液压放大器和三通滑阀式功率级组成。前置控制滑阀的两个预开口节流控制边5、8与两个固定节流孔1、9组成一个液压桥路。滑阀副的阀芯直接与力马达的动圈骨架相连，在阀套内滑动。前置级的阀套7又是功率级滑阀(主滑阀)6放大器的阀芯。

输入控制电流使力马达动圈13产生的电磁力与对中弹簧15的弹簧力相平衡，使动圈13和前置级(控制级)阀芯10移动，其位移量与动圈13的电流成正比。若前置级阀芯10向左移动，则滑阀左腔控制口面积增大，左腔控制压力降低；右侧控制口面积减小，右腔控制压力升高。该压力差作用在功率级滑阀阀芯(即前置级的阀套)7的两端，使功率级滑阀阀芯7向左移动，也就是前置级滑阀的阀套7向左移动，左侧控制孔的面积逐渐减小，直至停留在某一位置。在此位置上，前置级滑阀副的两个可变节流控制孔的面积相等，功率级滑阀阀芯7两端的压力相等。这种直接反馈的作用，使功率级滑阀阀芯(前置级滑阀的阀套)7跟随前置级滑阀阀芯10运动，功率级滑阀阀芯7的位移与动圈输入电流大小成正比。

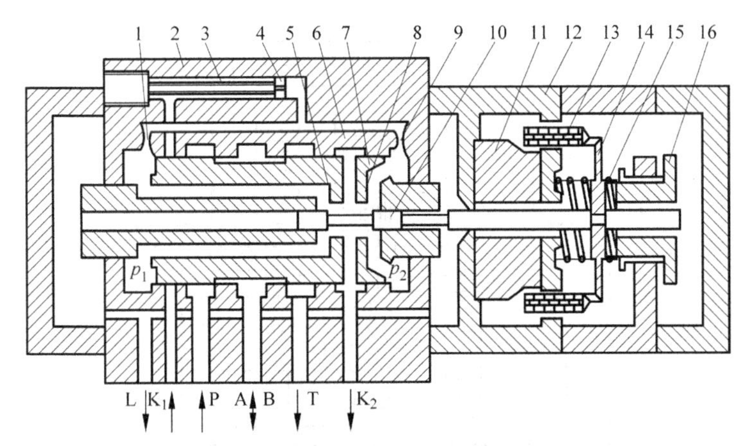

图 6-51 滑阀式直接反馈二级电液伺服阀的结构和工作原理图

(FIGURE 6-51 Schematic illustration of structure and operating principles of direct feedback spool-valve electro-hydraulic servo control valve)

1—固定左节流孔；2—壳体；3—过滤器；4—减压孔板；5—控制级左节流边；6—主滑阀；7—功率级滑阀阀芯（前置级的阀套）；8—控制级右节流边；9—固定右节流孔；10—控制阀芯；11—磁钢（永久磁铁）；12—外导磁体；13—动圈；14—内导磁体；15—对中弹簧；16—调节螺钉；P—进油口；A,B—工作油口；T—回油口；L—泄漏油口；K_1—控制级进油口；K_2—控制级回油口

滑阀式直接反馈二级电液伺服阀的优点是：

(1) 主滑阀阀芯两端作用面积大，从而加大了驱动力，故滑阀阀芯不易卡死；

(2) 固定节流口尺寸大，不易被堵塞，工作可靠；

(3) 采用动圈式力马达（输出直线位移），结构简单，功率放大系数较大，滞环小，工作行程较大。

2. 喷嘴挡板电液伺服阀(Electro-hydraulic servo nozzle flapper servo valves)

图 6-52 所示为喷嘴挡板式二级四通力反馈电液伺服阀的结构和工作原理图。图中上半部为衔铁式转矩马达，下半部为喷嘴挡板式和滑阀式液压放大器。挡板 11 和衔铁 6 及反馈弹簧杆 4 连接在一起，由固定在阀体 13 上的弹簧管 10 支承。反馈弹簧杆 4 下端为一球头，嵌放在滑阀阀芯 14 的凹槽内，由永久磁铁 8 和导磁体 5、7 形成一个固定磁场。当线圈 9 中没有电流通过时，不仅衔铁 6 和导磁体 5、7 间四个气隙中的磁通相等，且方向也相同，挡板 11 和衔铁 6 都处于中间位置，因此滑阀阀芯 14 中没有液压油输出。当有控制电流流入线圈 9 时，一组对角方向气隙中的磁通增加，另一组对角方向气隙中的磁通减小，于是衔铁 6 在磁力作用下克服弹簧管 10 的弹性反作用力而以弹簧管 10 中的某一点为支点偏转 θ 角，并偏转到磁力所产生的转矩与弹簧管 10 的弹性反作用力产生的反转矩平衡时为止。这时滑阀阀芯 14 尚未移动，而挡板 11 因随衔铁 6 偏转而发生挠曲，改变了它与两个喷嘴 3 和 12 之间的间隙，挡板 11 与右喷嘴 3 之间的间隙减小，挡板 11 与左喷嘴 12 之间的间隙增大。

进入伺服阀的压力油经过过滤器 1、两个对称的固定节流孔 2、15 和左右喷嘴 12、3 流回液压油箱。当挡板 11 挠曲，喷嘴与挡板两侧的两个间隙不相等时，左右喷嘴 12、3 两侧的压力 p_1 和 p_2 就不相等，即 $p_1<p_2$，它们作用在滑阀阀芯 14 左右端面上，使滑阀阀芯 14 向左移动一段距离，压力油就通过滑阀阀芯 14 上的一个阀口 A 输向一个执行元件，由执行元

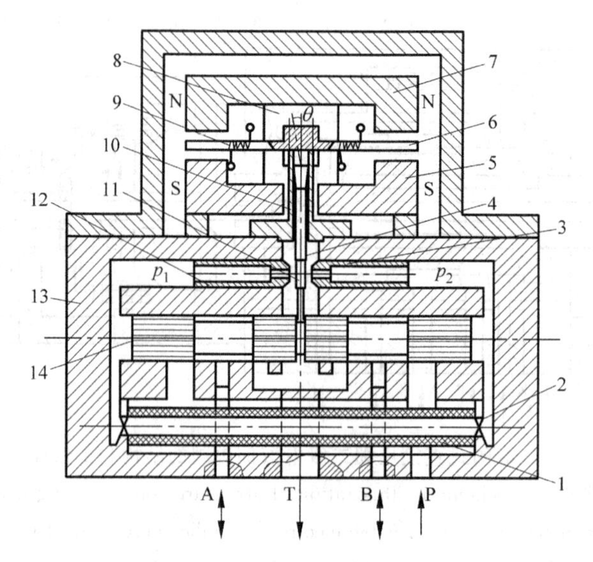

图 6-52　喷嘴挡板式二级四通力反馈电液伺服阀的结构和工作原理图
(FIGURE 6-52　Schematic illustration of structure and operating principles of force feedback nozzle flapper electro-hydraulic servo control valve)
1—过滤器；2,15—固定节流孔；3—右喷嘴；4—反馈弹簧杆；5,7—导磁体；6—衔铁；8—永久磁铁；9—线圈；10—弹簧管；11—挡板；12—左喷嘴；13—阀体；14—滑阀阀芯

件排出的油液经滑阀阀芯 14 上另一个阀口 B 和 T 流回液压油箱。当滑阀阀芯 14 移动时，反馈弹簧杆 4 下端球头跟着向左移动，在衔铁挡板组件上产生转矩，使衔铁 6 向相应方向偏转，并使挡板 11 在左右喷嘴 12、3 间的偏移量减少，这就是所谓力反馈。反馈作用的结果，使滑阀阀芯 14 两端的压差减小。当滑阀阀芯 14 通过反馈弹簧杆 4 作用于挡板 11 的转矩、喷嘴作用于挡板 11 的转矩以及弹簧管 10 的反转矩之和等于转矩马达产生的电磁转矩时，则滑阀阀芯 14 不再向左移动，并一直使其阀口保持在这一开度上。通入线圈 9 的控制电流越大，使衔铁 6 偏转的转矩、反馈弹簧杆 4 的挠曲变形、滑阀阀芯 14 两端的压差以及滑阀阀芯 14 的偏移量越大，伺服阀输出的流量也就越大。由于滑阀阀芯 14 的位移，左右喷嘴 12、3 与挡板 11 之间的间隙、衔铁 6 的转角都依次和输入电流成正比，因此喷嘴挡板式伺服阀的输出流量也和输入电流成正比。输入电流反向时，输出流量也反向。

喷嘴挡板式二级四通力反馈电液伺服阀，由于力反馈的存在，使得转矩马达在其零点附近工作，即衔铁 6 偏转角 θ 很小，故线性度好。此外，改变反馈弹簧杆 4 的刚度，就能在输入相同电流时改变滑阀阀芯 14 的位移量。这种伺服阀的外形尺寸小，结构紧凑，响应快。但挡板 11 与左右两个喷嘴 12、3 的工作间隙较小，对液压工作介质的清洁度要求比较高。

3. 射流管式电液伺服阀(Electro-hydraulic servo jet-flow pipe valves)

图 6-53 所示为射流管式伺服阀的结构和工作原理图。该阀采用衔铁式永磁转矩马达 1 带动射流管 2，射流管 2 焊接于衔铁 9 上，并由薄壁弹簧片支承，两个接收孔 a 和 b 直接和主阀阀芯 4 两端面连接，控制主阀阀芯 4 运动。主阀阀芯 4 靠一个板簧定位，其位移与主阀阀芯 4 两端压力差成比例。

射流管式伺服阀的优点是：结构简单，最小通流尺寸(射流管口尺寸)比喷嘴挡板的工

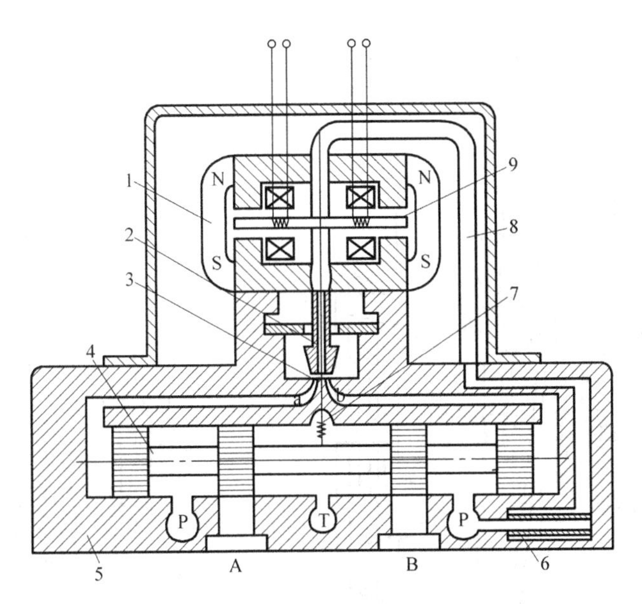

图 6-53　常见的射流管式力反馈两级电液流量伺服阀的结构和工作原理图
(FIGURE 6-53　Schematic illustration of structure and operating principles of force feedback jet-flow pipe electro-hydraulic servo control valve)
1—转矩马达；2—射流管；3—射流接收器；4—阀芯；5—阀体；
6—过滤器；7—反馈弹簧；8—柔性供压管；9—衔铁

作间隙大 4～10 倍，对油液的清洁度要求不高，抗污染能力强，动作可靠性较好。缺点是：零位泄漏量大；受油液黏度变化影响明显，低温特性差；转矩马达带动射流管，负载惯量大，工作性能差；射流能量损耗大，效率较低。

6.8.3　机液伺服控制阀

轴向柱塞泵的手动伺服变量机构的结构和工作原理图如图 6-54 所示。机液伺服阀的输入信号为手控或机动的位移量。主要由单向阀 1、斜盘 2、阀体 4、变量活塞 5、阀套 6、阀芯 7 和控制杆 8 等零件组成。液压泵输出的压力油 p 经液压泵壳体上的通道、变量机构下方的单向阀 1 进入变量活塞 5 的下腔 f，然后经变量活塞 5 上的通道 g 引到机液伺服阀的阀口 b。图示位置，机液伺服阀的阀口 b 和 d 都关闭，变量活塞 5 的上腔 a 为密闭容积。在变量活塞 5 下腔压力油的作用下，上腔油液形成相应的压力使变量活塞 5 受力平衡(由于变量活塞 5 上、下两腔有效作用面积之比设计为 2∶1，因此上腔 a 的压力为下腔 f 的压力的 1/2)。此时，液压泵斜盘 2 的倾角和排量皆为零。

若用力向上提拉控制杆 8 带动伺服阀阀芯 7 向上移动时，阀口 d 开启，变量活塞 5 上腔 a 中油液经变量活塞 5 内的通道 c、阀口 d 流向液压油箱。于是变量活塞 5 上腔 a 的压力下降，变量活塞 5 就会带着阀套 6 一起向上移动，通过球铰 3 带动斜盘 2 摆动，使斜盘 2 倾角增大。由于伺服阀阀套 6 与变量活塞 5 刚性地连成一体，因此在变量活塞 5 向上移动的同时反馈作用给伺服阀阀套 6，当变量活塞 5 的移动量与控制杆 8 的位移量相等时，阀口 d 关闭，变量活塞 5 因油路切断而停止向上移动，变量活塞 5 受力重新平衡，使斜盘 2 保持在一个方向向下的倾角的位置上。若反向向下推压控制杆 8，则阀口 b 开启，变量活塞 5 下腔压

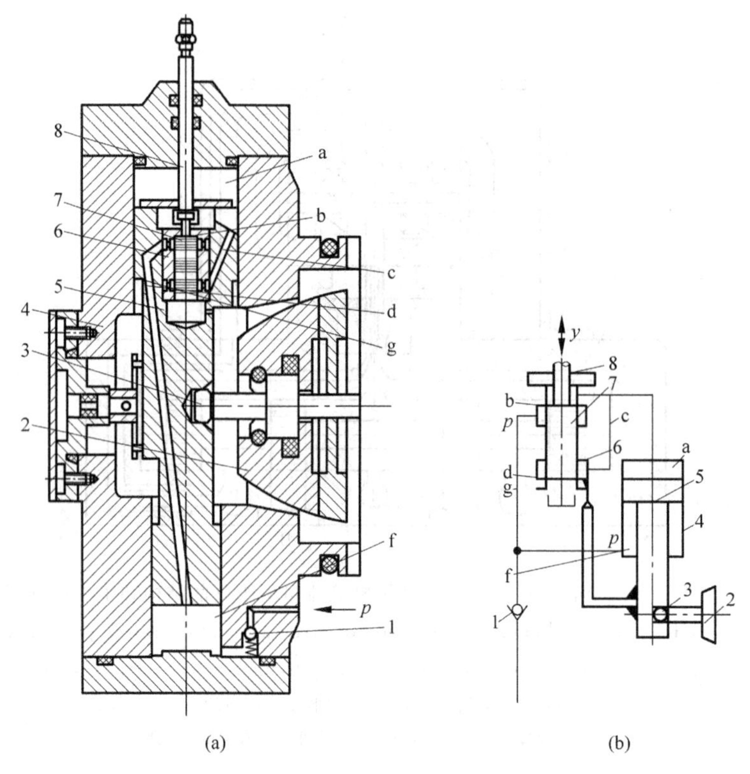

图 6-54　轴向柱塞泵手动伺服变量机构的结构和工作原理图

(FIGURE 6-54　Schematic illustration of structure and operating principles of axial piston pump manually operated servo variable displacement mechanism)

(a) 结构图；(b) 原理图

1—单向阀；2—斜盘；3—球铰；4—阀体；5—变量活塞；6—伺服阀阀套；7—阀芯；8—控制杆

力油经阀口 b 通到上腔，上腔压力增大，变量活塞 5 向下移动。当变量活塞 5 的移动量与控制杆 8 的位移量相等时，阀口 b 关闭，变量活塞 5 下移停止并重新受力平衡，使斜盘 2 保持在一个方向向上的倾角位置上。

由以上所述可知，输入给控制杆 8 一个位移信号，变量活塞 5 将跟随产生一个同方向的位移，轴向柱塞泵的斜盘 2 摆动为某一角度，轴向柱塞泵输出一定的流量，流量的大小与控制杆 8 的位移信号成比例。控制控制杆 8 位移的方向和大小即可调节液压油流动的方向和流量的大小。由于操纵控制杆 8 所需要的力并不大，所以改变液压泵在带负载工作时的排量也方便、容易。

6.9　电液比例控制阀

电液比例控制是 20 世纪 60 年代发展起来的一种新型液压技术，是介于普通液压阀的开关控制和电液伺服控制之间的控制方式。它能实现对液流方向、压力和流量连续地、按比例地跟随控制电信号而变化。因此，它的控制性能优于普通液压阀的开关控制，与电液伺服控制相比，其控制精度和响应速度较低，但它的制造成本、抗污染能力等方面都优于电液伺服控制，近年来在国内外得到重视，发展较快。电液比例控制的核心元件是电液比例控制阀，它多应用于要求实现计算机控制、远距离控制，对控制精度要求不太高的一般工业部门。

早期出现的电液比例阀只是将普通液压控制阀的手调机构和电磁铁更换为比例电磁铁控制，阀体部分不变，为开环控制形式。后来逐渐发展为带内反馈的闭环控制形式，因此控制性能得到了很大的提高。

根据用途和工作特点的不同，电液比例控制阀可以分为电液比例方向控制阀、电液比例压力控制阀和电液比例流量控制阀等三类。

6.9.1　电液比例控制阀的主要性能指标

电液比例控制阀的主要性能包括静态特性和动态特性两个方面。

1. 静态特性(Static characteristics)

电液比例控制阀的静态特性是指在稳定的工况下，比例控制阀的各静态参数(输入电流或电压与输出流量、压力)之间的相互关系。电液比例控制阀的静态特性通常用静态特性曲线描述。静态特性曲线描述的是在稳定的工况下，被控参数(压力 p 或者流量 q)随输入的电信号 I_n(电流或者电压)由 0 增加到额定值，再从额定值减小到 0 过程中的变化曲线，如图 6-55 所示。

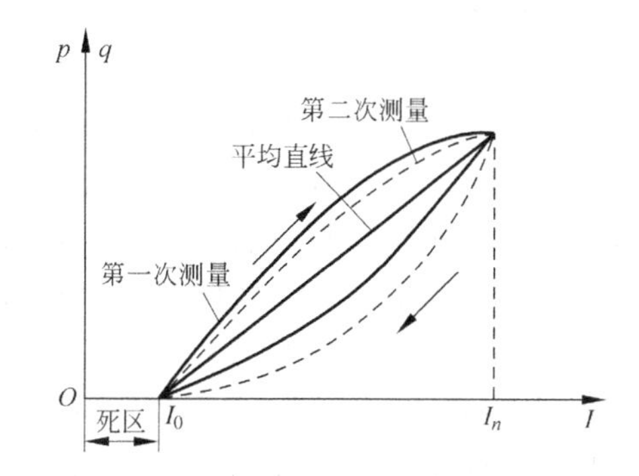

图 6-55　电液比例控制阀的静态特性曲线
(FIGURE 6-55　Schematic illustration of static characteristic curves of electro-hydraulic proportional control valves)

电液比例控制阀的静态特性曲线应为通过坐标原点的一条直线，以保证被控参数与输入信号完全成同一比例。但是，由于阀内存在机械死区、磁滞和摩擦等因素的影响，所以比例控制阀的实际静态特性曲线是一条不通过坐标原点的封闭曲线，该曲线与通过两端的平均直线之间的差别反映了稳态工况下比例控制阀的性能和控制精度。用于描述这些差别的静态性能指标主要有滞环、分辨率、线性范围和线性度以及重复精度等。

1) 滞环

在静态特性曲线上，输入信号在作一次往复循环中，对应于输出量的同一值，输入电信号的最大差值 ΔI_{max} 与(I_n-I_0)的百分比，被称为电液比例控制阀的滞环误差 H_z，简称滞环。H_z 值越小，比例控制阀的静态特性就越好。电液比例控制阀的滞环一般在 1%～5% 之间。

2) 分辨率

电液比例控制阀的分辨率是指使被控制量发生变化所需的输入电信号的最小变化值 ΔI_{min} 对(I_n-I_0)的百分比。分辨率反映了电液比例控制阀的灵敏度，其值越小静态特性就越好；但分辨率不能过小，否则会使电液比例控制阀的工作不稳定。一般比例压力控制阀的分辨率小于 2%，比例流量控制阀的分辨率在 2%～5%之间。

3）线性范围和线性度

为了保证电液比例控制阀输出的压力或流量与输入的电流成正比变化，一般将压力-电流、流量-电流的工作范围取在特性曲线的近似直线部分，这个工作范围被称为电液比例控制阀的线性范围。线性范围越大，电液比例控制阀的调节范围越大，性能就越好。

电液比例控制阀的线性度是指实际静态特性曲线的各个点与平均直线之间的最大电信号的偏差值 ΔI_{max} 与 $(I_n - I_0)$ 的百分比。线性度越小，比例阀的静态特性就越好，通常电液比例控制阀的线性度一般在3%～10%之间。

4）重复精度

电液比例控制阀的重复精度是指在某一输出参数不变时，从一个方向多次重复输入控制电信号，多次输入信号的最大差值 ΔI_{max} 与 $(I_n - I_0)$ 的百分比。重复精度越小，电液比例控制阀的静态特性就越好。电液比例控制阀的重复精度一般在0.5%～2%之间。

2. 动态特性(Dynamic characteristics)

电液比例控制阀的动态特性可以用时域响应特性曲线和频域响应特性曲线表示。

1）时域响应特性

电液比例控制阀的时域响应特性又称为瞬态响应特性，是指对比例控制阀施加一个典型输入信号时，比例控制阀的输出流量对输入信号的跟踪过程中所表现出的振荡衰减特性。输入信号为一阶跃信号（电压信号）时电液比例压力控制阀的输出压力的响应特性曲线如图6-56所示。瞬态响应特性反映了电液比例压力控制阀响应的快速性，用于描述电液比例压力控制阀瞬态响应特性的动态性能指标主要有最大超调量、滞后时间、上升时间、峰值时间和响应时间等。

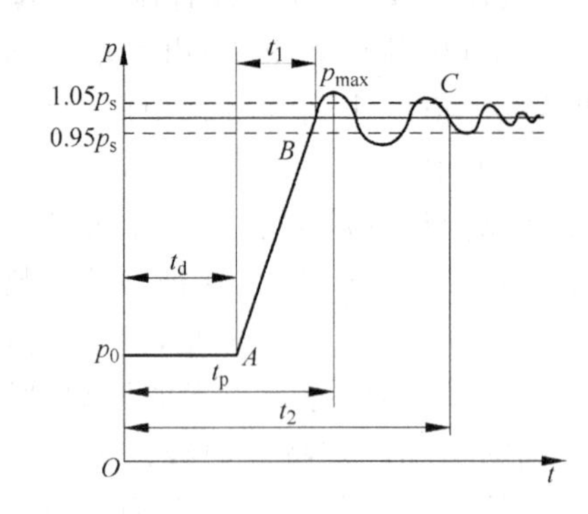

图6-56　电液比例压力控制阀的动态特性曲线
(FIGURE 6-56　Schematic illustration of dynamic characteristic curves of electro-hydraulic proportional pressure control valves)

（1）最大超调量

最大超调量是指控制输出量的最大瞬时峰值 p_{max} 与稳态值 p_s 之差及其与 p_s 的百分比，它是衡量电液比例压力控制阀的动态误差及稳定性的重要指标。一般最大超调量要尽可能地小。

（2）滞后时间 t_d

滞后时间 t_d 是指从输入阶跃信号发生时刻起到控制输出量响应，达到稳定值的5%所经历的时间。

（3）上升时间 t_1

上升时间 t_1 是指当输入阶跃信号发生后，被控制输出量第一次从稳定值（设定值）的5%上升到稳定值的95%所经历的时间。

（4）峰值时间 t_p

峰值时间 t_p 是指从输入阶跃信号发生时刻起到控制输出量上升至最大峰值所经历的时间。

(5) 响应时间 t_2

响应时间 t_2 是指当输入阶跃信号发生时刻至控制输出量第一次达到并保持其相对误差在稳定值±5%范围内所经历的时间。

2) 频域响应特性

频域响应特性是被测液压传动系统对一组不同频率的等幅正弦输入信号的响应特性。频域响应特性包括幅频特性和相频特性两个方面，常用波特图表示，如图6-57所示。幅频特性是指当给比例放大器输入一组幅值不变而频率不同的正弦控制输入信号时(电压或电流)，在不同频率下测得控制输出量的幅值 A 与起始频率(一般取0.1Hz)下控制输出量的幅值 A_0 的比值。相频特性是指不同频率下控制输出量与输入信号的相位差。

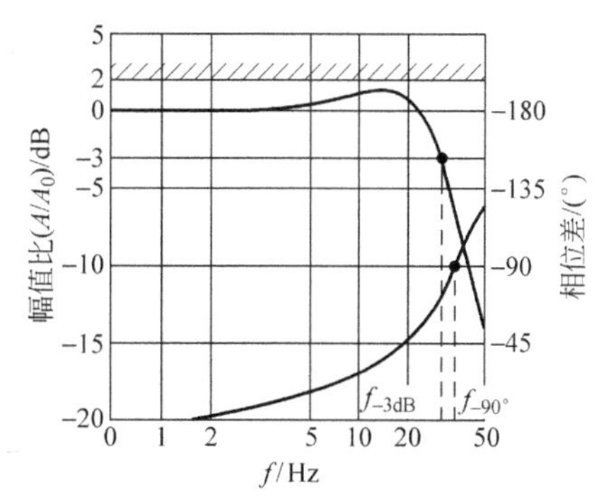

图6-57　幅频响应波特图

(FIGURE 6-57　Amplitude and frequency response Bode diagram)

描述频域响应特性的主要性能指标有幅频宽、相频宽、最大幅值比和谐振频率等。

(1) 幅频宽

幅频宽是指幅值比 $A/A_0=-3$dB时的频率，此时控制输出量为基准频率下控制输出量的70.7%，该频率常用符号 f_{-3dB} 表示。

(2) 相频宽

相频宽是指相位滞后−90°时的频率，常用符号 $f_{-90°}$ 表示。

通常取幅频宽和相频宽中较小者作为比例阀的频宽，它是反映比例控制阀动态响应速度的一个指标。频宽过低会影响比例控制阀的响应速度，过高会将高频传递到外负载上去。一般比例控制阀的频宽为1～10Hz，高性能比例控制阀的频宽可以达到100Hz以上。

(3) 最大幅值比

最大幅值比是指幅频特性上出现极值处的幅值比。

(4) 谐振频率

谐振频率是指对应于幅频特性上幅值比出现极值处的频率。

6.9.2　电液比例压力控制阀

按照阀芯的结构形式可以将其分为锥阀式、滑阀式和插装式等；电液比例压力控制阀按用途不同，有电液比例溢流阀、电液比例减压阀之分；按照阀芯位数可以分为二位阀和三位阀；按照控制功率大小的不同，可分为直动式和先导式。直动式电液比例溢流阀控制功率较小，通常控制流量为1～3L/min，低压力等级的最大流量可达10L/min。直动式电液比例压力阀可以用作先导阀，从而构成先导式的比例溢流阀、比例减压阀和比例顺序阀等元件。

不带反馈的直动式电液比例溢流阀主要由两部分组成，左侧部分为比例电磁铁，右侧部分为直动式溢流阀。不带反馈的直动式电液比例溢流阀的结构、工作原理图及图形符号如图6-58所示。当比例电磁铁5输入控制电流信号后，衔铁推杆4输出的推力通过弹簧3作用在锥阀阀芯2上，与来自进油口P的油液压力相平衡。当右端油液压力大于衔铁推杆4

的推力时，锥阀阀芯 2 被打开溢流，油液通过阀口经出油口 T 流出。连续地改变控制电流的大小，即可连续按比例地控制锥阀的开启压力。

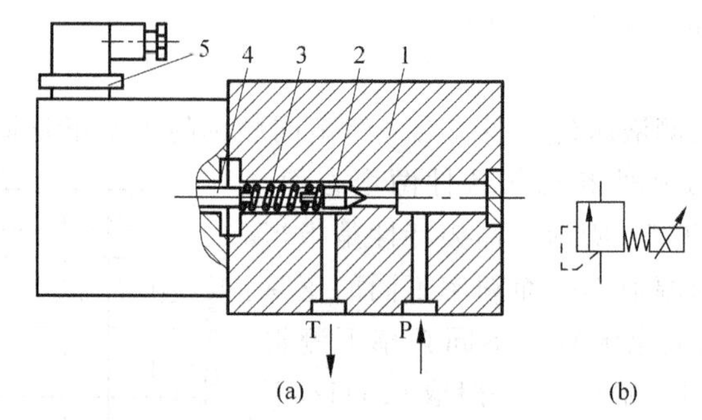

图 6-58　不带反馈的直动式电液比例溢流阀的结构和工作原理图及图形符号

(FIGURE 6-58　Schematic illustration of structure and operating principles and diagram symbols of without feedback direct operated electro-hydraulic proportional pressure relief valves)

(a) 溢流阀结构与工作原理；(b) 图形符号

1—阀体；2—锥阀阀芯；3—弹簧；4—衔铁推杆；5—比例电磁铁

位移反馈型直动式电液比例溢流阀的结构、工作原理图及图形符号如图 6-59 所示。位移反馈型直动式电液比例溢流阀与图 6-58 中不带反馈的直动式电液比例溢流阀结构类似，只是增加了一个位移传感器 6，可以利用传感器 6 检测到衔铁推杆 4 的实际位置实现闭环控制，从而实现了对压力进行精确控制的目的。

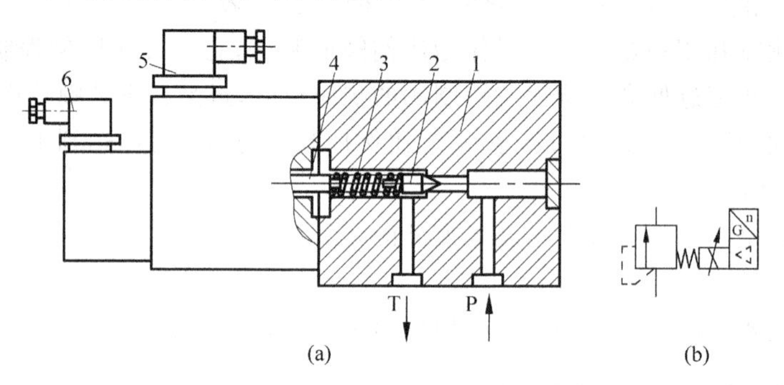

图 6-59　带反馈的直动式电液比例溢流阀的结构和工作原理图及图形符号

(FIGURE 6-59　Schematic illustration of structure and operating principles and diagram symbols of with feedback direct operated electro-hydraulic proportional pressure relief valves)

(a) 结构与工作原理；(b) 图形符号

1—阀体；2—锥阀阀芯；3—弹簧；4—衔铁推杆；5—比例电磁铁；6—位移传感器

直动式电液比例压力阀可以用作先导阀，从而构成先导式的比例溢流阀、比例减压阀和比例顺序阀等元件，其工作原理与普通先导阀的工作原理类似，此处不再赘述。

6.9.3　电液比例方向控制阀

电液比例方向控制阀也有直动式和先导式之分，并各有开环控制和阀芯位移反馈闭环控制两大类。有的电液比例方向控制阀还用定差减压阀或定差溢流阀对其阀口进行压力补偿，构成电液比例方向流量控制阀。电液比例方向控制阀能够根据输入信号的极性和幅值大小，同时对液流的方向和流量进行控制。液流的流动方向取决于相应比例电磁铁是否受到激励，在压力差恒定的条件下，通过电液比例方向控制阀的流量与输入电信号的幅值成正比。电液比例方向控制阀在通过全流量时的压力损失小，一般为 0.25～0.8MPa。

图 6-60 所示为直动式三位四通电液比例方向控制阀的结构、工作原理图和图形符号。直动式三位四通电液比例方向控制阀由比例电磁铁直接推动阀芯左右运动来工作。它主要由两个比例电磁铁 1 和 8、衔铁推杆 2 和 7、对中弹簧 3 和 6、阀体 4 和阀芯 5 组成。当比例电磁铁 8 通电时，阀芯 5 向左移动，油口 P 与油口 B 相通，油口 A 与油口 T 相通；反之，当比例电磁铁 1 通电时，阀芯 5 向右移动，油口 P 与油口 A 相通，油口 B 与油口 T 相通。阀口的开度与输入比例电磁铁的电流大小成正比。由于电磁力的限制，直动式电液比例方向控制阀只能用于流量较小（50L/min 以下）的场合。

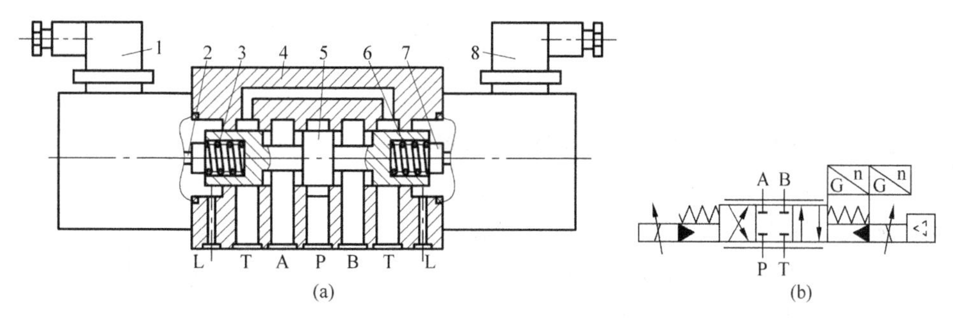

图 6-60　电液比例方向控制阀的结构和工作原理图及图形符号

(FIGURE 6-60　Schematic illustration of structure and operating principles and diagram symbols of electro-hydraulic proportional directional control valves)

(a) 三位四通控制阀结构与工作原理；(b) 图形符号

1,8—比例电磁铁；2,7—衔铁推杆；3,6—对中弹簧；4—阀体；5—阀芯；

A,B—工作油口；P—进油口；T—回油口；L—泄油口

6.9.4　电液比例流量控制阀

电液比例流量控制阀用于控制液压传动系统的流量，它与普通流量控制阀的主要区别是用电-机械转换器代替原来的手调机构，用于调节节流口的通流截面面积，使输出流量与输入的电信号成正比。

电液比例流量控制阀按是否对节流口两端压差进行压力补偿分为电液比例节流阀和电液比例调速阀两类；按控制原理可分为直动式和先导式。

1. 普通型电液比例调速阀

普通型电液比例调速阀的结构、工作原理图和图形符号如图 6-61 所示。由位置输出型比例电磁铁 3 和衔铁推杆 2 驱动节流阀阀芯 1 产生位移，调节节流口的通流截面面积，使输出流量与输入的电信号成正比。

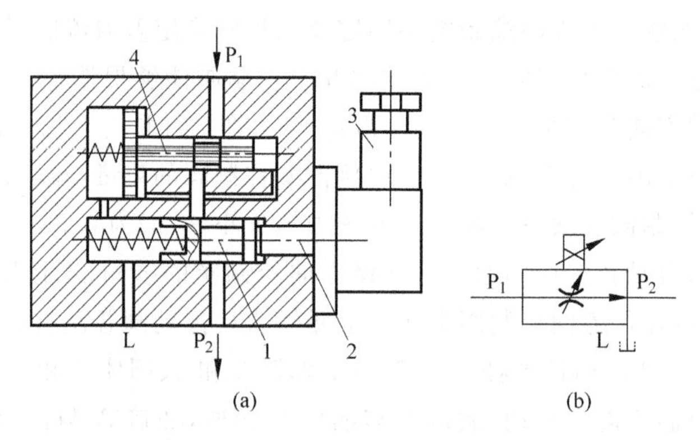

图 6-61 电液比例调速阀的结构和工作原理图及图形符号

(FIGURE 6-61 Schematic illustration of structure and operating principles and diagram symbols of electro-hydraulic proportional 2-way flow control valves with pressure compensators)

(a) 调速阀结构与工作原理；(b) 图形符号

1—节流阀阀芯；2—衔铁推杆；3—比例电磁铁；4—定差减压阀；

P_1—进油口；P_2—出油口；L—泄油口

2. 流量-位移-力反馈型电液比例流量控制阀

流量-位移-力反馈型电液比例流量控制阀主要由比例电磁铁 1、先导阀阀芯 2、流量传感器阀芯 6、主节流阀阀芯 8 等组成。图 6-62 所示为流量-位移-力反馈型电液比例流量控制阀的结构和工作原理。其工作原理是：流量-位移-力反馈电液比例流量控制阀的 P_1 口与液压泵及组成的恒压油源相连接，P_2 口与执行元件连接。当比例电磁铁 1 不通电时，先导阀阀芯 2 与先导阀阀口 3、流量传感器阀芯 6 与阀体阀口、主节流阀阀芯 8 节流口均关闭。当比例电磁铁 1 通电时，先导阀阀芯 2 向下移动，开启先导阀阀口 3，先导控制油从 P_1 口经液阻 10 及 9、先导阀阀芯 2 与先导阀阀口 3 进入流量传感器阀芯 6 下腔，推动流量传感器阀芯 6 克服弹簧 4 和 5 的弹簧力向上移动，使流量传感器阀芯 6 与阀体阀口开启。当液阻 10 中有先导流量通过时，主节流阀阀芯 8 左腔压力降为 p_2，使主节流阀阀芯 8 开启，主流量经主节流阀阀口和流量传感器阀芯 6 后流向 P_2 口。由于流量传感器阀芯 6 特殊设计的阀口的补偿作用，使通过其阀口的流量与位移呈线性关系。流量传感器阀芯 6 的位移经反馈弹簧 5 作用于先导阀阀芯 2，形成流量-位移-力反馈的闭环控制。若忽略先导阀阀芯 2 上的液动力、摩擦力和重力等影响，在稳

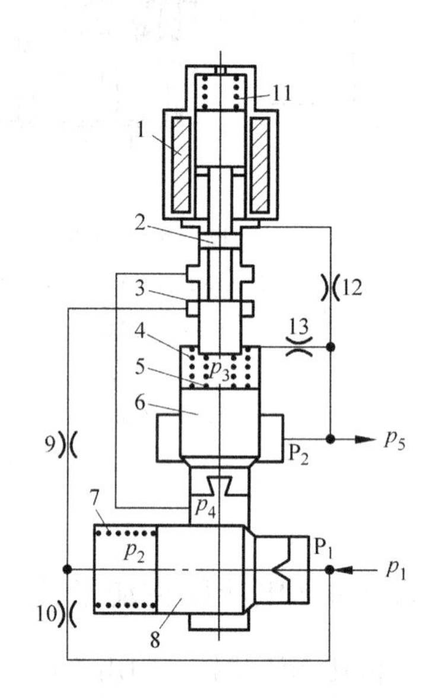

图 6-62 流量-位移-力反馈电液比例流量控制阀的结构和工作原理图

(FIGURE 6-62 Schematic illustration of structure and operating principles of electro-hydraulic proportional flow control valves with flow and distance and force feedback)

1—比例电磁铁；2—先导阀阀芯；3—先导阀阀口；4,5,7,11—弹簧；6—流量传感器阀芯；8—主节流阀阀芯；9,10,12,13—液阻

态时输入电流产生的电磁力与反馈弹簧5的弹簧力相平衡，即控制电流与流量传感器阀芯6的位移亦即通过流量-位移-力反馈电液比例流量控制阀的流量成正比。当外负载发生变化时，如输出压力 p_5 下降，则流量传感器阀芯6的上腔压力 p_3 下降，使流量传感器阀芯6失去平衡，向上移动开度有增大的趋势，相应地使弹簧5反馈力增大。将导致先导阀阀芯2与先导阀阀口3开口量减小，并使主节流阀阀芯8左腔压力 p_2 增大，从而主节流阀阀芯8与阀体的开口关小，流量传感器阀芯6下端压力 p_4 随之减小，于是使流量传感器阀芯6向下移动重新关小，回复到原来设定的位置上。由此可知，由于外负载的变化引起的输出流量变化不是依靠压力差来补偿的，而是依靠主节流阀阀芯8与阀体开口之间形成的通流截面面积的变化来补偿。这就是流量-位移-力反馈型电液比例流量控制阀与传统的压力补偿型流量控制阀的不同之处。其中液阻9为温度补偿液阻。液阻12和13是动态压力反馈液阻，用于提高流量-位移-力反馈型电液比例流量控制阀的动态特性。

6.10 电液数字控制阀

6.10.1 电液数字控制阀的特点及分类

用数字信息直接控制阀口的开启和关闭，从而实现液流压力、流量和方向控制的液压控制阀被称为电液数字控制阀，简称数字阀。20世纪80年代初出现的电液数字控制阀用于液压传动系统可省去数模(D/A)转换器。计算机输出的数字控制信号可直接输入数字电子控制放大器，驱动电液数字控制阀。数字电子控制放大器线路简单、分辨率高，可使液压传动系统有很小的滞环和极高的重复精度。电液数字控制阀与电液伺服阀和电液比例阀相比，具有结构简单、工艺性好、价格低廉、抗污染能力强、工作稳定可靠及功耗小的优点。在计算机实时控制的电液传动系统中，电液数字控制阀已部分取代电液伺服控制阀或电液比例阀，为计算机在液压传动与控制领域的应用开拓了一个新的途径。

从流体控制的角度看，电液数字控制阀可分为连续流体控制和脉冲流体控制，两者的驱动阀和控制阀的电路不同。

用步进电动机驱动的增量式数字阀输出连续流体，用高速开关电磁铁驱动的数字阀输出脉冲流体。产生脉冲流体的方法有脉冲宽度调制(PWM)控制法、脉码调制(PCM)控制法、脉冲频率调制(PFM)控制法、脉冲振幅调制(PAM)控制法及脉冲数调制(PNM)控制法等。

步进电动机驱动的增量式数字阀使用较成熟，国外已有系列产品，脉冲宽度调制(PWM)式电液数字控制阀尚在研制阶段。

6.10.2 增量式电液数字控制阀

增量式电液数字控制阀用步进电动机作电-机械转换器。增量控制法是在脉冲数调制(PNM)信号中，使每个采样周期的脉冲数在前一采样周期的脉冲数基础上增加或减少一些脉冲数，以达到需要的幅值。

增量式电液数字控制阀用于液压传动系统的框图如图6-63所示。计算机根据控制要求发出脉冲序列，经驱动电源放大后使步进电动机按信号动作。步进电动机每得到一个脉冲后便向控制信号给定的方向旋转一个步距角，然后再通过机械转换器(丝杠-螺母副、齿轮齿条或凸轮机构)使步进电动机的转角 $\Delta\theta$ 转换为直线位移 Δx，从而带动阀芯或挡板等移动，开启阀口。步进电动机转过一定步数，使阀口获得一相应开度，从而实现流量控制。

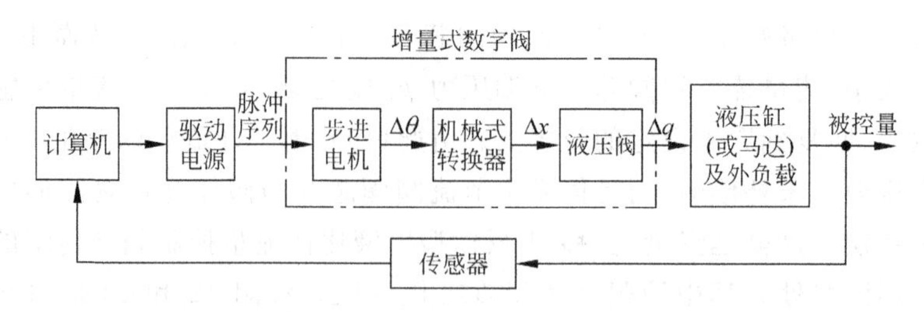

图 6-63　增量式数字控制阀控制系统工作原理框图

(FIGURE 6-63　Schematic illustration of operating principles of increment electro-hydraulic digital control valves hydraulic transmission system)

增量式数字阀已有数字压力控制阀、数字流量控制阀和数字方向流量控制阀等系列产品，控制方式也有直动式和先导式两类。数字流量控制阀和数字方向流量控制阀可采用定差减压阀或定差溢流阀进行压力补偿。图 6-64 所示为一种步进电动机直接驱动的增量式数字节流阀的结构、工作原理图和图形符号。当计算机给出脉冲信号经过驱动放大器放大后，驱动步进电动机 4 旋转，通过与步进电动机相连的滚珠丝杠 3 将转角转化为直线位移，带动阀芯 2 运动，使阀口开启。步进电动机转过一定步数，可控制阀口的一定开度，从而实现流量控制。该阀属于开环控制，零位传感器 5 的作用是在每个控制周期结束时控制阀芯 2 回到零位，保证数字阀的重复精度。阀套 1、阀芯 2、连杆 6 的热膨胀可以对温度引起的流量变化起到补偿作用。该阀有两个节流口：节流口 7 为非全圆周开口，节流口 8 为全圆周开口。阀芯 2 向右移动时，首先开启非全圆周开口节流口 7，此时阀开口较小，流量相应地也较小；继续向右移动时打开全圆周开口节流口 8，阀的开口增大，两节流口 7 和 8 同时通油，流量增大，最大流量可达 3600L/min。这种节流开口大小分两段调节的形式，可改善小流量时的调节性能。

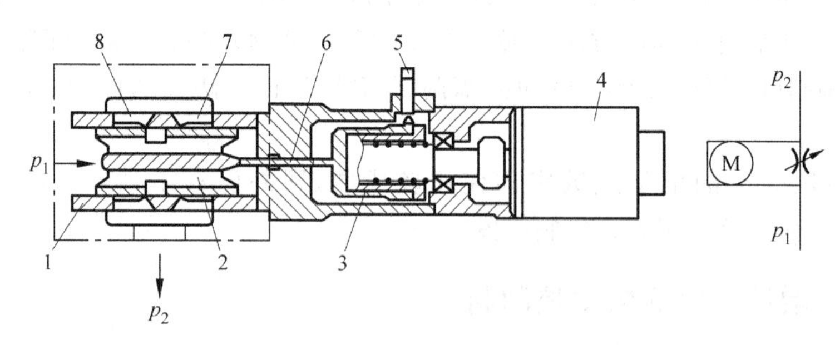

图 6-64　增量式数字节流阀的结构和工作原理图及图形符号

(FIGURE 6-64　Schematic illustration of structure and operating principles and diagram symbols of increment electro-hydraulic digital throttle valves)

1—阀套；2—阀芯；3—滚珠丝杠；4—步进电动机；5—零位传感器；6—连杆；7,8—节流口

6.10.3 脉宽调制式电液数字控制阀

脉冲宽度调制(PWM)信号是具有恒定频率、不同开启时间比率的信号,如图 6-65 所示。脉冲宽度时间 t_n 对采样时间 T 的比值称为脉宽占空比。若用脉宽信号对连续信号进行调制,就将图 6-65(a)中的连续信号调制为图 6-65(b)中的脉宽信号。当调制的量是流量时,每个采样周期的平均流量$\overline{q}=q_n t_n/T$ 就与连续信号处的流量相对应。脉宽调制式电液数字控制阀的控制信号是一系列幅值相等而在每一周期内宽度不同的脉冲信号,以每个脉冲开启时间的长短来控制流量或压力,因此输出的是一种脉冲流体。在控制过程中,液压阀只有与脉冲信号相对应的快速切换开和关两种状态,所以脉宽调制式数字阀又称为脉宽调制式高速开关数字阀,简称高速开关数字阀。

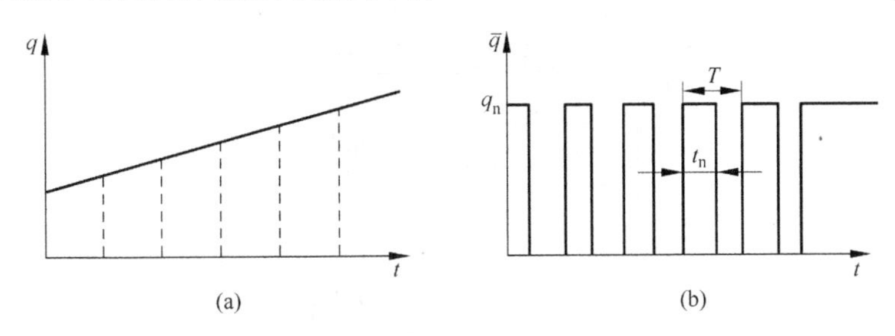

图 6-65 脉宽调制信号控制模型

(FIGURE 6-65 Pulse width modulation signal control model)

(a) 流体连续控制;(b) 脉冲流体控制

q_n—额定流量;t_n—有效脉宽;$\overline{q}$—每采样周期平均流量

图 6-66 所示为脉宽调制式数字阀电液控制液压传动系统的工作原理框图。计算机产生脉宽调制的脉冲数字信号经脉宽调制放大器调制放大后驱动高速开关数字阀,控制压力、流量使执行元件克服外负载阻力运动。在闭环控制系统中,由传感器检测的输出信号反馈到计算机中形成闭环控制系统。

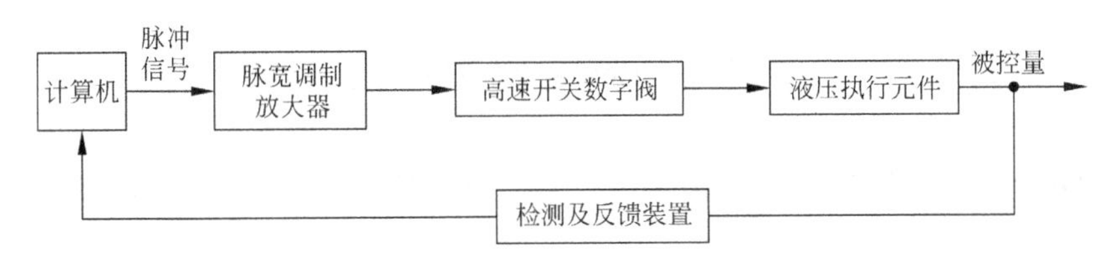

图 6-66 脉宽调制式数字阀电液控制液压传动系统工作原理框图

(FIGURE 6-66 Schematic illustration of operating principles of pulse width modulation electro-hydraulic digital control valves hydraulic transmission system)

PWM 式数字阀有二位二通和二位三通两种,两者均有常开和常闭两类。按照阀芯结构可以分为滑阀式、球阀式、锥阀式和喷嘴挡板阀。该阀电-机械转换器由转矩马达、高速开关电磁铁、动圈、磁致伸缩元件、压电晶体元件等组成。为了减少泄漏和提高工作压力,高速开关数字阀一般采用球阀或锥阀结构,也有采用喷嘴挡板阀结构的。

球阀式二位三通高速开关数字阀的结构和工作原理如图 6-67 所示。它由两个先导级二位三通球阀4、7和两个功率级二位三通球阀5、6组成。根据线圈1通电方式的不同，衔铁2可以作顺时针或逆时针摆动。当脉冲信号使转矩马达通电时，若衔铁2作顺时针偏转，右推杆3使先导级球阀4向下运动，关闭压力油口P，接通油腔L_2和回油口T，功率级球阀5在压力油的作用下向上运动，接通工作油口A和压力油口P。与此同时，先导级球阀7在压力油的作用下向上运动，接通压力油口P和油腔L_1，功率级球阀6在压力油的作用下向下运动，断开压力油口P与回油口T。反之，当转矩马达通电使衔铁2作逆时针偏转时，情况刚好相反，工作油口A与回油口T相通。这种阀的工作压力可达20MPa，额定流量1.2L/min，最短切换时间为0.8ms。

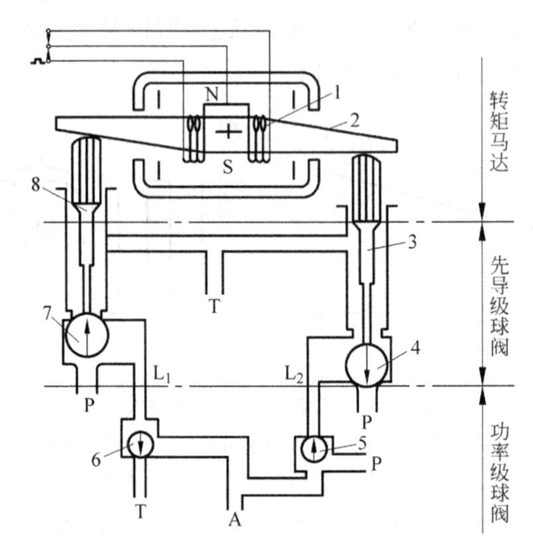

图6-67 球阀式二位三通高速开关数字阀的结构和工作原理图

(FIGURE 6-67 Schematic illustration of structure and operating principles of three-way-two-position high speed switch ball modelelectro-hydraulic digital control valves)

1—线圈；2—衔铁；3—右推杆；4,7—先导级球阀；5,6—功率级球阀；8—左推杆

重点和难点课堂讨论

课堂讨论：先导式控制阀的工作原理和滑阀式换向阀中位机能的特性及应用。

典型案例分析

案例 图6-68所示为定位夹紧液压传动系统，(1)试问阀5、7、10、13各是什么液压阀？各起什么作用？(2)叙述液压传动系统的工作原理。(3)如果定位压力为2MPa，夹紧液压缸12无杆腔面积为$0.02m^2$，夹紧力为50kN，则5、7、10、13各液压阀的调整压力是多少？

解 (1)液压阀5是高压小流量液压泵3的溢流阀，夹紧工件后起溢流稳压作用。液压阀7是低压大流量液压泵2的卸荷溢流阀，定位工件后使液压泵2卸荷。液压阀10是顺序阀，其作用是使定位液压缸11先动作，夹紧液压缸后动作。液压阀13是压力继电器，其

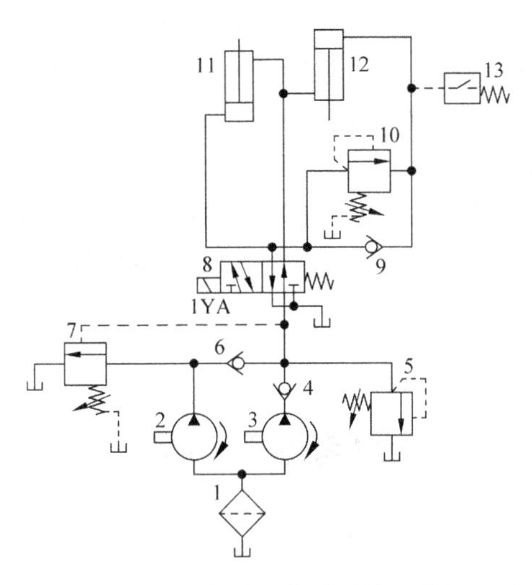

图 6-68　工件夹紧液压传动系统工作原理图

(FIGURE 6-68　Schematic illustration of operating principles of hydraulic transmission control system used in workpiece clamped on the tooling and fixture)

1—过滤器；2—低压大流量液压泵；3—高压小流量液压泵；4,6,9—单向阀；5—高压溢流阀；7—低压溢流阀；8—二位五通电磁换向阀；10—液压阀；11—定位液压缸；12—夹紧液压缸；13—压力继电器

作用是当液压传动系统压力达到夹紧压力时发出电信号，控制进给液压传动系统的电磁换向阀换向。

(2) 液压传动系统的工作原理是：当电磁铁 1YA 通电，电磁换向阀 8 左位处于工作状态时，双液压泵 2 和 3 同时供液压油，定位液压缸 11 运动进行定位。此时液压传动系统压力小于顺序阀 10 的调定压力，所以夹紧液压缸 12 不动作。当定位动作结束后，液压传动系统压力升高到顺序阀 10 的调定压力时，顺序阀 10 开启，夹紧液压缸 12 运动。当夹紧后的压力达到所需要的夹紧力时，卸荷溢流阀 7 使低压大流量液压泵 2 卸荷，此时仅由高压小流量液压泵 3 供油补偿泄漏，保持液压传动系统压力，夹紧力的稳定由溢流阀 5 实现。

(3) 顺序阀 10 的调定压力 $p=2\text{MPa}$，溢流阀 5 的调定压力 $p=F/A=50\,000/0.02\times 10^{-6}\text{MPa}=2.5\text{MPa}$，压力继电器 13 的调定压力 $p>2.5\text{MPa}$，卸荷溢流阀 7 的调定压力 $2\text{MPa}<p<2.5\text{MPa}$。

本章小结

液压控制阀是直接影响液压传动系统工作特性和工作过程的重要元件。在液压传动系统中，液压控制阀被用来控制液压工作介质的压力、流量和方向，保证执行元件按照外负载的需求进行工作。压力控制阀主要有溢流阀、减压阀、顺序阀和压力继电器等，其基本作用是控制液压传动系统中工作介质的压力。方向控制阀则包括单向阀和换向阀两大类，其基本作用是控制液压传动系统中工作介质的流动方向。流量控制阀包括普通节流阀、调速阀、溢流节流阀、分流阀、集流阀、分流集流阀和限速切断阀等，其基本作用是控制液压传动系统中工作介质的流量。插装阀是一种把作为主控元件的锥阀插装于油路集成块中、利用小流量控制大流量工作的开关式阀。叠加阀是在板式阀集成化的基础上发展起来的一种新型液压元件，其主要特点是组成的液压传动系统集成度高。多路阀是将安全阀、单向阀、制动阀、补油阀等组合在两个以上的组合换向阀内，用以操纵工程机械中多个执行元件的运动。电液伺服控制阀是电液伺服系统的核心元件，它将小功率的电信号输入转换为大功率的液压能输出，通过改变输入信号，连续、成比例地控制流量和压力，其响应的快速性和控制精度远远高于普通的液压传动系统。电液比例控制阀和电液数字控制阀则是在通用型控制阀的基础上应用比例控制技术和数字控制技术发展起来的两类高精度控制阀，它们在现代高精度的液压传动系统中应用越来越广泛。

思考题和习题

1. 液压控制阀是如何进行分类的？

2. 压力阀的控制方式有哪些？

3. 什么是直动式溢流阀的开启压力、全流压力、调压偏差及开启比？

4. 溢流阀在液压传动系统中都有哪些用途？它是怎样进行工作的？若进出油口反接了，会出现什么情况？

5. 顺序阀能否用溢流阀代替？

6. 溢流阀与顺序阀有什么区别？

7. 溢流阀与减压阀有什么区别？

8. 单向阀有哪些功用？

9. 换向阀在液压传动系统中起什么作用？

10. 滑阀的位及通是如何定义的？

11. 什么是换向阀的中位机能？说明 O、H、M、Y 形换向阀的功能和特点。

12. 滑阀的控制方式有几种？

13. 节流口的形式有哪几种？各有什么特点？什么是节流口的阻塞现象？如何提高节流口的抗阻塞能力？为什么一般都采用薄壁小孔，而不用细长孔？

14. 节流指数对流量有什么影响？为什么一般节流口选用三角槽式？

15. 何谓节流阀的刚度？刚度与流量特性曲线有什么关系？如何提高节流阀的刚度？

16. 影响流量阀流量稳定的因素有哪些？

17. 调速阀的流量稳定性为什么比节流阀好？

18. 哪些液压阀可以作背压阀？

19. 插装阀由哪几部分组成？与普通阀相比有何特点？

20. 插装阀适用于什么场合？

21. 叠加阀的特点是什么？

22. 多路阀有什么特点？

23. 电液伺服控制阀的功能是什么？常用的液压伺服阀有哪些种类？

24. 滑阀式电液伺服阀按工作边数可分为几类？哪种控制性能最好？

25. 说明射流管阀和喷嘴挡板阀的工作原理和特点。

26. 按用途电液比例控制阀可以分为几种？各有何功能？

27. 电液比例控制阀的性能参数有哪些?

28. 简述电液数字控制阀的工作原理与结构组成。

29. 在图 6-69 所示回路中,顺序阀调定压力为 $p_s=8\text{MPa}$,溢流阀的调定压力为 $p_y=10\text{MPa}$,求在下列情况下 A、B 点的压力:

(1) 液压缸运动时,外负载建立的压力 $p_L=6\text{MPa}$;

(2) 外负载建立的压力变为 $p_L=3\text{MPa}$;

(3) 活塞运动到右端不动。

30. 图 6-70 所示的液压传动系统中,液压缸的有效面积 $A_1=A_2=100\text{cm}^2$,液压缸 1 外负载 $F=35\,000\text{N}$,液压缸 2 运动时外负载为零。溢流阀、顺序阀和减压阀的调定压力分别为 10MPa、8MPa 和 6MPa。如不计摩擦阻力、惯性力和管路损失,求在下列三种工况下 A、B、C 三点的压力:

(1) 液压泵启动后,两换向阀处于中位;

(2) 1YA 通电,2YA、3YA、4YA 断电,液压缸 1 活塞运动时及活塞运动到终端后;

(3) 3YA 通电,1YA、2YA、4YA 断电,液压缸 2 活塞运动时及活塞碰到固定挡块时。

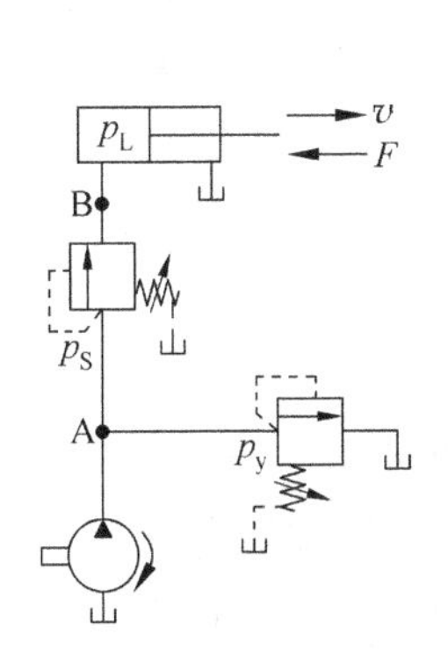

图 6-69　调压回路图
(FIGURE 6-69　Pressure adjusting control circuit)

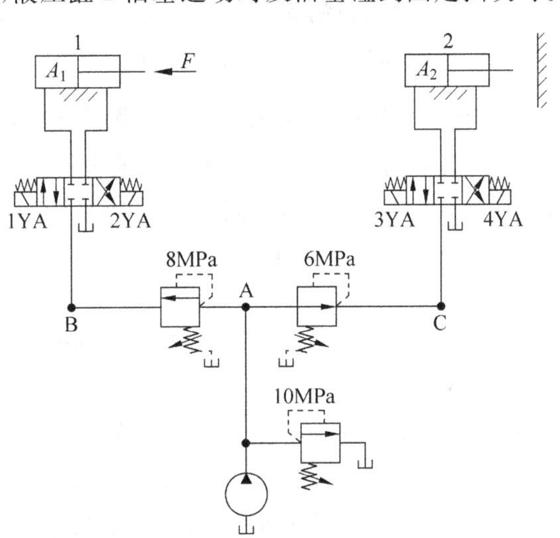

图 6-70　液压传动系统图
(FIGURE 6-70　Schematic illustration of hydraulic transmission system)

第7章 液压辅助元件

本章指南

本章主要内容：主要讲述了过滤器和蓄能器的作用、工作原理、结构特点及参数的选择方法等。另外还介绍了常用的密封件、管道及管接头、液压油箱的作用、结构及选用方法，简要介绍了加热器和冷却器。

本章重点：掌握液压辅助元件过滤器、蓄能器、密封件、管道及管接头的作用、性能、特点、适用范围及选择方法。

本章难点：选择及计算蓄能器主要性能参数。

本章教学目的和要求：通过对各种液压辅助元件的作用、结构及工作原理的学习，能够正确选择各种液压辅助元件。

液压传动系统的辅助元件有过滤器、蓄能器、液压密封装置、管道及管接头、液压油箱、加热器、冷却器等，它们是液压传动系统中不可缺少的组成部分。除液压油箱通常需要自行设计外，其余皆为标准件，它们对液压传动系统的性能、效率、温升、可靠性、噪声和寿命等影响很大，必须给予足够的重视。

7.1 过 滤 器

液压传动系统中70%～80%以上的故障与液压工作介质的污染有关。液压工作介质的污染能加速液压元件的磨损，堵塞小孔和工作间隙，卡死液压阀芯，使元件失效，进而导致液压传动系统不能正常工作，因此必须对液压工作介质中的杂质和污染物的颗粒进行清理。目前，控制液压工作介质清洁度的最有效方法是采用过滤器。过滤器的主要功用是对液压工作介质进行过滤，控制液压工作介质的清洁度。

7.1.1 过滤器的基本性能参数

过滤器的性能参数有过滤精度、通流能力、压降特性、纳垢容量等，其中过滤精度为主要指标。

1. 过滤精度(Filtering precision)

过滤精度是指过滤器从液压工作介质中滤除不同尺寸污染物颗粒的能力。它用绝对过滤精度、过滤比和过滤效率来表示。

绝对过滤精度是指通过滤芯的最大硬球状颗粒的尺寸(y)，对滤芯来说，是指滤芯材料的最大间隙或通孔尺寸，以μm表示，主要取决于液压传动系统的压力。其推荐值如表7-1所示。

表 7-1　过滤精度与压力的关系

(TABLE 7-1　Filtering precision and pressure relation)

系统类别	润滑系统	一般液压传动系统			伺服系统	特殊要求系统
压力/MPa	0～2.5	≤7	>7	≤35	≤21	≤35
过滤精度/μm	≤100	≤50	≤25	≤10	≤5	≤1
过滤器精度	粗	普通	普通	精	高精	特精

过滤比 β_x 是指过滤器上游(入口)液压工作介质单位容积中大于尺寸 x 的污染颗粒数 N_u 与下游(出口)液压工作介质单位容积中大于同一尺寸 x 的颗粒数 N_d 之比，其中 x 为被过滤液压工作介质中要滤除的颗粒尺寸(μm)。

$$\beta_x = \frac{N_u}{N_d} \tag{7-1}$$

由式(7-1)可知，β_x 值越大，过滤精度相应就越高。当 $\beta_x=75$ 时，即为过滤器的绝对过滤精度，$\beta_x=2$ 为平均过滤精度，ISO 16889—2008 规定用 β_{10} 作为评定过滤器精度的性能参数。

过滤效率 E_C 是指上游颗粒数 N_u 与下游颗粒 N_d 数之差与上游颗粒数 N_u 的比值，即

$$E_C = \frac{N_u - N_d}{N_u} = 1 - \frac{1}{\beta} \tag{7-2}$$

由式(7-2)可见，过滤比越大，过滤效率就越高。

2. 通流能力(Flow capacity)

通流能力是指在一定压差下允许通过的最大流量。过滤器在液压传动系统中的位置不同，对通流能力的要求也不同。在液压泵的吸油口通流能力应为液压泵额定流量的 2 倍以上；在压力管路和回油管路中，其通流能力 q 只要达到管路中最大流量即可。可用下式计算：

$$q = \frac{KA\Delta p}{\mu} \tag{7-3}$$

式中，K——滤芯通流能力系数，m^3/m^2。K 的大小与滤芯的材料和结构有关，一般线隙式滤芯 $K=0.17m$；网式滤芯 $K=0.34m$；纸质滤芯 $K=0.006m$；烧结式滤芯 $K=0.104D^2/\delta$。其中 D 为烧结颗粒平均直径，m；δ 为滤芯直径，m。

A——过滤器有效过滤面积，m^2。

Δp——允许的压力降，Pa。

μ——液压工作介质动力黏度，Pa·s。

3. 压降特性(Pressure drop characteristics)

液压工作介质通过滤芯过滤时会受到阻力，因此液压工作介质流经过滤器必然有压力降。过滤器的压降与过滤精度、过滤面积、液压工作介质的黏度有很大关系。为了保证过滤器不受破坏或液压传动系统压力不致过高，过滤器有最大允许压力降值。

4. 纳垢容量(Contaminant volume)

过滤器在压力降达到规定值之前，所滤除的污染物总量称为纳垢容量。纳垢容量越大，使用寿命也越长，所以它是反映过滤器寿命的重要指标。一般来说，过滤面积越大，纳垢容量就越大，寿命就越长。

7.1.2　过滤器的分类和结构特点

过滤器按过滤的精度可分为粗过滤器和精过滤器两大类；按过滤的方式可分为表面型、深度型和中间型过滤器；按滤芯的结构来分有网式、线隙式、纸芯式、烧结式、磁性式、复合式等。

1. 网式过滤器(Net core filters)

图 7-1 所示为网式过滤器的结构图。它主要由下端盖 1、过滤网 2、骨架 3 和上端盖 4 组成，其过滤精度取决于铜网层数和网孔大小。过滤精度一般为 80～180μm，压力降一般为 0.01MPa。其特点是：结构简单，通流能力大，压力损失小，清洗方便，但过滤精度低，一般安装在液压泵的吸油口处。

2. 线隙式过滤器(Line gap core filters)

线隙式过滤器的结构如图 7-2 所示。它主要由带孔眼的筒形骨架 1、金属绕线滤芯 2、壳体 3 和端盖 4 组成。金属绕线滤芯 2 是在铝合金骨架上密绕特制铜丝而成，端盖上有进口和出口直接与管件相连接。在工作时，液压工作介质从入口进去经过滤芯线间缝隙，污染物被缝隙滤除后，再从出口流出。这种过滤器的过滤精度取决于缝隙的大小，过滤精度为 30～100μm。用于吸油管道时，其过滤精度为 50～100μm，它的流量应选的比液压泵流量大；用于压力管道时，过滤精度为 30～80μm，压力损失小于 0.06MPa。其特点是：结构简单，过滤精度高，通流能力大，但滤芯材料强度低，不易清洗。线隙式过滤器可用于吸油管道或压力管道。

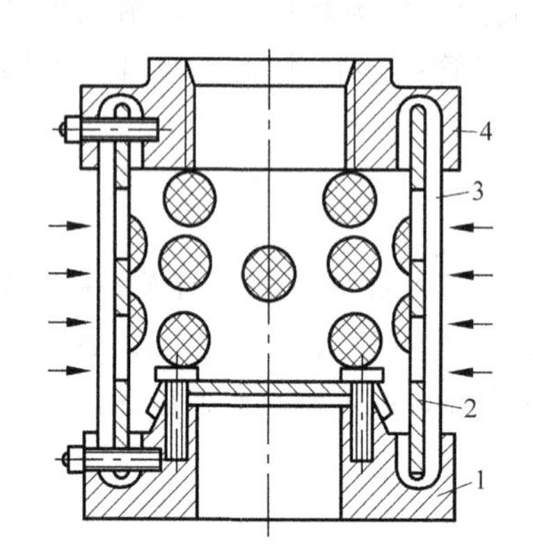

图 7-1　网式过滤器的结构图
(FIGURE 7-1　Schematic illustration of structure of net core filters)
1—下端盖；2—过滤网；3—骨架；4—上端盖

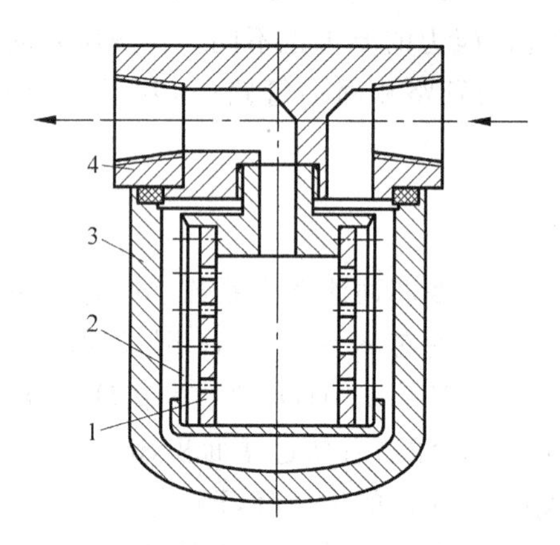

图 7-2　线隙式过滤器的结构图
(FIGURE 7-2　Schematic illustration of structure of line gap core filters)
1—骨架；2—金属绕线滤芯；3—壳体；4—端盖

3. 纸芯式过滤器(Paper core filters)

纸芯式过滤器的结构如图 7-3 所示。将厚度为0.25～0.7mm 的平纹或波纹的酚醛树脂或木浆的微孔滤纸环绕在带孔的镀锡铁皮骨架上，制成滤芯 4。液压工作介质从外侧进入纸芯后流出。为了增大滤纸的过滤面积，滤芯 4 常制成折叠式。过滤精度在 10～20μm，高精度的可达 1μm 左右，压力损失为 0.01～0.04MPa，可在高压 38MPa 下工作。其优点是过滤精度高，可安装在伺服阀或调速阀入口前；缺点是堵塞后无法清洗，必须定期更换滤芯。

污染指示装置 6 能指示出滤芯 4 堵塞的情况，当堵塞超过规定状态时发信装置便发出报警信号。报警方法是通过电气装置发出音响信号或灯光，或切断液压传动系统的电气控制回路，使液压传动系统停止工作。

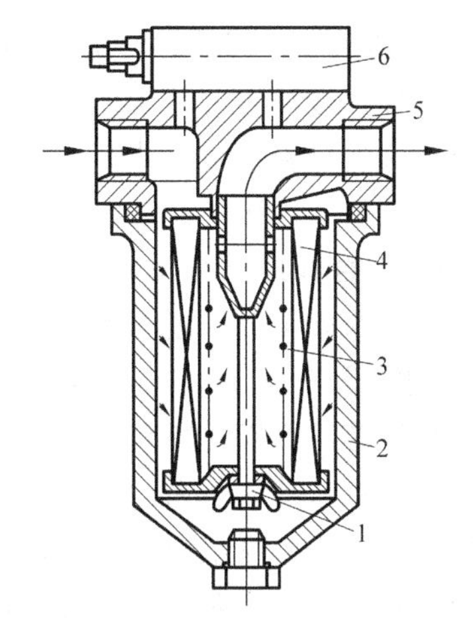

图 7-3　纸芯式过滤器的结构图
(FIGURE 7-3　Schematic illustration of structure of paper core filters)
1—蝶形螺母；2—壳体；3—弹簧；4—滤芯；5—连接体；6—污染指示装置

图 7-4 所示为污染指示装置的工作原理图。过滤器进、出油口的液压工作介质分别与阀芯 4 左、右两腔相连通，作用在阀芯 4 上的压力差 $\Delta p = p_1 - p_2$ 与弹簧 5 作用在阀芯 4 上的力相平衡。当滤芯通流能力较好时，阀芯 4 两端压力差 Δp 很小，阀芯 4 在弹簧力的作用下处于左端，指针 2 指在刻度左端，随着污染物逐渐堵塞滤芯，阀芯 4 两端压差 Δp 逐渐增大，阀芯 4 带动指针 2 逐渐右移，指示出过滤器 3 滤芯堵塞的情况。根据指示情况，就可确定是否应更换滤芯。如将指针更换为电气触点开关就成为发信装置。污染指示装置还有片簧式、磁力式等形式。

4. 烧结式过滤器(Sinter core filters)

烧结式过滤器的结构如图 7-5 所示。它主要由端盖 2、密封圈 3、密封垫 4 和 6、滤芯 5、金属外壳 7 组成。滤芯 5 由颗粒状铜粉烧结而成，利用铜粒之间的微孔来挡住液压工作介质中污染物通过，也属于精过滤器。其过滤精度与滤芯 5 铜颗粒间微孔的尺寸有关，选择不同颗粒的粉末，制成厚度不同的滤芯，就可获得不同过滤精度的滤芯。过滤精度在 10～100μm 之间，压差为 0.03～0.2MPa。其特点是：过滤精度高，滤芯能承受高压、耐高温，但堵塞后不易清洗，偶有颗粒脱落现象。常用于需要精过滤的压力管道中。

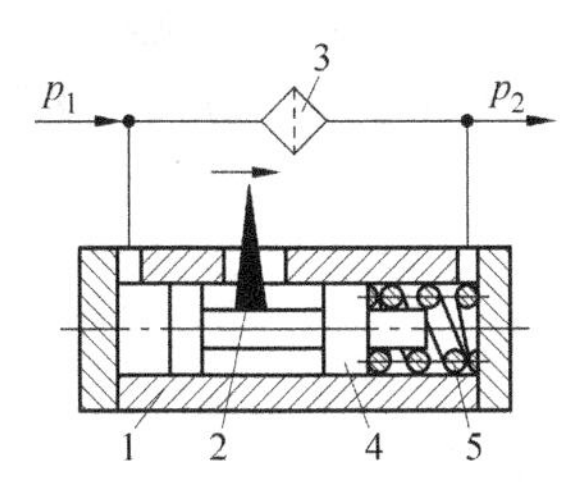

图 7-4　污染指示装置的工作原理图
(FIGURE 7-4　Schematic illustration of operating principle of contamination indicating device)
1—阀体；2—指针；3—过滤器；4—阀芯；5—弹簧

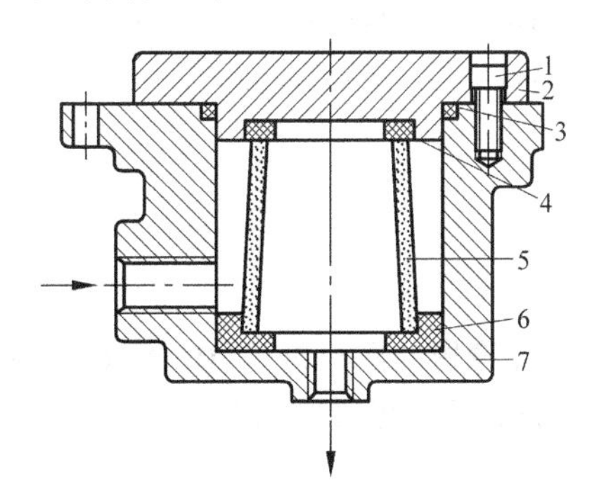

图 7-5　烧结式过滤器的结构图
(FIGURE 7-5　Schematic illustration of structure of sinter core filters)
1—螺栓；2—端盖；3—密封圈；4,6—密封垫；5—滤芯；7—金属外壳

5. 磁性式过滤器(Magnetism core filters)

磁性式过滤器的结构如图 7-6 所示。其滤芯 1 为永磁性材料,将液压工作介质对磁性敏感的金属颗粒吸附到滤芯 1 上面。它常与其他形式的滤芯一起制成复合式过滤器,对加工金属的机床液压传动系统特别适用。

6. 复合式过滤器(Compound core filters)

纸芯与磁复合式过滤器的结构如图 7-7 所示。内骨架 5、滤芯 6 和外保护壁 7 组成纸质滤芯,中央拉杆 2 上装有许多磁环 4 和涤纶隔套 3 组成的磁性滤芯。液压工作介质首先经过磁性滤芯滤除铁质微粒,然后由里向外经过滤纸滤除其他污染物,具有纸质过滤器和磁性过滤器的双重功能。当污染指示装置 10 发出更换滤芯 6 信号后,若没有及时更换,则滤芯内侧增大的压力克服弹簧的力带动滤芯下移,使进油口和出油口直接相通而不经过滤芯 6,起到保护作用。纸芯与磁复合式过滤器常用于对铁质微粒要求去除干净的液压传动系统中回油路上。

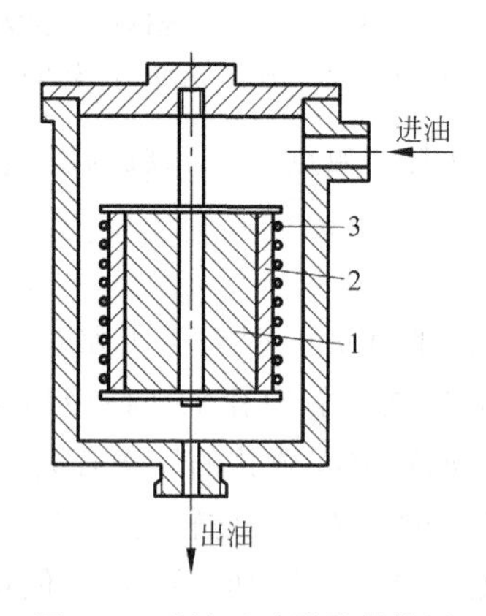

图 7-6 磁性过滤器的结构图
(FIGURE 7-6 Schematic illustration of structure of magnetism core filters)
1—滤芯;2—罩子;3—铁环

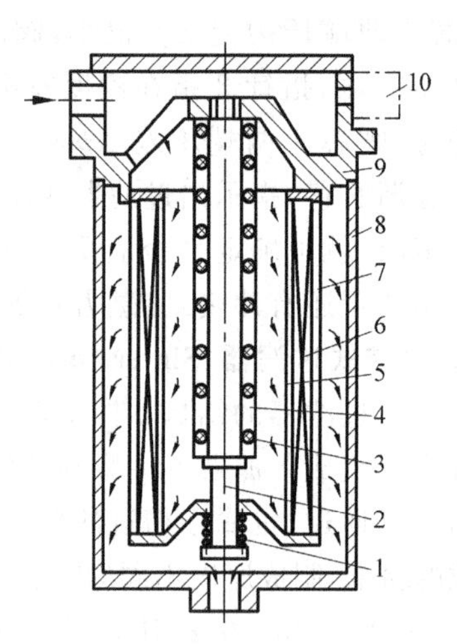

图 7-7 纸质磁性复合式过滤器的结构图
(FIGURE 7-7 Schematic illustration of structure of paper-magnetism core filters)
1—支撑弹簧;2—中央拉杆;3—涤纶隔套;4—磁环;5—内骨架;6—滤芯;7—外保护壁;8—壳体;9—滤芯座;10—污染指示装置

7. 过滤器的图形符号(Diagram symbols of filters)

过滤器的图形符号如图 7-8 所示。

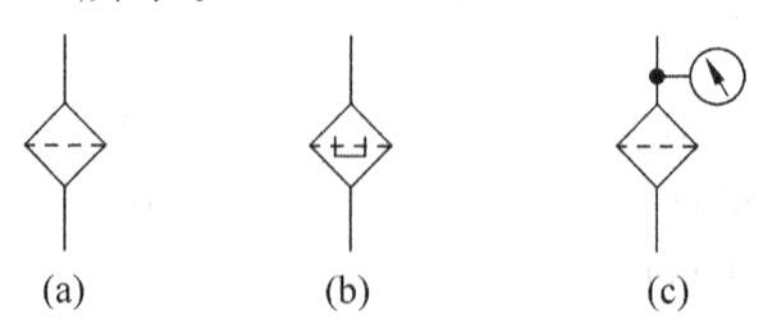

图 7-8 过滤器的图形符号
(FIGURE 7-8 Diagram symbols of filters)
(a) 一般符号;(b) 磁性过滤器;(c) 污染指示过滤器

7.1.3 过滤器的选用

选用过滤器时，主要考虑的因素有如下几个方面。

(1) 要满足液压传动系统的技术要求，液压传动系统的工作压力是选择过滤器精度的主要依据之一。

(2) 要有足够的通流能力(即过滤能力)，并且压力降要小。过滤器的通流能力应大于实际通过过滤器流量的2倍以上，否则压力降会增加，过滤器易堵塞，缩短使用寿命。

(3) 滤芯的强度。结构不同的滤芯有不同的强度，在冲击大或高压的液压传动系统中，须选用高强度的过滤器。

(4) 滤芯的抗腐蚀性要好，且能在规定的温度和使用寿命内正常工作。

(5) 要满足液压传动系统中液压工作介质的黏度要求。

(6) 滤芯更换与清洗要方便。

7.1.4 过滤器的安装

过滤器的安装是根据液压传动系统的需要而确定的，过滤器在液压传动系统中的安装方式有下列几种。

1. 过滤器安装在液压泵的出油口处(Hydraulic pump outlet port setting filter)

如图7-9所示，过滤器1安装在液压泵的出油口处，可保护除液压泵以外的其他液压元件。一般采用精度高的过滤器，它应能承受液压传动系统的工作压力和冲击压力，压力降不应超过0.3MPa。为避免过滤器堵塞，常设置旁路阀或带报警器加以保护。

2. 过滤器安装在主溢流阀的溢流口处(Main pressure relief valve oil return port setting filter)

如图7-9所示，过滤器2安装在溢流过滤的回路上，这种方式不会在主油路中造成压力损失，也不承受液压传动系统压力；其缺点是不能过滤全部油液，只间接保护液压传动系统。

3. 过滤器安装在液压泵的吸油口处(Hydraulic pump inlet port setting filter)

如图7-9所示，过滤器3安装在液压泵的吸油口处，目的是滤去较大的杂质颗粒来保护液压泵。为了减少吸油阻力，防止产生气穴现象，要求过滤器有较大的通流能力，压力损失不得超过0.02MPa。此过滤器精度不可太高，常选用网式或线隙式过滤器。

4. 过滤器安装在液压传动系统的回油路上(Hydraulic transmission system oil return pipe setting filter)

如图7-9所示，过滤器4安装在回油路上，可以滤除液压元件磨损后生成的金属屑和橡胶颗粒，对液压传动系统起间接保护作用。由于过滤器有较大的压降，为了避免滤芯堵塞引起液压传动系统压力升高，常与过滤器并联一个单向阀，起旁通作用。

5. 单独过滤系统(Separateness filtering system)

如图7-9所示，用一个专用液压泵和过滤器单独组成一个独立于液压传动系统之外的过滤回路5。它可以连续清除液压工作介质中的杂质，保证液压传动系统清洁。常用于高压、大流量连续运行的液压传动系统。可选用过滤精度更高的复合式过滤器。

对于一些重要元件，比如伺服阀等，为了确保它们的性能，应在其前面单独安装高精度过滤器。

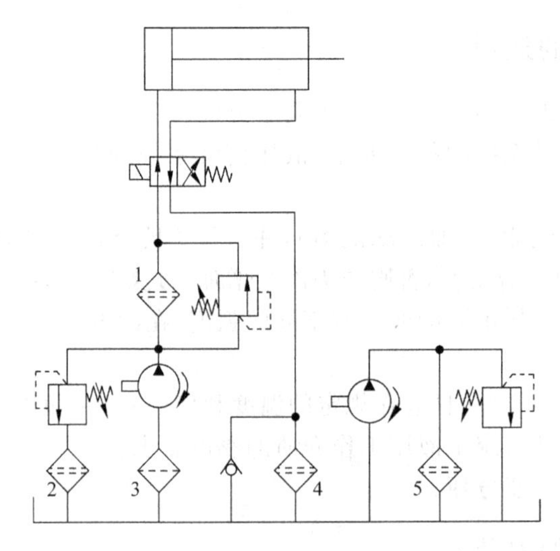

图 7-9　过滤器在液压系统中的安装位置

(FIGURE 7-9　Filters installation position in hydraulic transmission system)

1—安装在液压泵的出油口；2—安装在主溢流阀的溢流口；3—安装在液压泵的吸油口；
4—安装在液压传动系统的回油路上；5—独立过滤回路

7.2　蓄　能　器

蓄能器是液压传动系统中一种储存和释放液压工作介质压力能的元件。它还可以用于短时供油或吸收液压传动系统的冲击和振动。

7.2.1　蓄能器的类型、结构和工作原理

蓄能器的结构形式有多种，按其储存能量的方式不同分为弹簧加载式、重力加载式和气体加载式等。气体加载式又分为隔离式和非隔离式。常用蓄能器的结构图、工作原理及其特点见表 7-2。

表 7-2　常用蓄能器的结构图、工作原理及其特点

(TABLE 7-2　Structure and operating principle and characteristic of accumulators)

种　类	结　构　图	工 作 原 理	特　点
弹簧加载式蓄能器		利用弹簧 3 的压缩和伸长来储存和释放液压能，产生的压力取决于弹簧的刚度和压缩量	结构简单、反应灵敏、容量小；输出能量时压力随之减小；使用寿命取决于弹簧的寿命；温度适用范围为 −50～120℃，适于最大压力 $p \leqslant 1.2\text{MPa}$ 的低压回路储能及缓冲之用，不适合高压或高频的工作场合

续表

种类		结构图	工作原理	特点
重力加载式蓄能器		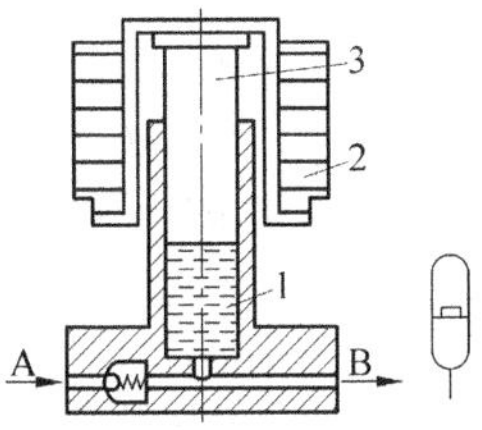	利用重物 2 的势能来储存和释放能量，产生的压力取决于重物的重量和柱塞 3 的直径	结构简单；容量小，体积大，结构笨重，灵敏度不高；密封处易泄漏；存在摩擦损失；输出能量时压力恒定；温度适用范围为 −50～120℃，最高工作压力 45MPa。 一般用于固定设备作蓄能用
气体加载式蓄能器	气囊式蓄能器	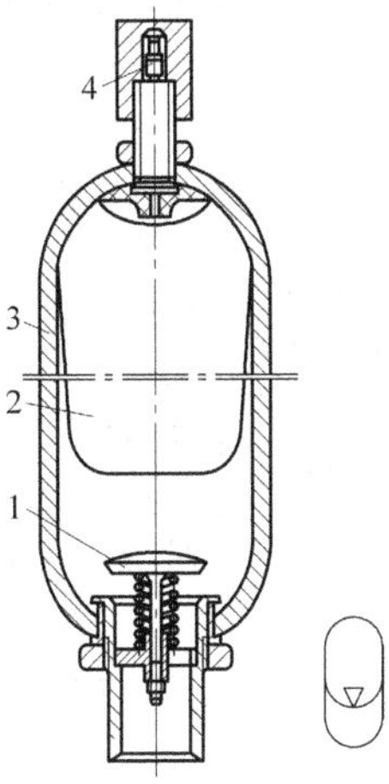	液体和气体由用耐油橡胶制成的气囊 2 分隔开，液体的压力能经气囊转换为气体的压力能储存	结构紧凑、重量轻；气囊惯性小，反应灵敏；气液可靠隔离、密封好、无泄漏；温度适用范围为 −10～120℃，最高工作压力 32MPa；最大气体容量 150L。 可用于储能、吸收脉动和压力冲击
	活塞式蓄能器	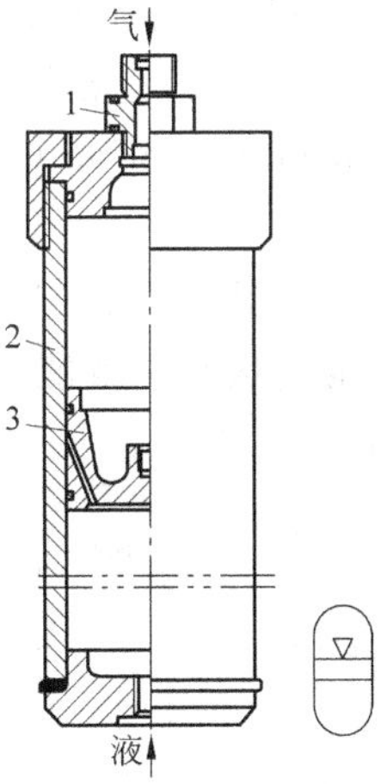	浮动的活塞 3 不仅将气液隔开，且能将液体的压力转换为气体的压力能储存	结构简单，寿命长；活塞惯性大，活塞和缸壁之间有摩擦，反应不够灵敏；温度适用范围为 −50～120℃，最高工作压力 20MPa；最大气体容量 100L。 用于储存能量，或在中、高压液压传动系统中吸收压力脉动

续表

种类		结构图	工作原理	特点
气体加载式蓄能器	气瓶式蓄能器		利用气体1的压缩和膨胀来储存和释放能量，气体和油液在蓄能器中直接接触	容量大，轮廓尺寸小，惯性小，反应灵敏，但气体易混入液压工作介质中，影响系统的稳定性。 温度适用范围为−10～70℃，最高工作压力一般为5MPa；最大气体容量200L。 适用于大流量的中、低压液压传动系统
	薄膜式蓄能器		利用气体的压缩和膨胀来储存和释放能量，气体和油液在蓄能器中由膜片隔开	气液隔离可靠，密封性能好，无泄漏；膜片动作灵敏；温度适用范围为−10～70℃，最大工作压力范围为7MPa；最大气体容量11.5L。 用于补偿液压传动系统泄漏，吸收流量脉动和压力冲击

7.2.2 蓄能器参数的计算

蓄能器的总容量是指液控和气控容积之和。它的大小与其用途有关，在实际工作中广泛应用的蓄能器多为气囊式蓄能器。下面以气囊式蓄能器为例讨论蓄能器容积的计算。

1. 用于储存和释放压力能时蓄能器容量的计算(Calculation of accumulator volume when pressure energy is stored or released)

气囊式蓄能器储存和释放能量的过程如图7-10所示。其中，图7-10(a)所示为充气状态，图7-10(b)所示为蓄能状态，图7-10(c)所示为释放能量状态。蓄能器储存和释放压力油的容量和气囊中气体体积的变化量有关，而气体状态的变化遵循玻意耳定律，即

$$p_0V_0^n = p_1V_1^n = p_2V_2^n = 常数 \tag{7-4}$$

式中，p_0——气囊最大充气压力(绝对压力)，MPa。

V_0——气囊充气容积，m^3。未蓄能时，气囊充满壳体内腔，即蓄能器的总容积。

p_1——液压传动系统最高工作压力(绝对压力)，MPa。

V_1——气囊被压缩后相应于 p_1 时的

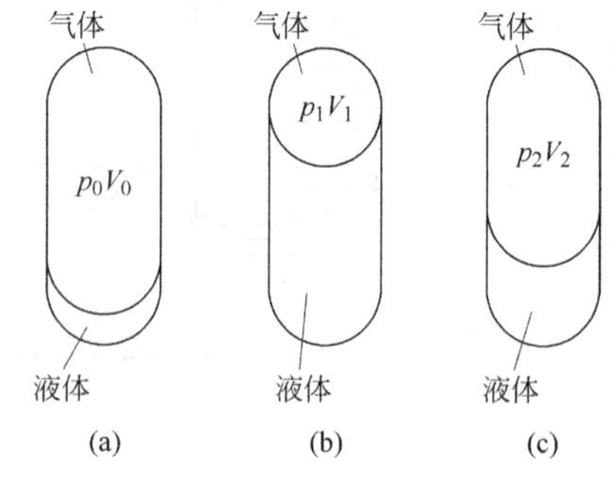

图7-10　气囊式蓄能器的工作过程
(FIGURE 7-10　Schematic illustration of operating principle of nitrogen chamber accumulators)

气体体积，m^3。

p_2——液压传动系统最低工作压力，即蓄能器向液压传动系统供油结束时的压力(绝对压力)，MPa。

V_2——气体膨胀后相应于 p_2 时的气体体积，m^3。

n——气体条件变化指数。当蓄能器用作补偿泄漏，保持压力时，它释放能量过程很慢，可视为等温条件，$n=1$；当蓄能器瞬时提供大量油液时，释放能量速度快，可以视为气体在绝热条件下工作，$n=1.4$；在实际工作过程中，气体状态的变化在绝热和等温过程之间，$1<n<1.4$。

蓄能器向液压传动系统释放的液体容积 $\Delta V=V_2-V_1$，代入式(7-4)，便可求得蓄能器容量：

$$V_0=\left(\frac{p_2}{p_0}\right)^{\frac{1}{n}}V_2=\left(\frac{p_2}{p_0}\right)^{\frac{1}{n}}(V_1+\Delta V)=\left(\frac{p_2}{p_0}\right)^{\frac{1}{n}}\left[\left(\frac{p_0}{p_1}\right)^{\frac{1}{n}}V_0+\Delta V\right] \tag{7-5}$$

故可推得

$$V_0=\frac{\Delta V\left(\dfrac{p_2}{p_0}\right)^{\frac{1}{n}}}{1-\left(\dfrac{p_2}{p_1}\right)^{\frac{1}{n}}} \tag{7-6}$$

如已知 V_0，也可反过来求出储能时的供油容积

$$\Delta V=p_0^{\frac{1}{n}}V_0\left[\left(\frac{1}{p_2}\right)^{\frac{1}{n}}-\left(\frac{1}{p_1}\right)^{\frac{1}{n}}\right] \tag{7-7}$$

充气压力 p_0 值理论上可与 p_2 值相等，但实际中为了保证蓄能器最低工作压力为 p_2 时蓄能器仍有补偿泄漏的能力，通常 $p_0<p_2$。一般对薄膜式蓄能器取 $p_0\geqslant 0.25p_2$，波纹型气囊取 $p_0=(0.6\sim0.65)p_2$，气瓶式蓄能器取 $p_0=(0.75\sim0.85)p_2$，对折合型气囊取 $p_0=(0.8\sim0.85)p_2$，活塞式蓄能器取 $p_0=(0.8\sim0.9)p_2$。蓄能器的总容积 V_0 在实际选用时要比计算值大5%为好，详细情况可查阅相关的资料和手册。

2. 用于吸收振动和冲击时的蓄能器容积计算(Calculation of accumulator volume when vibration and impact pressure energy is absorbed)

用于吸收振动和冲击的蓄能器容积与管路布置、油液流态、阻尼情况和泄漏等因素有关，准确计算较困难。一般按经验公式计算蓄能器的容积，即

$$V_0=\frac{0.004qp_2(0.0164L-t)}{p_2-p_1} \tag{7-8}$$

式中，p_1——阀门关闭前的工作压力，即液压传动系统最低工作压力，MPa；

p_2——液压传动系统允许的最大冲击压力，MPa，一般 $p_2\approx1.5p_1$；

q——阀门关闭前管道内的流量，L/min；

L——产生冲击的管道长度，即压力油源到阀口的管道长度，m；

t——阀门由开到关闭的持续时间，s，瞬时关闭时 $t=0$。

3. 用作吸收压力脉动时蓄能器容积的计算(Calculation of accumulator volume when pressure pulsation energy is absorbed)

通常按下列经验公式来计算：

$$V_0=\frac{Vi}{0.6k} \tag{7-9}$$

式中，V——液压泵的排量；

i——流量变化率，$i=\frac{\Delta V}{V}$，ΔV 为超过平均排量的排出量；

k——压力脉动率，$k=\frac{\Delta p}{p}$，其中，Δp 为压力脉动幅值，p 为液压泵出口平均压力。

7.2.3　蓄能器的安装和使用

蓄能器安装时须注意如下几点：

(1) 气囊式蓄能器原则上应可靠固定，垂直安装，油口向下，充气阀朝上。只有在空间位置受限制时才允许倾斜或水平安装。

(2) 蓄能器与液压管路系统之间应安装截止阀，供充气和检修时使用。蓄能器与液压泵之间应安装单向阀，以防止液压泵停转或卸荷时蓄能器内储存的压力油倒流。

(3) 在液压传动系统中蓄能器的安装位置随其功能不同而不同。吸收液压冲击或压力脉动时宜安装在冲击源或脉动源附近，作补偿保压时应安装在尽可能接近有关的执行元件处。

(4) 不能在蓄能器上进行铆接、焊接或机械加工。

(5) 安装在管路上的蓄能器须用支板或支架固定。

(6) 进油管路内径应与所选蓄能器油口内径一样，以便减小阻力快速充放油液。另外，蓄能器在使用时应注意以下几点。

① 不同的蓄能器各有其适用的工作范围。例如，气囊式蓄能器由于气囊强度不高，不能承受很大的压力波动，且只能在－10～70℃的温度范围内工作。

② 充气式蓄能器允许的工作压力视蓄能器的结构而定。如气囊式蓄能器允许的工作压力为3.5～32MPa。

7.2.4　蓄能器的用途

在液压传动系统中，蓄能器的主要用途如下：

1) 吸收液压冲击(Absorbing hydraulic impact)

当液压泵启动或停止、液压阀突然关闭或换向、液压缸启动或制动时，液压传动系统管路内的液体流动会发生急剧变化，产生液压冲击。这类液压冲击大多发生于瞬间，液压传动系统的安全阀来不及开启，因此常常造成液压传动系统中的密封件、仪表损坏或管道破裂。若在冲击源的前端管路上安装蓄能器，则可以吸收或缓冲这种压力冲击。

2) 用作保压和补充泄漏(Used as pressure protecting and supplement leakage)

某些液压传动系统需要较长时间的保压，如夹紧工件或举升外负载，为节省动力消耗，要求液压泵处于停转或卸载，这时可利用蓄能器释放所储存的压力油，补偿液压传动系统的泄漏，保持恒压，以保持执行元件的工作可靠性。

3) 吸收脉动和降低噪声(Absorbing pulsation pressure energy and reducing noise)

当液压传动系统采用柱塞泵和齿轮泵时，因其瞬时流量脉动将导致液压传动系统的压力脉动，从而引起振动和噪声。此时可在液压泵的出口安装蓄能器吸收脉动、降低噪声，减少因振动损坏管道、管接头和仪表等液压元件的情况发生。

4）用作紧急动力源(Used as emergency hydraulic power source)

某些液压传动系统要求在液压泵或电动机发生故障时，执行元件应能继续完成必要的动作以紧急避险、保证安全。为此可在液压传动系统中设置适当容量的蓄能器作为紧急动力源，避免事故发生。

5）用作辅助动力源(Used as auxiliary hydraulic power source)

某些液压传动系统的执行元件是间歇工作，且总的工作时间很短，或在一个工作循环内运动速度相差很大，使用蓄能器作辅助动力源可降低液压传动系统的动力消耗，降低温升，节省能源，提高效率。这样的液压传动系统常采用蓄能器和一个流量较小的液压泵并联组成油源。当执行元件工作或运动速度较高时，蓄能器释放能量独立工作或与液压泵一同向执行元件供油；当执行元件不工作或运动速度较低时，蓄能器储存液压泵的全部或部分能量。

7.3 液压密封装置

液压元件和系统必须采用液压密封件来防止液压工作介质的泄漏及外界污染物(灰尘、空气和水分等)的侵入。设置于密封装置中、起密封作用的元件被称为液压密封件。液压传动的工作介质在液压传动系统及元件的容腔内流动或暂存时，由于压力、间隙、黏度等因素的变化，而导致少量液压工作介质越过容腔边界，从高压腔向低压腔或外界流出，这种“越界流出”现象称为泄漏。泄漏分为外泄漏和内泄漏两种。外泄漏是由液压传动系统或元件内部向外界的泄漏；内泄漏是指液压传动系统或元件内部液压工作介质由高压腔向低压腔的泄漏。单位时间内泄漏的液压工作介质的体积被称为泄漏量。对于液压传动系统，外泄漏会造成液压工作介质浪费和环境污染，甚至引起设备操作失灵和人身事故；内泄漏会引起液压传动系统容积效率急剧下降，达不到所需的工作压力，使设备无法正常工作。

液压密封件是十分复杂和精确的通用基础元件。正确选择、安装和使用液压密封件是液压传动系统正常运转的重要保证。

7.3.1 密封件的分类

密封件可分为静密封和动密封两大类，其详细分类见表7-3。

表7-3 密封件的分类

(TABLE 7-3 Classification of seals)

分类		主要密封件
静密封	金属静密封	金属垫圈
		空心金属O形密封圈
	非金属静密封	O形橡胶密封圈
		橡胶垫片
		聚四氟乙烯生料带
	橡胶-金属复合静密封	组合密封垫圈
	液态密封垫	密封胶

续表

分类			主要密封件
动密封	非接触式密封		间隙密封
			迷宫密封
	接触式密封	自封式压紧型密封	O形橡胶密封圈
			同轴密封圈
			X形密封圈
			其他
		自封式自紧型密封(唇形密封)	V形密封圈
			Y形密封圈
			组合式U形密封圈
			带支承环组合双向密封圈
			星形和复式唇密封圈
			其他
		旋转轴密封	油封
			机械密封(端面密封)
			橡胶组合旋转密封
			X形(星形)密封圈
		活塞环	金属活塞环
		防尘密封	防尘圈
		液压缸导向支承件	导向支承环
		填料密封	成型填料、金属填料、纤维填料、复合填料

1. 静密封(Static seals)

相对静止的结合面之间的密封被称为静密封。

2. 动密封(Dynamic seals)

相对运动的结合面之间的密封被称为动密封。按照运动形式的不同,可分为往复运动密封和旋转运动密封。

7.3.2 对密封装置的基本要求

(1) 在一定的压力和温度范围内具有良好的密封性能,并能随压力的增大自动地提高密封程度。

(2) 为避免出现相对运动件卡紧或运动不均匀现象,要求密封件的摩擦力要小,摩擦因数稳定。

(3) 与密封面贴合的柔软性和弹性好。

(4) 密封件材料必须与液压工作介质相容,具有良好的力学性能和化学稳定性等。

(5) 结构简单,成本低,装拆方便。

(6) 抗腐蚀能力强,不易老化,耐磨性要好,磨损后在一定程度上能自动补偿,工作寿命长。

7.3.3 常用密封件的材料

常用的液压传动系统密封件材料主要有以下两种。

1）丁腈橡胶

丁腈橡胶具有良好的弹性与耐磨性，有一定的强度，摩擦因数较大，是最常用的耐油橡胶，工作温度为－30～100℃。

2）聚氨酯

聚氨酯既具有高弹性又具有高强度，有很好的耐磨性，耐油性能比丁腈橡胶好，拉断强度比一般橡胶高，是常用的动密封材料，工作温度为－30～90℃。

7.3.4　常见的密封方法

1. 密封圈密封（Seals）

密封圈密封是液压传动系统中应用最广泛的一种密封方法。密封圈的材料具有较好的特性、摩擦因数小、良好的耐热耐磨性、适当的机械强度、不易与液压工作介质起化学作用等特点。密封圈有 O 形、Y 形、V 形及组合式等几种，其材料为耐油橡胶、尼龙等。

2. 活塞环密封（Piston ring seals）

活塞环密封是依靠安装在活塞外圆表面环形槽内的弹性金属环紧贴液压缸筒内壁实现密封的。这种密封能自动补偿磨损和温度变化的影响，适应的压力和温度范围很宽，在高速工作条件下，摩擦力小，工作可靠，使用寿命长；但不能完全密封。

3. 间隙密封（Clearance seals）

间隙密封是非接触式密封方法。它依靠相对运动零件配合面间的微小间隙来防止泄漏。这种密封方法被广泛地应用于液压泵、液压阀和马达中，如图 5-7 所示。由于泄漏量与配合间隙的三次方成正比，因此要求配合面加工精度很高，一般配合间隙为 0.01～0.05mm。

为了减少泄漏，通常在活塞的外圆表面加工几道宽 0.3～0.5mm、深 0.5～1mm、间距 2～5mm 的环形沟槽，被称为平衡槽。其作用如下：

（1）减小阀芯与阀套之间的偏心量，增大了液压工作介质泄漏的阻力，提高了密封性能。

（2）储存液压工作介质，使摩擦副能自动润滑。

（3）由于存在阀芯的几何形状误差和与阀套之间的同轴度位置误差，有压力的液压工作介质在密封间隙中的不对称分布将形成一个径向不平衡力，被称为卡紧力，它会使摩擦力增大。加工平衡槽后，能减小径向不平衡力，使阀芯能够自动对中，减小摩擦力。

7.3.5　常用密封件的结构与性能

1. O 形密封圈（O-seal）

1）主要性能

O 形密封圈是一种截面为圆形的橡胶圈，如图 7-11 所示。其材料主要为丁腈橡胶或氟橡胶。它是液压传动系统中使用最广泛的一种密封件，具有结构简单、截面尺寸小、制造容易、摩擦因数小、密封性能好、成本低廉等优点。它主要用于静密封和往复动密封，既可孔用，也可轴用。使用速度范围为 0.005～0.5m/s，温度范围为－60～260℃，工作压力范围为 0.0013～400MPa。

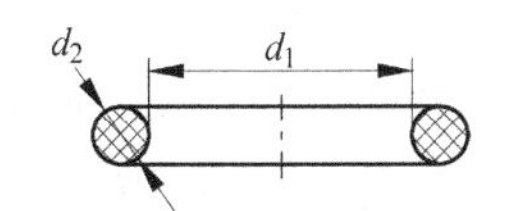

图 7-11　O 形密封圈的结构图
（FIGURE 7-11　Schematic illustration of structure of O-seal）

2）静密封原理

O形密封圈用于静密封时的工作原理如图7-12所示。O形密封圈装入密封槽后，其截面承受接触压缩应力而产生弹性变形。当无压力油时，O形密封圈在其自身的弹性力作用下，对接触面产生一个预接触应力 p_0，如图7-12(a)所示。当有压力油时，O形密封圈在液压工作介质压力 p_1 的作用下，向低压侧产生位移，使其弹性变形进一步增大，填充和封闭了密封间隙 δ，且作用于密封副偶合面的接触应力上升为 $p_2=p_0+p_1$，增强了密封效果，如图7-12(b)所示。当液压工作介质卸压后，O形密封圈在接触面上仍具有初装时的预接触应力 p_0，仍然能保证密封性能，这就是O形密封圈的自密封作用。一般静密封的偶件是可以通过紧固螺钉等对密封圈施加压力而达到完全密封的。

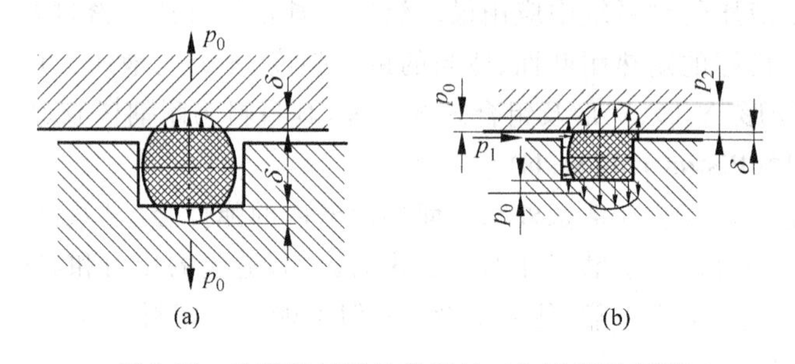

图7-12　O形密封圈的静密封工作原理示意图

(FIGURE 7-12　Schematic illustration of operating principle of static seal of O-seal)

(a) 空载状态；(b) 承载状态

3）用于往复动密封的工作原理

O形密封圈在往复运动滑移面上的接触情况如图7-13所示。当O形密封圈被装入密封槽后，其截面因受压产生弹性变形；O形密封圈的动密封作用主要是依靠其预挤压应力 p_0 和加入液压工作介质压力 p_1 后作用于偶合面上的接触应力 $p_2=(p_0+p_1)$，且由于O形密封圈自身的弹性而具有磨损后自动补偿的能力。由于液压工作介质的压力、运动速度及黏度等因素的影响，沿滑移面和O形密封圈间形成一层黏附力极强的边界层液体薄膜，如图7-13(a)所示，这层液压工作介质薄膜始终存在且具有一定的密封作用。当滑移面向外伸出时，液压工作介质薄膜也随着一同探出，如图7-13(b)所示；当滑移面回缩时，液压工作介质薄膜则被O形密封圈阻留在外侧。随着滑移面往复运动次数的增加，阻留在O形密封圈外侧的液压工作介质薄膜逐渐增厚，最后形成液滴，从滑移面上滴下，如图7-13(c)所示。这就是O形密封圈用于往复运动密封时会产生泄漏的原因。由此可见，O形密封圈不适合用于滑移面频繁往复运动的密封装置中。

4）安装使用

O形密封圈被装入截面为矩形的沟槽内起密封作用，如图7-12所示。O形密封圈良好的密封效果主要取决于O形密封圈尺寸和矩形沟槽尺寸匹配的正确性，因此，O形密封圈及沟槽尺寸和表面精度必须按国家标准规定选取。装配后的预变形量 δ 是保证密封性能所必须具备的，预变形量的大小应选择合适。当预变形量 δ 过大时，对用于动密封的O形密封圈来说，摩擦阻力将会增加；当预变形量 δ 过小时，会由于安装部位的偏心或公差波动等

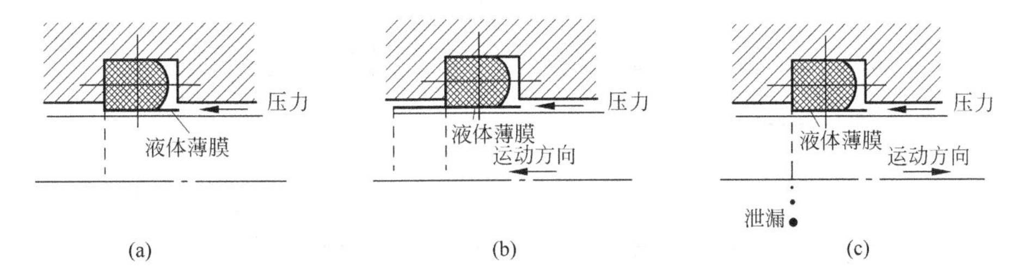

图 7-13　O 形密封圈的动密封工作原理示意图
(FIGURE 7-13　Schematic illustration of operating principle of dynamic seal of O-seal)

原因而漏油。同样，若装配后 O 形密封圈拉伸过度，会使其过早老化而引起密封装置泄漏。因而对用于动密封的 O 形密封圈的预变形量 δ 应取小值，用于静密封的 O 形密封圈的预变形量 δ 通常取大值。当动密封工作压力大于 7MPa 时，或静密封工作压力大于 32MPa 时，O 形密封圈有可能被压力油挤入间隙而损坏，可在 O 形密封圈低压侧安置聚四氟乙烯挡圈，如双向交替受高压油作用时，两侧都要加挡圈，如图 7-14 所示。

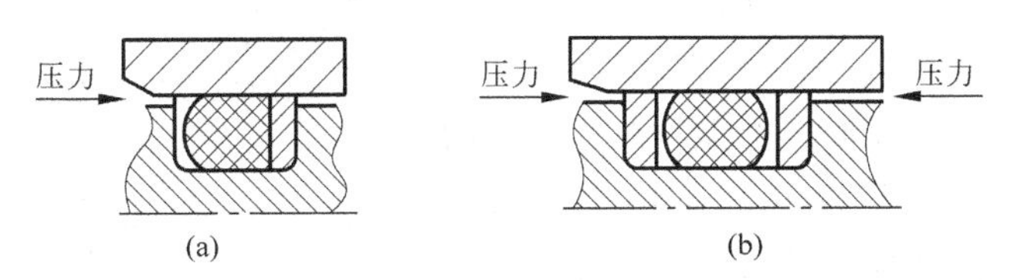

图 7-14　O 形密封挡圈的安装
(FIGURE 7-14　O-seal with gasket installation)
(a) 单向压力；(b) 双向交替压力

2. 唇形密封圈(Y-seals and V-seals)

唇形密封圈是一种依靠其唇边部分受液压工作介质作用后与被密封面紧密接触而进行密封的元件。液压工作介质压力越高，唇边与密封面贴得就越紧，密封唇边磨损后，具有一定自动补偿的能力。这种密封圈常用于往复运动的密封。根据密封断面形状的不同，可分为 V 形、Y 形、U 形、L 形、J 形等，其中比较常用的为 V 形和 Y 形密封圈。

1) V 形密封圈

V 形密封圈的结构形式如图 7-15 所示。V 形密封圈的截面呈 V 形，由多层涂胶夹织物压制而成，它由压环 1、密封环 2 和支撑环 3 等组成，是一种应用最早、用途广泛的单向密封装置，具有接触面长、密封性能好、耐高压、寿命长，但轴向尺寸大、摩擦阻力大等特点，主要用于活塞及活塞杆的往复运动密封。当工作压力大于 10MPa 时，可适当增加中间密封环 2 的数量，以满足密封的需要。V 形密封圈的最高工作压力大于 60MPa，适用工作温度范围为 −30～80℃，工作速度范围：采用丁腈橡胶制作时为 0.02～0.3m/s；采用夹布橡胶制作时为 0.005～0.5m/s。

这种密封圈在安装时应使密封环 2 唇口面向压力油作用方向，如图 7-16 所示。V 形密封圈的密封原理为：作用在压环 1 上的轴向力使密封环 2 唇边径向伸展，对被密封件产生挤压应力，从而起到密封作用。调整压紧力就可调节挤压应力。

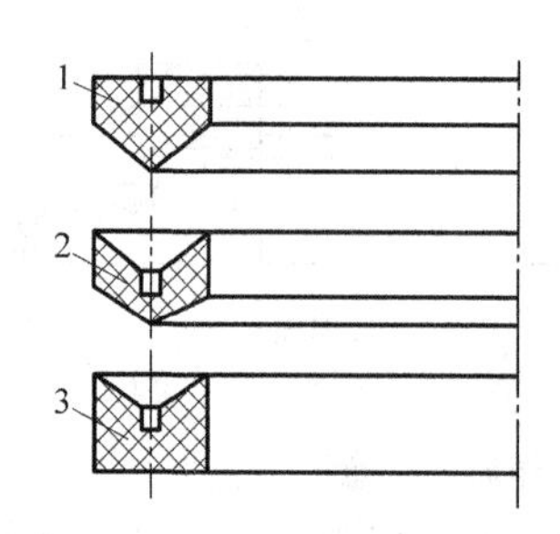

图 7-15　V 形密封装置的结构图
(FIGURE 7-15　Schematic illustration of structure of V-seals)
1—压环；2—密封环；3—支撑环

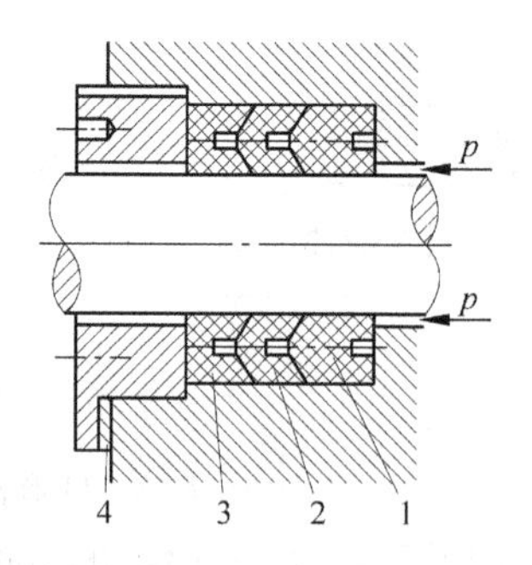

图 7-16　V 形密封圈的安装与调整
(FIGURE 7-16　V-seal installation and adjustment)
1—压环；2—密封环；3—支承环；4—调整垫片

2) Y 形密封圈

Y 形密封圈由耐油橡胶制成，截面为 Y 形，是一种典型的唇形密封圈。根据截面的高宽比不同来分，有宽形、窄形、Yx 形等类型；根据两唇的高度是否相等来分，有孔、轴通用形的等高唇 Y 形密封圈和孔用、轴用的不等高唇 Y 形密封圈，后者又称为 Yx 形密封圈，如图 7-17 所示。

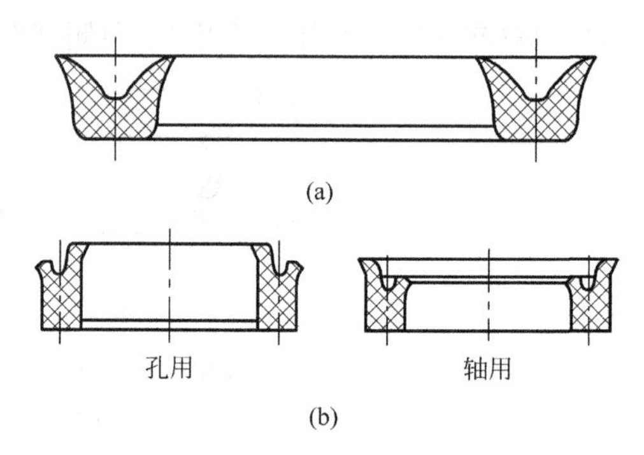

图 7-17　Y 形密封圈的结构图
(FIGURE 7-17　Schematic illustration of structure of Y-seals)
(a) 等高唇；(b) 不等高唇(Yx 形)

Yx 形密封圈其断面高度与宽度之比大于 2，因而不易翻转，稳定性好。它的长边与非滑动表面接触，有较大的预压缩量，摩擦阻力大，工作时不易窜动；其短边为密封边，与密封面接触，滑动摩擦阻力小。这种密封圈在密封性、耐油性、耐磨性等方面都比等高唇 Y 形密封圈优越，因而被广泛地应用。Y 形密封圈工作压力小于 40MPa，适用工作温度范围为 −30～80℃，工作速度范围：采用氟橡胶制作时为 0.05～0.3m/s；采用丁腈橡胶制作时为 0.01～0.6m/s；采用聚氨酯橡胶制作时为 0.01～1m/s。

在安装 Y 形密封圈时，唇口端一定要对着压力高的一侧，才能起密封作用，如图 7-18(a)所示。在高压状态下，Y 形密封圈的根部因材质塑性变形易被挤入密封偶合面的间隙，所以应控制滑移偶合件间的配合间隙 δ 的大小，使它不超过表 7-4 所规定的最大值 c。当工作压力大于 16MPa 时，为了防止 Y 形密封圈的根部被挤入配合间隙，应在其根部安装挡圈，如图 7-18(b)所示。

当压力变化较大，滑动速度较高时，为了防止 Y 形密封圈在往复运动中出现翻转或扭曲现象，在 Y 形密封圈的唇口处设置支撑环，如图 7-19 所示。对于宽型 Y 形密封圈，因其不会在沟槽里产生翻转、扭曲，可不安装支承环。

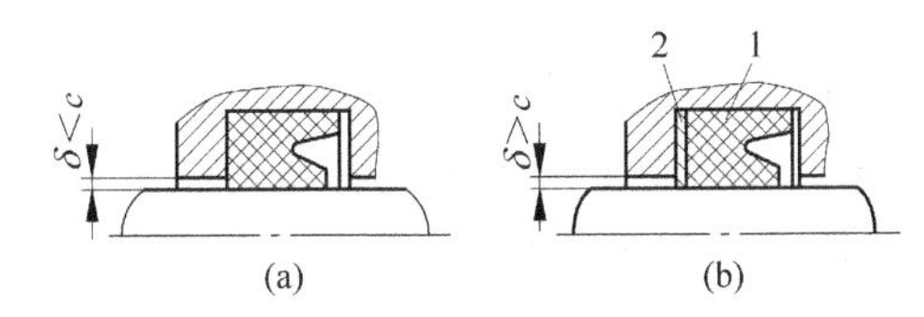

图 7-18　Y 形密封圈的安装
(FIGURE 7-18　Y-seal installation)
(a) 控制间隙；(b) 安装挡圈
1—Y 形密封圈；2—挡圈

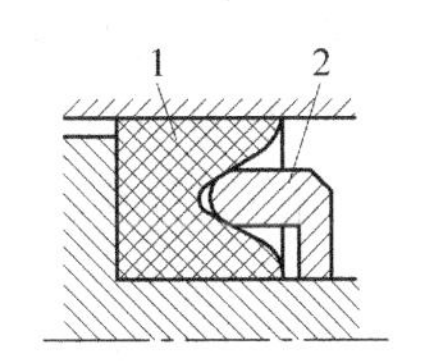

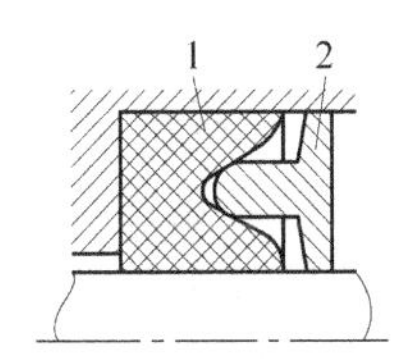

图 7-19　带支撑环的 Y 形密封圈的结构图
(FIGURE 7-19　Schematic illustration of structure of Y-seal with support ring)
1—Y 形密封圈；2—支承环

表 7-4　Y 形密封圈允许的最大间隙值 c

(TABLE 7-4　Y-seals allowable maximum clearance c value)　mm

密封材料	密封圈的公称直径/mm	使用压力/MPa		
		<3.5	3.5～21	>21
丁腈橡胶	<50	0.15	0.13	
	50～125	0.20	0.15	
	125～200	0.25	0.20	
	200～250	0.30	0.25	
	250～300	0.36	0.30	
	300～400	0.41	0.36	
聚氨酯橡胶夹织物橡胶	<75	0.30	0.20	0.15
	75～200	0.36	0.25	0.20
	200～250	0.41	0.30	0.25
	250～300	0.46	0.36	0.30
	300～400	0.51	0.41	0.36
	400～600	0.56	0.46	0.41

3. 组合式密封件(Assembled seals)

组合式密封件由两个或两个以上元件组成。其中一部分是摩擦因数小、润滑性能好的元件，另一部分是充当弹性体的元件，这样就可以提高综合密封性能。

1) 组合式密封垫圈

组合式密封垫圈是由金属环和橡胶环整体黏合硫化而成的密封元件，如图 7-20 所示。垫圈的橡胶内环承受压缩变形后起密封作用，金属外环由 Q235 钢制成，起支承作用。内环厚度 s 与外环厚度 h 之差为橡胶的压缩量。

组合式密封垫圈的优点是密封可靠，主要用于油塞或管接头的端面密封，无须加开密封安装沟槽，连接时轴向压紧力小，安装方便，因此被广泛地应用。它适用于工作压力小于100MPa，工作温度范围为−30～200℃的静密封。

2) 同轴密封圈

同轴密封圈是由 O 形密封圈和格来圈或斯特圈组合而成的往复运动用密封元件，如图 7-21 所示。格来圈和斯特圈都是以聚四氟乙烯树脂为基材，根据不同的使用条件，添加不同比例的填充材料(如碳素纤维、铜粉、玻璃纤维、石棉、二硫化钼、石墨、陶土等)而制成的。

图 7-21(a)所示为方形断面的格来圈和O形密封圈的组合,用于活塞和缸筒的密封;图 7-21(b)所示为阶梯形断面的斯特圈和O形密封圈组合,用于活塞杆和缸盖之间的密封。这两种组合密封圈都是利用O形圈的弹性和预压缩力将格来圈或斯特圈压紧在缸筒内表面或活塞杆上起密封作用。O形密封圈不与密封偶合面直接接触,因而不存在磨损、扭转、啃伤等问题。

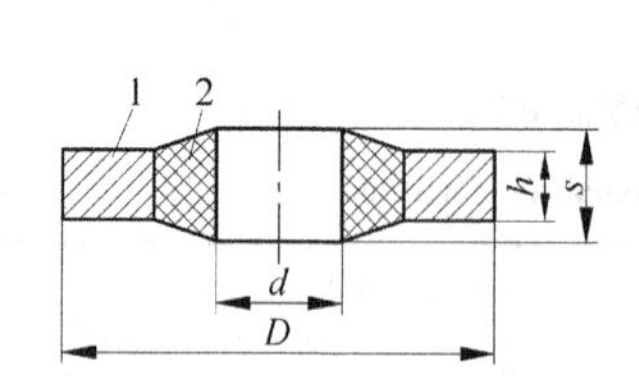

图 7-20　组合密封垫圈的结构图
(FIGURE 7-20　Schematic illustration of structure of assembled seals)
1—Q235 钢圈;2—耐油橡胶

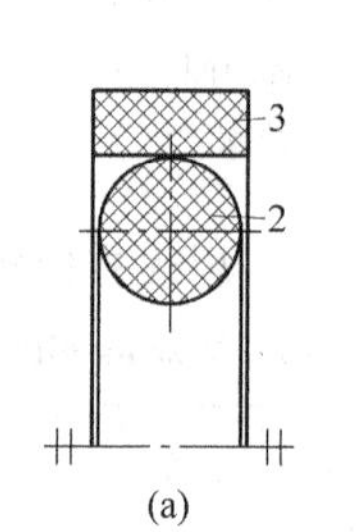

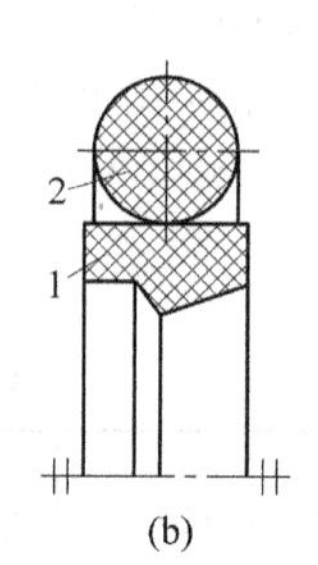

图 7-21　同轴密封圈的结构图
(FIGURE 7-21　Schematic illustration of structure of concentric assembled seals)
(a) 活塞用;(b) 活塞杆用
1—斯特圈;2—O 形圈;3—格来圈

同轴密封圈的特点是:格来圈与斯特圈有极低的摩擦因数(0.02～0.04,仅为橡胶的1/10),且静、动摩擦因数变化小,因此运动平稳无爬行;自润滑性能好,与金属组成摩擦副时不易黏着;密封性能良好;使用寿命比橡胶密封高百倍,因而被广泛地用于中、高压液压缸往复运动的密封件。同轴密封圈工作压力小于 50MPa,工作温度－30～120℃,运动速度小于 1m/s。

4. 旋转轴的密封件(Rotating shaft seals)

旋转轴的密封件有旋转轴唇形密封圈、旋转格来圈、旋转 Variseal 密封圈等,其中比较常用的为旋转轴唇形密封圈。

旋转轴唇形密封圈又称油封,如图 7-22 所示。它是安装在旋转轴和静止件之间,用于防止润滑油沿旋转轴向外泄漏及防止外界尘土、杂物侵入设备内部的动密封元件。

旋转轴唇形密封圈的内部由直角形圆环铁骨架支撑,密封圈内边上的螺旋弹簧把内边收紧在轴上密封。维持密封性能的关键是介于唇缘与轴表面之间的一层油膜,其密封原理是建立在滑动轴承的润滑理论上的。旋转轴唇形密封圈主要用于液压泵、回转式液压缸伸出轴和液压马达的密封。普通油封的工作压力小于 0.05MPa,耐压油封的工作压力可达1～1.2MPa。油封的工作温度范围:丁腈橡胶油封为－40～120℃,丙烯酸酯橡胶油封为－20～150℃,氟橡胶油封为－25～200℃。油封的工作线速度一般小于 15m/s。

5. 新型密封件(New type seals)

1) 星形密封圈

星形密封圈又称 X 形圈,是一种具有四个唇的无接缝的圆形环,在模具内硫化成形,其截面近似正方形,如图 7-23 所示。星形密封圈的制作材料一般为各种合成橡胶。它比O形密封圈具有更显著、更有效的静密封和动密封性能。适用于双作用往复运动的活塞杆、活塞和柱塞等；也能在摆动、旋转和螺旋工况下适用于轴和心轴等。星形密封圈的工作压力小于 40MPa，工作温度为 −60～200℃，工作线速度一般小于 0.5m/s。

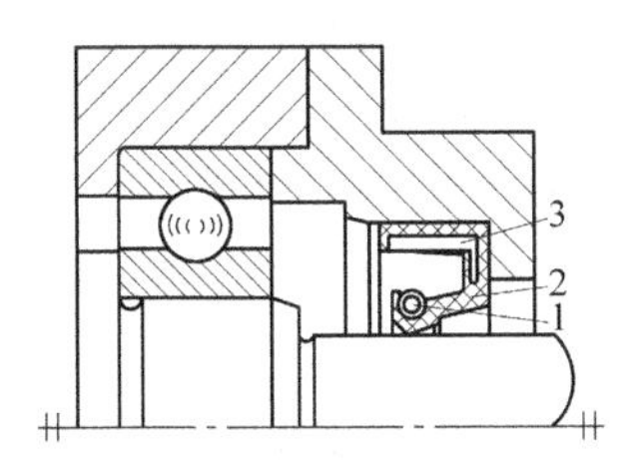

图 7-22　在旋转轴上安装的密封圈
(FIGURE 7-22　Rotating shaft seal installation)
1—弹簧；2—橡胶本体；3—骨架

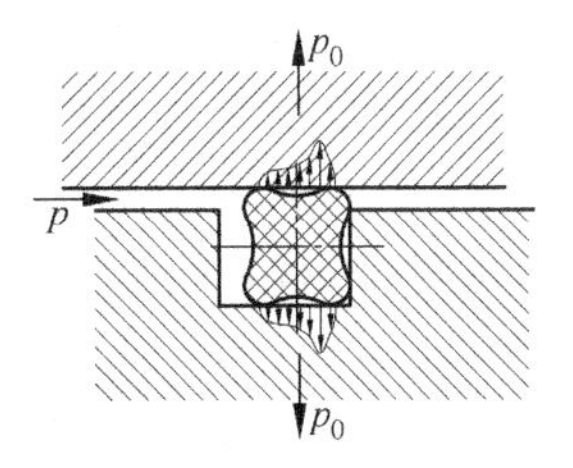

图 7-23　X 形密封圈的密封工作原理
(FIGURE 7-23　Schematic illustration of operating principle of X-seals)

2) Zurcon-L 形密封圈

Zurcon-L 形密封圈的截面呈倒 L 形，简称 Z-L 密封圈，其结构和工作原理如图 7-24 所示。其制作材料 Zurcon 是专门为支承系统和密封而研制的高性能聚氨酯。Zurcon-L 形密封圈具有在整个工作压力范围内流体动力回吸性能、密封唇不受压力作用、抗挤出性能好、摩擦力小、静态和动态密封性能好、使用寿命长等优点，主要用于活塞杆的静、动密封。Zurcon-L 形密封圈的工作压力小于 40MPa，工作温度 −30～80℃，工作线速度一般小于 0.5m/s。

3) M2 型 Turcon-Variseal 密封圈

M2 型 Turcon-Variseal 密封圈是一种轮廓形状不对称，既可用于内圆密封，又可用于外圆密封的往复运动用单作用密封圈，简称 T-V 密封圈。T-V 密封圈由一个 V 形不锈钢弹簧和一个 U 形外壳所组成，如图 7-25 所示。U 形外壳的制作材料 Turcon 是一种高性能工程热塑性复合物。M2 型 T-V 密封圈具有尺寸稳定性好，摩擦因数小，能承受急剧的温度变化，精确控制时也不会产生爬行，能适应绝大部分液压工作介质和化学制品，可以进行消毒，不会污染药剂液体和食品，使用寿命长等优点，主要用于旋转和往复动密封。M2 型 T-V 密封圈的工作压力：动外负载时小于 45MPa；静外负载时小于 60MPa。工作温度为 −70～260℃，工作线速度：旋转运动时小于 1m/s；往复运动时小于 1.5m/s。

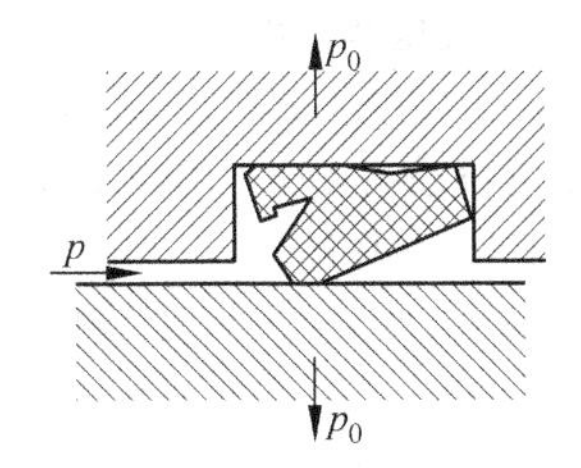

图 7-24　Zurcon-L 形密封圈的结构和密封工作原理
(FIGURE 7-24　Schematic illustration of structure and operating principle of Zurcon-L seals)

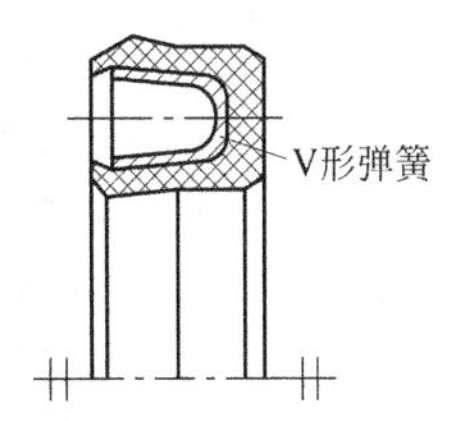

图 7-25　M2 型 Turcon-Variseal 形密封圈的结构和密封工作原理
(FIGURE 7-25　Schematic illustration of structure and operating principle of M2 Turcon-Variseal seals)

6. 胶密封和带密封(Glue seals and strip seals)

1) 胶密封

胶密封是用密封胶涂敷在两个零件的结合面上,通过螺栓连接使两个零件的结合面胶接在一起,堵塞泄漏通道。密封胶的主要成分为有机或无机高分子材料,分为硫化型和非硫化型两大类,在施工时具有流动性或塑性,在施工后具有良好的成膜性,对零件的缺口、接缝或孔洞能起密封作用,并能承受一定的压力和振动。

2) 带密封

带密封是一种介于液态胶密封和固体密封之间的密封。带密封是用密封带缠绕在需要密封的螺纹上,在螺纹副的间隙中填满密封带,防止泄漏。常用的密封带是聚四氟乙烯生料带。带密封的特点是操作简便,不污染液压工作介质,不腐蚀螺纹,干净,耐高压,连接牢固和耐油性好等。

7.4　管道及管接头

管道及管接头的主要功能是连接液压元件和输送液压工作介质,应有足够的强度和良好的密封性,压力损失要小,装拆要方便。

7.4.1　管道的种类及材料

液压传动系统中常用的管道根据所用材料可分为钢管、铜管、塑料管、橡胶软管、尼龙管等。管道的材料应根据管道的安装位置、工作条件和工作压力来正确选择。各种常用管道的特点及适用场合见表 7-5。

表 7-5　各种常用管道的特点及适用场合

(TABLE 7-5　Characteristic and application of common pipes)

种　类		特点和适用场合
硬管	钢管	承压能力强、耐油、抗腐蚀、刚性好、价格低廉,常在装拆方便处用作压力管道。在中、高压时,常用 10 钢、15 钢冷拔无缝钢管;在低压(小于 1.6MPa)时,用焊接钢管
	紫铜管	易弯曲成各种形状,管壁光滑、摩擦阻力小,承压能力小于 6.5～10MPa,抗振能力弱,易使液压工作介质氧化。通常用在液压装置内配接不便处
软管	橡胶软管	用于有相对运动部件间的连接,低压软管由夹有帆布或棉线的耐油橡胶制成,常用于回油管路。高压软管由夹有几层缠绕编织或交叉编织钢丝的耐油橡胶制成,钢丝层数越多,管径越小,耐压就越高,最高可达 20～32MPa,价格昂贵
	耐油塑料管	质轻且耐油,装配方便,价格便宜,但耐压能力低,长期使用会变质老化,只用于压力低于 0.5MPa 的泄油管和回油管等
	尼龙管	乳白色半透明,可观察油液的流动情况,加热后可以随意弯曲成形或扩口,冷却后即定形,承压能力因材质而异,在 2.5～8MPa 之间,最高可达 16MPa。常用于中、低压油路
	聚氨酯管	是高性能聚氨酯制品,比尼龙管更柔软,弹性类似橡胶,弯曲半径非常小,具有很好的耐弯曲疲劳特性;在 −20℃以下还能耐机床油;高温时耐压能力迅速下降,允许环境温度一般为 −35～60℃

7.4.2 管道内径及壁厚的确定

1. 管道内径的确定(Determining of pipes inner diameter)

管道内径的确定一般要考虑管中允许的流速，所以在流量 q 和允许平均流速 v 已知时，内径 d 可由下式确定：

$$d=\sqrt{\frac{4q}{\pi v}} \tag{7-10}$$

式中，q——通过管道的流量，m^3/s。

v——管道中允许的平均流速，m/s。v 值可按表 7-6 的推荐值选用。高压大流量液压传动系统取大值，反之取小值；管路短时取大值，反之取小值。

表 7-6　液压传动系统中最大允许流速

(TABLE 7-6　Allowable maximum flow velocity in hydraulic transmission system)　　m/s

元件或管道名称			平均流速推荐值	平均流速最大值
液压泵吸油管道		管径 15～25mm	0.5～1.2	2.5
		管径>32mm	1.5	2.5
压力管道	按内径区分	管径 15～50mm	3.0	6.0
		管径>50mm	4.0	6.0
	按压力区分	p<2.5MPa	2.0	6.0
		p=2.5～14MPa	4.0	6.0
		p=14～21MPa	5.0	6.0
		p>21MPa	5.0～6.0	
回油管道			1.5～2.5	
短管及局部收缩处			5.0～7.0	
橡胶软管			4	
换向阀阀口			6.0～8.0	10
溢流阀阀口			15	
安全阀阀口			30	

2. 壁厚的确定(Determining of pipes wall thickness)

1) 金属管道壁厚 δ 的确定

为保证管道的强度，金属管道壁厚 δ 的确定应根据工作压力、内径和材质来计算，如下式：

$$\delta=\frac{pd}{2[\sigma]} \tag{7-11}$$

式中，p——管道内液压工作介质的工作压力，Pa；

d——管道内径，m；

$[\sigma]$——管道材料许用应力，Pa。

对于钢管，

$$[\sigma]=\frac{\sigma_b}{n} \tag{7-12}$$

式中，σ_b——管道材料的抗拉强度，Pa。对于钢管，与钢号有关，可在各种手册中查得；对铜管，取许用应力 $[\sigma]\leqslant 25$MPa。

n——安全系数。$p<7$MPa 时，取 $n=8$；7MPa$<p<17.5$MPa 时，取 $n=6$；$p>17.5$MPa 时，取 $n=4$。

选择管道时，内径不能过小，也不能过大。过小易使管道中液压工作介质流速过大、压力损失增加，产生振动和噪声；过大时，易使液压装置不紧凑。

根据式(7-10)和式(7-11)计算出 d 和 δ 后，应查工程材料手册或机械设计手册取接近的标准值。

2) 对于橡胶软管的选择

对于高压软管，在已知工作压力和计算出内径 d 的情况下，可按标准选用。另外，在使用中要注意液压传动系统的工作压力不得超过软管的工作压力，因液压传动系统中存在冲击力，则最高冲击压力不能超过软管的试验压力（软管的试验压力为工作压力的 1.25 倍）。

7.4.3 管道安装要求

(1) 管道安装最好横平竖直，转弯少，长度尽量短。在装配时，如悬伸较长要设置管夹固定。管道需拐弯时，可用弯接头连接直管实现，也可在弯管机上弯曲成形，管道弯曲半径要足够大。弯曲半径可参考表 7-7。

表 7-7 硬管装配时允许的弯曲半径

(TABLE 7-7 Steel pipes installation allowable bending radius) mm

管道外径	10	14	18	22	28	34	42	50	63
弯曲半径	50	70	75	80	90	100	130	150	190

(2) 为防止钢管接触振动，平行管道间距要大于 100mm，尽量避免交叉。

(3) 软管安装时，要考虑受拉、振动和油温变化的影响，对于直线安装的软管，长度要有30%左右的余量；对于弯曲安装的软管，弯曲半径要大于软管外径的 9 倍，弯曲处到管接头的距离最少等于外径的 6 倍。

7.4.4 管接头

在液压传动系统中，管道与管道或管道与液压元件之间，除外径大于 50mm 的金属管一般采用法兰连接外，小直径的管道普遍采用管接头连接方式。管接头可由锥螺纹和普通细牙螺纹连接，锥螺纹常用于中低压系统，普通细牙螺纹常用于高压系统。管接头必须在强度足够的前提下，安装、拆卸方便，外形尺寸小，密封性好，通流能力大，压力损失小及工艺性能好，抗振动、冲击。

目前，用于硬管连接的管接头形式主要有扩口式、卡套式、焊接式、固定铰接式；当被连接件之间存在摆动或转动时，可选用铰接式管接头或中心回转接头；用于软管连接的主要有软管接头。

1. 扩口式管接头(Collet pipe fittings)

如图 7-26 所示，扩口式管接头由接头体 1、连接螺母 2、管套 3 和接管 4 组成。接管 4 管端的扩口成 74°～90°，用连接螺母 2 把管套 3 连同接管 4 一起压紧在接头体 1 的锥面上形成密封，它适用于薄壁钢管、铜管、塑料管和尼龙管等低压管道的连接。

2. 卡套式管接头(Cutting sleeve pipe fittings)

图 7-27 所示为卡套式管接头的结构图,它主要由接头体 2、螺母 3、卡套 4 组成。卡套 4 是一个在内圆端部带有尖锐内刃的金属环。当螺母 3 旋转时,刃口嵌入接管 5 的外表面,从而起到密封和连接作用。同时,因卡套 4 受压而中间部分微凸,在 A 处与接头体 2 的内锥面接触,也起到密封作用。卡套式对管接头的轴向尺寸要求不严,装拆方便,但对管道径向尺寸精度要求高,适于冷拔无缝钢管,管道外径一般不大于 42mm,使用压力可达 32MPa。

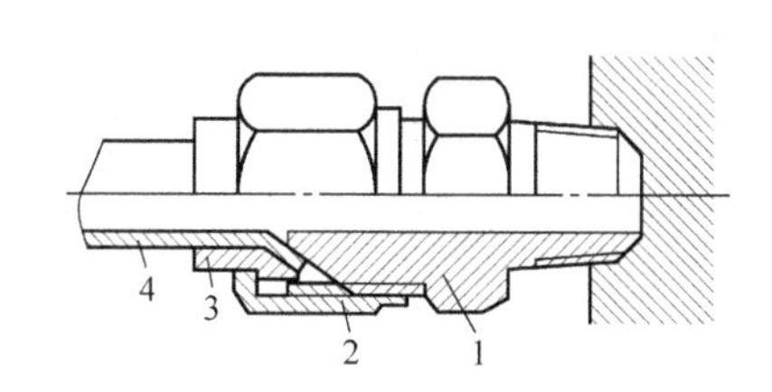

图 7-26　扩口式管接头的结构图
(FIGURE 7-26　Schematic illustration of structure of collet pipe fittings)
1—接头体;2—连接螺母;3—管套;4—接管

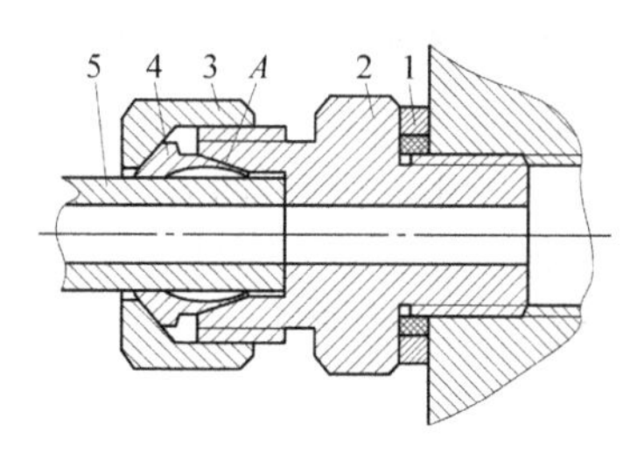

图 7-27　卡套式管接头的结构图
(FIGURE 7-27　Schematic illustration of structure of cutting sleeve pipe fittings)
1—组合密封圈;2—接头体;3—螺母;4—卡套;5—接管

新结构卡套式管接头在卡套和接头体之间增加了一个独立的密封组件,该密封组件由橡胶和定位环组成,将刚性密封改进为弹性密封,卡套只保留连接的作用。其优点是降低了金属零件的加工精度,延长了使用寿命,适用于高压、易振动和有压力冲击的场合,最高工作压力可达 40MPa。

3. 焊接式管接头(Welding pipe fittings)

图 7-28 所示为焊接式管接头的结构图。它的接管 1 与管道焊接在一起,通过螺母 2 将接管 1 与接头体 3 压紧。在接触面上,依靠球面和锥面的环形接触线实现密封,接头体 3 与本体 4 采用锥螺纹连接,在螺纹表面裹一层聚四氟乙烯的密封带一同旋入,这样,在锥螺纹的连接面上就可以形成可靠的密封层,如图 7-28(a)所示,适用于 8MPa 以下的低压系统。在接触面上,利用 O 形密封圈 6 来实现密封,接头体 3 与本体 4 的连接采用普通圆柱螺纹。普通圆柱螺纹连接密封性能不好,常采用组合密封圈 5 加以密封,如图 7-28(b)所示,适用于工作压力 32MPa 以上的液压传动系统。焊接式管接头的特点是简单可靠,连接牢固,是目前最广泛应用的一种形式;但装配工作量大,要求焊接质量高。

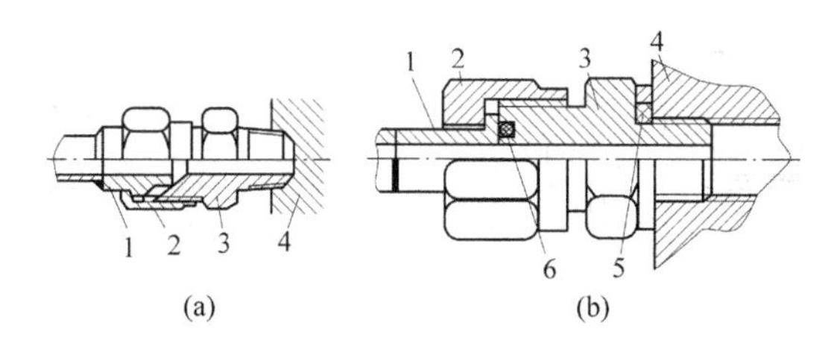

图 7-28　焊接式管接头的结构图
(FIGURE 7-28　Schematic illustration of structure of welding pipe fittings)
1—接管;2—螺母;3—接头体;4—本体;5—组合密封圈;6—O 形密封圈

4. 固定铰接式管接头(Fixed swing joint pipe fittings)

固定铰接式管接头的结构如图 7-29 所示。它由空心螺钉 1、组合垫圈 2 与 4、管道的接头 3 组成。它是利用空心螺钉 1 将两个组合密封垫圈 2 和 4 压紧在接头体上进行密封。该管接头属于直角接头，特点是可以随意调整布管的方向，安装方便，占用空间小，使用压力小于 32MPa。

5. 中心回转铰接式管接头(Central rotating swing joint pipe fittings)

中心回转铰接式管接头的结构如图 7-30 所示。它主要由弹簧卡圈 1、密封件 2 和 4、接头体 3、接头芯 5 等零件组成。中心回转铰接式管接头的接头芯 5 靠台肩和弹簧卡圈 1 保持与接头体 3 的相对位置，两者之间有间隙，可以转动，其密封由套在接头芯 5 外圆的密封件 2 和 4 予以保证。中心回转铰接式管接头与管道的连接可以是焊接式或卡套式，使用压力可达 32MPa。

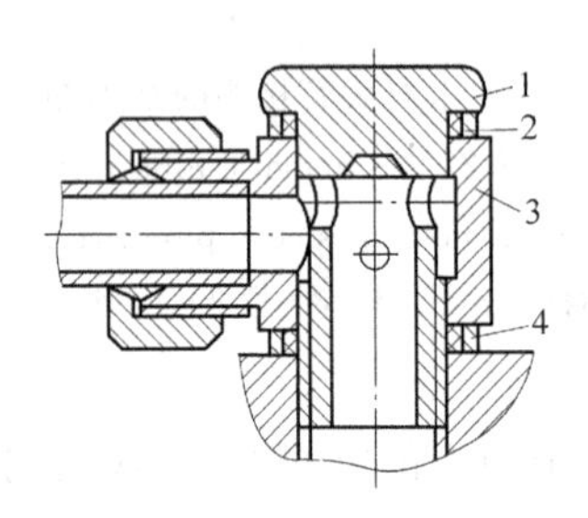

图 7-29 固定铰接式管接头的结构图
(FIGURE 7-29 Schematic illustration of structure of fixed swing joint pipe fittings)
1—空心螺钉；2,4—组合垫圈；3—接头

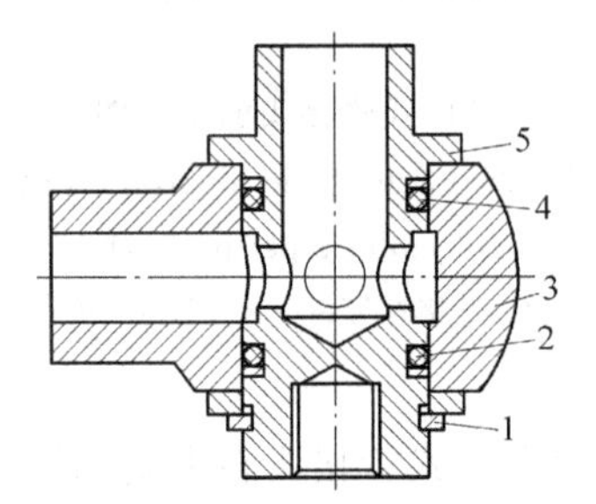

图 7-30 中心回转式管接头的结构图
(FIGURE 7-30 Schematic illustration of structure of central rotating swing joint pipe fittings)
1—弹簧卡圈；2,4—密封件；3—接头体；5—接头芯

6. 橡胶软管接头(Rubber hose pipe fittings)

橡胶软管总成和接头有 A、B、C、D、E 等型号，其中 A、B、C 三种型号为标准型。A、B、C 三种型号分别与焊接式管接头、卡套式管接头和扩口式管接头相连接。

A、B 型扣压式橡胶软管接头的结构如图 7-31 所示。它主要由接头外套 2 和接头体 3 组成，在装配时软管的外胶层须剥离一部分，然后在专用设备上扣压而成，因而管接头和胶管成为一体，具有较好的密封性能并可抗剥脱。随管径不同可用于工作压力范围为 6～40MPa 的液压传动系统。

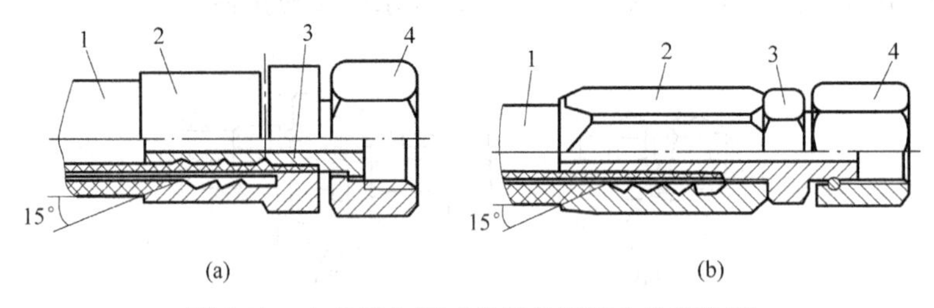

图 7-31 A、B 型扣压式橡胶软管接头的结构图
(FIGURE 7-31 Schematic illustration of structure of model A and B rubber hose pipe fittings)
(a) A 型扣压式；(b) B 型扣压式
1—胶管接头；2—外套；3—接头体；4—螺母

7. 快换式接头(Fast connect pipe fittings)

两端开闭式快换接头的结构和工作原理如图7-32所示。图示是油路接通的工作位置，当需要断开油路时，用力将锁紧套9向左推，钢球11从V形槽中滑出，拉出左接头体7，同时两单向阀芯2和3分别在弹簧1和4的作用下自动复位，使两单向阀芯紧压在接头体的锥形孔上，关闭两端通路，将管道中油液封闭。此种接头结构复杂，成本高，适用于试验设备中需经常更换管路的场合，使用压力小于32MPa。

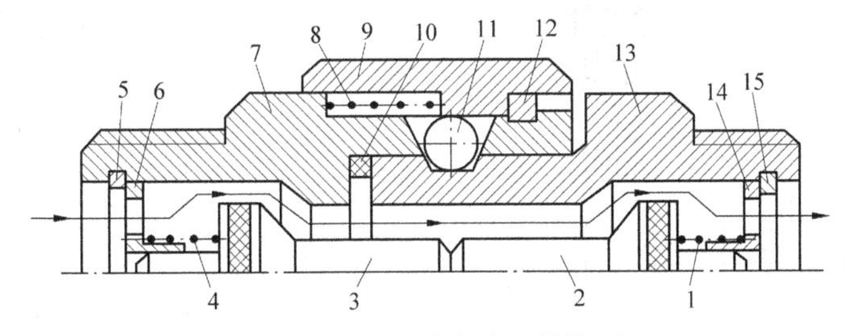

图7-32 快换式接头的结构图

(FIGURE 7-32 Schematic illustration of structure of fast connect pipe fittings)

1,4,8—弹簧；2—右阀芯；3—左阀芯；5,15—卡环；6,14—弹簧座；

7—左接头体；9—锁紧套；10—密封圈；11—钢球；12—卡键；13—右接头体

7.5 液压油箱

7.5.1 液压油箱的功能与类型

1. 液压油箱的功能(Function of oil tanks)

(1) 存储液压传动系统所需足够的液压工作介质；

(2) 散发液压传动系统工作过程中产生的热量；

(3) 逸出侵入液压工作介质中的空气；

(4) 为液压传动系统中的元件提供安装位置；

(5) 沉淀液压工作介质中的污染物；

(6) 应能有效地防止外界污染物的侵入。

2. 液压油箱的类型(Types of oil tanks)

按结构可分为分离式液压油箱和整体式液压油箱；按形状可分为圆筒形液压油箱和矩形液压油箱；按液压油箱液面是否与大气相通可分为开式液压油箱和闭式液压油箱。

整体式液压油箱是利用主机的空腔部分作为液压油箱。其特点是结构紧凑，易于回收泄漏油，但增加了主机的复杂件，散热条件不好，维修不便。分离式液压油箱因单独设置，与主机分开，所以布置灵活、维修方便，减少了液压油箱发热和液压油箱振动对主机工作精度的影响，因而得到广泛的应用，常用于固定作业机械和行走作业机械系统中。

分离式液压油箱的典型结构如图7-33所示。它主要由过滤器1、隔板2和4、液位计5、回油管6、空气滤清器8、吸油管9、箱盖11和箱体12等组成。油箱中隔板2和4主要用来阻挡沉淀污染物进入吸油管9，放油阀3用来排放沉淀污物，空气滤清器8兼有加油和通气的作用。

闭式液压油箱完全与大气隔绝,液压油箱整个密封,在其内设置弹簧活塞或气囊,对液压油箱中的液压工作介质施压,如图 7-34 所示。闭式压力油箱的特点是液压泵的吸油条件好,但液压传动系统的泄油管、回油管要承受背压,常用于水下作业机械或飞行器或海拔较高地区的液压传动系统中。

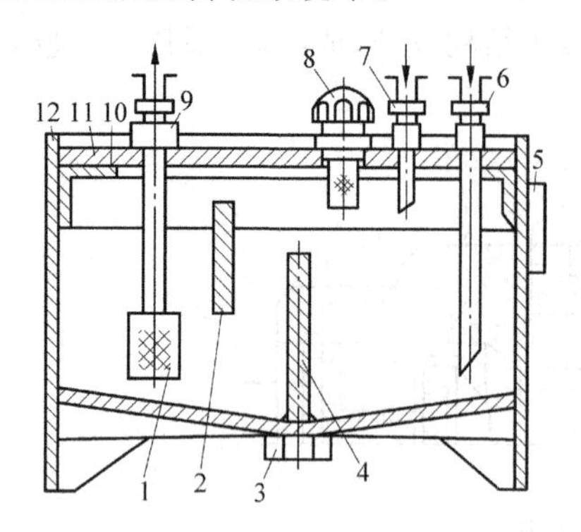

图 7-33　分离式液压油箱的结构图
(FIGURE 7-33　Schematic illustration of structure of independence oil tanks)
1—过滤器;2,4—隔板;3—放油阀;5—液位计;6—回油管;7—泄油管;8—空气滤清器;9—吸油管;10—密封垫;11—箱盖;12—箱体

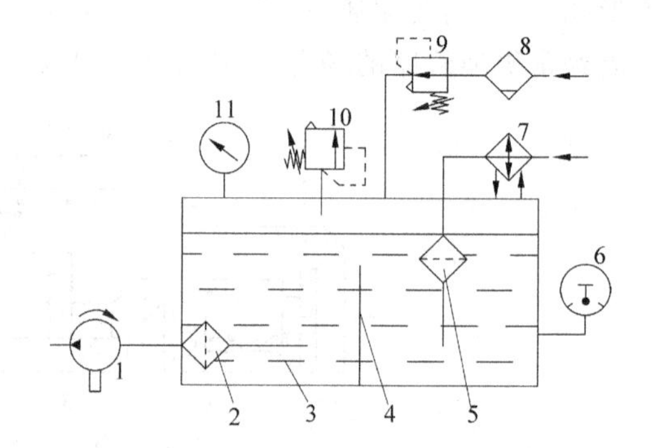

图 7-34　闭式压力液压油箱的结构图
(FIGURE 7-34　Schematic illustration of structure of closed loop pressure oil tanks)
1—液压泵;2,5—过滤器;3—液压油箱;4—隔板;6—电接点温度表;7—冷却器;8—分水滤水器;9—减压阀;10—安全阀;11—电接点压力表

7.5.2　液压油箱容积的计算

液压油箱的容积是指液压工作介质高度为液压油箱高度 80%时的液压油箱有效容积,它是液压油箱的主要参数。在初步设计时,可用以下经验公式确定液压油箱的容积:

$$V = \alpha q_p \tag{7-13}$$

式中,V——液压油箱有效容积,m^3;

α——与压力有关的经验系数,见表 7-8;

q_p——液压泵的额定流量,m^3/min。

表 7-8　经验系数 α

(TABLE 7-8　Test coefficient α)

机械类型	行走机械	低压系统	中压系统	冶金机械	锻压系统
α	1～2	2～4	5～7	10	6～12

对于功率较大且连续工作的液压传动系统,当液压传动系统损失的功率所产生的发热量几乎全部由液压油箱散发时,应根据液压传动系统的热平衡来确定液压油箱(长、宽、高之比为 1∶1∶1～1∶2∶3)的最小容积:

$$V_{min} = \sqrt{\left[\frac{P_t}{0.065K(t_1 - t_2)}\right]^3} \tag{7-14}$$

式中,V_{min}——液压油箱的最小容积,m^3;

P_t——液压传动系统损失的功率,W;

K——液压油箱散热系数，W/(m^2 · K)，见表 7-9；

t_1——最高允许温度，℃；

t_2——环境温度，℃。

表 7-9　液压油箱的散热系数 K

(TABLE 7-9　Oil tanks heat exchange coefficient K)　W/(m^2 · K)

散热条件	K	散热条件	K
通风很差	8～10	风扇冷却	20～25
通风良好	14～20	循环水强制冷却	110～175

7.5.3　液压油箱的设计要点

1. 液压油箱的结构(Structure of oil tanks)

对于大型或单件制造的液压油箱，常采用钢板直接焊接或内衬角钢作为骨架与钢板焊接，一般钢板厚度 $\delta=1.5\sim6$mm。对于小型且批量生产的液压油箱，常采用铸铁铸造或铝合金，液压油箱要有足够的强度和高度。如果电动机、液压泵和液压阀的集成装置固定在液压油箱盖上，则箱盖的钢板厚度 $\delta=8\sim12$mm，且箱盖与箱体间应垫上橡胶垫以防尘和减振。箱盖与箱体通过螺栓紧固。

为了更好地通风散热，液压油箱底部 4 个角的支撑腿离地面高度应在 150mm 以上。液压油箱底部做成适当斜度，并在最低处设置放油塞。此外，为了搬运或吊装的方便，液压油箱应设计有吊耳。

2. 吸油、回油和泄油管(Oil inlet pipe and oil return pipe and oil leakage pipe)

在吸油管入口处，绝大多数安装网式过滤器，通流能力为液压泵流量的 2 倍以上。吸油管离液压油箱边的距离应不小于管径的 3 倍，以使吸油通畅。回油管必须侵入最低油面以下，以避免回油时将空气带入油液中，距液压油箱底面的距离也不小于内径的 2 倍，管端切成 45°斜口，并朝向箱体壁面。泄油管流量一般较小，为了防止泄油阻力，泄油管应设置在油面以上。

3. 空气滤清器与油位计的设置(Setting air cleaner and liquid height meter)

空气滤清器的作用是滤除空气中的灰尘杂质，兼作注油口用，根据液压泵输出液压工作介质量的大小来选择其容量，它一般布置在盖上靠近液压油箱的边缘处。

液位计一般在液压油箱侧壁安装，其窗口尺寸应能观察到最低与最高液位。

4. 隔板的设置(Setting metal clapboard)

设置隔板的目的是为了将吸油、回油隔开，增加液压工作介质循环的距离，提高散热效果，并使液压工作介质有足够的时间分离气泡，沉淀污染物。隔板一般为 1 或 2 个，高度约为最低液压工作介质油面高度的 2/3。

5. 温度计的设置(Setting thermometer)

常用接触式温度计来显示液压油箱内液压工作介质的温度。接触式温度计有膨胀式和压力式两种类型，其中带有电接点的温度计可以实现温度自动控制。

6. 液压油箱的组装与清洗(Oil tanks assembling and cleaning)

新液压油箱经喷丸、酸洗和表面清洗后，内壁应涂上耐油的防锈清漆，然后，再安装其他组件。

7.6 加　热　器

当液压传动系统温度低于 10℃时，液压工作介质的黏度显著增大，液压泵吸油困难，阻力增加，噪声加大。为了使液压工作介质的温度不低于正常工作温度，通常采用加热器进行温度控制。

液压工作介质的加热方法有蛇形管蒸汽加热和电加热器加热两种。电加热器由于使用方便，容易自动控制温度，所以被广泛地应用。图 7-35 所示为电加热器的安装图，将电加热器 1 用法兰连接在液压油箱 2 的内壁上，电加热器 1 浸在液压工作介质中，通电后先是局部加热，然后逐渐扩散传热使液压油箱内的液压工作介质加热。为了避免液压工作介质局部温度过高，而使液压工作介质出现碳化而变质，一般加热管表面温度不允许超过 120℃，电加热管表面功率密度不应超过 3W/cm²。实际使用中应设置温控器进行监控。

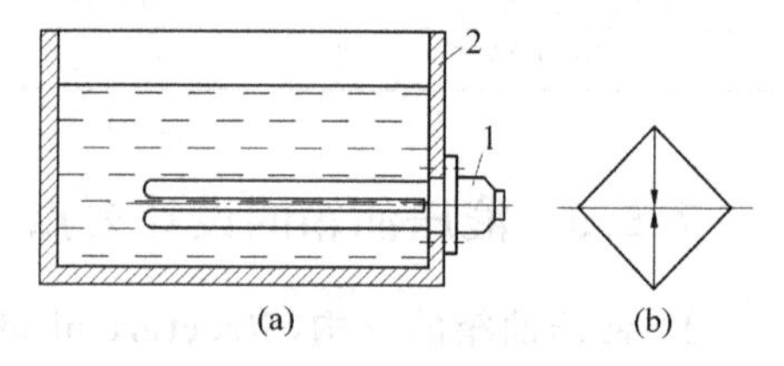

图 7-35　电加热器安装图
(FIGURE 7-35　Schematic illustration of electric heater installation)
(a) 结构；(b) 图形符号
1—电加热器；2—液压油箱

电加热器的发热功率可按下式计算：

$$P \geqslant \frac{c\rho V\Delta t}{T\eta} \tag{7-15}$$

式中，P——电加热器的发热功率，W；

c——液压工作介质的比热容，取 1675～2093J/(kg · K)；

ρ——液压工作介质的密度，取 ρ= 900kg/m³；

V——液压油箱内液压工作介质的容积，m³；

Δt——液压工作介质温升，K；

T——加热时间，s；

η——加热器的热效率，一般取 0.6～0.8。

7.7　冷　却　器

液压传动系统工作是否正常与液压工作介质的温度有密切关系。液压传动系统本身损耗的能量绝大部分转变成热量，这些热量使液压传动系统油温升高。当温度超过 65℃时，将增加液压传动系统的泄漏，使压力下降，噪声增大，严重影响液压传动系统的正常工作，因此需使用冷却器对液压工作介质进行降温。要控制液压工作介质的温度在 30～50℃之间。

对于固定作业机械，除了采用上面介绍的冷却器以外，也可采用强制风冷。大型设备应配备冷却塔或多级冷却器冷却。

对于行走机械和工程机械液压传动系统的散热和冷却，可采用风冷和循环水冷却器(如利用发动机的散热器进行冷却)。

冷却器的种类很多，根据有无冷却介质可分为无冷却介质冷却器和有冷却介质冷却器。

7.7.1　无冷却介质冷却器

翅片管式冷却器的结构和工作原理如图 7-36 所示。它由一根或多根具有径向翅片的冷却器构成，较大地增加了散热面积和热交换效果，属于无冷却介质冷却器。

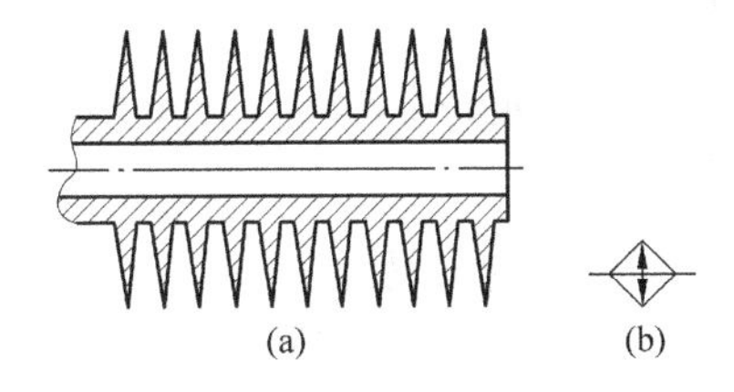

图 7-36　翅片管式冷却器的结构和工作原理
(FIGURE 7-36　Schematic illustration of structure and operating principle of fin pipe coolers)
(a) 结构；(b) 图形符号

7.7.2　有冷却介质冷却器

1. 蛇形管式冷却器(Spiral pipe coolers)

蛇形管式冷却器的结构和工作原理如图 7-37 所示。蛇形管可直接浸入液压工作介质中，安装在液压油箱侧壁上，冷却水从蛇形管内部通过，把液压油箱中的热量带走。这种冷却器结构简单，成本低，但冷却效率低。

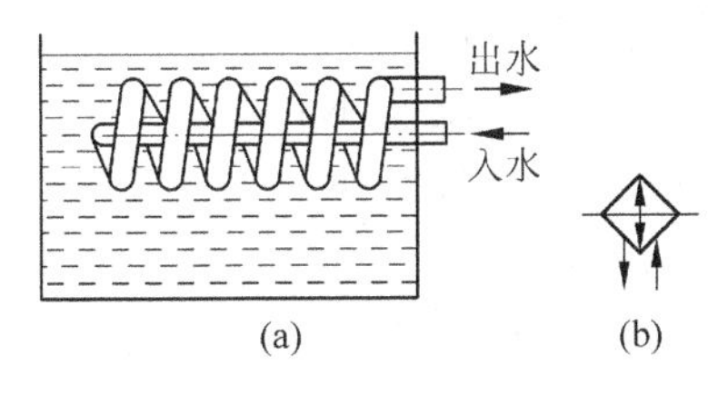

图 7-37　蛇形管式冷却器的结构和工作原理
(FIGURE 7-37　Schematic illustration of structure and operating principle of spiral pipe coolers)
(a) 结构；(b) 图形符号

2. 列管式冷却器(Parallel connection pipe coolers)

列管式冷却器的结构和工作原理如图 7-38 所示。它由一组相间陈列的冷却器管封装在壳体内组成，壳体一端为进水口，另一端为出水口。被冷却的液压工作介质从进油口进入，从排油口流出。这种冷却器由于采用强制对流的方式，散热效率高，结构紧凑，因而应用广泛。

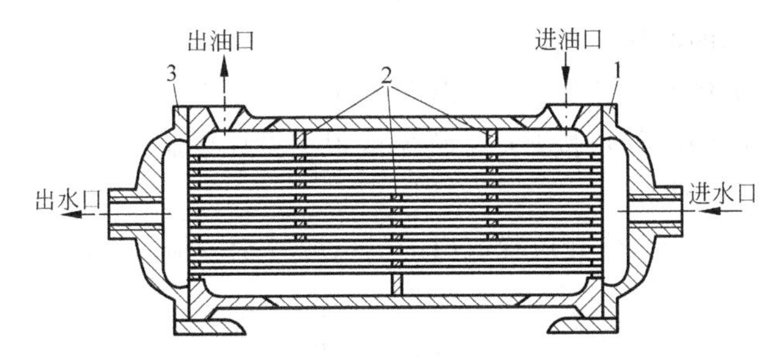

图 7-38　列管式冷却器的结构和工作原理
(FIGURE 7-38　Schematic illustration of structure and operating principle of parallel connection pipe coolers)
1,3—端盖；2—隔板

7.7.3 冷却器的计算

1. 水冷式冷却器的计算(Calculation of water coolant coolers)

1) 冷却器散热面积的计算

$$A = \frac{P_h - P_{hd}}{K\Delta t_m} \tag{7-16}$$

式中,A——冷却器的散热面积,m^2。

P_h——液压传动系统的发热功率,W。

P_{hd}——液压油箱的散热功率,W。

K——冷却器的散热系数,W/(m^2·K)。一般,平板式水冷却器 K=465W/(m^2·K);多管式水冷却器 K=116W/(m^2·K);蛇形管水冷却器 K=110～175W/(m^2·K);强制风冷 K=35～350W/(m^2·K)。

Δt_m——液压工作介质和水之间的平均温差,可用下式来计算:

$$\Delta t_m = \frac{t_0 + t_1}{2} - \frac{t_0' + t_1'}{2} \tag{7-17}$$

式中,t_0——冷却器液压工作介质进口温度,K;

t_1——冷却器液压工作介质出口温度,K;

t_0'——冷却器水(或其他介质)进口温度,K;

t_1'——冷却器水(或其他介质)出口温度,K。

液压传动系统发热功率的估算:

$$P_h = P_P(1 - \eta_c) \tag{7-18}$$

式中,P_P——输入液压泵的功率,W。

η_c——液压传动系统的总效率。高效、合理的液压传动系统为70%～80%;一般液压传动系统仅达到50%～60%。

液压油箱散热功率的估算:

$$P_{hd} = K_1 A_1 \Delta t \tag{7-19}$$

式中,K_1——液压油箱的散热系数,W/(m^2·K)。在周围通风很差时,K_1通常为11～28W/(m^2·K);在周围通风较好时,K_1为29～57W/(m^2·K);在周围通风好时,K_1为58～74W/(m^2·K);

A_1——液压油箱的散热面积,m^2;

Δt——液压工作介质与周围空气的温度差,K。

计算出散热表面积 A 后,可按照产品样本或根据设计手册来选取冷却器规格。

2) 冷却水流量 q' 的计算

根据热平衡可知,液压工作介质释放出的热量应等于冷却器冷却水吸收的热量,故冷却水流量为

$$q' = \frac{c\rho(t_1 - t_0)}{c'\rho'(t_1' - t_0')} q \tag{7-20}$$

式中,c、c'——液压工作介质与水的比热容,c=1675～2093J/(kg·K),c'=4186.8 J/(kg·K);

ρ、ρ'——液压工作介质与水的密度,ρ= 900kg/m^3,ρ'=1000kg/m^3;

q——液压工作介质的流量，m^3/s。

液压工作介质流过冷却器的压力降范围应在 0.05～0.08MPa 之间，冷却水流过冷却器的流速应小于 1.2m/s。

2. 风冷式冷却器的计算(Calculation of fan coolers)

$$A = \frac{P_h - P_{hd}}{K\Delta t_m}\alpha \tag{7-21}$$

式中，P_h——液压传动系统的发热功率，W；

P_{hd}——液压油箱的散热功率，W；

K——冷却器的散热系数，$W/(m^2 \cdot K)$，一般，风冷式冷却器的 $K=116\sim175W/(m^2 \cdot K)$；

α——污垢系数，一般，$\alpha=1.5$；

Δt_m——平均温差。可用下式来计算：

$$\Delta t_m = \frac{t_0 + t_1}{2} - \frac{t_0'' + t_1''}{2} \tag{7-22}$$

式中，t_0''——进口空气温度，K。

t_1''——出口空气温度，K。可用下式来计算：

$$t_1'' = t_0'' + \frac{P_P}{q_P \rho_P c_P} \tag{7-23}$$

式中，q_P——空气流量，m^3/s，$q_P = \frac{P_h}{\rho_P c_P}$；

ρ_P——空气密度，kg/m^3，一般，$\rho_P = 1.4kg/m^3$；

c_P——空气比热容，$J/(kg \cdot K)$，一般，$c_P = 1005J/(kg \cdot K)$。

重点和难点课堂讨论

课堂讨论：密封件结构及选用方法，不同工况下蓄能器的选用及容量计算。

典型案例分析

案例　某一蓄能器的充气压力为 $p_0=8MPa$，用流量 $q=5L/min$ 的液压泵充油，当压力升到 $p_1=19MPa$ 时向液压传动系统快速排油，当压力降到 $p_2=10MPa$ 时排出的体积为 5L，试确定蓄能器的容积 V_0。

解　根据题意，蓄能器排油过程是绝热过程，取 $n=1.4$，故可得 $p_1V_1^{1.4}=p_2V_2^{1.4}$ 及 $V_2-V_1=5L$，解之，得 $V_1=8.6L$。

先假设充液过程是绝热过程，则

$$V_0 = \left(\frac{p_1}{p_0}\right)^{\frac{1}{1.4}} V_1 = \left(\frac{19}{8}\right)^{\frac{1}{1.4}} \times 8.6\,L = 15.9\,L$$

充液时间

$$t = \frac{V_0 - V_1}{q} = \frac{15.9 - 8.6}{5}\,\min \approx 1.5\,\min$$

因充液时间超过 1min，也可认为充液过程近似等温过程，$n=1$，则

$$V_0 = \frac{p_1}{p_0}V_1 = \frac{19}{8} \times 8.6\ \text{L} = 20.4\ \text{L}$$

故根据等温过程的充液要求，需用 20.4L 的蓄能器。

本章小结

液压辅助元件主要包括过滤器、蓄能器、密封件、管道及管接头、液压油箱、加热器、冷却器等。如辅助元件选用和安装不当，会造成污染严重、泄漏、效率下降、液压工作介质温度过低或过高等不良后果。过滤器是滤除液压工作介质中杂质的装置，通常根据液压传动系统的工作压力及性质来选择。蓄能器通常是用来储存和释放压力能的，其参数的选择与其用途有关。工作时基本上处于动态工况，在应用中主要关注其动态特性。密封件主要用于减小液压传动系统的泄漏，进而提高液压传动系统的效率。管道是用来连接液压元件和传输液压工作介质的，管接头是用来连接管道或液压元件的，要根据管道内液压工作介质的压力、流量及使用场合来选用。液压油箱主要用于液压工作介质的存储、散热、沉淀杂质、使液压工作介质中气泡析出。设计时其体积可根据液压传动系统的流量确定。加热器和冷却器用于保持液压工作介质温度在规定范围内，保证液压传动系统能正常工作。

思考题和习题

1. 简述过滤器的类型、特点及选用原则。

2. 简述蓄能器的主要类型及在液压传动系统中的作用。

3. 液压传动系统最低和最高工作压力各为 6MPa 和 8MPa。其执行元件每隔 30s 需要供油一次，每次输油 1L，时间为 0.5s。试问：

(1) 若用液压泵供油，该液压泵应有多大流量？

(2) 若改用气囊式蓄能器(充气压力为 5MPa)完成此工作，则蓄能器的容量应为多大？

(3) 向蓄能器充液的液压泵流量应为多大？

4. 在液压传动系统中常用的密封装置有哪几类？各有什么特点？

5. 对于静密封，可选用哪些密封装置？

6. 对于往复运动密封，可选用哪些密封装置？

7. 对于旋转运动密封，可选用哪些密封装置？

8. 某液压缸的工作压力为 31.5MPa，使用温度范围为 5～60℃，往复运动速度为 1.2m/s，工作介质为石油基液压工作介质。试为液压缸的活塞杆和活塞选用合适的密封件。

9. 如何计算管道的内径和壁厚？

10. 液压管道安装时有哪些要求？

11. 有一液压泵向液压传动系统供油，工作压力为 10MPa，流量为 50L/min，试确定供油管道尺寸。

12. 简述液压油箱的功用及主要类型。

13. 设计液压油箱时应注意哪些问题？

14. 一单杆液压缸，活塞直径 $D=120\text{mm}$，活塞杆直径 $d=60\text{mm}$，行程 $L=400\text{mm}$。现从有杆腔进油，无杆腔回油，问由于活塞的移动使有效底面积为 $2\times10^5\text{mm}^2$ 的液压油箱液面高度发生多大变化？

15. 液压传动系统在什么情况下需设置加热器或冷却器？

16. 加热器的发热功率如何计算？

17. 水冷式冷却器的散热面积如何计算？

18. 风冷式冷却器的散热面积如何计算？

第 8 章　液压传动基本回路

本 章 指 南

本章主要内容：主要讲述了压力控制回路、速度控制回路、方向控制回路和多液压执行元件运动控制回路。它们是构成机械设备液压传动系统的一些基本回路。

本章重点：掌握与运用远程调压回路、减压回路、容积节流调速回路和差动连接回路。

本章难点：正确理解速度控制回路的速度-负载特性分析。

本章教学目的和要求：通过学习压力控制回路、速度控制回路、方向控制回路和多液压执行元件运动控制回路的组成、工作原理、类型、特点和优缺点，学会液压基本回路在机械设备液压传动系统中的正确应用。

随着现代工业技术的迅速发展，各类液压传动设备的液压传动系统及控制功能变得越来越复杂。但是，不论多么复杂，任何一个液压传动系统都是由一个或几个基本回路组成的。所谓基本回路是指由相关液压元件组成，用来完成特定功能的典型油路。基本回路是从实际液压传动系统中归纳、综合、提炼出来的，具有一定的代表性。熟悉和掌握它们的组成、工作原理、性能特点及其应用，是分析、设计和使用液压传动系统的重要基础。

基本回路按其在液压传动系统中的功能被分为压力控制回路、速度控制回路、方向控制回路、互不干扰回路和多路换向阀控制回路等。

8.1　压力控制回路

压力控制回路是利用压力控制阀来控制和调节整个液压传动系统或局部油路的压力，达到调压、卸荷、减压、增压、保压、释压、平衡等目的，以满足执行元件对力或转矩的要求。

8.1.1　调压回路

调压回路的功能在于调定或限制液压传动系统的最高工作压力，或者使执行机构在工作过程不同阶段由溢流阀实现多级压力变化。

1. 一级调压回路(One kind of pressure adjusting control circuit)

一级调压回路是液压传动系统中最常见的调压回路,如图 8-1 所示。在定量泵 1 出口处并联一个溢流阀 2 来控制液压传动系统的最高压力值。若将图 8-1 中的定量泵 1 改换为变量泵,则溢流阀 2 起安全阀的作用,用于限定变量泵的最大工作压力。溢流阀 2 的调定压力必须大于液压执行元件的最大工作压力和管路上各种压力损失之和,作溢流阀使用时可大于 5%～10%,作安全阀使用时可大于 10%～20%。

2. 二级调压回路(Two kinds of pressure adjusting control circuits)

二级调压回路如图 8-2 所示。它可实现两种不同的液压传动系统压力控制。由先导式溢流阀(主阀)3 和直动式溢流阀(远程调压阀)5 各调一级,在图示状态下,液压传动系统压力由先导式溢流阀 3 调定;当电磁换向阀 4 通电后右位处于工作状态时,液压传动系统压力由直动式溢流阀 5 调定。直动式溢流阀 5 的调定压力一定要小于先导式溢流阀 3 的调定压力,液压泵 1 的溢流流量经主阀流回液压油箱。

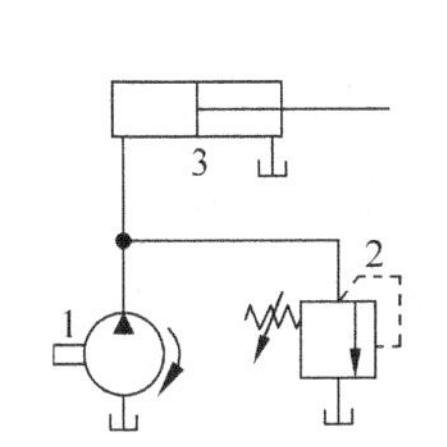

图 8-1　一级调压回路
(FIGURE 8-1　One kind of pressure adjusting control circuit)
1—定量泵;2—溢流阀;3—液压缸

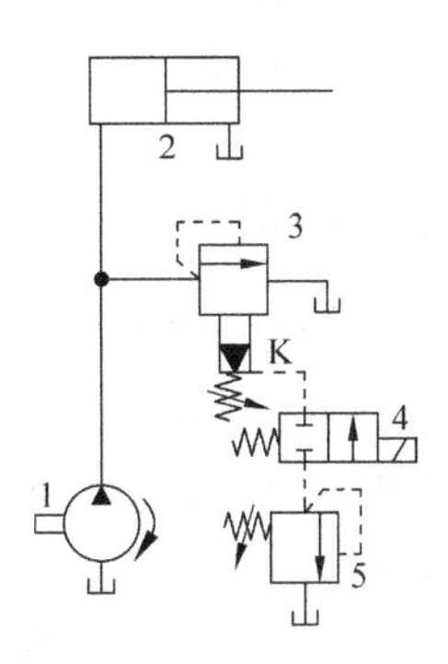

图 8-2　二级调压回路
(FIGURE 8-2　Two kinds of pressure adjusting control circuits)
1—液压泵;2—液压缸;3—先导式溢流阀;
4—二位二通电磁换向阀;5—直动式溢流阀

3. 三级调压回路(Three kinds of pressure adjusting control circuits)

三级调压回路如图 8-3 所示。先导式溢流阀 3 的遥控口 K 通过三位四通电磁换向阀 4 分别接具有不同调定压力的两个直动式溢流阀 5 和 6。当三位四通电磁换向阀 4 左位处于工作状态时,压力由直动式溢流阀 5 调定;当三位四通电磁换向阀右位处于工作状态时,压力由直动式溢流阀 6 调定;当三位四通电磁换向阀处于中位时,由先导式溢流阀 3 调定液压传动系统最高压力。

4. 比例调压回路(Electro-hydraulic proportional pressure adjusting control circuits)

比例调压回路如图 8-4 所示。根据液压执行元件在各个工作阶段的不同要求,调节输入电液比例溢流阀 3 的电流,就可改变液压传动系统的调定压力,即可实现液压传动系统压力无级调节。该调压回路的优点是结构简单,压力的变换平稳,冲击小,易于实现远距离和连续控制。

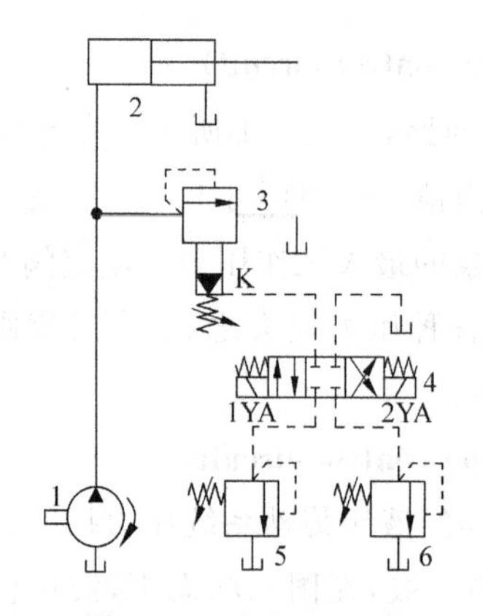

图 8-3 三级调压回路

(FIGURE 8-3 Three kinds of pressure adjusting control circuits)

1—液压泵；2—液压缸；3—先导式溢流阀；4—三位四通电磁换向阀；5,6—直动式溢流阀

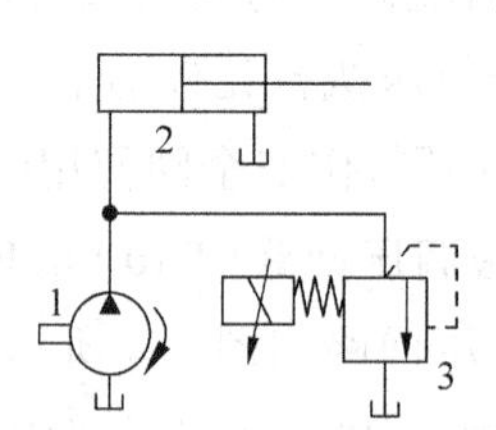

图 8-4 比例调压回路

(FIGURE 8-4 Electro-hydraulic proportional pressure adjusting control circuits)

1—液压泵；2—液压缸；3—电液比例溢流阀

8.1.2 卸荷回路

卸荷回路是在液压传动系统执行元件短时间不工作时，不频繁启停驱动液压泵的电动机，而使液压泵在很小的输出功率下运转的回路。因为液压泵的输出功率等于其输出流量和出口压力的乘积，所以液压泵卸荷有流量卸荷和压力卸荷两种：流量卸荷是使液压泵在零流量或接近零流量的情况下工作；压力卸荷是使液压泵在零压力或接近零压力的情况下工作。流量卸荷仅适用于变量液压泵。

1. 换向阀卸荷回路(Directional control valve load pressure releasing control circuits)

利用二位二通电磁换向阀 5 旁通接法，当电磁铁通电时，实现卸荷，如图 8-5(a)所示。利用 H、K 和 M 型中位机能的三位四通电磁换向阀 3 处于中位时，液压泵 1 输出的液压油经过三位四通电磁换向阀 3 中位直接流回液压油箱实现卸荷，如图 8-5(b)所示。这种卸荷回路适用于低压、小流量的场合。在大流量液压传动系统中，采用 M 型中位机能的三位四通电液换向阀 3 卸荷回路，如图 8-5(c)所示。这种回路切换时的压力冲击小，但回路中必须设置单向阀 7，以使液压传动系统能保持约 0.3MPa 的压力，以供控制油路之用。

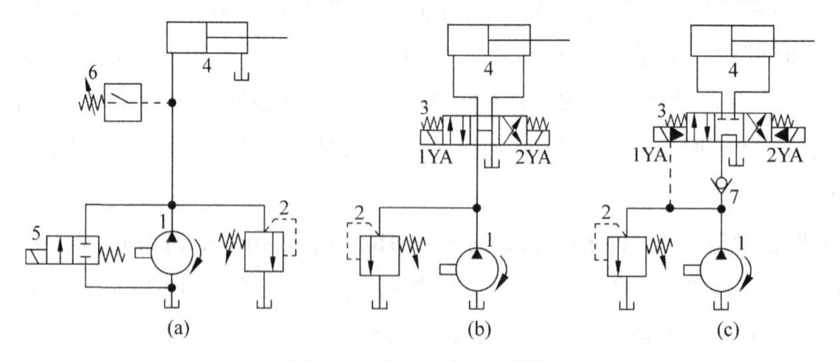

图 8-5 换向阀卸荷回路

(FIGURE 8-5 Directional control valve load pressure releasing control circuits)

1—液压泵；2—溢流阀；3—三位四通电磁换向阀；4—液压缸；5—二位二通电磁换向阀；6—压力继电器；7—单向阀

2. 先导式溢流阀卸荷回路(Pilot operated pressure relief valve load pressure releasing control circuits)

二位二通电磁换向阀 2 控制先导式溢流阀 3 的卸荷回路如图 8-6(a)所示。当先导式溢流阀 3 的遥控口 K 通过二位二通电磁换向阀 2 接通液压油箱时,液压泵 1 输出的油液以很低的压力经先导式溢流阀 3 流回液压油箱,实现液压泵 1 卸荷。在结构上经常将二位二通电磁换向阀 2 和先导式溢流阀 3 组合使用,被称为电磁溢流阀。其优点是切换时液压冲击力小,卸荷压力小。

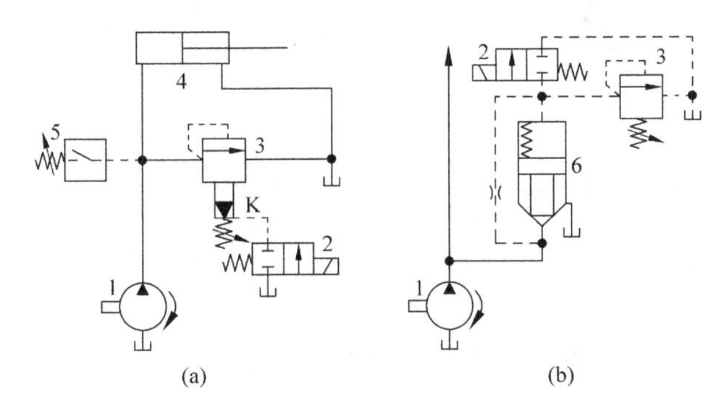

图 8-6 先导式溢流阀和二通插装阀卸荷回路
(FIGURE 8-6 Pilot operated pressure relief valve and two-way cartridge valve load pressure releasing control circuits)
(a) 先导式溢流阀卸荷回路;(b) 二通插装阀卸荷回路
1—液压泵;2—二位二通电磁换向阀;3—溢流阀;4—液压缸;5—压力继电器;6—二通插装阀

3. 二通插装阀卸荷回路(Two-way cartridge valve load pressure releasing control circuits)

二通插装阀卸荷回路如图 8-6(b)所示。液压传动系统正常工作时,液压泵的供油压力由溢流阀 3 调定。当二位二通电磁换向阀 2 通电后,二通插装阀 6 上腔接通液压油箱,主阀口完全打开,液压泵 1 卸荷。由于二通插装阀 6 通流能力大,因此这种卸荷回路适用于大流量液压传动系统。

8.1.3 减压回路

减压回路的功能是在单液压泵供油的液压传动系统中,使某一部分油路获得比主油路工作压力还要低的稳定压力。通常在主油路上并联安装一个减压阀来实现。例如:控制油路,润滑油路,工件的定位、夹紧油路和辅助动作油路的工作压力常低于主油路工作压力。

最常见的减压回路也称为一级减压回路,如图 8-7(a)所示。该回路通过减压阀 3 与主油路并联,获得较低的稳定压力。主油路的工作压力由溢流阀 2 调定;减压回路的工作压力由减压阀 3 调定。单向阀 4 防止油液倒流,起短时保压作用。

二级减压回路如图 8-7(b)所示。在先导式减压阀 3 的遥控口上接一个二位二通电磁换向阀 6 和远程调压阀 7,当二位二通电磁换向阀 6 处于图示状态时,低压油路的压力由减压阀 3 的调定压力决定;当二位二通电磁换向阀 6 处于右位时,低压油路的压力由远程调压阀 7 的调定压力决定。远程调压阀 7 的调定压力必须低于减压阀 3 的调定压力。

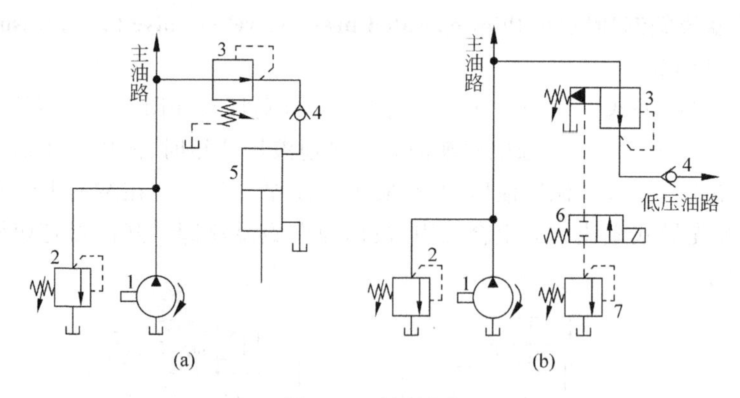

图 8-7　减压回路

(FIGURE 8-7　Pressure reducing control circuits)

(a) 一级减压回路；(b) 二级减压回路

1—液压泵；2—溢流阀；3—减压阀；4—单向阀；5—液压缸；6—二位二通电磁换向阀；7—远程调压阀

液压泵的最大工作压力由溢流阀 2 调定。减压回路也可以采用电液比例减压阀来实现无级减压。

为了使减压阀稳定工作，其最低调整压力应大于 0.5MPa，最高调整压力至少应比主液压传动系统压力低 0.5～1MPa。由于减压阀工作时存在阀口的压力损失和泄漏口泄漏造成的容积损失，故这种回路不宜用在压力降或流量较大的场合。

8.1.4　增压回路

增压回路是用来使液压传动系统某一支路压力高于系统压力的回路。增压回路中实现油液压力放大的主要液压元件是增压缸，它适合在压力较高、流量小的回路上使用。采用增压回路的优点是：可节省能源、降低成本，工作可靠，噪声小，效率高。

双作用增压缸的增压回路如图 8-8 所示。它能克服单作用增压缸不能获得连续高压油的缺点。其工作原理是：双作用增压缸 4 活塞不论向左或向右运动，均能输出高压油，只要电磁换向阀 3 不断切换，双作用增压缸 4 活塞就不断地往复运动，连续输出高压油进入液压缸 9 无杆腔，使其获得较大的推力。液压缸 9 活塞杆快退时，增压回路不起作用。

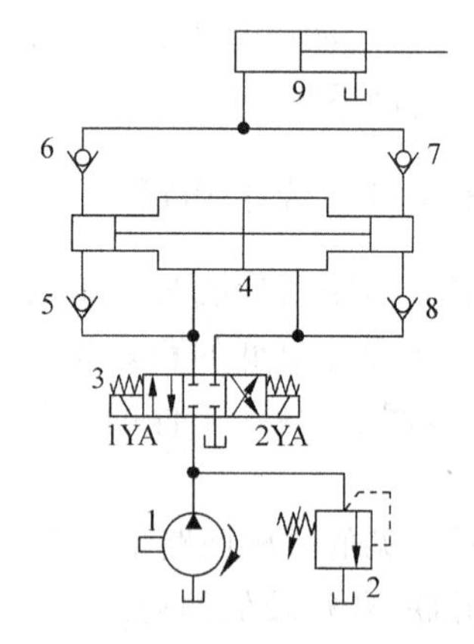

图 8-8　增压回路

(FIGURE 8-8　Pressure increasing control circuits)

1—液压泵；2—溢流阀；3—三位四通电磁换向阀；4—双作用增压缸；5～8—单向阀；9—液压缸

8.1.5　保压回路

保压回路的功用是使液压传动系统在液压缸不动或因工件变形而产生微小位移的工况下保持稳定不变的压力。保压性能的两个主要指标为保压时间和压力稳定性。最简单的保压回路是使用密封性能较好的液控单向阀的回路，但是由于液压控制阀类元件存在内泄漏，使得这种回路保压时间短，压力不太稳定。下面介绍几种常用保压回路。

1. 液压泵的保压回路(Hydraulic pump pressure protecting circuits)

最简单的方法是利用定量泵使回路保压。定量泵始终以保压所需的压力工作，此时，定量泵输出的压力油几乎全经溢流阀流回液压油箱，这样液压传动系统功率损失很大，发热严重，所以这种回路只在小功率液压传动系统且需保压时间较短时使用。在保压回路中如采用恒压变量泵或压力补偿变量泵，可实现保压卸载，功率损失比较小，能随泄漏量的变化而自动地调节输出流量，具有较高的效率，故应用广泛。

2. 蓄能器保压回路(Accumulator pressure protecting circuits)

蓄能器保压回路如图 8-9 所示。当三位四通电磁换向阀 5 左位工作时，液压缸 6 活塞杆向右运动直到压紧工件，当压力升高到压力继电器 4 的调定值时，压力继电器 4 发出电信号使三位四通电磁换向阀 5 断电回到中位，液压泵 1 卸荷，液压缸 6 由蓄能器 3 保压。保压时间的长短取决于蓄能器 3 的容量。当液压缸 6 无杆腔压力低于压力继电器 4 的调定值时，压力继电器 4 复位使电磁换向阀 5 电磁铁 1YA 通电，液压泵 1 重新供给压力油。调节压力继电器 4 的通断工作区间即可调节液压缸 6 中压力的最小值和最大值。

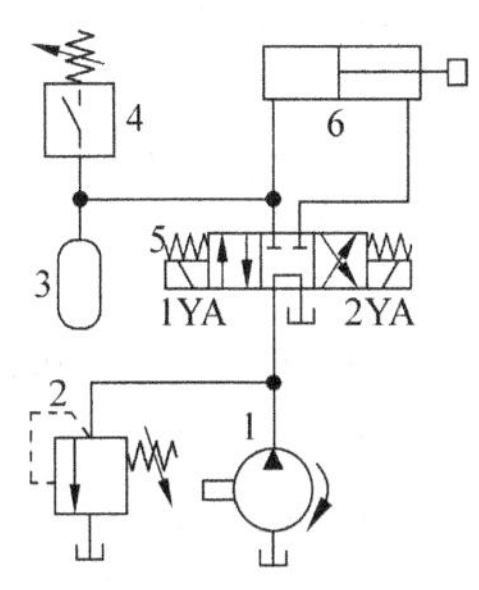

图 8-9　蓄能器保压回路
(FIGURE 8-9　Accumulator pressure protecting circuits)
1—液压泵；2—溢流阀；
3—蓄能器；4—压力继电器；
5—三位四通电磁换向阀；6—液压缸

3. 自动补油保压回路(Automation pressure protecting circuits)

采用液控单向阀和电触点压力表的自动补油保压回路如图 8-10 所示。它利用了液控单向阀结构简单并具有一定保压性能的优点，避免了直接开液压泵保压消耗功率的缺点。当电磁铁 1YA 通电，三位四通电磁换向阀 3 左位接入回路，液压缸 6 活塞杆下降加压，当压力上升到电触点压力表 5 上限触点调定压力时，电触点压力表 5 发出电信号，三位四通电磁换向阀 3 切换到中位，液压泵 1 卸荷，液压缸 6 无杆腔由液控单向阀 4 保压；当压力下降至下线触点调定压力时，使电磁铁 1YA 通电，三位四通电磁换向阀 3 左位接入回路，液压泵 1 又向液压缸 6 供油，使压力回升。这种回路压力稳定性高，保压时间长，能够自动地为液压缸 6 补油，使其压力稳定在所需范围内。

8.1.6　释压回路

释压回路的功能在于使液压执行元件高压腔中的压力缓慢释放，以免泄压过快而引起剧烈的冲击和振动。

采用节流阀的释压回路如图 8-11 所示。在图示位置，液压缸 4 无杆腔的高压油在三位四通电磁换向阀 3 处于中位(液压泵 1 卸荷)时通过可调节流阀 8、单向阀 9 和三位四通电磁换向阀 3 中位释压，释压快慢由节流阀 8 调节。当液压缸 4 无杆腔压力降至压力继电器 7 的调定压力时，三位四通电磁换向阀 3 切换到左位，液控单向阀 5 开启，使液压缸 4 无杆腔的油液通过该阀排到液压缸 4 顶部的高位液压油箱 6 中去。

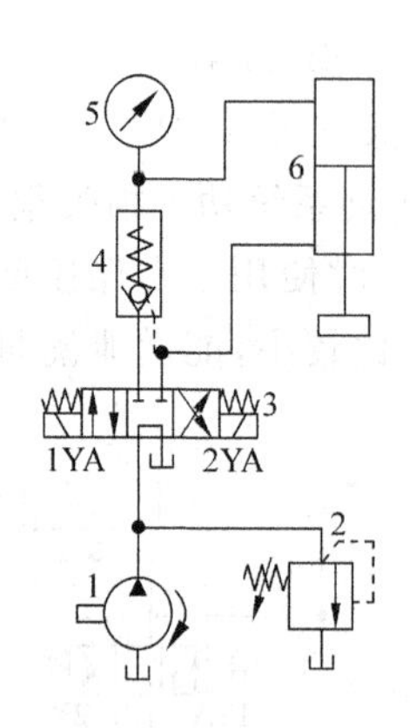

图 8-10　自动补油保压回路

(FIGURE 8-10　Automation pressure protecting circuits)

1—液压泵；2—溢流阀；3—三位四通电磁换向阀；4—液控单向阀；5—电触点压力表；6—液压缸

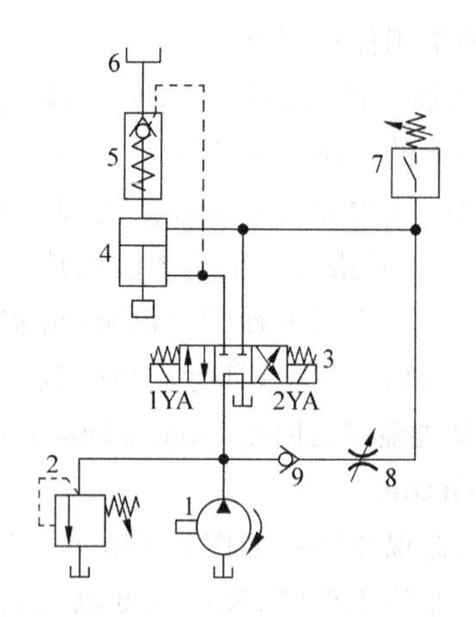

图 8-11　释压回路

(FIGURE 8-11　Pressure releasing control circuits)

1—液压泵；2—溢流阀；3—三位四通电磁换向阀；4—液压缸；5—液控单向阀；6—高位液压油箱；7—压力继电器；8—可调节流阀；9—单向阀

这种回路一般用在液压缸的直径较大、压力较高时，其高压腔在排油前就需释压的液压传动系统中，如压力机液压传动系统。

8.1.7　平衡回路

平衡回路的功用是使液压执行元件的回油路上保持一定的背压值，以平衡重力负载，使之不会因自重而自行下落。另外，平衡回路也起限速作用。

1. 采用单向顺序阀的平衡回路(Pressure balancing control circuits of check pressure sequence valve)

采用单向顺序阀组成的平衡回路如图 8-12(a)所示。在液压缸 4 有杆腔油路上加一个单向顺序阀 5，使液压缸 4 有杆腔形成一个与液压缸运动部分重量相平衡的压力，可防止其因自重下降，此处的顺序阀又被称为平衡阀，只有当液压泵 1 向液压缸 4 无杆腔供油对活塞施加压力，使液压缸 4 有杆腔产生的油压高于顺序阀 5 调定的压力值时，液压缸 4 活塞才能向下运动。因三位四通电磁换向阀 3 和顺序阀 5 存在泄漏，液压传动系统功率损失较大，所以这种回路适用于工作负载固定且活塞闭锁要求不高的场合。

2. 采用液控单向阀的平衡回路(Pressure balancing control circuits of pilot operated Check valve)

采用液控单向阀组成的平衡回路如图 8-12(b)所示。在液压缸 4 有杆腔回油路上串联液控单向阀 6 和单向节流阀 7，用于保证活塞和工作部件下行运动的平稳，而且不会发生超速现象。由于液控单向阀 6 是锥面密封，泄漏量小，故其密封性能好，液压缸 4 活塞和工作部件能够较长时间停止不动，因此工作部件定位精度比较高。

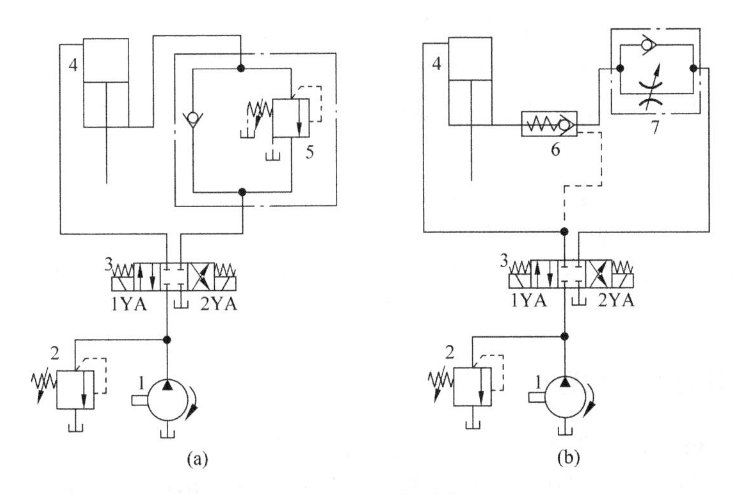

图 8-12　平衡回路

(FIGURE 8-12　Pressure balancing control circuit)

(a) 单向顺序阀的平衡回路；(b) 液控单向阀的平衡回路

1—液压泵；2—溢流阀；3—三位四通电磁换向阀；4—液压缸；
5—单向顺序阀；6—液控单向阀；7—单向节流阀

8.2　速度控制回路

8.2.1　概述

速度控制回路是指对液压传动系统执行元件的运动速度进行调节和变换的回路。速度控制回路包含调速回路和速度换接回路。

对速度控制回路的基本要求如下：

(1) 能在规定的速度控制范围内调节液压执行元件的运动速度；

(2) 具有驱动液压执行元件所需的力或转矩；

(3) 当外负载变化时，调节好的液压执行元件的运动速度最好不发生变化，或在允许的范围内变化；

(4) 功率损耗小，减小液压传动系统发热。

调速是指调节液压执行元件的运动速度。由其速度表达式可知，液压缸的速度为

$$v=\frac{q}{A} \tag{8-1}$$

液压马达的速度为

$$n=\frac{q}{V_{\mathrm{m}}} \tag{8-2}$$

式中，q——输入液压执行元件的流量；

A——液压缸的有效面积；

V_{m}——液压马达的排量。

由式(8-1)和式(8-2)可知，改变进入液压执行元件的流量 q，或者改变液压执行元件的

几何尺寸，即改变液压缸的有效面积 A 或液压马达的排量 V_m，都可以改变其运动速度。

实现液压执行元件调速的方法有以下三种：

(1) 液压传动系统采用定量液压泵供油，利用流量控制阀改变进入液压缸或液压马达的流量来调节速度的方法，称为节流调速回路；

(2) 液压传动系统采用变量液压泵供油或者采用变量液压马达作为执行元件，来实现速度改变的方法，称为容积调速回路；

(3) 液压传动系统采用变量液压泵和流量控制阀来实现速度调节的方法，称为容积节流调速回路。

8.2.2 节流调速回路

节流调速回路的工作原理是用定量液压泵供油，通过改变回路中流量控制元件通流截面积的大小来控制流入液压执行元件或从液压执行元件流出的流量，以调节其运动速度。根据流量控制元件在液压回路中的安装位置不同，将其分为进油节流调速回路、回油节流调速回路和旁路节流调速回路三种。

1. 进油节流调速回路(Inlet throttle adjusting speed control circuits)

节流阀 3 串联安装在定量液压泵 1 出口和液压缸 4 入口之间，所以被称为进油节流调速回路，如图 8-13(a)所示。定量液压泵 1 输出的油液一部分经过节流阀 3 流入液压缸 4 的无杆腔，推动活塞运动；另一部分油液通过与定量液压泵 1 并联的溢流阀 2 流回液压油箱。由于溢流阀 2 有溢流，定量液压泵 1 出口压力 p_p 就是溢流阀 2 的调整压力并基本保持恒定。调节节流阀 3 的通流面积 A_T，即可改变通过节流阀 3 的流量，从而调节了液压缸 4 活塞的运动速度。

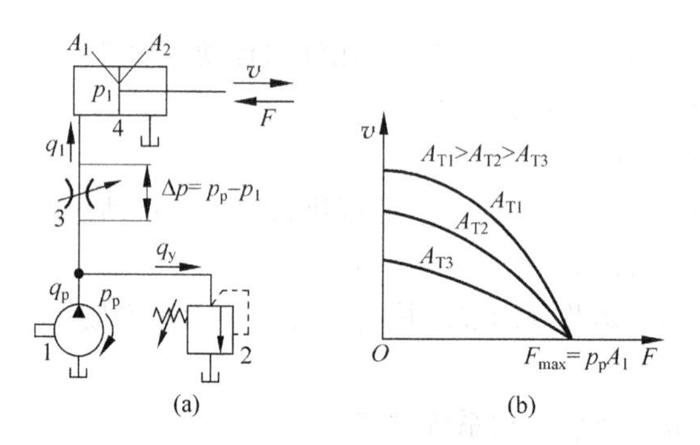

图 8-13　进油节流调速回路及其速度-负载特性曲线

(FIGURE 8-13　Inlet throttle adjusting speed control circuits and speed-load characteristics curves)

(a) 进油节流调速回路；(b) 速度-负载特性曲线

1—定量液压泵；2—溢流阀；3—节流阀；4—液压缸

1) 速度-负载特性(Speed-load characteristics)

进油节流调速回路的速度-负载特性曲线如图 8-13(b)所示。液压缸活塞克服外负载作等速运动时，活塞上的力平衡方程为

$$p_1A_1 = p_2A_2 + F \tag{8-3}$$

式中，p_1、p_2——液压缸进油腔压力和回油腔压力，Pa（因回油腔与液压油箱直接相连，所以 $p_2 \approx 0$）；

A_1、A_2——液压缸无杆腔和有杆腔活塞的有效承压面积，m^2；

F——活塞上的外负载，N。

由以上分析知

$$p_1 = \frac{F}{A_1} \tag{8-4}$$

由于液压泵出口压力 p_p 由溢流阀调定，为一定值，所以节流阀两端的压力差 Δp 为

$$\Delta p = p_p - p_1 = p_p - \frac{F}{A_1} \tag{8-5}$$

因此，经过节流阀进入液压缸的流量为

$$q_1 = KA_T \Delta p^m = KA_T \left(p_p - \frac{F}{A_1}\right)^m \tag{8-6}$$

如果忽略油液的泄漏和可压缩性，则活塞的运动速度为

$$v = \frac{q_1}{A_1} = \frac{KA_T}{A_1}\left(p_p - \frac{F}{A_1}\right)^m \tag{8-7}$$

式中，K——节流系数；

m——由节流口形状和结构决定的指数。

速度稳定性经常用速度刚性 T_v 来表示。速度刚性 T_v 是指速度随外负载变化的程度，它是速度-负载特性曲线上某点处的切线斜率的负倒数，表示为

$$T_v = -\frac{\partial F}{\partial v} = -\frac{1}{\dfrac{\partial v}{\partial F}} = -\frac{1}{\tan\alpha} \tag{8-8}$$

$$T_v = \frac{A_1^2}{KA_T m}\left(p_p - \frac{F}{A_1}\right)^{1-m} \tag{8-9}$$

式(8-7)为进油节流调速回路的速度-负载特性方程。若以外负载 F 为横坐标，以活塞的运动速度 v 为纵坐标，以节流阀的节流口面积 A_T 为参变量，就可绘制出图 8-13(b)所示的速度-负载特性曲线。从速度-负载特性曲线图和速度刚性 T_v 的表达式可知：

(1) 增大液压泵出口压力 p_p 和液压缸无杆腔有效承压面积 A_1 可以提高速度刚性 T_v；

(2) 当外负载 F 一定时，A_T 越小，活塞速度越低，速度刚性 T_v 越大；

(3) 在节流口面积 A_T 一定时，外负载越小，速度刚性 T_v 越大。

2) 最大承载能力(Maximum loading ability)

由式(8-7)可知，当外负载 $F = p_p A_1$ 时，节流阀 3 进出口之间的压力差 $\Delta p = p_p - F/A_1 = 0$，活塞就停止运动，即活塞速度 $v=0$，此时由定量液压泵 1 供给的液压油全部经过溢流阀 2 流回液压油箱，所以该外负载是回路的最大承载能力，即 $F_{max} = p_p A_1$。对于同一节流回路而言，不同的 A_T 交于同一点，即最大承载能力为一定值。

3) 功率和效率(Power and efficiency)

液压泵的输出功率为

$$P_P = p_p q_p = 常量 \tag{8-10}$$

而液压缸的输出功率为

$$P_1 = Fv = F\frac{q_1}{A_1} = p_1 q_1 \tag{8-11}$$

由于存在节流阀和溢流阀的能量损失，因此，进油节流调速回路的功率损失为

$$\begin{aligned}\Delta P &= P_p - P_1 = p_p q_p - p_1 q_1 = p_p(q_1 + q_y) - (p_p - \Delta p)q_1 \\ &= p_p q_y + \Delta p q_1\end{aligned} \tag{8-12}$$

式中，q_y——溢流阀的溢流量，$q_y = q_p - q_1$。

由式(8-12)可知，进油节流调速回路的功率损失由两部分组成，即溢流功率损失 $\Delta P_y = p_p q_y$ 和节流功率损失 $\Delta P_j = \Delta p q_1$。

进油节流调速回路的效率为

$$\eta = \frac{P_1}{P_P} = \frac{Fv}{p_p q_p} = \frac{p_1 q_1}{p_p q_p} \tag{8-13}$$

2. 回油节流调速回路(Outlet throttle adjusting speed control circuits)

将节流阀 3 安装在液压缸 4 的回油路上，与进油路并联一个溢流支路，通过调节液压缸回油量来调节液压缸的进油量，这种调速回路被称为回油节流调速回路，如图 8-14 所示。与进油节流调速回路的调速原理相似，调节节流阀 3 开口面积 A_T 的大小，改变了并联支路上溢流阀 2 的溢流量，也就改变了液压缸 4 有杆腔排出的流量，从而实现液压缸 4 活塞运动速度的调节。

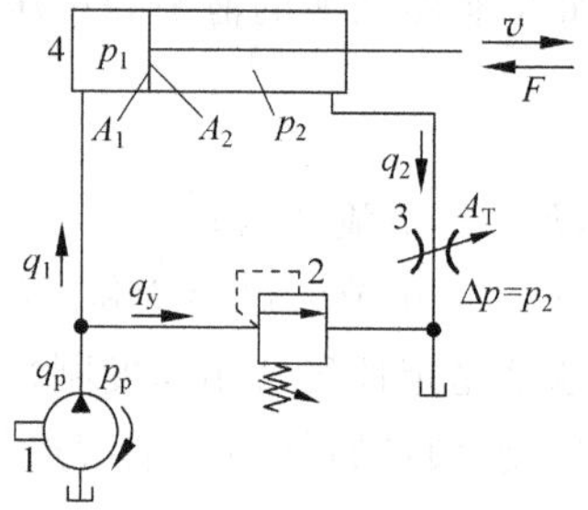

图 8-14　回油节流调速回路
(FIGURE 8-14　Outlet throttle adjusting speed control circuits)
1—定量液压泵；2—溢流阀；3—节流阀；4—液压缸

1) 速度-负载特性

液压缸活塞克服外负载作等速运动时，活塞上的力平衡方程为

$$p_p A_1 = p_2 A_2 + F \tag{8-14}$$

式中，p_p、p_2——液压缸无杆腔和有杆腔压力。因回油腔后面接节流阀，所以 $p_2 \neq 0$，单位 Pa。

活塞的运动速度为

$$v = \frac{q_2}{A_2} = \frac{KA_T}{A_2^{m+1}}(p_p A_1 - F)^m \tag{8-15}$$

速度刚性为

$$T_v = \frac{A_1^2 n^{m+1}}{KA_T m}\left(p_p - \frac{F}{A_1}\right)^{1-m} \tag{8-16}$$

式中，n——液压缸有杆腔和无杆腔活塞的有效承压面积比，$n = \frac{A_2}{A_1}$。

比较式(8-7)、式(8-15)和式(8-9)、式(8-16)可知，回油节流调速回路与进油节流调速回路的速度负载特性相似，如果使用的都是双作用双活塞杆液压缸($A_1 = A_2$)，这两种节流调速回路的速度负载特性和速度刚性就完全一样。

2) 最大承载能力

回油节流调速的最大承载能力与进油节流调速相同，即 $F_{max} = p_p A_1$。

3) 功率和效率

液压泵的输出功率为

$$P_P = p_p q_p = 常量 \tag{8-17}$$

液压缸的输出功率为

$$P_1 = Fv = (p_p A_1 - p_2 A_2)v = p_p q_1 - p_2 q_2 \tag{8-18}$$

回油节流调速回路的功率损失为

$$\Delta P = P_P - P_1 = p_p q_p - p_p q_1 + p_2 q_2 = p_p(q_p - q_1) + p_2 q_2 = p_p q_y + \Delta p q_2 \tag{8-19}$$

式中，$p_p q_y$——溢流阀的溢流功率损失；

$\Delta p q_2$——节流阀的节流功率损失。

回油节流调速回路的效率为

$$\eta = \frac{Fv}{p_p q_p} = \frac{p_p q_1 - p_2 q_2}{p_p q_p} \tag{8-20}$$

由以上分析可知，进油节流调速回路和回油节流调速回路有很多相似之处。但是，它们也有以下不同之处。

(1) 承受负值负载的能力

当外负载的方向与液压执行元件运动方向相同时，就会产生负值负载。回油节流调速回路的节流阀在液压缸的回油腔形成一定的背压，可阻止工作部件向前冲。进油节流调速回路由于回油腔没有背压力，因而不能在负值负载下工作。

(2) 启动性能

液压传动系统在长时间停车后，液压缸里面的液压油会流回液压油箱而造成空隙。当液压传动系统重新启动时，对进油节流调速回路，有节流阀控制流量，故活塞前冲很小，甚至没有前冲；对于回油节流调速回路，由于没有节流阀控制流量，会使活塞前冲。

(3) 实现压力控制的方便性

进油节流调速回路中，进油腔压力随外负载而变化，当工作机构碰到死挡铁停止运动时，其压力将升至溢流阀的调定压力，取此压力做控制顺序动作的指令信号，比较可靠和方便地控制下一个动作的执行。

(4) 运动平稳性

在回油节流调速回路中，由于有背压力存在，它可以起到阻尼作用，同时空气也不容易侵入，可获得更为稳定的运动；而在进油节流调速回路中，回油路的油液没有节流阀阻尼作用，因此，运动平稳性稍差。

(5) 油液发热对泄漏的影响

在进油节流调速回路中，经过节流阀发热后的油液直接进入液压缸的进油腔；而在回油节流调速回路中，经过节流阀发热后的油液直接流回液压油箱冷却。因此，油液发热引起的泄漏对进油节流调速的影响大于对回油节流调速的影响。

3. 旁路节流调速回路(Bypass throttle adjusting speed control circuits)

采用节流阀的旁路节流调速回路如图 8-15(a)所示。由节流阀 3 调节定量液压泵 1 溢回液压油箱的流量，从而控制进入液压缸 4 的流量，调节节流阀 3 的通流面积 A_T，即可实现调速。由于溢流已由节流阀 3 承担，故溢流阀 2 作安全阀用，常态时关闭，过载时打开，其调定压力为最大工作压力的 1.1～1.2 倍。液压泵的工作压力会随外负载变化。

1) 速度-负载特性

如同式(8-7)的推导过程，由活塞的受力方程、流量连续性方程和节流阀的压力流量方

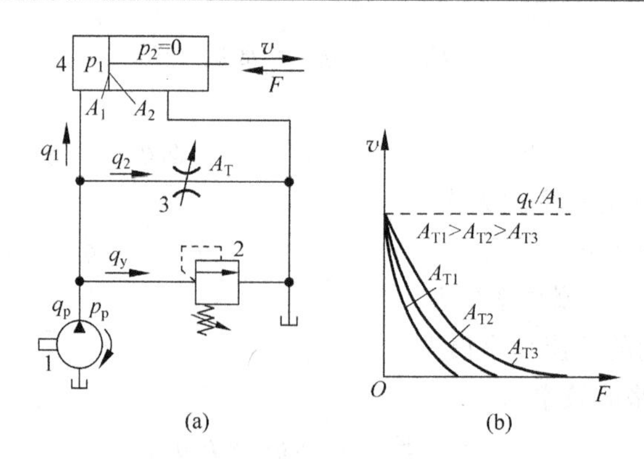

图 8-15　旁路节流调速回路及其速度-负载特性曲线
(FIGURE 8-15　Bypass throttle adjusting speed control circuits and speed and load characteristics)
(a) 旁路节流调速回路；(b) 速度-负载特性曲线
1—定量液压泵；2—溢流阀；3—节流阀；4—液压缸

程，可得旁路节流调速回路的速度-负载特性方程。需要指出，由于定量液压泵的工作压力由外负载决定，是变化的，定量液压泵的输出流量应计入液压泵的泄漏量。因此，活塞的运动速度为

$$v=\frac{q_1}{A_1}=\frac{q_t-k_1\dfrac{F}{A_1}-KA_T\left(\dfrac{F}{A_1}\right)^m}{A_1} \tag{8-21}$$

式中，q_t——定量液压泵的理论流量；

k_1——定量液压泵的泄漏系数。

旁路节流调速回路的速度刚性为

$$T_v=\frac{A_1F}{m(q_t-A_1v)+(1-m)k_1\dfrac{F}{A_1}} \tag{8-22}$$

根据式(8-21)，选取不同的通流面积 A_T 值就可以作出一组速度-负载特性曲线，如图 8-15(b)所示。由特性曲线图可知：

(1) 当外负载一定时，节流阀的通流面积 A_T 越小，外负载运动速度越大，速度刚性越大，与进口、出口节流调速回路相反；

(2) 在节流阀通流面积 A_T 一定时，旁路节流调速回路的速度随外负载增加而显著下降，外负载越大，速度刚性越大。

2) 最大承载能力

由特性曲线图 8-15(b)可知，速度-负载特性曲线在横坐标上并不汇交，旁路节流调速回路的最大承载能力随节流阀通流面积 A_T 的增加而减小，即该调速回路低速承载能力很差，调速范围也小。

3) 功率和效率

定量液压泵的输出功率为

$$P_P=p_pq_p=p_1q_p \tag{8-23}$$

液压缸的输出功率为

$$P_1 = p_1 q_1 \tag{8-24}$$

旁路节流调速回路的功率损失为

$$\Delta P = P_P - P_1 = p_1 q_P - p_1 q_1 = p_1 \Delta q \tag{8-25}$$

旁路节流调速回路的效率为

$$\eta = \frac{P_1}{P_P} = \frac{Fv}{p_P q_P} = \frac{p_1 q_1}{p_P q_P} \tag{8-26}$$

由式(8-25)和式(8-26)可知，在旁路节流调速回路中，溢流阀2只起安全阀的作用，在正常工作时没有油液流经溢流阀2，不存在溢流损失，只存在油液流经节流阀3的节流损失，功率损失比较小，所以效率比进油节流调速回路和回油节流调速回路都高。旁路节流调速回路适合于速度较高、外负载较大、外负载变化不大且对运动平稳性要求不高的场合。

4. 改善节流调速性能的回路(Improving throttle adjusting speed characteristic control circuits)

采用节流阀的节流调速回路速度刚性差，且为手动开环控制，无法实现随机调节。因此，节流调速回路只适用于外负载变化不大且对速度稳定性要求不高的场合。为改善节流调速回路的性能，可选用以下回路。

1) 采用旁通式调速阀的节流调速回路

旁通式调速阀只能用于进油节流调速回路中，定量液压泵的工作压力由外负载决定，因此旁通式调速阀的节流调速回路的功率损失较小，效率较采用调速阀的节流调速回路时高，但流量稳定性差，不宜用在对低速稳定性要求较高的精密机床液压传动调速系统中。

2) 采用调速阀的节流调速回路

由于调速阀本身能在外负载变化的条件下保证节流阀进出口压力差基本不变，因此用调速阀代替节流阀，可以改善三种调速回路的速度-负载特性，速度刚性大为提高，从而获得比较稳定的运动速度。调速阀的工作压差一般最小为0.5MPa，高压调速阀为1MPa。

3) 采用电液比例流量阀的节流调速回路

采用电液比例流量阀代替普通流量阀调速，由于电液比例流量阀能始终保证阀芯输出位移与输入电信号成正比，因此较普通流量调速阀有更好的抗外负载干扰能力和位移调节特性，可构成闭环控制回路，也可实现自动和远程调速，速度控制精度也可大大提高。

8.2.3　容积调速回路

容积调速回路是通过改变变量液压泵或变量液压马达的排量来调节液压执行元件的运动速度的。在容积调速回路中，液压泵输出的压力油直接进入液压执行元件，没有溢流损失和节流损失，温升小、效率高，适用于农业机械、工程机械、矿山机械和大型机床等高速、大功率的调速系统中。

根据回路的循环方式，容积调速回路被分为开式回路和闭式回路。

在开式回路中，液压泵从液压油箱中吸油，把压力油输给液压执行元件，液压执行元件排出的油液直接流回液压油箱。该种回路机构简单，冷却好，但液压油箱尺寸较大，空气和杂质易进入回路中，影响液压传动系统正常工作。

在闭式回路中，液压泵排油腔与液压执行元件进油口相连，液压执行元件的回油口与液压泵的吸油腔相连。闭式回路液压油箱尺寸小，结构紧凑，不易污染，但冷却条件较差，需要补油泵进行换油和冷却。补油泵的流量一般为液压传动系统主液压泵流量的10%～15%，压力通常为 0.3～1.0MPa。

根据液压泵和液压执行元件组合方式的不同，容积调速回路被分为三种基本形式：变量液压泵和定量液压执行元件组成的容积调速回路；定量液压泵和变量液压马达组成的容积调速回路；变量液压泵和变量液压马达组成的容积调速回路。

1. 变量液压泵和定量液压执行元件组成的容积调速回路(Volume adjusting speed control circuits of variable displacement hydraulic pump and fixed displacement hydraulic actuator)

1) 变量液压泵与液压缸组成的容积调速回路(Volume adjusting speed control circuits of variable displacement hydraulic pump and hydraulic cylinder)

变量液压泵 1、溢流阀 2 和液压缸 3 组成了开式容积调速回路，如图 8-16(a)所示。溢流阀 2 的作用是限制液压传动系统的最大工作压力，用于防止液压传动系统过载，起安全保护作用。通过改变变量液压泵 1 的排量 V_p，便可调节液压缸 3 活塞的运动速度，即外负载的运动速度。

若不考虑变量液压泵以外的元件和管道的泄漏时，液压缸活塞的运动速度为

$$v=\frac{q_p-k_1\dfrac{F}{A_1}}{A_1}=\frac{V_pn_p-k_1\dfrac{F}{A_1}}{A_1} \tag{8-27}$$

式中，q_p、n_p、V_p——变量液压泵的流量、转速和排量；

F、A_1——液压缸活塞杆承受的外负载和进油腔活塞的有效承压面积；

k_1——变量液压泵的泄漏系数。

在式(8-27)中，当液压缸 3 的有效工作面积 A_1 为常数，变量液压泵 1 的转速 n_p 不变时，选取不同的排量 V_p，可以得出一组相互平行的速度-负载特性曲线，如图 8-16(b)所示。在图 8-16(b)中虚线代表不考虑泄漏的理论速度-负载特性曲线，实线表示考虑液压泵泄漏时实测的速度-负载特性曲线。从实线上可以发现，液压缸 3 活塞的运动速度 v 按线性规律下降，当外负载 F 增加到某一值时，液压缸 3 活塞速度为零，这是因为变量液压泵 1 提供给液压传动系统的流量全部用于补偿变量液压泵的泄漏，此值为该排量下回路的最大承载能力 F_{max}。由此可见，该回路在低速条件下的承载能力是相当差的。

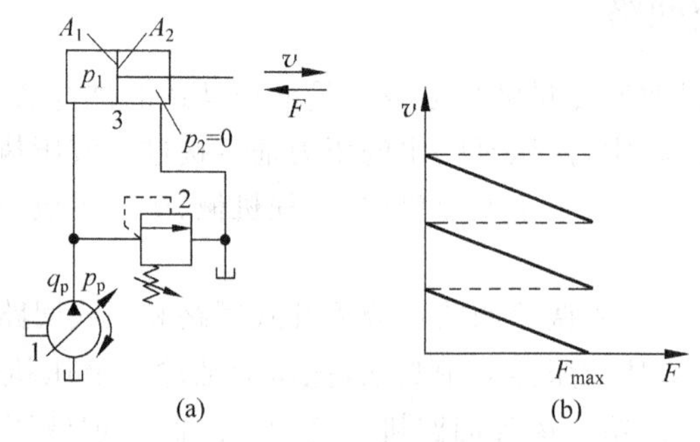

图 8-16　变量液压泵和定量液压执行元件组成的容积调速回路
(FIGURE 8-16　Volume adjusting speed control circuits of variable displacement hydraulic pump and fixed displacement hydraulic actuator)
(a) 容积调速回路；(b) 速度-负载特性曲线
1—变量液压泵；2—溢流阀；3—液压缸
虚线为理论特性曲线；实线为实测特性曲线

变量液压泵和液压缸组成的容积调速回路的速度刚性为

$$T_v = \frac{A_1^2}{k_1} \tag{8-28}$$

由上式可知，该容积调速回路的速度刚性 T_v 只与参数 A_1 和 k_1 有关，而与外负载和速度无关。

2）变量液压泵与定量液压马达组成的容积调速回路（Volume adjusting speed control circuits of variable displacement hydraulic pump and fixed displacement hydraulic motor）

变量液压泵与定量液压马达组成的闭式循环的容积调速回路如图 8-17(a)所示。高压溢流阀 2 主要用于防止液压传动系统过载，起安全保护作用，低压溢流阀 4 的作用是控制补油液压泵 5 的压力。补油液压泵 5 用来使变量液压泵 1 的吸油口具有较低的压力，改善变量液压泵 1 的吸油性能，防止回路产生空穴现象和空气侵入，同时还起到置换部分发热油液和冷却的作用，并将多余的流量溢回液压油箱。

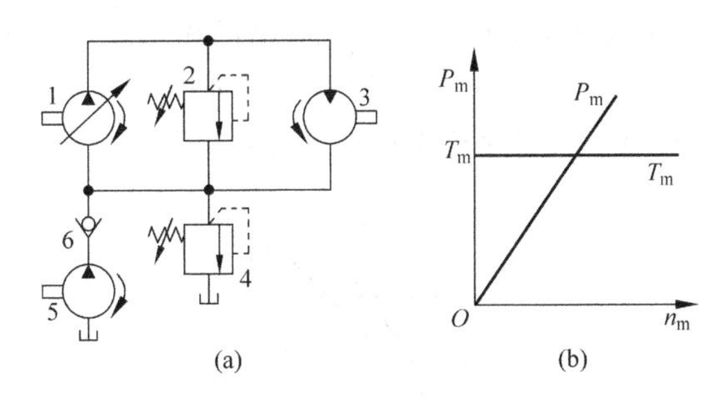

图 8-17　变量液压泵和定量液压马达的容积调速回路

(FIGURE 8-17　Volume adjusting speed control circuits of variable displacement hydraulic pump and fixed displacement hydraulic motor)

(a) 容积调速回路；(b) 速度-负载特性曲线

1—变量液压泵；2—高压溢流阀；3—定量液压马达；4—低压溢流阀；5—补油液压泵；6—单向阀

下面在不考虑变量液压泵以外的元件和管道的泄漏时，分析回路的主要特性。

(1) 定量液压马达的转速 n_m

$$n_m = \frac{q_p}{V_m} = \frac{V_p n_p - k_1 \dfrac{2\pi T_m}{V_m}}{V_m} \tag{8-29}$$

式中，q_p、V_p、n_p——变量液压泵的流量、排量和转速；

V_m——定量液压马达的排量；

k_1——变量液压泵和定量液压马达泄漏系数之和；

T_m——定量液压马达的输出转矩。

在式(8-29)中，定量液压马达的排量 V_m 为常数，在一定转速 n_p 下，调节变量液压泵的排量 V_p 即可以调节定量液压马达的转速 n_m。调速范围$\frac{n_{mmax}}{n_{mmin}}$较宽，一般可达 40。

变量液压泵和定量液压马达组成的容积调速回路的速度刚性为

$$T_v = \frac{V_m^2}{2\pi k_1} \tag{8-30}$$

由式(8-30)可知，减小变量液压泵和定量液压马达的泄漏系数 k_l 或增大定量液压马达排量 V_m 均可提高回路的速度刚性。

(2) 定量液压马达的输出转矩 T_m

$$T_m = \frac{\Delta p V_m}{2\pi}\eta_m \tag{8-31}$$

式中，Δp——定量液压马达的进出口压力差；

η_m——定量液压马达的机械效率。

该回路的最大输出转矩不受变量液压泵排量 V_p 的影响，与调速无关，是恒定值，故称这种回路为恒转矩调速回路。变量液压泵和定量液压马达组成的闭式容积调速回路的调速特性曲线如图 8-17(b)所示。它一般用于机床上作直线运动的主运动，例如刨床、拉床等。

(3) 定量液压马达的输出功率 P_m

$$P_m = T_m\omega = \Delta p_m V_m n_m \eta_m = \Delta p_p V_p n_p \eta_m \tag{8-32}$$

变量液压泵和定量液压马达组成的容积调速回路的输出功率与变量液压泵排量 V_p 调节呈线性变化。其工作特性曲线 n_m-V_p、T_m-V_p、P_m-V_p 如图 8-18 所示。这种回路多用于小型内燃机车、液压起重机和船用绞车的有关液压传动装置上。

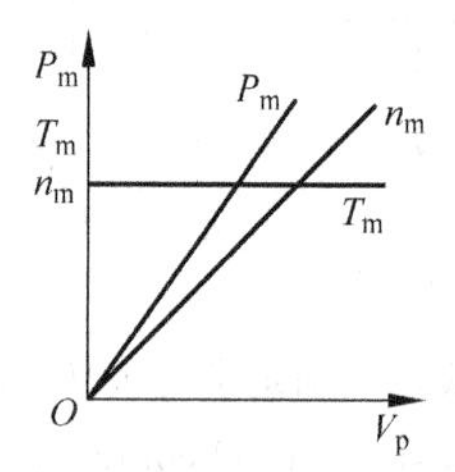

图 8-18　变量液压泵与定量液压马达容积调速回路的工作特性

(FIGURE 8-18　Volume adjusting speed control circuits of variable displacement hydraulic pump and fixed displacement hydraulic motor and operating characteristics)

2. 定量液压泵与变量液压马达组成的容积调速回路(Volume adjusting speed control circuits of fixed displacement hydraulic pump and variable displacement hydraulic motor)

定量液压泵与变量液压马达组成的闭式容积调速回路如图 8-19(a)所示。在该回路中，主液压泵 1 是定量液压泵，输出流量为定值，执行机构的速度是靠改变变量液压马达 3 的排量来调定的。

下面在不考虑定量液压泵和变量液压马达以外的元件和管道的泄漏时，分析回路的主要特性。

(1) 变量液压马达的转速 n_m

$$n_m = \frac{q_p}{V_m} = \frac{V_p n_p - k_l \dfrac{2\pi T_m}{V_m}}{V_m} \tag{8-33}$$

回路的速度刚性为

$$T_v = \frac{V_m^2}{2\pi k_l} \tag{8-34}$$

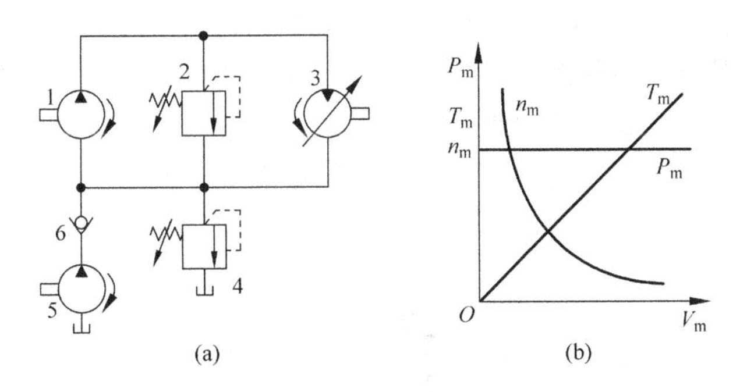

图 8-19　定量液压泵与变量液压马达组成的容积调速回路
(FIGURE 8-19　Volume adjusting speed control circuits of fixed displacement hydraulic pump and variable displacement hydraulic motor)
(a) 容积调速回路；(b) 速度-负载特性曲线
1—定量液压泵；2—高压溢流阀；3—变量液压马达；4—低压溢流阀；5—补油液压泵；6—单向阀

(2) 变量液压马达的输出转矩 T_m

$$T_m = \frac{\Delta p V_m}{2\pi}\eta_m \tag{8-35}$$

(3) 变量液压马达的输出功率 P_m

$$P_m = T_m\omega = \Delta p_m V_m n_m \eta_m = \Delta p_p V_p n_p \eta_m \tag{8-36}$$

由式(8-33)、式(8-35)、式(8-36)可知，变量液压马达输出的转速与其排量成反比，其输出的功率不变，因此，这种回路又被称为恒功率调速回路。定量液压泵与变量液压马达闭式循环的容积调速回路的调速特性曲线如图 8-19(b)所示。

综上所述，定量液压泵和变量液压马达容积调速回路的调速范围很小，一般小于 3r/min。该回路在造纸和纺织等行业的卷曲液压传动装置中得到了应用，它能使被卷材料在不断加大直径的情况下，基本上保持被卷件的拉力和线速度为恒定值。

3. 变量液压泵与变量液压马达组成的容积调速回路(Volume adjusting speed control circuits of variable displacement hydraulic pump and variable displacement hydraulic motor)

双向变量液压泵与双向变量液压马达组成的容积调速回路如图 8-20(a)所示。在主回路中，各液压元件对称布置，变换液压泵的供油方向，即可实现马达正反向旋转。单向阀 2 和 3 用于补油液压泵 8 双向低压回路补油，单向阀 4 和 5 使高压溢流阀 7 在两个方向都起过载保护作用。

该回路液压马达转速的调节可分为低速和高速两个阶段进行。

1) 低速阶段

使变量液压马达的排量最大，通过调节变量液压泵的排量来改变液压马达的转速。所以，这一速度段为变量液压泵与定量液压马达容积调速回路的工作特性。

2) 高速阶段

将变量液压泵的排量调到最大值后，通过改变液压马达的排量来调节液压马达的转速。

所以，这一速度段为定量液压泵与变量液压马达容积调速回路的工作特性。

该回路的调速特性曲线如图 8-20(b)所示。其调速范围是变量液压泵的调速范围与变量液压马达的调速范围之积。其调速范围很大。

这种容积调速回路多用于大功率液压传动系统，如各种行走机械、矿山采掘机械、港口起重运输机械及牵引机等大功率设备。

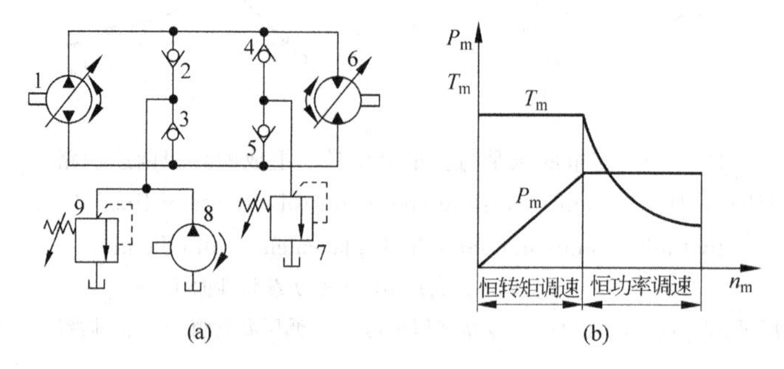

图 8-20　变量液压泵与变量液压马达组成的容积调速回路

(FIGURE 8-20　Volume adjusting speed control circuits of variable displacement hydraulic pump and variable displacement hydraulic motor)

(a) 容积调速回路；(b) 调速特性曲线

1—变量液压泵；2～5—单向阀；6—变量液压马达；7—高压溢流阀；8—补油液压泵；9—低压溢流阀

为了合理地利用变量液压泵和变量液压马达在调速中各自的优点，克服其缺点，在实际应用时，该回路液压马达转速的调节可分为低速和高速两个阶段进行。

8.2.4　容积节流调速回路

容积节流调速回路是容积调速回路与节流调速回路的组合，采用压力补偿型变量叶片泵供油，用流量控制阀调节进入或者流出液压缸的流量来调节活塞运动速度，并且使变量叶片泵的输出流量自动地与液压缸所需要的流量相适应。容积节流调速回路有节流损失，但不存在溢流损失，效率较高，适用于速度变化范围大、中小功率的场合，例如组合机床的液压进给系统。

限压式变量叶片泵和调速阀组成的容积节流调速回路如图 8-21(a)所示。限压式变量叶片泵 1 输出的流量 q_p 与进入液压缸 7 的流量 q_1 相适应，即 $q_p=q_1$。其工作原理如下：空载时，电磁换向阀 3 和 5 断电，限压式变量叶片泵 1 输出最大流量进入液压缸 7 无杆腔实现活塞的快进；当活塞快进结束时，活塞杆上的挡块压下行程开关 8 使电磁换向阀 3 通电，压力油经过调速阀 4 进入液压缸 7 无杆腔，活塞的运动速度由调速阀 4 中节流阀的通流面积 A_T 控制，实现活塞的工进，此时限压式变量叶片泵 1 输出的流量 q_p 还没来得及变小，于是出现 $q_p>q_1$，液压泵的出口压力升高，根据限压式变量叶片泵的工作原理，其输出流量会随压力 p_p 的升高而自动减小到 $q_p=q_1$；当活塞工进结束后，液压泵的出口压力升高到压力继电器 6 的调定值时，压力继电器 6 发出电信号，使电磁换向阀 3 断电和电磁换向阀 5 通电，实现活塞的快退，此时限压式变量叶片泵 1 输出的流量 q_p 还没来得及变大，于是出现 $q_p<$

q_1，液压泵的出口压力降低，其输出流量自动增加，直至 $q_p = q_1$。至此，液压传动系统完成了一个工作循环。

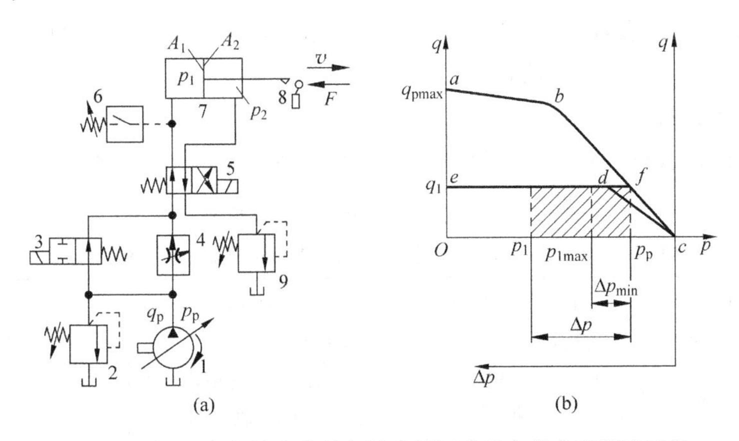

图 8-21　限压式变量叶片泵和调速阀组成的容积节流调速回路

(FIGURE 8-21　Volume and throttle adjusting speed control circuits of pressure limited variable displacement vane pumps and 2-way flow control valve with pressure compensator)

(a) 容积节流调速回路；(b) 速度-负载特性曲线

1—限压式变量叶片泵；2—安全阀；3—二位二通电磁换向阀；4—调速阀；5—二位四通电磁换向阀；6—压力继电器；7—液压缸；8—行程开关；9—背压阀

限压式变量叶片泵和调速阀容积节流调速回路的调速特性曲线如图 8-21(b)所示。其中，曲线 abc 为限压式变量叶片泵的流量压力特性曲线，曲线 cde 为调速阀在某一开口 A_T 工作时通过的流量与其进出口压力差的关系曲线，Δp 为调速阀进出口压力差，Δp_{min} 是为获得稳定速度所允许的最小压差，一般取 $\Delta p_{min} = 0.5\text{MPa}$。曲线 abc 和曲线 cde 中 ed 延长线的交点 f 是该调速回路在调速阀开口面积为 A_T 时限压式变量叶片泵的工作点。调节调速阀的开口面积 A_T，交点 f 的位置也随之发生变化。在限压式变量叶片泵 1 的工作曲线和调速阀 4 开口面积一定的情况下，交点 f 的位置为一定点，此时限压式变量叶片泵 1 的输出压力 p_p 和进入液压缸 7 的流量 q_1 为一定值，不受外负载的变化影响，见图 8-21(b)中交点 f 左边的一段水平直线。这种回路也被称为定压式容积节流调速回路。

由图 8-21(b)可知，容积节流调速回路虽无溢流损失，但仍有节流损失，其大小与液压缸工作腔压力 p_1 有关，且存在背压力 p_2，因此液压缸工作腔压力 p_1 的正常工作范围是

$$p_2 \frac{A_2}{A_1} \leqslant p_1 \leqslant (p_p - \Delta p) \tag{8-37}$$

限压式变量叶片泵和调速阀容积节流调速回路的效率为

$$\eta = \frac{\left(p_1 - p_2 \dfrac{A_2}{A_1}\right) q_1}{p_p q_p} = \frac{p_1 - p_2 \dfrac{A_2}{A_1}}{p_p} \tag{8-38}$$

式(8-38)没有考虑限压式变量叶片泵的泄漏损失，当液压泵达到最大工作压力时，其泄漏量为 8%左右。当外负载越大，液压缸的工作压力 $p_1 = p_{1max}$ 时，液压泵输出流量 q_p 越小，其工作压力 p_p 就越大，这样 Δp 便会减小，此时回路的节流损失最小，见图 8-21(b)中小阴

影面积；当外负载越小时，则式(8-38)中的液压缸工作腔压力 p_1 便越小，曲线 cde 就会向左边移动，这样 Δp 便会增大，此时回路的节流损失增加，见图 8-21(b)中大阴影面积。可见在速度低、外负载小的场合，限压式变量叶片泵和调速阀容积节流调速回路的效率就很低。回路中的调速阀 4 也可安装在回油路上，它的速度刚性、运动平稳性和承载能力与相应采用调速阀的节流调速回路相同。

节流调速回路、容积调速回路、容积节流调速回路的特性比较见表 8-1。

表 8-1　三种调速回路的特性比较

(TABLE 8-1　Three kinds of adjusting speed control circuit characteristics)

项　目	节流调速回路	容积调速回路	容积节流调速回路
液压泵、液压马达结构	结构简单	结构复杂	结构较简单
调速范围与低速稳定性	调速范围较大，采用调速阀可获得稳定的低速运动	调速范围较小，获得稳定的低速运动较困难	调速范围较大，能获得较稳定的低速运动
效率与发热	效率低，发热量大，旁路节流调速较好	效率高、发热量小	效率较高、发热量较小
适用范围	适用于小功率、轻载的中、低压液压传动系统	适用于大功率、重载高速的中、高压液压传动系统	适用于中小功率、中压液压传动系统，在机床液压传动系统中获得广泛的应用

8.2.5　快速运动回路

快速运动回路又被称为增速回路，其功用在于使液压执行元件获得空载所需的高速，缩短机械设备空行程运行时间，以提高液压传动系统的工作效率或充分利用功率。常用的快速运动回路有以下几种。

1. 双液压泵供油快速运动回路(High speed control circuits of double hydraulic pumps)

如图 8-22 所示，高压小流量液压泵 1 与低压大流量液压泵 2 组成的双联泵作动力源。溢流阀 5 和液控顺序阀 4 作卸荷阀用，分别设定高压小流量液压泵 1 和低压大流量液压泵 2 的最高工作压力。当执行机构需要快进时，外负载较小，双联泵同时供油；当执行机构转为工进时，液压传动系统压力高，打开液控顺序阀 4，低压大流量液压泵 2 卸荷，单向阀 3 关闭，高压小流量液压泵 1 单独向液压传动系统供油。卸荷阀 4 的调定压力至少应比溢流阀 5 的调定压力低 10%～20%，低压大流量液压泵 2 卸载减少了动力消耗，回路效率高。

2. 液压缸差动连接快速运动回路(High speed control circuits of hydraulic cylinder differential connection)

液压缸差动连接快速运动回路如图 8-23 所示。在图示状态下，液压泵 1 卸荷。当电磁铁 1YA 通电、3YA 断电时，形成差动连接，液压缸 5 有杆腔的回油和液压泵 1 供油合在一起进入液压缸 5 无杆腔，使液压缸 5 活塞快速向右运动。当液压缸 5 无杆腔和有杆腔的活塞有效面积比为 2∶1 时，快进速度是非差动连接的 2 倍。液压缸 5 差动连接也可用 P 型中位机能的三位四通换向阀来实现。这种回路的最大好处是可在不增加任何液压元件的基础上提高工作速度，因此在液压传动系统中被广泛采用。

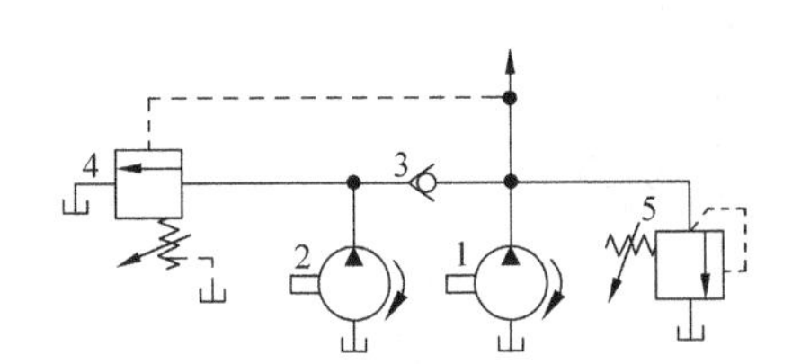

图 8-22　双液压泵供油快速运动回路
(FIGURE 8-22　High speed control circuits of double hydraulic pumps)
1—高压小流量液压泵；2—低压大流量液压泵；3—单向阀；4—液控顺序阀；5—溢流阀

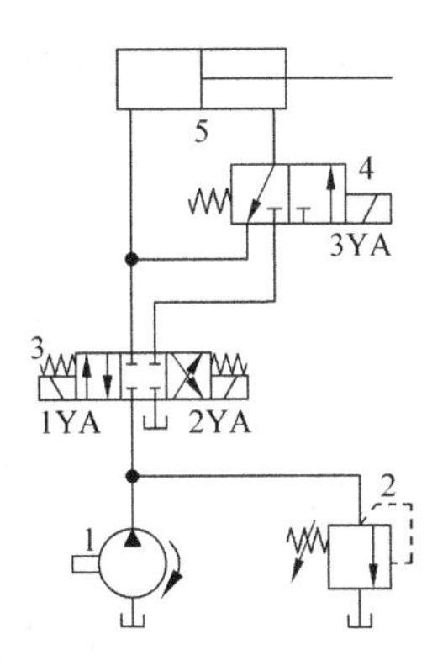

图 8-23　液压缸差动连接快速运动回路
(FIGURE 8-23　High speed control circuits of hydraulic cylinder differential connection)
1—液压泵；2—溢流阀；3—三位四通电磁换向阀；4—二位三通电磁换向阀；5—液压缸

8.2.6　速度换接回路

速度换接回路的功用是在液压传动系统工作时，执行机构从一种工作速度转换到另一种工作速度。这种回路应该具有较高的速度换接精度和速度换接平稳性。

1. 快速与慢速的换接回路(High-low speed conversion control circuits)

图 8-24 所示为最常见的一种快速运动转为工件进给运动的速度换接回路。在图示状态下，液压缸 3 快进，当活塞杆上挡块压下行程阀 4 时，行程阀 4 关闭，液压缸 3 有杆腔的回油就必须经过节流阀 5 流回液压油箱，活塞运动速度转变为慢速工进；当二位四通电磁换向阀 2 通电，右位处于工作状态时，压力油经电磁换向阀 2 右位和单向阀 6 进入液压缸 3 有杆腔，活塞反向快速退回。这种回路与采用电磁换向阀代替行程阀的回路比较，其优点是换接过程平稳，有较好的可靠性，换接点的位置精度高；其缺点是行程阀的安装位置不能任意布置，管路连接较为复杂。

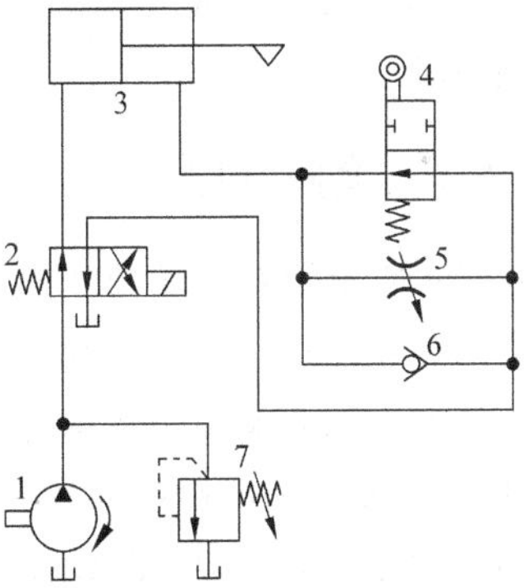

图 8-24　用行程阀的速度换接回路
(FIGURE 8-24　Speed conversion control circuits of directional control valve operated by roller lever)
1—液压泵；2—二位四通电磁换向阀；3—液压缸；4—行程阀；5—节流阀；6—单向阀；7—溢流阀

2. 两个调速阀串联的速度换接回路(Speed conversion control circuits of two serial 2-way flow control valves with pressure compensator)

某些机床要求工作行程有两种进给速度，一般第一进给速度大于第二进给速度。为实现两次工进速度，常用两个调速阀串联或者并联在回路中，用换向阀进行切换。

两个调速阀串联的速度换接回路如图 8-25 所示。速度的换接是通过二位二通电磁换向阀 6 的两个工作位置换接实现的。在这种回路中，调速阀 3 的开口一定要小于调速阀 2，工作时油液始终通过两个调速阀，速度换接的平稳性较好，但回路能量损失较大。

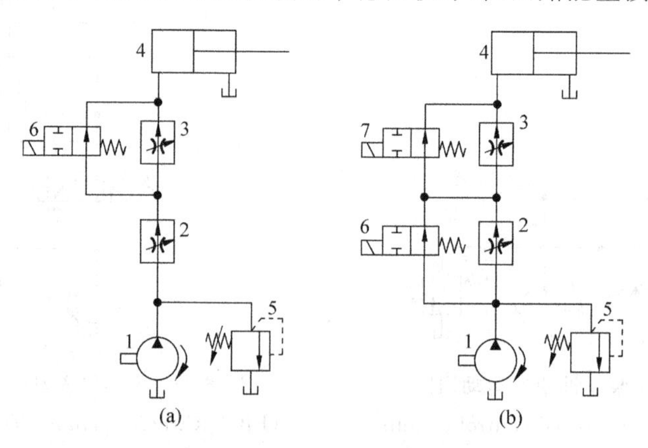

图 8-25　两个调速阀串联的速度换接回路

(FIGURE 8-25　Speed conversion control circuits of two serial 2-way flow control valves with pressure compensator)

1—液压泵；2,3—调速阀；4—液压缸；5—溢流阀；6,7—二位二通电磁换向阀

8.3　方向控制回路

方向控制回路的作用是利用各种方向阀来控制流体的通断和变向，以便使液压传动系统执行元件启动、停止或改变运动方向。常用的方向控制回路有换向回路、浮动回路、锁紧回路和制动回路。

8.3.1　换向回路

图 8-26 所示为双作用液压缸换向回路，由三位四通 M 型电磁换向阀 3 控制液压缸 4 换向，当电磁铁 1YA 通电时，液压泵 1 输出的压力油经过电磁换向阀 3 左位进入液压缸 4 无杆腔，活塞向右运动；当活塞杆上挡块压下限位开关 S_2，1YA 断电、2YA 通电时，液压泵 1 输出的压力油经过电磁换向阀 3 右位进入液压缸 4 有杆腔，活塞向左运动；电磁换向阀 3 在中位时，活塞停止运动，液压泵 1 卸荷。

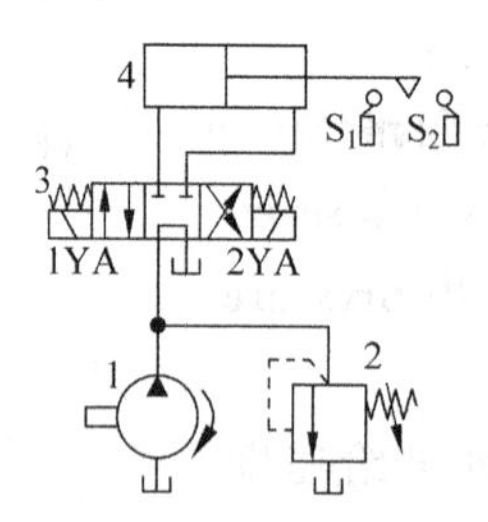

图 8-26　阀控方式实现的双作用液压缸换向回路

(FIGURE 8-26　Directional circuits of double-acting and single-piston-rod cylinder using directional control valve)

1—液压泵；2—溢流阀；3—三位四通电磁换向阀；4—液压缸；S_1，S_2—行程开关

8.3.2　浮动回路

浮动回路的功用是将液压执行元件的进、出油路连通或同时接通液压油箱，使其处于无约束的浮动状态。在自重或负载的惯性力及外力作用下液压执行元件仍可运动。常用的浮动回路有以下两种。

1. 利用三位四通电磁换向阀中位机能使液压马达浮动的回路(Hydraulic motor lock releasing circuits of four-way-three-position electrically operated directional spool valve)

采用三位四通 H 型电磁换向阀浮动的回路如图 8-27(a)所示。在图示位置，液压泵 1 卸荷，液压马达 4 处于浮动状态。同样，也可采用 P 型或 Y 型三位四通电磁换向阀实现浮动。

2. 用二位二通换向阀使液压马达浮动的回路(Hydraulic motor lock releasing circuits of two-way-two-position electrically operated directional spool valve)

采用二位二通电磁换向阀浮动的回路如图 8-27(b)所示。当电磁铁 3YA 通电时，二位二通电磁换向阀 5 上位处于工作状态，液压马达 4 进出油口接通处于浮动状态，吊钩 10 利用自重快速下降实现“抛钩”，这时液压马达 4 作液压泵运行，经单向阀 8 或 9 从液压油箱自吸补油。

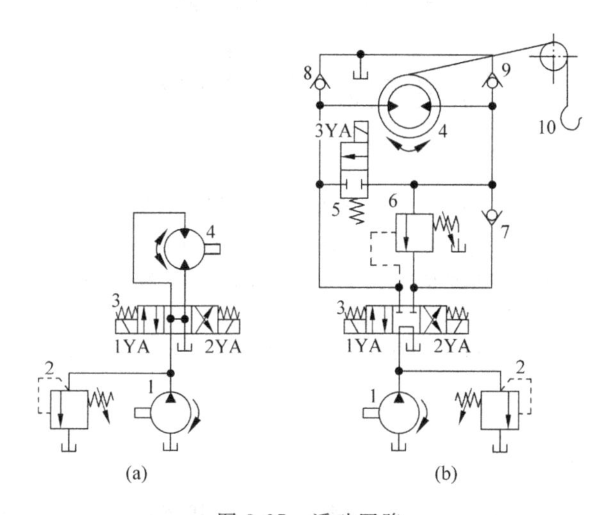

图 8-27　浮动回路

(FIGURE 8-27　Circuits for lock releasing)

(a) 利用三位四通电磁换向阀中位机能的浮动回路；(b) 采用二位二通电磁换向阀的浮动回路

1—液压泵；2—溢流阀；3—三位四通电磁换向阀；4—液压马达；

5—二位二通电磁换向阀；6—液控顺序阀；7～9—单向阀；10—吊钩

8.3.3　锁紧回路

锁紧回路的功用是使液压执行元件能在任意位置上停留，且停留后不会因外力作用而移动位置。锁紧的原理就是将液压执行元件的进、回油路封闭。常用的锁紧回路有以下几种。

1. 换向阀的锁紧回路(Locking circuits of directional control valve)

采用三位四通M型电磁换向阀锁紧的回路如图8-26所示。在图示位置,活塞不会发生运动,可实现双向锁紧;因滑阀密封性能差,所以锁紧精度不高。

2. 液控单向阀的单向锁紧回路(One-way locking circuits of pilot operated check valve)

采用液控单向阀的单向锁紧回路如图8-28(a)所示。当二位二通电磁换向阀5通电右位工作时,液压泵1卸荷,液控单向阀4关闭,活塞被锁紧停止下行运动。液控单向阀4密封性好,锁紧可靠,工作部件不会因自重导致活塞下滑。

3. 液控单向阀的双向锁紧回路(Two-way locking circuits of pilot operated check valve)

采用双向液压锁的锁紧回路如图8-28(b)所示。在图示位置时,液压泵1卸荷,双向液压锁6均关闭,液压缸3活塞被双向锁住。这种锁紧回路的优点是活塞可在任意位置被锁紧,因液控单向阀是锥阀式结构,所以密封性好,泄漏极少。它常用于飞机起落架、汽车起重机支腿和工程机械等回路上。

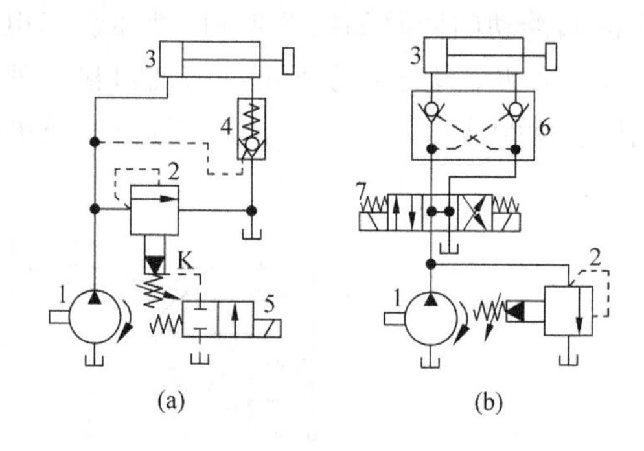

图8-28　液控单向阀的锁紧回路

(FIGURE 8-28　Locking circuits of pilot operated check valve)

(a) 液控单向阀的单向锁紧回路;(b) 液控单向阀的双向锁紧回路

1—液压泵;2—溢流阀;3—液压缸;4—液控单向阀;

5—二位二通电磁换向阀;6—双向液压锁;7—三位四通电磁换向阀

8.3.4　制动回路

制动回路的功用是使液压执行元件平稳地由运动状态转换成静止状态。要求对回路中出现的异常负压和高压做出迅速反应,使制动时间尽可能短,液压冲击尽可能小。

1. 液压缸制动回路(Hydraulic cylinder brake circuits)

图8-29(a)所示为采用溢流阀的液压缸制动回路,当电磁铁1YA断电、2YA通电时,三位四通电磁换向阀3右位处于工作状态,液压缸8活塞杆向左运动;当电磁铁1YA通电、2YA断电时,三位四通电磁换向阀3换向到左位,液压缸8无杆腔油液压力由于运动部件的惯性而突然升高,当压力超过直动式溢流阀4的调定压力时,直动式溢流阀4打开溢流,缓和管路中的液压冲击,并实现液压缸8制动,同时液压缸8有杆腔通过单向阀7补油;当液压缸8活塞杆向右运动制动时,溢流阀5起缓冲和制动作用,单向阀6起补油作用。两个直动式溢流阀的调定压力一般比主油路先导式溢流阀的调定压力高5%～10%。

2. 液压马达制动回路(Hydraulic motor brake circuits)

图 8-29(b)所示为采用溢流阀的液压马达制动回路。当电磁铁 3YA 通电时,液压泵 1 向液压马达 10 供油,液压马达 10 的排油通过起背压作用的直动式溢流阀 11 流回液压油箱,背压阀 11 的调定压力一般为 0.3～0.7MPa;当电磁铁 3YA 断电时,液压马达 10 的排油通过直动式溢流阀 12 流回液压油箱,缓和管路中的液压冲击,实现液压马达 10 制动。直动式溢流阀 12 的调定压力一般为液压传动系统的额定工作压力。先导式溢流阀 2 为液压传动系统的安全阀。

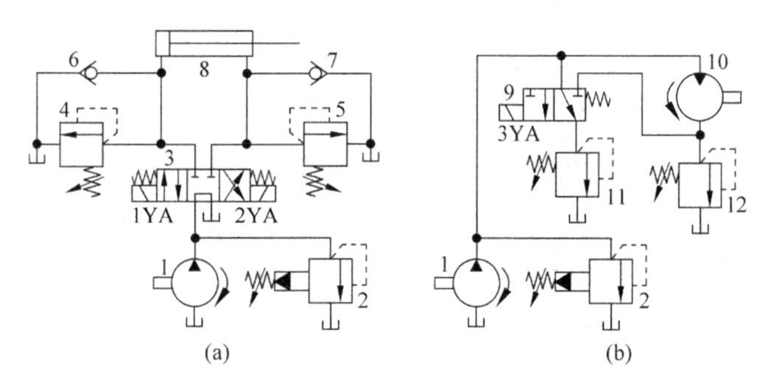

图 8-29　制动回路

(FIGURE 8-29　Brake circuits)

(a) 液压缸制动回路;(b) 液压马达制动回路

1—液压泵;2—先导式溢流阀;3—三位四通电磁换向阀;4,5,11,12—直动式溢流阀;6,7—单向阀;8—液压缸;9—二位三通电磁换向阀;10—液压马达

8.4　多执行元件运动控制回路

在液压传动系统中,用一个液压泵向两个或多个液压执行元件提供压力油,按各液压执行元件之间运动关系的要求进行控制,完成预定功能的回路,被称为多执行元件运动控制回路。常见的这类回路有顺序运动回路、同步运动回路、互不干扰回路和多路换向阀控制回路等。

8.4.1　顺序运动回路

顺序运动回路的功能是使液压传动系统中的多个液压执行元件严格按照预定顺序动作。顺序运动回路按其控制方式不同,被分为压力控制、行程控制和时间控制三类。其中前两类应用比较广泛。

1. 压力控制顺序运动回路(Pressure controls sequence motion control circuits)

1) 顺序阀控制的顺序运动回路(Pressure sequence valves control sequence motion control circuits)

利用液压传动系统工作过程中的压力变化来使液压执行元件按顺序先后动作是液压传动系统独具的控制特性。采用两个单向顺序阀控制的顺序运动回路图如图 8-30(a)所示。钻床液压传动系统的动作顺序为:①夹紧工件→②钻头进给→③钻头快退→④松开工件。当 1YA 通电,三位四通电磁换向阀 3 左位处于工作状态时,夹紧液压缸 4 活塞向右运动,夹紧工件后回路压力升高到顺序阀 10 的调定压力,顺序阀 10 开启,钻孔液压缸 5 活塞才向右运动进行钻孔。钻孔完毕,1YA 断电、2YA 通电,三位四通电磁换向阀 3 右位处于工作状态,钻孔液压缸 5 活塞先退回到左端点,回路压力升高,打开顺序阀 8,再使夹紧液压缸 4 活塞退回原位。该回路的主要优点是安装连接方便、动作灵敏,其缺点是位置精度和可靠性不高,主要取决于顺序阀的性能及其压力调整值。

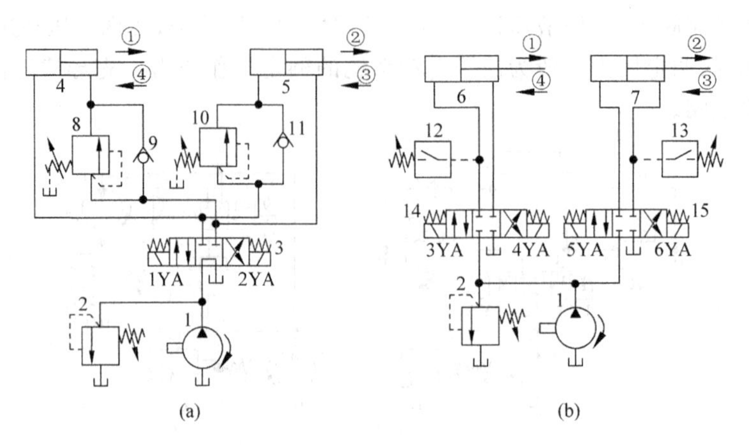

图 8-30　压力控制顺序动作回路

(FIGURE 8-30　Pressure controls sequence motion control circuits)

(a) 顺序阀控制的顺序动作回路;(b) 压力继电器控制的顺序动作回路

1—液压泵;2—溢流阀;3,14,15—三位四通电磁换向阀;4~7—液压缸;

8,10—顺序阀;9,11—单向阀;12,13—压力继电器

2) 压力继电器控制的顺序运动回路(Hydro-electric pressure switch control sequence motion control circuits)

采用压力继电器控制电磁换向阀来实现顺序动作的回路如图 8-30(b)所示。当电磁铁 3YA 通电,三位四通电磁换向阀 14 左位处于工作状态时,液压缸 6 活塞向右运动到端点后,回路压力升高,压力继电器 12 动作,使电磁铁 5YA 通电,液压缸 7 活塞向右运动。按返回按钮,电磁铁 3YA、5YA 断电,6YA 通电时,液压缸 7 活塞向左运动退回到原位后,回路压力升高,压力继电器 13 动作,使电磁铁 4YA 通电,液压缸 6 活塞向左运动后退。

在压力控制的顺序动作回路中,顺序阀和压力继电器的调整压力应比液压缸运动时的最大工作压力高出 10%~15%;否则在液压管路中的压力波动或冲击下会发生误动作,引起事故。这种回路适用于液压传动系统中液压执行元件数目少、外负载变化小的场合。

2. 行程控制顺序动作回路(Position controls sequence motion control circuits)

在液压传动设备中,当工作部件到达指定位置时,利用行程阀和行程开关等液压元件发出信号来控制液压执行元件先后动作的顺序回路,被称为行程控制顺序动作回路。

1) 行程阀控制的顺序动作回路(Directional control valve operated by roller lever controls sequence motion control circuits)

采用行程阀控制的顺序动作回路如图 8-31(a)所示。图示位置两个液压缸 5 和 6 的活塞均处于最左端,当电磁铁 1YA 通电,二位四通电磁换向阀 3 左位处于工作状态时,液压缸 5 活塞先向右运动,活塞杆上的挡块压下行程阀 4 后,液压缸 6 活塞才向右运动;当电磁铁 1YA 断电,二位四通电磁换向阀 3 右位处于工作状态时,液压缸 5 活塞先退回,其挡块离开行程阀 4 后液压缸 6 的活塞才开始返回。这种回路动作可靠,但要改变动作顺序较难。

2）行程开关控制的顺序动作回路(Position switches control sequence motion control circuits)

采用行程开关控制的顺序动作回路如图 8-31(b)所示。当电磁铁 2YA 通电,二位四通电磁换向阀 9 左位处于工作状态时,液压缸 7 活塞先向右运动,活塞杆上的挡块压下行程开关 S_1后,使电磁铁 3YA 通电,二位四通电磁换向阀 10 左位处于工作状态,液压缸 8 活塞向右运动,直到压下行程开关 S_2,使电磁铁 2YA 断电,液压缸 7 活塞向左退回,而后压下行程开关 S_3,使电磁铁 3YA 断电,液压缸 8 活塞再退回。在这种回路中,调整挡块位置可调整液压缸的行程,通过电控系统可任意地改变动作顺序,方便灵活,其可靠性比较高,因此应用广泛。

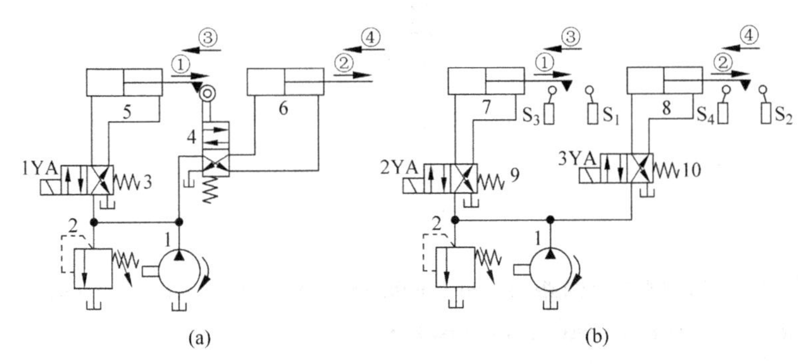

图 8-31　行程控制顺序动作回路

(FIGURE 8-31　Position controls sequence motion control circuits)

(a) 行程阀控制的顺序动作回路；(b) 行程开关控制的顺序动作回路

1—液压泵；2—溢流阀；3,9,10—二位四通电磁换向阀；4—行程阀；

5～8—液压缸；S_1～S_4—行程开关

8.4.2　同步运动回路

同步运动回路的功用是使多个液压执行元件克服外负载、摩擦阻力、油液泄漏、制造精度和结构变形上的差异来保证在运动上的同步。同步运动被分为位置同步和速度同步两种。位置同步是指各液压执行元件在运动中或停止时都保持相同的位移量,速度同步是指各液压执行元件的运动速度相等。常用的同步运动回路有以下几种。

1. 串联液压缸的位置同步回路(Position synchronizing motion control circuits of serial hydraulic cylinders)

采用两个串联液压缸的位置同步回路如图 8-32 所示。在这个回路中,液压缸 6 有杆腔活塞的有效面积与液压缸 7 无杆腔活塞的有效面积相等,可实现两个液压缸活塞杆升降同步。因活塞制造误差、油液泄漏及摩擦阻力等因素的影响,串联液压缸的同步精度会降低,所以回路上设置了补偿装置。其补偿工作原理为:当两个液压缸活塞杆同时下行时,若液压缸 7 活塞杆先到达行程端点,行程开关 S_2使电磁铁 4YA 通电,三位四通电磁换向阀 4 右位处于工作状态,压力油进入液控单向阀 5 的控制腔,打开液控单向阀 5,液压缸 6 有杆腔与液压油箱接通,使其活塞杆继续下行到达行程端点。如果液压缸 6 活塞杆先到达行程端点，则挡块压下行程开关 S_1，电磁铁 3YA 通电，三位四通电磁换向阀 4 左位处于工作状态，压力油经换向阀 4 左位和液控单向阀 5 进入液压缸 7 无杆腔，进行补油，使其活塞杆继续下行到达行程端点，从而消除积累误差。

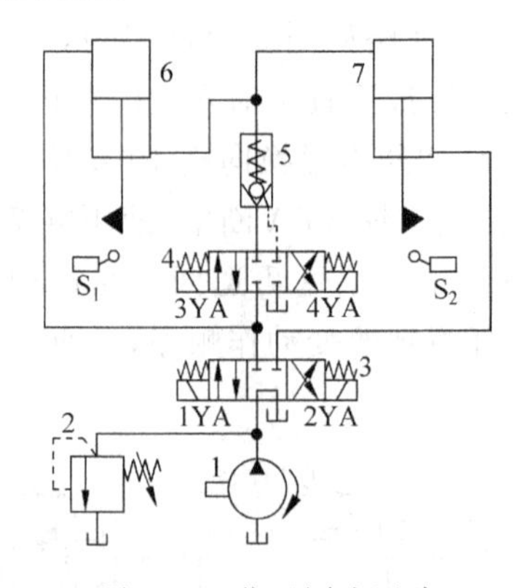

图 8-32　位置同步回路

(FIGURE 8-32　Position synchronizing motion control circuits)

1—液压泵；2—溢流阀；3,4—三位四通电磁换向阀；5—液控单向阀；6,7—液压缸；S_1,S_2—行程开关

2. 采用调速阀的速度同步回路(Speed synchronizing motion control circuits of 2-way flow control valve with pressure compensator)

1) 两个并联调速阀构成的单向速度同步回路(One way speed synchronizing motion control circuits of two parallel 2-way flow control valves with pressure compensator)

图 8-33(a)中，在两个并联液压缸 8 和 9 的有杆腔回油路上分别串联一个调速阀 4 和 6，仔细调整两个调速阀 4 和 6 的开口大小，控制液压缸 8 和 9 有杆腔流出的流量，可使两个并联液压缸 8 和 9 的活塞杆向外伸出的速度同步。这种同步回路结构简单，但调整比较麻烦，同步精度不高，一般速度同步误差在 5%～8%之间，不宜用于偏载或外负载变化频繁的场合。

2) 普通调速阀和比例调速阀构成的双向速度同步回路(Two way speed synchronizing motion control circuits of 2-way flow control valve with pressure compensator and proportional 2-way flow control valve with pressure compensator)

普通调速阀和电液比例调速阀构成的双向速度同步回路如图 8-33(b)所示。普通调速阀 12 和电液比例调速阀 13 均安装在由四个单向阀组成的桥式回路中，分别控制着两个液压缸 10 和 11 活塞的运动。当两个活塞出现位置误差时，检测装置就会发出电信号，自动调节电液比例调速阀 13 的开度，使两个活塞实现同步运动。这种同步精度可达 0.5mm，能够满足大多数机械设备所要求的同步精度。如果想获得同步精度为 0.05～0.2mm，则只能使用电液伺服阀控制的同步回路。

3. 采用同步液压执行元件的速度同步回路(Speed synchronizing motion control circuits of synchronizing hydraulic actuators)

1) 同步液压缸的速度同步回路(Speed synchronizing motion control circuits of synchronizing hydraulic cylinder)

同步液压缸的速度同步回路如图 8-34(a)所示。同步液压缸 4 是两个尺寸相同的缸体和两个活塞共用一个活塞杆的液压缸，活塞向左或向右运动时输出或接受相等容积的油液，

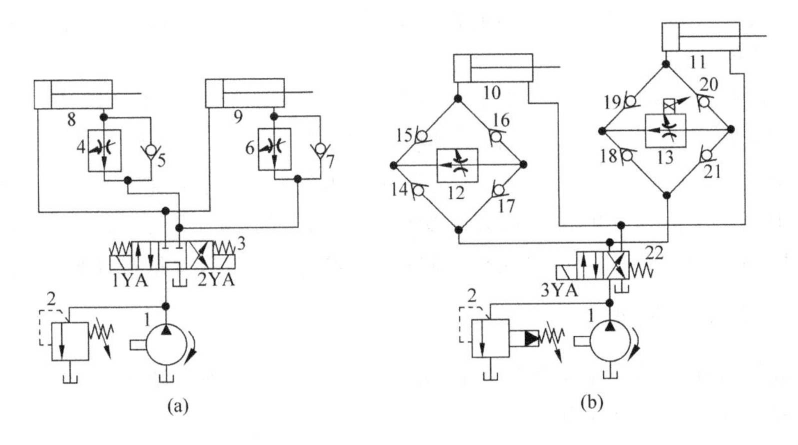

图 8-33　调速阀的同步回路

(FIGURE 8-33　Synchronizing motion control circuits of 2-way flow control valve with pressure compensator)

(a) 两个并联调速阀的同步回路；(b) 普通调速阀和比例调速阀的同步回路

1—液压泵；2—溢流阀；3—三位四通电磁换向阀；4,6,12—调速阀；5,7,14～21—单向阀；8～11—液压缸；13—比例调速阀；22—二位四通电磁换向阀

在回路中起着配流的作用，使有效面积相等的两个液压缸 6 和 9 实现升降同步运动。两个单向阀 7 和 8 和溢流阀 5 可以在活塞杆行程端点消除位置误差。这种回路结构尺寸较小，同步精度比较高，一般精度可达到 98%～99%；但同步液压缸制造成本高，因此仅适用于较小流量的液压传动系统。

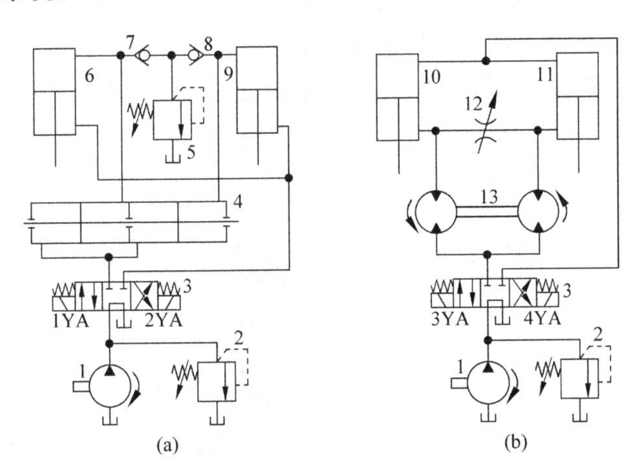

图 8-34　同步执行元件的速度同步回路

(FIGURE 8-34　Speed synchronizing motion control circuits of synchronizing hydraulic actuators)

(a) 同步缸同步回路；(b) 同步马达同步回路

1—液压泵；2,5—溢流阀；3—三位四通电磁换向阀；4—同步液压缸；6,9～11—液压缸；7,8—单向阀；12—节流阀；13—同步液压马达

2）同步液压马达的速度同步回路(Speed synchronizing motion control circuits of synchronizing hydraulic motor)

图 8-34(b)所示为采用两个相同结构、相同排量的同轴双向液压马达 13 作为等流量分流装置的速度同步回路。两个液压马达轴刚性连接，把等流量的油液分别输入两个尺寸相同的液压缸中，使两个液压缸 10 和 11 活塞杆实现升降同步，节流阀 12 用于行程端点消除两个液压缸 10 和 11 活塞杆的位置误差。影响同步精度的因素主要有两个液压马达的制造精度、摩擦阻力和油液的泄漏等，但这种回路的同步精度比采用流量控制阀的同步回路高。

8.4.3　互不干扰回路

多液压缸快慢速运动互不干扰回路的功用是防止液压传动系统中的几个液压缸因速度快慢的不同而在动作上相互干扰。

1. 双液压泵供油的多液压缸快慢速运动互不干扰回路(High-low speed motion noninterference control circuits of double hydraulic pumps)

采用双液压泵供油的多液压缸快慢速运动互不干扰回路如图 8-35 所示。液压缸 8 和 9 各自要完成①快进→②工进→③快退的自动工作循环。其工作原理是：在图示状态下液压缸 8 和 9 原位停止；当电磁铁 2YA 和 4YA 通电，二位五通电磁换向阀 7 和 10 左位处于工作状态时，液压缸 8 和 9 均由低压大流量液压泵 2 供油并作差动快进；如果液压缸 8 先完成快进动作，挡块和行程开关 S_1 使电磁铁 2YA 断电，1YA 通电，低压大流量液压泵 2 的油路被切断，而改为高压小流量液压泵 1 供油，由调速阀 4 获得慢速工进，此时液压缸 9 仍作快进，互不影响；当液压缸 8 和 9 都转为工进后，两个液压缸均由高压小流量液压泵 1 供油；此后，若液压缸 8 又率先完成工进，挡块和行程开关 S_2 使电磁铁 1YA 和 2YA 通电，液压缸 8 即由低压大流量液压泵 2 供油实现快退。当所有电磁铁皆断电时，两个液压缸都停止运动。由此可见，此回路之所以能够防止两个液压缸的快慢速运动互不干扰，是因为快速和慢速运动各由一个液压泵分别供油，再由相应的电磁铁进行控制的缘故。

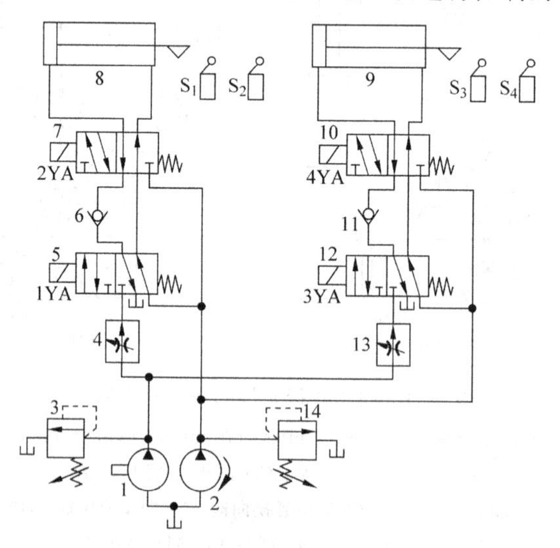

图 8-35　双液压泵供油的多液压缸快慢速运动互不干扰回路

(FIGURE 8-35　High-low speed motion noninterference control circuits of double hydraulic pumps)

1,2—液压泵；3,14—溢流阀；4,13—调速阀；5,7,10,12—二位五通电磁换向阀；

6,11—单向阀；8,9—液压缸；$S_1 \sim S_4$—行程开关

2. 叠加阀控制的多液压缸快慢速运动互不干扰回路(High low speed motion noninterference control circuits of modular valves)

采用叠加阀控制的多液压缸快慢速运动互不干扰回路如图 8-36 所示。该回路采用双液压泵供油,其中液压泵 1 为低压大流量液压泵,工作压力由溢流阀 3 调定;液压泵 2 为高压小流量液压泵,工作压力由溢流阀 7 调定。液压泵 1 和液压泵 2 分别接叠加阀 P_1 口和 P_2 口。当电磁铁 1YA 和 3YA 通电,三位四通电磁换向阀 6 和 10 左位处于工作状态时,液压泵 1 输出的压力油进入液压缸 11 和 12 的无杆腔推动活塞快速向左运动,此时外控式顺序节流阀 5 和 9 因控制压力较低而关闭,所以液压泵 2 输出的压力油经溢流阀 7 流回液压油箱。当其中一个液压缸——如液压缸 11 先完成快进动作,则液压缸 11 的无杆腔压力升高,顺序节流阀 5 的阀口被打开,液压泵 2 输出的压力油经顺序节流阀 5 中的节流口而进入液压缸 11 的无杆腔,高压油同时使单向阀 4 关闭,液压缸 11 活塞的运动速度由顺序节流阀 5 中节流口的开度所决定(节流口开度按工进速度进行调整)。此时,液压缸 12 仍由液压泵 1 供油进行快进,两个液压缸活塞的运动互不干扰。此后,当液压缸 11 率先完成工进运动时,电磁铁 1YA 断电,2YA 通电,三位四通电磁换向阀 6 右位处于工作状态,液压泵 1 输出的压力油进入液压缸 11 有杆腔,使液压缸 11 活塞向右运动。如三位四通电磁换向阀 6 和 10 电磁铁均断电,则液压缸 11 和 12 停止运动。由此可见,该回路中顺序节流阀 5 和 9 的开启取决于液压缸 11 和 12 工作腔的压力。这种回路已被广泛地应用于组合机床的液压传动系统中。

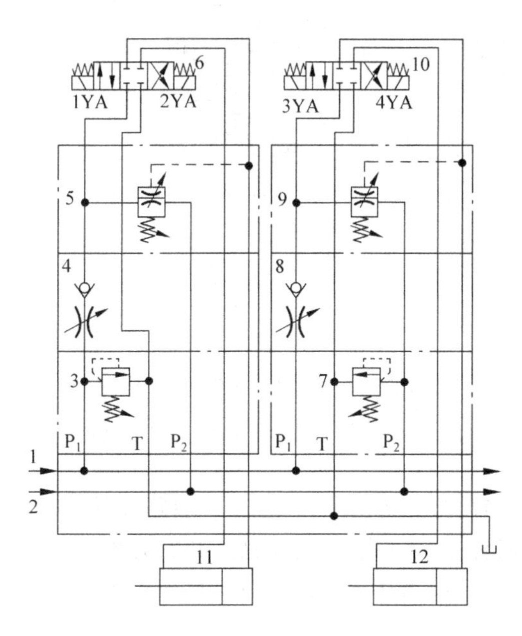

图 8-36　使用叠加阀的多液压缸快慢速运动互不干扰回路

(FIGURE 8-36　High-low speed motion noninterference control circuits of modular valves)

1,2—液压泵;3,7—溢流阀;4,8—单向阀;5,9—外控式顺序节流阀;

6,10—三位四通电磁换向阀;11,12—液压缸

8.4.4　多路换向阀控制回路

多路换向阀的串联油路如图 8-37(a)所示。多路换向阀内第一联滑阀的回油为下一联的进油,依次下去直到最后一联滑阀。串联油路的特点是工作时可以实现两个以上液压执行元件的复合动作,这时液压泵的工作压力等于同时工作的各液压执行元件外负载压力的总和。当外负载压力较大时,串联的液压执行元件很难实现复合动作。

多路换向阀的并联油路如图 8-37(b)所示。从多路换向阀进油口来的压力油可直接通到各联滑阀的进油腔,各联滑阀的回油腔又都直接与总回油路相连。并联油路的多路换向阀既可控制液压执行元件单动,又可实现复合动作。当复合动作时,若各液压执行元件的外负载相差很大,则外负载小的先动,复合动作成为顺序动作。

多路换向阀的串并联油路如图 8-37(c)所示。按串并联油路连接的多路换向阀每一联滑阀的进油腔都与前一联滑阀的中位回油通道相通,每一联滑阀的回油腔则直接与总回油口相连,即各滑阀的进油腔串联,回油腔并联。当一个液压执行元件工作时,后面的液压执行元件的进油道被切断。因此多路换向阀中只能有一个滑阀工作,即各滑阀之间具有互锁功能,各液压执行元件只能实现单动。

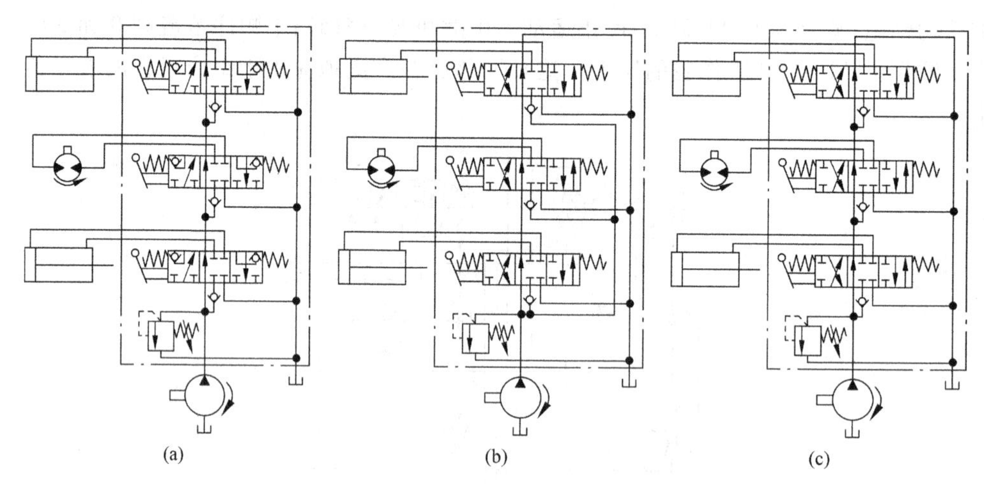

图 8-37　多路换向阀控制回路

(FIGURE 8-37　Basic control circuits of hydraulic multi-pathway control valves)

当多路换向阀的联数较多时,常采用上述三种油路连接形式的组合,称为复合油路连接。无论多路换向阀为何种连接方式,在各个液压执行元件都处于停止位置时,液压泵可通过各联滑阀的中位自动卸荷,而当任一液压执行元件要求工作时,液压泵又立即恢复向该液压执行元件供压力油。

重点和难点课堂讨论

课堂讨论:双向变量液压泵与双向变量液压马达组成的容积调速回路的安装、调试方法与应用。

典型案例分析

案例 1　图 8-38 所示为定量液压泵与变量液压马达组成的容积调速回路。定量液压泵 3 的排量 $V_p = 100\times10^{-6}\,m^3/r$，转速 $n_p = 2000r/min$，机械效率 $\eta_{pm}=0.85$，容积效率 $\eta_{pV}=0.9$；变量液压马达 5 的最大排量 $V_{mmax}=80\times10^{-6}\,m^3/r$，机械效率 $\eta_{mm}=0.85$，容积效率 $\eta_{mV}=0.9$；管路高压侧压力损失 $\Delta p=1.5MPa$。不计管路泄漏，回路的最高工作压力 $p_{max}=15MPa$，溢流阀 6 的调定压力 $p_y=0.6MPa$，变量液压马达 5 的驱动扭矩 $T_m=35N\cdot m$ 为恒转矩外负载。求：

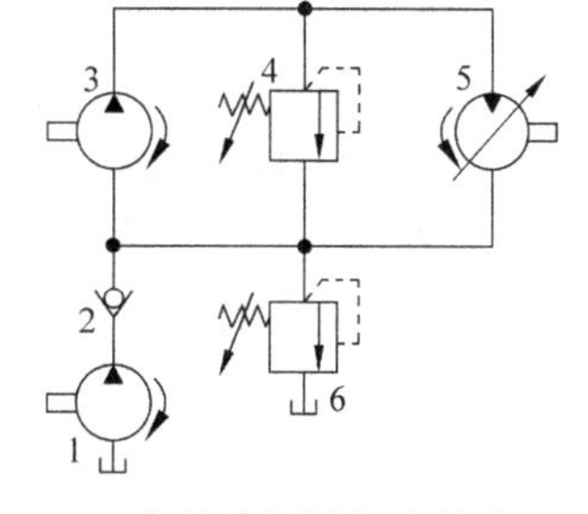

图 8-38　定量液压泵与变量液压马达组成的容积调速回路
(FIGURE 8-38　Volume adjusting speed control circuits of fixed displacement hydraulic pump and variable displacement hydraulic motor)

(1) 变量液压马达 5 的最低转速及其在该转速下的压力降；

(2) 变量液压马达 5 的最高转速；

(3) 液压闭式回路的最大输出功率。

解　(1) $n_{mmin}=\dfrac{V_p n_p \eta_{pV}\eta_{mV}}{V_{mmax}}=\dfrac{100\times2000\times0.9\times0.9}{80}\,r/min=2025\,r/min$

$$\Delta p_m = \frac{2\pi T_m}{V_{mmax}\eta_{mm}} = \frac{2\pi\times35}{80\times10^{-6}\times0.85}\,Pa = 3.23\times10^6\,Pa = 3.23\,MPa$$

(2) 变量液压马达 5 入口最大压力

$$p_{mmax} = p_{max} - \Delta p = (15-1.5)\,MPa = 13.5\,MPa$$

变量液压马达 5 的最大压力降

$$\Delta p_{mmax} = p_{mmax} - p_y = (13.5-0.6)\,MPa = 12.9\,MPa$$

因为变量液压马达 5 输出的是恒转矩，所以

$$V_{mmax}\Delta p_m \eta_{mm} = V_{mmin}\Delta p_{mmax}\eta_{mm}$$

$$V_{mmin} = \frac{V_{mmax}}{\Delta p_{mmax}}\Delta p_m = \frac{80\times10^{-6}}{12.9}\times3.23\,m^3/r = 20.03\times10^{-6}\,m^3/r$$

变量液压马达 5 的最大转速

$$n_{mmax} = \frac{V_{mmax}}{V_{mmin}}n_{mmin} = \frac{80\times10^{-6}}{20.03\times10^{-6}}\times2025\,r/min = 8088\,r/min$$

(3) $P_{mmax}=T_m\times2n_{mmax}\pi=35\times8088\times2\pi\div60\,W=29\,629\,W$

案例 2　在图 8-14 所示的回油节流调速中，采用定量柱塞泵，工作压力为 26MPa。

故障现象：液压泵工作时异常发热。

诊断与维修方法：属于设计错误。

诊断方法：在确定回路中各液压元件没有问题的前提下，经检查发现液压泵外壳温度为 60℃，液压油箱内工作介质温度为 45℃。另发现液压泵的外泄油管连接在泵的吸油管中，且用手触摸时感觉发烫。这是由液压泵运转时内部泄漏造成的。当液压泵的外泄油管与泵的吸油管连接时，60℃的工作介质直接进入液压泵吸油腔，使液压工作介质的黏度降

低，造成更为严重的泄漏，发热量增大，导致恶性循环，使液压泵壳体异常发热。

维修方法：将液压泵的外泄油管单独接回液压油箱。

案例 3 某双液压泵供油回路。

故障现象：液压泵工作时噪声较大。

诊断与维修方法：属于设计错误。

诊断方法：在确定回路中各液压元件没有问题的前提下，经检查发现双液压泵合流处距离液压泵出口太近，只有 10cm，这样会使液压泵排油口附近产生涡流。涡流本身产生冲击和振动，尤其是在两股涡流汇合处，涡流方向急剧变化，会产生气穴现象，使振动和噪声加剧。

维修方法：在结构允许的情况下，将双液压泵合流处安装在远离液压泵排油口的地方。

本章小结

本章通过一些工程实例，讲述了一些比较典型的液压基本回路，重点分析了压力控制回路、速度控制回路、方向控制回路和多执行元件运动控制回路的组成、工作原理和特点。指出了各类液压传动基本回路的功能。强调了正确理解液压传动基本回路的优缺点，为正确分析研究和设计液压传动系统打下了必要的基础。

思考题和习题

1. 试用一个先导式溢流阀、两个直动式溢流阀和两个两位电磁换向阀组成一个三级调压且能卸荷的回路，绘出回路图并简述其工作原理。

2. 图 8-39 所示为一个调压回路，各溢流阀的压力值如图所示，试回答：

(1) 该回路最多能够实现多少压力级？

(2) 每个压力级的压力值是多少？

3. 如图 8-40 所示，先导式溢流阀 2 的调定压力为 12MPa，试判断下列情况下压力表读数各为多少(忽略阀芯阻尼小孔造成的损失)：

(1) 二位二通电磁换向阀 3 通电，负载压力为 8MPa 时；

(2) 二位二通电磁换向阀 3 通电，负载为无限大时；

(3) 二位二通电磁换向阀 3 断电，负载压力为 3MPa 时。

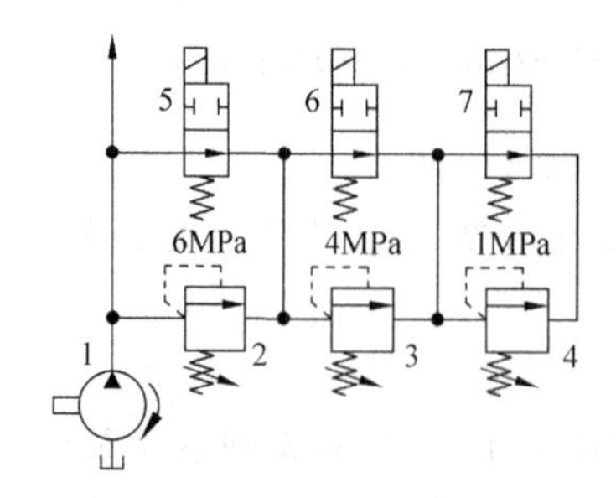

图 8-39 调压回路

(FIGURE 8-39 Pressure adjusting control circuit)

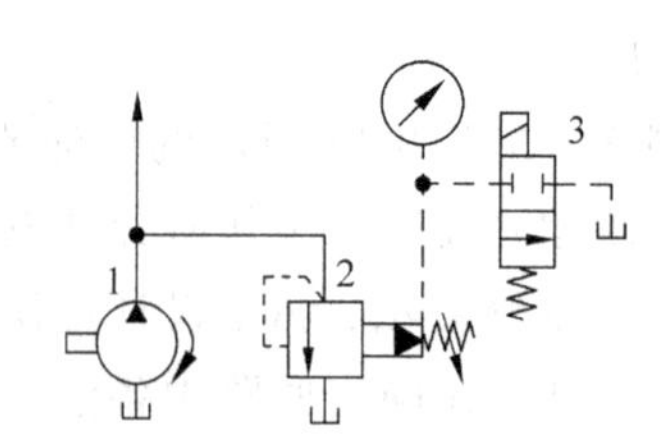

图 8-40 调压回路

(FIGURE 8-40 Pressure adjusting control circuit)

4. 如图 8-41 所示，溢流阀 2 的调定压力为 8MPa，顺序阀 4 的调定压力为 4MPa，液压缸无杆腔有效面积为 $90cm^2$。当换向阀处于图示位置时，试问下列条件下，活塞运动时和活塞到终点停止运动时，A 和 B 两点的压力各为多大(管路损失忽略不计)？

(1) 当负载 $F=15kN$ 时；(2) 当负载 $F=25kN$ 时。

5. 减压回路有何作用？

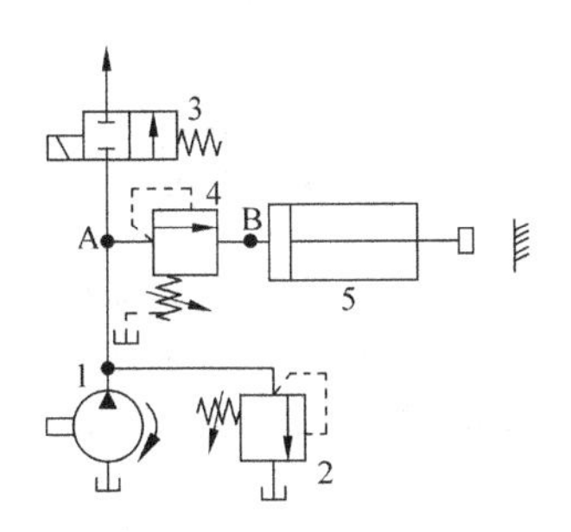

图 8-41　顺序运动回路

(FIGURE 8-41　Sequence motion control circuit)

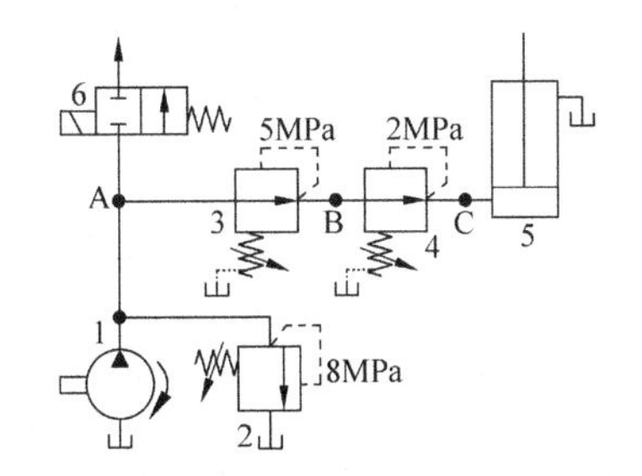

图 8-42　液压传动系统

(FIGURE 8-42　Schematic illustration of hydraulic transmission system)

6. 液压系统如图 8-42 所示，已知活塞运动时的外负载 $F=10kN$，无杆腔活塞面积 $A=40cm^2$，溢流阀 2 调定值为 $P_y=8MPa$，两个减压阀的调定值分别为 $P_{j1}=5MPa$ 和 $P_{j2}=2MPa$。如油液流过减压阀及管路时的损失可忽略不计，试确定活塞在运动时和运动到终点时，A、B、C 三点的压力值。

7. 如图 8-43 所示的液压传动系统，两液压缸的有效面积 $A_1=A_2=100cm^2$，液压缸 6 外负载 $F=60\,000N$，液压缸 7 运动时外负载为零，溢流阀 8、顺序阀 2 和减压阀 3 的调定压力分别为 6MPa、4MPa 和 2MPa。若不计摩擦阻力、惯性力和管路损失，分析下列三种情况下 A、B 和 C 处的压力：

(1) 液压泵 1 启动后，两电磁换向阀均处于中位时；

(2) 若电磁换向阀 4 的 1YA 通电，液压缸 6 的活塞移动时及活塞运动到终点时；

(3) 若电磁换向阀 5 的 3YA 通电，液压缸 7 活塞运动时及活塞碰到固定挡块时；

(4) 若电磁换向阀 4、5 电磁铁 1YA、3YA 同时通电，试分析两活塞的运动情况。

8. 设计一液压传动系统回路图，要求用储能器保持液压传动系统中的油压力，且在保压过程中液压泵处于卸荷状态。

9. 液压传动系统如图 8-44 所示，已知 $A_1=100cm^2$，$q_p=40L/min$，溢流阀 4 的调定压力 $p_y=6MPa$。若忽略各种损失，试求当液压传动系统外负载分别为 $F=0$ 和 $F=50kN$ 时，液压缸 3 的工作压力、活塞运动速度和溢流阀 4 的溢流量各为多少。

10. 采用节流阀进油节流调速回路，何时液压缸输出功率最大？

11. 试分析节流调速系统的能量利用效率。在设计和使用节流调速系统时，应如何尽量提高其效率？

12. 试设计一回路，要求能实现快进(差动连接)→工进→快退→停止卸荷的工作循环。

13. 画出差压式变量叶片泵与安装在回油路上的节流阀组成的容积节流调速回路工作原理图，分析说明其工作原理。

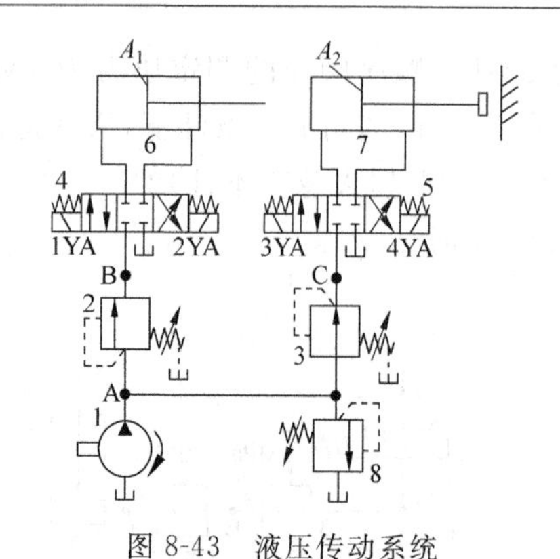

图 8-43　液压传动系统

(FIGURE 8-43　Schematic illustration of hydraulic transmission system)

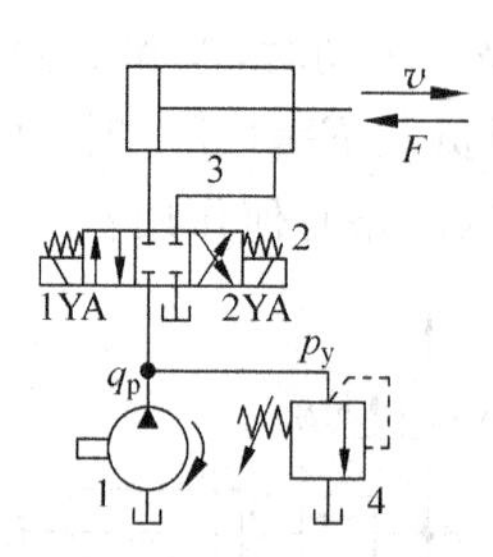

图 8-44　液压传动系统

(FIGURE 8-44　Schematic illustration of hydraulic transmission system)

14. 如图 8-45 所示，(a)为液压回路图，(b)为限压式变量叶片泵 1 调定后的流量-压力特性曲线，其中节流阀 4 调定流量为 6L/min，液压缸 3 两腔的有效面积 $A_1=2A_2=80\mathrm{cm}^2$，若不计管路损失，试求：

(1) 液压缸 3 的无杆腔压力 p_1；

(2) 当外负载 $F=0$ 和 $F=6000\mathrm{N}$ 时，液压缸 3 有杆腔压力 p_2；

(3) 当液压泵的总效率为 0.8，外负载 $F=0$ 和 $F=6000\mathrm{N}$ 时，液压传动系统的总效率。

15. 试用两个调速阀组成快进→工进①→工进②→工进③→快退→停止的动作循环的多级调速回路。绘出液压回路图，并说明其工作原理。

16. 如图 8-46 所示为液压缸 5 往复运动的工作原理图。试解释该液压缸 5 在往复运动中发生断续停顿和换向阀 2 到中位，液压缸 5 便左右推不动的原因。

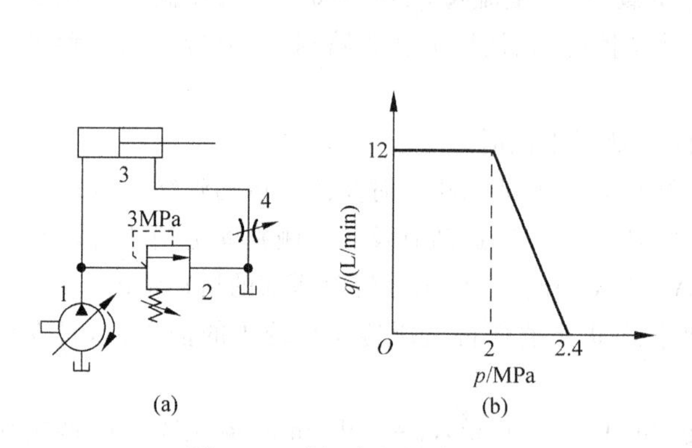

图 8-45　液压容积调速回路

(FIGURE 8-45　Schematic illustration of hydraulic volume adjusting speed control circuit)

(a) 液压回路图；(b) 流量-压力特性曲线

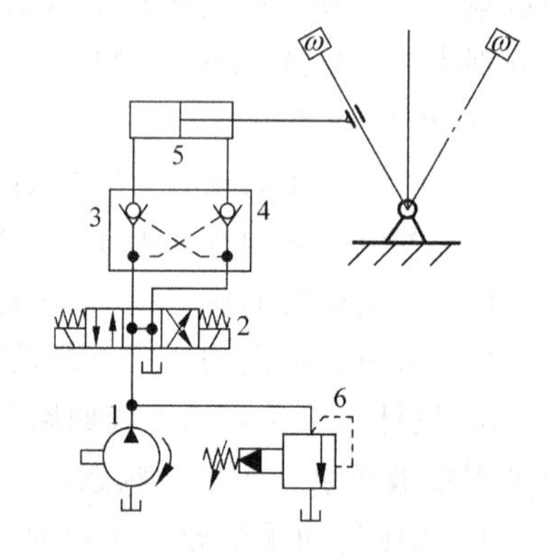

图 8-46　锁紧回路

(FIGURE 8-46　Schematic illustration of locking circuits)

17. 根据要求，画出下列基本回路：

(1) 能够实现液压缸的上、下运动，并能够在任意位置停止，要求液压泵实现卸荷；

(2) 采用液控单向阀的单向和双向锁紧回路；

(3) 采用调速阀的同步回路。

第9章　典型液压传动系统分析

本章指南

本章主要内容：主要讲述了8个典型的液压传动系统的组成、工作原理和特点。结合液压传动的基础知识和基本原理，分析了液压传动的基本回路，详细说明了阅读液压传动系统工作原理图的方法。

本章重点：掌握正确分析8个典型液压传动系统工作原理图的方法。

本章难点：掌握正确分析液压机二通插装阀集成液压传动系统原理图的方法。

本章教学目的和要求：通过对8个典型液压传动系统的学习与分析，进一步正确理解液压传动的基础知识和基本原理，掌握液压传动基本回路的原理和特点，掌握阅读液压传动系统工作原理图的方法，学会对液压传动系统做出综合分析，归纳总结整个液压传动系统的特点。

由于液压传动具有许多突出的优点，因而被广泛地应用在机械制造、矿山冶金、起重机械、工程机械、农业机械、交通运输、轻工、石油化工、林业、渔业、航海、航空、军事器械等各方面。通常，机械设备或机器中的液压传动部分被称为液压传动系统。机器的液压传动系统是根据液压主机的工况特点、动作循环和工作要求由具有不同功能的基本回路组成。液压传动系统图是按照国家标准规定的图形符号绘制而成的，其表示了液压传动系统内所有各类液压元件的连接、控制方式和执行元件的运动形式。本章通过对典型液压传动系统的分析，可以使读者加深对液压传动基本知识、各种液压元件和系统综合应用的认识，掌握液压传动系统的分析方法，为液压传动系统的设计、分析、研究、调试、使用、维修和故障排除打下基础。

分析一个较复杂的液压传动系统工作原理图，一般可按下列步骤进行：

(1) 了解机械设备工况对液压传动系统的要求。

(2) 根据机械设备工况对液压传动系统的要求，了解液压执行元件在工作循环中外负载和运动之间的变化规律，以每个液压执行元件为中心，将液压传动系统分解为若干个子系统。

(3) 根据对液压执行元件的动作要求，参照电磁铁动作顺序表，逐步分析各子系统的压力控制回路、换向回路、调速回路等。

(4) 根据液压传动系统中各液压执行元件间的同步、互锁、顺序动作和防干扰等要求，分析各子系统之间的联系。

(5) 在全面读懂完整的液压传动系统工作原理图的基础上，归纳总结出整个液压传动系统的特点，加深对液压传动系统的理解。

液压传动系统的种类繁多，按照其工况与特点大致可分为4种，见表9-1。

表 9-1　4 种典型液压传动系统的工况及其特点

(TABLE 9-1　Main characteristics and operating load condition of four kinds of typical hydraulic transmission systems)

液压传动系统名称	液压传动系统的工况要求及其特点
以速度变换为主的液压传动系统(如组合机床液压传动系统)	(1) 进给行程终点的重复位置精度高,有严格的动作顺序; (2) 要求进给速度平稳、刚性好,有较大的调速范围; (3) 快进与工进时,其速度与负载值相差大; (4) 能实现工作部件的自动工作循环,生产效率较高
以压力变换为主的液压传动系统(如液压机液压传动系统)	(1) 液压传动系统多采用高低压泵组合或恒功率变量泵供油,以满足空行程和压制时的压力和速度的变化; (2) 液压传动系统压力要能经常变换调节,且能产生很大的推力; (3) 空行程时速度大,加压时推力大,功率分配合理
以换向精度为主的液压传动系统(如磨床液压传动系统)	(1) 启动与制动迅速平稳、无冲击,有较高的换向频率; (2) 换向精度高,换向前停留时间可调; (3) 要求运动平稳性高,有较低的稳定运动速度
多个液压执行元件配合工作的液压传动系统(如挖掘机液压传动系统)	(1) 能实现严格的顺序动作,完成工作部件规定的动作循环; (2) 满足各液压执行元件对速度、压力及换向精度的要求; (3) 在各液压执行元件动作频繁换接、压力急剧变化下,液压传动系统动作可靠

9.1　YT4543 型组合机床动力滑台液压传动系统分析

9.1.1　概述

组合机床是一种工序集中、效率较高的专用机床。它由动力头、动力滑台、床身、立柱、底座及回转工作台等通用件和主轴箱、夹具等少量的专用件组成,如图 9-1 所示。它具有自动化程度高、加工能力强、经济性好等优点,在机械制造业的批量生产中得到了广泛的应用。

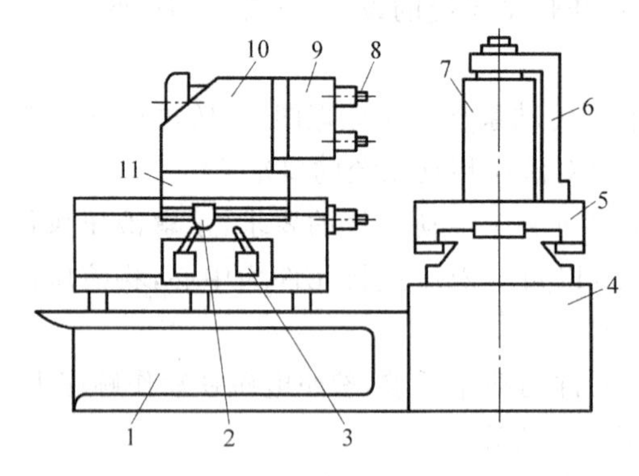

图 9-1　组合机床外形示意图

(FIGURE 9-1　Outline schematic illustration of combining machine tool)

1—床身;2—挡铁;3—行程开关;4—底座;5—工作台;6—夹具;7—工件;8—刀具;9—主轴箱;10—动力头;11—动力滑台

液压动力滑台是组合机床上用来完成直线运动的动力部件，配上动力头和主轴箱后可以对工件完成钻、扩、铰、镗、铣、攻螺纹等孔和端面的加工工序。

YT4543 型组合机床液压动力滑台由液压缸驱动，在电气和机械装置的配合下可以实现各种自动循环。该动力滑台工作台面的尺寸为 450mm×800mm，进给速度范围为 6.6～660mm/min，最大快进速度为 7300mm/min，最大进给推力为 45 000N，最高工作压力为 6.3MPa。组合机床液压动力滑台的液压传动系统是一种以速度变换为主的中压系统。

9.1.2　YT4543 型组合机床动力滑台液压传动系统的工作原理

YT4543 型液压动力滑台的液压传动系统如图 9-2 所示。该液压传动系统可实现多种自动工作循环，如：

(1) 快进→工进→死挡铁短暂停留→快退→原位停止。

(2) 快进→一工进→二工进→死挡铁短暂停留→快退→原位停止。

(3) 快进→工进→快进→工进→…→快退→原位停止。

各种自动循环均由行程阀的动作顺序或挡铁控制电磁铁来实现。下面我们以能实现快进→一工进→二工进→死挡铁短暂停留→快退→原位停止的自动工作循环为例，来说明该液压传动系统的工作原理。该动力滑台的电磁铁动作顺序见表 9-2。

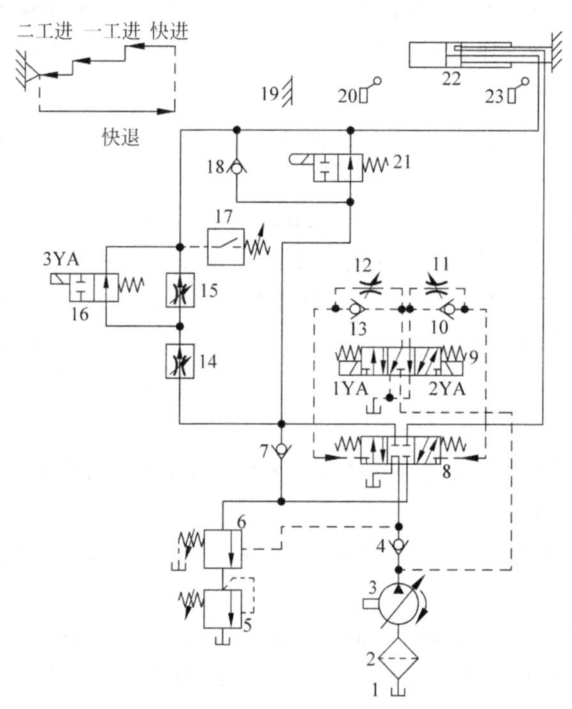

图 9-2　YT4543 型组合机床动力滑台液压传动系统工作原理图

(FIGURE 9-2　Schematic illustration of operating principle of hydraulic transmission system of power work table in YT4543 combining machine tool)

1—液压油箱；2—过滤器；3—限压式变量叶片泵；4,7,10,13,18—单向阀；5—背压阀；6—液控顺序阀；8—液动换向阀；9—先导电磁换向阀；11,12—节流阀；14,15—调速阀；16—电磁换向阀；17—压力继电器；19—死挡铁；20,23—行程开关；21—行程阀；22—液压缸

表 9-2　YT4543 型组合机床动力滑台液压传动系统电磁铁动作顺序表

(TABLE 9-2　Electromagnet core operating sequence chart of hydraulic transmission system of power work table in YT4543 combining machine tool)

元件 动作	1YA	2YA	3YA	压力继电器	行程阀	信号来源
快进	+	－	－	－	通	启动按钮或夹紧完成信号
一工进	+	－	－	－	断	液压挡块压下行程阀信号
二工进	+	－	+	－	断	电气挡铁压下行程开关
死挡铁停留	+	－	+	+	断	死挡铁
快退	－	+	－	－	断通	压力继电器发信号
原位停止	－	－	－	－	通	原位挡铁压原位开关

注："+"表示通电,"－"表示断电。

1. 快进(Power work table moves at high speed)

按下启动按钮,电磁铁 1YA 通电,先导电磁换向阀 9 左位处于工作状态,控制压力油经先导电磁换向阀 9 左位进入液动换向阀 8 左端油腔,液动换向阀 8 右端油腔的油液经节流阀 11 和先导电磁换向阀 9 左位流回液压油箱,使液动换向阀 8 左位处于工作状态。在快进时动力滑台导轨摩擦力较小,液压传动系统的工作压力不高,限压式变量叶片泵 3 输出最大流量,外控式液控顺序阀 6 关闭,液压缸 22 实现差动连接。其主油路为:

进油路:过滤器 2→限压式变量叶片泵 3→单向阀 4→液动换向阀 8 左位→行程阀 21 右位→液压缸 22 无杆腔。

回油路:液压缸 22 有杆腔→液动换向阀 8 左位→单向阀 7→行程阀 21 右位→液压缸 22 无杆腔。

2. 第一次工作进给(Power work table moves first work stroke)

当动力滑台快进到预定位置,动力滑台上的挡块压下行程阀 21 时,使其左位处于工作状态,其余液压元件所处状态不变,此时压力油主要经过调速阀 14 和电磁换向阀 16 右位进入液压缸 22 无杆腔,使液压传动系统工作压力升高,打开外控式液控顺序阀 6;限压式变量叶片泵 3 自动减小其输出的流量与调速阀 14 的流量相适应。动力滑台的进给速度降低。其主油路为:

进油路:过滤器 2→限压式变量叶片泵 3→单向阀 4→液动换向阀 8 左位→调速阀 14→电磁换向阀 16 右位→液压缸 22 无杆腔。

回油路:液压缸 22 有杆腔→液动换向阀 8 左位→外控式液控顺序阀 6→背压阀 5→液压油箱 1。

3. 第二次工作进给(Power work table moves second work stroke)

当动力滑台第一次工作进给结束,动力滑台上的挡块压下行程开关 20,使电磁铁 3YA 通电时,电磁换向阀 16 左位处于工作状态,此时压力油只能经过调速阀 14 和调速阀 15 进入液压缸 22 无杆腔。回油路和第一次工作进给时完全相同。由于调速阀 15 的开口比调速阀 14 小,液压传动系统工作压力进一步升高,限压式变量叶片泵 3 输出的流量与调速阀 15 的流量相适应,动力滑台的进给速度进一步降低。其主油路为:

进油路:过滤器 2→限压式变量叶片泵 3→单向阀 4→液动换向阀 8 左位→调速阀 14→

调速阀15→液压缸22无杆腔。

回油路：液压缸22有杆腔→液动换向阀8左位→外控式液控顺序阀6→背压阀5→液压油箱1。

4. 死挡铁短暂停留(Power work table stops and protects pressure and time-lapse)

当动力滑台第二次工作进给结束，碰上死挡铁19时，动力滑台便不再前进，开始停留。液压缸22无杆腔压力升高，当压力升高到压力继电器17的设定值时，压力继电器动作并发电信号给时间继电器(图9-2中未画出)，经过时间继电器的延时，使动力滑台停留一段时间后再返回。时间继电器调定动力滑台的停留时间。动力滑台执行该项程序主要是满足加工零件的轴肩孔深及孔端面的轴向尺寸精度和表面粗糙度的要求。此时限压式变量叶片泵3的偏心距减小，接近于零，液压泵输出的流量能满足补偿液压泵和液压传动系统的泄漏量就可以了。

5. 快退(Power work table backtracks at high speed)

动力滑台停留时间结束后，时间继电器发出电信号，使先导电磁换向阀9电磁铁2YA通电、1YA断电，先导电磁换向阀9右位处于工作状态，控制油路换向，使液动换向阀8换向、右位也处于工作状态，因而主油路换向。由于此时动力滑台导轨摩擦外负载很小，限压式变量叶片泵3的偏心距自动恢复到最大值，液压泵输出最大流量，使动力滑台快速退回。其主油路为：

进油路：过滤器2→限压式变量叶片泵3→单向阀4→液动换向阀8右位→液压缸22有杆腔。

回油路：液压缸22无杆腔→单向阀18→液动换向阀8右位→液压油箱1。

6. 原位停止(Power work table backtracks and stops original position)

动力滑台快速退到原位时，挡块压下行程开关23，行程开关23发出电信号，使所有的电磁铁断电，先导式电磁换向阀9在对中弹簧作用下处于中位，液动换向阀8左右两腔的控制油路都通油箱，因而液动换向阀8也在其对中弹簧作用下回到中位，液压缸22两腔封闭，动力滑台停止运动。此时限压式变量叶片泵3输出的液压油经单向阀4和液动换向阀8的中位流回液压油箱1，在低压下卸荷，以便动力滑台下次启动时能使液动换向阀8快速换向。

9.1.3 YT4543型组合机床动力滑台液压传动系统的特点

该液压传动系统主要有以下特点：

(1) 液压传动系统采用了限压式变量叶片泵和调速阀组成的进口容积节流调速回路，它能保证液压缸稳定的低速运动性能(最小运动速度可达0.0066m/min)，较好的速度刚性和较大的调速范围。进给时回油路上的背压阀可防止空气侵入系统，可使动力滑台承受一定的负值负载。回路无溢流损失，液压传动系统效率较高。

(2) 液压传动系统采用限压式变量叶片泵和液压缸差动连接回路来实现快进，可以得到较大的快进速度，其能量利用合理，因此简化了液压传动系统。

(3) 液压传动系统采用行程阀和顺序阀实现快进与工进的换接，不仅简化了油路和电路，而且使动作可靠，转换的位置精度也比较高。由于工进速度比较低，采用布置灵活的电磁换向阀切换调速阀串联回路来实现两种工进速度的换接，保证了必要的换接精度。采用死挡铁作限位装置，定位准确，重复精度很高。

(4) 液压传动系统采用换向时间可调、具有中位M型机能的三位五通电液换向阀来切换主油路,使动力滑台的换向更加平稳,冲击和噪声小。动力滑台在原位停止运动时,M型中位机能可使限压式变量叶片泵在低压下卸载,电液换向阀的五通结构使动力滑台进和退时分别从两条油路回油,这样动力滑台在后退时没有背压,因此减小了压力损失。

9.2　3150kN液压机液压传动系统分析

9.2.1　概述

液压机是根据帕斯卡原理制成的。液压机是一种用静压力来加工金属、粉末制品、塑料、橡胶的机械,在许多工业部门得到了广泛应用。按其工作介质是油还是水(乳化液),液压机被分为油压机和水压机两种。

液压机的类型很多,其中以四柱式液压机最为典型,应用也最广泛,如图9-3所示。液压机一般由四根导向立柱、上/下横梁、滑块、工作台和顶出机构等部件组成。

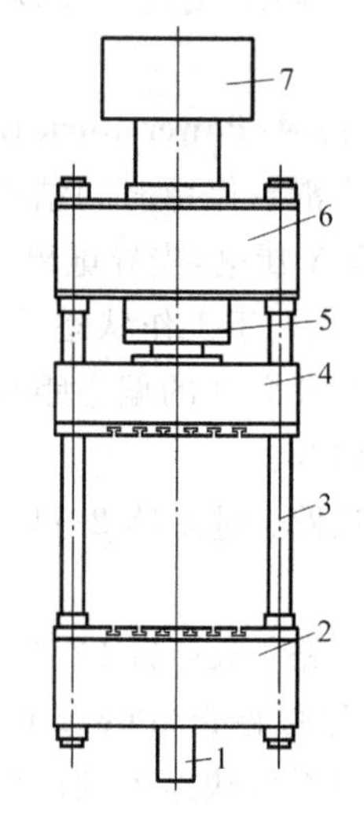

图9-3　液压机外形图
(FIGURE 9-3　Outline schematic illustration of press machine)
1—顶出液压缸;2—下滑块;3—立柱;4—上滑块;5—主液压缸;6—上横梁;7—副油箱

对液压机液压传动系统的基本要求是:

(1) 液压机的主运动为滑块和顶出机构的运动。滑块由上主液压缸驱动能实现"原位停止→快进(快速下行)→慢速加压(慢速下行、加压)→保压(保压延时)→快速回程(先释压再快速返回)→原位停止"的工作循环;辅助液压缸(顶出液压缸)能实现"原位停止→向上顶出→停留→向下退回→原位停止"的工作循环,如图9-4所示。

(2) 液压传动系统中的压力比较高,一般工作压力范围为10~40MPa。

(3) 液压传动系统为高压大流量系统,对安全性和工作平稳性要求比较高,须防止产生液压冲击。

(4) 液压传动系统功率比较大,空行程和加压行程的速度差异大,要求功率分配合理。

9.2.2　液压机液压传动系统及其工作原理

四柱式3150kN万能液压机的液压传动系统工作原理如图9-5所示。在液压传动系统中,有两个液压泵,变量液压泵1是高压、大流量、恒功率轴向柱塞变量泵,为主液压传动系统供给高压油,最高工作压力调定为32MPa,由远程调压阀4调定;辅助液压泵2是一个低压小流量定量泵,主要用于供给电液换向阀6、19和液控单向阀(充液阀)13、16及顺序阀8的控制油,其压力由溢流阀5调定。

1. 液压机启动(Press machine start)

按下启动按钮后,电磁换向阀6、19的电磁铁处于断电状态,变量液压泵1输出的液压油经三位四通电液换向阀6的中位及电液换向阀19的中位流回主液压油箱;辅助液压泵2输出的液压油经溢流阀5流回主液压油箱。液压机空载启动。

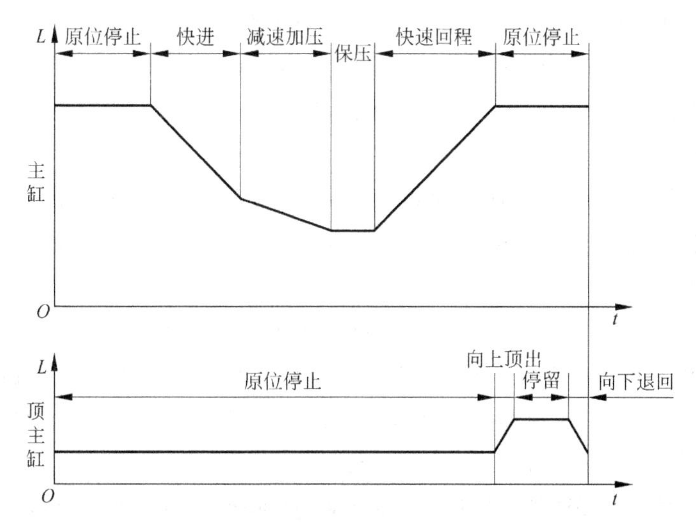

图 9-4　液压机的工作循环

(FIGURE 9-4　Operating cycle schematic illustration of press machine)

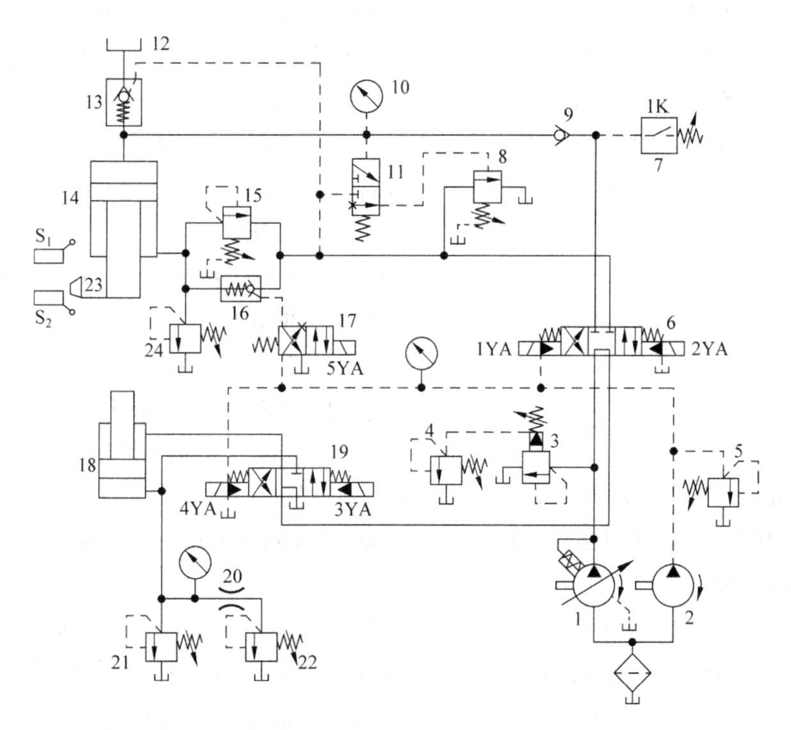

图 9-5　3150kN 万能液压机液压传动系统原理图

(FIGURE 9-5　Schematic illustration of operating principle of hydraulic transmission system of the 3150kN universal press machine)

1—变量液压泵；2—辅助液压泵；3,5,21,24—溢流阀；4—远程调压阀；6,19—电液换向阀；7—压力继电器；8—顺序阀；9—单向阀；10—压力表；11—液动滑阀；12—副油箱；13—充液阀；14—主液压缸；15,22—背压阀；16—液控单向阀；17—电磁换向阀；18—顶出液压缸；20—节流阀；23—挡铁；S_1,S_2—行程开关

2. 主液压缸活塞杆快速下行(Main hydraulic cylinder piston rod moves down at high speed)

再按下快速下行按钮,使电磁铁 2YA、5YA 通电,电液换向阀 6 右位和电磁换向阀 17 右位处于工作状态,辅助液压泵 2 输出的控制油经电磁换向阀 17 的右位打开液控单向阀 16。其主油路为:

进油路:变量液压泵 1→电液换向阀 6 右位→单向阀 9→主液压缸 14 无杆腔。

回油路:主液压缸 14 有杆腔→液控单向阀 16→电液换向阀 6 右位→电液换向阀 19 中位→主液压油箱。

此时主液压缸 14 活塞杆连同上滑块在自重作用下实现快速下行,尽管主液压泵 1 已输出最大流量,但还不足以补充主液压缸 14 无杆腔空出的容积,因而主液压缸 14 无杆腔形成局部真空,置于主液压缸 14 顶部的副油箱 12 内的液压油在大气压及油液位能的作用下,经液控单向阀(充液阀)13 进入主液压缸 14 无杆腔。

3. 主液压缸活塞杆慢速加压(Main hydraulic cylinder piston rod moves down at low speed and increases pressure)

当主液压缸 14 上滑块快速下行,滑块上的挡铁 23 触动行程开关 S_2 后,发电信号使电磁铁 5YA 断电,电磁换向阀 17 左位处于工作状态,液控单向阀 16 关闭。主液压缸 14 有杆腔的油液经背压阀 15、电液换向阀 6 的右位、电液换向阀 19 的中位流回主液压油箱。这时,回油路上有背压力,主液压缸 14 无杆腔的压力升高,充液阀 13 关闭,主液压缸 14 在变量液压泵 1 供给的压力油作用下慢速接近工件。当主液压缸 14 活塞的滑块接触工件后,阻力急剧增加,主液压缸 14 无杆腔压力进一步提高,变量液压泵 1 通过压力反馈机构使输出流量自动减小,主液压缸 14 活塞以极慢的速度对工件加压。

4. 主液压缸保压延时(Main hydraulic cylinder protects pressure and time-lapse)

当主液压缸 14 无杆腔压力升高到压力继电器 7 的预定值时,压力继电器 7 发出电信号,使电磁铁 2YA 断电,电液换向阀 6 恢复到中位。将主液压缸 14 无杆腔和有杆腔同时封闭。此时变量液压泵 1 通过电液换向阀 6、19 的中位卸荷,主液压缸 14 无杆腔的高压油被活塞密封装置和单向阀 9 封闭,保压开始。保压延时的时间由时间继电器(图中未画)控制,可在 0～24min 内调节。根据外负载确定具体的调定值。

5. 主液压缸卸压、快速回程(Main hydraulic cylinder releases pressure and backtracks at high speed)

因为主液压缸 14 无杆腔的油压高、活塞直径大、行程长,所以主液压缸 14 无杆腔内的油液在加压过程中受到压缩而储存了相当大的能量。若此时主液压缸 14 无杆腔立即与主液压油箱接通,则主液压缸 14 无杆腔内的油液积蓄的能量会突然释放出来,产生很大的液压冲击和噪声,造成管路和机器剧烈振动。因此,主液压缸 14 保压延时后必须先卸压然后再快速回程。

在保压延时结束时,时间继电器发出电信号,使电磁铁 1YA 通电,电液换向阀 6 左位处于工作状态,因为主液压缸 14 无杆腔尚未卸压,压力很高,液动滑阀 11 上位处于工作状态,压力油经电液换向阀 6 左位及液动滑阀 11 上位使外控顺序阀 8 开启,主液压泵 1 输出油液经顺序阀 8 回主液压油箱。这时主液压泵 1 在低压下运转,此压力不足以打开充液阀 13 的主阀芯，但能打开充液阀 13 内的卸荷小阀芯，主液压缸无杆腔的油液经此卸荷阀小阀芯的阀口泄到顶部副油箱 12，压力逐渐降低。这一过程持续到主液压缸 14 无杆腔压力降低到一定值后，液动滑阀 11 的阀芯向上移动，其下位处于工作状态，外控顺序阀 8 关闭，变量液压泵 1 供油压力升高，充液阀 13 完全打开，实现上滑块的快速返回。其主油路为：

进油路：变量液压泵 1→电液换向阀 6 左位→液控单向阀 16→主液压缸 14 有杆腔。

回油路：主液压缸 14 无杆腔→充液阀 13→副油箱 12。

副油箱 12 内液面超过预定位置时，多余油液由溢流管流回主液压油箱。

6. 主液压缸活塞杆原位停止（Main hydraulic cylinder piston rod backtracks and stops original position）

当主液压缸 14 滑块上的挡铁 23 触动行程开关 S_1 后，使电磁铁 1YA 断电，电液换向阀 6 处于中位，液控单向阀 16 将主液压缸 14 有杆腔封闭，主液压缸 14 原位停止不动，回程结束。此时变量液压泵 1 输出油液经电液换向阀 6、19 中位流回主液压油箱，变量液压泵 1 处于卸荷状态。

7. 顶出液压缸活塞杆向上顶出（Auxiliary hydraulic cylinder piston rod moves up）

当电磁铁 4YA 通电，3YA 断电时，电液换向阀 19 左位处于工作状态。顶出液压缸 18 活塞杆向上顶出。其油路为：

进油路：变量液压泵 1→电液换向阀 6 中位→电液换向阀 19 左位→顶出液压缸 18 无杆腔。

回油路：顶出液压缸 18 有杆腔→电液换向阀 19 左位→主液压油箱。

8. 顶出液压缸活塞杆向下退回（Auxiliary hydraulic cylinder piston rod moves down）

当电磁铁 3YA 通电，4YA 断电时，电液换向阀 19 右位处于工作状态。顶出液压缸 18 活塞杆向下退回。其油路为：

进油路：变量液压泵 1→电液换向阀 6 中位→电液换向阀 19 右位→顶出液压缸 18 有杆腔。

回油路：顶出液压缸 18 无杆腔→电液换向阀 19 右位→主液压油箱。

9. 顶出液压缸活塞杆原位停止（Auxiliary hydraulic cylinder piston rod backtracks and stops original position）

当挡块压下原位开关（图中未画）时，电磁铁 3YA 断电，电液换向阀 19 处于中位，顶出液压缸 18 活塞杆原位停止。

10. 浮动压边（Press freely）

当进行薄板拉伸压边时，要求顶出液压缸 18 无杆腔既能保持一定压力，活塞又能随着主液压缸 14 滑块的下压而一起下降。此时，电液换向阀 19 处于中位，电磁铁 2YA 通电，电液换向阀 6 右位处于工作状态，主液压缸 14 滑块下压时顶出液压缸 18 的活塞杆被迫随之下行，顶出液压缸 18 无杆腔回油经节流阀 20 和背压阀 22 流回主液压油箱，使顶出液压缸 18 无杆腔建立起压边力所需的液压力。顶出液压缸 18 有杆腔则经电液换向阀 19 中位从主液压油箱补油。溢流阀 21 为顶出液压缸 18 无杆腔的安全阀。

表 9-3 为 3150kN 液压机的电磁铁动作顺序表。

表 9-3　3150kN 万能液压机的电磁铁动作顺序表

(TABLE 9-3　Electromagnet core operating sequence chart of the 3150kN universal press machine)

动作程序		1YA	2YA	3YA	4YA	5YA
主液压缸	快速下行	−	+	−	−	+
	慢速加压	−	+	−	−	−
	保压	−	−	−	−	−
	卸压回程	+	−	−	−	−
	停止	−	−	−	−	−
顶出液压缸	顶出	−	−	−	+	−
	退回	−	−	+	−	−
	压边	−	+	−	−	−

注："+"表示通电；"−"表示断电。

9.2.3　液压机液压传动系统的主要特点

其主要特点如下：

(1) 液压机是典型的以压力控制为主的液压传动系统。本机具有远程调压阀 4 控制的调压回路，控制油路可获得稳定低压 2MPa 的低压回路，高压大流量恒功率变量液压泵 1 的低压(约 3MPa)卸荷回路。

(2) 液压机液压传动系统采用了高压大流量恒功率式变量液压泵 1 供油，既符合工艺要求又能节省能量，这是压力机液压传动系统的一个特点。

(3) 采用电液换向阀 6、19，适合于高压大流量液压传动系统的要求。

(4) 液压传动系统中的两个液压缸 14、18 分别有一个安全阀 24、21 进行过载保护。

(5) 液压传动系统利用管道和油液的弹性变形实现保压，方法简单，但对单向阀 9、液控单向阀 16 和主液压缸 14 等元件的密封性能要求较高。

(6) 顶出液压缸 18 与主液压缸 14 运动互锁，电液换向阀 6、19 采用串联接法，只有主液压缸不运动时，压力油才能进入电液换向阀 19，使顶出液压缸 18 运动，这是一种安全措施。

(7) 液压传动系统利用上滑块的自重作用实现快速下行，并用充液阀 13 对主液压缸 14 无杆腔充液。这种快速运动回路结构简单，液压元件少，在中、小型液压机中常被采用。

(8) 液压传动系统中采用了带有卸荷小阀芯的充液阀 13 和顺序阀 8 组成的液压回路来实现上滑块的快速返回时主液压缸 14 和电液换向阀 6 的延时换向，保证液压机动作平稳，不会在换向时产生液压冲击和噪声。

9.2.4　液压机插装阀集成液压传动系统及其工作原理

插装阀具有结构简单、压力损失小、密封性能好、通流能力大、不同的阀有相同的主阀芯、易于集成化、便于实现标准化、便于实现无管连接、具有明显的节能效果等优点。在冶金、船舶、模具机械等大型机械的大流量液压传动系统中，插装阀集成液压传动系统得到了广泛的应用。四柱式 3150kN 万能液压机的插装阀液压传动系统工作原理如图 9-6 所示。

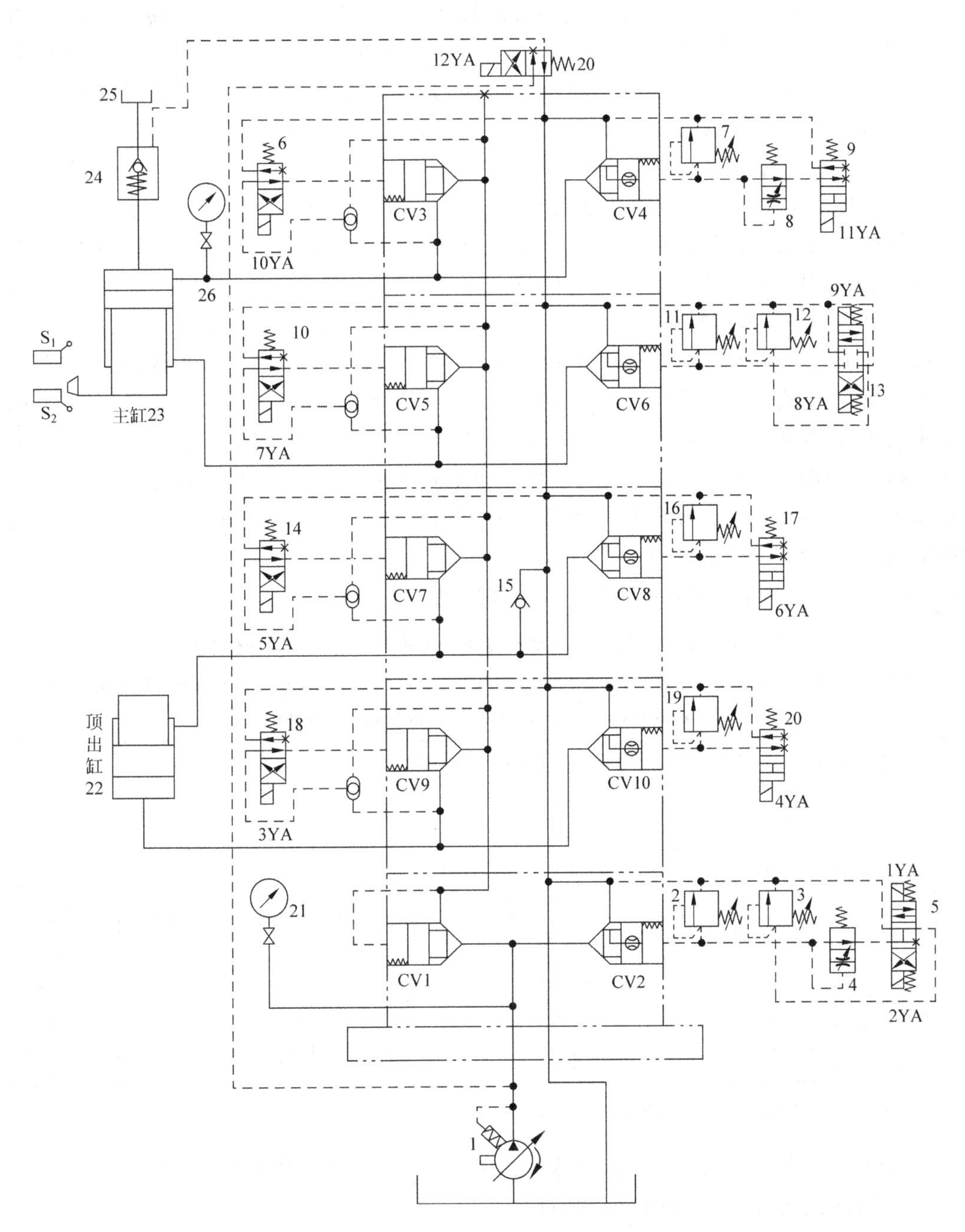

图 9-6　四柱式 3150kN 液压机插装阀集成液压传动系统工作原理图

(FIGURE 9-6　Schematic illustration of operating principle of cartridge valves integrating hydraulic transmission system of the 3150kN press machine)

1—变量液压泵；2,3,7,11,12,16,19—先导溢流阀；4,8—缓冲阀；5,13—三位四通电磁换向阀；6,9,10,14,17,18,20—二位四通电磁换向阀；15—单向阀；21,26—压力表；22—顶出液压缸；23—主液压缸；24—充液阀；25—副油箱四柱式 3150kN 液压机采用二通插装阀集成液压传动系统，由五个集成块组成。由插装阀 CV1、CV2 组成进油调压回路，插装阀 CV1 为单向阀，用以防止液压传动系统中的油液向变量液压泵 1 倒流，插装阀 CV2 为压力阀，先导溢流阀 2 用于限制液压传动系统最高工作压力，先导溢流阀 3 用于调节主液压缸 23 工作行程的最大工作压力，缓冲阀 4 用于减小变量液压泵 1 卸载时的液压冲击。插装阀 CV3、CV5、CV7、CV9 为液压方向控制阀，作为两个液压缸的进油阀。进油插装阀 CV3、CV5、CV7、CV9 的控制油路上都有一个梭阀，用于保证锥阀关闭可靠，密封性能好，防止反向加压时使之开启。插装阀 CV4、CV6、CV8、CV10 为液压压力控制阀。由插装阀 CV3、CV4 组成的主液压缸 23 无杆腔油液三通回路，先导溢流阀 7 为主液压缸 23 无杆腔安全阀，缓冲阀 8 用于减小主液压缸 23 无杆腔卸压时的液压冲击。由插装阀 CV5、CV6 组成的主液压缸 23 有杆腔油液三通回路，先导溢流阀 11 为主液压缸 23 有杆腔安全阀，先导溢流阀 12 用于调整主液压缸 23 有杆腔平衡压力，以支承主液压缸 23 活动横梁的重量。由插装阀 CV7、CV8 组成的顶出液压缸 22 有杆腔油液三通回路，单向阀 15 用于顶出液压缸 22 作液压垫时，活塞杆浮动下行时向有杆腔补油，先导溢流阀 16 为顶出液压缸有杆腔安全阀。由插装阀 CV9、CV10 组成的顶出液压缸 22 无杆腔油液三通回路，先导溢流阀 19 为顶出液压缸 22 无杆腔安全阀。

液压传动系统工作循环的电磁铁动作顺序见表 9-4。

表 9-4　3150kN 液压机插装阀集成液压传动系统电磁铁动作顺序表

（TABLE 9-4　Electromagnet core operating sequence chart of cartridge valves integrating hydraulic transmission system of the 3150kN press machine）

动作程序		1YA	2YA	3YA	4YA	5YA	6YA	7YA	8YA	9YA	10YA	11YA	12YA
主液压缸	快速下行	－	＋	－	－	－	－	－	－	＋	＋	－	－
	减速加压	－	＋	－	－	－	－	－	＋	－	＋	－	－
	保压	－	－	－	－	－	－	－	－	－	－	－	－
	卸压	－	－	－	－	－	－	－	－	－	－	＋	－
	回程	＋	－	－	－	－	－	＋	－	－	－	＋	＋
	停止	－	－	－	－	－	－	－	－	－	－	－	－
顶出缸	顶出	＋	－	＋	－	－	＋	－	－	－	－	－	－
	退回	＋	－	－	＋	＋	－	－	－	－	－	－	－
	压边	－	＋	－	－	－	－	－	＋	－	＋	－	－

注：“＋”表示通电；“－”表示断电。

实现主液压缸 23 加压、顶出液压缸 22 顶出自动工作循环的工作原理如下：

1. 液压机启动（Press machine start）

按下启动按钮，所有电磁换向阀的电磁铁处于断电状态，插装阀 CV2 控制腔经二位二通换向阀 4 上位、三位四通电磁换向阀 5 中位与油箱连通，主插装阀 CV2 开启。变量液压泵 1 输出油液经插装阀 CV2 流回主液压油箱，变量液压泵 1 空载启动。

2. 主液压缸活塞杆快速下行（Main hydraulic cylinder piston rod moves down at high speed）

电磁铁 2YA、9YA、10YA 通电，插装阀 CV2 关闭，插装阀 CV3、CV6 开启，变量液压泵 1 向液压传动系统供油，输出油液经插装阀 CV1、CV3 进入主液压缸 23 无杆腔。主液压缸 23 有杆腔油液经插装阀 CV6 快速排回主液压油箱。于是液压机上滑块在自重作用下快速下行，主液压缸 23 无杆腔产生负压，通过充液阀 24 从顶部副油箱 25 对主液压缸 23 无杆腔充液。

3. 主液压缸活塞杆减速下行(Main hydraulic cylinder piston rod moves down at low speed)

当滑块下降到一定位置触动行程开关 S_2 后，电磁铁 8YA 通电，9YA 断电，插装阀 CV6 控制腔与先导溢流阀 12 接通，插装阀 CV6 在先导溢流阀 12 的调定压力下溢流，主液压缸 23 有杆腔产生一定背压。主液压缸 23 无杆腔压力相应增高，充液阀 24 关闭。主液压缸 23 无杆腔进油仅为变量液压泵 1 的流量，滑块减速。

4. 主液压缸活塞杆工作行程加压(Main hydraulic cylinder piston rod moves work stroke and increases pressure)

当主液压缸 23 减速下行接近工件时，主液压缸 23 无杆腔压力由压制外负载决定，主液压缸 23 无杆腔压力升高，变量液压泵 1 输出流量自动减小。当压力达到插装阀 CV2 的先导溢流阀 3 的调定压力时，变量液压泵 1 的流量全部经插装阀 CV2 溢流，流回主液压油箱，滑块停止运动。

5. 主液压缸保压(Main hydraulic cylinder protects pressure)

当主液压缸 23 无杆腔压力达到所要求的工作压力后，电接点压力表 26 发出电信号，使电磁铁 2YA、8YA、10YA 断电，主液压缸 23 的控制阀 CV3、CV6 关闭。主液压缸 23 无杆腔和有杆腔同时闭锁，实现保压。同时插装阀 CV2 开启，变量液压泵 1 实现低压卸荷。

6. 主液压缸卸压(Main hydraulic cylinder releases pressure)

主液压缸 23 无杆腔保压一定时间后，时间继电器(图中未画)发出电信号，使电磁铁 11YA 通电，主液压缸 23 的控制阀 CV4 控制腔通过缓冲阀 8 下位及二位四通电磁换向阀 9 下位与主液压油箱接通。由于缓冲阀 8 的作用，插装阀 CV4 缓慢开启，从而实现主液压缸 23 无杆腔无冲击卸压。

7. 主液压缸活塞杆快速回程(Main hydraulic cylinder piston rod backtracks at high speed)

主液压缸 23 无杆腔压力降至一定值后，电接点压力表 26 发出电信号，使电磁铁 1YA、7YA、11YA、12YA 通电，先导溢流阀 3 关闭，从而使插装阀 CV2 关闭，主液压缸 23 的控制阀 CV4、CV5 开启，充液阀 24 开启，压力油经插装阀 CV1、插装阀 CV5 进入主液压缸 23 有杆腔，主液压缸 23 无杆腔油液经充液阀 24 和插装阀 CV4 分别流到顶部副油箱 25 和主液压油箱。主液压缸 23 活塞杆实现回程。

8. 主液压缸活塞杆原位停止(Main hydraulic cylinder piston rod stops original position)

当主液压缸 23 回程到达上端点，行程开关 S_1 发出电信号，使全部电磁铁断电，插装阀 CV2 开启，变量液压泵 1 实现低压卸荷。插装阀 CV5 将主液压缸 23 有杆腔封闭，上滑块停止运动。

9. 顶出液压缸活塞杆顶出(Auxiliary hydraulic cylinder piston rod moves up)

电磁铁 1YA、3YA、6YA 通电，顶出液压缸 22 的控制阀 CV8、CV9 开启，压力油经插装阀 CV1、插装阀 CV9 进入顶出液压缸 22 无杆腔，顶出液压缸 22 有杆腔油液经插装阀 CV8 排回主液压油箱，实现顶出液压缸 22 活塞杆顶出。

10. 顶出液压缸活塞杆退回(Auxiliary hydraulic cylinder piston rod moves down)

电磁铁 1YA、4YA、5YA 通电，3YA、6YA 断电，顶出液压缸 22 的控制阀 CV7、CV10 开启，压力油经插装阀 CV1、插装阀 CV7 进入顶出液压缸 22 有杆腔，顶出液压缸 22 无杆腔油液经插装阀 CV10 排回主液压油箱，实现顶出液压缸 22 活塞杆退回。

11. 浮动压边(Press freely)

电磁铁 2YA、8YA、10YA 通电，主液压缸 23 的控制阀 CV3、CV6 开启，压力油经插装阀 CV1、CV3 进入主液压缸 23 无杆腔，主液压缸 23 有杆腔油液经插装阀 CV6 排回主液压油箱。主液压缸 23 滑块向下压制工件时，顶出液压缸 22 活塞杆被迫随之下行，顶出液压缸 22 有杆腔则经单向阀 15 从主液压油箱补油，顶出液压缸 22 无杆腔油液经插装阀 CV10 排回主液压油箱。

9.3 Q2-8 型汽车起重机液压传动系统分析

9.3.1 概述

汽车起重机是将起重机安装在汽车底盘上的一种可移动的设备。汽车起重机机动性好，能以较快速度行走。汽车起重机属于工程机械，承载能力大，可在有冲击、振动和环境较差的条件下工作。汽车起重机的执行元件需要完成的动作较为简单，液压传动系统工作压力较高，位置精度要求不高，对液压传动系统的安全性要求较高，控制阀通常采用手动控制。Q2-8 型汽车起重机的最大起重量在幅度 3m 时为 80kN，最大起重高度 11.5m，起重装置可连续回转。Q2-8 型汽车起重机的外形如图 9-7 所示。它主要由汽车 1、基本臂 2 、伸缩臂 3、起升机构 4、吊臂变幅液压缸 5 、回转平台 6 和支腿 7 等组成。

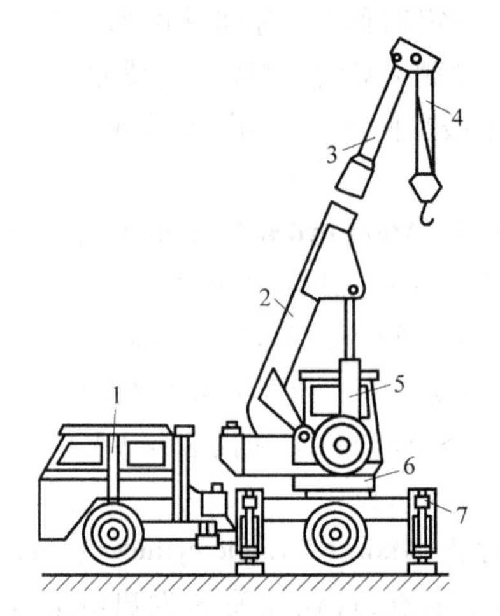

图 9-7　Q2-8 型汽车起重机的外形示意图

(FIGURE 9-7　Outline schematic illustration of model Q2-8 automobile crane)

1—汽车；2—基本臂；3—伸缩臂；4—起升机构；5—吊臂变幅液压缸；6—回转平台；7—支腿

9.3.2 Q2-8 型汽车起重机液压传动系统的工作原理

Q2-8 型汽车起重机是一种中小型起重机，其液压传动系统的工作原理如图 9-8 所示。该液压传动系统属于中高压系统，液压泵的动力由汽车发动机通过装在底盘变速箱上的取力箱提供。液压泵的额定压力为 21MPa，排量为 40mL/r，转速为 1500r/min，液压泵 5 通过中心回转接头 3、截止阀 2 和过滤器 1 从液压油箱吸油，输出的压力油经双联手动换向阀组

8和四联手动换向阀组21串联地输送到各个液压执行元件。安全阀11用于防止液压传动系统过载,调整压力为19MPa,实际工作压力由压力表12指示。汽车起重机液压传动系统一般分为上车和下车两部分布置,液压泵5、安全阀11、双联手动换向阀组8和支腿部分安装在下车部分,其余部分安装在上车部分。液压油箱安装在上车部分,兼作配重。上车和下车部分油路通过中心回转接头连通。

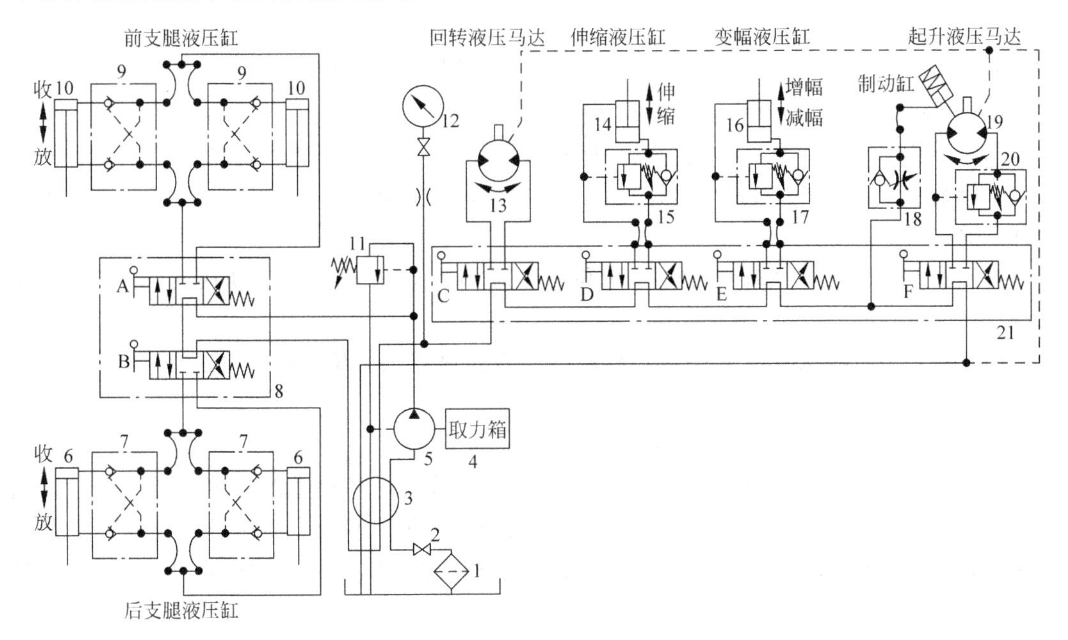

图9-8 Q2-8型汽车起重机液压传动系统工作原理图

(FIGURE 9-8 Schematic illustration of operating principle of model Q2-8 automobile crane hydraulic transmission system)

1—过滤器;2—截止阀;3—回转接头;4—取力箱;5—液压泵;6—后支腿液压缸;7,9—先导式双单向阀;8—双联手动换向阀组;10—前支腿液压缸;11—安全阀;12—压力表;13—回转液压马达;14—伸缩液压缸;15,17,20—单向顺序阀;16—变幅液压缸;18—单向节流阀;19—起升液压马达;21—四联手动换向阀组

汽车起重机液压传动系统包括支腿收放、转台回转、吊臂伸缩、吊臂变幅和吊重起升等五个部分。其中,前、后支腿收放控制由双联手动换向阀组8实现,其余动作由四联手动换向阀组21来实现。各液压换向阀均为M型中位机能三位四通手动液压换向阀,相互串联组合,可实现多液压缸卸荷。根据起重工作的具体要求,操纵各液压换向阀不仅可以分别控制各执行元件的运动方向,而且还可以通过控制阀芯的位移量来实现节流调速。

1. 支腿收放回路(Knighthead move circuit)

由于汽车起重机轮胎支承能力有限,在进行吊装作业前必须放下前、后支腿,使汽车轮胎架空,用支腿承载。汽车起重机的底盘前、后端各有两条支腿,每条支腿均配有液压缸。两条前支腿和两条后支腿分别由三位四通手动换向阀A和B控制其伸出和缩回。液压换向阀采用M型中位机能,且油路是串联的。每个液压缸的油路上均设有双向锁紧回路,以保证支腿被可靠地锁住,防止在起重作业时发生“软退”现象或行车过程中支腿自行滑落。

当三位四通手动换向阀A左位工作时,前支腿放下,其油路为:

进油路：液压泵→手动换向阀 A 左位→先导式双单向阀 9→前支腿液压缸 10 无杆腔。

回油路：前支腿液压缸 10 有杆腔→先导式双单向阀 9→手动换向阀 A 左位→手动换向阀 B 中位→手动换向阀 C 中位→手动换向阀 D 中位→手动换向阀 E 中位→手动换向阀 F 中位→液压油箱。

当三位四通手动换向阀 A 右位工作时，前支腿收回，油路基本上同前支腿放下，只不过压力油进入前支腿液压缸有杆腔。

后支腿收、放液压缸用三位四通手动换向阀 B 控制，其油路路线与前支腿回路相同。

2. 回转机构回路(Turning framework move circuit)

回转机构采用一个液压马达，它通过蜗轮蜗杆减速箱和一对内啮合的齿轮来驱动转盘回转。转盘可获得 1～3r/min 的低速。三位四通手动换向阀 C 控制马达正转、反转、停止三种工况，其油路为：

进油路：液压泵→手动换向阀 A 中位→手动换向阀 B 中位→手动换向阀 C 左位(中位、右位)→液压马达 13 反转(停止、正转)。

回油路：回转液压马达 13→手动换向阀 C 左位(中位、右位)→手动换向阀 D 中位→手动换向阀 E 中位→手动换向阀 F 中位→液压油箱。

3. 吊臂伸缩回路(Crane rod move circuit)

汽车起重机的吊臂由基本臂和伸缩臂组成，伸缩臂套在基本臂之中，用一个由三位四通手动换向阀 D 控制的伸缩液压缸来驱动吊臂的伸出、缩回和停止。为防止因自重而使吊臂下落，油路中设有平衡回路。例如，当三位四通手动换向阀 D 左位工作时，吊臂缩回，其油路为：

进油路：液压泵→手动换向阀 A 中位→手动换向阀 B 中位→手动换向阀 C 中位→手动换向阀 D 左位→伸缩液压缸有杆腔。

回油路：伸缩液压缸无杆腔→单向顺序阀 15→手动换向阀 D 左位→手动换向阀 E 中位→手动换向阀 F 中位→液压油箱。

4. 吊臂变幅回路(Crane rod angle move circuit)

吊臂变幅就是用一个液压缸来改变起重臂的角度。为防止在变幅作业时因自重使吊臂下落，在油路中设置了单向顺序阀(平衡阀)17。三位四通手动换向阀 E 控制吊臂的增幅、减幅和停止三种工况。其油路路线参照吊臂伸缩回路。

5. 吊重起升回路(The external load move circuit)

吊重起升回路是起重机系统中的主要工作回路。吊重的提升和落下是由一个大转矩液压马达带动卷扬机来完成的。三位四通手动换向阀 F 控制液压马达的正转和反转。液压马达的速度可通过改变发动机的转速来进行调节。油路中设置单向顺序阀(平衡阀)20，用以防止外负载因自重而下落。考虑到液压马达的内泄漏因素，在液压马达的驱动轴上设置了制动液压缸，制动液压缸油路设置了单向节流阀 18，实现了制动回路的制动快、解除制动慢的动作要求。

外负载起升油路为：

进油路：液压泵→手动换向阀 A 中位→手动换向阀 B 中位→手动换向阀 C 中位→手动换向阀 D 中位→手动换向阀 E 中位→手动换向阀 F 右位→单向顺序阀 20→起升液压马达 19 正转，外负载提升。

回油路：起升液压马达 19→手动换向阀 F 右位→液压油箱。

外负载下落油路为：

进油路：液压泵→手动换向阀 A 中位→手动换向阀 B 中位→手动换向阀 C 中位→手动换向阀 D 中位→手动换向阀 E 中位→手动换向阀 F 左位→起升液压马达 19 反转，外负载下落。

回油路：起升液压马达 19→单向顺序阀 20→手动换向阀 F 左位→液压油箱。

9.3.3　Q2-8 型汽车起重机液压传动系统的特点

其特点如下：

(1) 液压传动系统采用了单向顺序阀的平衡回路、采用了先导式双单向阀的锁紧回路和带制动缸的制动回路，保证了汽车起重机操作安全、工作可靠和运行平稳。

(2) 采用了三位四通手动换向阀串联组合，不仅可以灵活方便地控制各机构换向动作，还可以通过手柄操纵来控制流量，以实现节流调速。在起升作业中，将此节流调速方法与控制发动机转速方法相结合，可以实现各工作机构微速动作。另外在空载或轻载吊重作业时，可以实现各工作机构任意组合并同时动作，以提高生产率。

(3) 在调压回路中，用安全阀限制液压传动系统最高压力。

(4) 采用中位机能为 M 型的三位四通手动换向阀，能使液压传动系统卸荷，减少功率损失，适合于汽车起重机间歇工作。

9.4　XS-ZY-250A 型塑料注射成型机液压传动系统分析

9.4.1　概述

塑料注射成型机简称注塑机。它将颗粒状的塑料加热熔化到流动状态后，高压快速注入模腔，经一定时间的保压，冷却凝固成一定形状的塑料制品。本节主要介绍每次理论最大注射容量为 250cm^3、锁模力为 1600kN 的 SZ-250A 型注塑机的组成、工作原理和应用特点，它属于中小型注塑机。

塑料注射成型机的外形如图 9-9 所示。它主要由合模部件、注射部件、液压传动及电气控制系统等三大部分组成。

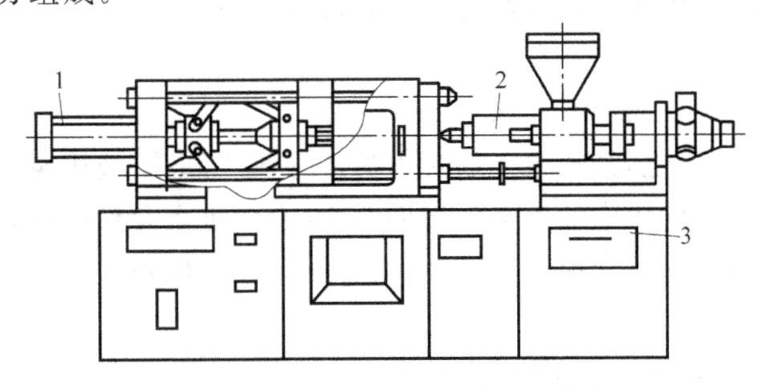

图 9-9　塑料注射成型机外形示意图

(FIGURE 9-9　Outline schematic illustration of plastic injection machine)

1—合模部件；2—注射部件；3—液压传动及电气控制系统

(1) 合模部件　主要由定模板、动模板、合模机构、合模缸和顶出装置等组成。它是安装模具用的成型部件。

(2) 注射部件　主要由加料装置(料斗、料筒、螺杆、喷嘴)、预塑装置、注射缸和注射座移动缸等组成。它是塑化部件。

(3) 液压传动及电气控制系统　主要由液压泵、各种液压控制阀、电动机、电气元件及控制仪表等组成。它安装在床身上,是动力和操纵控制部件。

根据注塑成型工艺,注塑机液压传动系统应完成的主要动作有:合模、开模、注射座前移和后退、注射、保压以及顶出等。注塑机的工作循环如图 9-10 所示。

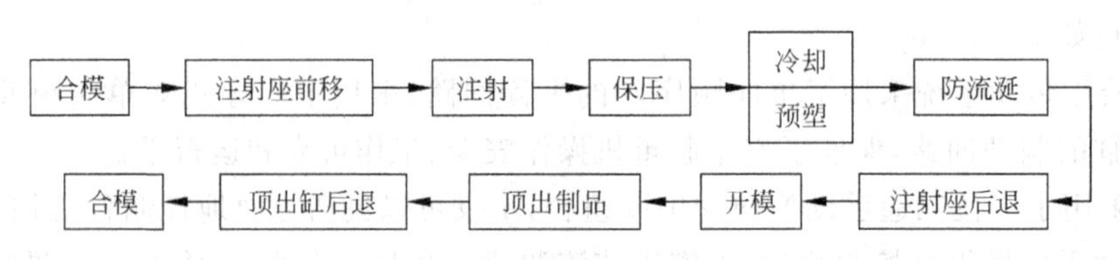

图 9-10　注塑机工作循环示意图

(FIGURE 9-10　Operating cycle schematic illustration of plastic injection machine)

9.4.2　塑料注射成型机液压传动系统及其工作原理

SZ-250A 型塑料注射成型机的液压传动系统如图 9-11 所示。该注塑机采用了液压-机械式合模机构。合模液压缸通过具有增力和自锁作用的对称五连杆机构推动模板进行开模与合模,依靠连杆的弹性变形所产生的预紧力来保证所需要的合模力。注塑机液压传动系统的各液压执行元件多种速度是靠双联泵和节流阀组合实现的;液压传动系统的多级压力是靠液压电磁换向阀与远程调压阀组合实现的,能实现远程控制,也易于采用计算机控制。注塑机电磁铁的动作顺序见表 9-5。

SZ-250A 型塑料注射成型机液压传动系统的工作原理如下:

1. 关闭安全门(Shut the safety door)

关闭注塑机安全门后,行程换向阀 20 下位处于工作状态,准备开始整个动作循环。

2. 合模(Close the mould)

动模板慢速启动、快速前移,接近定模板时,液压传动系统转为低压、慢速,在确认模具内没有硬质异物存在后,液压传动系统开始进行高压合模。

具体工艺过程如下:

1) 慢速合模(Mould closes at low speed)

电磁铁 1YA、6YA 通电,液压泵 1 通过电磁溢流阀 4 卸荷,液压泵 2 的压力由电磁溢流阀 5 调定,液压泵 2 输出的压力油经电液换向阀 19 右位进入合模液压缸 26 无杆腔,推动活塞带动五连杆机构慢速合模,合模液压缸 26 有杆腔油液经电液换向阀 19 右位和冷却器 28 流回液压油箱 29。

2) 快速合模(Mould closes at high speed)

当慢速合模转为快速合模时,由行程开关(图中未画)发出指令使电磁铁 2YA 通电(此时电磁铁 1YA 和 6YA 通电),液压泵 1 和液压泵 2 同时供油给合模液压缸 26 无杆腔,合模机构实现快速合模。液压泵 1 的供油压力由电磁溢流阀 4 调定。

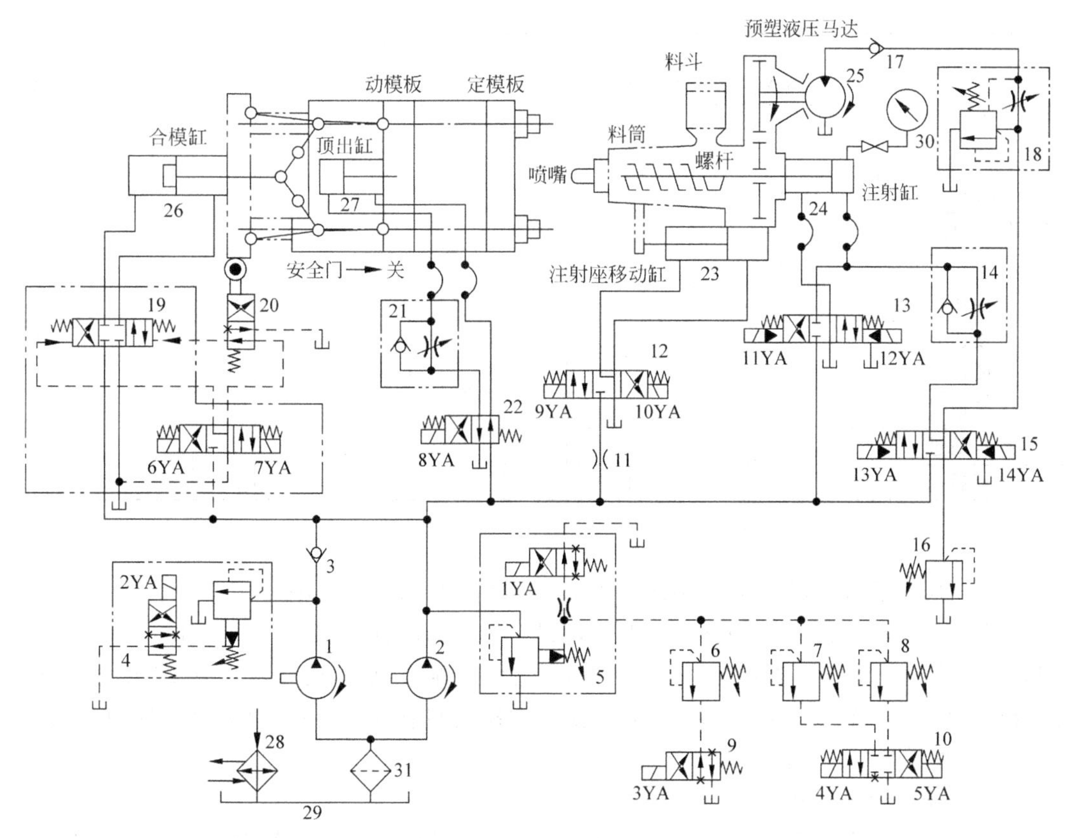

图 9-11　SZ-250A 型塑料注射成型机液压传动系统工作原理图
(FIGURE 9-11　Schematic illustration of operating principle of hydraulic transmission system of Model SZ-250A plastic injection machine)

1—低压大流量液压泵；2—高压小流量液压泵；3,17—单向阀；4,5—电磁溢流阀；6～8—远程调压阀；9,22—二位四通电磁换向阀；10,12—三位四通电磁换向阀；11—固定节流阀；13,15,19—电液换向阀；14,21—单向节流阀；16—背压阀；18—溢流节流阀；20—行程换向阀；23—注射座移动液压缸；24—注射液压缸；25—预塑液压马达；26—合模液压缸；27—顶出液压缸；28—冷却器；29—液压油箱；30—压力表；31—过滤器

表 9-5　SZ-250A 型注塑机液压传动系统电磁铁动作顺序表

(TABLE 9-5　Electromagnet core operating sequence chart of hydraulic transmission system of Model SZ-250A plastic injection machine)

动作循环		电磁铁（YA）													
		1YA	2YA	3YA	4YA	5YA	6YA	7YA	8YA	9YA	10YA	11YA	12YA	13YA	14YA
合模	慢速	+	—	—	—	—	+	—	—	—	—	—	—	—	—
	快速	+	+	—	—	—	+	—	—	—	—	—	—	—	—
	低压慢速	+	—	—	+	—	+	—	—	—	—	—	—	—	—
	高压	+	—	—	—	—	+	—	—	—	—	—	—	—	—
注射座整体前移		+	—	—	—	—	—	—	—	—	+	—	—	—	—
注射	慢速	+	+	+	—	—	—	—	—	—	+	—	—	+	—
	快速	+	+	+	—	—	—	—	—	—	+	—	+	—	—

续表

动作循环		电磁铁（YA）													
		1YA	2YA	3YA	4YA	5YA	6YA	7YA	8YA	9YA	10YA	11YA	12YA	13YA	14YA
保压		+	−	−	−	+	−	−	−	−	+	−	−	+	−
预塑		+	+	−	−	−	−	−	−	−	+	−	−	−	+
防流涎		+	−	−	−	−	−	−	−	−	+	+	−	−	−
注射座整体后退		+	−	−	−	−	−	−	−	+	−	−	−	−	−
开模	慢速Ⅰ	+	−	−	−	−	−	+	−	−	−	−	−	−	−
	快速	+	+	−	−	−	−	+	−	−	−	−	−	−	−
	慢速Ⅱ	−	+	−	−	−	−	+	−	−	−	−	−	−	−
顶出	前进	+	−	−	−	−	−	−	+	−	−	−	−	−	−
	后退	+	−	−	−	−	−	−	−	−	−	−	−	−	−
螺杆前进		+	−	−	−	−	−	−	−	−	−	−	+	−	−
螺杆后退		+	−	−	−	−	−	−	−	−	−	+	−	−	−

注：“+”表示通电；“−”表示断电。

3）低压慢速合模(Mould closes at low speed and low pressure)

当电磁铁 1YA、4YA 和 6YA 通电时，液压泵 1 卸荷，液压泵 2 的压力由远程调压阀 8 控制。因为远程调压阀 8 的压力调得较低，只有液压泵 2 供油，合模液压缸 26 在低压下慢速合模，合模液压缸 26 输出推力较小，即使两个模板间有硬质异物，也不会损坏模具表面，起到了保护模具的作用。

4）高压合模(Mould closes at high pressure)

当动模板压下高压锁模行程开关(图中未画)时，使电磁铁 4YA 断电，电磁铁 1YA 和 6YA 通电。液压泵 1 卸荷，液压泵 2 供油，液压传动系统压力由高压电磁溢流阀 5 控制进行高压合模，并使五连杆机构产生弹性变形，更加可靠地锁紧模具。

3. 注射座前移(Injection seat assembly moves forward)

当电磁铁 1YA 和 10YA 通电时，液压泵 2 输出的压力油经固定节流阀 11 和电磁换向阀 12 右位进入注射座移动液压缸 23 无杆腔，此时注射座整体前移使喷嘴与模具贴紧，注射座移动液压缸 23 有杆腔油液经电磁换向阀 12 右位流回液压油箱 29。

4. 注射(Injecting)

按照制品和注射工艺条件，注射螺杆以一定的压力和速度将料筒前端的熔料经喷嘴注入模腔，按注射速度分为慢速注射和快速注射两种模式。

1）慢速注射(Low speed injection)

当电磁铁 1YA、2YA、3YA、10YA 和 13YA 通电时，液压泵 1 和液压泵 2 输出的压力油经电液换向阀 15 左位和单向节流阀 14 进入注射液压缸 24 无杆腔，其注射速度可由单向节流阀 14 调节。注射液压缸 24 有杆腔油液经电液换向阀 13 中位流回液压油箱 29。液压传动系统的压力由远程调压阀 6 来控制。

2）快速注射(High speed injection)

当电磁铁 1YA、2YA、3YA、10YA、12YA 通电时，液压泵 1 和液压泵 2 输出的压力油经电液换向阀 13 右位而不经过单向节流阀 14 直接进入注射液压缸 24 无杆腔，注射液压缸 24 有杆腔油液经电液换向阀 13 右位流回液压油箱 29，注射速度加快。液压传动系统的压力由远程调压阀 6 来控制。

5. 保压(Protecting pressure)

当电磁铁 1YA、5YA、10YA 和 13YA 通电时,液压泵 1 卸荷,液压泵 2 供油,此时液压油仅用于补充保压时液压传动系统和液压元件的泄漏量,使注射液压缸 24 对模腔内熔料保压并进行补塑。保压压力由远程调压阀 7 控制,液压泵 2 供油的多余油液从电磁溢流阀 5 溢回液压油箱 29。

6. 预塑(Pre-heat up plastic)

保压完毕,当电磁铁 1YA、2YA、10YA 和 14YA 通电时,液压泵 1 和液压泵 2 供油,压力油经电液换向阀 15 右位、溢流节流阀 18 和单向阀 17 进入液压马达 25,液压马达 25 驱动螺杆转动,螺杆将料斗中的塑料颗粒带到料筒前端加热预塑逐渐建立起一定压力。液压马达 25 的转速由溢流节流阀 18 调节。当螺杆头部熔料压力足以克服注射液压缸 24 活塞后退的背压阻力时,螺杆开始后退。注射液压缸 24 无杆腔的油液经背压阀 16 流回液压油箱 29,使得注射液压缸 24 有杆腔产生局部真空,液压油箱 29 的油液在大气压作用下经电液换向阀 13 中位进入其有杆腔。当螺杆后退到预定位置时,螺杆头部熔料达到下次注射所需量,螺杆停止转动和后退,准备下次注射。与此同时,在模腔内的制品正在冷却成形。

7. 防流涎(Protect plastic escaping)

当电磁铁 1YA、10YA 和 11YA 通电时,大流量液压泵 1 卸荷,小流量液压泵 2 输出的压力油一路经电磁换向阀 12 右位进入注射座移动液压缸 23 无杆腔,使喷嘴与模具保持接触,另一路压力油经电液换向阀 13 左位进入注射液压缸 24 有杆腔,强制螺杆后退,减小料筒前端压力,防止在注射座整体后退时物料从喷嘴端部流出。注射座移动液压缸 23 有杆腔油液和注射液压缸 24 无杆腔油液分别经电磁换向阀 12 右位和电液换向阀 13 左位流回液压油箱 29。

8. 注射座后退(Injection seat assembly moves backward)

当保压、冷却、预塑结束后,电磁铁 1YA 和 9YA 通电,大流量液压泵 1 卸荷,小流量液压泵 2 输出的压力油经节流阀 11 和电磁换向阀 12 左位进入注射座移动液压缸 23 有杆腔,使注射座整体后退。注射座移动液压缸 23 无杆腔的油液经电磁换向阀 12 左位流回液压油箱 29,节流阀 11 调节注射座整体后退的速度。

9. 开模(Open the mould)

开模分为慢速开模和快速开模两种模式。

1) 慢速开模(Mould opens at low speed)

当电磁铁 1YA 和 7YA 通电时,大流量液压泵 1 卸荷,小流量液压泵 2 输出的压力油经电液换向阀 19 左位进入合模液压缸 26 有杆腔,合模液压缸 26 无杆腔的油液经电液换向阀 19 左位流回液压油箱 29,这样得到一种慢速开模。若电磁铁 2YA 和 7YA 通电时,则小流量液压泵 2 卸荷,大流量液压泵 1 供油,可得到另一种慢速开模。

2) 快速开模(Mould opens at high speed)

当电磁铁 1YA、2YA 和 7YA 通电时,大流量液压泵 1 和小流量液压泵 2 同时供油,经电液换向阀 19 左位进入合模液压缸 26 有杆腔,使开模速度提高,合模液压缸 26 无杆腔的油液经电液换向阀 19 左位流回液压油箱 29。

10. 顶出液压缸前进和后退(Auxiliary hydraulic cylinder piston rod moves forward and backward)

1) 顶出液压缸前进(Auxiliary hydraulic cylinder piston rod moves forward)

当电磁铁 1YA 和 8YA 通电时,大流量液压泵 1 卸荷,小流量液压泵 2 输出的压力油经电磁换向阀 22 左位、单向节流阀 21 进入顶出液压缸 27 无杆腔,顶出液压缸 27 活塞杆顶出制品,活塞杆运动速度由单向节流阀 21 调节,此时压力由电磁溢流阀 5 调节。顶出液压缸 27 有杆腔的油液经电磁换向阀 22 左位流回液压油箱 29。

2) 顶出液压缸后退(Auxiliary hydraulic cylinder piston rod moves backward)

当电磁铁 1YA 通电时,小流量液压泵 2 输出的压力油经电磁换向阀 22 右位进入顶出液压缸 27 有杆腔,使顶出液压缸 27 活塞杆后退,顶出液压缸 27 无杆腔的油液经单向节流阀 21 和电磁换向阀 22 右位流回液压油箱 29。

11. 螺杆前进(Screw move forwards)

当电磁铁 1YA 和 12YA 通电时,小流量液压泵 2 的压力油经电液换向阀 13 右位进入注射液压缸 24 无杆腔,注射液压缸 24 有杆腔的油液经电液换向阀 13 右位流回液压油箱 29,使螺杆前进。

12. 螺杆后退(Screw move backwards)

为了拆卸和清洗螺杆,螺杆要退出,此时电磁铁 1YA 和 11YA 通电。小流量液压泵 2 输出的压力油经电液换向阀 13 左位进入注射液压缸 24 有杆腔,注射液压缸 24 无杆腔的油液经电液换向阀 13 左位流回液压油箱 29,使螺杆后退。

9.4.3 塑料注射成型机液压传动系统的主要特点

(1) 液压传动系统采用行程开关和电磁换向阀实现自动工作循环,实现工作机构的顺序动作,满足了注塑机液压传动系统精确、可靠地执行多种动作的要求。

(2) 注塑机采用液压-机械式对称五连杆合模机构,减小了合模液压缸尺寸,提供了足够的合模力,易于实现高速,在高压注射时,使模具锁紧更加可靠。

(3) 液压传动系统采用两个定量泵和节流阀的组合调节流量,多个远程调压阀并联控制压力,符合塑料注射成型工艺的要求。若采用电液比例控制压力阀和电液比例控制流量阀,就可实现压力和流量的无级调节,这样也可减少液压元件和简化液压传动系统,更容易用计算机控制,进一步降低压力及速度变换过程中的冲击和噪声,提高液压传动系统的控制精度和效率。

9.5 机电一体化液压挖掘机液压传动系统分析

9.5.1 概述

液压挖掘机在工业与民用建筑、交通运输、水利施工、露天采矿及现代化军事工程中都有着广泛的应用,是各种土石方施工中不可缺少的机械设备。

图 9-12 所示为履带式反铲单斗液压挖掘机示意简图,单斗液压挖掘机主要由工作装置、回转机构和行走机构三部分组成。工作装置包括动臂、斗杆及铲斗,分别由液压缸驱动。

回转机构由液压马达驱动，各执行机构的动作集中由多路换向阀操纵。若更换工作装置，还可以进行抓斗、正铲及装载作业。挖掘机的工作过程主要包括平台回转、整机行走、动臂升降、铲斗翻转、斗杆收放五个动作。为了提高作业效率，在一个循环作业中可以由几个动作同时进行组合而形成复合操作。其工作循环时间短，一般为 12～26s。

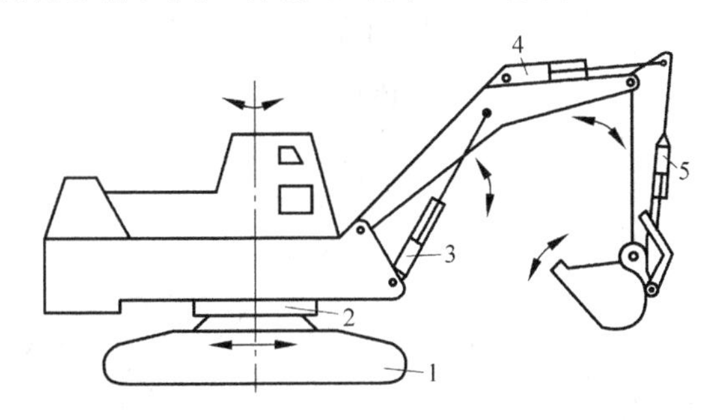

图 9-12　履带式反铲单斗液压挖掘机示意图

(FIGURE 9-12　Outline schematic illustration of caterpillar excavating machine)

1—行走履带；2—回转平台；3—动臂液压缸；4—斗杆液压缸；5—铲斗液压缸

现介绍铲斗容量为 0.02m³ 的履带式单斗机电一体化液压挖掘机液压传动系统，其液压泵功率 7.5kW，工作压力 14MPa，最大流量 25 L/min。

与传统的液压挖掘机相比，机电一体化液压挖掘机具有下述新功能：

(1) 自动操纵　在计算机的直接控制下自动完成指定的挖掘任务，且具有一定的局部自主能力。即当外负载过大挖掘过程中断时，能自动修正挖掘路径，直到完成挖掘过程。在回转过程中，能自动识别和避开障碍物，达到指定的卸料位置。

(2) 节能控制　合理调节内燃机工作油门开度，并适当调节变量液压泵排量，以适应各种不同外负载工况，降低燃油消耗。

(3) 工况监测与故障报警　实时检测并显示挖掘机运行状态的各路参数。当检测到故障信号时，根据系统内的故障经验库，指示故障所在和报警。

9.5.2　机电一体化液压挖掘机液压传动系统组成

机电一体化液压挖掘机液压传动系统由驱动与传动系统、执行机构、检测系统和控制系统四部分组成。其液压传动系统工作原理如图 9-13 所示。

(1) 驱动与传动系统　由内燃机、齿轮传动箱、液压泵、液压马达、动臂缸、斗杆缸、铲斗缸和电液比例方向控制阀组成，它实现了液压挖掘机中各种能量的传递和转换。

(2) 执行机构　由回转平台、动臂、斗杆、铲斗和工作装置连杆机构组成。液压传动系统接到控制信号后，按指令推动执行机构产生规定的动作，来完成规定的任务。

(3) 检测系统　以各种传感器为主要组成部分，实时向计算机反馈液压挖掘机和环境的变化信息，包括：内燃机转速、内燃机水箱温度、液压传动系统压力、液压挖掘机位置、姿态、加速度、速度及外部环境的几何信息等。

(4) 控制系统　由计算机根据挖掘任务要求，自动生成一条从初始状态到目标状态的安全运动路径，并由控制器控制液压挖掘机工作装置按照指定的轨迹运行，直至到达指定的位置状态，完成指定的任务。

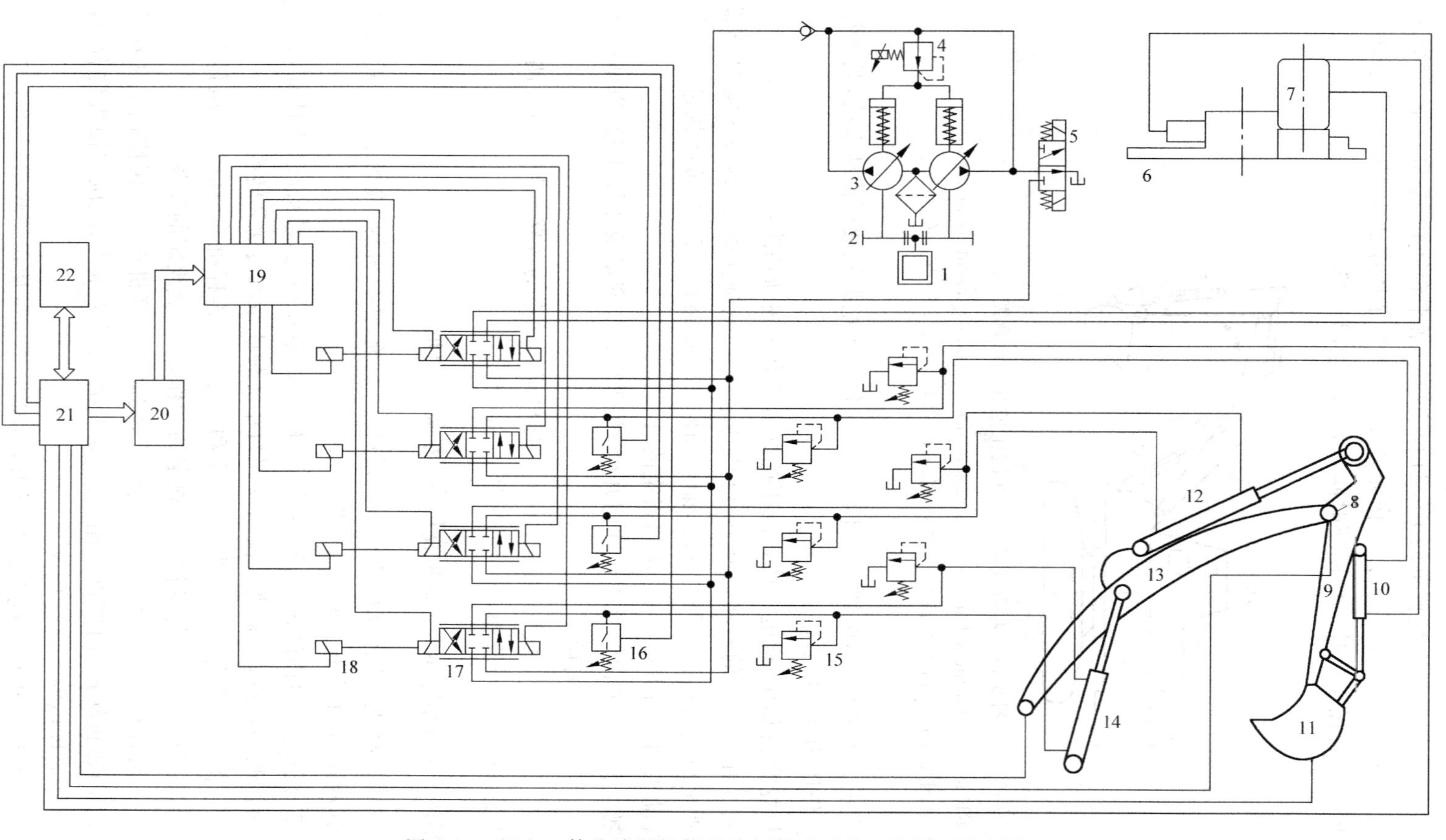

图 9-13　机电一体化液压挖掘机液压传动系统工作原理示意图

(FIGURE 9-13　Operating principles schematic illustration of hydraulic transmission system of mechatronics system excavator)

1—柴油机；2—齿轮传动箱；3—变量液压泵；4—电液比例减压阀；5—二位三通电磁换向阀；6—回转平台；7—液压马达；8—角位移传感器；9—斗杆；10—铲斗液压缸；11—铲斗；12—斗杆液压缸；13—动臂；14—动臂液压缸；15—溢流阀；16—压力传感器；17—电液比例方向阀；18—位移传感器；19—液压阀驱动放大器；20—D/A 接口；21—PCT-812；22—TBM PC

9.5.3　机电一体化液压挖掘机液压传动系统工作技术特点

其工作技术特点如下：

(1) 计算机控制系统将外部输入命令和来自各传感器的检测信息进行集中、储存、分析加工，根据信息处理结果，按照一定的程序和节奏发出相应的指令控制整个内燃机和液压传动系统有目的地运行。例如将角位移传感器 8 的反馈电压经 D/A 转换器和采样量化后送给计算机，计算机会立即算出一组反映实际状态的转角值。将这组转角值与指定的目标转角值相比较，算出误差，再按照所采用的控制算法计算控制量，并经过 D/A 转换器将数字信号转换成相应的模拟量，经液压阀驱动放大器 19 进行功率放大，再驱动四个电液比例回路，使实际关节角逼近指定目标关节角，从而实现了液压挖掘机的自动操纵。利用超声波测距传感器能实现液压挖掘机回转过程的自动避开障碍物；利用压力传感器 16 可实现过载情况下的路径自主校正。

(2) 采用了内燃机与变量液压泵复合控制系统，如图 9-14 所示。操作者根据实际工况，在作业模式选择开关(功率预选开关)上选择合理的功率模式：轻载低速、重载高速、正常工作。通过电子调节器调节内燃机 1 油门和变量液压泵 3 的排量，使供给功率与外负载需要功率相匹配。当选择轻载低速挡时，电液比例减压阀 4 将变量液压泵的 p-q 线调至排量更小的位置，同时进一步调小内燃机 1 油门，降低其转速，使变量液压泵 3 供给流量明显降低；当选择重载高速挡时，控制模块发出指令使内燃机 1 工作在较大油门位置上，与此同时，通过电液比例减压阀 4 适当调节变量液压泵 3 的 p-q 线高度，使内燃机 1 工作在最大功率输出点上，使其功率得到充分发挥；当选择正常工作挡时，内燃机 1 在经济转速、变量液压泵 3 在恒功率工作点上，此时为最经济工况。

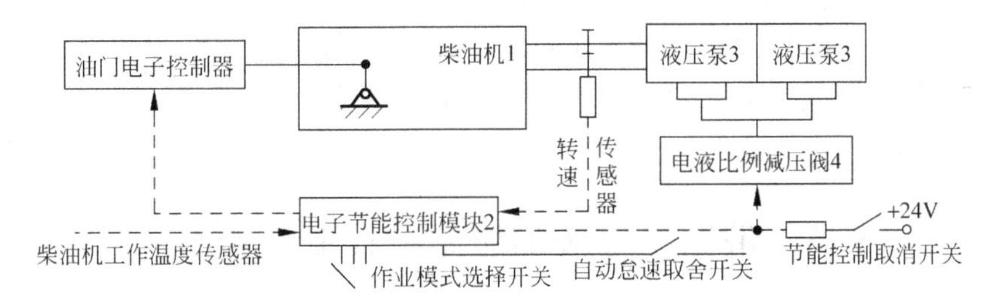

图 9-14　内燃机-变量液压泵复合调节控制系统

(FIGURE 9-14　Control system of diesel engine and variable displacement hydraulic pumps)

(3) 工况在线监测系统，主要由电源模块、单片主处理机模块、面板控制模块、A/D 转换及光电隔离模块、模拟信号调理模块及传感器等组成，其框图如图 9-15 所示。

单片主处理机模块是控制系统的核心部分，主要包括对功能面板的控制管理，A/D 转换部分的控制管理，开关量、模拟量和转速信号的输入、处理及存储。

电源模块将液压挖掘机上的发电机或蓄电池输出的＋24V 直流电转换为控制系统中各模块以及控制系统配备的传感器所需的各种类型的电平电压。

面板控制模块是整个控制系统的人机接口，它包括点阵式液晶显示器、键盘和声光报警电路。

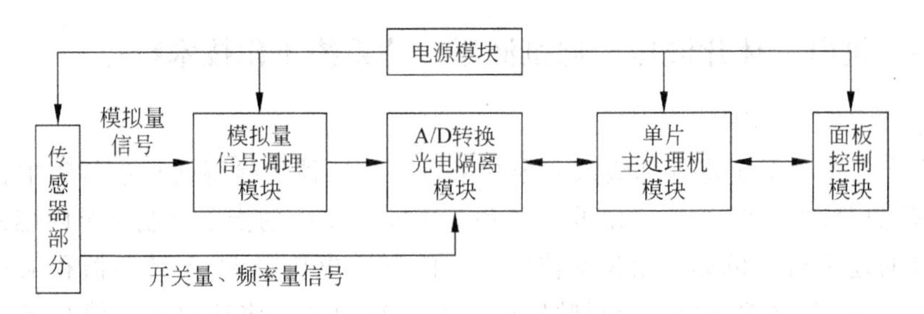

图 9-15　工况检测系统框图

(FIGURE 9-15　Operating load inspecting system schematic illustration)

传感器是能量转换器，安装在液压挖掘机与监测系统的接口位置上，直接从液压挖掘机中采集被检测的工况特征参数，感受状态的变化并转换成便于测量的物理量。液压挖掘机在回转过程中遇到的障碍物由安装在铲斗处的超声波测距传感器测量；其位置转角由安装在回转平台、动臂、斗杆和铲斗关节的角位移传感器进行测量；其液压传动系统驱动的外负载由安装在各液压缸或液压马达进口的压力传感器测量。

A/D 转换及光电隔离模块的功能是将所有的被检测信号转变成为单片主处理机所接受的数字量，具体包括开关量的采集、输入输出信号的光电隔离、模拟量的 A/D 转换和转速信号的整形等。

模拟信号调理电路的任务是实现各路模拟量信号的输入和调整，将各敏感元件和传感器输出的电信号转变为满足 A/D 转换输入要求的标准电平信号。

(4) 采用了电液比例技术，在液压传动系统中安装了 34B-R6/H6 型带阀芯位移反馈的电液比例方向阀，通过改变该阀比例电磁铁的输入电流，不仅可以改变换向阀工作介质的流动方向，而且可以控制阀口大小实现流量控制，是一种较为理想的电、液转换和功率放大元件。与电液伺服控制阀相比，它具有抗干扰性好、能量损失小、成本低、对工作介质清洁度无特殊要求等优点。

9.6　带钢光电液伺服跑偏控制系统分析

9.6.1　概述

带钢经过连续轧制或酸洗等一系列加工热处理后须卷成一定尺寸的钢卷。由于板型不同、辊系的偏差和带材厚度不均等种种原因，使带钢在作业线上产生随机偏离的现象，称为跑偏。跑偏会使卷取机卷成的钢卷边缘不齐，降低了成品率。卷取机采用光电液伺服跑偏控制系统后，可使卷取精度在标准允许的范围内。

9.6.2　带钢光电液伺服跑偏控制系统组成及工作原理

带钢光电液伺服跑偏控制系统的组成及工作原理如图 9-16 所示。卷取机的卷筒 13 将连续运动的带钢 12 卷取成钢卷，带钢在卷取机上产生随机跑偏量 Δx。卷取机及其传动装置安装在平台 14 上，伺服液压缸 15 驱动平台 14，使平台 14 沿导轨 16 在卷筒 13 轴线方向产生轴向位移 Δx_p，光电检测器 11 感受到跑偏量 Δx 后，产生相应的电信号输入液压控制系统，使卷筒 13 产生相应的纠偏量 Δx_p，即纠偏量 Δx_p 跟踪跑偏量 Δx，以保证卷取钢卷的边缘整齐。双向液压锁 8 和 9 用来锁紧辅助液压缸 10 和伺服液压缸 15，防止检测器和卷取机滑动。带钢光电液伺服跑偏控制系统开始工作之前，使电液伺服换向阀 6 与辅助液压缸 10 相通，以便拖动光电检测器 11 使其自动调整对准带钢 12 边缘，然后使电液伺服换向阀 6 与伺服液压缸 15 相通，带钢光电液伺服跑偏控制系统投入正常工作。

带钢光电液伺服跑偏控制系统框图如图 9-17 所示。

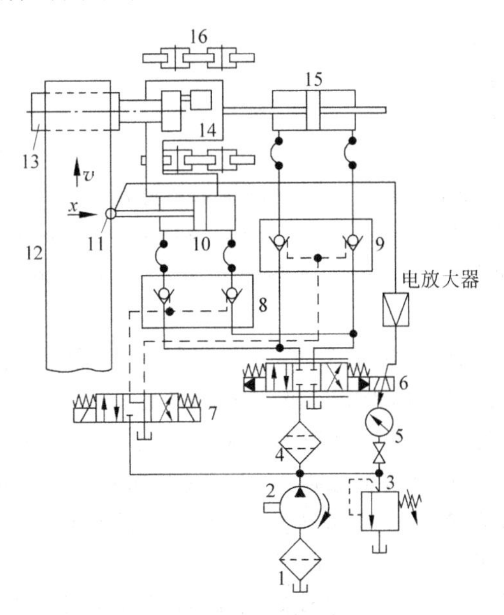

图 9-16　带钢光电液伺服跑偏控制系统组成及工作原理图

(FIGURE 9-16　Schematic illustration of components and operating principles of light and electro-hydraulic servo control system of metal band position error)

1—粗过滤器；2—液压泵；3—溢流阀；4—精过滤器；5—压力表；6—电液伺服换向阀；7—三位四通电磁换向阀；8,9—双向液压锁；10—辅助液压缸；11—光电检测器；12—带钢；13—卷筒；14—平台；15—伺服液压缸；16—导轨

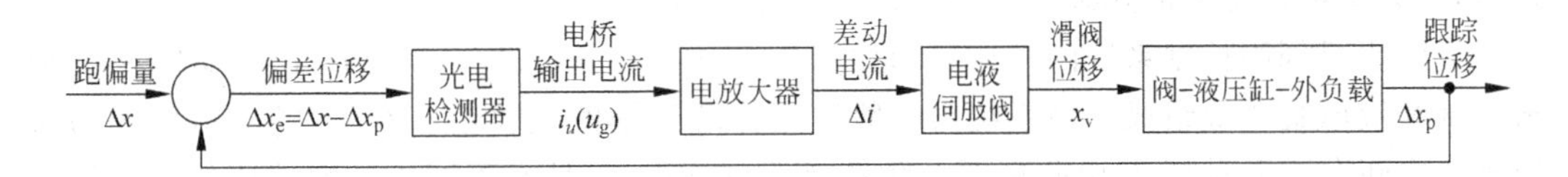

图 9-17　带钢光电液伺服跑偏控制系统框图

(FIGURE 9-17　Schematic illustration of light and electro-hydraulic servo control system of metal band position error)

带钢光电液伺服跑偏控制系统电路简图如图 9-18 所示。当带钢 12 正常卷取时，带钢 12 将光电检测器 11 光源的光照遮去一半，光电二极管接收一半光照，其电阻为 R_1。光电检测器 11 由光源和光电二极管组成，光电二极管作为电放大器的输入桥。当调整电桥电阻时，使 $R_1R_3=R_2R_4$，此时电桥平衡无输出，电液伺服换向阀 6 感应线圈无电信号输入，阀芯

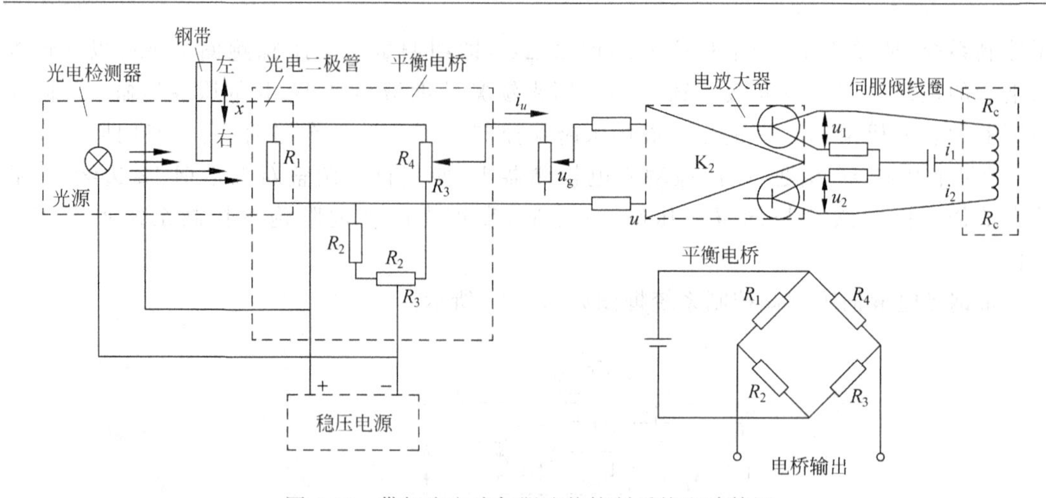

图 9-18　带钢光电液伺服跑偏控制系统电路简图

(FIGURE 9-18　Schematic illustration of electro-circuit of light and electro-hydraulic servo control system of metal band position error)

处于中位，伺服液压缸 15 两腔不通压力油，活塞停止不动。当带钢 12 的带边偏离光电检测器 11 中央跑偏时，如向右偏离时，光电二极管接收的光照减小，电阻值 R_1 随之增大，电桥失去平衡，形成调节偏差信号 u_g。此信号经电放大器放大后在电液伺服换向阀 6 差动连接的线圈上产生差动电流 Δi，这时电液伺服换向阀 6 阀芯向右产生相应的位移量，输出正比于差动电流 Δi 的工作介质流量，使伺服液压缸 15 驱动卷取机的卷筒 13 向跑偏方向跟踪，实现带钢 12 自动卷齐。由于光电检测器 11 安装在卷取机移动平台 14 上，随同卷筒 13 向跑偏方向跟踪，实现位置反馈，迅速使光电检测器 11 中央又对准带钢 12 的带边，电桥再次平衡无输出，电液伺服换向阀 6 阀芯回到中位，伺服液压缸 15 停止动作。至此，带钢光电液伺服跑偏控制系统完成了一次自动纠偏过程。

9.7　液压助力器伺服控制系统分析

液压助力器属于机液伺服控制系统。系统的给定、比较和反馈环节，均由机械构件来实现，拖动装置可以是节流式装置，也可以是容积式装置。

机液位置伺服控制系统的工作原理如图 9-19 所示。该系统由操纵杆 1、差动杆 2、随动滑阀 3 和液压缸 4 等组成。该系统与一般液压传动系统的主要区别在于，随动滑阀 3 与液压缸 4 之间有一差动杆 2，由此把两者联系起来，从而使它具有不同于一般液压传动系统的工作特性。其工作原理为：若向左推操纵杆 1，给差动杆 2 上端一个向左输入的位移量，使 a 点移至 a' 点，这时液压缸 4 中的活塞因外负载阻力较大暂时不移动，因而差动杆 2 上的 b 点就以 c 为支点左移至 b' 点，同时使随动滑阀 3 的阀芯左移，阀口 δ_2 和 δ_4 增大，而 δ_1 和 δ_3 则减小，从而导致液压缸 4 的左腔压力增高而右腔压力减小，活塞向右移动；活塞的运动通过差动杆 2 又反馈回来，使滑阀阀芯向右移动，这个过程一直进行到 b' 点又重新回到 b 点，使阀口 δ_1 和 δ_3 与 δ_2 和 δ_4 分别增大与减小到原来的位置为止，这时差动杆 2 上的 c 点运动到 c' 点，系统在新的位置上平衡；若差动杆 2 上端的位置不断地变化，则活塞的位置也连续不断地跟随差动杆 2 上端的位置变化而移动。

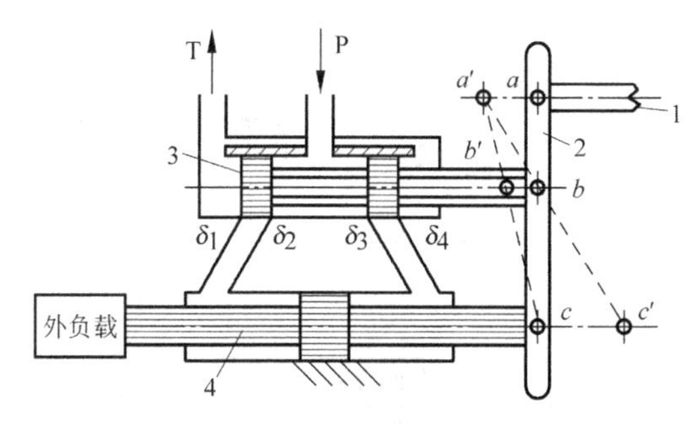

图 9-19 机液位置伺服控制系统工作原理图
(FIGURE 9-19 Schematic illustration of operating principles of mechanical hydraulic position servo control system)
1—操纵杆；2—差动杆；3—随动滑阀；4—液压缸
P—进油口；T—回油口

9.8 计算机电液控制技术分析

9.8.1 概述

随着计算机控制技术和电子技术的日益发展，液压技术也日益朝着智能化方向迈进，计算机电液控制技术是计算机控制技术与液压传动技术相结合的产物。计算机电液控制系统主要由液压传动系统、数据采集装置、信号隔离和功率放大电路、驱动电路、电气-机械转换器、主控制器(单片微机或微型计算机)及相关的显示器和键盘等组成。它是一个涉及计算机技术、机械传动技术、液压传动技术、传感技术、信号处理技术等技术的机电液一体化闭环控制系统。其优点是操作简单，人机对话方便；可进行多功能控制；易实现在线检测和实时控制。

9.8.2 液压泵控制容积调速计算机电液控制系统组成

常规的变量液压泵和变量液压马达组成的容积调速系统，因液压传动系统的工作参数(如温度、流量等)的严重时变，导致其输出参数(转速、转矩等)不稳定，使系统的静态特性和动态品质较差。液压泵控制容积调速计算机电液控制系统如图 9-20 所示。该系统是以单片微机 MCS-51 作为主控单元，对其输出量进行检测与控制。输入接口电路，经 A/D 转换后反馈到主控单元，主控单元按一定的控制策略对其进行运算后经输出接口和接口电路输送到步进电动机，再由步进电动机驱动机械传动装置，控制伺服变量液压泵的斜盘倾角，调整变量液压泵的输出参数，从而保证了变量液压马达的输出量稳定在一定的数值上。

9.8.3 液压泵控制容积调速计算机电液控制系统软件设计

液压泵控制容积调速计算机电液控制系统软件组成如图 9-21 所示。它主要由主系统管理软件、输入信号采集、A/D 转换及滤波软件、控制算法及步进电动机控制软件、系统自动复位软件、键盘及显示软件等组成。

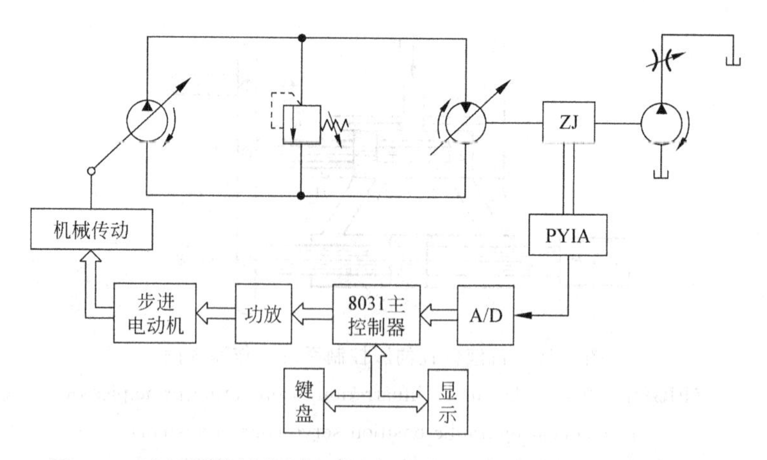

图 9-20　液压泵控制容积调速计算机电液控制系统工作原理示意图
(FIGURE 9-20　Schematic illustration of operating principle of calculator control volume adjusting speed circuit and electro-hydraulic transmission)

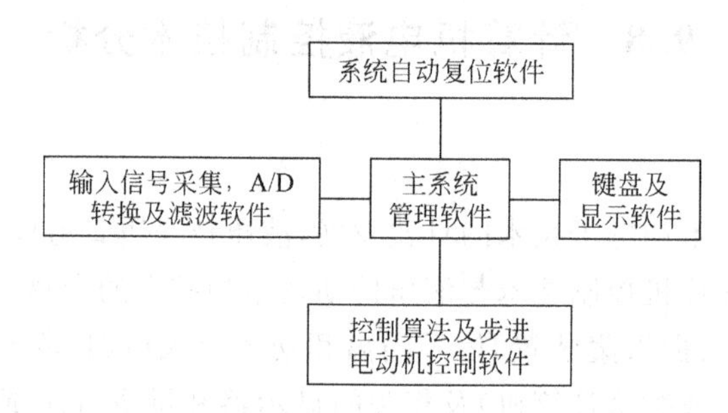

图 9-21　液压泵控制容积调速计算机电液控制系统软件组成
(FIGURE 9-21　Software components of calculator control volume adjusting speed circuit and electro-hydraulic transmission)

主系统管理软件的主要职能是在控制系统启动后自动调用控制系统自动复位软件使系统复位，然后调用显示软件进行显示，并完成调用其输入控制值、采样信号、A/D 转换及滤波软件、比较并由此调用控制算法软件，使控制系统朝着减少误差的方向运动。

系统控制算法软件是根据一定的控制策略，设计出相应的控制算法，编写出计算机应用程序。随着计算机技术和控制理论的发展，控制策略也日益增多，液压泵控制容积调速计算机电液控制系统的计算机控制中常用的控制算法有 PID 算法、砰-砰(Bang-Bang)控制算法、PID 和 Bang-Bang 相结合的控制算法。近年来，人们用智能控制方法较好地解决了液压传动系统的参数时变和非线性问题，智能控制方法不需要控制对象的准确模型，而能较好地解决控制系统的稳定性与准确性的矛盾，又能增强对不确定因素的适应性。常用的智能控制方法有模糊控制算法、参数自适应模糊控制算法以及规则可调整的模糊控制算法等。模糊控制系统原理图如图 9-22 所示。模糊控制方法的关键是模糊控制器的设计，模糊控制器由模糊化、模糊控制算法和模糊判决三部分构成。即对输入偏差量 E 和 $\mathrm{d}E/\mathrm{d}t$ 先进行模糊化，再进行模糊化运算，最后进行模糊判决，得到确切的控制量，并加到被控制对象上，由上述过程即可算出控制表，将其存入计算机。

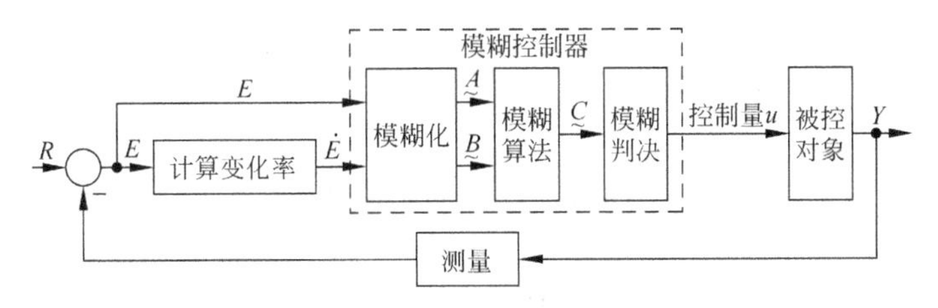

图 9-22　模糊控制系统原理图

(FIGURE 9-22　Schematic illustration of operating principle of fuzzy control system)

9.8.4　液压泵控制容积调速计算机电液控制系统硬件设计

控制系统的硬件配置包括输入通道的硬件配置、输出通道的硬件配置和主控单元的硬件配置。

输入通道将转矩传感器得到的相位差信号放大,再经过转速转矩测量仪转变成模拟量输出,然后转矩信号和转速信号分成两路经高共模抑制比电路进行放大。根据转矩信号和转速信号的电压量程不同,选取合适的放大倍数,将其电压转变成统一的量程为 200mV 至 5V 的标准电压信号,再经硬件滤波、滤去高次谐波,分别将转矩信号和转速信号接入 A/D 的通道,经 A/D 转换后送入 8031 主控单元。

输出通道包括输出电路、步进电动机和机械传动机构,后两者对控制系统的精度影响较大。在硬件设计过程中,根据液压泵控制容积调速方式选择机械传动的具体形式后,算出负载力的大小,选择步进电动机,确定控制电路的形式,以满足控制系统的精度需要。同时,根据控制系统的精度要求,对步进电动机和机械传动结构之间的精度进行合理分配,以确保控制系统的精度满足设计要求。

重点和难点课堂讨论

课堂讨论:正确阅读和分析液压传动系统工作原理图的方法。

典型案例分析

案例　ϕ710 盘式热分散机电液比例流量和压力液压传动系统的组成、工作原理、主要特点及常见故障分析(Hydraulic transmission system components and operating principle and main characteristics and troubleshooting analysis of electro-hydraulic proportional flow and pressure of model ϕ710 discal heat dispersing machine)。

1. 组成及工作原理

ϕ710 盘式热分散机的液压传动系统组成及工作原理如图 9-23 所示。当电磁铁 1YA 通电时,三位四通电磁换向阀 9 左位处于工作状态,动盘进给液压缸 15 活塞杆伸出。其主油路为:

进油路:液压泵 2→精过滤器 4→三位四通电磁换向阀 9 左位→双向液压锁 11→单向

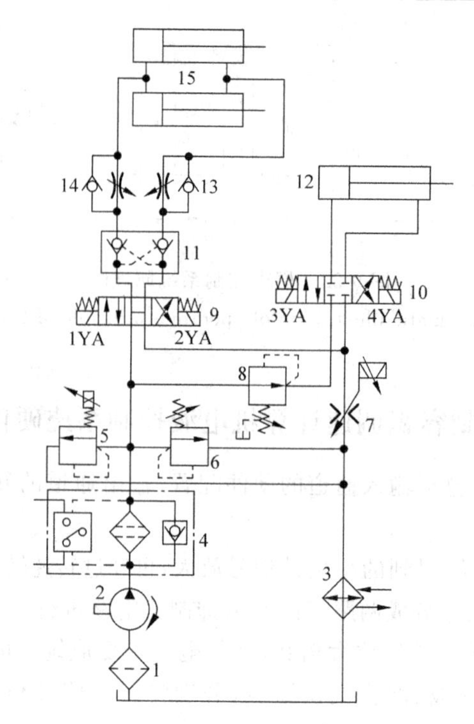

图 9-23　盘式热分散机液压传动系统工作原理图

(FIGURE 9-23　Schematic illustration of operating principles of hydraulic transmission system of model ϕ710 discal heat dispersing machine)

1—粗过滤器；2—液压泵；3—冷却器；4—精过滤器；5—电液比例溢流阀；
6—安全阀；7—电液比例流量阀；8—减压阀；9,10—三位四通电磁换向阀；11—双向液压锁；
12—机体维修液压缸；13,14—单向节流阀；15—动盘进给液压缸

节流阀 14→动盘进给液压缸 15 无杆腔。

回油路：动盘进给液压缸 15 有杆腔→单向节流阀 13→双向液压锁 11→三位四通电磁换向阀 9 左位→电液比例流量阀 7→冷却器 3→液压油箱。

当电磁铁 1YA 断电、2YA 通电时，电磁换向阀 9 右位处于工作状态，液压缸 15 活塞杆缩回。其主油路为：

进油路：液压泵 2→精过滤器 4→三位四通电磁换向阀 9 右位→双向液压锁 11→单向节流阀 13→动盘进给液压缸 15 有杆腔。

回油路：动盘进给液压缸 15 无杆腔→单向节流阀 14→双向液压锁 11→三位四通电磁换向阀 9 右位→电液比例流量阀 7→冷却器 3→液压油箱。

动盘进给液压缸 15 完成一个工作循环。盘式热分散机实际工作时，动盘进给液压缸 15 经刚性连接装置将活塞杆位移信号经位移传感器、A/D 转换模块输送到 PLC，经 PLC 处理后，再经 D/A 转换模块控制电液比例流量阀 7 的开口大小，实现了对动盘进给液压缸 15 的恒间隙实时控制的目的；根据主电动机电流的反馈信号，控制电液比例溢流阀 5 的压力大小，实现了对主电动机的恒功率(恒电流)的控制。

2. 主要特点

ϕ710 盘式热分散机液压传动系统具有以下特点：

(1) 采用了电液比例流量和电液比例压力复合控制,电液比例控制阀与 PLC 的结合,实现了磨盘定位系统恒间隙和恒功率控制。动静盘间隙为 0～15mm 时,主电动机功率能准确地调整动静盘间隙,其定位精度在±0.02mm 以内。

(2) 因盘式热分散机的液压传动系统 24h 连续工作,所以设置冷却系统,确保液压传动系统温升在规定范围内。

(3) 采用了叠加式液压元件,使液压传动系统集成化程度高。

(4) 比例流量阀采用了反比例控制,当电压 $u=0$ 时,其输出流量最大;当电压 $u=10$V 时,其输出流量为零,以便液压传动系统调试。

(5) 双向液压锁保证了液压传动系统中电磁换向阀处于中位时磨盘间隙恒定,单向节流阀便于粗调执行元件的速度。

3. 常见故障分析(Troubleshooting analysis)

故障现象 1:液压传动系统无压力。

诊断与维修方法:属于安装调试过程故障。

(1) 目测电动机轴转向是否正确。

(2) 目测管路和连接件是否有外泄漏的地方。

(3) 检查电液比例溢流阀放大器 ①～② 0～10V,③～④ 0～24V,“+/-”极是否接反。

(4) 检查液压泵、溢流阀是否损坏。溢流阀是否处于全开状态? 调到压力设定值后,故障排除。

故障现象 2:液压泵启动,压力达到设定值 9.1MPa 后,半小时内压力下降至 4.0MPa 后稳定不变,重新启动液压泵还是同样故障。

诊断与维修方法:属于使用现场故障。

诊断方法:在确定电液比例溢流阀、安全阀、管路泄漏没有问题的前提下,检查液压泵,打开液压油箱盖后发现液压泵壳体发热严重,系因吸油过滤器完全被纸浆纤维糊住,吸油阻力过大所致。

维修方法:排掉液压油箱内工作介质,彻底清洗液压油箱,清洗或更换液压泵,更换吸油过滤器,加注清洁的工作介质后启动液压泵,液压传动系统工作压力设定在 8MPa,设备工作稳定,无压力波动现象。

故障现象 3:维修液压缸 12 工作正常,液压传动系统工作压力为 8MPa 正常,动盘进给液压缸 15 只能进刀却无法退刀。

诊断与维修方法:属于使用现场故障。

诊断方法:

(1) 控制退刀的单向节流阀 13 开口调得太小。

(2) 动盘进给液压缸的主液压换向阀 9 阀芯卡死或退刀电磁铁 2YA 未通电。

(3) 电液比例流量阀受到电磁干扰或放大器故障。

(4) 电液比例流量阀本身故障。

维修方法:先将液压站和控制柜接地,液压站屏蔽处理;单向节流阀 13 开口调大;测量退刀电磁铁 2YA 是否有电信号;反复推动主液压换向阀 9 阀芯,故障仍未排除。因盘式热分散机工作时,振动特别强,此时所需流量极小,电液比例流量阀 7 阀芯处于半关闭状态,振动大导致阀芯波动,动盘进给液压缸 15 无法退刀,更换电液比例流量阀 7 后,故障排除。

故障现象 4：液压传动系统工作压力为 8MPa，动盘进给液压缸 15 工作正常，但机体维修液压缸 12 不动作。

诊断与维修方法：属于使用现场故障。

诊断方法：

(1) 减压阀 8 调定压力太小。

(2) 电磁换向阀 10 阀芯卡死或电磁铁未通电。

(3) 机体维修液压缸 12 本身故障。

维修方法：检查减压阀 8 调定压力是否大于 3MPa；测量电磁换向阀 10 是否有电信号；反复推动电磁换向阀 10 阀芯，故障仍未排除。将机体维修液压缸 12 拆下，让其在无外负载的情况下往复运动，用高压气体把机体各注油孔吹干净，在导轨上均匀注入润滑脂。安装好机体维修液压缸 12 后，再次启动液压泵，机体推开、合拢自如。

故障现象 5：液压传动系统工作压力为 8MPa 正常，动盘进给液压缸 15 在定位点有自走现象，导致精度降低。

诊断与维修方法：属于使用现场故障。

诊断方法：

(1) 双向液压锁 11 被污染或本身质量差。

(2) 液压工作介质被污染。

维修方法：更换双向液压锁 11，故障仍未排除。过滤液压工作介质，清洗双向液压锁 11 后，故障排除。

本章小结

本章介绍了 8 个典型的液压传动系统和液压机二通插装阀集成液压传动系统，重点分析了每个典型的液压传动系统的组成、工作原理和特点。指出了各类液压传动系统的功能、复杂程度是不同的，但有一点是相同的，那就是都由基本回路构成。强调了正确理解液压传动基础知识和基本原理，掌握液压传动基本回路原理和特点的重要意义。详细说明了阅读和分析液压传动系统工作原理图的方法，可以为研究和设计液压传动系统打下必要的基础。

思考题和习题

1. 怎样阅读和分析一个液压传动系统？

2. 图 9-2 所示的 YT4543 型动力滑台液压传动系统是由哪些液压基本回路组成的？液压阀 4、7、18 在液压传动系统中起什么作用？

3. 图 9-5 所示的液压机液压传动系统是由哪些液压基本回路组成的？其特点有哪些？

4. 图 9-8 所示的汽车起重机液压传动系统是由哪些液压基本回路组成的？重点分析各种基本回路的特点。为什么在工程机械中，主要采用手动换向阀？

5. 图 9-11 所示的注塑机液压传动系统是由哪些液压基本回路组成的？其特点有哪些？重点分析各种液压基本回路的特点。

6. 微机电液控制的主要组成是什么？有何特点？

7. 试填写图 9-24 所示的液压传动系统图中的电磁铁和压力继电器动作顺序表，并分析组成液压传动系统的基本回路和液压传动系统的特点。

说明：(1) Ⅰ、Ⅱ为互不干扰回路。

(2) 3YA、5YA 有一个通电时，1YA 便通电。

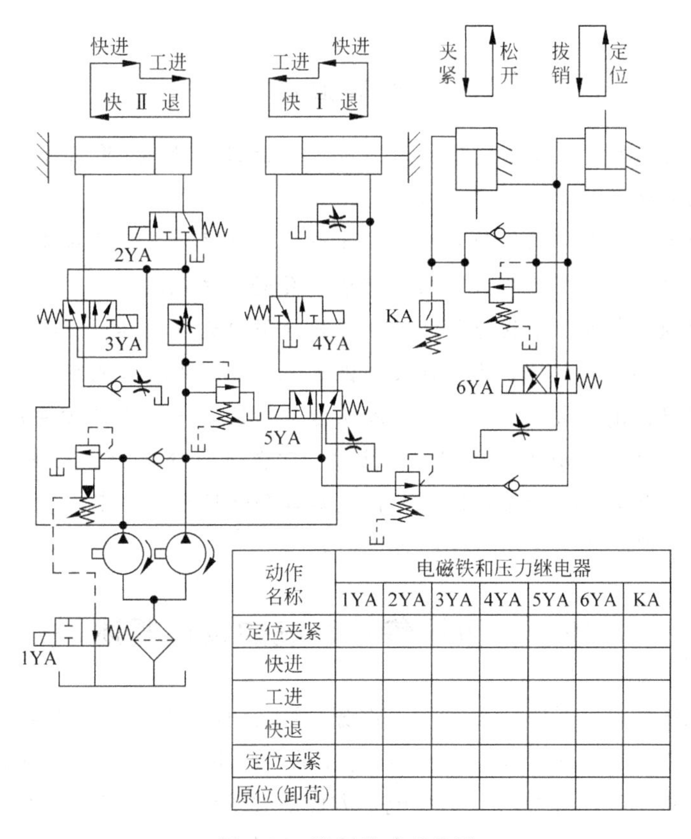

动作名称	电磁铁和压力继电器						
	1YA	2YA	3YA	4YA	5YA	6YA	KA
定位夹紧							
快进							
工进							
快退							
定位夹紧							
原位(卸荷)							

图 9-24 液压传动系统图

(FIGURE 9-24 Schematic illustration of hydraulic transmission system)

第10章 液压传动系统的设计与计算

本章指南

本章主要内容：主要讲述了液压传动系统的设计步骤，并通过实例进一步说明液压传动系统的设计与计算程序。

本章重点：掌握液压传动系统的设计与计算程序；能够正确选用液压传动系统主要性能参数和液压元件及正确拟定液压传动系统原理图。

本章难点：先对外负载进行运动分析并绘制出速度循环图；再对外负载进行受力分析并绘制出负载图；然后再绘制出液压执行元件的工况图。

本章教学目的和要求：正确使用液压传动系统的一般设计方法；了解选择设计方案及拟定液压传动系统原理图的方法；学会负载分析和速度循环图、负载图的绘制；正确选用液压传动系统主要性能参数和液压元件及掌握液压执行元件工况图的绘制；理解液压传动系统的性能验算。

10.1 液压传动系统的设计概述

液压传动系统的设计是整机设计的一部分，是对前面各章内容的综合运用，目前液压传动系统的设计主要采用的是经验法，也是在专家的经验指导下采用计算机辅助设计进行的。它除了应符合整机工作循环和静动态性能等方面的要求外，还应当满足工作安全可靠、效率高、结构简单、寿命长、经济性好、使用和维修方便等条件。

液压传动系统的设计没有固定的统一步骤，根据主机系统的简繁、借鉴的多寡和设计人员经验的不同，在做法上有所差异。各部分的设计有时还要交替进行，甚至要经过多次反复修改才能完成。

液压传动系统的设计步骤和内容大致如下：

(1) 明确液压传动系统的设计要求，进行工况分析；

(2) 确定液压传动系统的主要性能参数；

(3) 拟定液压传动系统工作原理图；

(4) 计算和选择液压元件规格；

(5) 验算液压传动系统的性能；

(6) 液压传动装置的结构设计；

(7) 绘制工作图和编写技术文件。

10.2　明确设计要求,进行工况分析

1. 明确设计要求(Understanding design requirements)

在进行液压传动系统设计时,应明确下列设计要求:

(1) 外负载的运动方式(直线运动、摆动或转动),动作循环及其范围;

(2) 外负载力(或转矩)和运动速度(或转速)的大小、性质及变化范围;

(3) 各液压执行元件之间的动作顺序、转换方式和互锁性能要求;

(4) 对于动作循环较复杂的液压执行元件,或相互动作关系较复杂的几个液压执行元件,应绘出完整的运动循环图;

(5) 整机工作性能如工作的可靠性、速度的平稳性、转换精度、停留时间等方面的要求;

(6) 液压传动系统的工作环境,如温度及其变化范围、湿度、冲击、振动、污染、腐蚀或易燃性等(这涉及液压元件和液压工作介质的选用);

(7) 整机的空间位置、布置方式(卧式、垂直式或斜式)和类型;

(8) 其他要求,如液压装置的外形尺寸、重量、经济性等方面的要求。

2. 进行工况分析(Analyzing operating load condition)

液压传动系统的工况分析是分析液压传动设备在工作过程中其液压执行元件在各阶段的运动和外负载之间的变化规律,在此基础上,绘制出速度图和负载图。液压传动系统的工况分析包括运动分析和负载分析。

1) 运动分析和速度图

液压传动系统的运动分析是研究主机依据工艺要求应以怎样的运动规律完成一个完整的工作循环,即研究运动的形式(直线运动、摆动或旋转运动)、运动行程长短、运动的速度大小和变化范围及运动变化规律(循环过程和周期)等。一般用速度-时间(v-t)或速度-位移(v-s)曲线表示,这种图形被称为速度图。图 10-1 所示为组合机床液压动力滑台的动作循环图(图 10-1(a))和相应的速度图(图 10-1(b))。

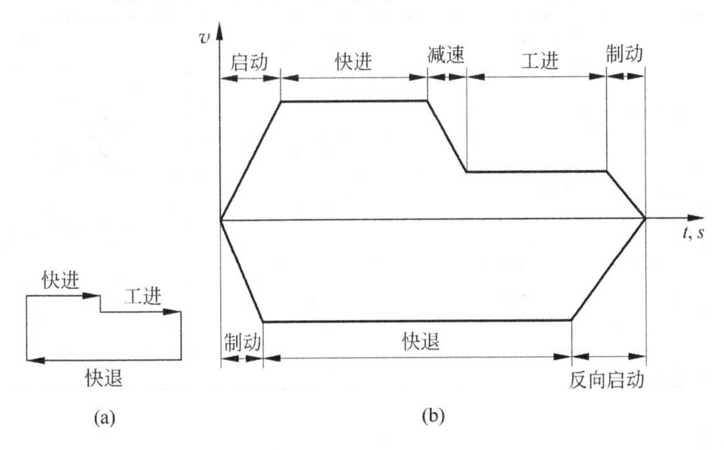

图 10-1　组合机床液压动力滑台的动作循环和速度图

(FIGURE 10-1　Operating cycle and speed schematic illustration of power worktable in combining machine tool)

2）负载分析和负载图

液压传动系统的负载分析是分析液压传动系统的液压执行元件在工作过程中各阶段的外负载变化规律。通常将一个工作循环内各阶段的外负载值列表表示，或用图形表示。一般用负载-位移（F-s）或负载-时间（F-t）曲线表示，这种图形被称为负载图。

（1）液压执行元件液压缸（或液压马达）的负载分析

液压缸在作直线往复运动时，要克服以下6种负载：工作负载、重力负载、惯性负载、导轨摩擦负载、密封负载和背压负载（前4种为外负载，后2种为内负载）。液压执行元件在工作循环中，各动作阶段的负载类型和大小是不同的。若液压执行元件是液压马达，计算时应将力换成转矩。工作负载取决于液压设备的工作性质，有恒值负载和变值负载之分。重力负载是指垂直或倾斜放置的运动部件，在没有平衡的情况下，其自重也成为一种负载。惯性负载是指运动部件在启动和制动过程中的惯性力。导轨摩擦负载是指液压执行元件驱动工作机构运动时所需克服的导轨或支承面上的摩擦阻力。密封负载是指密封装置的摩擦力。背压负载是指液压执行元件回油腔背压所造成的阻力。

① 启动阶段

这时液压缸活塞或缸筒处于将动而未动状态，其总负载为

$$F=\pm F_L+F_{fs}\pm F_G=\pm F_L+f_sF_n\pm F_G \tag{10-1}$$

式中，F_L——工作负载。当工作负载方向与液压缸活塞或缸筒的推力方向相反时，为正值工作负载，相同时为负值工作负载。对非工作行程，$F_L=0$。

F_{fs}——静摩擦力。

f_s——摩擦面的静摩擦因数，其数值与导轨的种类、材料和润滑条件有关。在正常润滑条件下的静摩擦因数见表10-1。

F_n——作用在导轨或支撑面上的正压力。

F_G——垂直放置和倾斜放置的运动部件的重力负载。液压缸活塞或缸筒向上运动时为正值重力负载，向下运动时为负值重力负载。

表10-1 导轨摩擦因数

（TABLE 10-1 Slide guideways friction coefficient）

导轨种类	导轨材料	摩擦因数	工作状态
滑动导轨	铸铁对铸铁	0.16～0.20	启动
		0.05～0.08	高速运动（v>10m/min）
		0.10～0.12	低速运动（v<10m/min）
	金属兼复合材料	0.042～0.15	
	自润滑尼龙	0.16～0.20	低速中载（也可润滑）
滚动导轨	淬火钢导轨＋滚柱（珠）	0.003～0.006	
	铸铁导轨＋滚柱（珠）	0.005～0.02	
气浮导轨	铸铁、钢或大理石	0.001	
静压导轨	铸铁对铸铁	0.0005	

② 加速阶段

液压缸活塞或缸筒速度从零到恒速的阶段，总负载F为

$$F=\pm F_L+F_{fd}+F_m\pm F_G+F_b=\pm F_L+f_dF_n+\frac{F_G}{g}\frac{\Delta v}{\Delta t}\pm F_G+F_b \tag{10-2}$$

式中，F_{fd}——动摩擦力。

f_d——动摩擦因数。

F_m——惯性负载，这是所有运动部件在启动加速(或制动减速)过程中的惯性力。

g——重力加速度。

Δv——速度变化量。

Δt——启动或制动时间。一般机械取 $\Delta t=0.1\sim0.5s$，轻载低速运动部件取小值，重载高速取较大值；磨床取 $\Delta t=0.01\sim0.05s$；对行走机械取 $\Delta v/\Delta t=0.5\sim1.5m/s^2$。

F_b——回油背压负载，背压力 p_b 见表 10-2。

③ 恒速阶段

总负载为

$$F=\pm F_L+F_{fd}\pm F_G+F_b=\pm F_L+f_dF_n\pm F_G+F_b \tag{10-3}$$

④ 制动阶段(或制动减速)

总负载为

$$F=\pm F_L+F_{fd}-F_m\pm F_G+F_b=\pm F_L+f_dF_n-F_m\pm F_G+F_b \tag{10-4}$$

表 10-2　液压传动系统中背压力的经验数据

(TABLE 10-2　Back pressure testing values of hydraulic transmission system)

回 路 特 点	背压力 p_b/MPa
进口调速	0.1～0.2
进口调速，回油装背压阀	0.2～0.5
出口调速	0.6～1.5
闭式回路，带补油辅助泵	1.0～1.5
工作压力超过 25MPa 的高压系统	1.2～3.0
采用内曲线液压马达	0.7～1.2

(2) 液压执行元件液压缸(或液压马达)的负载图

按照上述各阶段液压执行元件液压缸的负载值和各负载值所经历的工作时间(或位移量)，绘制出液压缸的负载图(F-t 图或 F-s 图)，如图 10-2 所示。图 10-2 中示出的最大负载值是初选液压缸工作压力和确定液压缸结构参数时的重要依据。

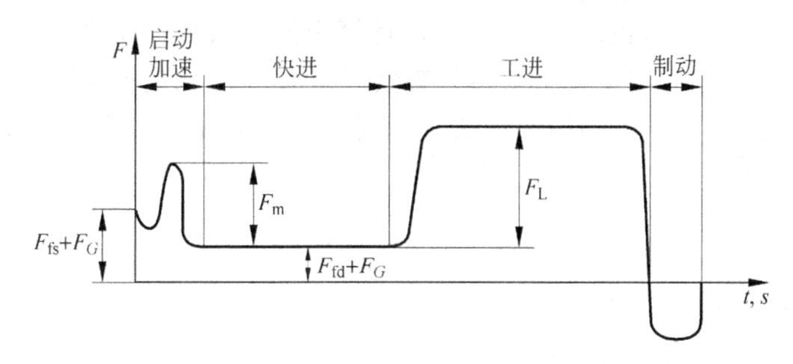

图 10-2　液压缸负载图

(FIGURE 10-2　Load schematic illustration of hydraulic cylinder)

10.3 确定液压传动系统的主要性能参数

工作压力 p 和最大流量 q_{max} 是液压传动系统中两个最主要的参数，它们是计算液压传动系统和选择液压执行元件、控制元件、辅件元件、动力元件和原动机（内燃机或电动机）规格和型号的重要依据。

1. 液压传动系统的工作压力（Operating pressure of hydraulic transmission system）

液压传动系统工作压力选定是否合适，直接关系到所设计的整机是否经济合理。若液压传动系统工作压力选得过高，虽然使得液压执行元件和系统的结构紧凑，但对液压元件的强度、刚度及密封要求高；反之，若液压传动系统工作压力选得过低，就会增大执行元件及系统的尺寸，使结构变得庞大。一般液压传动系统的工作压力可以根据液压执行元件负载图中的最大负载选取，见表 10-3；也可根据整机设备类型选取，见表 10-4。

表 10-3 按外负载选择液压传动系统的工作压力

（TABLE 10-3 Selecting operating pressure of hydraulic transmission system with respect to the external load）

外负载 F/N	<5000	5000～10 000	10 000～20 000	20 000～30 000	30 000～50 000	>50 000
工作压力 p/MPa	<0.8～1	1.5～2	2.5～3	3～4	4～5	≥5～7

表 10-4 按整机设备类型选择液压传动系统的工作压力

（TABLE 10-4 Selecting operating pressure of hydraulic transmission system with respect to the equipment type）

设备类型	机床				工程机械中的小型工程机械、船舶机械辅助机构、农业机械	大中型挖掘机、船舶起货机、压力机、重型机械、起重运输机械
	磨床	组合机床	车、镗、铣床	拉床 龙门刨床		
工作压力 p/MPa	0.8～2	3～5	2.5～6.3	<10	10～16	16～32

2. 液压执行元件的最大流量（Maximum flow of hydraulic actuators）

液压执行元件的最大流量 q_{max} 可以根据液压执行元件速度图中的最大速度计算出来。它与液压执行元件的结构参数（液压缸的有效工作面积 A 和液压马达的排量 V）有关，通常先确定液压传动系统的工作压力 p，再按整机设备最大外负载值和初选的液压执行元件机械效率 η_m 计算出液压缸的有效工作面积 A 或液压马达的排量 V，经过充分与必要的验算和圆整后取得液压执行元件的结构参数，最后计算出液压执行元件的最大流量 q_{max}。

1）液压执行元件液压缸主要结构参数有效工作面积 A 和最大实际流量 q_{max} 的确定

（1）液压执行元件液压缸的输出力必须满足整机设备最大外负载力 F_{max} 的要求，因此双作用单杆活塞缸无杆腔有效工作面积为

$$A=\frac{F}{(p_1-\lambda_v p_2)\eta_{cm}} \tag{10-5}$$

式中，p_1——液压缸的无杆腔压力；

λ_v——液压缸的往复行程速比系数；

p_2——液压缸的背压力；

η_{cm}——液压缸的机械效率。

液压执行元件液压缸的有效工作面积除了能满足整机设备最大外负载要求以外，还必须能满足液压控制元件流量控制阀最小稳定流量 q_{min} 的要求，因而还应该对液压缸的有效工作面积 A 进行验算。若液压缸的最低稳定速度为 v_{min}，则

$$A \geqslant \frac{q_{min}\eta_{cV}}{v_{min}} \tag{10-6}$$

式中，η_{cV}——液压缸的容积效率。

液压执行元件液压缸的有效工作面积 A 值，从按式(10-5)和式(10-6)计算出来的数值中选取较大者。

(2) 液压执行元件液压缸最大实际流量为

$$q_{max} = Av_{max}/\eta_{cV} \tag{10-7}$$

2) 液压执行元件液压马达主要结构参数排量 V 和最大实际流量 q_{max} 的确定

(1) 液压执行元件液压马达的输出转矩必须满足整机设备最大外负载转矩 T 的要求，因此液压马达的排量 V 为

$$V = 2\pi T/\Delta p\eta_{mm} \tag{10-8}$$

式中，η_{mm}——液压马达的机械效率。

按液压马达最低稳定转速 n_{min} 的要求验算所选定的液压马达的排量 V，即

$$V \geqslant \frac{q_{min}\eta_{mV}}{n_{min}} \tag{10-9}$$

式中，η_{mV}——液压马达的容积效率。

液压执行元件液压马达的排量 V 值，从按式(10-8)和式(10-9)计算出来的数值中选取较大者。

(2) 液压马达的最大实际流量 q_{max} 为

$$q_{max} = Vn_{max}/\eta_{mV} \tag{10-10}$$

式中，n_{max}——液压马达的最高转速。

3. 绘制液压传动系统执行元件工况图(Drawing operating load condition schematic diagram of actuator in hydraulic transmission system)

液压传动系统执行元件工况图包括压力图、流量图和功率图。

1) 液压执行元件工况图的绘制

液压执行元件的工况图包括压力图、流量图和功率图。压力图、流量图是液压执行元件在运动循环中各阶段的压力与位移或压力与时间、流量与位移或流量与时间的关系图。功率图是依据压力与流量计算出各循环阶段所需功率绘制出的功率与位移或功率与时间的关系图。

根据式(10-5)、式(10-6)、式(10-8)和式(10-9)计算出的液压执行元件液压缸(或液压马达)的有效工作面积(或排量)和工作循环中各阶段的负载，即可绘制出压力图 10-3(a)。

根据式(10-7)和式(10-10)计算出的液压执行元件液压缸(或液压马达)的有效工作面积(或排量)和工作循环中各阶段的运动速度，即可绘制出流量图 10-3(b)。

根据已绘制出的压力图和流量图，初算出液压传动系统各阶段所需的功率，即可绘制出功率图 10-3(c)。

2）液压执行元件工况图的作用

由工况图 10-3 可以方便和直观地查出最大工作压力、最大实际流量和最大功率，根据这些参数可选择液压动力元件液压泵和原动机的规格。通过对工况图 10-3 进行分析，设计者还可以较容易地选择合理的液压基本回路，确定合适的液压传动系统。

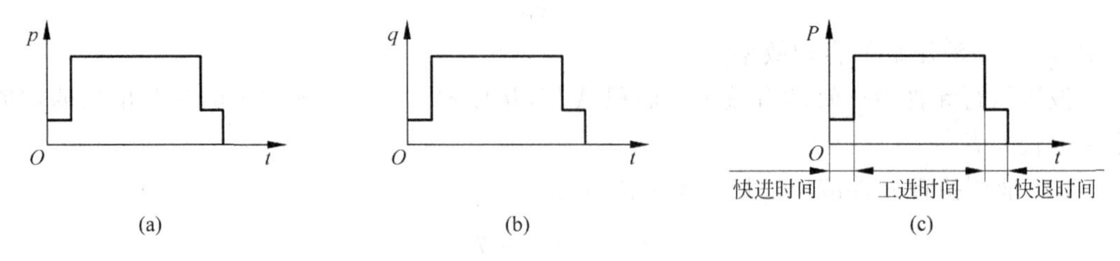

图 10-3　液压执行元件工况图

（FIGURE 10-3　Operating load condition schematic diagram of hydraulic actuator）

10.4　液压传动系统原理图的拟定

拟定液压传动系统原理图是整个设计工作中最重要的内容，它直接影响液压传动系统的性能和设计方案的合理性、经济性。拟定液压传动系统原理图所需的知识面较广，要综合应用前面的各章内容，一般的方法是：正确地选择液压元件和液压基本回路，并将它们科学地、有机地组合起来。组成的液压传动系统应能满足设计任务书中提出的各项要求，同时还要使液压传动系统简单可靠、成本低和效率高。

1. 选择液压传动系统的类型（Selecting hydraulic transmission system type）

液压传动系统的类型有开式和闭式两种。通常节流调速和容积节流调速方式的系统选用开式液压传动系统，即执行元件的排油回液压油箱，油液经过沉淀、冷却后再进入液压泵进口。容积调速方式的系统，如航空航天液压装置和行走机械为减少体积和重量可选择闭式液压传动系统，即执行元件的排油直接进入液压泵的进口。

2. 选择液压执行元件的类型（Selecting hydraulic actuator type）

（1）若要求液压传动系统实现直线运动，应选用柱塞式液压缸或活塞式液压缸。

（2）若要求液压传动系统实现往复摆动，应选用齿条式液压缸或摆动液压缸。

（3）若要求液压传动系统实现连续回转运动，应选用液压马达。如果转速高于 500r/min，可直接选用高速液压马达；若转速低于 500r/min，可选用低速液压马达或高速液压马达加机械减速装置。

3. 选择液压动力元件的类型（Selecting hydraulic power component type）

（1）若液压传动系统采用节流调速，选用定量液压泵；若液压传动系统要求高效节能，应选用变量液压泵。

（2）液压传动系统工作压力 $p \leqslant 21\text{MPa}$ 时，选用齿轮式液压泵和叶片式液压泵；$p > 21\text{MPa}$ 时，选用柱塞泵。

（3）若液压传动系统有多个液压执行元件，且各工作循环所需流量相差很大，应选用多台液压泵供油，实现分级调速。

4. 调速方式的选择(Selecting speed control circuit type)

(1) 在中小型液压机床中,开式液压传动系统采用定量泵节流调速回路控制负载运动速度。

(2) 在原动机为内燃机或汽油机的液压机、挖掘机和液压汽车起重机的设备中,采用定量泵变速调节流量实现外负载变速,同时用液压多路换向阀阀口实现微调。

(3) 在多数工程机械中,闭式液压传动系统采用变量泵容积调速回路控制外负载运动速度。

(4) 采用变量液压泵调速,可以是手动变量调速,也可以是压力适应变量调速。

5. 调压方式的选择(Selecting pressure control circuit type)

(1) 溢流阀旁接在液压泵出口,在进、回油路节流调速开式液压传动系统中,液压传动系统压力恒定。当液压传动系统在工作循环不同阶段的工作压力相差很大时,为减少能量损失,应采用多级调压。

(2) 在中低压小型液压传动系统中,为了获得低于主系统压力的二次压力可选用减压阀,大型液压传动系统宜选用单独的控制油源。

(3) 对主机有垂直外负载应采用平衡回路,对垂直变化外负载应采用限速锁,以保证外负载平稳下落。

(4) 为了使液压执行元件不动作时液压泵在很小输出功率下工作,应采用卸荷回路。

6. 换向回路的选择(Selecting directional control circuit type)

(1) 在挖掘机、装载机和液压汽车起重机等工作环境恶劣的液压传动系统中,采用多路换向阀的换向回路。

(2) 在车辆马达和起重卷扬机等闭式液压传动系统中,采用手动双向变量泵的换向回路。

(3) 在自动化程度较高的液压设备中,采用电液比例换向阀和电液数字换向阀的换向回路。

7. 液压基本回路的选择(Selecting hydraulic basic circuit type)

在确定了液压传动系统的类型、液压执行元件和液压动力元件后,应根据设备的工作特点和对其性能要求,在考虑节省能源、减小冲击和发热、保证动作精度等问题的同时,先确定满足整机设备要求的主要回路,再考虑其他辅助回路。在选择回路时,一般会有多种方案供参考,要反复对比,尽量多吸收同类型液压传动系统中已经采用的,并被实践证明比较实用的基本回路。

8. 液压基本回路的确定(Determining hydraulic basic circuit type)

液压基本回路的确定就是把已挑选出来的几种液压基本回路方案进行整理、归并,再增加一些必要的液压元件或辅助油路,使其成为一个完整的液压传动系统。做这项工作时还要考虑以下几点内容:

(1) 在确保整机设备在工作循环中的每个动作都安全可靠,且互不干扰的同时,尽量采用最简单的液压基本回路,使整机设备的液压传动系统简单化;

(2) 防止液压传动系统过热,尽可能提高整机设备液压传动系统的总效率;

(3) 尽可能使整机设备液压传动系统经济合理,便于检测和维修;

(4) 尽量减少自行设计的专用件,多采用通用元件和标准元件。

10.5 液压元件的计算与选择

液压元件的计算和选择是指计算该元件在工作中承受的压力和通过的流量，以便确定元件的规格和型号。通常，还应该计算原动机的功率和液压油箱的容量。

1. 动力元件液压泵的选择(Selecting hydraulic pump of hydraulic power component)

根据整机设备工况和对液压传动系统的设计要求确定液压泵的类型，按照液压泵的最大工作压力和最大流量来选择液压泵的规格和型号。

1）确定液压泵的最大工作压力 p_{pmax}

液压泵的最大工作压力 p_{pmax} 按下式计算：

$$p_{\mathrm{pmax}} \geqslant p_{\mathrm{amax}} + \sum \Delta p_{\mathrm{lt}} \tag{10-11}$$

式中，p_{amax}——液压执行元件的最大工作压力，也可从压力图中选取最大值。

$\sum \Delta p_{\mathrm{lt}}$——液压泵出口到液压执行元件入口之间所有沿程压力损失和局部压力损失之和。一般，节流调速和管路简单的液压传动系统取 $\sum \Delta p_{\mathrm{lt}} = 0.2 \sim 0.5\mathrm{MPa}$；有调速阀和管路较复杂的液压传动系统取 $\sum \Delta p_{\mathrm{lt}} = 0.5 \sim 1.5\mathrm{MPa}$。

2）确定液压泵的最大流量 q_{pmax}

液压泵的最大流量 q_{pmax} 按执行元件工况图上的最大流量及回路系统中的泄漏量来确定。q_{pmax} 按下式计算：

$$q_{\mathrm{pmax}} \geqslant K \left(\sum q\right)_{\max} \tag{10-12}$$

式中，K——回路系统泄漏系数，一般 $K=1.1\sim1.3$，小流量时取小值，大流量时取大值；

$\left(\sum q\right)_{\max}$——同时动作的各液压执行元件所需流量之和的最大值，也可从流量图中选取最大值。

若液压传动系统中采用了蓄能器供油，液压泵的最大流量按一个工作循环中的平均流量和回路系统中的泄漏量之和来选取，即

$$q_{\mathrm{pmax}} \geqslant \frac{K}{T} \sum_{i=1}^{n} q_i \Delta t_i \tag{10-13}$$

式中，T——整个工作循环周期的时间；

n——一个工作循环的工序数；

q_i——工作循环中第 i 工序所需的流量；

Δt_i——第 i 工序持续的时间。

3）选择液压泵的规格

根据液压泵的最大工作压力 p_{pmax} 值和液压泵的最大流量 q_{pmax} 值，从产品样本或参考手册中选出合适的液压泵型号和规格。通常液压泵的额定压力比 p_{pmax} 高 10%～30%。液压泵的额定流量与 q_{pmax} 相当。

2. 确定所需原动机的功率(Determining power of drive unit)

(1) 在整个工作循环中，液压泵的功率变化较小时，按工况图中最大功率点选取液压泵所需驱动功率，即原动机的功率为

$$P \geqslant \frac{(pq)_{\max}}{\eta_{\mathrm{p}}} \tag{10-14}$$

式中，$(pq)_{max}$——液压泵的压力和流量乘积的最大值；

η_p——液压泵的总效率，参照产品样本选取。

（2）在整个工作循环中，液压泵的功率变化较大，且最大功率点持续时间非常短时，可按式(10-14)分别计算出工作循环各工序的功率，然后用下式计算其所需原动机的平均功率：

$$P \geqslant \sqrt{\frac{\sum_{i=1}^{n} P_i^2 t_i}{\sum_{i=1}^{n} t_i}} \tag{10-15}$$

式中，t_i——一个工作循环中，第 i 工序持续的时间；

P_i——一个工作循环中，第 i 工序的功率。

求出了平均功率后，还需要验算每一个工序原动机（内燃机或电动机）的超载量是否在允许的范围内，原动机允许短期超载量一般为 25%。否则应按最大功率选取。

3. 控制元件液压阀的选择(Selecting hydraulic valve of control component)

根据液压传动系统的最大工作压力和流经液压阀的最大实际流量由产品样本确定液压阀的规格和型号，通过液压阀的实际流量可略大于该液压阀的额定流量，但不许超过 20%，以免压力损失过大，引起噪声和发热；选择压力控制阀时应考虑调压范围，选择流量控制阀时应注意其最小额定流量，选择换向控制阀时除考虑压力、流量外，还应考虑其中位机能及操纵方式；液压阀安装一般多选择板式连接，尽量少选择管式连接，以便节省主机空间。

4. 辅助元件的选择(Selecting hydraulic Accessories)

液压密封装置、液压油箱、加热器、冷却器、管路及管接头、过滤器和蓄能器等液压辅助元件可按照第 7 章的有关原则进行选取。

5. 列出所用液压元件明细表(Charting hydraulic component tables)

在所用液压元件规格和型号选定之后，应列出内燃机或电动机、全部液压元件、检测仪表的明细表，表中应注明名称、规格、型号和数量等参数及备注说明栏，以便采购订货。

10.6　液压传动系统的性能验算

按照液压元件明细表中所列的全部液压元件的规格，对液压传动系统的压力损失、发热温升和总效率进行验算。

1. 液压传动系统压力损失的验算(Pressure losses calculation of hydraulic transmission system)

通过验算液压传动系统总的压力损失 $\sum \Delta p_{lt}$，就可以正确地调整液压泵的工作压力，使液压执行元件输出的机械能满足设计要求。若计算结果 $\sum \Delta p_{lt}$ 与前面设计的压力损失相差较大时，应对原设计进行修正。

液压传动系统总的压力损失 $\sum \Delta p_{lt}$ 由管路的沿程压力损失 $\sum \Delta p_{\lambda}$、局部压力损失 $\sum \Delta p_{\zeta}$ 和控制阀类等元件的局部压力损失 $\sum \Delta p_{v}$ 组成，即

$$\sum \Delta p_{lt} = \sum \Delta p_{\lambda} + \sum \Delta p_{\zeta} + \sum \Delta p_{v} \tag{10-16}$$

2. 液压传动系统总效率的验算(Total efficiency calculation of hydraulic transmission system)

液压传动系统的总效率 η 等于液压泵的总效率 η_p、回路的总效率 η_l 和液压执行元件的总效率 η_a 的乘积,即

$$\eta = \eta_p \eta_l \eta_a \tag{10-17}$$

液压传动系统在一个工作循环周期内的平均回路效率 η_{la} 由下式计算:

$$\eta_{la} = \frac{\sum_{i}^{n} \eta_i t_i}{T} \tag{10-18}$$

式中,η_i——一个工作循环中,第 i 工序的回路效率;

t_i——一个工作循环中,第 i 工序持续的时间;

T——整个工作循环的周期时间。

3. 液压传动系统发热温升的验算(Oil heated and temperature increment calculation of hydraulic transmission system)

液压传动系统在工作时存在着各种各样的机械损失、压力损失和流量损失,这些损失转变为热能,使工作介质温度升高。工作介质温度升高会加速工作介质变质,使黏度下降,泄漏增加;整机设备产生热变形,降低精度;液压元件中热膨胀系数不同的相对运动零件的间隙变小甚至卡死。因此,必须对液压传动系统进行发热温升的验算,以便使整机设备液压传动系统在规定的温度范围内正常工作。各种液压设备液压传动系统工作介质的温度允许值范围见表 10-5。

表 10-5 各种整机设备液压传动系统工作介质温度允许值范围

(TABLE 10-5 Temperature allowable value range of operating medium of hydraulic transmission system in the equipment)

℃

液压设备名称	正常工作温度	最高允许温度	工作介质及液压油箱的温升
工程机械、矿山机械	50~80	70~90	≤35~40
机床	30~55	55~70	≤30~35
金属粗加工机械、无屑加工机械	30~70	60~90	≤35~40
数控机床	30~50	55~70	≤25
船舶	30~60	80~90	≤35~40
机车车辆	40~60	70~80	≤35~40

1) 液压传动系统发热量的计算

液压传动系统的总发热量 H 可按下式计算:

$$H = P(1-\eta) \tag{10-19}$$

式中,P——液压泵的输入功率,kW;

η——液压传动系统的总效率。

若一个工作循环中有几个工序,则可根据各工序的发热量,求出液压传动系统的总平均发热量:

$$H = \frac{1}{T}\sum_{i=1}^{n} P_i(1-\eta_i)t_i \tag{10-20}$$

式中,T——工作循环周期时间,s;

t_i——工作循环中第 i 工序的工作时间，s；

i——工作循环中工序的次序；

P_i——工作循环中第 i 工序液压泵的输入功率，kW；

η_i——工作循环中第 i 工序液压传动系统的总效率。

2）液压传动系统散热量的计算

液压传动系统产生的热量，一部分使工作介质和系统的温度升高；另一部分经过冷却表面，散发到空气中。因为管路系统的散热量与其发热量基本相等，所以一般认为液压传动系统产生的热量全部由液压油箱表面散发。液压传动系统的散热量为

$$H_0 = hA\Delta t \tag{10-21}$$

式中，h——散热系数，kW/(m^2 · ℃)。当周围通风较差时，h=(8.5～9.23) ×10^{-3} kW/(m^2 · ℃)；当自然通风良好时，h=(15.13～17.46)×10^{-3} kW/(m^2 · ℃)；当用风扇冷却时，h=23.3×10^{-3} kW/(m^2 · ℃)；当用循环水冷却时，h=(110.5～175)×10^{-3} kW/(m^2 · ℃)。

A——液压油箱的散热面积，m^2。

Δt——液压传动系统的温升，℃($\Delta t=t_1-t_2$，其中 t_1 为液压传动系统达到热平衡时的温度，t_2 为环境温度)。

3）液压传动系统温升的验算

当液压传动系统达到热平衡时，$H=H_0$，液压传动系统温升 Δt 为

$$\Delta t = \frac{H}{hA} \tag{10-22}$$

按式(10-22)计算出来的液压传动系统温升 Δt 应不超过工作介质的最高允许温升，见表 10-5，否则就应该增大液压油箱的散热面积或增设冷却装置。

10.7　绘制工作图与编写技术文件

完成上述各步骤后，液压传动系统设计的最后一项工作就是绘制工作图与编写技术文件。通过仔细查阅国内外产品样本、手册和相关资料，对修改完善后的且设计合理的液压传动系统绘制正式的工作图与编写技术文件。

1. 绘制工作图(Drawing product blueprint)

(1) 采用国家标准规定的图形符号绘制液压传动系统原理图；

(2) 选用或设计液压泵站装配图和零件图；

(3) 设计液压管路装配图；

(4) 选用或设计电气线路图；

(5) 选用或设计液压执行元件装配图和零件图；

(6) 选用或设计液压元件集成块装配图和零件图；

(7) 设计非标准液压专用件的装配图及零件图。

2. 编写技术文件(Compiling technical files)

技术文件一般包括液压传动系统的设计计算说明书，液压传动系统的操作使用和维修保养技术说明书，零部件目录表，标准件、通用件及外购件汇总表等内容。

重点和难点课堂讨论

课堂讨论：如何正确拟定液压传动系统工作原理图。

典型案例分析

案例　设计出某内燃机气缸加工自动生产线上的一台卧式钻镗两用组合机床液压传动系统。

因该机床是自动生产线上的设备之一，为了确保自动化要求，工件的定位与夹紧均采用液压控制。要求组合机床的动作顺序为：定位装置定位→夹紧→动力滑台快进→工进→快退→原位停止→夹具松开→拔定位销。已知：组合机床工作时最大轴向切削力为 $F_{t\max}=20\ 000\text{N}$，运动部件重量为 $F_G=20\ 000\text{N}$；夹紧力为 $F_f=30\ 000\text{N}$，快进、快退速度为 6m/min，工作进给要求能在 0.02～1.2m/min 的范围内实现无级调速；主液压缸快进行程为 200mm，工进行程为 200mm；夹紧液压缸行程为 30mm，导轨形式为平面导轨，动摩擦因数 $f_k=0.1$，静摩擦因数 $f_s=0.2$；主液压缸往复运动的加速减速时间要求不大于 0.5s，夹紧时间要求不大于 2s。液压传动系统的两个液压缸均采用双作用单活塞杆液压缸，其机械效率均为 $\eta_m=0.9$。

该液压传动系统的设计要求如下：

(1) 进行工况分析；

(2) 确定双作用单活塞杆液压缸的主要结构尺寸 D、d；

(3) 选择执行元件、动力元件、原动机、控制元件及辅助元件的类型和规格；

(4) 确定液压传动系统的主要参数；

(5) 进行液压传动系统发热计算和效率计算；

(6) 绘制正式液压传动系统原理图。

卧式钻镗两用组合机床动力滑台液压传动系统的设计计算过程如下：

1. 负载和运动分析(Analyzing operating load and kinematics)

1) 负载分析

(1) 轴向切削力

$$F_t=\frac{F_{t\max}}{\eta_m}=\frac{20\ 000}{0.9}\text{ N}=22\ 222\text{ N}$$

(2) 摩擦阻力

$$F_{fs}=f_sF_G/\eta_m=0.2\times 20\ 000/0.9\text{ N}=4444\text{ N}$$

$$F_{fk}=f_kF_G/\eta_m=0.1\times 20\ 000/0.9\text{ N}=2222\text{ N}$$

(3) 惯性阻力

$$F_i=\frac{ma}{\eta_m}=\frac{F_G}{g}\frac{\Delta v}{\Delta t}\frac{1}{\eta_m}=\frac{20\ 000}{9.81}\times\frac{6}{0.5\times 60}\times\frac{1}{0.9}\text{ N}=453\text{ N}$$

(4) 重力阻力　因工作部件是卧式安置，故重力阻力为零。

(5) 背压阻力　背压力 p_b 由表 10-2 选取。

根据上述分析(不考虑切削力引起的颠覆转矩对导轨摩擦阻力的影响)可算出液压缸在各动作阶段中的工作负载,见表 10-6。

表 10-6　主液压缸在各工作阶段的速度和负载值

(TABLE 10-6　Speed and the external load of main hydraulic cylinder in whole operating load condition)

工　况	计算公式	速度 v/(m/s)	推力 F/N
启动	$F=F_{fs}$		4444
加速	$F=F_{fk}+F_i$		2675
快速	$F=F_{fk}$	0.1	2222
工进	$F=F_t+F_{fk}$	0.000 33～0.02	24 444
快退	$F=F_{fk}$	0.1	2222

2) 运动分析

题目中已给定各阶段的运动参数。

2. 绘制负载图和速度图(Drawing operating load and speed schematic diagram)

根据题目中给定参数和表 10-6 中的数值绘制液压缸的 F-s 图和 v-s 图,如图 10-4 所示。

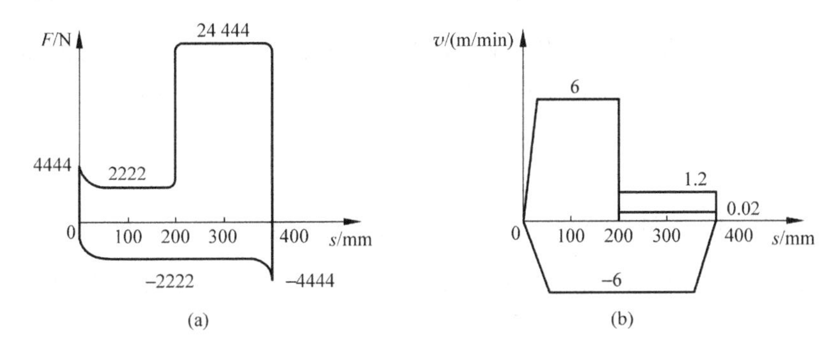

图 10-4　液压缸的负载图(a)和速度图(b)

(FIGURE 10-4　Operating load and speed schematic diagram of hydraulic cylinder)

3. 初定液压缸的结构尺寸(Predetermining structure dimension of hydraulic cylinders)

1) 初选液压缸的工作压力 p_1

由表 10-3 和表 10-4 初选:主液压缸的工作压力值为 $p_1=30\times10^5\,\text{Pa}$,夹紧液压缸的工作压力值为 $p_1=25\times10^5\,\text{Pa}$。

2) 计算液压缸的结构尺寸 D 和 d

(1) 计算主液压缸的结构尺寸 D 和 d

因为要求 $v_1=v_3$,所以快进时使液压缸差动连接,取 $A_1=2A_2(d=0.707D)$;又因为是钻(镗)孔加工,为防止钻(镗)通孔时工作部件突然前冲,回油路中应有背压。由表 10-2 取背压为 $p_2=p_b=6\times10^5\,\text{Pa}$。

由式(10-5)可求出面积为

$$A_1 = \frac{F}{p_1 - \frac{1}{2}p_2} = \frac{24\,444}{\left(30 - \frac{1}{2} \times 6\right) \times 10^5} \text{ m}^2 = 0.009\,05 \text{ m}^2 = 90.5 \text{ cm}^2$$

液压缸直径

$$D = \sqrt{\frac{4A_1}{\pi}} = \sqrt{\frac{4 \times 90.5}{\pi}} \text{ cm} = 10.73 \text{ cm} = 107.3 \text{ mm}$$

按国家推荐标准 GB/T 2348—1993 取 D=110mm。

液压缸活塞杆直径

$$d = \frac{D}{\sqrt{2}} = 0.707D = 0.707 \times 110 \text{ mm} = 77.8 \text{ mm}$$

按国家推荐标准 GB/T 2348—1993 取 d=80mm。

由此求得液压缸实际有效工作面积如下：

无杆腔面积

$$A_1 = \frac{\pi D^2}{4} = \frac{\pi \times 110^2}{4} \text{ mm}^2 = 9503 \text{ mm}^2 = 95.0 \text{ cm}^2$$

有杆腔面积

$$A_2 = \frac{\pi}{4}(D^2 - d^2) = \frac{\pi}{4}(110^2 - 80^2) \text{ mm}^2 = 4477 \text{ mm}^2 = 44.8 \text{ cm}^2$$

查有关产品样本和参考书得调速阀 Q-10B～Q-100B 的最小稳定流量为 $q_{V\min}$ = 0.05L/min=50cm^3/min。由式(10-6)验算液压缸的有效工作面积，即

$$A_1 = 95.0\text{cm}^2 > \frac{q_{V\min}}{v_{\min}} = \frac{50}{0.02 \times 10^2} \text{ cm}^2 = 25.0 \text{ cm}^2$$

$$A_2 = 44.8\text{cm}^2 > \frac{q_{V\min}}{v_{\min}} = \frac{50}{0.02 \times 10^2} \text{ cm}^2 = 25.0 \text{ cm}^2$$

由计算结果可知，流量控制阀无论是放在进油路上，还是在回油路上，有效工作面积 A_1、A_2 都能满足工作部件的最低速度要求。

(2) 计算夹紧液压缸的结构尺寸 D 和 d

$$A_1 = \frac{F}{p_1 - \frac{1}{2}p_2} = \frac{30\,000}{\left(25 - \frac{1}{2} \times 6\right) \times 10^5} \text{ cm}^2 = 136.4 \text{ cm}^2$$

液压缸直径

$$D = \sqrt{\frac{4A_1}{\pi}} = \sqrt{\frac{4 \times 136.4}{\pi}} \text{ cm} = 13.18 \text{ cm} = 131.8 \text{ mm}$$

按国家推荐标准 GB/T 2348—1993 取 D=140mm。

液压缸活塞杆直径

$$d = \frac{D}{\sqrt{2}} = 0.707D = 0.707 \times 140 \text{ mm} = 98.98 \text{ mm}$$

按国家推荐标准 GB/T 2348—1993 取 d=100mm。

4. 绘制液压缸工况图(Drawing operating load condition schematic diagram)

主液压缸在工作循环中各动作阶段的压力、流量和功率的实际使用值见表 10-7。

表 10-7　主液压缸工作循环中的压力、流量和功率

(TABLE 10-7　Pressure and flow and power of main hydraulic cylinder in whole operating load condition)

工况		负载 F/N	计算公式	液压缸			
				进油腔压力 $p_1/10^5$ Pa	回油压力 $p_2/10^5$ Pa	输入流量 q/(L/min)	输入功率 P/kW
快进	启动	4444	$p_1=\frac{F+A_2\Delta p}{A_1-A_2}$ $q=(A_1-A_2)v_1$ $P=p_1q$	8.85①	0		
	加速	2675		9.79	5	②	
	恒速	2222		8.89		30.12	0.446
工进		24 444	$p_1=\frac{F+A_2p_2}{A_1}$ $q=A_1v_2$ $P=p_1q$	28.56	6	0.19～11.40	0.009～0.543
快退	启动	4444	$p_1=\frac{F+A_1p_2}{A_2}$ $q=A_2v_3$ $P=p_1q$	9.92①	0		
	加速	2675		16.57	5	②	
	恒速	2222		15.56		26.88	0.697

注：① 启动时活塞尚未动作，故取：$\Delta p=0$（快进时）；$p_2=0$（快退时）。

② 因加速时间很短，故流量不计。

图 10-5 是根据表 10-7 绘制出的主液压缸工况图。

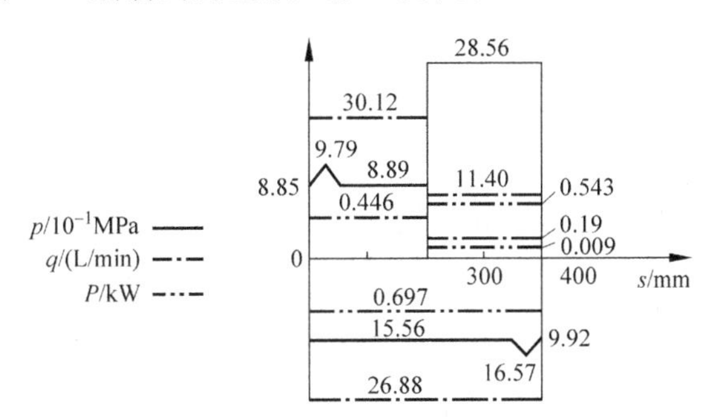

图 10-5　主液压缸工况图

(FIGURE 10-5　Operating load condition schematic diagram of main hydraulic cylinder)

5. 拟定液压传动系统基本回路（Determining hydraulic basic circuit of hydraulic transmission system）

1）调速回路

从工况图 10-5 的曲线上可以看出，该机床液压传动系统速度较低，功率 $P<0.7$kW；因钻镗加工为连续切削，外负载切削力变化小。为增加机床运动的平稳性和获得较好的速度负载特性，防止当工件被钻通时组合机床动力滑台突然前冲，故采用单向调速阀的出口节流调速回路，如图 10-6(a)所示。

2）速度换接回路与快速回路

由于快进、工进之间的速度相差较大，为了使速度换接平稳，减小液压冲击，因此采用行

程阀控制的速度换接回路。又因要求液压传动系统快进、快退的速度相等，减小液压泵流量规格，所以采用液压缸差动连接回路。

3）换向回路

从工况图 10-5 上还可以看出，液压传动系统的流量较小，工作压力也不高，对机床运动换向的平稳性要求也不高，所以可采用价格低廉且应用广泛的 O 型中位机能电磁换向阀控制的换向回路，如图 10-6(b)所示。

4）压力控制回路

液压传动系统在工作状态时，用溢流阀调定高压小流量液压泵工作压力，与此同时用液控顺序阀实现低压大流量液压泵卸荷。

5）动力元件液压泵供油回路

由工况图 10-5 可知，该液压传动系统由低压大流量和高压小流量两个阶段组成。其最大流量与最小流量之比为 $q_{max}/q_{min}=30.12/(0.19\sim11.40)=2.64\sim158.53$；工进与快进的时间之比为 $t_{工}/t_{快}=5\sim300$，在整个工作循环过程中的绝大部分时间内液压泵在高压小流量状态下工作。为了节约能源，提高液压传动系统的效率，采用双联式定量叶片泵供油，如图 10-6(c)所示；也可以采用限压式变量叶片泵供油，如图 10-8 所示。

6）行程终点的控制方式

钻镗组合机床主要用于钻孔(通孔与不通孔)和镗孔加工，要求位置定位精度较高。另外，在进行镗孔加工时，为了保证“清根”，即在工进结束，但尚未退回之前，刀具在原地回转，因此在行程终点采用死挡铁停留和压力继电器发出信号的控制方式使动力滑台自动换向，如图 10-6(a)所示。

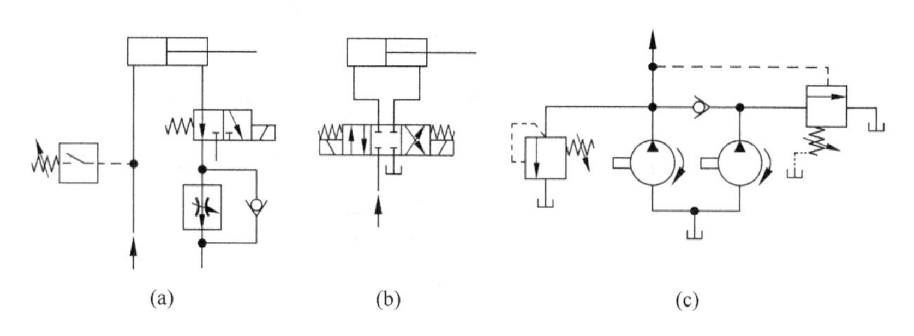

图 10-6　液压回路图

(FIGURE 10-6　Hydraulic circuit schematic diagram)

(a) 调速及速度换接回路；(b) 换向回路；(c) 双泵油源

6. 液压传动系统工作原理图(Composing and drawing schematic illustration of operating principle of hydraulic transmission system)

在图 10-6 所示的液压回路图上，增加一个单向阀 9 和一个二位二通电磁换向阀 11，以保证组合机床动力滑台能退回原位，由减压阀 14、单向阀 15、三位四通电磁换向阀 16、调速阀 17、单向阀 18、压力继电器 19、夹紧液压缸 20 组成工件夹紧液压传动系统。综合上述分析和已拟订的方案，将各种回路合理地合成为该组合机床液压传动系统图，如图 10-7(a)所示。图 10-7(b)为液压传动系统的动作循环。图 10-7(c)为电磁铁动作顺序表。

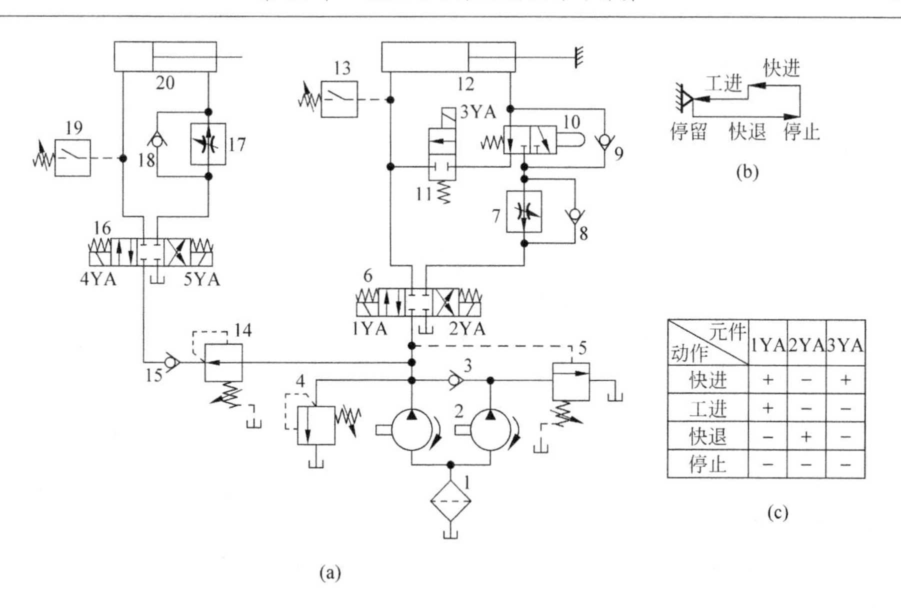

动作＼元件	1YA	2YA	3YA
快进	+	−	+
工进	+	−	−
快退	−	+	−
停止	−	−	−

图 10-7　液压传动系统原理图和电磁铁动作顺序表

(FIGURE 10-7　Schematic illustration of operating principle of hydraulic transmission system and electromagnet core operating sequence chart)

1—过滤器；2—双联式定量叶片泵；3,8,9,15,18—单向阀；4—高压溢流阀；5—液控顺序阀；6,16—三位四通电磁换向阀；7,17—调速阀；10—二位三通机动换向阀；11—二位二通电磁换向阀；12,20—夹紧液压缸；13,19—压力继电器；14—减压阀

7. 液压元件的计算和选择(Calculation and selection of hydraulic components)

1）确定液压泵的规格和电动机功率

(1) 液压泵工作压力的计算

① 确定大流量液压泵的最大工作压力 $p_{1\max}$

大流量液压泵只在快进、快退中向液压传动系统供油。由表 10-7 和工况图 10-5 可知，主液压缸最大工作压力为 $p_1=16.57\times10^5\,\text{Pa}$，进油路上的压力损失为 $\sum\Delta p_1=5\times10^5\,\text{Pa}$，则大流量液压泵的最大工作压力为

$$p_{1\max}=p_1+\sum\Delta p_1=(16.57\times10^5+5\times10^5)\,\text{Pa}=21.57\times10^5\ \text{Pa}$$

② 确定小流量液压泵的最大工作压力 $p_{2\max}$

小流量液压泵在快进、快退和工进时均向液压传动系统供油。由表 10-7 和工况图 10-5 可知，液压缸最大工作压力为 $p_2=28.56\times10^5\,\text{Pa}$，进油路上的压力损失为 $\sum\Delta p_2=5\times10^5\,\text{Pa}$，则小流量液压泵的最大工作压力为

$$p_{2\max}=p_2+\sum\Delta p_2=(28.56\times10^5+5\times10^5)\,\text{Pa}=33.56\times10^5\ \text{Pa}$$

(2) 液压泵流量的计算

由表 10-7 和工况图 10-5 可知，液压缸所需要的最大流量为 30.12L/min，若取泄漏折算系数 $K=1.2$，则两个液压泵的总流量为

$$q=30.12\times1.2\ \text{L/min}=36.14\ \text{L/min}$$

因工进时的最大流量为 11.40L/min，考虑到溢流阀的最小稳定流量一般取 3L/min，故

小流量液压泵的流量最少应为 13.68L/min。

(3) 液压泵规格的确定

根据两个液压泵的最大工作压力和流量查产品样本或设计手册，选取 YB—14/16 型双联叶片泵，额定压力为 63×10^5 Pa。

(4) 电动机功率的确定

由表 10-7 和工况图 10-5 可知，液压缸最大功率 $P_{max}=0.697$kW 出现在压力为 15.56×10^5 Pa、流量为 26.88L/min 的快退阶段，这时液压泵站输出压力为 $p_p=(15.56\times10^5+5\times10^5)$ Pa $=20.56\times10^5$ Pa，流量为 $q_p=30$L/min。若取双联式叶片泵的总效率为 $\eta_p=0.75$，根据式(10-14)计算所需电动机功率为

$$P=\frac{p_p q_p}{\eta_p}=\frac{20.56\times10^5\times30\times10^{-3}}{60\times0.75}\times10^{-3}\ \text{kW}=1.371\ \text{kW}$$

按产品目录(或设计手册)须选用功率为 1.4kW、同步转速为 1450r/min 的电动机。

2) 液压阀的选择

根据液压传动系统的最大工作压力和通过各类液压阀的最大实际流量，选出各种液压阀的规格见表 10-8。

表 10-8　液压元件一览表

(TABLE 10-8　Hydraulic components chart)

序号	液压件名称	型　号	规　格	接口尺寸	数量
1	过滤器	XU-40×100	40L/min 100μm		1
2	双联式定量叶片泵	YB-14/16	14/16L/min 6.3MPa		1
3	单向阀	I-25B	25L/min 6.3MPa	ϕ12	5
4	溢流阀	Y-25B	25L/min 6.3MPa	ϕ12	1
5	液控顺序阀	XY-25B	25L/min 6.3MPa		1
6	三位四通电磁换向阀	34D-63B	63L/min 6.3MPa	ϕ18	2
7	调速阀	Q-25B	25L/min 6.3MPa	ϕ12	2
10	二位三通机动换向阀	23C-25B	25L/min 6.3MPa	ϕ12	1
11	二位二通电磁换向阀	22D-25B	25L/min 6.3MPa	ϕ12	1
12	主液压缸	100×70-400	6.3MPa		1
13	压力继电器	DP1-63B	调压范围 1～6.3MPa	ϕ11	2
14	减压阀	EG-031/70	25L/min 6.3MPa	ϕ12	1
20	夹紧缸	100×70-20	6.3MPa		1

3）确定油管尺寸

油管尺寸计算公式为

$$d = 2\sqrt{\frac{q}{\pi v}}$$

(1) 吸油油管直径

取

$$q = 36.14 \times 10^{-3}/60\ \mathrm{m^3/s}, \quad v = 0.5 \sim 1.5\ \mathrm{m/s}$$
$$d = 0.023 \sim 0.039\ \mathrm{m} = 23 \sim 39\ \mathrm{mm}$$

按标准尺寸取 d=40mm。

(2) 压油油管直径

取

$$q = 36.14 \times 10^{-3}/60\ \mathrm{m^3/s}, \quad v = 2.5 \sim 5\ \mathrm{m/s}$$
$$d = 0.012 \sim 0.018\ \mathrm{m} = 12 \sim 18\ \mathrm{mm}$$

按标准尺寸取 d=18mm。

(3) 回油油管直径

取

$$q = 36.14 \times 10^{-3}/60\ \mathrm{m^3/s}, \quad v = 1.5 \sim 2.5\ \mathrm{m/s}$$
$$d = 0.018 \sim 0.023\ \mathrm{m} = 18 \sim 23\ \mathrm{mm}$$

按标准尺寸取 d=25mm。

三种油管皆为无缝钢管。在液压传动系统中各个组成元件确定之后，主液压缸在实际快进、工进和快退时的输入、排出流量和活塞移动速度，需重新验算。与原设计要求数值进行对比，验算结果见表 10-9。

表 10-9　主液压缸输入流量和活塞移动速度的重新验算值

（TABLE 10-9　Input flow and piston speed recalculation of main hydraulic cylinder）

工序 \ 流量及速度	输入流量/(L/min)	排出流量/(L/min)	移动速度/(m/min)
快进(差动)	$q_1 = q_p + q_2$ $= q_p + \frac{q_p}{A_1 - A_2}A_2$ $= 30 + \frac{30 \times 44.8}{95.0 - 44.8}$ $= 56.77$	$q_2 = q_1 - q_p$ $= 56.77 - 30$ $= 26.77$	$v_1 = \frac{q_p}{A_1 - A_2}$ $= \frac{30 \times 10^{-3}}{(95.0 - 44.8) \times 10^{-4}}$ $= 5.98$
工进	$q_1 = 0.19 \sim 11.40$	$q_2 = \frac{A_2}{A_1}q_1$ $= \frac{44.8}{95.0} \times (0.19 \sim 11.40)$ $= 0.09 \sim 5.38$	$v_2 = 0.02 \sim 1.2$
快退	$q_1 = q_p = 30$	$q_2 = \frac{A_1}{A_2}q_1$ $= \frac{95.0}{44.8} \times 30$ $= 63.62$	$v_3 = \frac{q_1}{A_2}$ $= \frac{30 \times 10^{-3}}{44.8 \times 10^{-4}}$ $= 6.70$

4）确定液压油箱的容量

按推荐公式 $V=(5\sim7)q_p$，取 $V=7\times30\text{L}=210\text{L}$。

8. 液压传动系统主要性能的验算（Main performance calculation of hydraulic transmission system）

回路中压力损失的验算：因为液压装置管路布置图尚未设计，管道的长度也未确定，所以整个回路的压力损失就无法进行准确验算，仅列出液压传动系统中有关控制元件的压力损失值，见表 10-10。

表 10-10　液压元件在额定流量下的压力损失值

（TABLE 10-10　Pressure losses of hydraulic components under nominal flow）

元　　件	34D-63B	23C-25B	22D-25B	I-25B	Q-25B	XY-25B
压力损失，$\Delta p_{Vn}/10^5\,\text{Pa}$	4	1.5	2	2	5	3

9. 液压传动系统发热与温升的验算（Oil heated and temperature increment calculation of hydraulic transmission system）

在本题中，快进、工进和快退所占用的时间（s）分别为

快进

$$t_1=\frac{l_1}{v_1}=\frac{200\times10^{-3}}{6/60}\,\text{s}=2\,\text{s}$$

工进

$$t_2=\frac{l_2}{v_2}=200\times10^{-3}\times60/(0.02\sim1.2)\,\text{s}=10\sim600\,\text{s}$$

快退

$$t_3=\frac{l_3}{v_3}=\frac{400\times10^{-3}}{6/60}\,\text{s}=4\,\text{s}$$

钻镗组合机床动力滑台在整个工作循环中，快进占 0.33%～12.50%，工进占 62.50%～99.00%，快退占 0.66%～25.00%，故温升应按工进工况进行验算。

工进时，主液压缸输出的机械功率为

$$P_o=Fv_2=24\,444\times(0.02\sim1.2)/60\,\text{W}=8.2\sim488.9\,\text{W}=0.0082\sim0.4889\,\text{kW}$$

液压泵输入的机械功率为

$$\begin{aligned}P_i&=\frac{p_{p1}q_1+p_{p2}q_2}{\eta_p}\\&=\frac{33.56\times10^5\times14\times10^{-6}\times1450/60+1.23\times10^5\times16\times10^{-6}\times1450/60}{0.75}\,\text{W}\\&=1144.79\,\text{W}=1.145\,\text{kW}\end{aligned}$$

其中，大流量液压泵的工作压力 p_{p2} 等于工作介质流经液控顺序阀的卸荷压力，计算过程参照第 3 章中液体流过各种阀的局部压力损失计算公式(3-56)。

因此液压传动系统的发热量为

$$H_i=P_i-P_o=[1.145-(0.0082\sim0.4889)]\,\text{kW}=0.6561\sim1.1368\,\text{kW}$$

此值也可按式(10-19)计算，其结果基本相同。

液压传动系统温升可按下式计算，也可按式(10-22)计算(假设通风良好)：

$$\Delta t = \frac{H_i}{\sqrt[3]{V^2}} \times 10^3 = \frac{10^3}{\sqrt[3]{210^2}} \times (0.6561 \sim 1.1368)℃ = 18.57 \sim 32.18℃$$

液压传动系统的温升值小于表 10-5 中所规定的允许温升值，所以液压传动系统不需要设置冷却器。

满足本题主液压缸设计要求和动作循环的液压传动系统还可以有如图 10-8 所示的形式，此图与图 10-7 相比，各有自己的优缺点，读者可自行比较学习。

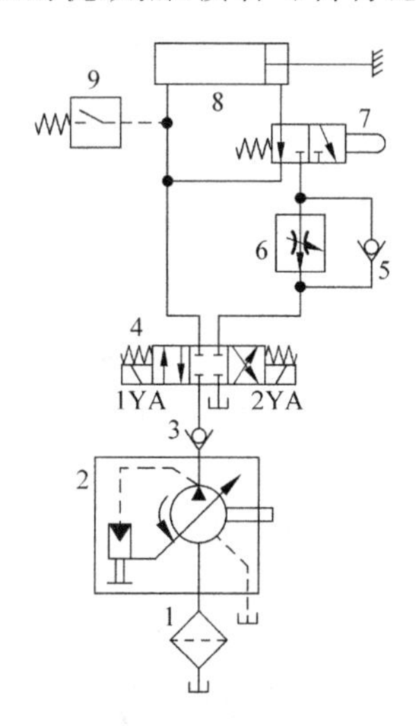

图 10-8　液压传动系统工作原理图

(FIGURE 10-8　Schematic illustration of operating principle of hydraulic transmission system)

1—过滤器；2—变量叶片泵；3,5—单向阀；4—三位四通电磁换向阀；6—调速阀；
7—二位三通机动换向阀；8—液压缸；9—压力继电器

本章小结

本章详细阐述了液压传动系统的设计步骤和方法。液压传动系统速度循环图和负载图是确定液压传动系统的性能参数和液压执行元件的主要依据。液压执行元件的工况图是对所选液压基本回路进行方案对比和修改的依据。拟定液压传动系统原理图是整个液压传动系统设计的重要内容。通过卧式钻镗组合机床液压传动系统的设计实例具体地介绍了整个设计与计算过程。

思考题和习题

1. 设计一个液压传动系统有哪些常见的步骤？要明确哪些要求？
2. 设计液压传动系统时要进行哪些计算？
3. 试为一般液压传动系统的设计步骤制作一程序流程图。
4. 如何拟定液压传动系统原理图？其核心是什么？

5. 有些液压元件有单独的泄油口，如果将泄油管直接与液压传动系统的主回油管连接在一起，可能会带来什么问题？试举例说明。

6. 在设计液压传动系统管路时，为什么要限制流速？

7. 一液压机液压传动系统原理图如图 10-9 所示。其工作循环为快速下降→压制→快速退回→原位停止。已知：(1)执行元件液压缸无杆腔的面积 $A_1=400\text{cm}^2$，有杆腔的有效工作面积 $A_2=200\text{cm}^2$，移动部件自重 $G=6000\text{N}$；(2)快速下降时的外负载 $F_L=30\,000\text{N}$，速度 $v_1=6\text{m/min}$；(3)压制时的外负载 $F_L=80\,000\text{N}$，速度 $v_2=0.3\text{m/min}$；(4)快速回程时的外负载 $F_L=20\,000\text{N}$，速度 $v_3=12\text{m/min}$。管路压力损失、泄漏损失、液压缸的密封摩擦力及惯性力等均忽略不计。

(1) 试求液压泵 2 和 3 的最大工作压力及流量；

(2) 阀 4、6、9 各起什么作用？其调整压力各为多少？

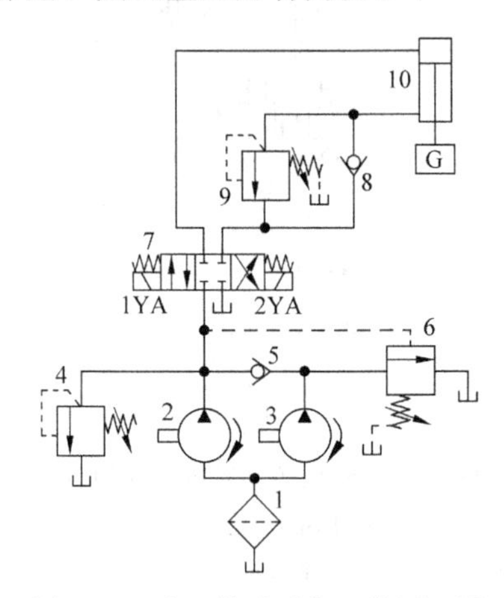

图 10-9 液压传动系统工作原理图

(FIGURE 10-9 Schematic illustration of operating principle of hydraulic transmission system)

1—过滤器；2—高压液压泵；3—低压液压泵；4—溢流阀；5，8—单向阀；6—液控顺序阀；7—三位四通电磁换向阀；9—顺序阀；10—液压缸

8. 试设计一台小型液压机的液压传动系统。要求实现：快速空程下行→慢速加压→保压→快速回程→停止的工作循环，已知快速往返速度为 5m/min，加压速度为 0.025～0.55m/min，压制力为 400 000N，运动部件总重力为 30 000N。

9. 设计一卧式单面多轴钻孔组合机床动力滑台的液压传动系统。动力滑台的工作循环是快进→工进→快退→停止。液压传动系统的主要参数与性能要求如下：轴向切削力为 40 000N，移动部件总重量为 20 000N；快进行程为 200mm，快进与快退速度均为 5m/min，工进行程为 80mm，工进速度为 0.06m/min，加速、减速时间均为 0.35s；工作台采用平导轨，动摩擦因数为 0.1，静摩擦因数为 0.2，动力滑台可以随时在中途停止运动。试设计该组合机床的液压传动系统。

10. 设计一台专用铣床，若工作台、工件和夹具的总重量为 8000N，轴向切削力为 60kN，工作台总行程为 600mm，工作行程为 300mm，快进、快退速度为 6m/min，工进速度为 0.03～0.35m/min，加速、减速时间均为 0.05s，工作台采用平导轨，动摩擦因数为 0.1，静摩擦因数为 0.2，试设计该机床的液压传动系统。

第 11 章　气压传动基础知识

本 章 指 南

本章主要内容：主要讲述气压传动系统的组成及工作原理、气压传动工作介质的性质。

本章重点：掌握气压传动系统的组成及工作原理。

本章难点：理解空气的基本状态参数的重要性。

本章教学目的和要求：了解气压传动的优缺点、应用和发展及工作介质的性质，掌握空气的基本状态参数。

11.1　概　　述

气压传动(pneumatic)一词来源于希腊文，原意为风吹。气压传动是指以压缩空气为工作介质来传递能量和实现控制的一门技术，也可称为气动技术，它包含传动技术和控制技术两个方面的内容。自 20 世纪 60 年代以来，气压传动发展得十分迅速，目前已成为一个独立的技术领域。

11.1.1　气压传动系统的组成及工作原理

1. 气压传动系统的组成(Components of pneumatic transmission system)

一个完整的气压传动系统一般由动力元件、气动执行元件、气动控制元件、气动辅助元件和气动工作介质等五部分组成。如图 11-1 所示为剪切机气压传动系统的组成及工作原理。

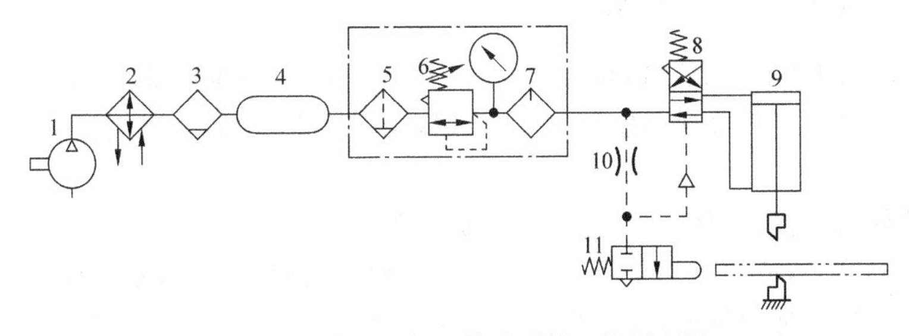

图 11-1　剪切机气压传动系统工作原理图

(FIGURE 11-1　Schematic illustration of operating principles of shearing machine pneumatic transmission system)

1—空气压缩机；2—冷却器；3—油水分离器；4—储气罐；5—分水滤气器；6—减压阀；7—油雾器；8—二位四通气控换向阀；9—气缸；10—节流阀；11—行程阀

1) 动力元件(Pneumatic power components)

动力元件又称气源装置，它是将机械能转化成气体压力能的装置，为各类气动设备提供压缩气体。气源装置的主体部分是空气压缩机，另外还有气源净化辅助设备。

2) 气动执行元件(Pneumatic actuator components)

气动执行元件是将气体压力能转化成机械能的装置，输出力和速度(或转矩和转速)，以驱动外负载。常见的气动执行元件是气缸和气动马达。

3) 气动控制元件(Pneumatic control components)

气动控制元件控制和调节气压传动系统中气体的压力、流量和流动方向，以保证气动执行元件达到所要求的输出力(或转矩)、运动速度和运动方向。这类气动元件主要包括压力控制阀、流量控制阀、方向控制阀和逻辑元件等。

4) 气动辅助元件(Pneumatic accessories)

气动辅助元件是上述三个组成部分以外的其他元件，如冷却器、干燥器、过滤器、油雾器、消声器、管道和接头等。它们对保证气压传动系统可靠、稳定地工作起着重要作用。

5) 气动工作介质(Pneumatic operating medium)

气动工作介质是传递能量和信号的介质。

2. 气压传动系统的工作原理(Operating principles of pneumatic transmission system)

剪切机气压传动系统的工作原理如下：空气压缩机 1 由电动机驱动，产生的压缩空气经冷却器 2、油水分离器 3 进行降温及初步净化后，送入储气罐 4 备用，再经分水滤气器 5、减压阀 6、油雾器 7 和二位四通气控换向阀 8 下位到达气缸 9 有杆腔。此时剪切机剪刀口张开，处于剪切板材的预备工作状态。当送料机构将原材料送入剪切机到达预定位置即将行程阀 11 的触头向左推使其右位处于工作状态时，二位四通气控换向阀 8 下腔的压缩空气经行程阀 11 排入大气。在弹簧的作用下阀芯下移使二位四通气控换向阀 8 上位处于工作状态时，压缩空气经其上位进入气缸 9 无杆腔，活塞杆和动剪刀快速向下运动将坯料切下。坯料切断落下后，行程阀 11 在弹簧的作用下阀芯右移复位，二位四通气控换向阀 8 下腔气压上升使其阀芯上移，下位处于工作状态，压缩空气进入气缸 9 有杆腔，活塞杆和动剪刀快速向上运动复位，剪切机再次处于剪切板材的预备工作状态。

11.1.2 气压传动的优缺点

1. 气压传动的主要优点(Main advantages of pneumatic transmission)

(1) 气压传动的工作介质是空气，取之不尽，用之不竭，用后的空气直接排到大气中，不污染环境。

(2) 过载能自动保护，使用安全可靠，维护简单。

(3) 空气黏度小，流动阻力很小，压力损失小，便于集中供气、远距离输送和控制。

(4) 对工作环境适应性好，在易燃、易爆、多尘埃、强辐射及振动等恶劣环境下，能可靠地工作，比电子、电气控制和液压优越。

(5) 气压传动的动作速度快。气体流速一般大于 10m/s，因此在 0.02～0.03s 内就可达到所要求的工作压力和速度，气缸动作速度一般为 0.05～0.5m/s。

(6) 气压传动可以在一定的超负载工况下运行，且不发生过热现象。

2. 气压传动的主要缺点(Main disadvantages of pneumatic transmission)

(1) 气压传动系统的工作压力低(≤1MPa)，气动执行元件输出的力或转矩比较小，因此仅适用于小功率的场合。

(2) 气压传动系统排气噪声较大，在高速排气时要加装消声器。

(3) 由于空气的可压缩性大，因此气压传动工作速度的稳定性比液压传动差。

(4) 气压传动中气压信号的传递速度限制在声速以内，比液压信号和电子信号的传递速度慢得多，不适用于高速传递信号及控制非常复杂的气压传动系统。

11.1.3　气压传动的应用和发展

气压传动已广泛应用在电子、轻工、食品、纺织、汽车等行业。气动技术正向节能化、小型化、轻便化、控制高精度化等方向发展。

目前，随着世界科技飞速发展，气动技术在我国的应用已进入到一个崭新的发展阶段，正朝着研究开发系统的控制和机、电、计算机、气的综合技术方向发展。

11.2　气动工作介质的性质

11.2.1　气动工作介质的组成

气压传动的工作介质主要是压缩空气，空气的成分、性能和主要参数等因素对气压传动系统能否正常工作有直接影响。而自然界的空气是由若干种气体混合而组成的。

表 11-1 列出了地表附近空气的体积组分。当然，空气中还含有水蒸气，这种含有水蒸气的空气称为湿空气；水蒸气的含量如为零，则称为干空气。在空气中还会有因污染而产生的二氧化硫、碳氢化合物等一些气体。

表 11-1　空气的组成

(TABLE 11-1　Components of atmosphere)

成分	氮(N_2)	氧(O_2)	氩(Ar)	二氧化碳(CO_2)	氢(H_2)	其他
体积分数/%	78.03	20.95	0.93	0.03	0.01	0.05

11.2.2　气动工作介质的基本状态参数

1. 重度(Specific weight)γ

单位体积内空气的重量被称为重度。

$$\gamma = \gamma_0 \frac{273}{273 + t} \times \frac{p}{1.013} \tag{11-1}$$

式中，γ——某温度 t℃与压力 p 情况下干空气的重度，N/m^3；

γ_0——0℃压力为 1.013 25kPa 情况下干空气的重度，$\gamma_0 = 12.68 N/m^3$；

p——绝对压力，bar；

t——绝对温度，K。

2. 密度(Density)ρ

单位体积气体的质量被称为密度，表达式为

$$\rho = \frac{m}{V} = \frac{\gamma}{g} \tag{11-2}$$

式中，ρ——气体的密度，kg/m^3；

V——气体的体积，m^3；

m——气体的质量，kg；

g——重力加速度，m/s^2。

3. 质量体积(Mass volume)V

单位质量气体的体积被称为质量体积(或称比体积)，表达式为

$$V=\frac{1}{\rho} \tag{11-3}$$

式中，V——气体的质量体积，m^3/kg；

ρ——气体的密度，kg/m^3。

4. 气体压力(Pneumatic Pressure)p

气体压力是由于其分子热运动而在容器器壁的单位面积上产生的力的统计平均值，用 p 表示，其法定计量单位为 Pa，压力值较大时用 kPa 或 MPa。

气体压力常用绝对压力、表压力和真空度来度量。

绝对压力是以绝对真空为起点的压力值，用 p_{abs} 来表示。

表压力是指高出当地大气压力的压力值，即用压力表测得的压力值，一般用 p 表示。

真空度是指低于当地大气压力的压力值，其前加"—"则表示绝对压力与当地大气压力之差，即真空压力。

在工程计算中，一般把当地大气压力认为标准大气压力，即 $p_a=101.325kPa$。

5. 温度(Temperature)T

温度实质上是气体分子热运动动能的统计平均值。有摄氏温度、华氏温度和热力学温度之分。

摄氏温度：用 t 表示，单位为摄氏度，单位符号为℃；

华氏温度：用 t_F 表示，单位为华氏度，单位符号为℉；

热力学温度：以气体分子停止运动时的最低极限温度为起点测量的温度，用 T 表示，其单位为开，单位符号为 K。

三者之间的关系是

$$t_F=1.8t+32 \tag{11-4}$$

$$T=t+273.15 \tag{11-5}$$

6. 可压缩性(Compressibility)

气体受压力作用而使体积发生变化的性质被称为气体的可压缩性。

7. 膨胀性(Thermal expansibility)

气体受温度的影响而使体积发生变化的性质被称为气体的膨胀性。

气体的可压缩性和膨胀性比较大，造成了气压传动的软特性。如气缸活塞的运动速度受外负载影响很大，则难以得到较为稳定的速度和精确的位移。

8. 黏性(Viscosity)ν

气体质点相对运动时产生内摩擦力的性质被称为空气的黏性。实际气体都具有黏性，从而导致了它在流动时的能量损失。

气体的黏性值因温度的升高而变大，见表 11-2；受压力的影响可以忽略不计，这点有别

于液体。

表11-2　温度与空气运动黏度的关系(压力为0.1MPa)
(TABLE 11-2　Temperature and atmosphere kinetic viscosity relation)(pressure 0.1MPa)

t/℃	0	5	10	20	30	40	60	80	100
ν/(mm^2/s)	0.133	0.142	0.147	0.157	0.166	0.176	0.196	0.210	0.238

9. 湿度(Humidity)

空气中或多或少都会含有水蒸气。所含水分的程度用湿度和含湿量来表示,湿度可用绝对湿度或相对湿度表示。

1) 绝对湿度

每立方米湿空气中含有水蒸气的质量被称为绝对湿度,表示为

$$\chi = \frac{m_v}{V} \tag{11-6}$$

式中,χ——绝对湿度,kg/m^3;

m_v——水蒸气的质量,kg;

V——湿空气的体积,m^3。

2) 饱和绝对湿度

若湿空气中水蒸气的分压力达到该湿度下水蒸气的饱和压力,则此时的绝对湿度被称为饱和绝对湿度,表示为

$$\chi_b = \frac{p_b}{R_b T} \tag{11-7}$$

式中,χ_b——饱和绝对湿度,kg/m^3;

p_b——饱和湿空气中水蒸气的分压力,Pa;

R_b——水蒸气的气体常数,$R_b = 462.05N \cdot m/(kg \cdot K)$;

T——热力学温度,K。

3) 相对湿度

在相同的温度和压力下,湿空气的绝对湿度与饱和绝对湿度之比被称为相对湿度,表示为

$$\varphi = \frac{\chi}{\chi_b} \times 100\% = \frac{p_v}{p_b} \times 100\% \tag{11-8}$$

对于干空气,$\varphi=0$;对于饱和湿空气,$\varphi=1$。φ值可表示湿空气吸收水蒸气的能力,φ值越大,吸湿能力越弱。气动技术中规定,各种控制阀内空气的φ值应小于90%,而且越小越好。令人体感到舒适的φ值为60%~70%。

10. 露点(Dew point)

未饱和湿空气保持水蒸气压力不变而降低温度,达到饱和状态的温度被称为露点。湿空气在温度降至露点以下时会有水滴析出,降温除湿就是利用这个原理来完成的。

重点和难点课堂讨论

课堂讨论:剪切机气压传动系统工作原理。

典型案例分析

案例　对于压力为6bar(表压)、温度为40℃的空气，求其重度和密度。

解　根据式(11-1)，计算重度如下：

$$\gamma = \gamma_0 \frac{273}{273+t} \times \frac{p}{1.013}$$

绝对压力

$$p = (6+1) \times 1.013 \times 10^5 \text{ Pa}$$

则

$$\gamma = 12.68 \times \frac{273}{273+40} \times \frac{(6+1) \times 1.013}{1.013} \text{ N/m}^3 = 77.3 \text{ N/m}^3$$

根据式(11-2)，计算密度如下：

$$\rho = \frac{\gamma}{g} = \frac{77.3}{9.81} \text{ kg/m}^3 = 7.88 \text{ kg/m}^3$$

本章小结

本章讲述了气压传动的基础知识；较详细地说明了气压传动系统的组成及工作原理，强调了理解空气的基本状态参数的重要性，并简单地介绍了气压传动的优缺点、应用和发展。

思考题和习题

1. 为什么气体的可压缩性比液体大？

2. 湿空气的绝对湿度、饱和绝对湿度、相对湿度的定义是什么？

3. 压力 p=0.6MPa(表压)，温度 t=20℃的空气，当相对湿度分别为80%和60%时，试计算其密度，并说明为什么相对湿度大的密度较小。

第 12 章　气源装置和辅助元件

本 章 指 南

本章主要内容：讲述了气源装置的组成，气源净化装置和辅助元件的类型、功用、工作原理及主要结构特点。

本章重点：掌握气源装置空气压缩机和气动三联件的作用、组成及工作原理。

本章难点：气动三联件在气压传动系统中的正确使用。

本章教学目的和要求：明确气压传动气源装置在气压传动系统中所处的位置和作用；熟悉其组成元件的类型、功用及主要结构特点，掌握气动三联件的工作原理；正确使用气压传动气源净化装置、消声器等辅助元件。

12.1　气 源 装 置

气源装置是气压传动系统的动力源。它包括空气压缩机和气源处理系统两部分。通常当空气压缩机供气量低于 $6m^3/min$ 时，空气压缩机直接安装在主机上；当空气压缩机供气量大于 $6\sim12m^3/min$ 时，就应设置独立的空气压缩站。

12.1.1　气源装置的组成及工作原理

1. 气源装置的组成(Components of pneumatic power source units)

一般气源装置主要由四大部分组成，如图 12-1 所示。

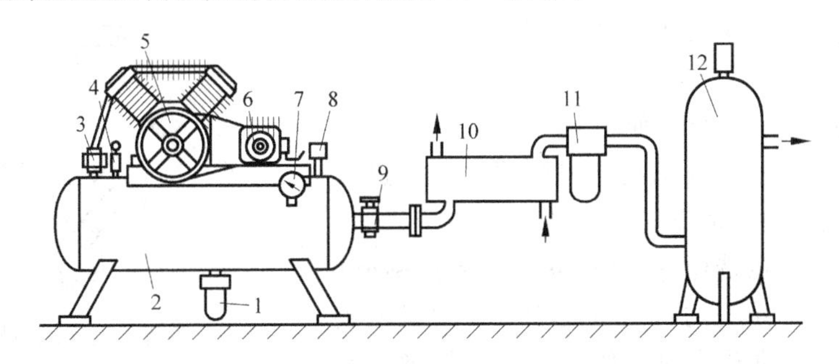

图 12-1　气源装置组成及工作原理简图

(FIGURE 12-1　Schematic illustration of components and operating principles of pneumatic power source units)

1—自动排水器；2—小储气罐；3—单向阀；4—安全阀；5—空气压缩机；6—电动机；7—压力表；8—压力开关；9—截止阀；10—后冷却器；11—油水分离器；12—大储气罐

(1) 产生压缩空气的装置。如空气压缩机 5。

(2) 降温、净化、储存压缩空气的装置。如小储气罐 2、安全阀 4、后冷却器 10、油水分离器 11 和大储气罐 12。

(3) 气动三联件。如分水滤气器、减压阀和油雾器。

(4) 输送压缩空气的管道系统。如管道、接头、自动排水器 1、压力表 7、压力开关 8、截止阀 9。

2. 气源装置的工作原理(Operating principles of pneumatic power source units)

电动机 6 驱动空气压缩机 5 旋转产生压缩空气,经过后冷却器 10、油水分离器 11 进入大储气罐 12,稳压后再输出到气压传动系统。压力开关 8 根据小储气罐 2 内的压力调定值来控制电动机 6 的启闭,以保证小储气罐 2 内的压力处于调定范围内。当外负载突然增加而使小储气罐 2 内的压力超过调定值时,安全阀 4 就向外排气降压。单向阀 3 用来防止压缩空气反向流动。后冷却器 10 的作用是通过降温使压缩空气中水蒸气及污油雾冷凝成液滴,再经油水分离器 11 将液滴与空气分离,最后通过在大储气罐 12、油水分离器 11 和后冷却器 10 最低点处所设的手动或自动排水器将液态的水和污油排出,以保证气压传动工作介质的清洁。

12.1.2 空气压缩机

空气压缩机是将原动机的机械能转换成气体压力能的装置,简称空压机。它是气源装置的主体。

1. 空气压缩机的分类(Classification of air compressors)

常见的低压容积式空气压缩机按结构不同可分为活塞式、滑片式(又称叶片式)和螺杆式;按工作原理可分为容积型和速度型;按输出压力可分为低压(0.2～1.0MPa)、中压(1.0～10MPa)、高压(10～100MPa)、超高压>100MPa;按输出流量可分为微型(<1m^3/min)、小型(1～10m^3/min)、中型(10～100m^3/min)、大型(>100m^3/min)。

2. 空气压缩机的工作原理(Operating principles of air compressors)

活塞式空气压缩机的工作原理如图 12-2 所示。其工作原理与相应结构的液压泵类似,也是依靠一个可变的密闭工作容积的周期性变化进行吸气、压缩和排气,再加上适当的配流机构来完成工作过程。但由于空气没有自润滑性,因此必须另设置润滑机构,这样就容易使空气中混进污油。为解决这个问题可在空气压缩机的材料或结构上进行改进,设法制成无油润滑空气压缩机。

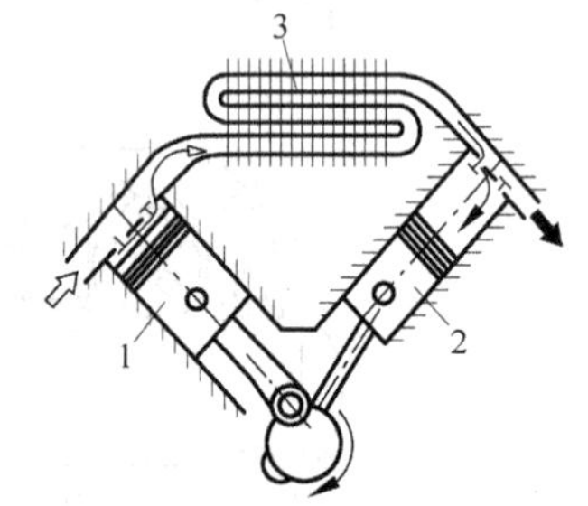

图 12-2　活塞式空气压缩机工作原理图
(FIGURE 12-2　Schematic illustration of operating principles of piston air compressors)

1,2—活塞;3—中间后冷却器

3. 空气压缩机的选择(Selection of air compressors)

根据气压传动系统的特点确定空气压缩机的类型,再依据气压传动系统的工作压力和流量确定空气压缩机的额定输出压力 p 和吸入流量 q(一般空气压缩机铭牌上所标的吸气量)。

(1) 空气压缩机输出压力的选择。根据整个气压传动系统中各执行元件工作压力最大值来考虑。对于低压系统,可采用减压阀向低压系统供气。考虑到气压传动系统中有沿程压力损失和局部压力损失,所以气源压力应比执行元件最大工作压力高 20%左右,或按气压传动系统中执行元件最大工作压力增加 0.2MPa 估算。

(2) 空气压缩机输出流量的选择。

空气压缩机输出流量经验公式为

$$q_{o} = \psi K_{1} K_{2} \sum q_{f} \tag{12-1}$$

式中，q_{o}——空气压缩机输出流量，m^3/s；

ψ——气压传动设备利用系数；

K_1——管道、接头和气动元件泄漏系数，$K_1=1.15\sim1.5$；

K_2——备用系数，$K_2=1.3\sim1.6$；

q_f——单台设备的平均自由空气耗量，m^3/s。

通常情况下，空气压缩机的额定输出压力 p 和吸入流量 q 表示的是标准状态下的体积流量，应将气压传动系统所需压缩空气流量换算成标准状态下的空气流量，即换算成未经压缩的自由状态下的空气流量。压缩空气流量与自由空气流量之间的换算关系为

$$q_{f} = q_{p} \frac{p_{abs} T_{f}}{p_{fabs} T_{p}} \tag{12-2}$$

式中，q_f——自由空气流量，m^3/s；

q_p——压缩空气流量，m^3/s；

p_{abs}——压缩空气的绝对压力，MPa；

p_{fabs}——自由空气的绝对压力，MPa；

T_f——自由空气的热力学温度，K；

T_p——压缩空气的热力学温度，K。

对于空气压缩机使用中应注意的事项，说明书中都有明确要求，应严格按照其要求安装使用，以保证吸入空气的质量；正确维护保养，可降低噪声及减少对环境的污染。

12.1.3　主要压缩空气净化设备

在自然界的空气中混有水蒸气和灰尘等杂质，当空气被压缩时，这些杂质自然也就混在了压缩空气中。在空气压缩机工作期间，其排气口的温度可达 140～170℃，用于润滑空气压缩机运动摩擦副的润滑油就会挥发为蒸气，与上述其他杂质一起混进压缩空气中。据统计，气压传动系统的故障 70%以上是由于压缩空气的质量问题造成的，因此在空气压缩机排出的压缩空气进入气压传动系统之前，必须对压缩空气进行冷却降温、去除杂质和干燥等一系列净化处理。压缩空气净化设备一般包括后冷却器、油水分离器、干燥器、储气罐等。

1. 后冷却器(Cooler)

后冷却器一般安装在空气压缩机的出口管路上，其作用是将空气压缩机排出的压缩空气温度由 140～170℃降到 40～50℃，使其中混有的水气和变质油雾冷凝成液态水滴和油滴，以便将它们去除。

按照使用冷却介质的不同，后冷却器可分为风冷和水冷两种。风冷式后冷却器的工作原理如图 12-3 所示。风扇 5 产生冷空气吹向后冷却器 1 中散热片的热气管道，以达到降温的目的，经风冷式后冷却器 1 冷却后的压缩空气出口温度比室温高 15℃左右。这种后冷却器的优点是重量轻、占地面积小、不需水源、运转成本低且易于维修。其缺点是冷却能力比较小，进后冷却器入口的压缩空气温度一般不高于 100℃。

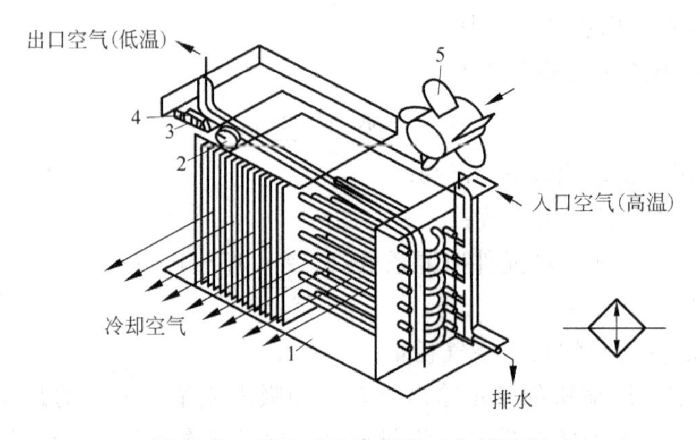

图 12-3　风冷式后冷却器工作原理图

(FIGURE 12-3　Schematic illustration of operating principles of fan cooler)

1—后冷却器；2—出口温度计；3—指示灯；4—按钮开关；5—风扇

水冷式后冷却器的工作原理如图 12-4 所示。冷却水和热压缩空气在不同的管道中逆向流动，充分进行热交换，有效地降低压缩空气温度，一般经后冷却器出口的压缩空气温度可降到比冷却水温高 10℃左右。这种后冷却器的优点是散热面积比风冷式后冷却器的散热面积大 25 倍，热交换均匀，分水效率高。适用于压缩空气温度比较高、处理空气量较大、湿度大和粉尘多的场合。

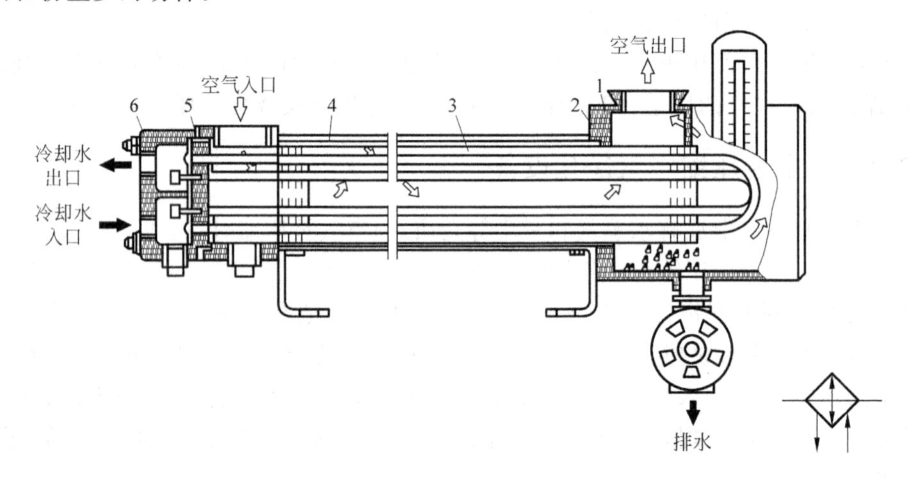

图 12-4　水冷式后冷却器工作原理图

(FIGURE 12-4　Schematic illustration of operating principles of water cooler)

1—气室盖；2,5—垫圈；3—带散热片管束；4—外筒；6—水室盖

在选用后冷却器时，特别要注意产品样本给出的技术参数中的额定流量的测定条件。当实际使用系统与测定条件不同时，同样流量下的出口温度就会不同；并且一般在产品样本中给出的额定流量都是折合成标准状态下的流量，因此应注意和使用条件下有压流量的换算。

在使用后冷却器时，通风和冷却水量要在额定范围内，并注意水质，配管尺寸应大于或等于标准连接尺寸，要注意定期排放冷凝水。

2. 油水分离器(Oil-water separator)

油水分离器的作用是将压缩空气中冷凝水和油污等杂质分离清除,使压缩空气得到初步净化。其工作原理主要是通过回转产生离心、撞击和水洗等方式,使冷凝水、油等液滴和其他杂质颗粒从压缩空气中分离出来。油水分离器的主要结构形式有离心旋转式、水浴式、环形回转式和以上形式的组合使用。水浴和离心式油水分离器的工作原理如图 12-5 所示。撞击并环形回转式油水分离器的工作原理如图 12-6 所示。

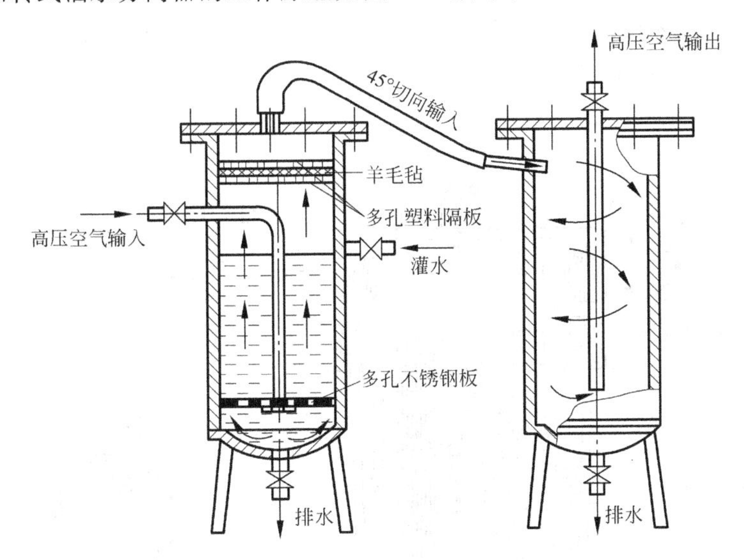

图 12-5　水浴和离心式油水分离器工作原理图

(FIGURE 12-5　Schematic illustration of operating principles of water and centrifugal force oil-water separator)

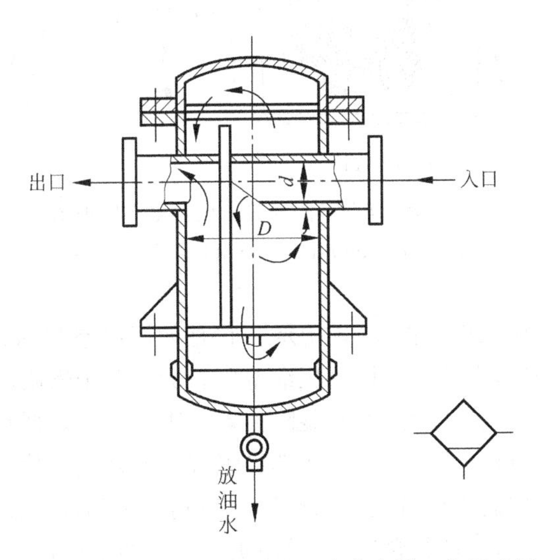

图 12-6　撞击并环形回转式油水分离器工作原理图

(FIGURE 12-6　Schematic illustration of operating principles of impact and rotating oil-water separator)

3. 干燥器(Desiccator)

压缩空气经后冷却器和油水分离器等空气净化过滤装置后仍含有一定量的水蒸气。当气压传动系统工作温度低于空气露点时，就会有水滴析出，对系统产生不利影响。对某些要求较高的射流装置和气压仪表等，要清除气态水分必须使用干燥器。

干燥器有高分子隔膜式、吸附式和冷冻式等多种不同的形式。高分子隔膜式干燥器的工作原理如图 12-7 所示。它是利用只能让水蒸气透过而可阻挡氧气和氮气的中空特殊高分子隔膜，将大量水蒸气由少量压缩空气透过隔膜带出干燥器，而不需要设置排水器，从出气口就可获得干燥的压缩空气。

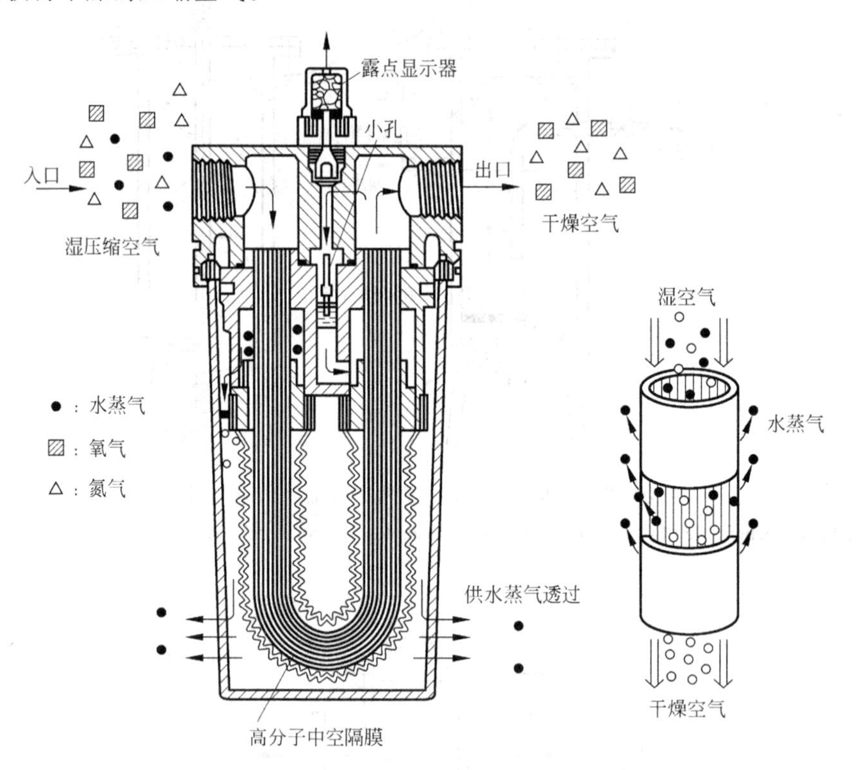

图 12-7　高分子隔膜式干燥器工作原理图

(FIGURE 12-7　Schematic illustration of operating principles of macromolecule and diaphragm desiccator)

吸附式干燥器的工作原理如图 12-8 所示。它是使压缩空气通过干燥吸附剂层和上下栅板过滤除去气态水分后，来获得干燥的压缩空气。为避免干燥吸附剂层被油污染，影响其吸湿能力，必须在压缩空气进气管道上安装除油器。吸附式干燥器在使用时，会出现吸附剂的再生现象，通常在气压传动系统中设置两套吸附式干燥器交替使用。

冷冻式干燥器是利用制冷设备使压缩空气冷却到一定的露点温度，析出空气中超过饱和湿空气压力部分的水分，降低其含湿量，增加压缩空气的干燥程度。当气压传动系统中压缩空气的工作温度高于冷冻式干燥器内的温度时，压缩空气中就不会有水滴出现而保持干燥。

通常在小流量的气压传动系统中，采用高分子隔膜式干燥器和吸附式干燥器；在大流量的气压传动系统中，采用冷冻式干燥器。

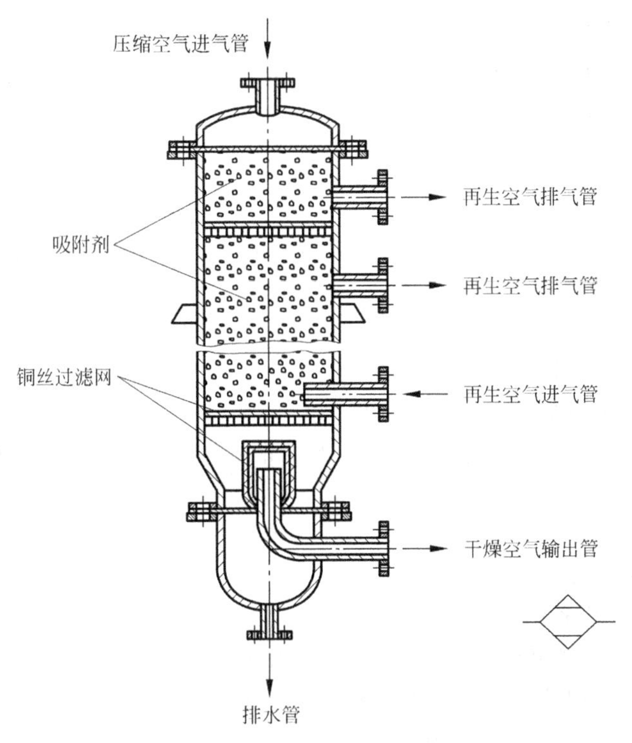

图 12-8　吸附式干燥器工作原理图

(FIGURE 12-8　Schematic illustration of operating principles of adsorption desiccator)

4. 储气罐(Air reservoir)

储气罐的主要作用是消除压力波动,保证输出气流的连续性和平稳性；依靠绝热膨胀及自然冷却降温,进一步分离压缩空气中的水分和油分；储存一定数量的压缩空气做备用和应急气源。

储气罐一般采用焊接结构,有卧式和立式两种类型,以立式居多,如图 12-9 所示。一般立式储气罐的高度 H 为其内径 D 的 2～3 倍,压缩空气进气口在下,出气口在上,尽可能增大进出气口之间的距离,以利于进一步分离压缩空气中的水分和油分。通常在储气罐上应设置安全阀、压力表、清洗检查孔口和最下部的排水口。

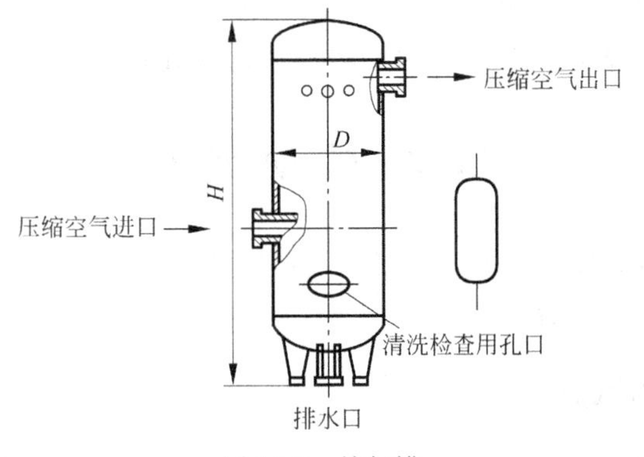

图 12-9　储气罐

(FIGURE 12-9　Schematic illustration of air reservoir)

确定储气罐的容积时,可按以下三种公式计算。

(1) 当以消除压力脉动为主要目的时,储气罐的容积按以下经验公式计算:

当 $q_f < 0.1\text{m}^3/\text{s}$ 时,

$$V = 0.2q_f \tag{12-3}$$

当 $q_f = 0.1 \sim 0.5\text{m}^3/\text{s}$ 时,

$$V = 0.15q_f \tag{12-4}$$

当 $q_f > 0.5\text{m}^3/\text{s}$ 时,

$$V = 0.1q_f \tag{12-5}$$

式中,V——储气罐的容积,m^3;

q_f——空气压缩机的自由空气排气量,m^3/s。

(2) 当气压传动系统的用气量大于空气压缩机的排气量时,储气罐的容积按以下公式计算:

$$V \geqslant \frac{V_0 - q_c t}{p_1 - p_2} p_{abs} \tag{12-6}$$

式中,V——储气罐的容积,m^3;

t——气压传动设备的工作周期,min;

V_0——气压传动系统在工作周期 t 内所消耗的自由空气体积,m^3;

q_c——空气压缩机或外部管网供给的空气流量,m^3/s;

p_1——储气罐内气体绝对压力,MPa;

p_2——储气罐内气体允许降至的最小绝对压力,MPa;

p_{abs}——大气绝对压力,MPa。

(3) 当空气压缩机或外部管网突然停止供给压缩空气后,储气罐中储存的压缩空气应能保证气压传动系统工作一段时间。储气罐的容积按以下公式计算:

$$V \geqslant \frac{p_{abs}}{p_1 - p_2} q_{max} t \tag{12-7}$$

式中,V——储气罐的容积,m^3;

p_{abs}——大气绝对压力,MPa;

p_1——突然停电时储气罐内气体初始绝对压力,MPa;

p_2——气压传动系统最小工作绝对压力,MPa;

q_{max}——气压传动系统最大耗气流量,m^3/s(ANR);

t——停电后储气罐能维持气压传动系统正常工作的供气时间,min。

12.2 辅助元件

气压辅助元件主要包括过滤器、油雾器、消声器、管道和管接头等辅助元件,是气压传动系统不可缺少的重要组成部分。

12.2.1 分水滤气器

分水滤气器又被称为二次过滤器。分水滤气器常与减压阀、油雾器组合在一起使用,被称为气动三联件。其作用是滤除压缩空气中的灰尘和杂质,并将压缩空气中液态的水滴和油污分离出来，使压缩空气进一步净化。其排水方式有手动和自动之分。

常见的普通手动排水分水滤气器如图 12-10 所示。分水滤气器的工作原理是间隙过滤，离心分离。当压缩空气从输入口流入后，经导流片 6 的切线方向缺口并高速旋转，空气中的水滴、油滴及较大灰尘颗粒在离心力作用下被甩到水杯 3 的内壁上，流到杯底，除去液态油滴、水滴及较大杂质的压缩空气，再通过滤芯 5 进一步除去微小灰尘颗粒而从出口流出。挡水板 4 用来防止已沉积于滤杯底部的液态油滴和水滴重新被卷回气流中。按动按钮 10 可将杯底液态油水和杂质排出。

分水滤气器的滤芯有烧结型、纤维聚结型和金属网型三种。装配分水滤气器总成前，去掉各零件上的切屑、灰尘等，防止密封材料碎片混入配管中；应将分水滤气器安装在远离空气压缩机处，以提高分水效率；分水滤气器必须垂直安装，并使放水阀向下，壳体上箭头所示方向为气体流动方向，不得装反；使用时，必须经常放水，定期清洗滤芯，当分水滤气器进出口两端的压力差大于 0.05MPa 时，要更换滤芯。

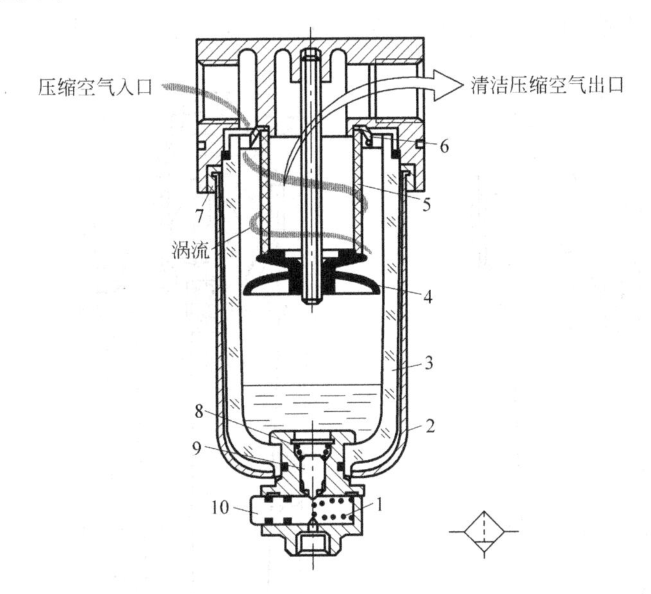

图 12-10　分水滤气器结构图

(FIGURE 12-10　Schematic illustration of structure of separators)

1—复位弹簧；2—保护罩；3—水杯；4—挡水板；5—滤芯；6—导流片；7—卡环；8—锥形弹簧；9—阀芯；10—按钮

12.2.2　油雾器

气压传动系统气动元件内部有许多相对运动的零件，为了减少有相对运动零件表面之间的摩擦力，延长气动元件的寿命，使其具有良好的润滑是非常必要的。

由于空气无自润滑性，所以必须外加润滑剂。润滑可分为喷油雾润滑和不给油润滑两种。由于喷雾润滑的不确定性和调整给油量的复杂性，目前在许多禁止有油雾的场合，如药品、高级喷漆食品、电子和某些轻工行业中，都使用不给油润滑。

不给油润滑的方式主要有两种：一种是在有相对摩擦的表面采用有自润滑性的材料；另一种是在密封件上采用开滞留槽的特殊结构，在槽中存有润滑剂并定期更换。给油雾润滑元件中最主要的就是油雾器。它能将润滑油经气流引射出来并雾化后混入气流中，随气流带到需要润滑的摩擦副上，从而达到润滑的目的。一般来说，给油雾润滑元件的价格低于不给油润滑元件。

普通油雾器(也被称为一次油雾器)的结构如图12-11所示。其工作原理是压缩空气从输入口进入，绝大部分气体从输出口流出，少量气体经过喷嘴组件6前小孔进入由阀座2、弹簧3、钢球4组成的密封不严可泄漏的特殊单向阀内，如图12-12(a)所示。当压缩空气刚进入时，钢球4被压在阀座上，见图12-12(c)。因为这个特殊单向阀密封不严，所以压缩空气就会泄漏到存油杯1中，使存油杯1内部压力逐渐升高，结果钢球4上下压力差减小，在弹簧3的作用下又使钢球4处于中间位置，见图12-12(b)。这样压缩空气就通过阀座2上的小孔进入存油杯1中，使存油杯1润滑油面受压，迫使润滑油经吸油管12将钢球13顶起，润滑油不断地经节流阀5和滴油管7流入透明视油窗14，再滴入喷嘴组件6中，被主通道中气流引射出来，在气体的气动力和黏性力的作用下，雾化后随气流从输出口输出，进入气压传动系统。透明视油窗14用于观察润滑油滴入量，通过节流阀5调节滴油量。

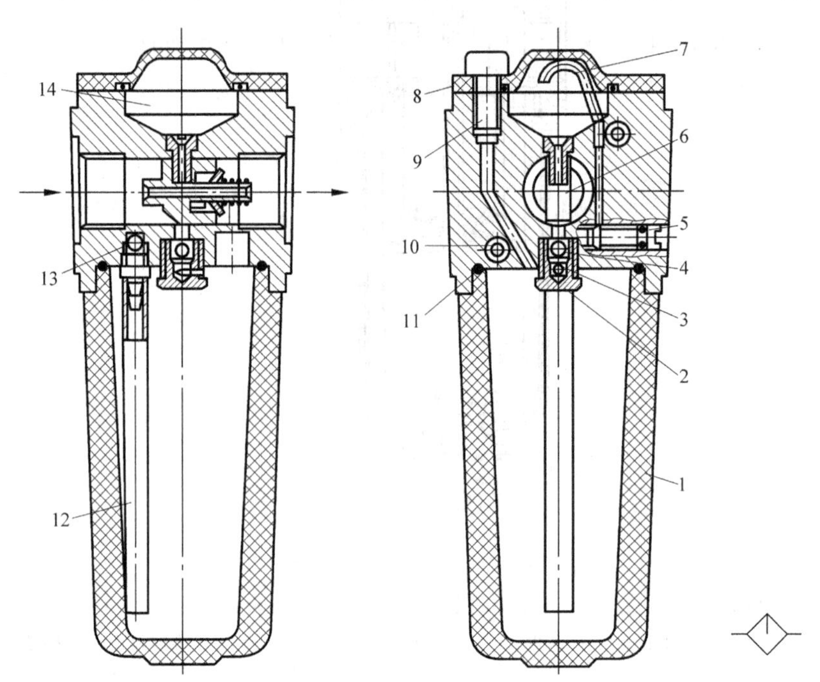

图12-11　普通油雾器结构图

(FIGURE 12-11　Schematic illustration of structure of lubricators)

1—存油杯；2—阀座；3—弹簧；4,13—钢球；5—节流阀；6—喷嘴组件；7—滴油管；8—密封垫；9—油塞；10—螺母螺钉；11—密封圈；12—吸油管；14—透明视油窗

油雾器一般安装在分水滤气器和减压阀之后，换向阀之前，并且应尽量靠近换向阀。油雾器安装时进出口不能接错，必须垂直设置并尽可能高于润滑部位，油面不应过高或过低。除高温环境外，推荐使用油液黏度为32mm^2/s的透平油。滴油量以10m^3(ANR)空气供给1cm^3润滑油为基准或0～200滴/min。

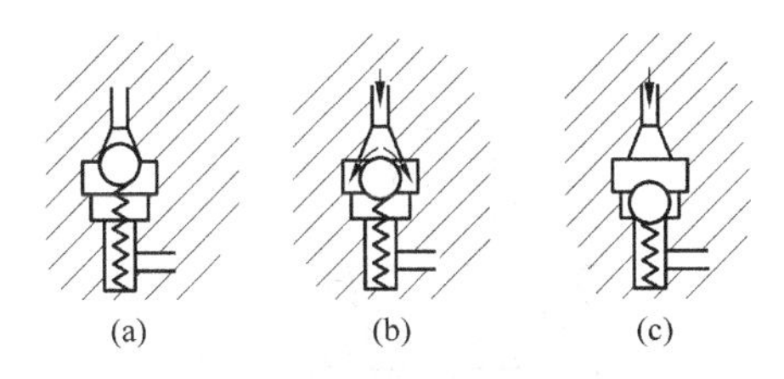

图 12-12　特殊单向阀的工作原理
(FIGURE 12-12　Schematic illustration of operating principles of special check valves)
(a) 不进气截止状态；(b) 进气开启状态；(c) 加油时进气反关闭状态

12.2.3　消声器

消声器是通过对气流的阻尼或增大排气面积等措施降低排气速度和功率来降噪的。气压传动系统通常不设排气回路,用后的压缩空气可经气动换向阀或快速排气阀直接排入大气。排气噪声一般在 80～120dB 之间,对环境造成污染。因此,需要在气压传动系统的排气口处安装消声器来降低排气噪声。常用消声器有吸收型、膨胀干涉型、膨胀干涉吸收型等。

1. 吸收型消声器

吸收型消声器的结构如图 12-13 所示。其工作原理是压缩空气通过多孔的吸声材料时,因流动摩擦生热而使大部分气体压力能转化为热能耗散,从而降低排气噪声。吸收型消声器结构简单,对中高频噪声降噪效果较好,一般可降低 20dB。但排气阻力大,因常装于换向阀的排气口,如不及时更换可能引起背压过高。吸声材料大多使用聚苯乙烯颗粒、烧结铜粒、玻璃纤维等。选用依据是排气口直径。

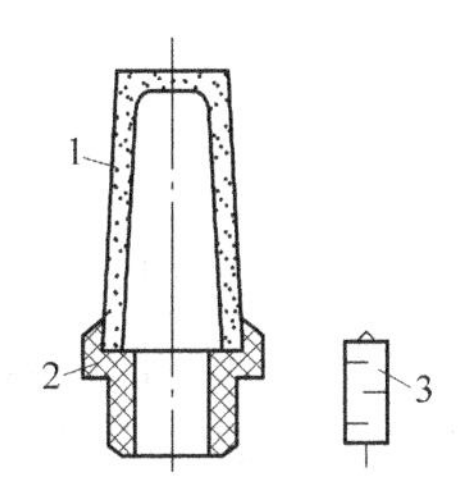

图 12-13　吸收型消声器结构及其图形符号
(FIGURE 12-13　Schematic illustration of structure of adsorption mufflers)
1—消声罩；2—连接螺钉；3—图形符号

2. 膨胀干涉型消声器

膨胀干涉型消声器的直径比排气孔直径大得多。压缩空气在膨胀干涉型消声器内通过扩散、减速,碰壁反射,互相干涉而消耗能量,降低噪声后排入大气。各种常见内燃机的排气管上都装有膨胀干涉型消声器。其优点是结构简单,排气阻力小,不易堵塞,主要用于消除中、低频噪声。其缺点是体积较大,不能安装在气动换向阀或快速排气阀上,常用于集中排气的总排气管。

3. 膨胀干涉吸收型消声器

膨胀干涉吸收型消声器是前两种消声器的组合应用,其结构原理如图 12-14 所示。压缩空气由许多小斜孔进入 A 室迅速膨胀、扩散、减速并被器壁反射至 B 室。在 B 室内压缩空气互相撞击、干涉,进一步降低速度而消耗能量,再通过敷设在消声器内壁的吸声材料被阻尼降噪后排入大气。其优点是消声效果比前两种都好,高频噪声可降低 45dB 左右,低频噪声可降低 20dB 左右。其缺点是结构复杂,排气阻力较大,吸声材料需定期清洗更换,故只宜用于集中排气的总排气管。

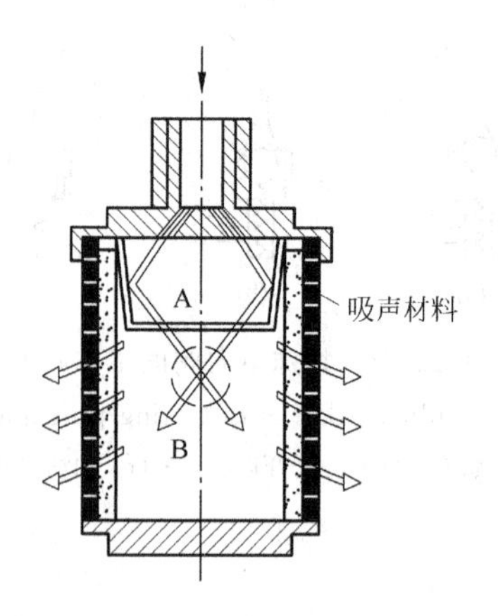

图 12-14　膨胀干涉吸收型消声器结构图
(FIGURE 12-14　Schematic illustration of structure of adsorption and expanding mufflers)

重点和难点课堂讨论

课堂讨论：气源装置和气动三联件的工作原理。

典型案例分析

案例　如何正确选择空气压缩机?

解答　若整个气压传动系统中各执行机构对空气压缩机的工作压力有不同要求，可按其中最大压力来考虑。若气压传动系统中某些气动装置的工作压力要求较低，则可采用减压阀进行减压的方式供气。气源压力应考虑供气系统管道的沿程压力损失和局部压力损失。气源压力应高于设备中最高工作压力的 20%左右，并以此压力来选空气压缩机。目前，一般气压系统的工作压力为 0.5～0.8MPa，这样可选用额定排气压力为 0.7～1MPa 的低压空气压缩机。如有特殊需要，也可选用中压、高压甚至超高压的空气压缩机。

本 章 小 结

本章讲述了气压传动气源装置和辅助元件在气压传动系统中所处的位置和作用；强调了掌握气源装置和气动三联件的作用、组成及工作原理的重要性；介绍了气压传动气源净化装置、消声器等辅助元件的类型、功用及主要结构特点。

思考题和习题

1. 叙述气压传动系统气源装置的组成及各元件的主要作用。
2. 为什么要对压缩空气进行净化处理? 若不处理会造成什么后果?
3. 后冷却器的作用是什么?

4. 干燥器的作用是什么?
5. 储气罐的作用是什么?
6. 简述分水滤气器的工作原理。
7. 简述油雾器的工作原理。
8. 消声器的作用是什么?

第13章　气动执行元件

本章指南

本章主要内容：主要讲述气缸和气马达的种类，气缸的输出力和耗气量计算，气马达的工作原理及工作特性与工作压力的关系。

本章重点：掌握活塞式气缸的输出力和耗气量计算以及气马达的工作原理和工作特性。

本章难点：正确理解坐标气缸在实际工程中的应用。

本章教学目的和要求：了解气压传动执行元件——气缸和气马达的种类和结构特点，掌握活塞式气缸的输出力和耗气量计算，以及气马达的工作原理和工作特性，正确理解坐标气缸的功用及特点。

气压执行元件的作用是将压缩空气的压力能转化为机械能。它驱动机构作往复直线或旋转(或摆动)运动，其输入为压力和流量，输出为力和速度或转矩和转速。

13.1　气　　缸

气缸是气压传动系统中使用最多的气压执行元件，它以压缩空气为动力驱动机构作直线往复运动。

13.1.1　气缸的分类

根据使用条件不同，气缸的结构、形状和功能也不一样，其分类方法繁多。按结构和功能，对气缸可作如下分类。

(1) 按压缩空气对活塞端面作用力的方向，可分为单作用和双作用气缸。

(2) 按气缸的结构特征可分为柱塞式、活塞式、膜片式、摆动式四类。其中摆动式气缸又有叶片式、齿轮齿条式之分。

(3) 按气缸的安装方式可分为法兰式、耳座式、凸缘式、轴销式和回转式。

(4) 按气缸的功能可分为普通气缸和特殊气缸。普通气缸一般指活塞式气缸，多用于无特殊要求的场合；特殊气缸包括无杆气缸、气-液阻尼缸、冲击气缸、伸缩气缸、膜片式气缸等，用于有特殊要求的场合。

13.1.2　气缸的工作原理

1. 普通气缸的结构与工作原理(Structure and operating principles of pneumatic cylinders)

最常用的单杆双作用普通气缸的结构与工作原理如图13-1所示。气缸一般由前后端盖、缸筒、活塞、活塞杆、密封件和紧固件等零件组成。其工作原理为：当压缩空气从右缸盖上的气口进入无杆腔，同时有杆腔向外排气时，推动活塞，使活塞杆向左运动；当压缩空气从左缸盖上的气口进入有杆腔，同时无杆腔向外排气时，推动活塞，使活塞杆向右运动。

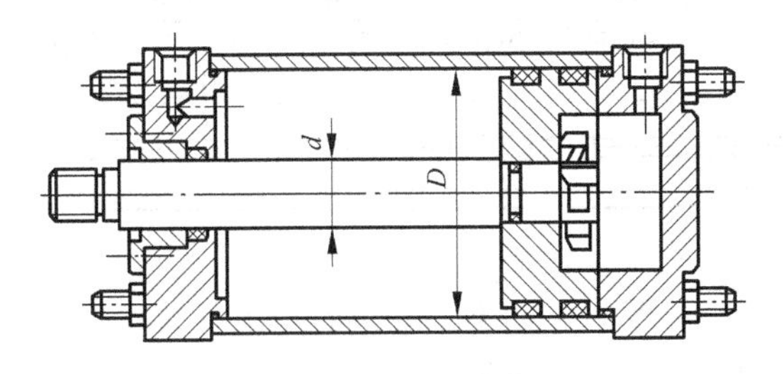

图 13-1　双作用活塞气缸结构与工作原理图

(FIGURE 13-1　Schematic illustration of structure and operating principles of double-acting piston pneumatic cylinders)

2. 膜片式气缸(Diagraph pneumatic cylinders)

膜片式气缸的结构与工作原理如图 13-2 所示。膜片式气缸的膜片有平膜片和盘形膜片两种。膜片材料为夹织物橡胶(厚度为 5～6mm)、钢片或磷青铜片，金属膜片只用于小行程气缸中。由于它的最大行程与气缸内径有关，受膜片变形量限制，所以其输出力比较小且行程一般不超过 40～76mm。平膜片气缸的最大行程大约是缸内径的 15%，盘形膜片气缸的最大行程是缸径的 25%左右。

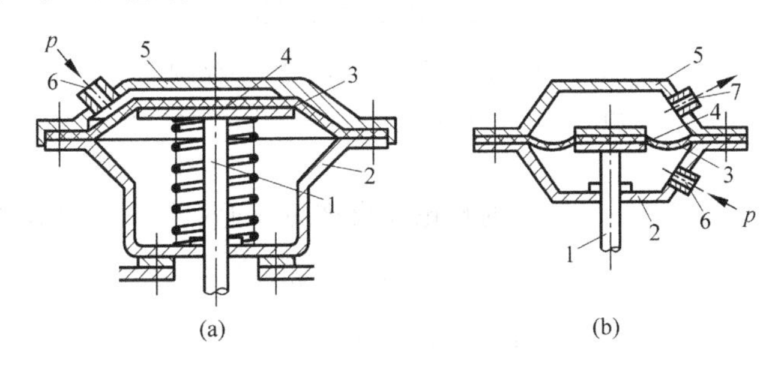

图 13-2　膜片式气缸结构与工作原理图

(FIGURE 13-2　Schematic illustration of structure and operating principles of diagraph pneumatic cylinders)

(a) 单作用式；(b) 双作用式

1—活塞杆；2—缸体；3—膜片；4—托盘；5—缸盖；6,7—气口

3. 坐标气缸(Coordinate pneumatic cylinders)

坐标气缸的结构与工作原理如图 13-3 所示。坐标气缸是一种单活塞杆双作用气缸。它具有精密的导向功能、良好的负载特性和极强的抗扭性能，位置重复精度高达 0.01mm，因经常用来组成各种定位或加工的坐标系统，所以被称为坐标气缸，或被称为直线驱动装置。坐标气缸也是构成模块化气动机械手水平移动和垂直移动的直线驱动模块。坐标气缸中的导向筒 4 可以移动，相对应的活塞杆 5 是固定的。在压缩空气的压力作用下，导向筒 4 带动挡块 1 一起运动，到达行程终点时停止。终端固定挡块 3 用于调整坐标气缸的行程，在终端固定挡块 3 内安装接近式传感器和液压缓冲器。

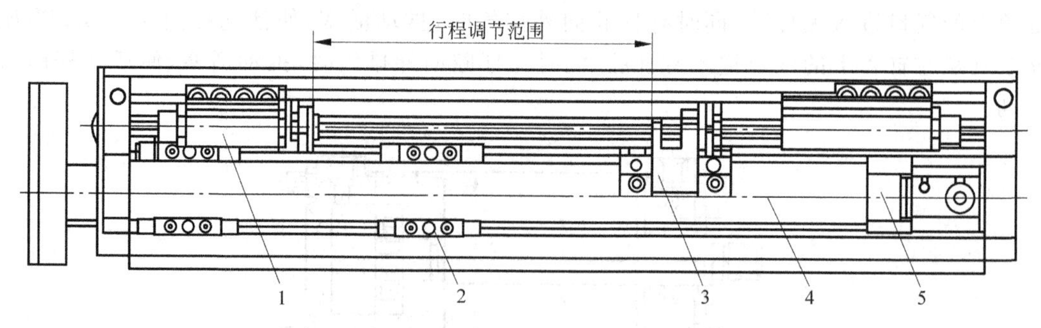

图 13-3　坐标气缸结构与工作原理图

(FIGURE 13-3　Schematic illustration of structure and operating principles of coordinate pneumatic cylinders)

1—挡块；2—精密导向滚珠轴承；3—终端固定挡块；4—导向筒；5—活塞杆

13.1.3　气缸的输出力和耗气量计算

1. 气缸的理论输出力(Theory output force of pneumatic cylinders)

(1) 单活塞杆单作用弹簧压回型气缸结构如图 13-4 所示。

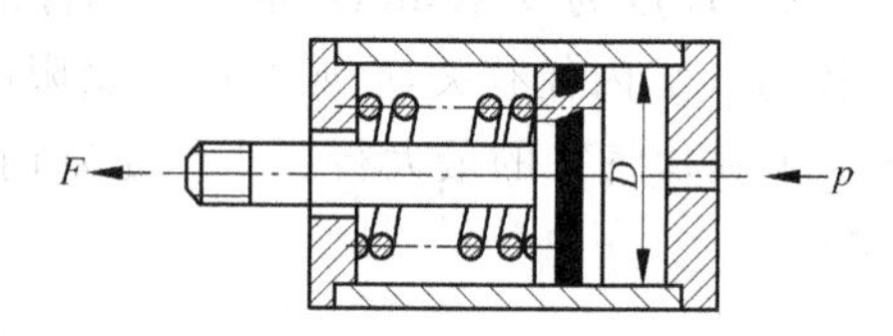

图 13-4　单作用弹簧压回型气缸结构

(FIGURE 13-4　Schematic illustration of structure of single-acting piston pneumatic cylinders)

单活塞杆单作用弹簧压回型气缸的理论输出推力和返回拉力计算式如下：

$$F_1 = \frac{\pi}{4}D^2 p - F_{s1} \tag{13-1}$$

$$F_2 = F_{s2} \tag{13-2}$$

式中，F_1——理论输出推力，N；

F_2——理论返回拉力，N；

D——气缸内径，mm；

p——工作压力，MPa(表压)；

F_{s1}——弹簧预压缩后产生的弹簧力，N；

F_{s2}——F_{s1}与活塞运动行程产生的弹簧力之和。

对于弹簧压出气压返回型单活塞杆单作用缸，则有

$$F_2 = \frac{\pi}{4}(D^2 - d^2)p - F_{s2} \tag{13-3}$$

式中，d——活塞杆直径，mm。

(2) 单活塞杆双作用气缸如图 13-1 所示。

单活塞杆双作用气缸的理论输出推力和返回拉力计算式如下：

$$F_1 = \frac{\pi}{4}D^2 p \tag{13-4}$$

$$F_2 = \frac{\pi}{4}(D^2 - d^2)p \tag{13-5}$$

2. 气缸的效率 η(Efficiency η of pneumatic cylinders)

在外负载为零时,气缸活塞杆输出的力仅受活塞杆和前缸盖之间的摩擦力、活塞和缸筒之间的摩擦力影响。摩擦力影响程度用气缸的效率 η 表示,当气缸内径 D 增大和工作压力 p 提高时,气缸的效率 η 增加。一般气缸的效率 $\eta=70\%\sim95\%$。

3. 气缸的负载率 η_c(Load efficiency η_c of pneumatic cylinders)

气缸的负载率 η_c 是指气缸活塞杆受到的实际轴向负载力 F 与其理论输出力之比,即

$$\eta_c = \frac{F}{F_1} \times 100\% \tag{13-6}$$

式中,F——气缸实际轴向负载力,N;

F_1——气缸理论输出推力,N。

气缸的实际轴向负载力 F 是由工况决定的,若确定了负载率 η_c,则由式(13-6)可以确定气缸的理论输出力 F_1,从而确定气缸的内径 D。

一般情况下,在垂直提升重物或水平夹紧工件时,气缸的实际轴向负载力 F 就等于重力或夹紧力;在推拉水平负载时,如为水平滚动,实际轴向负载力 F 为重力的 10%~40%,如为滑动,则实际轴向负载力 F 为重力的 20%~80%。在确定气缸的实际轴向负载力 F 后,可根据负载运动状态确定负载率 η_c。气缸负载率 η_c 的选取与气缸的外负载性质和气缸活塞杆的运动速度有关,见表 13-1。

表 13-1 气缸的运动状态与负载率 η_c

(TABLE 13-1 Speed and load efficiency of pneumatic cylinders)

阻性外负载(静外负载)	惯性外负载(动载荷)的运动速度 v/(mm/s)		
夹紧,低速压铆	<100	100~500	>500
负载率 $\eta_c<0.8$	负载率 $\eta_c\leqslant0.65$	负载率 $\eta_c\leqslant0.5$	负载率 $\eta_c\leqslant0.3$

由表 13-1 可知,气缸的实际轴向输出力只有理论输出力的 30%~80%,高速动载荷时较小,而低速静载荷时较大。

4. 气缸的耗气量(Consumption calculation of pneumatic cylinders)

气缸的耗气量是指气缸活塞往复运动时所消耗的压缩空气量,其耗气量的大小与气缸的性能无关。气缸的耗气量被分为平均耗气量和最大耗气量。

1) 平均耗气量

气缸的平均耗气量是指气缸在气压传动系统的一个工作循环周期内所消耗的理论空气流量,一般以标准状态下的空气量表示:

$$q_a = 0.001\,57ND^2 s\,\frac{p+0.1}{0.1} \tag{13-7}$$

式中,q_a——气缸的平均耗气量,L/min;

N——每分钟内气缸活塞的往复次数;

D——气缸内径,cm;

s——气缸行程，cm；

p——工作压力，MPa。

2）最大耗气量

气缸的最大耗气量是指气缸活塞以最大速度运动完成一次往复行程时所需的理论空气流量，也用标准状态下的空气量表示：

$$q_{max} = 0.047D^2 s \frac{p+0.1}{0.1}\frac{1}{t} \tag{13-8}$$

式中，q——气缸的最大耗气量，L/min；

t——气缸活塞一次往复行程所需的时间，s。

最大耗气量 q_{max} 用来选定压缩空气处理元件、控制阀及配管尺寸；平均耗气量 q_a 用于选定空气压缩机和计算运转成本。两者之差用于选定储气罐的容积。

13.2 气 马 达

气马达是借助压缩气体压力能而实现回转运动并对外做功的气动执行元件，其作用相当于液压马达或电动机。

13.2.1 气马达的分类

气马达根据工作原理可分为容积式和透平式两大类。容积式气马达的工作原理与液压马达相似，按照其结构形式又可分为活塞式、叶片式、齿轮式等。透平式气马达是通过喷嘴将压缩空气流的动能直接转变成工作轮的机械能。

13.2.2 气马达的工作原理

叶片式气马达的工作原理如图 13-5 所示。当压缩空气从进气口 A 进入气室后立即喷向叶片 1，作用在叶片的外伸部分，产生转矩带动转子 2 作逆时针转动，输出旋转的机械能，废气从排气口 C 排出，残余气体则经 B 排出（二次排气）；若进、排气口互换，则转子反转，输出相反方向的机械能。叶片式气马达在某个工作压力下，其转矩-转速和输出功率-转速的特性曲线如图 13-6 所示。叶片式气马达的软特性也十分明显。

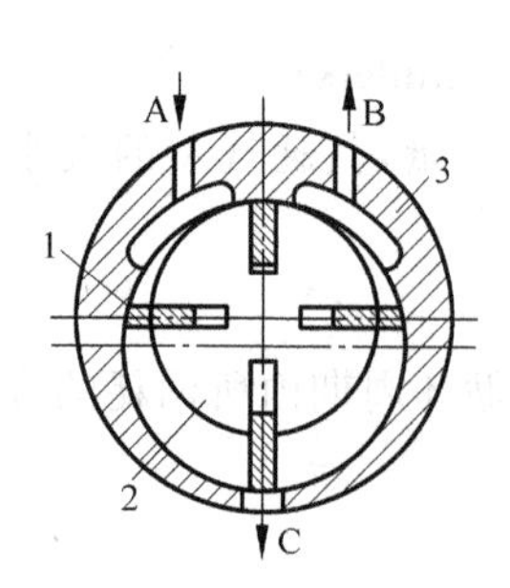

图 13-5 叶片式气马达的工作原理

(FIGURE 13-5 Schematic illustration of operating principles of vane pneumatic motors)

1—叶片；2—转子；3—定子

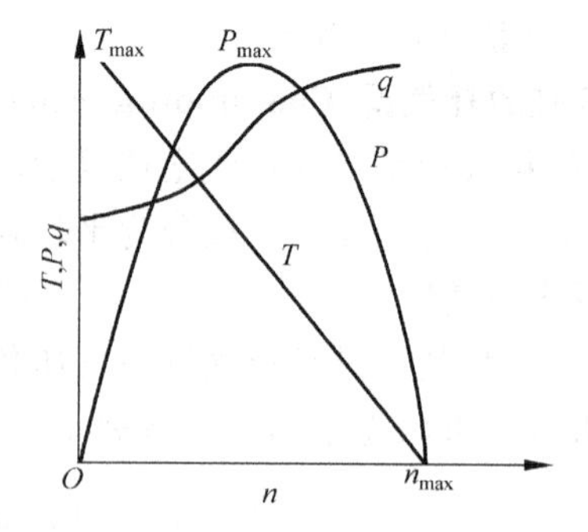

图 13-6 叶片式气马达的特性曲线

(FIGURE 13-6 Schematic illustration of characteristic curves of vane pneumatic motors)

T—转矩；P—功率；q—流量

13.2.3 气马达工作特性与工作压力的关系

气马达的转矩、转速与工作压力的关系可分别用下列计算公式表示：

$$T = T_0 \frac{p}{p_0} \tag{13-9}$$

式中，T——气马达实际工作压力下的转矩，N·m；

T_0——气马达设计工作压力下的转矩，N·m；

p——气马达实际工作压力，MPa；

p_0——气马达设计工作压力，MPa。

$$n = n_0 \sqrt{\frac{p}{p_0}} \tag{13-10}$$

式中，n——气马达实际工作压力下的转速，m/s；

n_0——气马达设计工作压力下的转速，m/s。

重点和难点课堂讨论

课堂讨论：活塞式气缸的输出力和耗气量计算。

典型案例分析

案例 已知气缸内径为0.1m，缓冲柱塞直径为0.042m，缓冲行程长度为0.015m。气缸水平安装，气缸工作压力为5bar，排气压力为3bar(绝对压力)，气缸强度容许承受气体最高压为19bar(绝对压力)，活塞运动速度(缓冲前速度)为0.2m/s，运动部件的总外负载重力为2000N，试计算缓冲装置是否满足要求。

解 (1) 若不计活塞杆面积，则作用于活塞的气压能为

$$E_d = p_1 A_1 s_1 \times 10^5 = 5 \times \frac{\pi}{4} \times 0.1^2 \times 0.015 \times 10^5 \text{ J} = 58.5 \text{ J}$$

(2) 由于惯性力产生的活塞动能为

$$\begin{aligned} E_m &= \frac{1}{2}\frac{G}{g}v^2 = \frac{1}{2} \times \frac{2000 \text{ N}}{9.8 \text{ m/s}^2} \times 0.2^2 \text{ m}^2/\text{s}^2 \\ &= \frac{1}{2} \times \frac{2000}{9.8} \times 0.2^2 \text{ N} \cdot \text{m} \\ &= \frac{1}{2} \times \frac{2000}{9.8} \times 0.2^2 \times \frac{1}{9.8} \text{ kgf} \cdot \text{m} \\ &= \frac{1}{2} \times \frac{2000}{9.8} \times 0.2^2 \times \frac{1}{9.8} \times 9.8 \text{ J} = 4.1 \text{ J} \end{aligned}$$

因气缸水平安装，$G_1 = 0$，则 $E_g = 0$。若不计摩擦能，则运动部件产生的全部机械能量为

$$E_1 = E_d + E_m = (58.5 + 4.1) \text{ J} = 62.6 \text{ J}$$

缓冲装置能够吸收的最大能量为

$$E_2 = 3.5 p_2 V_2 \left[\left(\frac{p_3}{p_2} \right)^{0.286} - 1 \right] \times 10^5$$

$$= 3.5 \times 3 \times \frac{\pi}{4}(0.1^2 - 0.042^2) \times 0.015 \times \left[\left(\frac{19}{3}\right)^{0.286} - 1\right] \times 10^5\ \text{J}$$

$$= 70\ \text{J}$$

可见

$$E_1 = 62.6\ \text{J} < E_2 = 70\ \text{J}$$

故缓冲装置能够满足缓冲要求。

本 章 小 结

本章讲述了气压传动的执行元件气缸和气马达；强调了掌握活塞式气缸的输出力和耗气量计算，以及气马达工作原理的重要性；指出了要能够在工程实际中正确使用坐标气缸；介绍了气马达的工作特性与工作压力的关系。

思考题和习题

1. 某单作用气缸内径 $D=0.2\text{m}$，工作压力 $p=0.7\text{MPa}$，气缸负载率 $\eta=0.7$，复位弹簧的刚度系数 $k_s=1000\text{N/m}$，弹簧预压缩量 $x_0=60\text{mm}$，活塞行程 $L=160\text{mm}$，求其有效推力。

2. 一个单作用膜片式气缸，其缸体内径 $D=160\text{mm}$，托盘直径 $d=60\text{mm}$，忽略弹簧的作用力，当向其输入压力 $p=600\text{kPa}$ 时，其活塞杆的推力为多少？

3. 如何确定气缸的负载力和负载率？负载率主要受什么影响？

4. 气马达与液压马达和电动机相比有何异同？

第14章　气动控制元件

本 章 指 南

本章主要内容：主要介绍气动控制元件压力控制阀、方向控制阀、流量控制阀及气动逻辑元件的组成、工作原理和应用。

本章重点：掌握压力控制阀、方向控制阀和流量控制阀的工作原理及应用。

本章难点：正确理解气压传动逻辑元件的工作原理和功用。

本章教学目的和要求：掌握压力控制阀、方向控制阀和流量控制阀的组成和工作原理，能够正确使用气压传动逻辑元件。

在气压传动系统中，气动控制元件是用来控制和调节压缩空气的压力、方向和流量的阀类，使气动执行元件获得要求的力(或转矩)、直线速度(或转速)和改变运动方向，并按规定的程序工作。气动控制元件主要有压力控制阀、方向控制阀、流量控制阀、比例控制阀、各种逻辑元件和射流元件等几大类。

14.1　压力控制阀

调节和控制压力大小的气动元件被称为压力控制阀，它包括减压阀(调压阀)、安全阀(溢流阀)、顺序阀、压力比例阀、增压阀及多功能组合阀等。

减压阀(调压阀)主要用来调节或控制压力的变化，并保持降压后的压力值稳定在需要的值上，确保系统压力的稳定。

安全阀(溢流阀)用来保持一定的进口压力，当管路中的压力超过允许压力时，为保证系统安全，需将部分压缩空气放掉，使系统压力下降并稳定在调定值上。

顺序阀用在当压力达到设定值时，便允许压缩空气从进口向出口流动。采用顺序阀按压力大小来控制多个气动执行元件的顺序动作。顺序阀常与单向阀并联，构成单向顺序阀。

14.1.1　减压阀

减压阀将较高的进口压力调节并降到符合使用要求的出口压力，保证调节后出口压力的稳定。

减压阀按压力调节方式可分为直动式减压阀和先导式减压阀，先导式减压阀又可分为普通先导式减压阀和精密减压阀。按排气方式可分为溢流式、非溢流式和恒量排气式三种。

1. 直动式减压阀(Direct operated pressure reducing valve)

利用手轮直接调节调压弹簧的压缩量来改变阀的出口压力的控制阀称为直动式减压阀。直动式减压阀的结构和工作原理及图形符号如图 14-1 所示。

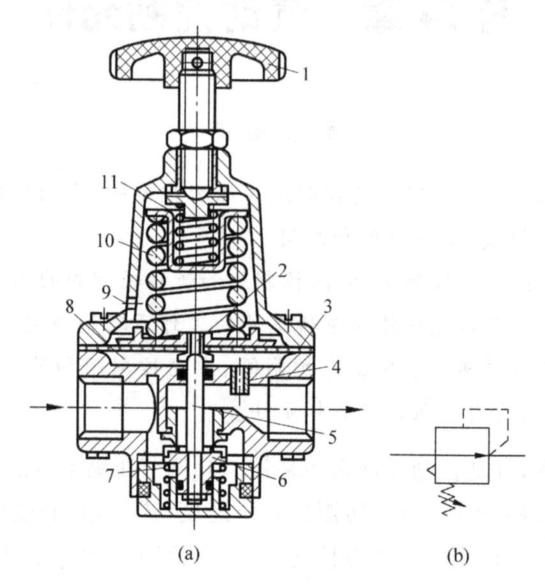

图 14-1　直动式减压阀结构和工作原理图及图形符号

(FIGURE 14-1　Schematic illustration of structure and operating principles and diagram symbols of direct operated pressure reducing valve)

(a) 结构；(b) 图形符号

1—手轮；2—溢流孔；3—膜片；4—反馈导管；5—阀杆；6—进气阀门；7—复位弹簧；8—膜片气室；9—排气孔；10,11—调压弹簧

直动式减压阀的工作原理是：当顺时针旋转手轮 1 时，调压弹簧 10、11 被压缩，推动膜片 3 和进气阀门 6 向下移动，进气阀口被打开，压缩空气从左端进气口输入，经进气阀口节流后减压，从右端出气口输出；一部分气流经反馈导管 4 进入膜片气室 8，反馈的压缩空气对膜片 3 产生一个向上的推力，当此推力与调压弹簧 10、11 的作用力互相平衡时，出口压力便稳定在一定值。

当进口压力波动时，若输入压力瞬时升高，那么输出压力也随之升高，作用在膜片 3 上的推力也随之增大，破坏了原来的力平衡，使膜片 3 向上移动，有少量气体经溢流孔 2、排气孔 9 排出。同时，因复位弹簧 7 及压缩空气压力的作用，使进气阀门 6 也向上移动，阀口开度减小，节流作用增大，使输出压力下降，直到达到新的平衡为止。重新平衡后的输出压力又基本上恢复至原值。反之，如进口压力瞬时降低时，则膜片 3 向下移动，阀口开度增大，节流作用减小，就又会使输出压力基本上恢复至原值。

当进口压力不变，输出流量变化引起出口压力波动时，依靠溢流孔 2 的溢流作用和膜片 3 力的平衡作用推动阀杆 5，仍能起到稳压作用。

直动式减压阀在使用过程中，经常会从溢流孔排出少量气体，因此称之为溢流式减压阀。恒量排气式减压阀始终有微量气体从溢流阀座上的小孔排出，即人为增加一点泄漏，使主阀芯保持微小开度，从而避免了咬死现象，提高了稳压精度。

在介质为有害气体(如煤气)的气压传动系统中,为防止污染工作场所,应选用无溢流孔的减压阀。必须在非溢流式减压阀出口侧装一个小型放气阀,才能改变出口压力并保持其稳定。譬如要降低出口压力,除调节非溢流式减压阀的手轮外,还必须开启放气阀,向室外放出部分气体,如图 14-2 所示。非溢流式减压阀也常用于经常耗气的气马达和吹气系统中。

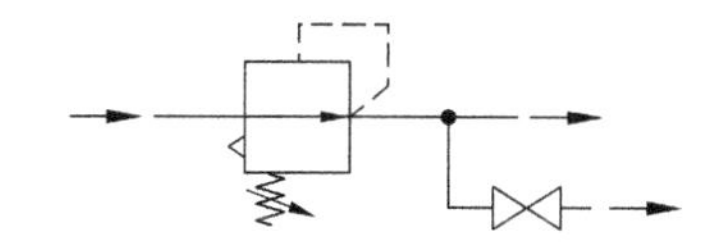

图 14-2　非溢流式减压阀的使用
(FIGURE 14-2　Application of non-leakiness direct operated pressure reducing valve)

2. 普通型先导式减压阀(General pilot operated pressure reducing valve)

用压缩空气的作用力代替调压弹簧力以改变出口压力的阀,被称为先导式减压阀。它调压操作轻便,流量特性好,稳压精度高,压力特性也好,适用于通径较大的减压阀。

先导式减压阀调压用的压缩空气一般是由小型直动式减压阀供给的。若把小型直动式减压阀装在主减压阀的内部,称为内部先导式减压阀;若将其装在主减压阀的外部,则称为外部先导式减压阀,它可实现远距离控制。

普通型内部先导式减压阀的结构和工作原理如图 14-3 所示。其工作原理是:当顺时针旋转手轮 1 时,压缩调压弹簧 2,使上膜片组件 3 向下移动,推动先导阀芯 14 也向下移动并打开进气阀口,来自气源的压缩空气通过恒节流孔 12 流入上膜片下腔 15,此气流压力与调压弹簧 2 的弹力相平衡。由于下膜片上腔与上膜片下腔 15 相通,气流压力推动下膜片组件 5 向下移动,同时推动阀杆 8 和主进气阀门 11 也向下移动,使主减压阀打开,这时先导式减压阀输出口就有气压输出。与此同时,输出口的一部分气流通过反馈孔 7 流入下膜片 6 下腔,与下膜片 6 上腔的气压相平衡,以维持输出口的气体压力不变。

当进气压力波动时,如输入压力瞬间增大,输出压力也瞬时增大,与反馈孔 7 相通的下膜片 6 下腔的压力也随之增大;与此同时,通过先导阀口和恒节流孔 12 相通的上膜片下腔 15 的气压相应也增大,破坏了原来的力平衡,使上膜片组件 3 向上移动,先导阀芯 14 开口减小,上膜片下腔 15 的气压下降。由于下膜片上腔与上膜片下腔 15 相通,下膜片上腔的气压也相应下降,下膜片 6 在上下压差的作用下,和下膜片组件 5 一起向上移动,阀杆 8 和主进气阀门 11 在复位弹簧的作用下也向上移动,主减压阀开口量减小,使输出口的气压下降到原来的输出压力值。反之,如输入压力瞬间减小,其工作原理与上述过程正好相反,将使输出口的气压上升到原来的输出压力值。

14.1.2　安全阀

安全阀也是溢流阀。安全阀在气压传动系统中起过压保护作用,其结构和工作原理及图形符号如图 14-4 所示。当气压传动系统压缩空气压力在调定范围内时,作用在阀芯 2 上的压力小于调压弹簧 3 的预紧力,阀门处于关闭状态,如图 14-4(a)所示;当气压传动系统的压力升高,作用在阀芯 2 上的力大于调压弹簧 3 的预紧力时,阀芯 2 被顶起,阀门开启,压缩空气从 P 到 T 排气,实现溢流,如图 14-4(b)所示。直到气压传动系统的压力降至调定范围以下时,阀芯 3 在弹簧力的作用下向下移动重新关闭溢流阀口。开启压力大小与调压弹簧 3 的预压缩量有关。

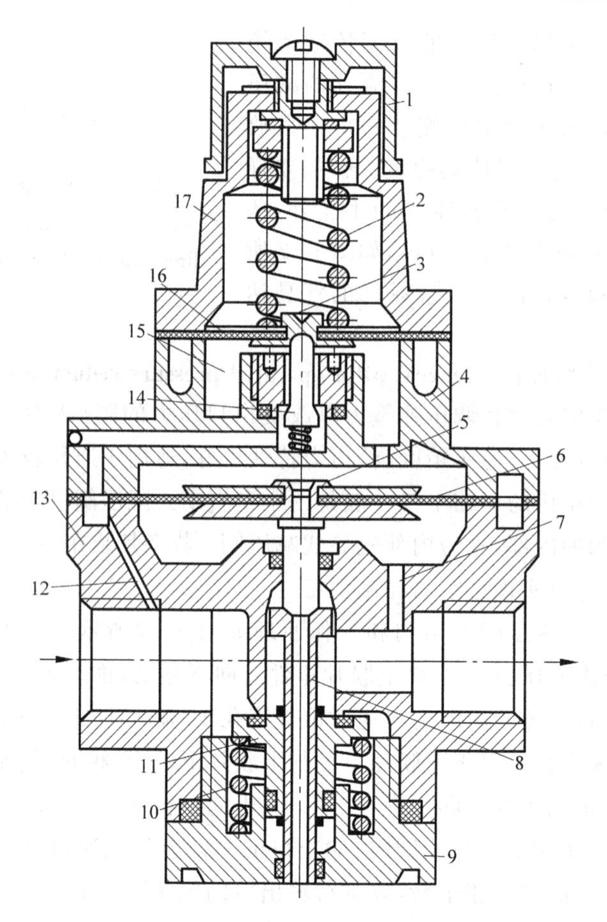

图 14-3　普通型内部先导式减压阀的结构和工作原理图

(FIGURE 14-3　Schematic illustration of structure and operating principles of general pilot operated pressure reducing valve)

1—手轮；2—调压弹簧；3—上膜片组件；4—中盖；5—下膜片组件；6—下膜片；7—反馈孔；8—阀杆；9—下阀盖；10—复位弹簧；11—主进气阀门；12—恒节流孔；13—下阀体；14—先导阀芯；15—上膜片下腔；16—上膜片；17—上阀盖

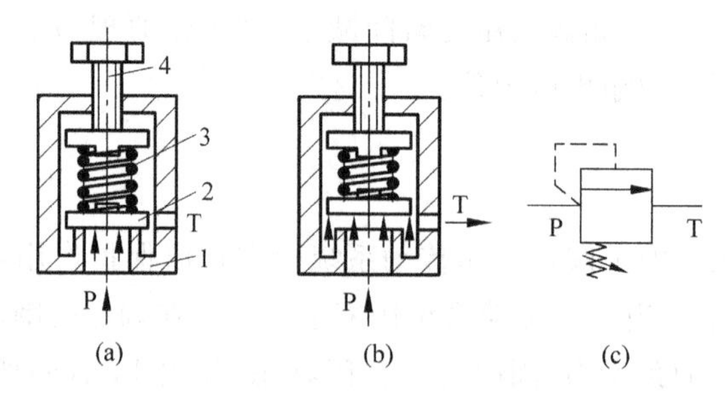

图 14-4　安全阀的结构和工作原理图及图形符号

(FIGURE 14-4　Schematic illustration of structure and operating principles and diagram symbols of pressure relief valves)

(a) 关闭状态；(b) 开启状态；(c) 图形符号

1—壳体；2—阀芯；3—调压弹簧；4—调节手轮

14.1.3　单向顺序阀

单向顺序阀由顺序阀与单向阀并联组合而成。它依靠气压传动系统中压力的作用而控制气动执行元件的顺序动作，其结构和工作原理图及图形符号如图 14-5 所示。当作用在活塞 4 上的气体推力大于弹簧 5 的预紧力时，将活塞 4 顶起，顺序阀呈开启状态，压缩空气从 P 口经工作腔 3、工作腔 1 流到 A 口，然后输出到气缸或气控换向阀，此时单向阀是关闭的，如图 14-5(b)所示；当切换气源后，顺序阀工作腔 3 内压力下降，顺序阀关闭，压缩空气从 A 口流向 P(T)口时，此时工作腔 1 内的压力高于工作腔 3 内压力，在压差作用下，单向阀 2 被打开，压缩空气从 A 口到 T 口排出，如图 14-5(c)所示。

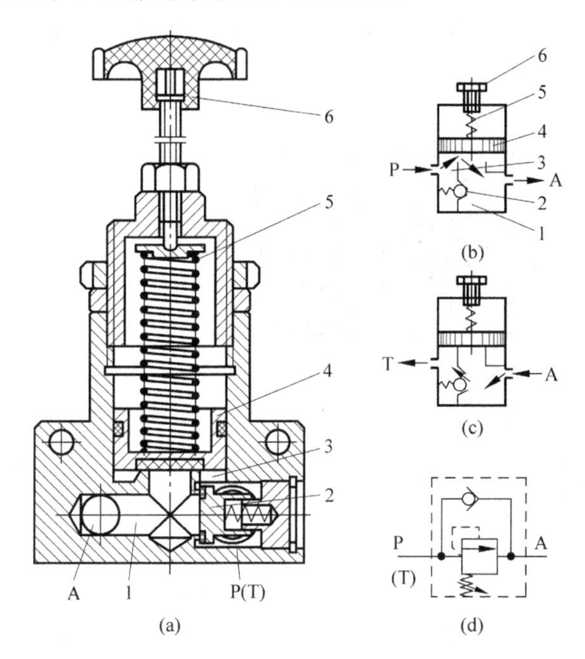

图 14-5　单向顺序阀的结构和工作原理图及图形符号

(FIGURE 14-5　Schematic illustration of structure and operating principles and diagram symbols of pressure sequence valves with check valves)

(a) 结构；(b) 开启状态；(c) 关闭状态；(d) 图形符号

1,3—工作腔；2—单向阀；4—活塞；5—弹簧；6—调节手轮

14.2　方向控制阀

能改变压缩空气的流动方向或通断的元件称为方向控制阀。它是气压传动系统中使用最多的一类阀。

根据气流在阀内的流通方向可分为单向阀和换向阀两大类。气流只能沿一个方向流动的控制阀称为单向型控制阀，简称单向阀；可以改变气流流动方向的控制阀称为换向型控制阀，简称换向阀。

14.2.1 单向阀

1. 普通单向阀(General check valves)

普通单向阀有两个通口,气流只能向一个方向流动,而不能反方向流动。

2. “或门”型梭阀(Shuttle double-check valves with“OR”logic function)

“或门”型梭阀相当于两个单向阀组合的控制阀,其作用主要在于选择信号,相当于“或门”逻辑功能。“或门”型梭阀的结构和工作原理及图形符号如图 14-6 所示。图中 P_1、P_2 为两个进气口,A 为一个输出气口,其中 P_1 口、P_2 口都可与 A 口相通,但 P_1 口与 P_2 口不相通。当 P_1 口与 P_2 口中任何一个有信号输入时,A 口都有输出。当 P_1 口与 P_2 口都有信号输入时,则先加入的一侧(当压力 $p_1=p_2$ 时)或信号压力高的一侧的气信号通过 A 口输出,另一侧被堵死。

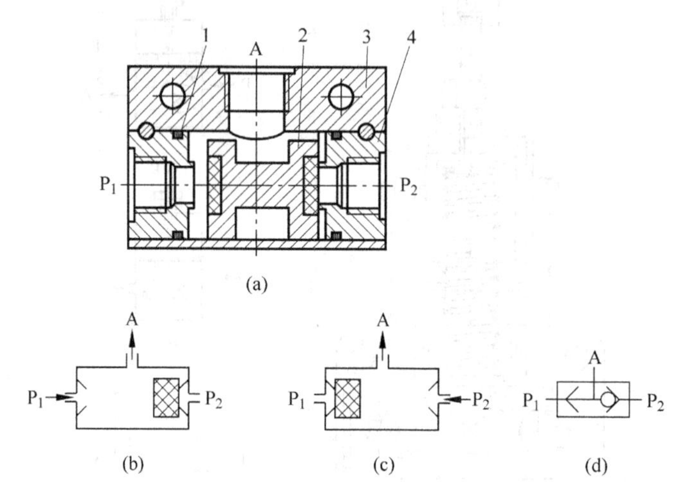

图 14-6 “或门”型梭阀的结构和工作原理图及图形符号

(FIGURE 14-6 Schematic illustration of structure and operating principles and diagram symbols of shuttle double-check valves)

(a) 结构图;(b) P_1 口进气状态;(c) P_2 口进气状态;(d) 图形符号

1—O 形密封圈;2—阀芯;3—阀体;4—阀座

3. 双压阀(Pressure double-check valves with“AND”logic function)

双压阀也相当于两个单向阀组合的阀,其作用相当于“与门”逻辑功能。双压阀的结构和工作原理及图形符号如图 14-7 所示。图中 P_1、P_2 为两个输入口,A 为输出口。只有当两个输入口都进气时,A 口才有输出。当输入口 P_1、P_2 的气压不相等时,气压低的通过 A 口输出。双压阀常用于互锁回路中。

4. 快速排气阀(High speed exhaust valves)

当进口压力下降到一定值时,出口有压气体自动从排气口迅速排气的阀称为快速排气阀。快速排气阀的结构和工作原理及图形符号如图 14-8 所示。当 P 口进气后,膜片 2 下移关闭排气口 T,P 口与 A 口相通,A 口有输出;当 P 口无压缩空气输入时,A 口的气体使膜片 2 上移将 P 口封住,A 口与 T 口接通,气体快速排出。快速排气阀用于气缸或其他元件需要快速排气的场合,此时气缸的排气不通过较长的管路和换向阀,而直接由快速排气阀排出，阀内通口的流通面积大，排气阻力小。

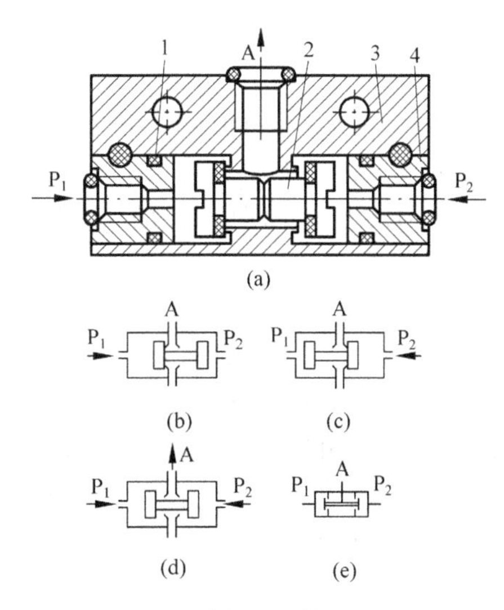

图 14-7　双压阀的结构和工作原理图及图形符号

(FIGURE 14-7　Schematic illustration of structure and operating principles and diagram symbols of pressure double-check valves)

(a) 结构图；(b)，(c) A 无输出；(d) A 有输出；(e) 图形符号

1—O 形圈；2—阀芯；3—阀体；4—阀座

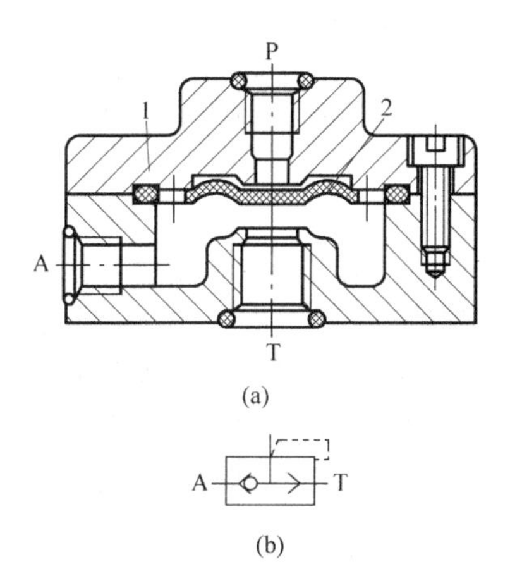

图 14-8　快速排气阀的结构和工作原理图与图形符号

(FIGURE 14-8　Schematic illustration of structure and operating principles and diagram symbols of high speed exhaust valves)

(a) 结构图；(b) 图形符号

1—阀体；2—膜片

14.2.2　换向阀

换向型控制阀种类繁多，结构各异，控制方式多样，但其工作原理基本相同，都是利用外力使阀芯和阀套产生相对运动，改变气体通道使压缩空气流动方向发生变化，从而改变气动

执行元件的运动方向。换向阀根据控制的方式可分为气压控制换向、电磁控制换向、人力控制换向、机械控制换向等种类。按阀芯的结构来分，常用的结构形式有截止式和滑柱式两大类。

1. 气压控制换向阀(Pneumatic pressure controls directional control valves)

气压控制换向阀是以外加的气压信号为动力切换主阀，控制回路换向或开闭。外加的气压称为控制压力。按照施加压力的方式不同可分为加压控制换向、泄压控制换向、差压控制换向、延时控制换向和脉冲控制换向等。

1）加压控制换向

二位四通双气控加压滑柱式换向阀的工作原理如图 14-9 所示。当 X 口有控制信号时，滑柱停在阀体的左端，P 口与 A 口相通，B 口与 T_2 口相通，A 口进气，B 口排气，如图 14-9(a)所示；当 Y 口有控制信号时，滑柱停在阀体的右端，P 口与 B 口相通，A 口与 T_1 口相通，B 口进气，A 口排气，如图 14-9(b)所示。很显然，此种双气控加压滑柱式换向阀具有记忆功能，即当控制信号消失后，换向阀仍然保持着有信号时的工作状态。

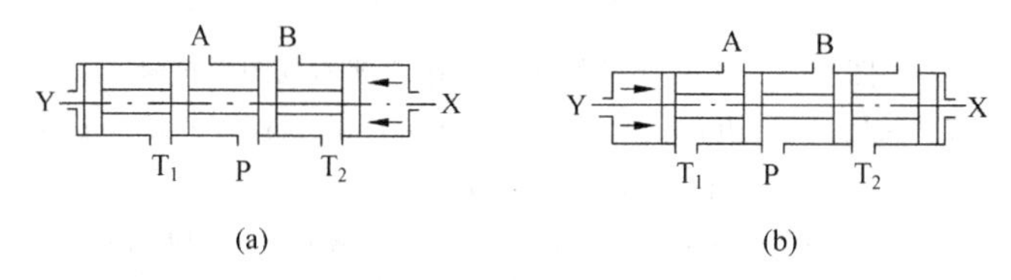

图 14-9　双气控加压滑柱式换向阀工作原理图

(FIGURE 14-9　Schematic illustration of operating principles of double direction pneumatic pressure controls four-way-two-position slide spool directional control valves)

(a) X 有控制信号；(b) Y 有控制信号

2）延时控制换向

延时控制换向阀的作用是使输出信号的状态变化与输入信号形成一定的时间差。对气控换向阀在其控制压力到换向阀控制腔的气路上串接一个单向节流阀和固定气室组成的延时环节就构成延时阀。图 14-10 所示为固定延时控制换向阀的结构、工作原理及图形符号。当 P 口输入压缩空气时，A 口有气流输出；同时，从阀芯上的节流小孔不断向气室充气，当气室压力达到一定值时，推动阀芯左移，使 P 口与 A 口断开，A 口与 T 口接通。

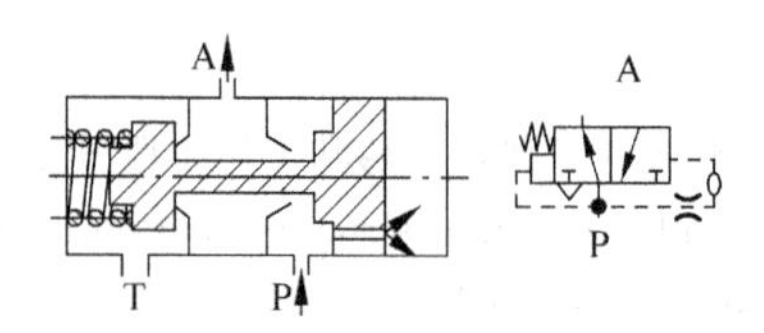

图 14-10　固定延时控制换向阀的结构、工作原理图及图形符号

(FIGURE 14-10　Schematic illustration of structure and operating principles and diagram symbol of pneumatic pressure delay controls three-way-two-position slide spool directional control valves)

2. 电磁控制换向阀(Electrically operated directional valve)

电磁控制换向阀是气动控制元件中最主要的元件，它由电磁铁控制部分和主阀部分组

成。按动作方式分有直动式和先导式，按所用电源分有直流电磁换向阀和交流电磁换向阀，按密封形式分有间隙密封和弹性密封，等等。

1）直动式电磁换向阀

直动式电磁换向阀是利用电磁力直接推动阀芯换向的。根据阀芯复位的控制方式又可分为单电磁控制弹簧复位换向阀和双电磁控制换向阀。

单电磁控制直动式换向阀的工作原理及图形符号如图 14-11 所示。当电磁铁 1 通电时，电磁铁 1 推动阀芯 2 向下移动，使 P 口与 A 口接通，A 口与 T 口断开，换向阀处于进气状态，如图 14-11(a) 所示。当电磁铁 1 断电时，阀芯 2 在弹簧的作用下复位，此时，P 口与 A 口断开，A 口与 T 口相通，换向阀处于排气状态，如图 14-11(b)所示。图 14-11(c)为换向阀的图形符号。

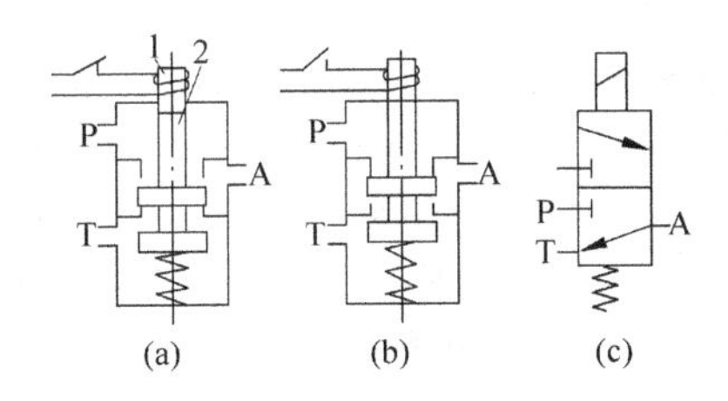

图 14-11　单电磁控制直动式电磁换向阀的工作原理图及图形符号

(FIGURE 14-11　Schematic illustration of operating principles and diagram symbol of single electrically operated three-way-two-position slide spool directional control valves)

(a) 电磁铁通电；(b) 电磁铁断电；(c) 图形符号

1—电磁铁；2—阀芯

2）先导式电磁控制换向阀

先导式电磁控制换向阀由小型直动式电磁换向阀和大型气控换向阀组成。它是利用小型直动式电磁换向阀输出先导控制气压力来操纵大型气控换向阀换向的，其电控部分称为电磁先导阀。按控制方式可分为单电控和双电控；按先导压力来源可分为内部先导和外部先导。

单电控外部先导式电磁控制换向阀的工作原理及图形符号如图 14-12 所示。当电磁先导控制换向阀通电时，先导阀的 X 口与主阀控制腔 A_1 接通，主阀控制腔 A_1 处于进气状态。由于主阀控制腔 A_1 的压缩气体作用于阀芯上的力大于 P 口气体和弹簧作用在主阀阀芯左腔的力，因此阀芯向左移动，使 P 口与 A 口接通，即主阀处于进气状态，如图 14-12(a)所示；当电磁先导控制换向阀断电时，X 口与主阀控制腔 A_1 断开，主阀控制腔 A_1 与 T_1 口相通，主阀控制腔 A_1 处于排气状态。此时，主阀阀芯在 P 口气压和弹簧力的作用下向右移动，使 P 口、A 口断开，A 口与 T 口接通，主阀处于排气状态，如图 14-12(b)所示。

3. 人力控制和机械控制换向阀(Manually operated directional valve and mechanical operated directional valve)

人力控制和机械控制换向阀是靠人力(手动或脚踏)和机动(凸轮、滚轮、杠杆或行程挡块等)来使换向阀产生切换动作的，其工作原理与相对应的液压控制阀的工作原理基本相同，这里不再重复。

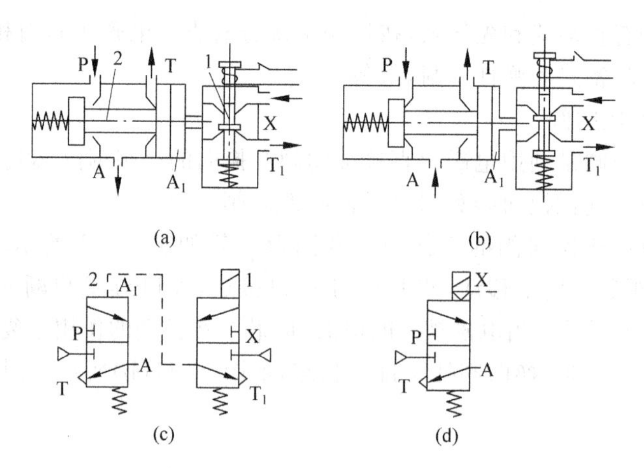

图 14-12 单电控外部先导式电磁控制换向阀的工作原理图及图形符号
(FIGURE 14-12 Schematic illustration of operating principles and diagram symbol of single electrically external pilot operated three-way-two-position slide spool directional control valves)
(a) 通电状态;(b) 断电状态;(c) 详细符号;(d) 简化符号
1—电磁先导控制换向阀;2—主换向阀

14.3 流量控制阀

流量控制阀是通过改变阀的通流截面面积来实现流量或流速控制的元件。流量控制阀包括节流阀、单向节流阀、排气节流阀等。

14.3.1 节流阀

节流阀是依靠改变阀的流通截面面积来调节流量的,用于控制气动执行元件的运动速度。圆柱斜切型节流阀的结构和工作原理图及图形符号如图 14-13 所示。其工作原理是:压缩空气由 P 口进入,经过节流口,由 A 口流出,旋转阀芯螺杆就可改变节流口开度,从而调节压缩空气的流量。

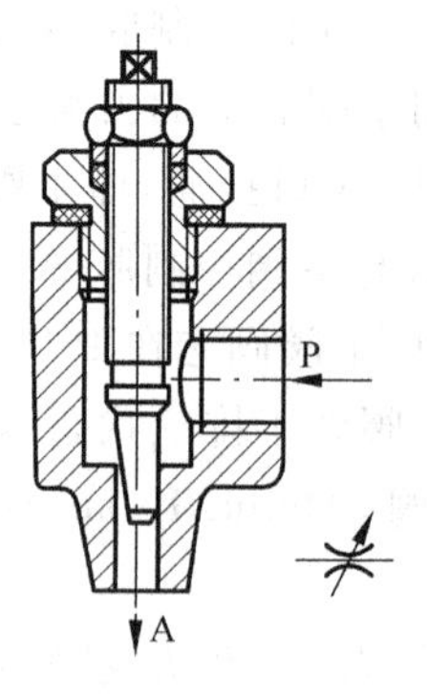

图 14-13 节流阀的结构和工作原理图及图形符号
(FIGURE 14-13 Schematic illustration of structure and operating principles and diagram symbol of throttle valves)

14.3.2　单向节流阀

单向节流阀是由单向阀和节流阀组合而成的流量控制阀，常用于气缸的速度控制，又称为速度控制阀。单向节流阀的结构和工作原理及图形符号如图14-14所示。当压缩空气沿着一个方向由P口向A口流动时，经过节流阀，旁路的单向阀关闭，如图14-14(a)所示；当压缩空气由A口向P口反方向流动时，单向阀打开，不节流，如图14-14(b)所示。

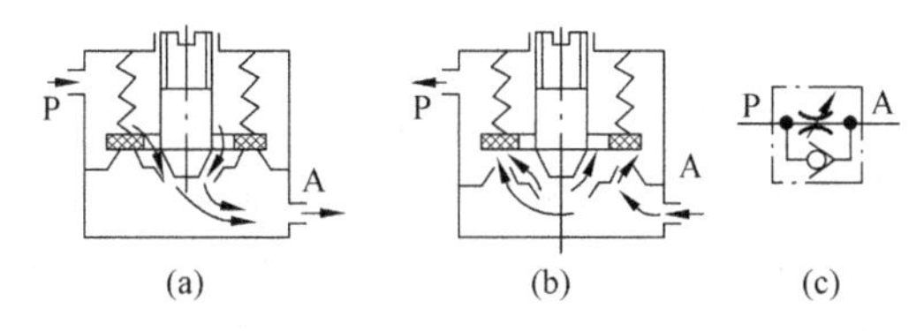

图14-14　单向节流阀的结构和工作原理图及图形符号

(FIGURE 14-14　Schematic illustration of structure and operating principles and diagram symbol of throttle check valves)

(a) 节流阀打开；(b) 单向阀打开；(c) 图形符号

单向节流阀常用于气缸的调速和延时回路中，使用时尽可能直接安装在气缸上。

14.3.3　排气消声节流阀

排气节流阀只能安装在元件的排气口，用来调节排入大气的流量，从而改变气动执行元件的运动速度。排气节流阀常带有消声器以减小排气噪声，并能防止环境中的粉尘通过排气口污染气压元件。图14-15所示为排气消声节流阀的结构和工作原理图及图形符号。

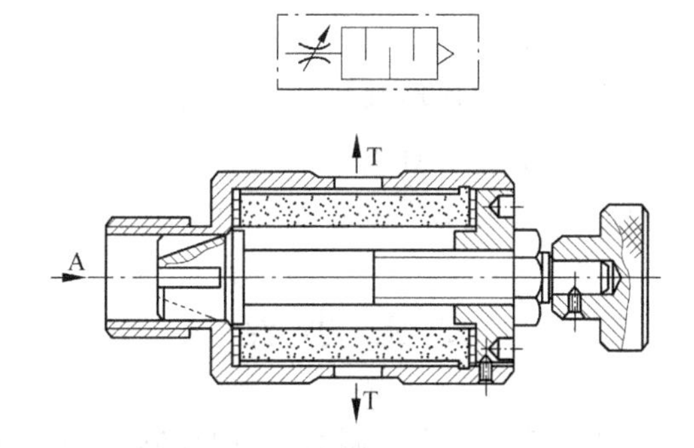

图14-15　排气消声节流阀的结构和工作原理图及图形符号

(FIGURE 14-15　Schematic illustration of structure and operating principles and diagram symbol of exhaust muffler and throttle valves)

重点和难点课堂讨论

课堂讨论：直动式减压阀的结构和工作原理。

典型案例分析

案例　如何正确选择气动控制元件？

解答　正确地选用各种控制元件是设计气动控制系统的重要环节。控制元件选择得合理，就能使气动控制系统简化，减少控制元件的品种和数量，降低压缩空气的消耗量，提高气动控制系统的可靠性，降低成本等。

(1) 在选用控制元件时，首先要考虑控制元件的技术规格能否满足使用环境的要求。如气源工作压力范围，电源条件(交、直流电压等)，介质温度，环境温度、湿度，粉尘情况等。

(2) 根据流量选择控制元件的通径。对于直接控制气动执行元件的主控制元件，必须根据执行元件的流量来选择控制元件的通径。选用控制元件的流量应略大于所需要的流量。对于信号控制元件(手控、机控阀)，则根据它所控制元件的远近、控制元件的数量和要求动作时间等因素来选择控制元件的通径。一般距离在 20m 以内，选 3mm 通径的控制元件，距离在 20m 以上或控制数量较多的情况下，其通径可选大些，如 6mm。

(3) 要考虑控制元件的机能和功能能否满足工作的需求。应尽量选择与所需机能一致的控制元件，如选不到，可考虑用其他控制元件代替(如用二位五通阀代替二位三通或二位二通阀)。

(4) 控制元件的种类选择。在设计控制系统时，应尽量减少控制元件的种类，避免采用专用控制元件，尽量选用标准化系列的控制元件，以利于专业化生产、降低成本和便于维修使用。

(5) 安装方式的选择。从安装维护方面考虑板式连接较好，特别是对于集中控制的自动、半自动控制系统其优越性更突出。

(6) 根据使用条件、使用要求来选择控制元件的结构形式。如果密封是主要的，一般应选用橡胶密封(软质密封)的控制元件。如要求换向力小，有记忆性能，应选择滑阀控制元件。如在气源过滤条件差的地方，采用截止阀控制元件好些。

本 章 小 结

本章重点介绍了气动控制元件的压力控制阀、方向控制阀、流量控制阀的组成和工作原理，并强调了它的重要性，介绍了气压传动逻辑元件的工作原理，指出了气压传动逻辑元件的使用方法。

思考题和习题

1. 画出下列气压传动元件的图形符号：减压阀、单向顺序阀、安全阀；单电控先导式二位五通电磁换向阀；梭阀、双压阀、快速排气阀；排气节流阀。

2. 气压传动系统中的调压阀是如何工作的？其中弹簧起什么作用？为什么要采用双弹簧结构？两个弹簧串联和并联对阀的调压性能有何影响？

3. 在气压传动控制元件中，哪些元件具有记忆功能？记忆功能是如何实现的？

4. 快速排气阀为什么能快速排气？在使用和安装快速排气阀时应注意哪些问题？

5. 单电磁铁直动式气压传动换向阀与单电磁铁先导式气压传动换向阀在工作原理和使用性能方面有什么区别？

6. 带消声器的排气节流阀一般用在什么场合？有何特点？

第15章　气动基本回路

本 章 指 南

本章主要内容：主要讲述压力控制回路、方向控制回路、速度控制回路、气-液联动控制回路和连续往复控制回路的功用。

本章重点：掌握气动基本回路的工作原理与实际应用。

本章难点：正确使用气-液联动控制回路和气动基本回路。

本章教学目的和要求：了解气动系统常用基本回路的类型及功用，学会选择合适的气动元件，合理地组成气动基本回路，以实现压力控制、方向控制、速度控制等功能。正确理解气-液联动控制回路的工作原理及气动基本回路的实际应用。

气动系统的形式很多，但是它和液压传动系统一样，也是由不同功能的基本回路组成的。熟悉和掌握常用的基本回路是分析和设计气动系统的必要基础。

15.1　压力控制回路

压力控制回路的功用是使系统保持在某一规定的压力范围内。常用的压力控制回路有一次压力控制回路、二次压力控制回路和高低压选择回路。

15.1.1　一次压力控制回路

图15-1所示为一次压力控制回路，用于使储气罐5输出的气体压力不超过规定压力。为此，通常在储气罐5上安装一电接点式压力表4，一旦储气罐5超过规定压力时，即控制空气压缩机1断电，不供气；也常在储气罐5上安装安全阀3，当电接点式压力表4发生故障而失灵时，用来实现一旦储气罐5内超过规定压力就向大气放气。安全阀压力调整在0.7MPa。

15.1.2　二次压力控制回路

二次压力控制回路的作用是经过一次压力控制回路的压缩空气再经过减压阀二次减压，作为气压传动系统的工作气压使用。由分水滤气器2、溢流减压阀3和油雾器5(也称气动三联件)组成的二次压力控制回路如图15-2所示。主要利用溢流式减压阀来实现二次压力调节与控制。油雾器5用于给油润滑的气压传动系统中的气动方向控制阀和气动执行元件的润滑。

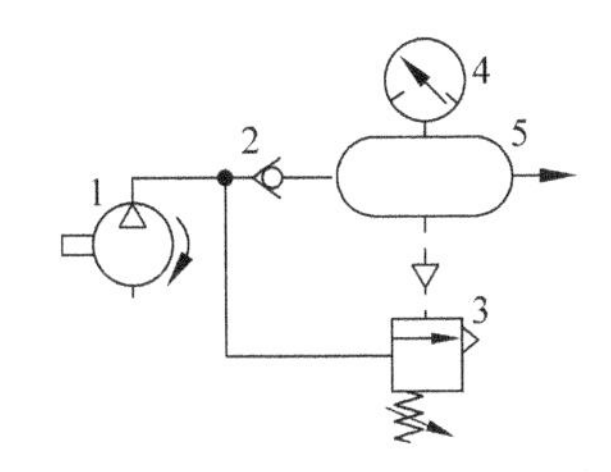

图 15-1　一次压力控制回路

(FIGURE 15-1　Schematic illustration of first grade pressure control circuits)

1—空气压缩机；2—单向阀；3—安全阀；4—电接点式压力表；5—储气罐

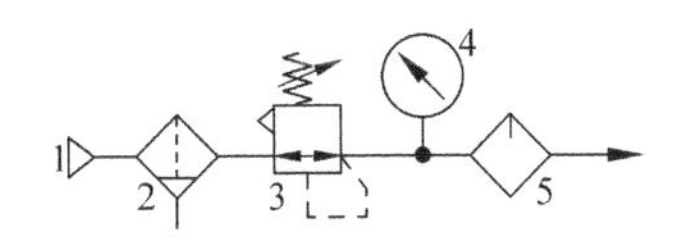

图 15-2　二次压力控制回路

(FIGURE 15-2　Schematic illustration of second grade pressure control circuits)

1—压缩空气源；2—分水滤气器；3—溢流减压阀；4—压力表；5—油雾器

15.1.3　高低压选择回路

在实际应用中，当某些气压传动系统在不同的工作阶段需要有高、低压力的切换时，就可以采用图 15-3 所示的高低压选择回路。其工作原理是先将压缩空气源 1 的压力用溢流减压阀 3 调出低压值和溢流减压阀 5 调出高压值，再由二位三通气控换向阀 7 控制高、低压力的输出。

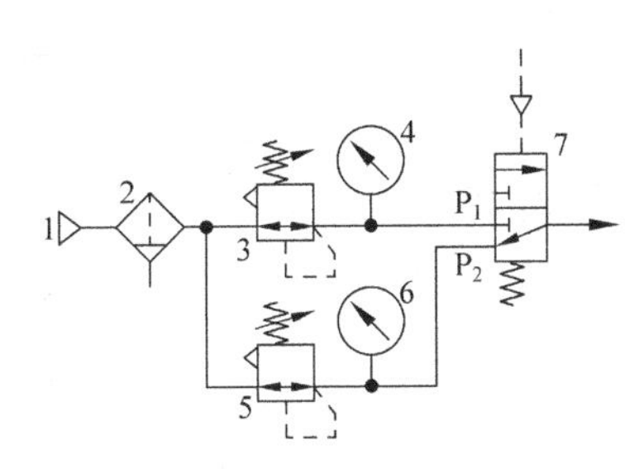

图 15-3　高低压转换回路

(FIGURE 15-3　Schematic illustration of high-low pressure selection control circuits)

1—压缩空气源；2—分水滤气器；3—低压溢流减压阀；4,6—压力表；5—高压溢流减压阀；7—二位三通气控换向阀

15.2　方向控制回路

方向控制回路又称为换向回路，它是通过换向阀的换向，来实现改变气动执行元件运动方向的回路。由于换向阀的控制形式比较多，因此方向控制回路的形式也比较多，这里只简单介绍两种较为典型的换向回路。

15.2.1　单作用气缸的换向回路

单作用气缸靠压缩空气的压力使活塞杆朝单方向伸出，反向依靠弹簧力或自重等其他外力返回。一般采用二位三通换向阀来实现气动执行元件的方向控制。图 15-4 所示为用电磁换向阀控制的单作用气缸换向回路。

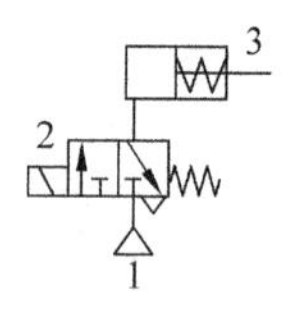

图 15-4　单作用气缸换向回路

(FIGURE 15-4　Schematic illustration of single-acting pneumatic piston cylinder directional circuits)

1—压缩空气源；2—二位三通电磁换向阀；3—液压缸

15.2.2　双作用气缸的换向回路

双作用气缸的换向回路是通过控制气缸两腔的压缩空气进气和排气来实现气缸活塞杆的伸出和缩回运动的回路，通常采用二位五通换向阀和三位五通换向阀控制。

图 15-5(a)、(b)所示为采用单气控二位五通换向阀的换向回路，图 15-5(c)是采用双电磁铁控制二位五通换向阀的换向回路，图 15-5(d)是采用双气控二位五通换向阀的换向回路。图 15-5(c)和(d)的两端控制电磁铁线圈或按钮不能同时操作，否则将出现误动作，其回路都具有"双稳"的逻辑功能。

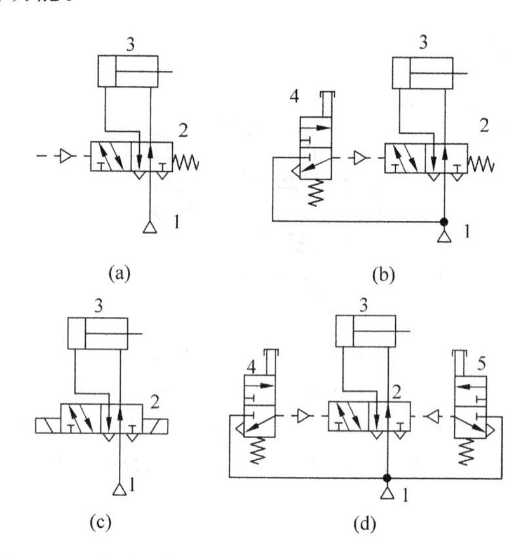

图 15-5　采用二位五通换向阀双作用气缸的换向回路

(FIGURE 15-5　Schematic illustration of five-way-two-position directional spool valve control double-acting pneumatic piston cylinder directional circuits)

(a),(b) 单气控换向回路；(c) 双电磁控换向回路；(d) 双气控换向回路

1—压缩空气源；2—二位五通换向阀；3—液压缸；4,5—二位三通手动换向阀

15.3　速度控制回路

速度控制回路主要是通过对气动流量控制阀的调节，控制进入气动执行元件的流量，以便使气动执行元件的运动速度发生变化。气压传动系统所使用的功率一般都不

大，如果对气动执行元件的运动平稳性要求也不是太高的话，采用速度调节的方法主要是节流调速。

15.3.1　单作用气缸的节流调速控制回路

图 15-6 所示为单作用气缸的节流调速控制回路。在图 15-6(a)所示的回路中，气缸 5 的活塞杆慢速伸出，缩回时则通过快速排气阀 4 排气，活塞杆在弹簧的作用下快退；在图 15-6(b)所示的回路中，活塞杆伸出和缩回均通过节流阀调速。

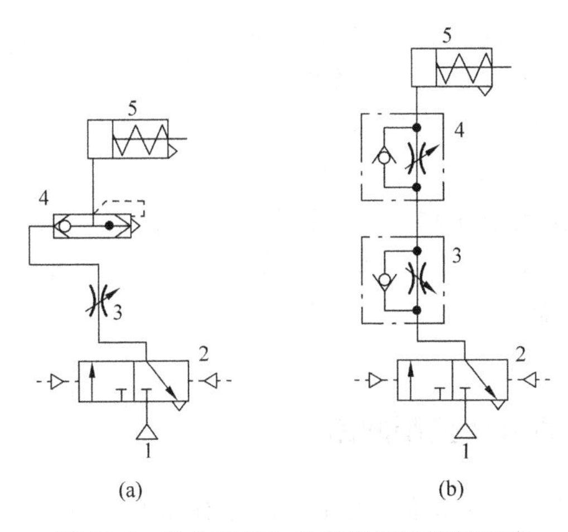

图 15-6　单作用气缸的节流调速控制回路

(FIGURE 15-6　Schematic illustration of throttle adjusting speed control circuits of single-acting piston pneumatic cylinders)

(a) 单作用气缸节流调速；(b) 活塞杆伸缩调节

1—压缩空气源；2—二位三通双气控换向阀；3(a)—节流阀；4(a)—快速排气阀；3(b)，4(b)—单向节流阀；5—气缸

15.3.2　双作用气缸的双向调速控制回路

在气缸的进、排气口安装节流阀，就组成了双向调速回路，如图 15-7 所示。图 15-7(a)所示为采用两个单向节流阀 3 和 4 进行双向调速的回路；图 15-7(b)所示的回路是在二位五通双气控换向阀 4 的两个排气口上安装两个排气节流阀 2 和 3，进行双向调速的回路。

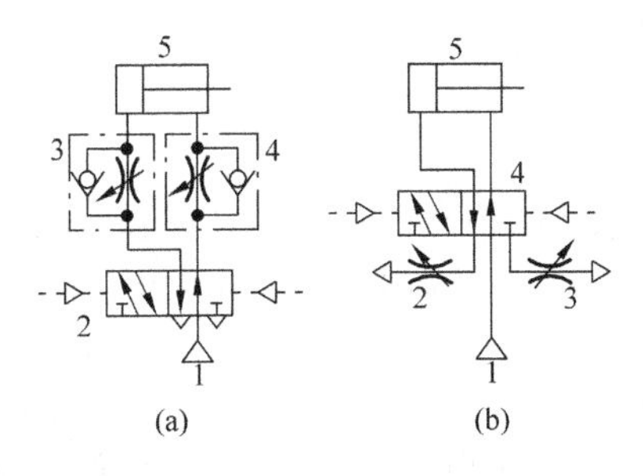

图 15-7　双作用气缸的双向调速回路

(FIGURE 15-7　Schematic illustration of two-way throttle adjusting speed control circuits of double-acting piston pneumatic cylinders)

(a) 采用单向节流阀　1—压缩空气源；2—二位五通双气控换向阀；3，4—单向节流阀；5—气缸

(b) 采用排气节流阀　1—压缩空气源；2，3—排气节流阀；4—二位五通双气控换向阀；5—气缸

15.4　气-液联动控制回路

15.4.1　气-液增压控制回路

图 15-8 所示为气-液增压控制回路，利用气-液增压器 3 将较低的压缩空气压力转变为较高的液体压力，以提高执行元件工作缸的输出推力。其工作原理是：当换向阀 2 左位工作时，压缩空气经换向阀 2 左位进入气-液增压器 3 左腔，活塞向右运动，同时气-液增压器 3 右腔排出高压油经单向节流阀 4 进入液压缸 5 的无杆腔，推动液压缸 5 活塞杆向外伸出。当换向阀 2 右位工作时，可实现液压缸 5 和气-液增压器 3 回程。

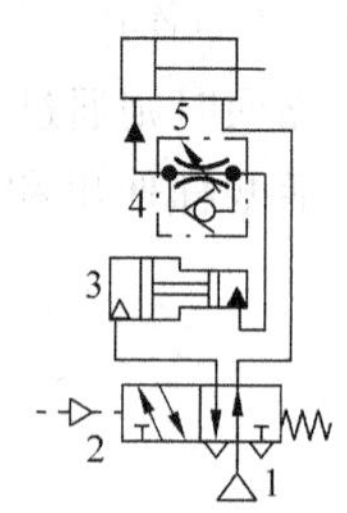

图 15-8　气-液增压回路
(FIGURE 15-8　Schematic illustration of pneumatic and hydraulic pressure increasing control circuits)
1—压缩空气源；2—二位五通单气控换向阀；3—气-液增压器；4—单向节流阀；5—液压缸

15.4.2　气-液联动速度控制回路

采用气-液联动，获得平稳运动速度的常用回路有如下两种。

(1) 气缸与液压缸串联的速度控制回路，如图 15-9 所示。气缸与液压缸 3 串联用同一个活塞杆，利用液压阻尼缸进行速度控制。两个单向节流阀 4 和 5 可以调节气-液阻尼缸 3 活塞杆两个方向的运动速度，高位液压油箱 6 用以补充回路漏油。

(2) 气缸与液压缸并联的速度控制回路，如图 15-10 所示。气缸 3 与液压缸 4 活塞杆通过一个刚性结构件 7 固连在一起，使两缸并联，通过单向节流阀 6 调节气缸 3 与液压缸 4 活塞杆单方向的运动速度，活塞式蓄能器 5 用来调节液压缸 4 中油量的变化。

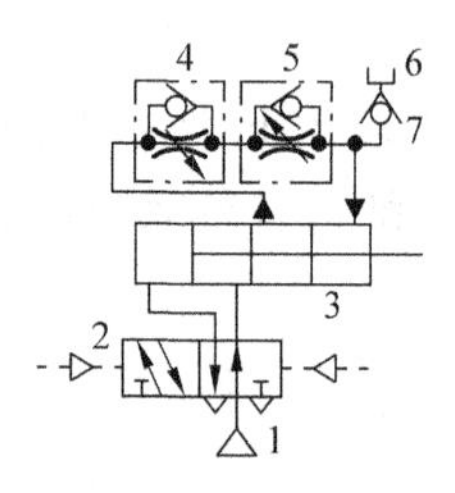

图 15-9　气缸与液压缸串联的速度控制回路
(FIGURE 15-9　Schematic illustration of speed control circuits of serial pneumatic and hydraulic cylinders)
1—压缩空气源；2—二位五通双气控换向阀；3—气-液阻尼缸；4,5—单向节流阀；6—高位液压油箱；7—单向阀

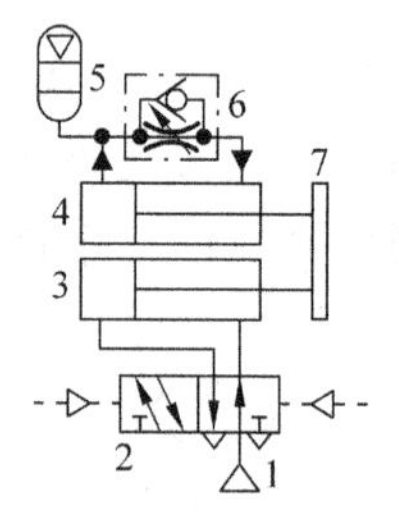

图 15-10　气缸与液压缸并联的速度控制回路
(FIGURE 15-10　Schematic illustration of speed control circuits of parallel pneumatic and hydraulic cylinders)
1—压缩空气源；2—二位五通双气控换向阀；3—气缸；4—液压缸；5—活塞式蓄能器；6—单向节流阀；7—刚性结构件

15.4.3　气-液缸同步运动控制回路

气缸与液压缸串联的同步运动控制回路如图15-11所示。气-液缸5的无杆腔面积与气-液缸6的有杆腔面积相同，在这个密闭工作容积内封入液压油，为了排掉混入油液中的空气，加设排气装置7。两个单向节流阀3和4分别调节气-液缸5和6活塞杆向上和向下的同步运动速度。

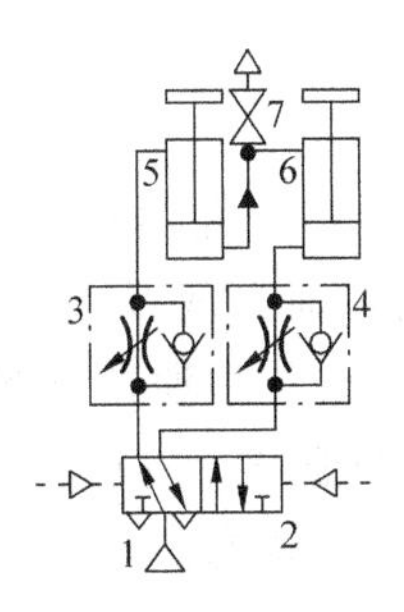

图15-11　气缸与液压缸串联的同步运动控制回路

(FIGURE 15-11　Schematic illustration of synchronizing motion control circuits of serial pneumatic and hydraulic cylinders)

1—压缩空气源；2—二位五通双气控换向阀；3,4—单向节流阀；5,6—气-液缸；7—排气装置

15.5　连续往复运动回路

连续往复运动控制回路如图15-12所示。当按下手动换向阀2的手动按钮后，二位五通双气控换向阀3左位工作，压缩空气经二位五通双气控换向阀3左位进入气缸4无杆腔，活塞杆向外伸出；当活塞杆行程终点挡块压下行程阀6后，二位五通双气控换向阀3换向右位工作，活塞杆快退至原位，在原点压下行程阀5，二位五通双气控换向阀3换向左位工作，活塞杆再次向外伸出，从而形成了连续的往复运动。这种回路非常适用于强磁场、易燃、易爆等恶劣的工作环境。

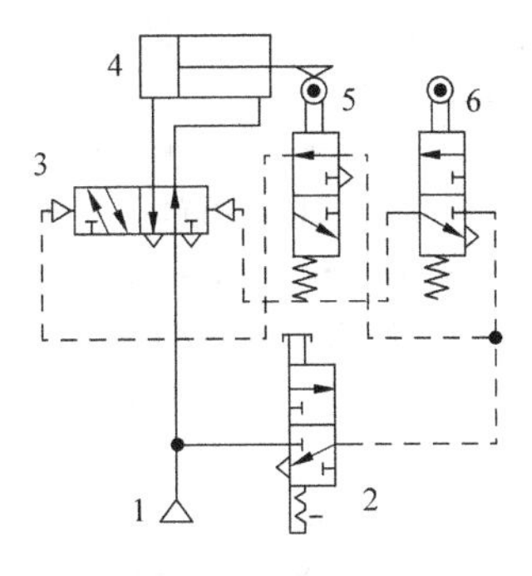

图15-12　连续往复运动回路

(FIGURE 15-12　Schematic illustration of uninterrupted reciprocating circuits)

1—压缩空气源；2—二位三通手动换向阀；3—二位五通双气控换向阀；4—气缸；5,6—行程阀

重点和难点课堂讨论

课堂讨论：气-液联动控制回路的工作原理。

典型案例分析

案例　计数回路的具体应用。

图 15-13 是由气动控制阀组成的计数回路示意图。依次按动二位三通手动换向阀 1，便使二位五通双气控换向阀 4 输出口交替地出现 S_1、S_0 输出状态。图示状态是 S_0 输出状态。当推动二位三通手动换向阀 1 后，通过二位三通单气控换向阀 2、二位三通双气控换向阀 3 而把加压信号送给二位三通双气控换向阀 3、二位五通双气控换向阀 4 的右腔，切换二位五通双气控换向阀 4 到右位而出现 S_1 输出状态。与此同时二位三通双气控换向阀 3 也被切换到右位，但二位三通双气控换向阀 3、二位五通双气控换向阀 4 的右腔都处于加压状态，因此二位三通双气控换向阀 3、二位五通双气控换向阀 4 都没被切换，仍是 S_1 输出状态。当关闭二位三通手动换向阀 1 后，单向阀 5、6 都随着开启，使二位三通双气控换向阀 3、二位五通双气控换向阀 4 左右两腔的空气全部排出。若再一次推动二位三通手动换向阀 1，因二位三通双气控换向阀 3 已被切换至右位，加压信号送到二位三通双气控换向阀 3、二位五通双气控换向阀 4 的左腔。这时，再关闭二位三通手动换向阀 1，使二位三通双气控换向阀 3、二位五通双气控换向阀 4 两腔的空气全部排出，而又恢复到 S_0 的输出状态。

单向节流阀 7 可将二位三通手动换向阀 1 输入的长信号变为脉冲信号。调整单向节流阀 7 可调整 S_1、S_0 输出的脉冲宽度。

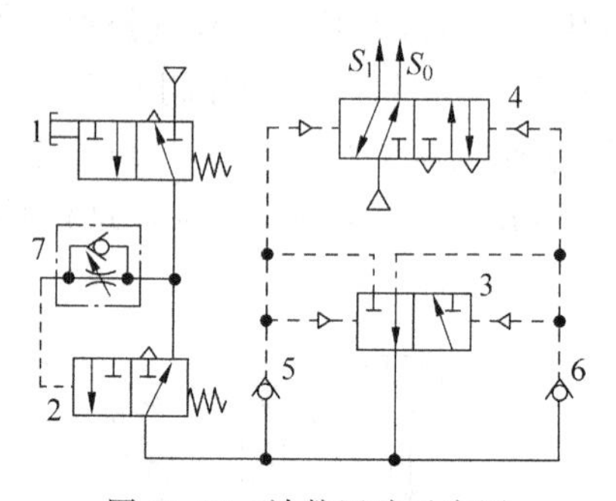

图 15-13　计数回路示意图

(FIGURE 15-13　Schematic illustration of the count circuits)

1—二位三通手动换向阀；2—二位三通单气控换向阀；3—二位三通双气控换向阀；4—二位五通双气控换向阀；5,6—单向阀；7—单向节流阀

本 章 小 结

本章讲述了气动基本回路的类型及功用；强调了掌握压力控制回路、方向控制回路、速度控制回路、气-液联动控制回路和连续往复控制回路的重要性；指出了在工程实际中正确

使用气动基本回路的必要性。

思考题和习题

1. 要求双作用气缸能实现左、右换向，可在其行程内任意位置停止，并使其左、右运动速度不等。试绘出气动回路图。

2. 设计一个三缸互锁气动回路。

3. 单作用气缸和双作用气缸换向回路的主要区别是什么？

4. 设计一种可实现"快进—慢进—快退"的气动回路。

5. 气动系统中增压回路的主要核心元件是什么？简述其工作原理。

第 16 章　气动控制系统分析

本 章 指 南

本章主要内容：主要介绍某型数控加工中心气动控制换刀系统和工件夹紧气动控制系统的组成、工作原理和应用；较详细地讲述由行程程序控制回路组成的热加工机械手气动系统设计的全过程；简明扼要地叙述气动系统的安装、调试、使用与维修要点。

本章重点：掌握某型数控加工中心气动控制换刀系统和工件夹紧气动控制系统的工作原理和应用。

本章难点：正确使用 *X-D* 线图法绘制逻辑原理图和气动回路图。

本章教学目的和要求：了解气动系统的组成；掌握气动系统的工作原理和应用；能够正确使用 *X-D* 线图法绘制逻辑原理图和气动回路图。理解气动系统的安装、调试、使用与维修要点。

气动技术是实现工业生产机械化和自动化的方式之一。因为气动控制系统可以在高温、震动、易燃、易爆、腐蚀、强磁、辐射、多灰尘等极其恶劣的环境下安全、可靠地工作，所以其应用领域日益广泛。本章将主要介绍气动控制系统在机械制造行业中的几个典型的应用实例。

16.1　气动控制系统举例

由于气动系统中的工作介质压缩空气的黏性小、可压缩性大，有利于构成柔软型驱动机构和实现高速运动。随着现代控制理论的引入和新型的气动控制阀的开发与应用，气动控制系统的控制性能和精度都得到了极大的提高。

16.1.1　数控加工中心换刀气动系统分析

图 16-1 所示为某型数控加工中心换刀气动系统工作原理图。利用该系统可以在换刀过程中完成主轴定位、主轴松刀、拔刀、向主轴锥孔吹气和插刀等一系列加工时的必要动作。

当数控加工中心发出换刀指令时，主轴立刻停止旋转，同时 6YA 通电，二位三通电磁换向阀 13 右位处于工作状态，来自气源 17 的压缩空气经气动三联件 16、二位三通电磁换向阀 13 右位、单向节流阀 8 进入主轴定位气缸 1 无杆腔，气缸 1 的活塞杆向外伸出，使主轴自动定位。定位后压下无触点开关，使 4YA 通电，二位五通电磁换向阀 14 右位处于工作状态，压缩空气经二位五通电磁换向阀 14 右位、快速排气阀 3 进入气液增压缸 2 的无杆腔，增压腔的高压油推动活塞杆向外伸出，实现主轴松刀，同时 2YA 通电，三位五通电磁换向阀 15 右位处于工作状态，压缩空气经三位五通电磁换向阀 15 右位、单向节流阀 10 进入气缸 4 无杆腔，气缸 4 有杆腔排气，气缸 4 活塞杆向外伸出，实现拔刀。然后再由回转刀库交换刀具，同时 7YA 通电，二位二通电磁换向阀 12 左位处于工作状态，压缩空气经二位二通电

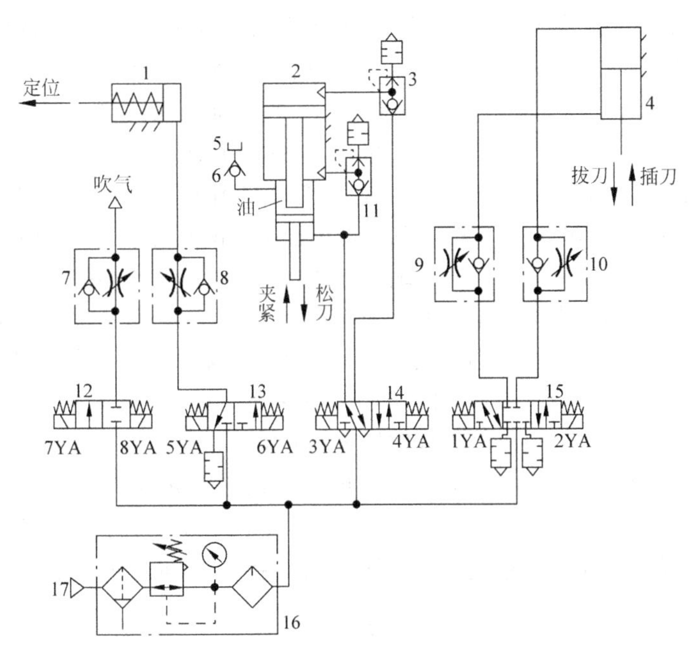

图 16-1　某型数控加工中心换刀气动系统工作原理图

(FIGURE 16-1　Schematic illustration of exchanging tool control system operating principles of pneumatic transmission on numerical control machine center)

1,4—气缸；2—气液增压缸；3,11—快速排气阀；5—补油箱；6—单向阀；7,8,9,10—单向节流阀；12—二位二通电磁换向阀；13—二位三通电磁换向阀；14—二位五通电磁换向阀；15—三位五通电磁换向阀；16—气动三联件；17—压缩空气源

磁换向阀 12 左位、单向节流阀 7 向主轴锥孔吹气。稍后 7YA 断电、8YA 通电，停止吹气，然后 2YA 断电、1YA 通电，三位五通电磁换向阀 15 左位处于工作状态，压缩空气经三位五通电磁换向阀 15 左位、单向节流阀 9 进入气缸 4 有杆腔，气缸 4 无杆腔排气，气缸 4 活塞杆向里缩回，实现插刀动作。随后 4YA 断电、3YA 通电，二位五通电磁换向阀 14 左位处于工作状态，压缩空气经二位五通电磁换向阀 14 左位进入气液增压缸 2 有杆腔，使活塞杆缩回，通过主轴的机械传动机构夹紧刀具。最后 6YA 断电、5YA 通电，二位三通电磁换向阀 13 左位处于工作状态，主轴定位气缸 1 无杆腔经单向节流阀 8、二位三通电磁换向阀 13 左位排气，主轴定位气缸 1 的活塞杆在弹簧力的作用下复位，恢复到开始状态，至此完整的换刀动作循环结束。

16.1.2　工件夹紧气动系统分析

在组合机床、机械加工自动化生产线中通常都采用气动系统来实现对加工工件的夹紧动作。图 16-2 所示为工件夹紧气动系统工作原理图。

当踩下二位五通换向阀 2 时，二位五通换向阀 2 左位处于工作状态，来自气源 1 的压缩空气经单向节流阀 5 进入定位锁紧气缸 6 无杆腔，有杆腔经单向节流阀 4、二位五通换向阀 2 左位排气，定位锁紧气缸 6 的活塞杆和夹紧头一起下降至锁紧位置后使二位三通机动行程阀 7 换向，二位三通机动行程阀 7 左位处于工作状态，来自气源 8 的压缩空气经单向节流阀 13 进入二位三通单气控换向阀 12 右腔，使其换向右位处于工作状态（调节单向节流阀 13 的开度可控制二位三通单气控换向阀 12 的延时接通时间）。压缩空气经二位三通单气控换向阀 12 的右位再通过二位五通单气控换向阀 10 的左位进入两侧夹紧气缸 3 和 9 的无杆腔，有杆腔经二位五通单气控换向阀 10 左位排气，使两夹紧气缸 3 和 9 的活塞杆同时伸出，夹紧工件；与此同时，一部分压缩空气经单向节流阀 11 作用于二位五通单气控换向阀 10 右腔，使其换向到右位（调节单向节流阀 11 的开度可控制二位五通单气控换向阀 10 的延时接通时间，使其延时时间比加工时间略长），压缩空气经二位三通单气控换向阀 12 右位和二位五通单气控换向阀 10 右位进入夹紧气缸 3 和 9 有杆腔，无杆腔经二位五通单气控换向阀 10 右位排气，两夹紧气缸 3 和 9 的活塞杆同时快退返回。在两夹紧气缸 3 和 9 的活塞杆返回的过程中，有杆腔的压缩空气使二位五通换向阀 2 复位，压缩空气经二位五通换向阀 2 右位和单向节流阀 4 进入定位锁紧气缸 6 有杆腔，无杆腔经单向节流阀 5 和二位五通换向阀 2 右位排气，使定位锁紧气缸 6 活塞杆向上返回，带动夹紧头上升，二位三通机动行程阀 7、二位五通单气控换向阀 10 和二位三通单气控换向阀 12 也相继复位，夹紧气缸 3 和 9 的无杆腔通过二位五通单气控换向阀 10 左位和二位三通单气控换向阀 12 左位排气，至此完成一个工作循环。

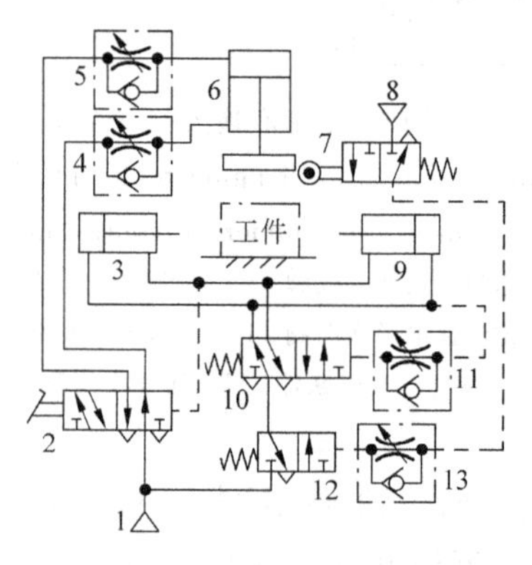

图 16-2　工件夹紧气动系统工作原理图

(FIGURE 16-2　Schematic illustration of operating principles of pneumatic transmission control system used in workpiece clamped on the tooling and fixture)

1,8—压缩空气源；2—二位五通换向阀；3,6,9—气缸；4,5,11,13—单向节流阀；7—二位三通机动行程阀；10—二位五通单气控换向阀；12—二位三通单气控换向阀

16.2　气动行程程序控制系统的 *X-D* 线图法设计

前面几章已经学习了气动元件、气动基本回路等知识，在此基础上我们将进行气动系统设计的学习。气动系统设计中的重要内容是气动回路的设计。在气动回路设计中，重点介绍气动行程程序控制回路的设计方法。气动行程程序控制回路是一种闭环控制系统，是能在给定的位置准确地实现动作转换的气动回路。根据控制方式的不同，程序控制被分为行程程序控制、时间程序控制和混合程序控制三种。

气动行程程序控制回路的设计方法比较多，常用的有信号-动作状态线图法（*X-D* 线图法）、步进回路法、扩展卡诺图图解法和分组供气法（也称级联法）等。其中，*X-D* 线图法是根据已知的工作程序,将各个行程信号及各个气动执行元件在整个动作过程中的工作状态全部用图线的方法表示出来。*X-D* 线图法是一种常用的简便、直观的气动行程程序控制回路设计方法。其常用符号有如下规定。

(1) 用 A、B、C、D 等大写字母表示气缸和控制气缸换向的主控制阀,下标 1、0 分别代表气缸和主控制阀的两种工作状态,下标 1 表示气缸活塞杆伸出,下标 0 表示气缸活塞杆退回。比如 A_1 表示气缸 A 活塞杆处于伸出状态; B_0 表示气缸 B 活塞杆处于退回状态。

(2) 用 a_1、b_0、……小写字母分别表示与动作 A_1、B_0、……相对应的机控行程阀及其输出信号。

(3) 用右上角带"*"的信号表示执行信号,如 a_1^*、b_0^* 等;不带"*"的信号表示原始信号,如 a_1、b_0。

X-D 线图法的设计步骤如下:

(1) 根据自动化生产的控制要求,编制工作程序。

(2) 绘制 *X-D* 线图。

(3) 分析、查找障碍信号并加以消除,列出执行信号。

① 分析、查找障碍信号。障碍信号又被称为干扰信号,是指气动控制阀的两个控制腔在同一时刻同时存在控制信号,妨碍阀芯按预定程序产生换向动作。可利用 *X-D* 线图法确定障碍信号,对每组信号线和动作线进行检查,凡是信号线超出动作线的部分即为障碍段,障碍段要用锯齿线标出(参见图 16-4)。

② 消除障碍信号。无障碍信号就是执行信号,而障碍信号则必须消除后才能做执行信号使用。消除的方法主要有逻辑回路法和脉冲信号法。逻辑回路法消除障碍信号是用"与门"逻辑元件或回路消除。通过选择一个制约信号 x 与有障碍信号 m 相"与"得到无障碍信号,从而实现缩短信号、消除障碍的目的。脉冲信号法消除障碍信号是通过采用可通过式机控行程阀或机械活络挡铁,使得气缸在一个行程中只发出一个短脉冲信号,从而达到缩短信号长度、消除障碍的目的。前者所需逻辑元件比较少,后者定位精度比较高,可根据实际需要选用。

(4) 绘制逻辑原理图和气动系统图。

16.3　气动控制系统的安装、调试、使用与维修

对工程技术人员来说,在理解了各种气动元件的结构、气动基本回路和气动系统的组成、工作原理及应用以后,还应该掌握气动系统的安装、调试、使用与维修保养等方面的知识,以适应现代科技的飞速发展。

1. 气动系统的安装(Installation of pneumatic transmission control system)

(1) 在安装前应检查气动元件的型号、规格是否符合设计要求,并进行清洗。气动元件的连接处应保证密封,不得泄漏,必要时还要进行密封试验。

(2) 在安装前应检查管道的材质、内径是否符合设计要求,并进行认真清洗。

(3) 在安装前应对各种自动控制仪表、压力继电器、自动控制器等进行校验。

(4) 气动执行元件的轴心线与外负载的轴心线要保持同轴。

(5) 管道、管接头连接要紧固,密封要完整、可靠,不允许泄漏。

(6) 管道安装的间距、弯曲半径、倾斜度等应符合设计要求。

(7) 在管道安装完毕后，可向系统中通入压力为0.6MPa的干燥空气来清除可能存在的污物。

(8) 在安装软管时，长度应有一定的余量。软管应远离热源或安装隔热板。在直线使用时，不要使端部接头和软管之间受拉伸；在弯曲使用时，不要从端部接头处开始弯曲。

2. 气动系统的调试(Adjusting of pneumatic transmission control system)

(1) 调试前必须做好相应的准备工作。首先要全面了解气动系统的功能要求、工作原理、结构组成，认真阅读使用说明书等有关技术资料，并严格按照说明书的要求准备好调试工具、仪表，连接测试管路。了解需要调整的气动元件在设备上的具体位置、调节机构的旋向和操作方法等有关规定。

(2) 采用气密封试验检查气动系统的密封性，试验方法是：将气动系统处于1.5倍的额定压力下保压2～3h，其压力变化不得超过设计规定值。试压时要注意安全。

(3) 进行空载试运转。空载试运转的时间根据国家有关标准规定进行，同时要注意观察压力、流量、温度的变化。

(4) 带外负载试运转。经空载试运转检验正常后，可通过由低到高、分段加载的方式，进行带外负载试运转。运转时间根据国家有关标准规定进行，同时要测试、记录有关数据。

3. 气动系统的使用与维护(Application and maintenance of pneumatic transmission control system)

为了保证气动系统的正常工作、减少故障率、延长使用寿命，必须对气动元件和气动系统定期进行维护和保养。这将有利于减少设备因空气泄漏、修理和故障或气动系统损坏而停止使用造成的经济损失。气动系统的设备在使用中的注意事项如下：

(1) 使用前要详细阅读说明书及有关资料，了解气动元件和气动系统的工作原理、功能及其特点；

(2) 开机前后要放掉气动系统中的冷凝水；

(3) 开机前要将导轨、活塞杆等运动部件外露部分的配合表面擦拭干净，认真地检查各旋钮是否在正确位置；

(4) 随时观察压缩空气的清洁度，经常检查自动排水器、干燥器工作是否正常，定期清洗自动排水器、分水滤气器；

(5) 要定期给油雾器加油，在高温环境下使用高黏度润滑油，低温环境下使用低黏度润滑油；

(6) 如果气动设备长期停用，应注意防火、防潮、防尘，将各旋钮放松，以免弹性气动元件长期受力失效而影响其使用性能。

4. 气动系统的定期检修(Periodicity examine and repair of pneumatic transmission control system)

一般来说，对气动设备要进行定期检修。通常定期检修的时间间隔为三个月。检修内容主要有以下几点。

(1) 认真检查气动系统中紧急安全开关、安全阀的动作是否可靠，以确保人身和设备安全。

(2) 检查气动系统中连接件及气压元件的密封性，泄漏会影响气动元件动作的灵敏性、降低气动系统的效率，造成较大的经济损失。例如，一个直径仅为3mm的小泄漏孔，当气动系统压力为 0.6MPa 时，就能造成约 $36m^3/h$ 的泄漏量，要补偿这个泄漏损失，空气压缩机就要多消耗 2kW 功率，因此就增加了设备的运行成本。

(3) 观察各气动控制阀的动作是否灵活、可靠，检查阀芯或密封件是否有磨损，磨损严重的零件应该立即更换。

(4) 检查气动方向控制阀排气口，判断气动系统中润滑油的量是否适度，冷凝水排放是否彻底。如发现明显有冷凝水排出，检查冷凝水的排放装置是否合适，过滤器的安装位置是否恰当；如发现润滑不良，检查油雾器滴油数是否正常，安装位置是否恰当。

(5) 反复使气动换向阀换向，观察气缸活塞杆的动作，检查活塞杆与缸盖的密封；判断活塞与缸体内表面的密封。

(6) 定期检查行程开关、行程阀以及行程挡块安装的牢固程度，避免出现执行动作的混乱。

上述定期检修的结果应详细记录下来，作为以后对气动系统进行中、大修时的重要参考依据。

5. 气动系统常见故障的分析与维修方法(Troubleshooting of pneumatic transmission control system)

气动系统产生故障的原因是多种多样的，有时是某一元件引起的，有时则是几方面问题的综合反映。常见故障产生的原因和维修方法见表 16-1～表 16-6。

表 16-1　气动系统常见故障的分析与维修方法

(TABLE 16-1　Troubleshooting of pneumatic transmission control system)

元件故障现象	可能引起元件故障的原因	维修方法
长时间停止工作后再启动或每天首次启动，动作不正常	因密封圈使静摩擦力大于动摩擦力，造成回路中部分气动控制阀、气缸及外负载部分的动作不正常	注意气源净化，及时排除水分及油污，改善润滑条件
异常高压	减压阀损坏	更换
	因外部振动产生了冲击压力	在适当部位安装压力继电器或安全阀
气路没有气压	环境温度太低或工作介质造成管路冻结	及时清除冷凝水，增设除水设备
	滤芯冻结或堵塞	更换滤芯
	气动系统中的启动阀、开关阀、速度控制阀等未打开	予以开启
	管路压扁或扭曲	更换管路或校正
	换向阀未换向	查明原因后排除
供气压力不足	各支路管道流量匹配不合理	改善各支路管道流量匹配性能，采用环型管道供气
	速度控制阀开度太小	将速度控制阀打开到合适开度
	管接头选用不当或管路细长，压力损失大	选用流通能力大的管接头，重新设计管路，加大管内径
	空气压缩机输出流量不足，耗气量太大	增设一定容积的储气罐或选择输出流量合适的空气压缩机
	漏气严重	紧固管接头及螺钉。更换损坏的密封件或软管
	空气压缩机活塞环等磨损	更换零件
	减压阀输出压力低	调节减压阀至正常使用压力

表 16-2　气动系统气缸常见故障的分析与维修方法

(TABLE 16-2　Troubleshooting of pneumatic cylinders of pneumatic transmission control system)

元件故障现象		可能引起元件故障的原因	维修方法
内泄漏(活塞两侧串气)		杂质挤入密封面	清除杂质
		活塞密封圈损坏	更换
外泄漏	缸盖与缸体之间	固定螺钉松动	重新紧固
		密封圈损坏	更换
	缸盖与活塞杆之间	活塞杆与导向套间有杂质	除去杂质,安装防尘圈
		活塞杆偏磨。活塞杆与导向套密封圈磨损	改善活塞杆受力状态,使用导轨。更换
		活塞杆有腐蚀、伤痕	及时清除冷凝水。更换
气液联动缸速度调节不灵		油路中节流口处出现气穴现象	防止节流过大
		液压缸内有气泡存在	使气液联动缸活塞杆走满行程以彻底排除气泡
		流量阀内混入杂质,使流量调节失灵	清洗
		漏油	检查油路并修理
气缸速度太快		缸径太小	更换较大缸径的气缸
		回路设计不合理	使用气-液阻尼缸控制气缸的低速运动
		无速度控制阀	增设
		速度控制阀的通径太大,调节小流量困难	更换通径合适的阀
气缸速度太慢		供气量不足	使用快排阀让气缸迅速排气或查明气源至气缸之间哪个(或哪些)元件节流太大,将其更换成较大通径的元件
		外负载过大或气压低	增大缸径或提高压力
气缸动作不平稳		润滑不良	检查油雾器是否正常工作
		外负载变动大	提高使用压力或增大气缸内径
		气压不足	调整到正常使用压力
气缸爬行		回路中耗气量大	增设储气罐
		低于使用压力	提高使用压力
		内泄漏大	参见本表“内泄漏”项目
气缸不动作		安装不同轴	保证气缸轴线与导向装置的滑动面平行
		有横向载荷	使用导轨
		无气压或供气压力不足	调整到正常使用压力
		漏气严重	参见本表“外泄漏”“内泄漏”两项目
		活塞杆、活塞锈蚀、损伤而卡住	更换并检查排污装置及润滑状况

表 16-3　气动系统分水滤气器常见故障的分析与维修方法

(TABLE 16-3　Troubleshooting of separators of pneumatic transmission control system)

元件故障现象	可能引起元件故障的原因	维修方法
水杯破裂	空气压缩机排出某种焦油	更换空气压缩机润滑油或使用金属杯
	在有机溶剂的环境中使用	使用金属杯
漏气	排水阀、自动排水器失灵	修理或更换
	密封不良	更换密封件

续表

元件故障现象	可能引起元件故障的原因	维 修 方 法
从输出端流出冷凝水	超过使用流量范围	在允许的流量范围内使用
	未及时排放冷凝水	安装自动排水器或每天排放
	自动排水器有故障	修理或更换
在输出端出现异物	错用有机溶剂清洗滤芯	改用煤油清洗或清洁热水
	滤芯破损	更换滤芯
	滤芯密封不严	更换滤芯密封垫
压力降太大	滤芯过滤精度太高	选择合适的过滤精度
	通过流量太大	选更大规格过滤器
	滤芯堵塞	清洗或更换

表 16-4　气动系统减压阀常见故障的分析与维修方法

（TABLE 16-4　Troubleshooting of pressure reducing valves of pneumatic transmission control system）

元件故障现象	可能引起元件故障的原因	维 修 方 法
不能溢流	溢流孔座橡胶垫太软	更换
	溢流孔堵塞	清洗并疏通气通道
阀体漏气	密封件破损	更换
	紧固螺钉受力不匀	均匀紧固
溢流口总是漏气	膜片破裂或溢流座有伤痕	更换
	进出气口接反了	改正
	输出口压力意外升高	检查输出侧回路
压力调不高	弹簧断裂	更换
	膜片破裂	更换
输出压力波动大于 10%	输入气量不足	检查输入侧回路
	减压阀通径或进出口配管通径选小了，当输出流量变动大时，输出压力波动大	根据最大输出流量选择减压阀通径或配管通径
压力调不低，输出压力不高	复位弹簧断裂	更换
	阀芯上密封垫剥离，阀座处有异物或伤痕	更换
	阀杆变形	更换

表 16-5　气动系统油雾器常见故障的分析与维修方法

（TABLE 16-5　Troubleshooting of lubricators of pneumatic transmission control system）

元件故障现象	可能引起元件故障的原因	维 修 方 法
油杯损裂	空气压缩机排出某种焦油	更换空气压缩机润滑油或使用金属杯
	在有机溶剂的环境中使用	使用金属杯
不滴油或滴油量太小	油雾器接反了	改正
	润滑油黏度太大	换油
	节流阀未开或开度不够。油道堵塞	调节节流阀开度。清洗油道
	通过流量太小，压差不足以形成油滴	更换合适规格的油雾器
	气通道堵塞，油杯上腔未加压	清洗并疏通气通道
耗油过多	节流阀开度太大或节流阀失效	重新调节或更换

表 16-6　气动系统换向阀常见故障的分析与维修方法

(TABLE 16-6　Troubleshooting of directional control valves of pneumatic transmission control system)

元件故障现象		可能引起元件故障的原因	维修方法
主阀部分	从排气口漏气	密封件、阀芯与阀套磨损	更换
		气缸活塞密封圈损伤	更换
		换向不到位	清洗
	换向不到位或不换向	接错管口	改正
		弹簧损坏	更换
		压力低于最低使用压力	查找压力低的原因
		油泥或异物侵入滑动部位	清洗并检查气源处理系统
		阀芯与阀套严重损伤	更换
		密封件损坏	更换
		控制信号是短脉冲信号	找出原因,更正或使用延时阀将短脉冲信号调整为长脉冲信号
		润滑不良,滑动阻力大	改善润滑条件
电磁先导阀部分	交流电磁铁振动有蜂鸣声	使用电压过低,吸力不足	使用电压不得比额定电压低 20%以上
		电磁铁吸合面不平,生锈或有异物	除锈或修平并清除异物
		分磁环损坏	更换静磁铁铁芯
	动铁芯动作时间过长或不动作	动铁芯被油泥粘连或锈蚀、被异物卡住	清洗,检查气源处理系统
		电压太低,吸力不足	提高电压
	线圈烧毁或有过热预兆	双电控气阀的两个电磁铁同时通电	设互锁电路避免同时通电
		继电器触点接触不良	更换触点
		工作频率过高	改用高频阀
		环境温度过高	改用高温线圈
		交流线圈的动铁芯被卡住	清洗,改善气源质量
		电压过低,吸力过小,交流线圈通过的电流过大	使用电压不得比额定电压低 20%以上

重点和难点课堂讨论

课堂讨论:*X-D* 线图法的实际应用。

典型案例分析

案例　行程程序控制系统 *X-D* 线图法设计。

大型锻、铸、热处理件的生产环境通常较为恶劣,因此经常使用气动控制机械手模拟人手的部分动作按预先制定的程序、轨迹和工艺要求实现自动抓取、搬运,完成工件的上料和卸料。

图 16-3 所示为热、压、锻造加工机械手结构图。该机械手可作三个坐标方向的运动,实现升降、旋转、伸缩等一系列运动。它由四个气缸 A、B、C、D 和一个机械手手爪 E 组成,气缸 A 为夹紧缸,其活塞伸出时松开工件,退回时夹紧工件;气缸 B 为长臂伸缩缸,可实现长

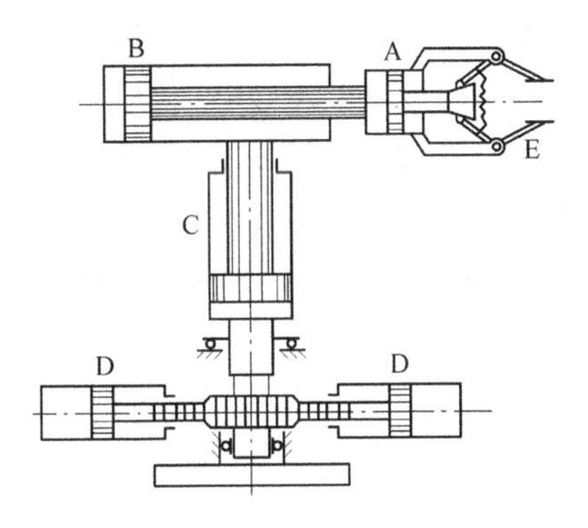

图 16-3　气动机械手结构示意图

(FIGURE 16-3　Schematic illustration of structure of pneumatic transmission control manipulator)

臂的伸出和缩回动作；气缸 C 为立柱升降缸；气缸 D 为立柱回转缸，其特点是具有两个活塞，分别装在带齿条的同一根活塞杆两端，齿条的往复运动带动立柱上的齿轮作正反向旋转，从而实现了立柱及长臂的正反向回转。

1. 制定工作程序(Compiling operating procedures)

根据生产实际的要求，该气动机械手的控制要求是：在手动启动后，气动机械手能从第一个动作开始就自动地执行到最后一个动作。规定的动作程序为：启动 F_q→立柱下降 C_0→伸臂 B_1→夹紧工件 A_0→缩臂 B_0→立柱正转 D_1→立柱上升 C_1→放开工件 A_1→立柱反转 D_0。

由此可以看出，该气动机械手是一个典型的多缸单往复气动系统。

2. 绘制、分析 *X-D* 线图(Drawing and analysis *X-D* schematic illustration)

由上述规定的动作程序可绘制出 *X-D* 线图，如图 16-4 所示。从图 16-4 中可以看出原始信号 c_0 和 b_0 均为障碍信号。考虑到气动机械手的工作特点，应尽可能减少气动系统的元件数量，因此可采用逻辑“与”回路消除障碍信号。经分析研究后，以原始信号 a_1、a_0 作为制约信号，消除障碍信号后的执行信号分别为 $c_0^*(B_1)=c_0 \cdot a_1$ 和 $b_0^*(D_1)=b_0 \cdot a_0$。

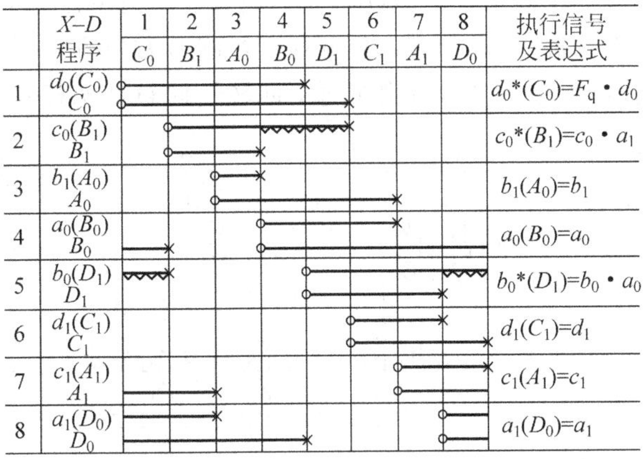

	X-D 程序	1 C_0	2 B_1	3 A_0	4 B_0	5 D_1	6 C_1	7 A_1	8 D_0	执行信号及表达式
1	$d_0(C_0)$ C_0									$d_0{}^*(C_0)=F_q \cdot d_0$
2	$c_0(B_1)$ B_1									$c_0{}^*(B_1)=c_0 \cdot a_1$
3	$b_1(A_0)$ A_0									$b_1(A_0)=b_1$
4	$a_0(B_0)$ B_0									$a_0(B_0)=a_0$
5	$b_0(D_1)$ D_1									$b_0{}^*(D_1)=b_0 \cdot a_0$
6	$d_1(C_1)$ C_1									$d_1(C_1)=d_1$
7	$c_1(A_1)$ A_1									$c_1(A_1)=c_1$
8	$a_1(D_0)$ D_0									$a_1(D_0)=a_1$

图 16-4　气动控制机械手 *X-D* 线图

(FIGURE 16-4　*X-D* schematic illustration of pneumatic transmission control manipulator)

3. 绘制逻辑原理图和气动回路原理图(Drawing logic principles schematic illustration and pneumatic transmission control circuits)

图 16-5 所示为根据 X-D 线图中的执行信号绘制出的逻辑原理图。图 16-5 中列出了四个气缸的八个工作状态以及与它们相对应的主控制气压阀的输出信号,左侧列出的是由机动行程阀和启动阀等发出的原始信号。在三个与门中,两端的两个与门起消除障碍信号的作用,中间的一个说明启动信号 F_q 对 d_0 起开关作用。

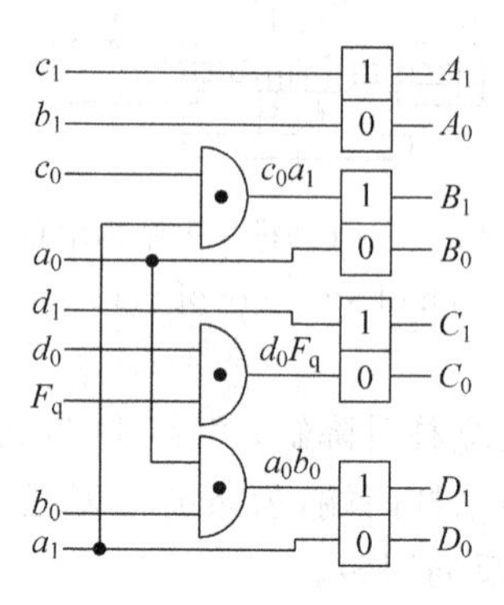

图 16-5　气动逻辑原理图

(FIGURE 16-5　Logic principles schematic illustration of pneumatic transmission)

4. 绘制气动系统图(Drawing pneumatic transmission control system operating principles schematic illustration)

根据图 16-5 所示的气动逻辑原理图绘制出气动行程程序控制系统图,如图 16-6 所示。其工作原理是:推动二位三通手动启动阀 F_q,启动阀 F_q 左位处于工作状态,使二位五通主控阀 C 右位处于工作状态后松开,压缩空气进入气缸 C 有杆腔,无杆腔经二位五通主控阀 C 右位排气,气缸 C 活塞杆退回,压下 c_0,使二位五通主控阀 B 左位处于工作状态;压缩空气进入气缸 B 无杆腔,有杆腔经二位五通主控阀 B 左位排气,气缸 B 活塞杆伸出,压下 b_1,使二位五通主控阀 A 右位处于工作状态;压缩空气进入气缸 A 有杆腔,无杆腔经二位五通主控阀 A 右位排气,气缸 A 活塞杆退回,压下 a_0,使二位五通主控阀 B 右位处于工作状态;压缩空气进入气缸 B 有杆腔,无杆腔经二位五通主控阀 B 右位排气,气缸 B 活塞杆退回,压下 b_0,使二位五通主控阀 D 左位处于工作状态;回转气缸 D 活塞杆右移,压下 d_1,使二位五

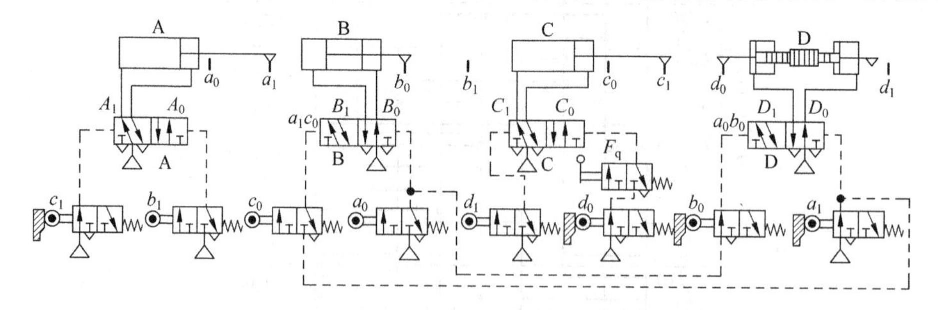

图 16-6　气动行程程序控制机械手气控回路原理图

(FIGURE 16-6　Operating principles schematic illustration of distance programmable control manipulator pneumatic transmission system)

通主控阀 C 左位处于工作状态；压缩空气进入气缸 C 无杆腔，有杆腔经二位五通主控阀 C 左位排气，气缸 C 活塞杆伸出，压下 c_1，使二位五通主控阀 A 左位处于工作状态；压缩空气进入气缸 A 无杆腔，有杆腔经二位五通主控阀 A 左位排气，气缸 A 活塞杆伸出，压下 a_1，使二位五通主控阀 D 右位处于工作状态；回转气缸 D 活塞杆左移，压下 d_0，整个行程程序动作过程结束。如果再次推动二位三通手动启动阀 F_q，就又开始进行新的一轮行程程序工作循环。

本 章 小 结

本章强调了掌握气动控制系统工作原理和应用的重要性；指出了在工程实际中正确使用 *X-D* 线图法绘制逻辑原理图和气动回路图的必要性；简明扼要地叙述了气动系统的安装、调试、使用与维修要点。

思考题和习题

1. 设计一种可实现"快进—Ⅰ工进—Ⅱ工进—快退"的气动回路。
2. 什么是障碍信号，有哪些消除方法？
3. 使用 *X-D* 线绘图方法，画出下列气动行程程序控制回路图：
① $A_0B_1C_0B_0A_1B_1C_1B_0$；② $C_1C_0B_0A_1A_0B_0$；③ $A_0C_0B_0A_1B_1C_1$。
4. 气动系统调试的主要内容有哪些？
5. 如何保证气动系统正常运转？

附录A　部分液压与气压传动图形符号

（摘自 GB/T 786.1—2009 和 ISO 1219—2006）

（Source：GB/T 786.1—2009 and ISO 1219—2006）

表 A-1　符号要素、管路及连接

（Table A-1　Symbol description，pipes and connections）

名　称	符　号	名　称	符　号
液压源		控制管路	
气压源		连接管路	
工作管路		交叉管路	
可调性		软管总成	

表 A-2　控制方法

（Table A-2　Operational modes）

名　称	符　号	名　称	符　号
带有分离把手和定位销的控制机构		单方向行程操纵的滚轮手柄或杠杆	
带有定位装置的推或拉控制机构		具有可调行程限制装置的柱塞或杠杆	
手动锁定控制机构		使用步进电机的控制机构	
单作用电磁铁，动作指向阀芯		单作用电磁铁，动作背离阀芯	
双作用电气控制机构，动作指向或背离阀芯		双作用电气控制机构，动作指向或背离阀芯，连续控制	
单作用电磁铁，动作指向阀芯，连续控制		单作用电磁铁，动作背离阀芯，连续控制	
电气操纵的带有外部供油的液压先导控制机构		电气操纵的气动先导控制机构	

表 A-3 液压(气)泵

(Table A-3 Hydraulic pumps and compressors)

名　称	符　号	名　称	符　号
单向旋转的定量液压泵	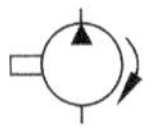	变量液压泵	
空气压缩机	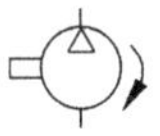	双向流动,带外泄油路单向旋转的变量液压泵	
操作杆控制,限制转盘角度的泵	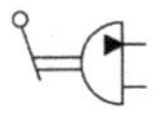	双向旋转,双向流动,带外泄油路双向变量液压泵	

表 A-4 压力控制阀

(Table A-4 Pressure control valves)

名　称	符　号	名　称	符　号
开启压力由弹簧调节,直动式溢流阀	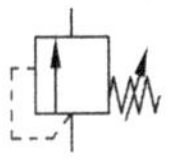	外部控制的顺序阀	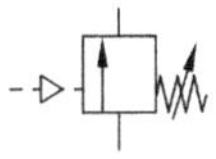
手动调节设定值的顺序阀	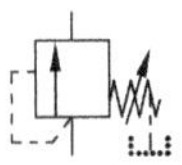	内部流向可逆调压阀	
直动式,外泄型,二通减压阀	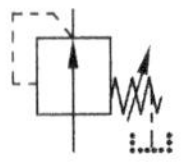	远程先导可调,溢流,只能向前流动的调压阀	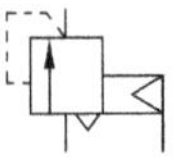
先导式,外泄型,二通减压阀	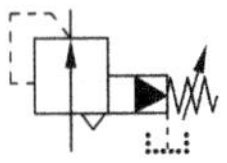	双压阀	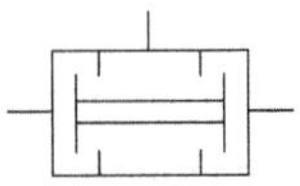
带有旁通阀的顺序阀	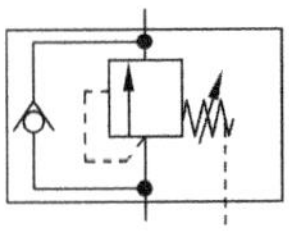	防气蚀溢流阀	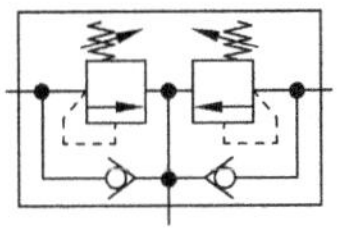

表 A-5　方向控制阀

(Table A-5　Directional control valves)

名　　称	符　　号	名　　称	符　　号
单向阀		手动二位二通换向阀	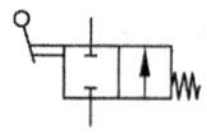
先导式液控单向阀		二位三通方向控制阀,电磁铁操纵,弹簧复位,常闭	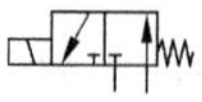
踏板控制二位五通方向控制阀	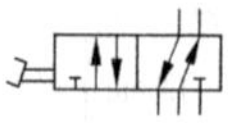	液动二位五通换向阀	
或门型梭阀	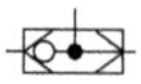	先导式双单向阀	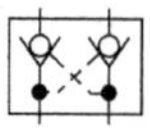
直动式比例方向控制阀	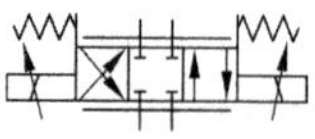	带主级和先导级的闭环位置控制和集成电子器件的先导式比例方向控制阀	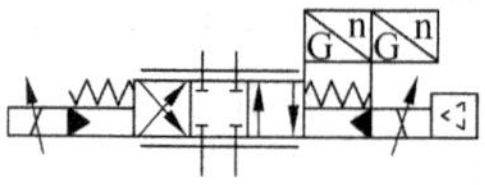

表 A-6　流量控制阀

(Table A-6　Flow control valves)

名　　称	符　　号	名　　称	符　　号
不可调节流阀		两通流量控制阀	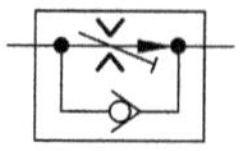
可调节流量控制阀		三通流量控制阀	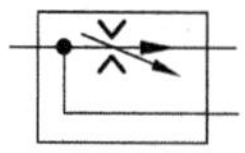
单向自由流动可调节流量控制阀	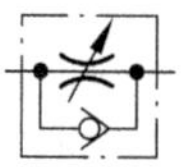	分流阀	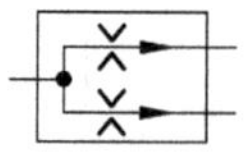
集流阀	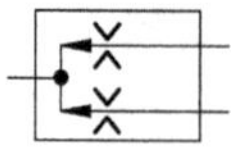	分流集流阀	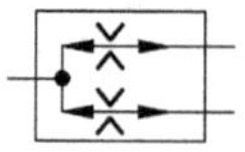

表 A-7　液压(气)马达

(Table A-7　Hydraulic and pneumatic motors)

名　　称	符　　号	名　　称	符　　号
单向旋转的定量马达	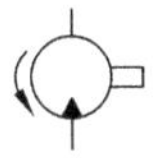	气压马达	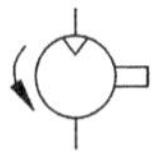
双向旋转，双向流动，带外泄油路双向变量马达		变方向定流量双向摆动马达	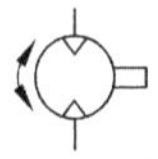
摆动气缸或摆动马达，限制摆动角度，双向摆动	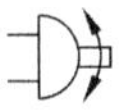	单作用的半摆动气缸或摆动马达	

表 A-8　液压(气)缸

(Table A-8　Hydraulic and pneumatic cylinders)

名　　称	符　　号	名　　称	符　　号
单作用伸缩缸	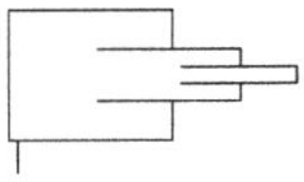	增压器	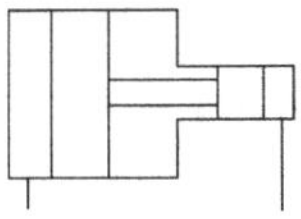
双作用伸缩缸	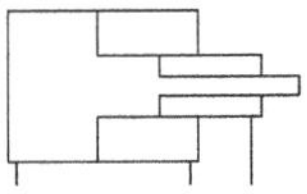	右侧带调节双作用双杆缓冲液压(气)缸	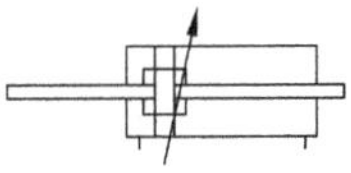
单作用柱塞缸	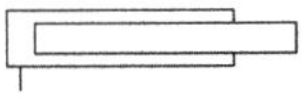	双作用单活塞杆液压(气)缸	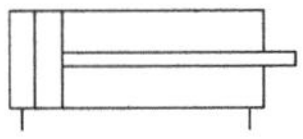
单作用单活塞杆液压(气)缸	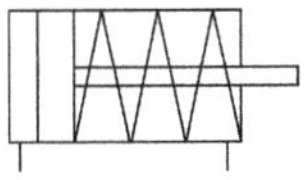	双作用双活塞杆液压(气)缸	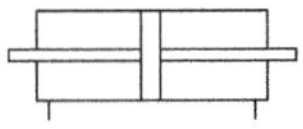

表 A-9　辅助元件

(Table A-9　Accessories)

名　称	符　号	名　称	符　号
油箱通气过滤器	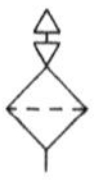	分水排水器	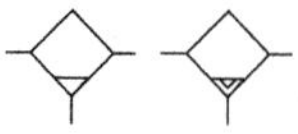 (人工排出)(自动排出)
过滤器	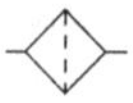	吸附式过滤器	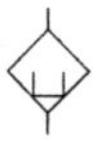
油雾分离器		空气干燥器	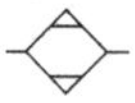
液体冷却的冷却器	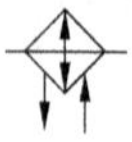	油雾器	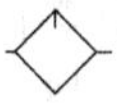
加热器	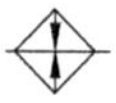	气罐	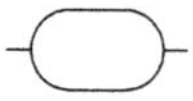
流量计	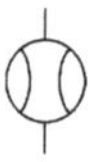	压力计	
隔膜式充气蓄能器	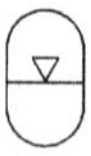	活塞式充气蓄能器	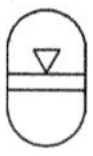
气瓶		蓄能器	
不带冷却液流道指示的冷却器	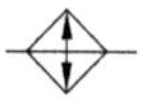	带压力表的过滤器	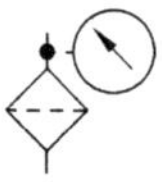

附录B　液压与气压传动主要符号、关键词和术语中英文对照

B-1　主要符号中英文对照
（Chinese and English key symbols）

A——面积　area
a——加速度　acceleration
B——阻尼系数　resistance coefficient
b——宽度　width
d——直径　diameter
E——能量　energy
E_k——动能　kinetic energy
E_p——势能　potential energy
F——力　force
f——频率　frequency
f——摩擦因数　friction coefficient
f_s——静摩擦因数　static friction coefficient
f_d——动摩擦因数　dynamic friction coefficient
g——重力加速度　acceleration due to gravity
J——惯性矩　moment of inertia
l——长度　length
m——质量　mass
n——转速　rotate speed
p——压力　pressure
p_{tot}——总压力　total pressure
p_{st}——静压力　static pressure
P——功率　power
q——流量　flow
Re——雷诺数　Reynold's number
Re_{cr}——临界雷诺数　critical Reynold's number
t——时间　time
t——温度　temperature(Celsius)
T——热力学温度　temperature(Kelvin)
T——转矩　torque

V——体积	volume
v——质量体积	mass volume
v——速度	velocity
ν——运动黏度	kinetic viscosity
μ——动力黏度	dynamic viscosity
ω——角速度	angular velocity
ρ——密度	density
π——圆周率	circular constant
η_m——机械效率	mechanical efficiency
η_V——容积效率	volumetric efficiency
η——总效率	total efficiency

B-2　关键词和术语中英文对照 (Chinese and English key vocabularies and terms)

第1章　绪论

负载	load
外负载	external load
力	force
压力	pressure
工作压力	operating pressure
面积	area
速度	velocity
转速	rotate speed
流量	flow
功率	power
机械功率	mechanical power
液压功率	hydraulic power
液压千斤顶	hydraulic jack
手动液压泵	hand hydraulic pump
帕斯卡原理	pascal's law
液压与气压传动	hydraulic and pneumatic transmission
流体传动与控制	fluid transmission and control
静液压传动	hydrostatic pressure transmission
动液压传动	hydrokinetic energy transmission
气压传动	pneumatic transmission
液压工作介质	hydraulic operating medium
液压传动系统工作原理	operating principle of a hydraulic transmission system
电动机	electrical motor

原动机(电动机除外)	drive unit, except for electrical motor

第2章 液压传动工作介质

密度	density
体积	volume
质量	mass
体积弹性模量	volume elastic modular
运动黏度	kinetic viscosity
动力黏度	dynamic viscosity
黏度指数	viscosity coefficient
黏度系数	viscosity index
液压油(液)	hydraulic oil(fluid)
污染度等级	contamination grade
清洁度等级	cleanliness grade

第3章 液压流体力学基础知识

液体静力学	hydrostatics
静压力	hydrostatic pressure
液体静力学基本方程	hydro-static mechanics basic equation
绝对压力	absolute pressure
相对压力	relative(Gauge)pressure
大气压力	atmospheric pressure
真空度	vacuum
液体运动学	hydrokinetics
液体动力学	hydrodynamics
理想液体	ideal liquid
恒定流动	invariable flow
一维流动	one dimension flow
二维流动	two dimension flow
三维流动	three dimension flow
流场	flow field
迹线	trace
流线	flown line
流束	streamline
过流断面或通流截面	cross section
流速	flow velocity
平均流速	average flow velocity
流体流速	fluid flow velocity
连续性定理	continuity law

连续性方程	continuity equation
伯努利定律	bernoulli theorem
伯努利方程	bernoulli equation
动量方程	momentum equation
能量转换	energy conversion
能源	energy source
理想流体	ideal fluid
层流	laminar flow
紊流	turbulent flow
雷诺数	Reynold's number
临界雷诺数	critical Reynold's number
能量守恒定律	law of conservation of energy
牛顿定律	Newton's law
作用力	effective force
稳态液动力	stability hydraulic force
瞬态液动力	dynamic hydraulic force

第 4 章　液压动力元件

额定压力	nominal pressure
最高允许压力	maximum permitting pressure
额定转速	nominal rotate speed
最高转速	maximum rotate speed
最低转速	minimum rotate speed
排量	displacement
转矩	torque
额定流量	nominal flow
理论流量	theory flow
实际流量	practice flow
输入功率	input power
输出功率	output power
理论输入转矩	theory input power
实际输入转矩	practice input power
容积效率	volumetric efficiency
机械效率	mechanical efficiency
总效率	total efficiency
液压泵	hydraulic pump
外啮合齿轮泵	external gear pump
内啮合齿轮泵	internal gear pump
摆线转子泵	epicyclical(orbit or ring)gear pump

螺杆泵	screw pump
单作用定量或变量叶片泵	single-acting fixed or variable displacement vane pump
双作用定量叶片泵	double-acting fixed displacement vane pump
径向柱塞泵	radial piston pump
斜盘式轴向柱塞泵	swash plate axial piston pump
斜轴式轴向柱塞泵	bent axis axial piston pump

第5章 液压执行元件

液压缸	hydraulic cylinder
单作用柱塞缸	single-acting plunger cylinder
单作用活塞缸	single-acting piston cylinder
双作用单活塞杆液压缸	double-acting and single-piston-rod cylinder
双作用双活塞杆液压缸	double-acting and double-piston-rod cylinder
单作用伸缩缸	single-acting telescopic cylinder
双作用伸缩缸	double-acting telescopic cylinder
数字控制液压缸	digital control hydraulic cylinders
模拟控制液压缸	simulative control hydraulic cylinders
液压马达	hydraulic motor
齿轮马达	gear motor
叶片马达	vane motor
摆线齿轮马达	epicyclical(orbit) gear motor
轴向柱塞马达	axial piston motor
径向柱塞马达	radial piston motor
多作用内曲线径向柱塞马达	multi-acting internal curves radial piston motor

第6章 液压控制元件

公称通径	nominal diameter
静态特性	static characteristics
流量-压力特性	flow-pressure characteristics
动态特性	dynamic characteristics
液压阀	hydraulic valve
压力控制阀	pressure control valve
溢流阀	pressure relief valve
直动式溢流阀	direct-acting pressure relief valve
先导式溢流阀	pilot operated pressure relief valve
顺序阀	pressure sequence valve
直动式顺序阀	direct operated pressure sequence valve
先导式顺序阀	pilot operated pressure sequence valve
减压阀	pressure reducing valve

直动式减压阀	direct operated pressure reducing valve
先导式减压阀	pilot operated pressure reducing valve
压力继电器	hydro-electric pressure switch
换向阀	directional control valve
单向阀	check valve
液控单向阀	pilot operated check valve
三位四通换向阀	four-way-three-position directional spool valve
滑阀式换向阀	directional spool valve
手动换向阀	manually operated directional valve
机动换向阀	mechanical operated directional valve
电磁换向阀	electrically operated directional valve
液动换向阀	hydraulic operated directional valve
电液换向阀	electro-hydraulically operated directional spool valve
转阀	rotary directional spool valve
流量控制阀	flow control valve
节流阀	throttle valve
单向节流阀	throttle check valves
调速阀	2-way flow control valve with pressure compensator
溢流节流阀	3-way flow control valves with pressure compensators
插装阀	cartridge valves
叠加阀	modular valves
多路阀	sandwich directional valve
电液伺服阀	electro-hydraulic servo control valve
伺服控制阀	servo control valve
射流管阀	jet-flow pipe valve
喷嘴挡板阀	nozzle flapper servo valve
机液伺服控制阀	mechanical hydraulic servo control valves
比例控制阀	proportional control valve
电液比例控制阀	electro-hydraulic proportional control valves
电液比例压力控制阀	electro-hydraulic proportional pressure control valves
电液比例方向控制阀	electro-hydraulic proportional directional control valves
电液比例流量控制阀	electro-hydraulic proportional flow control valves
电液数字控制阀	electro-hydraulic digital control directional spool valves
增量式电液数字控制阀	increment electro-hydraulic digital control valves
脉宽调制式电液数字控制阀	pulse width modulation electro-hydraulic digital control valves

第 7 章　液压辅助元件

辅助元件	accessories
过滤器	filter

吸油过滤器	suction line filter
压油过滤器	pressure line filter
回油过滤器	return line filter
加油和空气过滤器	filler and breather
蓄能器	accumulator
密封件	seal
连接件	connections
管道	pipe
管接头	pipe fitting
液压油箱	oil tank
截止阀	shut-off valve
压力表	pressure gauge
液位计	fluid level indicator
加热器	heater
冷却器	cooler

第8章 液压传动基本回路

开式回路	open loop
闭式回路	closed loop
压力控制回路	pressure control circuit
速度控制回路	speed control circuit
方向控制回路	directional control circuit

第9章 典型液压传动系统分析

工况	operating load condition
动力滑台	power work table
组合机床	combining machine tool
液压机	press machine
插装阀集成液压传动系统	cartridge valves integrating hydraulic transmission system
汽车起重机	automobile crane
塑料注射成型机	plastic injection machine
液压挖掘机	hydraulic excavator
液压伺服控制系统	servo control system of hydraulic transmission
机械反馈	mechanical feedback
液压反馈	hydraulic feedback
开环控制系统	open loop control system
闭环控制系统	closed loop control system
伺服液压缸系统	servo cylinder system

第 10 章　液压传动系统的设计与计算

背压力	back pressure
摩擦因数	friction coefficient
静摩擦因数	static friction coefficient
动摩擦因数	dynamic friction coefficient

第 11 章　气压传动基础知识

气动系统	pneumatic transmission system
气压动力元件	pneumatic power component
气动执行元件	pneumatic actuator component
气动控制元件	pneumatic control component
气动辅助元件	pneumatic accessory
气动工作介质	pneumatic operating medium
质量体积	mass volume
温度	temperature
可压缩性	compressibility
膨胀性	thermal expansibility
湿度	humidity
露点	dew point

第 12 章　气源装置和辅助元件

气源装置	pneumatic power source unit
空气压缩机	air compressor
气源净化装置	pneumatic power source cleaning unit
风冷式后冷却器	fan cooler
水冷式后冷却器	water cooler
油水分离器	oil-water separator
干燥器	desiccator
储气罐	air reservoir
辅助元件	accessory
分水滤气器	separator
分水效率	filtering efficiency
油雾器	lubricator
消声器	muffler

第 13 章　气动执行元件

气缸	pneumatic cylinder
双作用气缸	double-acting piston pneumatic cylinder

膜片式气缸	diagraph pneumatic cylinder
单作用弹簧压回型气缸	single-acting piston pneumatic cylinder
负载率	load efficiency
气马达	pneumatic motor
叶片式气马达	vane pneumatic motor

第14章 气动控制元件

普通型内部先导式减压阀	general pilot operated pressure reducing valve
安全阀	pressure relief valves
"或门"型梭阀	shuttle double-check valves with "OR" logic function
双压阀	pressure double-check valves with "AND" logic function
快速排气阀	high speed exhaust valve
气压控制换向阀	pneumatic pressure controls directional control valve
排气消声节流阀	exhaust muffler and throttle valve

第15章 气动基本回路

高低压选择回路	high-low pressure selection control circuit
气-液联动控制回路	pneumatic and hydraulic acting circuit
气-液增压控制回路	pneumatic and hydraulic pressure increasing control circuit
气-液联动速度控制回路	speed control circuits of pneumatic and hydraulic acting

第16章 气动控制系统分析

数控加工中心	numerical control machine center
气动行程程序控制系统	pneumatic transmission distance programmable control system
气动机械手	pneumatic transmission control manipulator

参考文献

[1] 马恩. 汽车液压与液力传动[M]. 北京：清华大学出版社，2017.

[2] 马恩，李素敏. 液压与气压传动[M]. 北京：北京大学出版社，2017.

[3] 马恩，李素敏. 液压与液力传动[M]. 北京：清华大学出版社，2015.

[4] 马恩，李素敏，高佩川. 液压与气压传动[M]. 北京：清华大学出版社，2013.

[5] 马恩，李素敏. 液压与气压传动[M]. 北京：高等教育出版社，2010.

[6] 马恩. 液压与气压传动[M]. 北京：电子工业出版社，2007.

[7] 陆敏恂，李万莉. 流体力学与液压传动[M]. 上海：同济大学出版社，2006.

[8] 刘延俊. 液压与气压传动[M]. 北京：清华大学出版社，2010.

[9] 左健民. 液压与气压传动[M]. 5 版. 北京：机械工业出版社，2016.

[10] 王积伟，章宏甲，黄谊. 液压与气压传动[M]. 2 版. 北京：机械工业出版社，2007.

[11] 许福玲，陈尧明. 液压与气压传动[M]. 3 版. 北京：机械工业出版社，2008.

[12] 李壮云. 液压元件与系统[M]. 北京：机械工业出版社，2005.

[13] 姜继海，宋锦春，高常识. 液压与气压传动[M]. 2 版. 北京：高等教育出版社，2009.

[14] 路甬祥. 液压气动技术手册[G]. 北京：机械工业出版社，2002.

[15] 王守城，容一鸣. 液压与气压传动[M]. 北京：北京大学出版社，2010.

[16] 路甬祥. 流体传动与控制技术的历史进展与展望[J]. 机械工程学报，2001，37(10)：1-9.

[17] 马恩，李素敏. 拖拉机挂车制动气室推力的试验研究[J]. 农业机械学报，1999，30(1)：84-88.

[18] 马恩，李素敏. 拖拉机挂车气制动阀静特性的试验研究[J]. 农业机械学报，2000，31(3)：116-119.

[19] 马恩，李素敏. 膜片式气制动阀静动特性[J]. 机械工程学报，2005，41(9)：62-66.

[20] 王益群，张伟. 流体传动与控制技术的综述[J]. 机械工程学报，2003，39(10)：95-99.

[21] 王秀凤，周洪. 流体力学及液压传动[M]. 北京：北京航空航天大学出版社，2015.

[22] SULLIVAN J A. Fluid Power：Theory and Applications[M]. 4th ed. Columbus，Ohio，New York：Prentice Hall，1998.

[23] HEHN A H. Fluid Power Troubleshooting[M]. New York：Marcel Dekker，Inc.，1995.

[24] 王贞涛. 流体力学与流体机械[M]. 北京：机械工业出版社，2015.

[25] SMC(中国)有限公司. 现代实用气动技术[G]. 2 版. 北京：机械工业出版社，2004.

[26] 王春行. 液压控制系统[M]. 北京：机械工业出版社，2003.

[27] 赵应樾. 名优机械液压系统及其修理[M]. 上海：上海交通大学出版社，2002.

[28] 机械设计手册编委会. 机械设计手册(液压传动与控制)[G]. 北京：机械工业出版社，2007.

[29] 朱洪涛. 液压与气压传动[M]. 北京：清华大学出版社，2005.

[30] 成大先. 机械设计手册(液压传动)[G]. 北京：化学工业出版社，2005.

[31] 宋锦春，苏东海，张志伟. 液压与气压传动[M]. 北京：科学出版社，2006.

[32] 陈淑梅. 液压与气压传动[M]. 北京：机械工业出版社，2009.

[33] 陈卓如. 工程流体力学[M]. 2 版. 北京：高等教育出版社，2004.

[34] 孔珑. 流体力学[M]. 2 版. 北京：高等教育出版社，2011.

[35] 张鸣远. 液体力学[M]. 北京：高等教育出版社，2010.

[36] POTTER M C，WIGGERT D C. Mechanics of Fluids[M]. Beijing：China machine press，2003.